中国热带农业科学院年鉴

2013

中国热带农业科学院年鉴编委会 编

中国农业科学技术出版社

图书在版编目（CIP）数据

中国热带农业科学院年鉴.2013/《中国热带农业科学院年鉴》编委会编.—北京：
中国农业科学技术出版社，2013.8
　ISBN 978 - 7 - 5116 - 1328 - 8

　Ⅰ.①中…　Ⅱ.①中…　Ⅲ.①中国热带农业科学院 - 2013 - 年鉴　Ⅳ.①S59 - 242

中国版本图书馆 CIP 数据核字（2013）第 148481 号

责任编辑　　徐　毅　姚　欢
责任校对　　贾晓红

出 版 者　中国农业科学技术出版社
　　　　　北京市中关村南大街 12 号　邮编：100081
电　　话　（010）82106636（编辑室）（010）82109704（发行部）
　　　　　（010）82109709（读者服务部）
传　　真　（010）82106631
网　　址　http：//www.castp.cn
经 销 者　各地新华书店
印 刷 者　北京富泰印刷有限责任公司
开　　本　787 mm×1 092 mm　1/16
印　　张　26.25　　　彩插　16 页
字　　数　800 千字
版　　次　2013 年 8 月第 1 版　2013 年 8 月第 1 次印刷
定　　价　298.00 元

2012年9月4日，时任国务院副总理回良玉（前排中）和刚果（布）总统萨苏（前排右）一起为中国热带农业科学院承建的中国援刚果（布）农业技术示范中心揭牌。

2012年11月12日，全国政协副主席、科技部部长万钢（前排右）到中国热带农业科学院考察。

2012 年 5 月 3 日，农业部部长韩长赋（左三）、副部长余欣荣（左四）一行到热科院调研。

2012 年 10 月 23 日，海南省委书记、省人大常委会主任罗保铭（前排左三）考察儋州中兴大道西沿线工程中国热带农业科学院段。

2012 年 4 月 1 日，农业部副部长张桃林（左三）到中国热带农业科学院考察。

2012 年 2 月 10 日，农业部副部长、中国农业科学院院长李家洋（右三）到中国热带农业科学院海口院区考察。

2012 年 12 月 11 日，农业部党组成员、中央纪委驻部纪检组组长朱保成（左二）到中国热带农业科学院考察。

2012 年 12 月 10 日，科技部副部长陈小娅（左五）一行到中国热带农业科学院指导工作。

2012 年 8 月 23 ~ 24 日，全国热带农业科技协作网在广西壮族自治区南宁市召开理事会常务理事扩大会议。

2012 年 11 月 1 日，中国热带农业科院在海口市举行第九届学术委员会 2012 年年会。来自中国科学院和中国工程院 14 名院士以及国内一批资深农业科学家，为我国热带农业科技创新建言献策。

文椰 3 号

南亚 3 号

"特色热带作物种质资源收集评价与创新利用"成果获 2012 年国家科学技术进步奖二等奖。

新种：吊罗山苔草 *Carex longipetiolata*　中国新记录种：石山爵床 *Justicia glabra*　中国新记录种：硬枝酢浆 *Oxalis barrelieri*

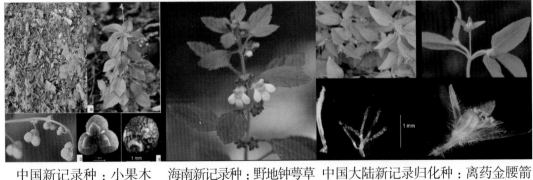

中国新记录种：小果木 *Micrococca mercurialis*　海南新记录种：野地钟萼草 *Lindenbergia muraria*　中国大陆新记录归化种：离药金腰箭 *Eleutheranthera ruderalis*

"南药种质资源收集保存、鉴定评价与栽培利用研究"、"橡胶树乳管分化研究及乳管分化能力早期预测方法"、"橡胶树重要叶部病害检测、监测与控制技术研究"、"重要入侵害虫螺旋粉虱监测与控制的基础和关键技术研究及应用"、"濒危植物海南龙血树保护生物学研究"等五项成果获2012年海南省科技进步奖一等奖。

2012 年，中国热带农业科学院成功组培出我国第一株油棕苗并移栽成功。

2012 年 1 月 9 日，中国热带农业科学院隆重召开 2012 年工作会议，主题是"乘势而上、创新跨越，不断提升科技内涵、增强院所实力、加快改革发展，全面建设世界一流的热带农业科技中心"。

2012年4月18日，农业部热作产品质量安全风险评估实验室（海口）在中国热带农业科学院分析测试中心揭牌成立。

2012年12月19日，中国热带农业科学院热带农业科技中心项目开工奠基仪式在海口院区隆重举行。

2012年9月8日，中国热带农业科学院香料饮料研究所隆重举行建所55周年暨兴隆热带植物园开园15周年庆典。

2012年11月22日，举行环境与植物保护研究所海口科技创新大楼正式启用暨热带植保环保高层论坛启动仪式。

2012 年 3 月 8 日，中国热带农业科学院在儋州举行了"绿化宝岛"暨"百名专家兴百村"大行动启动仪式。

2012 年 5 月 4 日，中国热带农业科学院参加海南省第八届科技活动月活动，为农户提供科技咨询服务并赠送实用技术手册。

2012 年 9 月 19 日，中国热带农业科学院在白沙县启动了"热区橡胶树、槟榔病虫草害专业化防控技术培训与示范专项行动"。

2012 年 1 月 5 日，中国热带农业科学院与四川省农业科学院签署了科技合作框架协议。

2012 年 9 月 21 日，中国热带农业科学院与海南省科技厅签署科技战略合作框架协议。

2012 年 7 月 10 日，中国热带农业科学院与印度尼西亚梭罗大学签署科技合作协议。

2012 年 7 月 26 日，中国热带农业科学院承办的非洲国家木薯生产与加工技术培训班在海口开班。

　　2012 年 12 月 3 日，由中国热带农业科学院、国际热带农业中心（CIAT）和澳大利亚国际农业研究中心（ACIAR）三方合办的国际在线期刊《热带草地》（SCI 收录）复刊工作正式启动。

《中国热带农业科学院年鉴·2013》
编委会

目　　录

一、总　类

二、科技创新

三、科技服务与推广

四、科技开发

五、国际合作与交流

六、人事管理与人才队伍建设

七、资产、财务、基建管理

八、学术交流与研究生教育

九、综合政务管理

十、党建、监察审计与精神文明建设

十一、院属单位

十二、大事记

十三、附　录

一、总　　类

概　况

中国热带农业科学院（以下简称"热科院"）创建于1954年，前身是设立在广州的华南特种林业研究所，1958年从广州迁至海南省儋州，1965年研究所更名为华南热带作物科学研究院，1994年经国家有关部门批准更为现名。在50多年的发展历程中，老一辈革命家周恩来、朱德、邓小平、叶剑英、董必武、王震等，新一代国家领导人江泽民、胡锦涛、习近平等都给予了亲切关怀。

2012年，热科院拥有儋州、海口、湛江三个院区，土地面积6.81万亩（1亩≈667平方米。全书同），本年度财政拨款6.07亿元，国有资产总额13.01亿元，内设院办公室、科技处、人事处、财务处、计划基建处、资产处、研究生处、国际合作处、开发处、基地管理处、监察审计室、保卫处、机关党委13个职能部门和驻北京联络处、文昌办事处、兴隆办事处3个派出机构，设有热带作物品种资源研究所、橡胶研究所、香料饮料研究所、南亚热带作物研究所、农产品加工研究所、热带生物技术研究所、环境与植物保护研究所、椰子研究所、农业机械研究所、科技信息研究所、分析测试中心、海口实验站、湛江实验站、广州实验站14个科研单位和后勤服务中心、试验场、附属中小学3个附属单位。拥有国家工程技术研究中心、省部共建国家重点实验室培育基地、农业部重点实验室等77个部省级以上科技平台和2个博士后科研工作站。

2012年，热科院拥有科技职工3 100多人，高级专业技术人员500多人，国家级、部级有突出贡献专家12人，新世纪百千万人才工程国家级人选1人，青年千人计划人选1人，农业部有突出贡献的中青年专家9人，海南省委省政府直接联系重点专家16人，海南省有突出贡献

优秀专家19人，同时面向国内外聘请了133位院士、知名专家学者作为热科院特聘专家。通过人才引进、培养和凝聚外部高端智力，初步形成了一支精干高效、结构合理的热带农业科技创新、科技管理、成果转化及技术支撑服务的人才队伍。

2012年，热科院获批科研立项461项，实现经费1.585亿元，获省部级以上科技奖励34项，其中：国家奖1项；审定新品种10个；发表论文1 300多篇（其中：SCI收录论文302篇、ISTP和EI收录论文120篇），出版著作38部，获授权专利188项、软件著作权18项，获批农业行业标准制修订项目29项，获颁布国家和农业行业标准35项。

建院以来，热带农业科学研究在国内外享有较高的知名度，热科院先后承担了"973"计划、"863"计划、国家科技支撑计划等一批重大项目和FAO（联合国粮食及农业组织）、UNDP（联合国开发计划署）等国际组织重点资助项目，取得科技成果1 000多项。其中包括国家发明一等奖、国家科技进步一等奖在内的国家级奖励近50项，部、省级奖励400多项，授权专利近500次；获颁布国家和农业行业标准近400项；开发科技产品200余个品种。在木薯、橡胶、香蕉等热带作物的基础性研究方面，部分成果处于国际领先水平。木薯全基因组测序、香蕉枯萎病基因密码破译、橡胶树产胶机理等研究，已取得重大突破。应用研究方面，紧密结合热区农业发展需要，不断创新，研究、推广了一大批橡胶、木薯、水果、香饮料作物等新品种、新技术，为满足国家战略需要、确保热带农产品有效供给、带动农民增收提供了强有力的支撑。

重要活动

刚果（布）萨苏总统和回良玉副总理一起
为热科院援刚农业技术示范中心揭牌

2012 年 9 月 4 日，热科院援刚果（布）农业技术示范中心在刚果（布）首都布拉柴维尔举行揭牌仪式，中国国务院副总理回良玉和刚果（布）总统萨苏一起为示范中心揭牌。

揭牌仪式于当日下午 15 时正式开始。刚果（布）农牧业部部长戈贝尔·马布恩杜和我国农业部副部长牛盾分别发表了热情洋溢的讲话；随后，萨苏总统和回良玉副总理为中心剪彩、揭牌，并与中心专家成员亲切握手；在刘国道副院长的陪同下，两国领导人一同参观了示范中心的实验室、教室、图片成果展和蔬菜生产区。经过产品展区时，萨苏总统拿起结实的玉米棒询问产地，在得知这些农产品都是在刚果当地生产的后，他十分满意；回良玉副总理关切地询问这些产品的品种、来源、产量和适应情况；在蔬菜生产区，回良玉副总理亲自当起了萨苏总统的向导，向他介绍起大棚内生产的韭菜的功效，露地搭架西瓜种植技术；当刘国道副院长在茄子种植地上摘下一个长约 20 厘米的大茄子送给总统时，周围响起了热烈的掌声。

参观活动结束后，萨苏总统很感动地谈到中刚两国的农业合作让他看到未来刚果农业的发展之路；回良玉副总理对热科院援刚果（布）农业技术示范中心的工作给予高度评价，认为"效果很好、非常满意"，同时要求"作出成绩、显示形象"；牛盾副部长肯定我示范中心的优秀成绩，同时，希望热科院充分利用好这个平台，让热带农业在非洲大放异彩。

应刚方科研机构的合作邀请，此次高端访团在刚期间，热科院还与刚科技项目创新研究中心签署了科技合作协议。

全国政协万钢副主席考察热科院
强调：要矢志不移为农业现代化奋斗

2012 年 11 月 12 日，全国政协副主席、科技部部长万钢到海南调研科技工作，并在海南省副省长林方略、省政协副主席王路等的陪同下来热科院考察。万钢副主席对热科院为热带农业发展做出的贡献给予肯定和高度评价，对热科院科技事业发展提出要求。他强调，要深入贯彻落实十八大会议精神，矢志不移地推动农业现代化，进一步深化科技体制改革，加强人才队伍建设，建成世界一流的热带农业科研机构。

万钢副主席一行在王庆煌院长、雷茂良书记的陪同下参观了热科院各所站和海南省企业创新专利成果展示区。琳琅满目的科技产品吸引了万钢副主席的目光。他饶有兴趣地了解了热科院在木薯、橡胶、油棕、香草兰、咖啡、椰子、菠萝等热带作物方面的研究成果及产品开发情况，并不时拿起产品仔细查看。变废为宝、功能独特的菠萝麻系列科技产品受到万钢副主席的关注，他高兴地拿起菠萝麻毛巾擦了把汗水，亲身体验了该产品的性能。万钢副主席还现场观看了橡胶所科技人员演示远程科技服务的过程，他蹲下身子，对着电脑那头正在橡胶林里为农民排忧解难的专家说，你们是好样的，我们大家要向你们学习。随后，万钢副主席一行考察了热科院生物所转基因检测中心、天然产物化学实验室、甘蔗研究中心等科技平台，并与热科院科技人员亲切交谈，详细了解热科院在转基因植物检测、黎药科技产品开发、甘蔗健康种苗繁育技术等方面的科技创新情况。

在随后举行的座谈会上，万钢副主席听取

了郭安平副院长和生物所彭明所长关于热科院科研工作情况及国家重点实验室申报筹备情况的汇报，并与热科院领导班子成员、院属单位相关负责人及科研骨干进行座谈。他对热科院建院以来取得的成绩和为国家热带农业发展作出的贡献给予了充分肯定和高度评价，并向深耕农村、为我国现代化建设做出贡献的热科院广大科技工作者表示崇高的敬意和衷心的感谢。他指出，热科院建院历史悠久，在近60年的历程中，心系农业，为国家热带农业发展作出了巨大贡献。他表示，科技部将进一步加强对热带农业科技的稳定投入，希望热科院抓住机遇，突出特色，与国内外相关研究机构加强合作、联合攻关，建成世界一流的热带农业科研机构。

万钢副主席对热科院今后的发展提出新的要求。一是要矢志不移地为农业现代化奋斗。他指出，十八大提出了新型工业化、信息化、城镇化和农业现代化四化同步的战略部署，对农业科技工作者提出了更高的要求。今后，要进一步加强农村信息基础设施建设，通过微博等手段把信息送到农村，以信息化推动农业现代化，让农民受到更多的培训和教育，真正把论文写在大地上，成果送到农户家。二是要注重科技的长远价值。要更加注重基础研究、技术创新和推广应用的长远发展，紧密结合教育，相互协调和配合，大幅提升科技长远持续发展能力。三是要深化科技体制改革。要进一步扩大合作，整合资源，加强科技创新平台的建设，向全社会开放共享，做好服务；要完善人才发展机制和评价机制，选拔出潜心科研、致力服务"三农"的人才。四是要加强人才队伍建设。要加强团队建设和高水平领军人才、青年科技人才特别是35岁以下的青年人才的培养，保障学术自由，完善宽松包容、奋发向上的学术氛围。

韩长赋：深入推进体制机制创新
建成世界一流热带农科院

2012年5月3日，农业部韩长赋部长、余欣荣副部长、陈萌山总经济师一行在海南省陈成副省长的陪同下，风尘仆仆来热科院调研。韩长赋部长对热科院近年来取得的成绩和为国家热带农业发展做出的贡献给予了充分肯定和高度评价，并对热科院下一步发展提出新的要求。他强调，要紧紧抓住中央一号文件加快农业科技创新的重大机遇，深入推进体制机制创新，加快热带农业科技创新和推广，着力加强人才队伍建设，不断加强国际科技合作交流，建成世界一流的热带农业科学院。

五月的海南，骄阳似火。韩长赋部长一行在王庆煌院长、雷茂良书记的陪同下顶着烈日先后考察了热科院生物所转基因检测中心、天然产物化学实验室、甘蔗研究中心等科技平台，参观了分析测试中心农药残留检测试验室和热科院各所站科技成果展示台，并与热科院科技人员亲切交谈，详细了解热科院转基因植物检测、甘蔗研究进展、热带作物科技开发、热带农产品质量安全检测等热带农业科技创新情况。

在甘蔗研究中心，韩长赋部长与种植大户王家联亲切交谈，询问种植热科院甘蔗脱毒健康种苗致富的情况。当得知采用热科院研发的配套甘蔗健康种苗繁育专有技术使得甘蔗产量提高30%以上，含糖量提高1个百分点以上时，他高兴地说，把甘蔗种好是很不简单的事，我国每年要从国外大量进口糖，热科院这方面的研究很有市场前景。

韩长赋部长特别关心农产品质量安全问题，他向分析测试中心科技人员刘春华详细询问了热带农产品农药残留检测情况，指出，农产品质量安全关系百姓的身体健康，海南又是全国人民的冬季菜篮子，尤其要做好农产品质量安全检测工作，让老百姓吃得放心。

在热科院各所站科技成果展示点，琳琅满目的科技产品吸引了韩长赋部长一行的目光，韩部长饶有兴趣地了解了热科院木薯、橡胶、油棕、香草兰、咖啡、椰子、剑麻等热带作物研究成果及产品开发情况，现场观看了橡胶所科技人员演示远程科技服务的过程，鼓励热科院科技人员深入生产一线，为农民做好科技服务。韩长赋部长还听取了雷茂良书记关于热科院海口科技创新中心项目进展情况的汇报。

在随后举行的座谈会上，韩长赋部长听取了王庆煌院长关于热科院基本情况的汇报，并与热科院领导班子成员、院务委员、院属各单位相关负责人及科研骨干进行座谈。他对热科院近年来取得的成绩和为国家热带农业发展作出的贡献给予了充分肯定和高度评价，并代表部党组向热科院领导班子和广大科技职工致以亲切的问候。他指出，热科院建院历史悠久，对国家热带农业发展贡献巨大，在长期发展过程中，立足热区，服务热区，形成了"无私奉献、艰苦奋斗、团结协作、勇于创新"的精神文化和"开放办院、特色办院、高标准办院"的办院理念，使得自主创新能力不断加强，成果转化成效显著，人才队伍不断壮大，设施条件建设日新月异。他强调，今年中央一号文件以科技为主题，为农业科技发展带来了重大机遇，也给农业科技工作者带来了艰巨任务。热科院作为国家农业科技的重要组成力量，要抓住机遇，按照中央走中国特色农业可持续化发展道路的要求，立足热带地区农业产业特点，面向热带农业科技前沿，以服务产业化和农民需求为出发点，推动热带农业科技快速发展，建成世界一流的热带农业科研机构。

韩长赋部长对热科院今后的发展提出新的要求。一是要深入推进体制机制创新，服务产业科技导向。要完善改革科技评价机制，把成果的应用前景、市场前景作为科研项目评价的重要条件；把能否解决问题、对热带农业发展有无实际贡献纳入科研人员评价的重要体系；要解决好科研与生产脱节、科技创新与成果推广脱节以及农、科、教联系不紧密的问题，研究新型的教育、科研、推广三位一体的热带农业科技体系。二是要加快推进热带农业科技创新和推广。要充分发挥热科院在热带农业科技进步中的主力军作用，引领我国热带农业科技事业占领世界农业科技制高点；要注重科技与生产相结合，突破热带地区关键性技术难题，解决好以海南为重点的热带地区农业科技行业突出问题，探索服务热区农业经济发展的作用和模式，特别是要继续发扬热科院的优良传统和作风，深入基层，深入田间地头，面对面、手把手开展科技服务，真正把论文写在大地上，成果留在百姓家。三是要着力加强人才队伍建设。充分发挥农业科研项目、重点学科、重点科研基地、重点实验室在凝聚人才、培养人才、发现人才方面的作用，解决好科研人员特别是领军人物的待遇、生活条件等问题，吸引人才、留住人才。四是要不断加强国际科技合作交流。在援外培训、引进种质资源方面不断加强与非洲地区、东盟地区、南太平洋地区的科技合作，服务国家外交战略。

韩长赋部长表示，部里将进一步加大对热科院设施条件、干部队伍建设等方面的支持力度，希望热科院继续努力，在现有的基础上，取得更大的成绩，创造新的辉煌。

罗保铭：热科院应为儋州腾飞提供人才和科技支撑

2012年10月23日，海南省委书记、省人大常委会主任罗保铭一路风尘仆仆前往洋浦、儋州调研重点项目建设。在考察儋州中兴大道西沿线工程时，罗保铭书记希望热科院和海南大学抓住时机，加快发展，为儋州市经济社会发展输送人才，提供科技支撑。省委常委、秘书长孙新阳，副省长李国梁及热科院王庆煌院长、海南大学刘康德书记等陪同考察。

看着宽阔平坦的道路拉开了儋州市主城区城市路网的骨架，直通热科院科技园区，罗保铭书记非常高兴，他对热科院和海南大学儋州校区融入儋州市城区表示祝贺，对热科院和海南大学儋州校区加快发展、科技支撑儋州经济社会发展充满信心，他希望热科院和海南大学以此为契机，充分发挥人才、土地和区位优势，加强合作，加大人才引进和培养力度，以优异的成绩迎接党的十八大胜利召开。

张桃林：深入贯彻中央一号文件精神　加快热带农业科技创新

2012年4月1日，农业部张桃林副部长借参加博鳌论坛之机，不顾远途劳顿，在海南省农业厅王宏良副厅长，热科院王庆煌院长、王文壮副院长、刘国道副院长等领导的陪同下，考察了热科院分析测试中心和生物所，并与院领导班子和科研骨干进行座谈。他对热科院近年来取得的成绩给予了充分肯定和高度评价，并对加快热科院热带农业科技创新提出新的要求。

张桃林副部长先来到分析测试中心参观考察了色谱检测室、热带环境质量及安全研究室、热带农产品标准研究室、农药登记残留试验室等检测平台，然后考察了生物所转基因检测中心、天然产物化学实验室、甘蔗研究中心等科技平台，并与科技人员亲切交谈，详细了解热带农产品质量监督检测、转基因植物检测进展、甘蔗研究进展、热带作物科技开发等情况，对热科院测试中心和生物所良好的科研环境、优秀的科研团队和先进的科研仪器设备给予了高度评价。

在随后举行的座谈会上，张桃林副部长站在国家战略的高度，剖析了中央一号文件精神内涵，畅谈了自己的学习体会。他强调，农业科技是推动现代农业发展的主要力量，党中央、国务院高度重视农业科技的作用，今年中央一号文件聚焦农业科技，在农业科技发展史上具有重大的里程碑意义。他鼓励热科院广大科技职工提高认识，紧密围绕中央一号文件提出的要求，进一步增强从事农业科研工作的责任感、荣誉感和紧迫感，抓住机遇，与时俱进，开创热带农业科技工作新局面。

张桃林副部长指出，热带农业科技在国家农业科技中地位特殊、功能独特，具有不可替代的作用，他希望热科院充分发挥国家队的支撑引领作用，紧紧围绕"加快推进农业科技创新 持续增强农产品供给保障能力"的主题，从四个方面做起，进一步加强科研能力、成果应用转化能力和支撑保障能力的建设。一是要精准定位，突出特色，形成优势。要把握方向，凝练目标，巩固、放大、提升热带农业在国家大农业中的特殊地位和作用，突出热带特色，形成优势，争取在领域内有突破。二是要瞄准前沿，自主创新，跨越发展。要加强世界前沿学科研究，争取在某些领域占领制高点；要不断提升科技创新引领能力，通过科技跨越发展引领支撑现代农业跨越发展；要进一步加强学科建设，注重学科传承与创新，加强培育新兴学科，拓展研究领域。三是要面向生产，推广应用，引领未来。要紧密围绕农民增收、农业增效和农村经济发展需求，充分依托科研示范基地、国家和地方的示范基地，加强快成果转化和应用，不断强化成果推广转化能力，进一步提升基地的示范性、显示度和影响力，真正把论文写在大地上。四是要创新管理，强化支撑，建设队伍。要通过创新科研管理方式、探索新的运行机制等方式，打造一批平台、基地和实验室，提高大型仪器设备的使用效率，同时，要进一步加大对科研队伍的投入，多给年轻人学习、锻炼的机会，进一步强化产业支撑能力，建成世界一流的热带农业科研机构。

王庆煌院长代表院领导班子对张桃林副部长的关心和呵爱表示感谢，他表示，热科院将认真学习、深刻领会张桃林副部长的讲话精神，继续发扬团结协作、励精图治、艰苦奋斗、勇攀高峰的优良传统，立足海南、广东，面向热区，走向世界，为热带现代农业发展做出新贡献。

李家洋：学习贯彻中央一号文件　加快农业科技创新

2012年2月10日，农业部副部长、中国农　　业科学院院长李家洋在农业部科教司杨雄年副司长、中国农业科学院科技管理局王小虎局长等的陪同下，来到热科院海口院区考察，并与热科院领导班子和相关部门负责人进行座谈。王庆煌院长、雷茂良书记、王文壮副院长、张万桢副院长、郭安平副院长、刘国道副院长及院机关相关处室负责人、海口院区 3 个研究所负责人参加了座谈。

李家洋副部长仔细听取了王庆煌院长关于热科院发展思路和 14 个研究所研究领域、研究进展等情况的汇报。他指出，热科院是我国热带农业科技创新的主要力量，具有鲜明的热带特色，近年来，经过不断发展，在学科建设、基建等方面都取得很大的突破。热科院是中国农业科学院的兄弟单位，双方今后要在橡胶、香料、香蕉等研究领域进一步加强合作，共谋发展。

他强调，今年的中央一号文件颁发后，我国农业科技创新迎来了新的发展时期。中央对于农业科技的重要决策为我们创造了新的发展条件，希望大家认真学习、深刻领会，切实增强加快农业科技创新的使命感和紧迫感，牢牢把握这一重大历史机遇，积极加强协作，加强各类资源共享，为我国农业农村经济快速发展提供有力支撑。

杨雄年副司长对进一步贯彻落实中央一号文件精神提出要求，希望热科院紧紧抓住机遇，认真学习、深刻领会、贯彻落实中央一号文件精神，将我国热带农业科技事业不断向前推进。

王庆煌院长代表院领导班子对李家洋副部长对热科院的关心表示感谢，他要求全院科研人员认真学习李家洋副部长的讲话精神，深入贯彻落实中央一号文件精神，进一步增强责任感、紧迫感和使命感，不断强化科技创新引领能力，为热带农业发展做出新的贡献。

李家洋副部长一行还在雷茂良书记、王文壮副院长的陪同下考察了热科院生物所转基因检测中心、热带能源作物开发与利用实验室、热带植物资源与天然产物化学实验室，参观了生物所开发的科技新产品，并与热科院科技专家和研究生们亲切交谈。随后，专程赶往椰子所考察了科研示范基地。

朱保成：党风廉政建设工作提出新要求

2012 年 12 月 11 日，农业部党组成员、中央纪委驻部纪检组组长朱保成来热科院考察，高度肯定热科院 2012 年各项工作取得的成绩，并对热科院贯彻落实党的十八大会议精神、开展党风廉政建设工作提出新的要求。

朱保成组长在热科院雷茂良书记、欧阳顺林副书记、郭安平副院长、省农业厅王晓桥副厅长等领导的陪同下参观了热科院环植所实验室，认真听取了雷茂良书记和欧阳顺林副书记关于热科院贯彻落实党的十八大会议精神、2012 年各项工作进展和党风廉政建设情况的汇报。他为热科院取得的成绩感到由衷的高兴，并代表部党组和韩部长对热科院全体干部职工致以诚挚的问候。

朱保成组长特别强调了党风廉政建设的重要性。他指出，党的十八大把党风廉政建设工作摆到了更加突出的位置，新一届中央领导集体上任伊始就提出了改进工作作风、密切联系群众的八项规定，热科院各级党组织一定要认真学习、深刻领会，并迅速把思想和行动统一到十八大会议精神上来，进一步增强反腐倡廉的责任感和紧迫感，大力弘扬艰苦奋斗的优良作风，坚决贯彻落实好各项要求，为推动农业农村经济发展提供坚强有力的保证。

雷茂良书记表示，热科院将认真按照朱保成组长的部署要求，进一步加强党的十八大的组织学习，深刻领会、贯彻落实到热带农业科技创新、服务"三农"等各项工作中，大力弘扬和始终保持热科院"无私奉献、艰苦奋斗、团结协作、勇于创新"的良好作风，不断提升反腐倡廉工作水平，促进热带现代农业跨越发展。

陈小娅：国家重点实验室建设提出要求

2012 年 12 月 10 日，科技部副部长陈小娅一行在海南省科技厅叶振兴书记的陪同下，到热科院调研考察热带作物生物学与遗传资源利用国家重点实验室的建设情况。陈小娅副部长对热科院为热带农业发展做出的贡献给予充分肯定，对依托热科院和海南大学筹建的国家重点实验室提出了具体要求。

陈小娅副部长一行在王庆煌院长、雷茂良书记的陪同下参观了热科院科技成果、科技产品展览，饶有兴趣地听取了王庆煌院长关于热科院木薯、橡胶、油棕、香草兰、咖啡、椰子等方面的研究成果、产品开发情况的汇报，并考察了热科院生物所转基因检测中心、天然产物化学实验室、甘蔗研究中心等科技平台。

在随后举行的座谈会上，陈小娅副部长一行听取了郭安平副院长关于热科院科研工作情况及国家重点实验室申报筹备情况的汇报，并与省科技厅、海南大学相关领导、热科院领导班子成员及院属单位相关负责人和科研骨干进行座谈。

陈小娅副部长对热科院多年来为国家热带农业发展作出的重要贡献给予了充分肯定。她指出，热科院和海大 50 多年来在热带农业科技创新、人才培养、成果转化、服务产业等方面打下了坚实的基础，研究领域特色鲜明、优势突出，不可替代。国家重点实验室要紧紧围绕区域特色，进一步凝练研究方向，突出特色和优势，不断推进应用基础研究。她强调，国家重点实验室的建设关键是要处理好体制机制创新的问题。要深入贯彻党的十八大会议精神，认真落实科技体制改革要求，进一步做好热带作物区域创新，促进海南经济可持续发展。她提出，国家重点实验室采取省部共建的模式，海南省在日常运转上给予经费支持，科技部在项目上给予大力支持；在运行机制上采取创新、联合、流动的形式，进一步加大开放力度；在运行管理上，实行专家评审制度。她表示，科技部将进一步加大对热带农业科技创新的支持力度，希望热科院和海大发挥优势、加强合作、做出成绩，更好地为地方经济建设提供科技和人才支撑。

科技部基础研究司崔拓副司长介绍了科技部国家重点实验室建设的总体情况，对热科院联合海大申报国家重点实验室提出了要求。一是实验室的布局要紧紧围绕国家战略需要。二是实验室的方向和定位要突出学科一流、辐射带动、培养人才、开放协作等主要功能。他强调，要充分利用重点实验室的平台，进一步凝练方向和定位，把育种、种质资源创新和生物技术有机结合，把热带作物产量和品质与病虫害研究有机结合，加大人才培养引进力度，形成特色和优势，支撑热带作物产业发展。

科技部基础研究司基地建设处周文能处长指出，在国家整体的农业布局中，热带作物非常重要，要坚持"高起点、高要求、高目标"来建设重点实验室。在硬件方面要采取超常规的措施重点建设，要特别重视海南的生物安全问题，要认真研究两个依托单位的合作机制问题，制定切实可行的方案，把实验室建设好。

李宪生：希望热科院为海南相关产业发展提供更强有力科技支撑

2012 年 3 月 26 日，海南省委副书记李宪生一行在万宁市委书记孙新阳、市长丁式江等陪同下到香饮所调研，热科院王庆煌院长陪同调研。

李宪生副书记一行考察了香饮所兴隆热带植物园，并与王庆煌院长及香饮所领导、专家进行座谈。他强调，"绿化宝岛"对低碳经济、循环经济、林业经济的发展，具有十分重要的意义，是功在当代、利及千秋的事业。他充分肯定了热科院开展"绿化宝岛"行动取得的成绩，希望热科院充分发挥科技和人才优势，为海南天敌产业、彩叶产业、四棱豆产业、青皮林保护、香料产业发展提供更加强有力的科技支撑。一是天敌产业，要争取把利用天敌进行农业害虫防治列入海南省重点支持项目。二是彩叶产业，选择一批适合在海南生长、色彩艳丽的植物，作为城市公园及城区道路两侧绿化美化树种，广为种植。三是四棱豆产业，要以万宁市为示范点，建立 1 000 亩左右的试验示范基地，推广辐射到海南省的其他市县。四是青

皮林保护，要加大对礼纪青皮林自然保护区的投入，逐步扩大青皮林的种植面积。五是香料产业，要加大投入，做强做大热带香料产业。

座谈会上，王庆煌院长向李宪生副书记汇报了热科院的概况及开展"绿化宝岛"行动的情况。热科院领导班子高度重视"绿化宝岛"行动，积极响应海南省委省政府的号召，召开了专题工作会议，制定了行动方案，以实际行动把"绿化宝岛"落到实处。

院领导及分工

中国热带农业科学院领导班子名录

院　　　长：王庆煌

副　院　长：雷茂良、王文壮（6月退休）、张万桢、郭安平、刘国道、张以山（6月任职）、孙好勤（6月任职）、汪学军（10月任职）

党 组 书 记：雷茂良

党组副书记：王庆煌、欧阳顺林（11月退休）

党 组 成 员：王文壮（6月退休）、张万桢、郭安平、张以山（6月任职）、孙好勤（6月任职）、汪学军（10月任职）

中国热带农业科学院关于公布院领导工作分工的通知

（热科院发〔2012〕273号）

各院区管委会、各单位、各部门：

经研究，现将院领导工作分工公布如下：

王庆煌：院长、党组副书记。主持全面工作。

雷茂良：党组书记、副院长。主持党组工作。协助主持行政工作。负责院重大工程建设项目的总体协调。

张万桢：副院长、党组成员。协助院长、党组书记具体负责财务、资产、预算执行、房改、附属单位体改工作。分管财务处、资产处、试验场、后勤服务中心、附属中小学。"一岗双责"。完成院长、党组书记交办的专项工作。

欧阳顺林：党组副书记。协助院长、党组书记具体负责机关党委、纪检、法律事务、社会治安综合治理、安全生产和维稳工作。分管监察审计室、机关党委、保卫处、院纪检组。"一岗双责"。完成院长、党组书记交办的专项工作。

郭安平：副院长、党组成员。协助院长、党组书记具体负责科技、研究生、科技体改工作。分管科技处、研究生处、国家重要热带作物工程技术研究中心、院学术委员会、中国热带作物学会秘书处、农业部热带作物及制品标准化技术委员会秘书处、重要热带作物生物学国家重点实验室（筹建）、热带农业研究生院（筹建）、三亚院区（筹建）、大型仪器设备共享平台、海南冬季瓜菜研究中心、甘蔗研究中心、天然橡胶"航母"（筹建）等重要科技平台。"一岗双责"。完成院长、党组书记交办的专项工作。

刘国道：副院长。协助院长、党组书记具体负责国际合作、基地管理、服务热区"三农"工作。分管国际合作处、基地管理处、全国热带农业科技协作网、中国援建刚果（布）农业技术示范中心、海南儋州国家农业科技园区、科技支撑海南中部六市县农民增收、筹建热区综合试验站、热带草业与畜牧研究所（筹建）。"一岗双责"。完成院长、党组书记交办的专项工作。

张以山：副院长、党组成员。协助院长、党组书记具体负责计划、基建、开发、土地规划工作。分管计划基建处、开发处、保障性住房建设、海口院区围墙经济建设、儋州市中兴大道西延线建设、中国农业科技创新海南（文昌）基地建设。"一岗双责"。完成院长、党组书记交办的专项工作。

孙好勤：副院长、党组成员。协助院长、党组书记具体负责人事、宣传、行政管理、战略管理、离退休人员管理工作。分管院办公室、人事处（离退休人员工作处）、驻北京联络处、兴隆办事处、文昌办事处、院机关服务中心、儋州院区管委会、海口院区管委会、湛江院区管委会、农经所（筹建）。"一岗双责"。完成院

长、党组书记交办的专项工作。

特此通知。

中国热带农业科学院
2012 年 7 月 10 日

中国热带农业科学院关于公布院领导工作分工的通知

（热科院发〔2012〕493 号）

各院区管委会、各单位、各部门：

经研究，现将院领导工作分工公布如下：

王庆煌：院长、党组副书记。主持全面工作。

雷茂良：党组书记、副院长。主持党组工作。协助主持行政工作。负责院重大工程建设项目的总体协调。

张万桢：副院长、党组成员。协助院长、党组书记具体负责财务、资产、预算执行、房改工作、院附属单位体改工作。分管财务处、资产处、试验场、后勤服务中心、附属中小学。"一岗双责"。完成院长、党组书记交办的专项工作。

郭安平：副院长、党组成员。协助院长、党组书记具体负责科技、研究生工作。分管科技处、研究生处、国家重要热带作物工程技术研究中心、院学术委员会、中国热带作物学会秘书处、农业部热带作物及制品标准化技术委员会秘书处、重要热带作物生物学国家重点实验室（筹建）、热带农业研究生院（筹建）、三亚院区（筹建）、大型仪器设备共享平台、海南冬季瓜菜研究中心、甘蔗研究中心、天然橡胶"航母"（筹建）等重要科技平台。"一岗双责"。完成院长、党组书记交办的专项工作。

刘国道：副院长。协助院长、党组书记具体负责国际合作、试验示范基地管理、服务热区"三农"工作。分管国际合作处、基地管理处、全国热带农业科技协作网、中国援建刚果（布）农业技术示范中心、海南儋州国家农业科技园区、科技支撑海南中部六市县农民增收、

筹建热区综合试验站、热带草业与畜牧研究中心。"一岗双责"。完成院长、党组书记交办的专项工作。

张以山：副院长、党组成员。协助院长、党组书记具体负责计划、基建、开发、社会治安综合治理、安全生产和维稳工作、土地规划。分管计划基建处、开发处、保卫处、保障性住房建设、海口院区围墙经济建设、儋州市中兴大道西延线建设、中国农业科技创新海南（文昌）基地建设、海口院区环境建设。协管院附属单位。"一岗双责"。完成院长、党组书记交办的专项工作。

孙好勤：副院长、党组成员。协助院长、党组书记具体负责人事、党建、纪检、法律事务、体改、战略管理、离退休人员管理工作。分管人事处（离退休人员工作处）、监察审计室、机关党委、院纪检组、农经中心。"一岗双责"。完成院长、党组书记交办的专项工作。

汪学军：副院长、党组成员。协助院长、党组书记具体负责行政管理、宣传工作。分管院办公室、驻北京联络处、兴隆办事处、文昌办事处、院机关服务中心、儋州院区管委会、海口院区管委会、湛江院区管委会。协管科技。"一岗双责"。完成院长、党组书记交办的专项工作。

特此通知。

中国热带农业科学院
2012 年 12 月 21 日

中国热带农业科学院关于公布院决策机构及组成的通知

（热科院人〔2012〕496 号）

各院区管委会、各单位、各部门：

经研究，现将院决策机构及组成公布如下：

一、院务会：院行政最高决策机构。

主任：王庆煌

副主任：雷茂良

委员：张万桢、郭安平、刘国道、张以山、孙好勤、汪学军、彭明、李开绵、黎志明、赵瀛华、方佳、方艳玲、黄茂芳

列席：院机关相关处室主要负责人，相关院属单位主要负责人

秘书处：院办公室（黄得林）

二、院常务会：院日常行政最高决策机构。

主任：王庆煌

副主任：雷茂良

委员：张万桢、郭安平、刘国道、张以山、孙好勤、汪学军

列席：相关院务委员、院机关相关处室主要负责人、相关院属单位主要负责人

秘书处：院办公室（黄得林）

三、院党组会：院党的最高决策机构。

党组书记：雷茂良

党组副书记：王庆煌

党组成员：张万桢、郭安平、张以山、孙好勤、汪学军

列席：刘国道、院机关相关处室负责人、相关院属单位主要负责人

秘书处：院办公室（黄得林）

四、院长办公会：院行政过程领导管理的决策机构。院长办公会由院长或副院长主持。

五、书记办公会：院党建过程领导管理的决策机构。书记办公会由书记或副书记主持。

六、院级领导小组：院常设议事协调机构，是院常务会的专项决策机构。领导小组会议由组长主持。

特此通知。

中国热带农业科学院

2012 年 12 月 21 日

乘势而上　创新跨越
全面加快建设世界一流的热带农业科技中心

——中国热带农业科学院 2012 年工作报告

王庆煌　院长

（2012 年 1 月 9 日）

同志们：

这次会议的主要任务是：深入贯彻落实中央农村工作会议、全国农业工作会议精神，总结全院 2011 年工作，部署 2012 年重点任务，研究强化热带农业科技创新，加快科技开发，推进民生工程，进一步增强热带农业科技自主创新能力、产业发展支撑引领能力和院所综合实力的重大举措。会议的主题是：乘势而上、创新跨越，不断提升科技内涵、增强院所实力、加快改革发展，全面建设世界一流的热带农业科技中心。

一、2011 年工作回顾

2011 年，在农业部正确领导下，院领导班子团结带领广大科技人员和全体干部职工，遵照部党组"两个千方百计、两个努力确保"的要求，紧密围绕热带农业科技中心工作，团结一心，开拓进取，扎实工作，较好完成了年初部署的各项任务，总的看来，2011 年，热科院科研内涵快速提升，院所综合实力不断增强，民生工程稳步推进，实现了"十二五"发展的良好开局。

（一）科研工作稳步推进

一年来，我们紧紧抓住国家重视热带农业和科技创新的有利机遇，多渠道争取上级部门支持，全面启动和加强了重点学科、重要热作产业技术体系、重要平台和项目库建设，全院科研立项、科技产出呈现了良好的增长势头。科研立项进展顺利。围绕国家战略和热带现代农业产业发展需求，凝练关键、共性科学问题

和技术难题，扎实推进国家、院、所三级项目库建设。2011 年全院共获批立项 300 多项，资助经费 1.06 亿元，其中：现代农业产业技术体系 2 010 万元，公益性行业科研专项 1 058 万元，国家自然科学基金 1 016.5 万元，国家自然科学基金批复数量与经费额度均创历史新高。科技成果不断涌现。获得中华农业科技奖 8 项，其中 1 等奖 2 项，"特色热带作物产品加工关键技术及产品研发创新团队"获优秀创新团队。获得海南省科技奖励 23 项，其中科技进步一等奖 3 项，二等奖 8 项，科技成果转化一等奖 1 项，二等奖 2 项。发表论文 1 000 余篇，其中 SCI 收录论文 134 篇，ISTP 和 EI 收录论文 32 篇；获授权各类专利 78 项。目前，2 项成果正在抓紧申报 2012 年国家奖。平台建设取得重大进展。国家重要热带作物工程技术研究中心以优秀成绩通过验收。启动了 1 个农业部综合性实验室和 7 个专业性实验室、3 个科学观测实验站建设，新增 2 个农业部安全风险评估实验室和 1 个加工技术研发分中心、2 个省级重点实验室和工程技术研究中心。2 个部级平台以优秀成绩通过复评。同时，围绕产业发展技术需求，拓展研究领域，增设的香蕉研究所等 7 个院级平台均挂牌成立，初步形成特色鲜明的热带农业科技平台体系。产业技术体系逐步健全。2011 年，热科院新增国家现代农业产业技术体系岗位专家 5 名，新增综合实验站 2 个，并进一步完善了院级重要热带作物产业体系。热标委和学会工作富有成效。完成了热带作物标准的归类清理工作，热带作物品种审定委员会获批成立，即将开展热

带作物品种审定工作，将大大推动热带作物新品种选育及推广工作。

（二）服务"三农"成效显著

深入开展海南中部市县农民三年增收十大科技支撑行动。院领导亲自带队深入生产一线开展农民培训和技术指导，启动"百名专家兴百村"和"服务海南冬种瓜菜病虫草害防治"专项行动，有力支撑了中部市县农民增收，据统计，2011年中部市县农民人均现金收入增幅位列全省前6名，人均现金收入同比增长34.5%，高于全省平均增幅7.6个百分点，这些成绩凝聚着热科院专家的智慧和辛勤付出。积极开展科技活动月活动。派出专家1 000余人次，深入15个市县的40多个乡镇农村、农场，举办各类培训（讲座）班30余期，培训农民9 000余人次，接受技术咨询1.5万余人次，辐射带动培训近2.5万人次，组织编印和发放技术资料3万余册。开展基地示范行动。进一步合理布局示范基地，对院内外112个示范基地进行重新明确和登记挂牌，发挥基地示范作用，引领周边地区推广应用优良品种和先进实用技术。

（三）人才队伍不断加强

进一步凝聚高端智力。依托第九届学术委员会聘请了42位高级专家，其中3位中科院院士，17位工程院院士。依托特聘专家制度，聘任92名在科技领域具有较大影响的科技专家和管理领域的杰出管理专家，为全院发展决策、科技目标提供系统的咨询和服务。加强人才引进。今年共引6名海外归国人才，126名其他人才，其中博士（后）53人，硕士56人，进一步优化了人才队伍。推进人才基地。积极推动农业科技创新与人才基地（海南）和海南热带农业创新创业人才发展示范基地建设，争取建立热带农业科研人才创新团队基金和人才基金。加强专家培养推荐。郭安平、黄华孙2位同志获"农业部农业科研杰出人才"荣誉称号。杨耀东和吕宝乾2位同志分别获得国家2011年高层次留学人才回国资助项目和留学回国人员科技活动择优资助经费项目。尹俊梅、曾长英2位同志获"第九届海南省青年科技奖"。加强职工培训。全年累计培训人员622人次，64名干部分别到地方政府挂职、农业部锻炼和院内交流挂职，提高了干部人才的素质能力。前不久，热科院被评为海南省第一期中西部市县挂职科技副乡镇长工作"先进单位"、4人被评为"优秀挂职副乡镇长"。多渠道加强研究生培养。切实加强了与海南大学、华中农业大学等院校研究生联合培养，新增23名导师，2011年共招收硕士研究生128名、博士研究生24名，依托博士后科研工作站启动了独立招收博士后工作，为科研工作注入新的力量。加强干部队伍建设。分类分批开展了管理干部中期调整配备工作，干部队伍的学历、年龄、职称等结构得到进一步优化，组织战斗能力得到提升。

（四）科研条件快速改善

多渠道争取投入支持。按照保运转、促民生、保重点的原则，多渠道争取上级部门支持，有力保障了科研条件持续改善、重点工作推进和事业发展。2011年农业部下达热科院各项财政拨款资金累计5.4亿，其中：基本支出2.4亿，住房改革支出0.7亿元，项目支出经费2.3亿元，财政拨款比2010年增长8%，其中：基本支出增长21.6%，特别是通过积极争取支持，农业部追加热科院拟转企所公用经费134万元、抗风救灾专项资金1 290万元、规范离退休人员津贴补贴资金2 372万元。初步获得农业部批准列入2012年度"一上"预算的修购项目27个，总金额5 730万元；农业事业单位修购项目6个，获批金额820.40万元；部属事业单位重大设施系统运行费新增项目5个共336.00万元，延续项目4个共436.00万元。加快预算执行，截至2011年11月30日，热科院预算执行进度达74.56%，比2010年同期提高了10.05%。加强科研条件建设。按照高起点、高标准、高质量的要求和促进科技创新、改善民生的目标，完成了全院及16个二级单位"十二五"科研条件建设规划和儋州院区科研试验基地、椰子所、南亚所、试验场土地利用规划。加快海口热带农业科技中心项目建设，目前，项目初步设计概算已通过评审，预计在春节前后即将获批。加强资产管理工作。2011年热科院实际国有资产保值增值率为102.70%，增值额1 864.14万元，院本级及广州实验站顺利地通过了农业部国有资产保值增值情况的核查。逐步梳理院土地资源情况，抓紧办理儋州院区2宗土地使用权登记变更事项。加强科技开发工作。全面加强科技优势、资源优势转化和市场化开发，截至2011年11月底，全院开发（经营）收入总计约1.6亿元，比2010年全年增加3 135万元，增长约24.2%。品资所的"华南五号"木薯和香蕉研究所的"新型优质香蕉种苗快繁技术的应用与示范"获得了"第十三届中国国际高新技术成果交易会优秀产品奖"。

（五）国际合作不断拓展

统筹利用国际国内两种资源和两个市场，推动国际合作向更高层次、更宽领域拓展。加强与国际组织合作。设立了热科院-国际热带农业中心合作办公室，争取国家自然科学基金委设立热带农业国际合作项目库，支持我国与国际热带农业中心（CIAT）开展热带农业领域的合作研究，首批项目将于今年启动，重点支持牧草、木薯等作物的合作研究，每项经费大约为80万美元。全年与巴西农牧研究院在内的5个单位签署了合作协议。扎实推进"南南合作"。援刚果（布）农业技术示范中心今年4月顺利通过商务部组织的内部竣工验收，并获得了后续建设项目支持，资金额达1 470多万元，依托中刚项目积极加快非洲试验站建设。承办"发展中国家天然橡胶生产与加工技术培训班"等4期国际培训班，共培养了来自18个发展国家的近200名学员。加快国际合作交流平台建设。香饮所国家引智基地获得国家外国专家局正式挂牌，椰子所引智基地已通过初审，热带作物国际农业培训中心得到联合国粮农组织初步认可。加强境外单位合作与人员互访。参与国家开发银行股份有限公司在非洲开展橡胶、油棕种植项目的国家规划工作。共派出25个团组，70人次赴21个国家和地区的出访，引进种质资源300多份。接待外宾36个团组，129人次来访。

（六）开放办院不断深入

加强全国热带农业科技协作网建设与运行。争取农业部对协作网的重视和支持，主办了首届理事会成立大会暨工作计划研讨会，来自热区九省区农业厅局、省级农业科学院、农垦集团、有关高校的领导和专家100多人参加会议，选举产生了理事会，通过了《全国热带农业科技协作网章程》和工作计划。扎实组织实施协作网"三百工程"，结合特聘专家制度特聘了100名左右研究员，抓紧遴选百项重点项目，组织策划"百项技术兴百县"工程。加强院地、院企合作。先后与海南大学、西藏农牧科学院等多家单位签署合作协议，与四川农业科学院、福建农业科学院达成合作意向，扎实落实与其他地方科研院所和海南省市县科技合作框架协议，促进重点科技合作项目和科技推广实施。

（七）党的建设全面加强

加强院所两级领导班子自身建设。坚持理论中心组学习和党员领导干部民主生活会制度，探索充分发挥党组织政治核心作用的工作机制，进一步提升了领导班子的凝聚力和战斗力。加强学习型组织建设，开展学"学先进，促发展"主题学习活动，邀请全国十大优秀农业科技专家代表来院讲座，鼓舞精神，激励斗志，促进发展。认真落实党建工作责任制。完善院党建目标管理考核体系，加强组织建设，健全党务工作机构，配齐配强党务干部，坚持在一线科研工作者中发展党员，为党员队伍增添新的活力。深入开展创先争优活动。突出服务特色，组织科研单位4个党支部与儋州市4个乡镇结成科技富农的对子，1个先进党组织和4名先进个人受到省直工委表彰。建立健全纪检工作体系。17个院属单位设立了纪委或纪检员、专职纪检干部，举办纪检监察干部业务培训班，院纪检机构监督体系基本形成，业务能力不断提高。加强廉政建设和反腐败工作。推进廉政风险防控管理，突出重点，把握关键，切实加强对基本建设、政府采购招标投和干部任用等重点领域、重点部位监督检查，深入开展科研项目经费使用、重点工程建设、小金库治理等专项治理。加强统战和群众工作。积极引导和支持各民主党派发展，服务归侨侨眷，维护侨权侨益。充分发挥群众组织作用，关注女职工成长和发展，海口实验站马蔚红同志被授予"海南省三八红旗手"荣誉称号，生物所戴好富同志荣获第十七届"海南省青年五四奖章"称号。隆重开展建党 90 周年系列活动。开展红歌颂党，"学党史、增党性、当先锋"和慰问走访活动，举行热科院建党 90 周年暨创先争优表彰大会，进一步增强了党组织的凝聚力。大力推进文化建设和精神文明建设。根据科研单位特点和科研工作规律开展创新文化建设，2011 年度热科院品资所被授予"海南省精神文明先进单位"荣誉称号。

（八）民生工程全面推进

全面启动职工住房建设。目前，全面加快海口院区第一批经济适用房建设进度，预计今年底完成主体结构封顶。儋州院区、香饮所、椰子所、湛江院区职工住房建设正在加速推进，特别值得指出的是，经过全院上下的努力，海口院区修建性详规得到原则认可，海口市规划局已批复规划设计条件，总容积率将达到 1.8，海南省房改办批复增加 656 套住房建设指标，目前正在抓紧开展前期工作。试验场安全饮水工程获海南省人民政府批复，资助经费 430 万元，该项目实施后将极大改善试验场的人、畜饮水条件。稳步提高职工待遇。2011 年职工工资总额批复 2.29 亿元，比 2010 年实际增加 22%。积极争取离退休人员补贴财政支持，切实提高退休人员待遇。努力解决社会保障遗留工作。进一步理顺湛江"三所一站"参加海南社保统筹遗留问题，争取养老金返还和补缴个人养老保险。

（九）院所管理日趋规范

不断健全管理体系。建立健全了"决策、管理、执行、监督"互相协调与制约的管理体系，初步形成了决策科学、执行有力、管理规范、运转高效的管理体制和运行机制。加强制度建设。全面加强了制度制修订工作，进一步规范院所各项管理。深化用人制度改革，优化人才成长和发展环境。不断深化职称制度改革，加强专业技术人才队伍建设；创新考核评价工作，提高科研人员创新创造活力和管理干部工作积极性。扎实推进岗位设置工作，强化岗位聘用管理。深化收入分配制度改革，稳步提高职工福利待遇。强化内部管理控制。充分发挥审计的"免疫系统"功能，加强审计工作，强化审计结果整改，强化内部控制，堵塞管理漏洞，规范重点领域和关键环节监督，确保各项管理规范和资金安全。加强法律事务，严格合同审核和管理，积极处理法律案件，目前岭南大楼问题得到有效解决，球康饮料厂案件基本取得胜诉。扎实推进各项安全稳定工作。创建"平安院区"，深入开展综合治理，为热科院科研事业又好又快发展和职工群众的安居乐业创造安定祥和的环境。

特别值得指出的是，在农业部的正确领导下，在全院广大干部职工的努力下，我们经受了重大自然灾害的严峻考验，夺取了抗风救灾的全面胜利。今年 9 月 29 日至 10 月 6 日，热科院连续遭受了今年第 17 号强台风"纳沙"、第 19 号强热带风暴"尼格"双重袭击，台风风力高达 14 级，强降水 50 年不遇，影响范围广、持续时间长，给热科院科研工作及职工生活带来了严重影响。院领导班子团结带领全体干部职工，充分发扬不畏艰险、无私奉献、艰苦奋斗、团结协作的精神，变"国庆黄金周"为"抗风重建"周，一手抓科技救灾，一手抓抗灾自救，奋力投入抗灾自救，确保了全院职工的生命财产安全和科研、生产、生活秩序，派出 200 多名专家深入海南、广东开展抗风救灾和灾后恢复生产技术指导，为地方恢复生产、保障农产品供给和减少农民损失做出了应有的贡献。正因为全院干部职工的努力和奉献，热科院抗风自救、科技救灾行为得到了农业部和海南省的高度肯定。韩长赋部长专门做出重要批示，对热科院抗灾自救给予充分肯定，陈萌山总经济师指出："热科院反应迅速、应对果断、成效显著、组织有力，领导班子靠前指挥，广大干部职工众志成城"，海南省罗保铭书记、蒋定之代省长、陈成副省长、湛江市委市政府等领导也给予了充分肯定。

同志们！回顾过去一年的工作，我们深感欣慰，过去的一年，热科院科研产出大幅增加，科技开发阔步前进，干部人才队伍不断加强，民生工程全面推进，全院的建设发展取得了良好的成绩，我们也深刻感受到这些成绩来之不易，得益于中央强农惠农政策力度的加大，得益于部党组对热带农业科技事业和热科院建设发展的重视，得益于海南省等热区各地的支持和厚爱，更是全院各级班子和干部职工艰辛付出的结果，在这里，我代表院领导班子向大家表示衷心的感谢和崇高的敬意！

但我们也清醒地认识到，与农业科技的国家队的身份相比、与支撑热带农业发展的崇高使命相比、与热科院新时期创新跨越发展的要求相比，我们还有一定的距离，许多困难、问题和矛盾还一定程度地存在，特别是领军人才缺乏、基础性研究不够深入、重大标志性成果不多、科研组织团队协作不够、管理与监督还存在薄弱环节等，在新的一年里，我们务必高度重视、深入研究并认真加以解决。

二、2012年工作思路及重点

今年是实施"十二五"规划承上启下的重要一年，我们党将召开十八大，去年底，中央农村工作会议、全国农业工作会议对今年农业农村做出了一系列重要部署，总的看来，今年中央强农会惠农政策力度将进一步加大，特别是即将颁发的一号文件将突出强调部署农业科技创新，把推进农业科技创新作为"三农"工作的重点，作为农产品生产保供给和现代农业发展的支撑，出台一系列含金量高、打基础管长远的政策措施，在我国农业科技发展史上具有重要的里程碑意义。同时，农业部把今年确定为"农业科技促进年"，许多重点项目、重大工作将在今年谋划和逐步组织实施，我们务必要紧紧抓住这一重大机遇，进一步振奋精神，全力以赴抓好热带农业科技工作和全院建设发展各项任务，全面加快世界一流的热带农业科技中心建设。

今年全院工作的总体要求是：认真贯彻落实中央农村工作会议、全国农业工作会议决策部署，深入贯彻落实科学发展观，紧密围绕工业化、城镇化和农业现代化"三化同步推进"战略任务和农业部"两个千方百计、两个努力确保"目标，进一步提升科技内涵，增强综合实力，切实改善民生，全面加快世界一流热带农业科技中心建设，为热带现代农业发展和农民持续增收提供强有力科技支撑，以优异成绩迎接党的十八大召开。

（一）构建热带农业科技创新体系

加快全院科技资源有效整合。围绕国家战略，打造天然橡胶"航母"，建立全链条学科创新体系，强化天然橡胶产业科技支撑，提高我国天然橡胶自给率和世界天然橡胶科技话语权。围绕热带农产品加工业发展重点和技术需求，打造热带农产品加工"航母"，提高农产品效益，增加农民收入，促进现代农业产业升级。围绕热区"糖罐子"需求，打造甘蔗"航母"，促进我国糖料生产和食糖安全供给。拓展提升科研战略布局。湛江院区争取建设"南亚热带作物创新中心"。在江门建设热带亚热带农业综合实验站，打造面向珠三角、立足广东的桥头堡。联合共建广西南亚热带作物科技创新中心，为广西壮族自治区木薯、甘蔗和冬季瓜菜产业提供强有力科技支撑。加快湛江实验站和广州实验站研究所建设，促进实验站向研究所内涵转变。加强各类重要科研平台建设。全力争取建设热带作物生物学与遗传资源利用国家重点实验室，加强部省级、院级科研平台建设，充分发挥现有的院级和部省级平台凝聚人才和组织创新的作用。加强科研立项。积极建议和承担国家科技任务，加强重大创新目标的凝练和重大项目的组织策划，发挥全国热带农业科技协作网组织联合攻关的作用，力争全院各类科研项目比2011年增加20%以上，科研经费比2011年增加30%以上，并争取2项以上国家重大项目。加强重大成果培育和申报。全力确保获得1~2项国家科技奖励，同时组织2项项目申报明年国家奖。争取中华农业科技奖、海南省科技奖、全国农牧渔业丰收奖等部省级奖励50项以上，通过联合协作等方式继续拓展其他省部级科技奖励申报范围。加强重点学科和重要热带作物产业技术体系建设。围绕热区、热带农业，持续加强热带农业学科建设和热带农业理论体系的构建。

（二）人才强院，建立人才创新基地

扎实推进"十百千"人才工程。加强人才引进、优化和整合，提高人才层次和整体水平，今年要引进知名科学家、学科领军人物4~5名，国家级课题负责人、首席科学家10~15名，培养或引进100名左右有竞争力的科技骨干。

重点做好高级专家组和特聘专家工作，加强热带农业理论体系建设和战略规划、政策建议工作，呼吁有关部门重视和支持热带农业科技。启动热带农业科研杰出人才和青年拔尖人才的遴选、扶持和培养。对杰出和拔尖人才给予5 000元的一次性激励，每年资助20万科研和人才培训经费，支持具有良好科研积累和发展潜力的人才和团队开展重要方向研究。启动人才创新基地和海南人才特区建设。依托文昌区位优势和椰子所土地资源优势建设"农业科技创新与人才基地（海南）""海南热带农业创新创业人才发展示范基地""热带农业国际合作交流基地"，打造人才硅谷。设立热带农业科研人才创新团队基金和人才基金。院本级每年预算安排300万元以上、各单位预算不低于5%的经营性和开发收入作为人才专项经费，用于高层次人才引进、各类人员的继续教育培训和杰出人才的资助、奖励。加强研究生和博士后联合培养。把研究生招生资格和学位点申报工作作为一项长久持续的重点工作，争取教育部门支持。加强和拓展与有关院校合作，扩大研究生规模。发挥博士后科研工作站作用，加大博士后单独招生力度。

（三）发挥优势、转化成果、增强实力

进一步解放思想，在确保土地和资金安全前提下，紧紧抓住科技成果、科技资源和土地资源优势转化这个核心，提前谋划、超前部署，确保全院2012年开发总收入3个亿，净收入1个亿目标的实现。做大做强种业经济。瞄准市场需求，充分发挥各单位的优势，以研究所为责任主体，坚持研发与生产同步开展，建设橡胶、木薯、香蕉、甘蔗、热带果树、瓜菜、南药、香稻、花卉、绿化苗木等良种良苗产业化基地。加快发展农产品加工业。以各研究所为责任主体，分别建立热带农产品加工中试基地、热带作物专用肥料（刺激剂）厂、热带作物专用农药厂、热带畜牧（水产）饲料厂、热带功能性热带植物产品精深加工厂等农产品加工重视工厂，延长产业链，增加产品效益。加强土地资源开发。发挥海口省会城市、文昌航天发射中心、兴隆特色风情小镇、儋州洋浦保税港区、湛江疏港大道的区位优势，抓好后勤海口

窗口建设、海口围墙经济开发和南亚所、椰子所、儋州院区土地资源合作开发。发展休闲农业、会务经济。以海南国际旅游岛建设为契机，充分利用海南热带植物园、兴隆热带植物园、南亚热带植物园、椰子大观园等旅游资源，进一步完善旅游配套基础设施，做大做强科技旅游观光农业，延伸拓展会务经济。发展内需循环经济。试验场要充分依托热科院科技、资源及品牌优势，坚持市场导向和职工群众自愿原则，引导、扶持职工群众以家庭、队集体、专业合作社为单元，利用闲置的零星土地、橡胶林段，发展道路经济、水面经济、林下经济、田园经济及农家休闲等混合型经济，提高职工群众自营收入，拓展致富渠道。后勤服务中心要创新机制，带领职工建立绿色食品、有机食品生产示范基地，为全院职工内需循环服务。扎实推进"一所两制"。研究所内部科技创新部分建立现代院所管理制度，科技开发部分通过注册企业法人机构建立现代企业管理制度，创新开发收入分配机制，实行院、所、开发人员绩效2∶3∶5分配机制，积极探索股权激励、经营目标奖励等多种灵活有效的激励机制。

（四）拓展国际合作，走向世界热区

加强与国际科技组织合作。争取国家自然科学基金委支持，组织实施热带牧草、木薯等热带农业国际合作重点项目，争取中国－FAO国际农业培训中心热带作物分中心挂牌和建设。争取与世界农业科技组织和发达国家先进农业科研教学机构合作，引进国际先进科技资源，提高热科院协同创新能力，重点抓好与夏威夷大学和迪肯大学人才联合培养。扎实推进"南南合作"。加快中国援建刚果（布）农业技术示范中心后续项目建设和运行，提升示范中心的可持续发展能力，加强非洲试验站建设。争取举办中国—非盟热带作物研讨会，邀请非洲国家科学家、非洲驻中国大使、国内热带作物专家以及国际组织和政府官员参加，扩大影响。加强热带农业"走出去"技术集成和支撑，重点集成面向非洲、东盟国家和南太平洋岛国的天然橡胶、木薯、油棕、蔬菜、椰子等生产技术，为我国企业开发境外资源提供配套科技支撑。抓好国际合作平台、项目和团队建设。推

动现有国际联合实验室的升级命名，加强热科院热带农业领域有国际影响力的领军人物、学科带头人和创新团队培育，争取科技部、农业部和商务部的支持，积极争取政府间双、多边合作项目，全院国拨项目经费力争要比 2011 年增加 30%，推动国际合作向基地—人才—项目模式转变。

（五）开放办院办所、服务热区"三农"

争取农业部支持，依托全国热带农业科技协作网，围绕热带农业发展需求，聚集热带农业科技资源，凝聚目标，推进联合协作，把热带农业协作做成农业区域协作的品牌和标杆。推进科研和推广的紧密结合。利用今年国家加大科研投入的大好时机，加大行业科研专项实施力度，推进科研和推广体系的深入融合，在热区率先探索科研推广一体化的新机制。配合科教司率先在热区启动以地区农科所为重点的产业技术体系建设。落实农业部乡镇农业公共服务机构建设"一衔接、两覆盖"部署，加强热区人才特别是基层推广人才的培养。组织实施热作产业"双增"科技优先计划。围绕天然橡胶单产增加 15% 和热带经济作物亩增收 500 元的目标，策划和争取实施热作产业双增科技优先计划。组织协作网成员单位实施"1151"工程，深入开展"百项技术兴百县"活动。加强试验示范基地建设。联合有关科研单位、高等院校、生产企业实施基地示范行动，在热区布局建设热带农业科技示范基地网络，把示范基地建设成热带农业科技试验基地、优良品种和先进技术示范基地、农民培训基地和当地现代农业示范园。

（六）科学决策、规范管理、强化执行

加强制度建设和梳理。今年要集中力量，依法依规全面梳理管理制度，合理简化办事、审批程序，落实责任单位和责任岗位，明确办理期限，提高工作效率，确保政令畅通、提高管理管理效能。加强基本建设项目计划和执行。2012 年要完成海口院区修建性详细规划修编和中兴大道西沿线两侧修建性详细规划编制，积极争取国家热带生物基因资源中心建设，规划三亚院区征地、湛江南亚热带作物科技创新中心建设，开工建设海口热带农业科技中心和海口院区第二批职工保障性住房建设，启动文昌科技创新基地、海口院区围墙经济建设。进一步规范和加快在建项目执行，力争农业基本建设项目预算执行 80% 以上。进一步规范资产管理工作。确保全院资产保值增值目标实现，推进资产管理信息化建设，重点开展土地资源管理与利用工作，扎实推进资产整合与共享、共用。加强财务管理和预算执行。进一步完善全院的财务管理体系，强化预算管理，加快推进预算执行，规范会计核算基础规范工作，加强项目资金管理和财务管理队伍建设。加强驻北京联络处窗口建设。进一步完善驻北京联络处各项基础条件，促进内涵和功能转变，争取与全国农业展览馆合作建设北京科技产品展销中心。

（七）以人为本，全面推进民生工程

重点实施"十大"民生工程。一是职工住房建设。加快海口院区第一批经济适用住房建设，启动海口院区第二批经济适用住房、湛江院区公租房和儋州院区、文昌、兴隆经济适用住房建设，初步实现全院职工保障性住房政策的全覆盖，探索突出贡献人员激励性住房政策。二是改善职工工资福利。坚持科研和开发双轮驱动，不断增强院所实力，让广大职工共享改革发展的成果，在争取政策、增强实力的基础上，各单位要依靠发展绩效工资增加 15%。三是改进职工餐厅服务。建立和推动内需循环系统，参照香饮所模式，以院区为单位，建立和完善职工餐厅服务，降低职工生活成本，提高生活保障质量。四是加快办理海口户籍。加快推进院本级法定住所变更登记工作。分类分批解决职工海口户籍问题，为职工子女入学等创造条件。五是开展全员培训。全面提高职工业务知识水平，保障每位职工参加岗位培训（轮训）需求，拓展工作思维视野，提升能力水平。六是关注老同志及弱势群体。坚持以人为本，有针对性的帮助解决老同志和困难职工等弱势群体的具体问题。七是协调解决子女就业问题。建立系统机制，逐年推进，分类分批解决引进高层次创新人才、优秀专家及中层以上管理人员的子女就业问题。八是建设职工运动场所。在海口院区大规模建设的同时，规划建设临时运动场所，增设简易体育健身设施，开展群众体育运动，增强职工体质，提高工作效率。九是实施环境改造。加快海口、儋州院区和各科研所道路、绿化等环境改造，确保干部职工良好的工作生活环境。十是引导支持职工群众发展生产致富。充分调动各方面积极性，探索以连队或家庭为单元的观光农业等有益经营方式，发展短、平、快的增收项目，最大限度地确保职工收入，以发展的成果促进稳定和谐。

（八）加强党建、依法监督、和谐发展

加强领导班子自身建设。坚持和发扬民主集中制、民主生活会制度和理论中心组学习制度，提升各级领导班子的管理能力，增强班子的凝聚力和战斗力。建立健全基层党组织参与重大决策的工作机制，切实发挥党组织的政治核心、战斗堡垒和监督保障作用。深入推进学习型党组织建设和"创先争优"活动。深入开展学习型党组织建设，组织实施好"创先争优"第三阶段工作，突出科技"为民服务"主题。加强思想和组织建设。组织和带领广大党员干部和职工加强政策理论学习，坚定理想信念。建立健全院党组织工作体系，坚持在科研一线和青年职工中发展党员，壮大党员队伍，加强党务干部的培训，努力提高党务干部的业务水平。加强党风廉政建设。加强廉政宣传教育和监督检查，严格落实《廉政准则》各项规定、党风廉政建设责任制和惩防体系建设规划，积极推进反腐制度体系建设，针对重点领域和关键环节进一步落实廉政风险防控，严格内部管理控制。加强法律事务工作，从源头上防范廉政和法律风险。切实发挥各级党组织的监督作用，构建高效有力的监督体系。加强统战和群团工作。大力支持各民主党派开展专题调研活动，加强自身建设，做好党外知识分子和党外人士工作。完善群众工作组织管理体系，做好

工会、女工委、共青团工作，组织开展丰富多彩的群众性文化体育活动。加强创新文化建设。深入贯彻落实十七届六中全会精神，全面加强创新文化建设，弘扬科学精神、营造学术氛围，积极培育和谐进步的创新文化，提高科技干部职工创新的自觉性和主动性，引导和带领广大干部职工为全院的建设和发展服务。开展"平安院所"创建，加强社会治安综合治理，落实安全生产各项措施，着力化解矛盾、困难和问题，确保全院安全稳定。

（九）分类改革，解决历史遗留问题

加快企业、债权债务、固定资产清理。争取财政部驻海南省财政监察专员办事处的指导和省部政策支持，对院、所办企业在分清责任、落实管理主体的基础上，落实管理单位和责任主体，按照分层、分类的原则逐步进行清理和处置。稳步推进附属单位管理体制改革。完成责任体系的改革，重点是预算体系整改，明晰管理责任体系，适时启动试验场与6个研究所的人、财、物实质性结合。争取农业部、海南省的支持，加强试验场新队与地方共建，按"家庭长期联产承包"模式由试验场进行管理，参照自然村的组织形式，探索实行村民自治。同步加强附属中小学管理和移交地方政府工作。

同志们！我国已进入"三化"同步推进的关键阶段，农业的根本出路在科技，党中央、国务院、农业部对热带农业科技创新工作满怀期待、寄予厚望，我们使命崇高而光荣，任务重大而艰巨，让我们紧紧抓住机遇、振奋精神，乘势而上、开拓创新全面建设世界一流的热带农业科技中心，为发展现代热带农业、建设社会主义新农村做出新的更大的贡献！以更加优异的成绩，向党的十八大献礼！

谢谢大家！

重要讲话

把握发展机遇　　加强文化创新
持续提升各级党组织的创造力、凝聚力和战斗力

——在热科院2012年党建工作会议上的讲话

雷茂良　书记

（2012年3月22日）

同志们：

今天在这里召开热科院党建工作会议，回顾总结去年工作，研究部署今年党建工作任务，进一步探索党建工作机制和工作举措，这对于全院各级党组织进一步统一思想、理清思路、明确目标，开创热科院党建工作新局面，更好地为热科院可持续发展提供政治和组织保证，具有重要意义。会议的主题是：把握发展机遇，加强文化创新，持续提升各级党组织的创造力、凝聚力和战斗力。

一、2011年全院党建工作回顾

2011年是热科院党建工作取得重要进展的一年。年初，召开了全院党建工作会议，并下发了《关于进一步加强党建工作的意见》。全院各级党组织认真贯彻落实科学发展观，紧紧围绕全院中心工作，按照党建工作会议提出的工作思路和要求，以创先争优活动为契机，以学习型党组织建设为载体，以提高全院党员干部的政治思想素质为着力点，不断求实创新，大胆探索，全院党建工作科学化水平得到了进一步提升，党建工作跃上了新的台阶，为全院各项工作的开展提供了有力的政治思想和组织保证。主要表现在以下几个方面。

（一）思想武装和理想信念得到不断强化

一年来，各级党组织始终把坚持思想政治学习，不断提高党员干部的思想政治素质，建设学习型党组织摆在党建工作的重要位置，抓紧抓好。

一是理论中心组发挥学习带头作用。各二级单位理论中心组严格按照学习要求，集中学习了十二五规划纲要、党的理论知识、胡锦涛总书记七一重要讲话、十七届六中全会精神等重要内容。每个学习阶段，中心组成员都能认真撰写学习心得，自觉地在提高理论修养中加强党性锻炼，提升自身的思想水平、政策水平和领导水平。各级理论中心组学习活动做到有计划、有制度、有检查、有考核。

二是形成了自上而下的学习体系。中心组理论学习带动基层支部、普通党员干部的学习。通过组织开展各类学习座谈会、讨论会、培训班、读书班、辅导报告会等，开展学习教育，促进广大干部不断增强开拓创新意识，更加坚定理想信念，提高贯彻执行党的路线方针政策的自觉性和坚定性，增强做好本职工作的责任感和使命感。

三是做到学以致用，用以促学，学用相长。各级党组织在开展学习活动中，坚持以破解科技创新难题，提高服务"三农"水平为学习的出发点和落脚点。特别是各级党组织和领导班子，通过学习，把理论学习与单位的实际结合起来，不断用学习成效来推动工作，把学习转化为谋划工作的思路，转化为促进工作的措施，取得显著的实际效果。

（二）党的组织建设得到进一步完善

按照党建工作会议提出的要求，一年来，各级党组织以健全基层组织机构，优化党建工作队伍为主要着力点，进一步完善了各基层组织建设，增强了党建工作力量。

一是进一步健全了党建工作机制。各基层

党组织充分认识党建工作的重要性，坚持党的建设与业务工作"两手抓"。许多单位做到党建工作与中心工作同部署、同检查、同总结，较好地解决了"两张皮"的问题。

二是进一步完善了党的组织机构。党委一级单位相继成立党委办公室，总支一级设置党务干部岗位，相应配备1～2名专兼职党务干部，实现了党建工作专人专岗，切实加强了党建工作队伍建设。

三是进一步加强了基层党支部建设。各级党组织根据形势发展需要，以有利于党组织活动，有利于党员教育管理，有利于党员发挥作用的原则，对不适宜的支部进行了调整，使基层组织架构更符合实际，更能发挥党组织的核心作用。

四是持续壮大了党员队伍。坚持在一线科研人员中发展党员和严格把关、注重质量的原则，培养、吸收了一批优秀分子加入党的组织，增添党的新鲜血液，增强了基层党组织的生机与活力。

（三）党员干部作风建设得到进一步加强

一年来，各级党组织按照"转变观念、转变职能、转变作风"和"为发展服务、为基层服务、为群众服务"的要求，努力营造廉政高效的服务环境。

广泛开展弘扬建院精神、恪守职业道德系列教育活动。各级党组织开展了以"强学习提素质、讲文明树新风、建功热带农业科研事业"为主题的文明大行动。通过学习老一辈热科院人艰苦奋斗、勇攀高峰的光荣传统，学习"泥腿子"精神和杨善洲先进事迹，切实增强了广大党员干部对科技事业的感情，坚定了服务热区"三农"的信念和决心。广大党员干部立足岗位，扎实工作，积极创新的自觉性有所增强。

大兴求真务实之风，深入基层，体察实情。各级党组织不断完善领导干部密切联系群众的工作制度，深入调查研究，了解民意，体察民情，围绕群众最现实、最关心、最直接的利益入手并狠抓落实。通过各基层党组织的不断努力，党群干群关系得到较大改善，干部工作作风得到明显改进。特别是去年抗击"纳沙"和"尼格"台风，组织救灾工作中，全院党员干部

率先垂范，以高度负责的政治责任感，顽强拼搏的工作作风，较好地发挥了党员先锋模范作用，彰显了热科院党员干部的精神风貌。

（四）创先争优活动取得阶段性成果

按照中央和农业部的总体部署，热科院的创先争优活动坚持发挥科研优势，坚持深入基层，服务三农，从"创、争"上下工夫；在"先、优"上求实效，取得了阶段性成果。

一是坚持把以科技进步促进热带农业农村经济发展作为"为民服务 创先争优"的主战场，在加快推进热带农业科技创新的同时，充分发挥热科院的科技优势，通过大力开展中部市县农民增收计划，"城乡互联"共建活动、"科技服务活动月"和"百名专家兴百户"等活动，以科技富农为抓手，以各项主题活动为载体，不断拓宽创先争优活动领域。

二是坚持履职尽责创先进，立足岗位争优秀，进一步增强管理干部特别是机关工作人员服务基层、服务科研一线的意识，改进工作作风，提高办事效率和工作质量。

热科院创先争优活动得到社会各界和上级领导的高度肯定。2011年热科院1个先进党组织和4名先进个人受到省直工委的表彰。同时，院党组在"七一"前后，隆重表彰了在创先争优活动中表现突出的11个先进党组织和43名先进个人，展示了热科院创先争优的丰硕成果。

（五）党建工作规范化水平得到显著提升

一年来，各级党组织按照《党建工作目标管理考核实施办法》，制定具体工作措施，明确考核指标，完善考核评价，针对各自存在的薄弱环节，狠抓整改落实。实践证明，实施党建目标管理考核后，各基层组织抓党建工作的目标更明确了，思路更清晰了，措施针对性更强了，党建工作纳入了规范化管理的轨道。在省直工委组织的2011年度全省党建目标管理考核评比中，热科院获得先进单位荣誉称号。

（六）党风廉政建设取得明显成效

各级党组织认真贯彻中央、农业部、院党组有关党风廉政会议精神，坚持把党风廉政建设和反腐败各项任务落到实处。坚持民主集中制原则，严格执行廉政准则各项规定，完善纪检组织体系，加大廉政教育、廉政预警、制约

监督、查案惩治工作力度，强化组织监督，查找风险点，强化标本兼治，突出源头治理，不断拓宽监督渠道，使热科院反腐倡廉工作做到科学化、制度化、规范化，有效地促进了党风廉政建设，维护院区的安全稳定。

（七）精神文明建设得到不断拓展

各级党组织紧紧围绕院的中心工作，以"讲文明、树新风"为主线，以思想道德建设为重点，以服务基层、服务职工为宗旨，积极开展各项群众性精神文明创建活动，激发了广大党员干部群众为院建功立业的工作热情。各级党组织以庆祝建党九十周年为契机，精心组织了"红歌颂党演唱会""学党史、增党性知识竞赛"，重温入党誓词以及走访慰问老同志、老专家系列主题活动，在全院营造了积极向上的良好氛围，受到群众的广泛欢迎和全院上下的好评。各级工、青、妇组织根据自身特点，开展了"巾帼建功"、送温暖、文明家庭评选等活动，进一步凝聚职工人心，提升了单位文化，营造了和谐氛围。

总之，2011年，热科院各级党组织认真贯彻党建会议精神，党建各项工作取得较好成效，对于同志们所做的工作和所取得的成绩，院党组是充分肯定的，干部群众是满意的。在此，我代表院党组对一年来为热科院党建工作做出贡献的广大党员干部和党务工作者表示衷心的感谢！并致以崇高的敬意！

虽然我们工作取得了一些成绩，但离新时期党建工作目标要求，离广大干部职工的期望，还有一定的距离，摆在我们面前还有很多问题，需要我们进一步去研究、探索和解决。

二、2012年党建工作任务及要求

2012年是加快推进热科院各项工作健康有序发展的关键之年，做好今年党建工作任务艰巨，意义重大。今年，热科院党建工作的指导思想是：以全面贯彻党的十七大和十七届六中全会精神为指导，认真贯彻落实科学发展观，贯彻落实中央一号文件精神，紧紧围绕加强党的执政能力建设，全面加强党的思想、组织、作风建设，着力提高全院党员干部思想政治素质，为推进热科院各项工作深入开展提供强有

力的思想组织保障。

下面，我就如何做好今年党建工作讲4点意见。

（一）进一步增强做好党建工作的责任感和紧迫感

当前，热科院正处在加快建设一个中心、五个基地，全面提高综合实力，打造世界一流热带农业科技创新中心的关键发展时期，各项任务艰巨而紧迫。院工作会议已明确了2012年工作目标、重点工作和推进举措。这些目标的实现，离不开强有力的党建工作做保证；离不开坚定正确的政治思想做基础；离不开敢于创新，善于开拓，甘于奉献的党员干部队伍做支撑。

总的来说，这些年来热科院党建工作做到了稳步推进，形势喜人。但也存在一些亟待解决的问题和需要改进提高的地方。比如，个别单位对党建工作所处的特殊地位和重要作用认识不足，重视不够；个别党组织对党建工作如何适应新形势、新任务，研究不够，办法不多；个别党组织和少数党员干部的积极性还未能得到充分发挥；等等。这些问题势必影响到党组织创造力、凝聚力和战斗力的发挥，影响到热科院总体战略部署的实现，必须切实加以解决。

全院各级党组织要从热科院发展的战略高度，充分认识做好党建工作的重要性。认真履行好党组织的神圣职责，把加强和改进党建工作上升到提高党的执行能力建设，推动各项任务顺利开展的高度，进一步增强做好党建工作的责任感和紧迫感，更加扎实地做好党建各项工作，为实现宏伟目标做出积极贡献。要自觉将党建工作放在全院改革、发展、提高的大背景之中，放在"持续跨越发展"的大目标之中去思考，去研究，去部署，去落实。在加强领导上下工夫，在开拓创新上动脑筋，在狠抓落实上求实效，把党员干部的思想和行动，统一到全院各项决策、工作部署上来，调动各方面积极性，营造和谐统一的工作环境，为热科院持续跨越发展提供强大动力。

（二）围绕发展大局，充分发挥党组织的职能作用

围绕中心，服务大局，是热科院党建工作

的出发点和立足点。党建工作只有服从和服务于院中心工作，服从和服务于院改革发展稳定大局，才能充分发挥其独特优势，才能有活力、有作为、有地位。各级党组织必须在推进热科院改革发展稳定的大局中，勇立潮头，作出表率。

要充分发挥各级党组织的思想政治优势，统一思想，鼓舞士气。采取有效的形式，大张旗鼓地宣传、贯彻党中央、国务院和农业部的方针政策和热科院的发展战略、中心工作，使全院党员干部、广大职工及时理解精髓、准确把握重点，切实把全院职工的思想统一到院确定的奋斗目标上来。要重视和加强思想政治工作，把工作做前、做深、做细、做实，用热科院改革开放的实际效果和发展远景来振奋党员干部的精神状态，激发科研骨干、广大职工干事业的信心和热情。积极引导广大党员干部转变观念，适应不断变化的新形势，尤其要用发展的思想、发展的理念引导广大职工冲破一切妨碍发展的思想观念，改变一切束缚发展的做法和规定，调动一切积极因素，努力营造聚精会神干工作，一心一意谋发展，全力以赴抓落实，尽职尽责作贡献的浓厚氛围。

要充分发挥党组织的组织优势，凝聚力量，攻坚克难。各级党组织要进一步增强党建工作的主动性和前瞻性，充分发挥党组织的战斗堡垒作用和党员的先锋模范作用，采取有力措施，组织党员干部全身心地投入到科技创新、服务三农、条件建设、改善民生等各项重点、难点工作当中，努力做到中心工作在哪里，单位党建工作就参与到哪里，渗透到哪里，服务到哪里。认真分解任务、落实责任，做到事事有人抓，件件有着落，确保各项工作任务顺利开展。

要充分发挥党组织的优良作风优势，提高效能，改进工作。加强党的作风建设，是加强党的执政能力建设的重要内容。各级党组织要教育党员干部牢固树立正确的权力观、利益观、价值观，增强立党为公、执政为民的公仆意识。要在全院职工特别是科技人员中牢固树立以支撑热区农业农村经济发展、促进农民增收为己任，把论文写在大地上，成果留在农民家的理念，动员和组织党员干部深入农村、深入基层、深入群众，为基层和群众多办事，办好事、办实事，不断提高服务水平，促进热科院发展建设环境的进一步优化。

（三）大力推进创新文化建设，努力营造和谐发展氛围

党的十七届六中全会提出，文化是发展的强大精神力量。在一个组织的发展中，文化具有基础的、核心的和主导的作用。热科院作为国家级农业科学院，担负着为推进我国热带农业建设和社会主义新农村建设提供科技支撑的历史重任。通过开展创新文化建设，发掘热科院的优秀文化内涵，赋予以爱国主义为核心的民族精神和以改革创新为核心的时代精神，营造浓厚的创新氛围，对于激励和培育创新思维，造就创新人才、做出创新成果和实现可持续发展，具有积极的促进作用。这也是实现热科院"一个中心、五个基地"战略目标、提高热科院整体创新能力的有效保证。因此，创新文化建设是今年乃至一段时间内热科院党建工作的中心工作。

开展创新文化建设的目标，就是要在全院广大党员干部、职工中牢固树立与热科院发展战略定位和科技创新目标相统一的价值观；构建起具有热科院特色，健康向上、内容丰富、制度健全，科技人员认同并自觉实践的创新文化体系；营造科学民主、开放宽容、激励创新、协同高效的创新文化氛围，为推进热科院的改革与发展，促进热科院出成果、出人才提供精神动力和文化支持。

开展创新文化建设的基本内容主要有以下4个方面。

一是建设理念文化。总结、提炼热科院人文精神，确立热科院理念文化的基本内涵，形成符合时代精神的院训、所训等。

二是建设标识文化。确立各单位标志，设计院徽、所徽，明确产品特色、包装，完善文化传播媒介的建设等。

三是建设院区文化。完善规划设计，加强物业管理、环境建设、服务设施建设等，为广大科技人员创造良好的科研、工作和生活氛围。

四是建设制度文化。建立健全符合科技创新，符合单位发展方向的一系列行为规范。

创新文化建设是一项长期的系统工程，需要我们为之不断努力，我们将利用2~3年的时间，推动这项工作的纵深开展。今年的工作重点，是要完成院指导性意见的出台，提出具体创新活动的内容，广泛开展宣传、思想动员，为开展创新文化建设奠定思想基础和群众基础。院属各单位要切实负起责任，把创新文化建设作为一项长效工作机制抓紧抓好，要根据院的指导意见，研究制定出具体实施方案，明确基本目标、主要任务，重点突出价值导向与精神氛围、科技创新与队伍建设、制度建设与行为规范、环境建设与形象标识等内容，确保创新文化建设落到实处。

（四）坚持改革创新，努力开创党建工作新局面

加快发展，是时代的特征，要求发展是广大职工的迫切希望，推进发展是时代赋予我们的神圣职责。全院各级党组织，要围绕当前形势任务，不断增强党建工作活力，以全面夯实基础、凝聚发展力量、提高执行能力，推动热科院各项事业更好的发展。

一是继续深入开展创先争优活动。今年的创先争优活动要继续以"为民服务 创先争优"为主题，紧密围绕农业部党组提出的"两个千方百计，两个努力确保"的中心工作，立足科技创新、服务"三农"创先进、争优秀，立足单位和个人的工作岗位创先进、争优秀。大力弘扬雷锋精神，争做岗位先锋，广泛开展岗位练兵、技能比武活动，不断提高科技创新、服务"三农"的能力与水平。要深入总结近两年开展创先争优的新鲜经验，把行之有效的好做法，提炼上升为制度规范，建立健全创先争优的长效机制。

二是大力加强政治理论学习。各级党组织要把政治理论学习摆上重要议事日程，按照武装头脑、指导实践、推动工作的要求，发扬理论联系实际的学风，做到真学、真信、真用。各单位党政"一把手"要负总责，亲自抓，要通过坚持和完善中心组学习，影响和带动面上的学习。班子成员要以身作则，学在前面，用在前面。

当前，要把今年中央一号文件的学习不断引向深入。要认真吃透一号文件的精神，深刻理解党中央、国务院对加快农业科技创新的指导思想、战略布局和政策措施，进一步明确农业科技的定性、定向和定位，结合各单位和每个人的工作实际，进一步理清思路，明确方向，改进作风，紧紧围绕产业发展的科技需求开展科技攻关，为我国热带现代农业发展提供可靠的科技支撑。今年下半年将要召开党的十八大，各级党组织要按照中央的统一部署，认真组织学习和贯彻落实好党的十八大精神。除了学习好有关文件外，建议我们的党员领导干部还要抽时间读一点马列主义的原著，读一点古今中外有关政治、经济、历史、文化的经典著作，以进一步开阔自己的眼界和思路，提升自己的修养，提高自己的政治思想素质和业务工作能力。

三是切实做好思想政治工作。思想政治工作是党建工作的中心环节和重要内容。思想政治工作一方面要宣传教育干部群众，使广大干部职工真心实意拥护党的领导，热爱祖国和人民，热爱热带农业科技事业，在思想上、行动上与党中央保持一致；另一方面要树立以人为本的理念，体现尊重人、关心人、理解人、帮助人和培养人，充分发挥党的组织优势，建立健全与职工沟通的民主渠道，把解决思想问题同解决职工实际问题结合起来，积极引导职工合理、合法表达利益诉求，切实解决好职工反映的难点、焦点问题，使我们的思想工作更贴近人心，更富有成效，真正发挥思想政治工作暖人心、得人心、稳人心的作用。要进一步拓宽思想政治工作渠道，要寓教于乐，寓教于服务管理和各项活动之中，广泛开展融思想性、知识性、趣味性于一体的喜闻乐见的活动。各级工会组织要认真履行好维护、参与、建议和教育四项职能，切实调动、引导、保护好职工的利益和积极性。

四是不断增强各级党组织的执政能力。党的核心地位和作用，主要是通过党的政治领导、思想领导和组织领导来实现的。党组织负有把方向、出思路、带队伍、抓大事的重要职责。要坚持总揽全局、协调各方的原则，要管方向、管大事，要把主要精力放在研究单位的大政方

针上。在新的形势下，要建立健全党政协调配合的工作运行机制，着力探索和建立党组织参与单位重大决策的工作制度，通过不断完善领导班子议事和决策机制，大力推进决策科学化、民主化。各级党委书记、党总支书记要切实履行好岗位职责，带头和督促党委（党总支）一班人履行管党的职责，要以党委（党总支）的凝聚力、战斗力和创造力带动和激活党的建设，使党委（党总支）真正成为本单位、本部门的坚强领导核心，成为广大党员干部的主心骨。

五是进一步抓好党风廉政建设。党风廉政建设是一个单位全面健康发展重要保证。今年是院党组确定的"党风廉政建设年"，各级党组织要切实承担起抓党风廉政建设的责任，要把党风廉政建设摆在重要位置，把落实党风廉政建设责任制融入到单位各项改革发展大局之中，着力解决与职工利益密切相关的重点、难点问题。要从加强理想信念、法制观念和传统教育入手，不断改造党员干部的主观世界，从思想上筑起拒腐防变的道德防线。要及时发现和解决在党风、政风方面存在的妨碍发展的突出问题，加强对重大决策、财务管理、物资采购、工程招标、选人用人、项目执行等重要环节和重点部位的监督。

六是不断夯实党建工作基础。各级党组织要以党中央部署的"基层组织建设年"为契机，进一步推进基层组织建设的规范化、标准化。要抓好党支部班子建设，结合支部换届工作，选好、配强党支部书记；机关党委要加强对各基层党支部执行制度情况的检查和督促，加大对基层党建工作的指导，使党支部切实担负起对党员严格要求、严格管理、严格监督的责任，真正把党建工作的各项任务落到实处。一个典型就是一面旗帜，一批典型就是一种风气。机关党委、各二级单位党组织要通过树立典型来推动工作，要充分发挥2011年院表彰的先进集体、先进个人的示范导向作用，还要下大力气培养和树立更多的先进典型，努力把每个支部都建成具有创造力、凝聚力和战斗力的坚强堡垒。

七是切实加强党务干部队伍建设。各级党组织要高度重视党务干部队伍的建设，要把建设一支高素质的党务干部队伍作为做好党的工作的关键来抓。要重视党务干部的培训工作，通过岗位培训，提高全院党务干部的整体素质。要重视党务干部的培养，要把从事党务工作作为培养和锻炼干部的重要途径，把党务工作岗位作为培养干部的摇篮。

前段时间，我到各基层单位调研，个别单位的书记们对如何履行好职责，抓好工作，感到有些困惑和力不从心。我想借这个机会，与同志们就书记的职责和能力要求，谈点个人看法，与大家共勉。作为党的书记，应强化提高"五种"能力：即把方向、理大事、搞协调、抓组织、做示范的能力。

"把方向"的能力。就是要求书记们要有清醒的头脑，敏锐的眼光，坚定的立场，善于通过思想教育和自身的影响力，把大家的思想和行动引导到党的路线、方针、政策上来。

"理大事"的能力。要求书记们主动围绕中央的方针政策、上级机关的工作要求和单位的发展目标、中心工作去想大事、议大事、干大事、抓落实。

"搞协调"的能力。一个班子，就像一部机器，运转起来，难免产生一些摩擦，不协调，这就要求我们书记充当"润滑剂"，疏通关系，减少摩擦，使整个机器正常协调运转。党政一把手，要经常碰头，互通信息，大事小事勤商量，要互相信任，互相支持，做到"两个头脑一个目标"，在班子中营造讲党性、讲大局、讲配合的风气。此外，书记的价值，在于最大限度地调动每个班子成员的积极性和创造力，使每一个人的能动性转化为一个班子的积极性，使每个成员都能找到自己在集体中的位置，这样，才能使班集体真正做到思想上合心、工作上合力、行动上合拍，增强集体的凝聚力、战斗力。

"抓组织"的能力。作为党的书记，要切实履行"党要管党"的责任，加强对党组织的建设与管理，处理好抓党建与抓其他工作的关系，建立和完善各项组织制度，使党的工作有章可循，用制度建设来增强党组织的活力。

"做示范"的能力。要求我们学习上要做示范，力求学得多一点，钻的深一点，在理论与实践的结合上下工夫；在工作上要做示范，尽职尽责、雷厉风行、讲求实效；在团结上要做示范，讲党性、顾大局，以诚待人；作风上要做示范，实实在在做事，堂堂正正做人，力戒虚假浮夸；廉洁自律上要做示范，以勤为本，以廉自律，永远保持共产党员的纯洁性。

总之，如果我们每位书记都能自觉提高和强化这"五种"能力，我想，各单位就会风清气正，各单位的领导班子战斗力就会强，单位发展就有希望。

同志们，加强党的建设职责光荣、任务艰巨。各级党组织和全院广大党员干部，要以高度的政治责任感和奋发有为的精神状态，解放思想、与时俱进、开拓创新、大胆实践，更加扎实的做好各项党建工作，努力开创热科院党建工作新局面，为推进热科院各项事业持续跨越式发展做出更大的贡献，以优异的成绩迎接党的十八大胜利召开！

谢谢大家！

创新协作　服务热区"三农"

——全国热带农业科技协作网理事会常务扩大会议工作报告

王庆煌　理事长

（2012 年 8 月 23 日）

尊敬的张部长、陈主席、各位领导、各位理事、同志们：

今天大家齐聚美丽的广西南宁，举行全国热带农业科技协作网理事会常务扩大会议，共商热带农业发展大计，这是协作网深入贯彻中央一号文件、全国科技创新大会、全国农业科教工作会议精神，落实农业部农业科技促进年工作部署，扎实推进协作网"十二五"各项工作的重要会议，必将进一步巩固联合协作机制，凝聚热区农业科技资源，提升科技创新与应用合力，促进热带现代农业和热区农业农村经济社会发展。在此，我代表热科院，也代表第一届理事会向长期以来重视关怀和大力支持协作网建设的张部长、陈主席等各位领导、向努力推动协作网各项工作的各位专家和同志们，表示衷心的感谢，并致以崇高的敬意！

下面，我代表协作网理事会向大会作报告，我报告的主题是：引领协作、服务热区"三农"。报告分四个部分，一是协作网理事会成立以来的工作成效，二是热区的特色和功能，三是协作网的功能定位、运行机制和工作规划，四是提一点建议。

一、协作网理事会成立以来工作成效显著

协作网自 2010 年批准成立后，在科教司的

正确领导下，在热区农业行政主管部门、各科研机构和有关单位的大力支持下，热科院团结和依靠各协作网成员单位，以建设"覆盖热区、资源共享、优势互补、运行高效的热带农业科技协作体系"为目标，坚持"产业导向、创新机制、开放共享、重点突破"，大力组织并开展热带农业科技联合攻关、协作推广、人才培养和战略规划，不断实践和探索大联合大协作的有效机制，取得了卓有成效的成绩，为充分发挥热带农业科技整体优势和强大合力，引领支撑热带农业和农村经济社会发展发挥了重要作用，并做出了重要贡献。主要体现在以下几个方面：

（一）联合攻关

协作网各成员单位发挥自身研究基础和人才优势，积极联合协作争取行业重大项目。协作网成员单位针对热区各省区的产业发展需要，在充分研讨的基础上提出了 13 个农业部农业行业科技项目，其中 11 项列入了指南，这些项目集中了热区近 20 个农业科学院或涉农大学的 50 余个研究所（学院）优势科技力量参与，真正实现了科技大联合、大协作。通过项目的实施，将有助于产出一批重要科技成果，集成孵化并推广应用一批先进适用技术，解决制约热区农业产业发展的关键技术问题。由热科院牵头，

联合广西、广东、四川、云南农业科研机构和企业策划的"特色热带作物种质资源收集评价与创新利用"项目组织申报2012年度国家科技进步奖，已顺利通过初评并公示。

（二）协作推广

协作网各成员单位发挥自身品种、技术和人才优势，集中网内各有关方面力量，在协作推广优良品种、普及先进适用技术方面取得显著成效，有力服务热区"三农"，支撑了热带现代农业发展。协作网按照农业部"冬春科技培训计划"和"农业科技促进年活动"的工作部署，积极开展了以"百项技术兴百县"为内容的相关活动。热科院积极配合各省（区）推动"百项技术兴百县"工作，在海南启动了加速农业科技成果转化应用、引领农业科研产业升级的"百名专家兴百村"科技行动；在广西壮族自治区（以下简称广西，全书同）全面开展了促进木薯产业升级的技术培训活动；在四川攀枝花地区常年开展了芒果、牧草产业技术培训与指导；同时，福建省农科院启动了以促进农民增收为目标的"双百"工程；云南农业科学院提出了"八个一百和试点村实现粮食高产和农民人均纯收入增幅高于全省平均增幅一倍以上的双倍增"工程；其他省也开展了相关活动。这些工作的开展，切实有效地推进了热带农业科技的大协作，使农民得到了实惠。

（三）人才培养

协作网各成员单位根据热带农业科技发展需要，以及现代农业产业技术体系和学科体系建设需要，坚持"不求所有、但求所用、发挥作用"，互聘研究员和高级专家，有效共享链接利用各单位优秀人才资源，开展合作研究和人才培养，尤其是在农业部重点实验室等重要科技平台建设运行方面，相互建立跨区域、跨单位的科技协作团队。其中热科院近年来在协作网单位聘用了近百名研究员和高级专家，与热区农业高校联合培养研究生，共建研究生联合培养基地，有力促进了热带农业高层次人才的培养。

（四）战略规划

协作网各成员单位根据《关于促进我国热带作物产业发展的意见》（国办发〔2010〕45号）文件、《全国现代农业发展规划（2011～2015年）》和《全国种植业发展第十二个五年规划（2011～2015年）》及农业部的工作部署，围绕国家战略、热带农业产业升级、热区农业经济社会发展开展战略研讨和政策研究，协助国家和地方政府部门制订热带农业发展规划以及产业发展等专项规划，发挥了重要的参谋咨询作用。

需要我们总结的是，协作网各成员单位取得的以上这些阶段性成绩，都凝聚着张部长等部领导的关心与支持，凝聚着科教司等司局的大力指导与支持，凝聚着热区各省（区）党委、政府、农业厅、农垦和科研机构的相互支持、共同努力和大力协作。以此为基础，展望协作网下一步的规划与发展，我们信心满怀、大有可为。下面，我要报告的第二点就是：

二、热带农业发展前景广阔、联合协作大有可为

（一）"热区"的界定

从世界范围来划分，热带作物主要分布在两大类型区域，一是典型热带区，该区域从地理位置上看大都位于南北回归线之间，具有典型的热带气候特征，涵盖了东南亚、非洲、拉丁美洲、大洋洲四大区。二是非典型热带区，主要分布在各大洲沿海地带。全世界有140多个国家（或地区）生产热带作物，其中典型热区国家98个，局部热区国家24个（包括中国），非典型热区国家20个。根据气候学中关于气候带的两级制划分标准，以热量等温度指标划分气候带，以干燥度划分气候大区。中国从北到南划分为9个气候带和一个高原气候大区（指青藏高原），其中，我国热带、南亚热带地区由于其独特的气候条件，地势地形以及土壤土质，具有发展热带作物的独特条件和优势，这些地区在习惯上被简称为中国"热区"。

从中国范围来划分，我国热区主要分布在海南、广东、广西、云南、福建、四川、贵州、湖南、江西等9省（区）。其中，海南全省3.4万平方公里均为热带地区。曾母暗沙位于中国南沙群岛上，是中国领土的最南端，那里就是典型的热带地区。海南年平均气温22～26℃，≥10℃的积温为8 200℃，最冷的一二月

温度仍达 16～21℃，年日照时数为 1 750～2 650小时，光照率为 50%～60%，雨量充沛，年平均降雨量为 1 639毫米。广东省的热区分布在全省的 19 个地级市和 2 个副省级市，面积 13.68 万平方公里（1 公里 = 1 千米。全书同）。广西壮族自治区的热区主要是桂南区域，面积约 10 万平方公里。云南省的热区分布在 18 个地州市，面积为 8.11 万平方公里。福建省的热区主要分布在福州、厦门、漳州、莆田、泉州，面积 3.14 万平方公里。四川省的热区主要是攀枝花市、泸州市和凉山彝族自治州，面积为 27 713平方公里。贵州省的热区主要是黔西南布依族苗族自治州和黔南布依族苗族自治州的部分县区，面积约 1.5 万平方公里。湖南省的热区主要是湘南的郴州市、永州市，面积 4 790平方公里。还有的热区就是江西省的赣南地区。

（二）热区的特色和功能

我国热区有 48 万平方公里，由于它的功能性、稀缺性和不可替代性以及所具有的鲜明特色，在全国农业中地位重要，作用重大，影响深远。首先，在中国的 960 万平方公里的领土，这 48 万平方公里的热区是不可替代的稀缺资源。它是天然的温室。第一，它拥有我国四大工业原料之一的天然橡胶（煤炭、钢铁、石油、天然橡胶是国家的战略物资），主要分布在海南和云南，广东也有一些。我国天然橡胶的自给率在 23% 左右，大部分来自于海南。大家都知道，天然橡胶，它的分子有稳定性、耐腐蚀、抗高压，是有利于国家安全的一个战略物资。第二，热带地区是糖罐子的基地（粮棉油糖是国家的四大基础民生）。广西、海南、福建和广东 2 400多万亩甘蔗基地就建在这些热带地区，甘蔗是热带作物的第一大产业。第三，热区在冬季还是全国人民的菜篮子，全国 65%～70% 的蔬菜是由这些热带地区供应。热区也是果盘子基地，以香蕉为代表的热带水果在冬季有 65%～70% 供应到全国各地。第四，在中国的"三农"建设中，热带地区任重道远。在我国热区，有 30 多个少数民族的聚居区，大多数与东南亚接壤的，有 4 000多公里的边界线。热区有 1.8 亿的农业人口，大概有 60% 的农民收入来自热带农业。在国家统计的贫困县人口中，目前

大概将近一半还聚集在热带区域，可以说，在热带和南亚热带地区，也就是我们统称的热区，国家在"三农"工作中是任重道远的，是党中央高度关注的一个重要地区。第五，热带农业研究领域和空间在不断地拓展延伸，功能作用近年来逐渐突显。热带农业已不再局限于传统的"热作"领域，还包括其他重要热带经济作物、热带畜牧、热带海洋生物资源、南繁种业等领域。这主要体现在海南，农业部继去年 10 月与海南省政府签署了《关于共同推进海南国家热带现代农业基地建设合作备忘录》之后，今年 5 月又与海南省政府签署了《关于加强海南南繁基地建设和管理备忘录》。大家都知道，海南三亚南繁基地已经成为我国农业的"绿色基因库"，我国的南海已经成为国人乃至世界关注的焦点，被誉为"蓝色聚宝盆"，加强南繁种业安全和开发南海热带海洋资源已经上升为国家战略。第六，世界热区是我国农业"走出去"的重要目标地区。全球热带农业资源和95%的热带农产品生产集中在 90 多个热区国家和地区，这个区域素有"联合国票仓"之称，是我国依靠科技援助和服务联合国"千年发展目标"的重要对象，也是我国农业"走出去"的重要目标地区。大家都清楚，世界的其他热带地区，人均拥有的土地资源、水资源是我国人均拥有资源量的 6 倍，有些甚至多达十几倍。中国农业实施"走出去"战略，首要区域是走向世界热区。我国热区 50 万平方公里，虽然是5%的国土面积，但在世界热区当中，它代表着中国的一个"桥头堡"，所以加快热带农业科技创新与协作，占领国际科技竞争制高点，引领热带农业科技发展方向，对于参与国际科技竞争、服务国家科技外交大局，扶持龙头企业"走出去"具有重要的战略意义。尤其是农垦集团，比如广东农垦，在中国农业"走出去"战略当中，应该说成功的探索和总结了一条可持续发展之路。热区各协作网成员单位要进一步加强国际合作，对农垦和龙头企业"走出去"提供强有力的科技支持。

（三）联合协作，大有可为

我国热带农业资源丰富，气候得天独厚，蕴藏着巨大的发展潜力，是保障我国粮食安全、

生态安全的重点区域，同时也是我国热区农民增收、农村经济社会发展稳定的重要基础。在这个区域，通过联合协作、联合攻关、协作推广，优化热带农业科研力量布局，我们将大有作为，不仅有利于解决热区现有农业基础薄弱、实用技术覆盖不够、产业化水平较低、经济发展落后等问题，还将进一步提高创新和推广效率，充分挖掘利用热带农业优势资源，提升科技创新能力，支撑现代热带农业发展和产业调整、优化、升级。

三、强化功能定位，提升协作创新能力，服务热区"三农"

（一）探索建立"产学研政"系统性深度合作机制

根据《全国热带农业科技协作网建设运行方案》，协作网功能定位为热带农业科技大联合、大协作、大发展的重要平台和有效载体，是连接热区农业行政主管部门、科研机构、涉农院校、农业技术推广体系、农业企业与农民的桥梁和纽带。通过协作网，贯彻落实中央农业农村经济工作政策和农业部有关工作部署，大力组织热带农业科技创新与技术推广协作，推进热带农业科技资源信息共享、农业科技联合攻关、农业技术协作推广、科技合作交流和人才联合培养。

新形势下，充分发挥协作网的作用，探索建立系统性深度合作机制，应以"产学研政"合作为形式，以项目为纽带，以平台建设为载体，以加快构建热区农业科技社会化服务为重点，以有效提升热带农业科技自主创新能力、转化应用水平和技术推广效率，增强科技对热带现代农业的支撑作用、热带农业产业结构调整的引领作用和农民增收的带动作用，促进热区农业农村经济发展为根本目的。具体来说，就是要围绕协作网的目标定位，重点做好以下4个方面的工作。

第一，面向产业需求，加强热带农业科技协同创新。以项目申报为纽带，凝聚热区农业科技资源，建立热带农业科技项目库，联合向农业部及其他部委、热区地方政府申报农业行业科技等项目，或通过自选项目，加强热带农

业基础研究和应用基础研究，争取突破热带农业重大关键技术和共性技术，取得一批自主创新和实用技术成果。

第二，加强与地方政府结合，服务热区"三农"。一是调整科研立项，以政府需求、市场需求、农民需求为导向，与热区九省区农业厅，科技厅等相关部门结合，面向热区经济社会主战场，科研立项与热区"三农"、产业升级、市场需求有机结合。二是建设高标准的热带农业试验示范基地，依托现代农业产业技术体系，以热区相关县、场、村为单元，建立示范基地，集成、熟化、推广实用农业技术和成果，起到引领示范作用。三是创新热带农业科技服务推广体系建设，广泛开展农技推广工作，依托协作网组建的热带农业产业技术体系、农技推广机构、农垦企业，广泛吸收农业企业、农民合作组织、协会等各种涉农机构和社会组织以及农民个体，积极争取承担农技推广项目，开展实用技术培训，推广良种良苗，达到社会效益和经济效益的良好循环。形成多层次、多功能的覆盖整个热区的农业科技服务推广体系。

第三，加强与科研机构、高校合作，促进热带农业科技人才培养。一是坚持"不求拥有、但求所用"，充分利用热区农业科技人才资源，实行专家互聘，共建科技创新平台、共同实施重大项目。二是热区科研机构合作建立"热带农业综合试验站"，及时发现和解决热带农业技术难题。三是在热区广泛开展农技推广人员培训、农村实用人才培训及专项技术培训。四是对热区九省区的科技人员、农民技术员开展初级职称技能鉴定。五是培养热带农业科技高层次人才，联合热区九省区的农业科学院、农业高校，共建研究生培养基地，联合培养研究生，筹建热带农业研究生院，加强热带农业高层次人才培养。

第四，加强与龙头企业合作，促进热带农业科技与经济紧密结合。加快建立以农垦集团和高新技术企业龙头企业为主体的技术创新体系，进一步形成热带农业科技与经济紧密结合的体制机制，加强热带农产品加工，以天然橡胶、甘蔗、木薯、油棕、热带水果等主要热带作物为合作内容，以技术入股、专家兼职为合

作形式。让各类科技成果在实践中得到应用，在市场中实现价值。

（二）构筑合作共赢的运行机制

协作网在农业部领导下，在科教司的业务归口管理和指导支持下，中国热带农业科学院为执行责任主体。热区地方政府农业厅、科技厅为组织领导部门，相关科研机构、高校为大联合、大协作单位。推进"一县一品""一村（场）一品"。农垦、高新技术企业等为科技创新的责任主体。以服务热区"三农"、促进热区农民增收为己任。在理事会领导下，日常管理以中国热带农业科学院基地管理处为责任主体。管委会负责过程领导管理。通过协作网大联合、大协作的运行机制和作用发展，几股力量拧成一股绳，实现优势融合、发展共赢。

具体来说，协作共赢的机制主要体现在两个方面：一是既能提升热区农业科技整体水平，也可以提升各科研机构创新服务能力；二是围绕整体目标解决制约整个热区农业发展关键技术问题，也可以利用协作网组织优势，联合攻关，解决区域产业技术难题。

四、有关建议

在部领导的高度重视和领导关怀下，在部科技司的大力指导和支持下，协作网的建设运行初显成效。为进一步强化协作网的建设，更好地发挥其功能作用，建议农业部及热区各省（区）加大对协作网工作的指导支持力度，请部科教司及有关司局在项目立项等方面予以倾斜支持，建议以专项等形式给予持续稳定的支持。特别是加强科研立项支持，争取把协作网建设成为区域协作创新的模范、科研推广一体化发展的试点、集成优势服务"三农"的标杆。

各位领导，同志们！发展热带农业科技，协作推动现代热带农业发展是我们神圣而光荣的使命，我们相信，在中央一号文件和科技创新大会精神的指引下，在农业部的正确领导下，协作网各成员单位一定会紧密团结、凝心聚力、联合协作，强化科技支撑和创新服务，为发展热带现代农业，建设热区社会主义新农村做出新的更大的贡献！

谢谢大家！

创新热带农业科技　服务全国热区

——在热科院第九届学术委员会2012年年会上的讲话

王庆煌　院长

（2012年11月1日）

尊敬的各位院士、各位专家、同志们！

大家上午好！

今天，我们隆重召开中国热带农业科学院学术委员会2012年年会，这是热科院"十二五"期间科技工作的一件大事。首先，我代表全院广大干部职工，对在百忙之中抽空出席会议的中科院、工程院的各位院士以及各位专家表示热烈的欢迎！对你们长期以来关心支持热带农业科技事业、关心支持热科院建设发展表示衷心的感谢！

这次会议的主题是"创新热带农业科技，服务全国热区"，主要任务是贯彻落实中央一号文件和全国科技创新大会精神，进一步强化工作措施，提高热带农业科技自主创新能力，加

快培育重大科技成果，全面提升科技创新与推广服务能力，在更高起点上服务全国热区。

下面我从4个方面向各位院士、各位专家汇报。

一、热带农业不断拓展，科技创新前景广阔

我国热区包括海南、广东、广西、云南、福建、湖南和江西南部及四川、贵州南端干热河谷地区、台湾，土地面积将近50万平方公里，在960万平方公里的国土中，这50万平方公里的热区是天然的温室，更是不可替代的稀缺资源，还是我国重要的战略物资生产基地、人民生活必需品的重要生产基地、生物多样性的重要保存基地，在全国农业中地位重要、功

能独特、作用重大、影响深远。第一，它拥有国家的战略物资四大工业原料（煤炭、钢铁、石油、天然橡胶）之一的天然橡胶。热区是我国天然橡胶的唯一产区，肩负着保障我国国防战略物资——天然橡胶供给安全的重要使命。第二，热区是全国人民冬春季节的"菜篮子"和"果盘子"基地，冬春季节全国70%的蔬菜、新鲜水果由热区生产，保障和丰富了全国人民冬春季节生活必需品需求。第三，热区还是我国的"糖罐子"基地，是我国唯一的蔗糖产区，保障了全国人民的食糖需求。第四，热区是生物多样性的重要保存基地。热区生物资源丰富，有2万多种植物（包含200多种热带作物），约占全国高等植物总数的2/3以上，其中的热带作物几乎涵盖了全球栽培的所有热带作物，生物多样性突出，是重要的生物基因宝库。第五，热区是国家实施扶贫开发规划的重要攻关区域。在我国热区，有30多个少数民族聚居区，4 000多公里的边境线，1.8亿的农业人口，农民收入的60%来自热带经济作物，但热区农业农村经济发展相对较慢，在国家新一轮农村扶贫开发规划的11个连片特困地区中，就有2个位于热区，依靠发展现代农业促进农民脱贫致富任重道远。第六，随着全球气候变暖以及社会的发展，热区和热带农业的领域和空间在不断地拓展延伸，功能作用不断凸显。热带农业已不再局限于传统的"热作"领域，还包括其他重要热带经济作物、热带畜牧、热带海洋生物资源、南繁种业等领域。热带畜牧方面，热区生态条件优越，分布着丰富多彩、种质特异的畜禽遗传资源，发展热带特色畜牧业对提高人民生活水平、促进农产品转换升值和产业结构调整具有特别重要的意义。热带海洋生物资源方面，热区拥有超过200万平方公里的热带海洋，广袤的热带海洋蕴含着丰富的石油矿质资源和生物资源。祖国的未来希望在蓝色的海洋，国家今年在海南成立了三沙市，开发海洋这个"蓝色聚宝盆"已经上升为国家战略。向海洋科技进军，开发热带海洋"蓝色经济"已经成为我们热带农业科技工作者的重要使命。南繁种业方面，科技兴农，种业先行，发展现代农业关键在于种业创新，国家正在研究出台南繁基地

建设规划，南繁种业将肩负服务我国种业创新的重要使命。第七，中国热区虽然小，但世界热区大，世界热区是我国农业"走出去"的重要目标地区。世界热区主要覆盖非洲、东南亚、南美及太平洋岛国等地区，土地面积近5 300多万平方公里，涉及130多个国家和地区。这个区域素有"联合国票仓"之称，是发达国家争夺的热点地区。目前，与我国交往密切的有90多个国家与地区，这些地区气候条件优越、资源丰富，人均拥有的土地资源、水资源是我国人均拥有资源量的六倍以上，与我国热区有着资源互补、优势竞争等特点，是我国依靠科技援助和服务联合国"千年发展目标"的重要对象，也是我国农业"走出去"开发境外资源的重要目标地区。加快热带农业科技创新与协作，占领国际科技竞争制高点，引领热带农业科技发展方向，对于参与国际科技竞争、服务国家科技外交大局，扶持龙头企业"走出去"具有重要的战略意义。

因此，我们要充分发挥好热区独特的资源优势和热带农业的产业优势，充分利用好丰富的热带作物种质资源优势和热带海洋生物资源优势。始终牢记热区农业农村经济发展和民族团结、社会稳定、农民增收的历史重任！始终牢记确保国防战略物资和重要农产品安全有效供给的责任和义务！始终牢记发展世界热区国家友好关系，服务国家科技外交的使命！始终牢记热带农业科技和产业在全球范围内的广阔发展空间！我们深感责任重大、使命光荣！

二、热带农业科技面临新的发展形势和机遇

2009年，温家宝总理在热科院联合中国农业专家咨询团提出的专家建言上做出重要批示，要求加快扶持热带农业科技创新和产业发展。2010年10月，国务院办公厅专门下发《关于促进我国热带作物产业发展的意见》（国办发〔2010〕45号），就加快热带作物产业发展提出意见，做出全面部署。最近一年来，党中央、国务院和农业部密集出台了一系列打基层、管长远、含金量高的强农惠农政策措施。今年的中央一号文件，突出强调加快农业科技创新，把推进农业科技创新作为"三农"工作的重点

和现代农业发展的根本支撑。明确农业科技的公共性、基础性、社会性定位，要求把农业科技摆上更加突出的位置，大幅度增加农业科技投入，推动农业科技跨越发展，为农业增产、农民增收、农村繁荣注入强劲动力。今年7月召开的全国科技创新大会，强调要坚持"自主创新、重点跨越、支撑发展、引领未来"的指导方针，全面提高自主创新能力，促进科技与经济社会发展紧密结合，加快建设创新型国家。刚刚出台的《中共中央国务院关于深化科技体制改革加快国家创新体系建设的意见》，高度重视农业科技发展，发挥政府在农业科技投入中的主导作用，加大对农业科技的支持力度，强调必须以更加适合农业科技规律，灵活建立科技创新的支撑机制。

中国热带农业科学院作为我国唯一从事热带农业科技创新的国家队，肩负着国家和农业部赋予的"热带农业科技创新的火车头、促进热带农业科技成果转化应用的排头兵、培养优秀热带农业科技人才的孵化器"的职责和重任，我们充分认识到科技在热带农业发展中的重要地位，必须认识到热科院在热带农业科技发展中应起的引领性作用，必须认识到热科院对世界热区发挥较大影响力的重大责任，必须认识到实现"建设世界一流热带农业科技中心"战略目标的紧迫性。召开此次会议，很重要的一点，就是要借助院外和院内各位专家、各位委员的智慧，共同分析热科院发展面临的新机遇、新挑战，集思广益，探讨实现"建设世界一流热带农业科技中心"战略目标的新思路和新举措，找准着力点，明确工作重点，立足新起点，推动热科院科技事业的跨越发展，为推动热带现代农业发展提供科技支撑。

三、第九届院学术委员会成立以来建设发展成效

2011年1月，热科院召开了第九届院学术委员会成立大会，组建了第九届院学术委员会，各位专家、各位委员紧紧围绕国家重大战略需求和热科院的中心工作，开展了形式多样的学术和咨询活动，为热科院建设发展出谋划策。在学术委员会全体专家和全院干部职工的努力

下，热科院取得了显著的发展成绩。

（一）科研基础条件和支撑发展平台不断完善

积极争取农业部及国家相关部委等各个层面的支持和帮助，热科院科研基础条件建设投入大幅增长。一是关键项目建设取得重大突破。中国热带农业科学院热带农业科技中心项目于今年8月获批，该项目总建筑面积约4.2万平方米，总投资2.5亿元，购置仪器设备226台（套），项目建成后将大幅度改善热科院的科研基础条件，成为热带农业科技创新的重要依托。二是科研条件建设投入大幅增长。在农业部支持下，建设了环植所、南亚所、椰子所、香饮所等综合实验室。获得一批修缮购置项目，开展了一大批科研房屋修缮和仪器设备升级改造，科研基础条件得到前所未有的改善。特别值得一提的是，热科院瞄准我国热带农业发展的重大科技需求，依托椰子研究所土地和区位优势，凝聚部属科研机构、热区有关科研单位的科技资源，向农业部提出规划建设中国农业科技创新海南（文昌）基地，打造一流的中国农业科技创新基地。在多方的努力下，目前该基地的筹建工作正在稳步推进。

全面贯彻落实全国人才工作会议精神，按照"服务发展、人才优先、以用为本、创新机制、高端引领、整体开发"的指导方针，大力实施"人才强院"战略，放大选人用人视野，一是高标准引进了一批包括120多名博士（后）在内的海内外高层次创新人才。二是培养和遴选了一批热带农业科研杰出人才和青年拔尖人才，并在热科院重点学科领域发挥领军或骨干作用。三是充分发挥专家治研、高端引领的作用，凝聚延揽高端智慧，聘请了包括25名院士在内的高级专家、特聘研究员和院学术委员176人，为全院发展战略、科技目标提供系统的咨询和指导。四是打造热带农业科技创新团队，努力构建了一批主攻方向明确、创新转化能力强的科研创新团队。所属热带作物生物学与遗传资源利用学科群的"基因工程与生物安全"和"橡胶树遗传育种"两支科研团队获得"2011年农业科研创新团队"称号。"特色热带作物产品加工关键技术及产品研发创新团队"

获 "2011 年中华农业科技奖优秀创新团队" 称号。五是联合海南大学、华中农业大学、四川大学等高校共建研究生培养基地，加快农业高层次人才培养。

（二）科技内涵和自主创新能力不断提升

一是热带农业学科体系建设取得可喜进展，构建了由 12 个院学术专业委员会指导下的，包括 29 个院重点学科和重点培育学科在内的学科体系。作为院重点学科体系建设的补充，各研究所也建立了自己的所级学科体系，14 个研究所共设立 57 个所级学科。学科建设的进一步推进孵化出创新能力的提高，近些年来，热科院在橡胶树死皮机制、乳管分化、天然橡胶分子改性、高性能天然橡胶复合材料、木薯基因组学、香蕉枯萎病重要致病菌基因组学、油棕组培苗移栽等方面，以及热带作物产品加工与活性成分提取等基础与应用基础研究方面取得了重大突破。二是积极推动重大选题建议和项目立项，通过院、所共同努力，第九届院学术委员会成立以来，热科院共获得新增主持各级各类科研项目 772 项，项目数量和经费创历史新高，实现了 973 项目零的突破，并首次获得工信部、财政部国家重大科技成果转化项目资助。强化了科技协作和集成能力，组织和发挥全国热带农业科技协作网近 20 个农业科学院、涉农大学的 50 余个研究所（学院）优势科技力量，针对热区各省区的产业发展需要，积极联合协作争取行业重大项目。三是积极争取承担和参与国家现代农业产业技术体系建设，热科院现有天然橡胶、香蕉、木薯等 3 个国家级现代农业产业技术体系首席科学家。热科院还组建了 17 个院级重要热带作物产业技术体系。四是科技条件平台建设取得良好成效，新获批 8 个农业部重点开放实验室、3 个科学观测实验站和 2 个农产品质量安全风险评估实验室建设。国家重要热带作物工程技术研究中心顺利通过评估并获得优秀。五是指导构建和策划全院科技成果申报，鉴定科技成果 55 项，成功组织申报并获得各类奖励 26 项。

（三）科技推广与服务热区 "三农" 能力不断加强

一是依托全国热带农业科技协作网，按照农业部 "农业科技促进年活动" 的工作部署，在热区九省（区），发挥协作网各成员单位的品种、技术和人才优势，积极开展 "百项技术兴百县" 活动，协作推广优良品种、普及先进实用技术。二是充分发挥海南儋州国家农业科技园区的示范辐射作用，在海南启动 "百名专家兴百村" 行动，持续支撑海南中部六市县农民增收行动。三是在云南、四川、海南、广西、广东等省区建立和联合建立橡胶、香蕉、芒果、木薯、牧草、甘蔗等科技推广示范基地，农民培训基地和现代农业示范园，提供种子种苗及专用农资，组织实用农业技术培训，达到了良种和良法相结合，带动实施区域农业增效和农民增收的良好效果，多次得到农业部、热区各省（区）领导及各农业主管部门及农户的肯定。四是充分依托国家重要热带作物工程技术研究中心，加强胡椒、咖啡、香草兰等特色热带作物精深加工产品的研发力度，延伸拓展产业链，加速科技成果转化与推广应用，支撑特色热带作物产业发展。

（四）国际合作交流纵深发展

推动国际合作向项目、平台、基地更高层次、更新领域发展。一是加强了双边和多边科技合作，进一步巩固热科院与国际科技组织和机构的战略合作关系，先后与 16 个国际机构、30 多个国家和地区建立了学术交流与合作研究关系。建立了科技部 "国际科技合作基地"、中国—尼日利亚木薯中心、海南—东盟热带作物科技合作基地等 11 个重要国际合作平台。二是通过国际合作重大项目和境外资助的国际合作项目实施，引进了一大批国外先进技术和优良种质资源。三是重点打造了中国援建刚果（布）农业技术示范中心，今年 9 月，刚果（布）共和国萨苏总统和回良玉副总理一起为该中心揭牌并给予了高度评价。四是开展了一系列富有成效的援外技术培训，培训了来自东盟、南太、南美和非洲等 30 多个发展中国家的 300 多名学员。

可以说，第九届院学术委员会成立以来，是热科院发展速度最快、发展质量最好的时期之一，为热科院 "十二五" 的跨越发展奠定了坚实基础。这些成绩都凝聚着各位委员、各位专家和广大科技人员的智慧和心血，凝聚着你们的辛勤努力和付出，热科院的全体干部职工感谢你们！

四、在新的起点推动热带农业科技新跨越

"十二五"是热科院创新跨越发展的战略机遇期，面对新形势、新任务，热科院将全面贯彻中央和国家政策，紧密围绕农业部中心工作，以科学发展观为指导，以加快转变院所发展方式为主线，毫不动摇地坚持"开放办院、特色办院、高标准办院"的方针，不断强化"一个中心、五个基地"基础建设，大胸怀、大视野、大手笔创新热带农业科技，服务全国热区，昂首走向世界。

（一）热科院新时期的发展定位

热科院总体目标是建设"一个中心、五个基地"：创建世界一流的热带农业科技中心，建设热带农业科技创新基地、热带农业国际科技交流与合作基地、热带农业高级人才培养基地、热带农业科技成果转化与示范基地、热带农业科技服务"三农"与技术培训基地。

办院思路是"开放办院、特色办院、高标准办院"：开放办院就是以全国热带农业科技协作网为抓手，以项目为纽带，促进全院全方位、多层次、宽领域的开放，推动热带农业科技跨地区、跨部门、跨学科的联合，强化与热带农业行政主管部门、科研、教学、推广机构和生产部门的协作，采用开放的用人机制，凝聚更广泛的优势资源，快速提升创新能力和整体实力。特色办院就是突出"热"字这一特色，立足国内国际热区"两个资源"、面向国内国际"两个市场"，对内依靠农业科技进步发展热带现代农业、繁荣热区农村和富裕热区农民，对外科技支撑技术辐射和境外资源开发，服务国家外交战略和国民经济发展。高标准办院就是始终对照国家队的高标准，以当好带动热带农业科技创新的火车头、当好促进热带农业科技成果转化应用的排头兵、当好培养优秀热带农业科技人才的孵化器为目标，立足现实，用跨越的思维、战略步骤和关键措施追赶和超越，争取实现一流人才、一流条件、一流项目、一流成果、一流管理和一流的院所。

（二）实施"科技创新能力提升行动"

未来五年，我们将牢牢抓住人才、学科、项目、条件等创新要素，大力实施"科技创新能力提升行动"，全面强化热区"三农"服务支撑。

一是以人才为核心，实施"十百千人才工程"。培养造就和凝聚一批在关键领域和重点岗位的领军型人才和科技骨干人才，使各类专家和高层次人才队伍快速壮大。引进和培养10名包括院士、产业技术体系首席专家或国家重大项目首席专家在内的知名科学家、学科领军人物。100名左右在国际国内有影响力和能把握热带农业产业技术和学科发展前沿，以及在国内外同行认可的重大项目的主持人或负责人。1 000名左右具有竞争力的科技骨干，重点培育一批具有自主创新实力的科技创新团队。依托海南文昌区位优势和热科院椰子所土地资源优势建设"农业科技创新与人才基地（海南）""海南热带农业创新创业人才发展示范基地""热带农业国际合作交流基地"，打造热带农业科技人才硅谷。

二是以学科为内涵，实施"重点学科培育工程"。遵循科研基本规律，突出热带作物创新优势，与构建现代热带农业产业技术体系紧密结合，不断加强热带农业学科体系建设，分类分层培育和健全必要的基础学科，努力填补空白学科和新兴的交叉学科，重点建设作物遗传育种、种质资源学、作物栽培与耕作学、果树学、植物病理学、植物生物工程、农业昆虫与入侵生物防治、农产品加工与贮藏、农产品质量安全、畜牧学等学科。力争作物遗传育种、种质资源学、作物栽培与耕作学、植物病理学、植物生物工程等学科达到国内一流水平。

三是以项目为抓手，实施"十百千科技工程"。构建热带农业科技创新体系，紧紧围绕国家战略、产业升级和"三农"需要，加快资源整合，建立全产业链的创新体系。重点在天然橡胶、热带园艺、热带能源作物、热带畜牧四大重点研究领域和热带特色经济作物、南繁育种、热带海洋生物三大特色研究领域，力争取得10个左右国家级奖励的重大科技成果，100个1 000万元以上的重大专项，1 000个100万元

以上重要科技项目，突破一批重大科技问题、集成创新一批重要热带农业产业技术，大幅度提升热科院自主创新能力和国际竞争力。力争在以下三个方面取得重大突破：

强化热带农业生物资源与基因资源的挖掘与创新利用，提升热带种业科技创新水平。进一步强化热带作物、热带畜禽、热带农业微生物和热带海洋生物资源的搜集、保护、鉴定、评价及利用研究，构建资源数据库及网络信息平台，提高资源的管理和共享水平；建立大型基因组数据库和生物信息学服务平台，解析热带生物主要经济、农艺性状的遗传学本质，开展以功能基因组为核心的基因组学和蛋白组学研究，挖掘优异种质和基因资源，提高资源的研究水平；开展热带作物产量与品质形成的生物学基础、热带作物抗逆机理与环境调控、热带作物遗传改良理论和技术研究，改良和创制育种材料，突破育种的理论和技术瓶颈，发展橡胶树、木薯、香蕉和甘蔗等重要热带作物高产、优质、抗逆同步改良的理论和技术体系，常规技术和生物技术育种相结合，培育具有突破性的热带作物新品种和新型种植材料，提升热带种业科技创新水平。

集成创新热带农业生产关键技术，促进热带农业高产、高效、生态、安全生产。以橡胶树、木薯、热带水果、甘蔗、冬种瓜菜、热带畜牧、热带海洋生物、热带油料作物、热带林下经济作物、热带重大有害生物等为主要研究对象，开展热带作物高效栽培与品质改良技术、设施农业技术、林下种养殖模式与配套技术、重要热带作物有害生物监测与防控技术、农业生产机械化技术、热带畜禽高效养殖与重大疫病防控技术、热带海洋生物资源开发利用、农产品安全生产与质量控制技术、农业信息化相关技术等的研发与集成创新，提高热带农业生产的集约化、机械化、信息化、防灾减灾与质量安全水平；开展热带农业资源高效利用、农业废弃物资源化利用技术、农业环境保护与农业生态修复、外来入侵生物监测预警与防控、南繁区生物安全和生态安全监控等方向的研究，提高热带农业可持续发展水平。

着力突破热带农产品产后处理和精深加工关键技术与装备，促进现代热带农业产业升级。围绕热带农产品加工业发展重点和技术需求，加强天然橡胶、热带香辛饮料、热带水果、瓜菜、热带油料、热带特色功能食品、热带植物纤维等主要农产品的贮运、保鲜、加工特性、高值化加工技术及资源综合利用关键技术研究及工艺和加工装备研发，集成创新热带农产品加工与资源综合利用技术，形成一批特色产品，促进热带农产品深加工技术与装备优化升级，提高热带农产品综合效益，增加农民收入，促进现代热带农业升级。

四是以条件和机制建设为支撑，实施"235保障工程"。筹集2 000万元奖励资金（其中，院本级、院属单位各1 000万元），用于奖励为提升热科院科技创新能力做出重要贡献的人员。争取3个亿的科技条件建设资金（科研设备和基地建设各1.5亿元），5个亿的基本建设资金（含海口热带农业科技中心项目）。争取在"十二五"期间使热科院条件设施有一个翻天覆地的变化，真正达到国家级科研机构的水平，为建设世界一流的热带农业科技中心提供条件保障。

（三）全面推进热带农业科技协同创新

协同创新已经成为世界科技和经济发展的重要趋势，它是以多元主体的协同互动为基础，多种创新要素积极参与、相互补充、配合协作的创新行为，特别强调破除领域、地域、行业之间的壁垒，充分发挥科研院所、企业等多种创新力量的作用与优势，实现学科融合、团队整合、技术集成的全方位、立体化协同创新。这是对自主创新内涵的丰富与深化，也深刻反映了科技发展的最新动向。热科院下一步将在以下两个方面加强热带农业科技的协同创新工作：

紧密依托全国热带农业科技协作网，大力实施"三百工程"，在热区特聘百名研究员、开放百项项目、推广百项技术。凝聚热区农业科技资源，建立热带农业科技项目库，联合向农业部及其他部委、热区地方政府申报农业行业科技等项目，或通过自选项目，加强热带农业基础研究和应用基础研究，争取产出一批重要科技成果，集成孵化并推广应用一批先进实用技术，解决制约热区农业产业发展的关键和共性问题。

加快在热区九省（区）建设布局"区域创新科技中心"，叠加国家级和省级农业科研院所等机构的资源优势和组织优势，联合开展区域农业科技创新。立足海南，为海南国家热带现代农业基地建设、国家海南冬季绿色蔬菜北运基地建设、南繁种业可持续发展、中部六市（县）农民增收提供科技支撑。在广东湛江建设"南亚热带作物创新中心"，并依托江门国家现代农业示范区，建设"热带亚热带现代农业综合试验站"，打造立足广东、面向珠三角的桥头堡，为广东现代农业提供科技支撑。在广西打造"亚热带作物科技创新中心"，联合广西农业科学院和广西农垦亚热带作物研究所，重点开展甘蔗、木薯、冬季瓜菜、剑麻、澳洲坚果的创新研究。在云南联合云南农业厅等单位，建设橡胶、咖啡等主要热带作物科技创新研究中心，打造面向东南亚科技展示的桥头堡。在福建以甘蔗、龙眼、荔枝以及橡胶、剑麻、胡椒为重点建立综合试验站。在四川攀枝花打造我国乃至世界上海拔最高、纬度最高、成熟期最晚、品质最优的较大规模的芒果生产基地。在贵州联合贵州科技厅以艾纳香等中药材产业、热带牧草、热带花卉等为重点建立综合试验站。在湖南和江西建立特色热带水果和木薯试验示范基地。

（四）加大产业发展支撑

立足热区热带农业生产和发展的实际需求，着眼区域特色产业，扶优壮大和优势产业改造升级，按照"全产业链谋划、重点问题攻关、关键技术集成、专家对接指导、基地示范带动、上下协作推广"的指导思想，实施热作产业双增科技计划。力争至 2015 年，在主要热带作物的 30% 种植面积上，实现天然橡胶等主要战略性产业增产 15% 以上，香蕉等竞争性热带经济作物产业平均节本增收 500 元/亩以上，使热带作物总体增产 1 000 万吨以上，增收 150 亿元以上。打造天然橡胶科技"航母"，建立涵盖种质资源、育种、栽培、植保、加工、产业经济全链条的天然橡胶学科创新体系，提高天然橡胶科技世界话语权，为我国天然橡胶产业发展和产业升级提供强有力的科技支撑。在木薯方面，筛选重要基因源，改良木薯品种，建立产前、产中、产后加工一体化大型企业，培育中国能源木薯产业。在香蕉方面，进一步强化种苗繁育技术，系统支撑优质香蕉产业发展。在甘蔗方面，利用生化脱毒健康种苗培育及配套的栽培技术，加强与糖业企业和政府的合作，进一步扩大示范推广面积，着力解决长期困扰我国甘蔗产业发展难题。在热带油料方面，建立油棕种苗规模化繁育技术体系，试点油棕商业化栽培，探索种植加工一体化，为提高我国植物食用油自给率开辟新的途径和新的增长点。在热带香辛饮料等特色热带作物方面，加强工程技术的研发示范和精深加工产品的研发力度，延伸拓展产业链，打造高附加值的精品农业。

（五）支撑产业"走出去"

进一步加强与亚非拉及太平洋岛国的热带农业国际合作，服务于国家的科技外交战略。组织实施一系列国际合作重大项目和国家援外培训项目，加强援外技术培训。以中非合作论坛为契机，建设运行好中国援建刚果（布）农业技术示范中心，打造非洲试验站，加强与非洲国家的科技战略合作，引进国外先进技术和优良热带作物种质资源。抓住中国—东盟自贸区建设运行和大湄公河次区域经济合作的重大机遇，加快优良品种和先进技术的辐射，技术支持广东农垦等国内龙头企业"走出去"开发境外资源，服务我国国民经济发展。

尊敬的各位院士、各位专家、各位委员！农业科技进入了创新发展的快车道，党的十八大盛会招引我们砥砺前行，发展热带现代农业对我们热带农业科技工作者提出了更高的期望与要求。院学术委员会作为热科院学术咨询、参谋、评议机构，在全院科技工作中处于极其重要的地位。在这里，我诚挚地邀请你们通过院学术委员会这个平台，更加关心支持热带农业科技事业、更加关心支持热科院，用你们的智慧和影响力在热带农业学术发展史上书写重要的一页，我深信，在你们的支持下，我们一定会励精图治、开拓进取，创造热带农业事业新的辉煌！

谢谢大家！

二、科技创新

科技概况

2012年，热科院以科学发展观为指导，深入贯彻落实中央一号文件及全国科技创新大会精神，紧密围绕科技工作目标，经全院干部职工共同努力，科技工作成效显著，在重大项目和重大成果的组织策划、项目申报与过程管理、科技平台与产业技术体系建设管理等方面均取得了长足进展，科技产出取得了新的突破，科技自主创新能力进一步增强，科技创新体系建设进一步完善。全年获资助科技项目461项，到位经费15 850万元，比2011年增长50%。首次获得国家重大科技成果转化项目，批复经费4 800万元，是热科院迄今批复额度最大的科研项目。全年共获省部级以上科技奖励34项，其中"特色热带作物种质资源收集评价与创新利用"获国家科技进步二等奖，省部级科技奖励一等奖5项；鉴定成果31项；审认定新品种7个；发表论文1 300多篇，其中SCI收录论文302篇，ISTP和EI收录论文120篇；出版著作38部；获授权专利188项、软件著作权18项。积极向科技部、农业部、海南省科技厅汇报热带作物生物学与遗传资源利用国家重点实验室申报筹备情况，得到科技部的充分肯定和大力支持，为后续申报工作奠定了坚实的基础。国家重要热带作物工程技术研究中心的科技内涵得到持续提升，依托热科院建设的农业部学科群重点实验室、科学观测实验站、风险评估重点实验室、检测中心等重要平台的建设管理成效显著。新增3个农业部种质资源圃，新申报3个省级重点实验室和1个省级工程中心。院级平台建设得到进一步加强，农业部热带作物及制品标准化技术委员会和中国热带作物学会工作富有成效，初步完成农业部热带作物及制品标准化技术委员会网页建设，获批农业行业标准制修订项目29项，获颁布国家和农业行业标准35项。

科研进展情况

一、农作物种质资源

（一）种质资源收集与鉴定评价

1. 橡胶树

对广东、广西垦区的橡胶树种质进行了调查，收集并保存新资源200余份。对2 000份资源茎围进行测定，发现速生资源8份；测定乳管列数；测定了100多份魏克汉种质的叶片光合效率值；对抗病能力进行了初步评价，初步发现了对白粉病和炭疽病具有一定抗性的种质。

2. 木薯

引进巴西特异种质10份，其中4份为淀粉低于2%的糖木薯种质。开展木薯骨干亲本分析，对7个华南系列木薯骨干亲本种植10个月后的14个农艺性状和淀粉品质特性进行分析，研究木薯种质资源农艺性状、品质特性与基因型和环境因素的相关性。对木薯种质资源进行块根淀粉率和蛋白质含量等测定，发现14份淀粉率超过32%的种质；通过在人工气候室内进行抗寒实验，筛选出4份耐寒种质。

3. 甘蔗

收集和保存海南甘蔗野生近缘种材料132份。从四川引进甘蔗新品系凉蔗系列12个。对132份资源进行遗传多样性分析，发现海南甘蔗野生种资源性状差异显著，株高、茎粗、叶长和叶宽存在较大相关性，而锤度与其他指标不相关，斑茅和割手具有较大的遗传多样性。

4. 果树

从各地收集果树种质182份，包括芒果38份，菠萝10份，荔枝30份，龙眼20份，香蕉31份，黄皮20份，油梨20份，番荔枝5份，余甘子8份。

芒果：对收集引进芒果种质的叶片、花序和果实的生物学、农艺学和品质性状进行观察记载与评价，筛选出大果型芒果种质5份，利用该种质与目前主栽品种之一的贵妃芒果进行杂交，最终获得杂交种子100多颗。

菠萝：调查测定了42份菠萝种质的农艺性状和果实性状等37个指标。测定了50份菠萝种质果实的可溶性糖组分、有机酸组分及含量。

龙眼：测定了龙眼资源圃内45个品种果实的质量性状和数量性状指标，分析了果实品质。

香蕉：筛选出13个抗耐病香蕉植株，已组培扩繁用于人工接种鉴定抗病性。

5. 蔬菜

从国内外收集各类蔬菜种质资源175份，其中辣椒132份，西瓜9份，豇豆种质10份，番茄种质12份，黄秋葵种质6份，四季豆4份，豌豆1份，西葫芦1份。对35份辣椒种质的果形、果色、口感、始花节位、株高、表皮特征、单株产量、维生素C含量及对炭疽病的抗性进行了观察和评价，从中筛选出对炭疽病免疫的品种2个，高抗品种2个，抗病品种5个。对原有的300多份有优良性状的资源进行了田间农艺性状鉴定和评价，筛选出综合性状优良材料或自交系152个，其中辣椒72个，苦瓜46个，西瓜34个，转育胞质雄性不育材料8份。

6. 花卉

共收集热带花卉种质资源约900份，保存600份左右，包括热带兰花350余份，红掌9份，野牡丹属观赏种质资源5份，其他热带花卉530多份。对32个市场流行的红掌主栽品种进行了形状观察和统计分析，依据表型分类方法，探索了红掌品种的分类研究，完成了11个红掌品种的染色体研究，初步确定供试材料均为二倍体。

7. 牧草

收集保存热带牧草种质213份，其中豆科牧草126份，禾本科牧草57份，其他牧草30份。开展了139份牧草种质资源的耐盐性评价筛选,初步筛选出耐盐的假俭草种质 10 份、山蚂蝗种质 5 份、狗牙根种质 10 份。

8. 油料作物

收集保存国内外椰子种质资源 27 份,油棕种质 63 份,油茶种质 30 多份,花生种质 16 份。对 20 份椰子种质进行了植物学性状、农艺性状的鉴定评价。

从哥斯达黎加、印度尼西亚等国引进油棕品种 12 个。观测和评价了海南油棕优异种质材料 70～80 份。完成了对散落于广东、云南和海南的油棕优异种质资源的第 6 次(2 次/年)定位观测,并从中发现了一批高产、抗逆种质材料。完成了海南部分油棕优异种质资源的迁地保护工作,初步掌握高大油棕树木的迁地保护技术。对 5 份油棕种质资源的抗寒性进行生理生化鉴定,筛选与抗寒相关的生理指标 4 个;初步利用石蜡切片法对 3 份油棕资源的解剖结构进行了研究。

9. 香辛饮料作物

从云南、印尼、科摩罗等地开展收集并保存胡椒、香草兰、咖啡、可可种质资源共 45 份,依兰、肉豆蔻、丁香等重要资源共 30 余份。继续开展热带香料饮料作物种质资源植物学、农艺、抗性性状等鉴定评价工作,完成胡椒、香草兰植物学性状评价 33 份,可可、胡椒农艺性状评价 46 份、品质性状 35 份,咖啡和胡椒遗传多样性评价 150 余份。筛选出高抗瘟病胡椒科种质 5 份,高碱含量胡椒种质 3 份,高脂含量可可种质 2 份;利用 ISSR、SSR、matK 等分子技术段揭示了 150 余份胡椒和咖啡种质资源的遗传多样性与亲缘关系。

10. 药用植物

从国内外收集保存重要南药 100 多份,包括槟榔 5 份,姜黄 15 份,草豆蔻 8 份,莪术 12 份,白豆蔻 15 份,其他药用植物资源 45 份。采集南药种质资源腊叶标本达 800 多种 1 000 多份。完成海南 9 个黎族自治县和 2 个黎族聚居区的黎药资源的普查,收集黎药种质资源 310 种。对牛角瓜、艾纳香、黄牛木、羊角拗等热区特色的天然药物的化学成分进行分离纯化和结构鉴定。

11. 其他

从新疆、内蒙古、黑龙江、湛江、海南及山西等地收集橡胶草种质资源约 60 份,在新疆、海南、湛江等地建立优质高产橡胶草良种基地约 4 亩。

(二)种质资源挖掘与创新利用

1. 橡胶树

建立了基于 PCR 和 GUS 染色结合的转化胚状体筛选体系,实现了早期筛选;原生质体融合获得成功,并获得原生体胚胚状体,增加了新的种质创新途径。

2. 木薯

选择 SC8 为母本,B10 为父本进行杂交,创制高支链淀粉的新种质;选择 SC8 为母本,糖木薯为父本进行杂交,创制高乙醇转化率的新种质;获得氮磷高效种质 5 份;木薯耐低温相关主效 QTL 标记 10 个;建立高密度遗传图谱 1 个。

对不同种质资源突变体的倍性进行鉴定,筛选出具有嵌合体和四倍体的突变体,为木薯倍性育种打下基础。

3. 果树

进行了不同香蕉种质再生能力及影响因素研究:①以 AA 和 BB 两种基因型的香蕉为材料,进行了香蕉愈伤组织诱导,胚胎发生和植株再生的研究,比较不同香蕉种质再生能力的差异,发现 AA 再生愈伤组织的能力优于 BB;②针对 AA 和 BB 两种香蕉种质的鞘、吸芽、叶、球茎和 AAA 香蕉种质的雄花,探索影响香蕉愈伤组织培养和植株再生的主要因素,包括培养基组分、培养条件、愈伤继代次数等多个方面,对实验条件进行了优化。

4. 蔬菜

开展了辣椒、苦瓜、西瓜和黄秋葵等瓜菜种质资源杂交、诱变等种质资源创新相关工作。创制优良苦瓜资源 3 份,具有皮色油绿,光泽感强,条瘤粗直,平滑等优良性状;对获得的西瓜四倍体材料进行田间农艺性状观察,获得西瓜四倍体材料 13 个。

5. 花卉

采用诱变方法进行热带花卉种质资源创新,通过对成活率的观察记录,发现同种花卉的不同品种所需的辐照剂量不一样。

6. 油料作物

完成了油棕初生胚状体的诱导培养，获得油棕初生胚状体组织，诱导率为 30% ~ 40%，初步建立油棕次生胚状体再生体系。开展了不同种类不同浓度梯度的外源激素诱导方法，确定了最佳的浓度配比。优化了油棕初代培养体系的培养方法，建立了不同基因型油棕母树的培养体系。建立了油棕生根培养体系，获得了完整的油棕再生植株。

7. 牧草

采用分子生物学技术，系统开展了热带草坪草种质资源的分子标记技术的研究，建立完整的分子鉴定评价技术体系。

利用物理诱变、化学诱变等手段，创造了具有抗旱、抗寒、耐盐碱、抗病等优异性状的新种质。

8. 香辛饮料作物

利用咖啡嫩茎、叶片和芽等作为外植体，系统开展组织培养研究，突破外植体褐化难关，成功建立咖啡直接与间接两种体胚发生体系，成功获得再生植株；利用 RAPD、ISSR 和 SSR 技术，对我国收集保存咖啡、胡椒遗传多样性分析，明确亲缘关系。首次成功构建胡椒转录组文库 5 个，初步分析得到 135 个已知功能基因或具推测功能的基因，36 个未知功能基因和 39 个新表达基因，获得病程相关基因非表达子 1（Nonexpressor of pathogenesis-related genes1，NPR1）和多聚半乳糖醛酸酶抑制蛋白基因（Polygalacturonase-inhibiting protein gene，PGIP）同源片段。

二、农作物新品种选育

1. 橡胶树

建立 5 个品系适应性试验区，选出 80 个优株并繁育成无性系，完成热垦 628 品种审定及基础数据收集，优化了橡胶树次生体胚发生技术体系，建立了 15 个橡胶树无性系的体胚发生体系和植株再生体系、7 个橡胶树无性系的可持续次生体胚发生及其植株再生体系，建立了热研 87-6-62 橡胶树树根再生体系，获得橡胶花药体细胞植株，结合离体繁殖技术培育橡胶幼态

微型芽条，并利用幼态微型芽条进行籽苗芽接，克隆了 16 个抗寒相关基因，其中 2 个转拟南芥，能显著增强抗寒相关基因表达；证明了 DNA 甲基化和组蛋白乙酰化等表观修饰可能是橡胶树自根幼态无性系与老态无性系之间差异产生的主要原因；分离了天然橡胶生物合成过程关键酶基因的启动子序列。

橡胶草：建立了橡胶草快繁技术及遗传转化体系，克隆了 2 个 HMGR 基因、2 个 IPI 基因和 4 个 SRPP 基因。

2. 木薯

常规育种方面，选择 SC8 为母本，B10 为父本进行杂交，创制高支链淀粉的新种质，已收集到 50 份杂交后的果实；选择 SC8 为母本，糖木薯为父本进行杂交，创制高乙醇转化率的新种质，已收集到 30 份杂交后的果实。通过常规育种，获得抗寒、高产与淀粉品质优良木薯新品系 1 个；筛选早熟、矮化、结薯集中适合于机械化收获的木薯新品系 1 个；获得具有抗寒、高淀粉和综合适应性的杂交 F1 代基因重组材料 10 份；获得分别针对耐低温、块根含糖量和抗 PPD 的杂交组合群体 2 个。

分子辅助选育种方面，整合了低温、干旱胁迫小 RNA 和 mRNA 的数据，分别筛选出低温、干旱相关 miRNA13 个和 15 个；克隆抗逆相关基因 12 个；芯片分析聚焦到乙烯信号转导相关 AP2 和 WRKY 转录因子；筛选出抗旱相关蛋白 33 个，相关代谢物的编码基因 4 个。

3. 甘蔗

设计 60 对甘蔗亲本组合，杂交得到 30 000 株实生苗；获得了 20 多份产量、糖分都高于对照的新品系。

构建了甘蔗成熟和未成熟蔗茎 2 个全长 cDNA 文库和甘蔗热带种糖分快速积累期 SSH 文库；分离到了 193 个 EST；分离得到编码产物与糖代谢与运输、品质形成、信号转导、物质能量代谢及细胞生长与发育等过程相关的低丰度的 cDNA；分离和鉴定了 1 个甘蔗茎秆特异表达的启动子和 1 甘蔗根特异表达启动子；分离和鉴定了 4 个能够促进甘蔗糖分运输和积累的蔗糖运载蛋白基因，1 个甘蔗抗逆境基因（甘蔗锌指蛋白基因）、1 个单糖转运蛋白基因和 1 个液

泡膜 ATP 酶基因。

4. 果树

（1）香蕉。进行了香蕉抗枯萎病相关功能基因和品质相关功能基因的分离鉴定研究，建立了香蕉抗病性鉴定技术体系，通过 RAPD 技术，在 2 101 条总带中筛选到了与抗枯萎病突变相连锁的 12 个标记，其中有两个已经成功转化成 SCAR 标记。通过 EMS 化学诱变技术和人工接种鉴定，获得了一批抗病突变体，对其中 2 个株系进行组培扩繁以供区域试种。完成了新品系 8818-1 抗病区域性试验。对 29 个香蕉品种的田间生物学性状调查及基因型特征进行了分析。

（2）芒果。培育了有前景的晚熟芒果新品种"热农 1 号""热农 2 号"。

收获芒果抗感炭疽病杂交组合群体后代 30 份，晚熟杂交组合群体后代 45 份；从 300 多份芒果实生后代群体中初步筛选出优良单株 2 份，筛选优异单株 1 份并扩繁 25 株；完成了 15 个芒果品种的诱变育种工作；构建了金煌芒果的正常和败育两个 cDNA 文库，获得了 1 572 个高质量的表达序列标签（ESTs）。

（3）菠萝。获得菠萝杂交种子 3 000 余粒，10 多个杂交组合的杂交单株 2 万余株并从杂交后代中选出优良杂交单株 10 个。

（4）龙眼。得到了龙眼"大乌圆 X 蜀冠"和"大乌圆 X 石硖"的种内种子。

（5）澳洲坚果。收获澳洲坚果种子 16 粒（实选 109 号作父本、OC 为母本），出苗 14 株。

"922 澳洲坚果"通过了广东省农作物品种审定委员会的审定。

在云南临沧布置了澳洲坚果品种比较试验，参试品种 23 个；对 15 个开花结果早的优良单株进行了扩大繁殖。

5. 蔬菜

创制并筛选出 1 个黄皮红肉 4 倍体西瓜品系和 1 个绿皮网纹红肉 4 倍体西瓜品系。

完成了热研 1 号、2 号、3 号苦瓜、热辣 1 号、2 号辣椒、小型西瓜琼丽和美月等 7 个瓜菜品种的品比试验、区域性试验等。

6. 花卉

主要以种间或品种间杂交方法进行热带花卉种质资源创新，共配组蝴蝶兰组合 60 个、石斛兰组合 90 个、文心兰组合 80 个、红掌组合 100 个，通过对杂交获得的材料进行组培，在杂交后代中已选出蝴蝶兰、石斛兰优良单株各 1 棵，进一步扩繁可培育出 2 个新品系。

7. 牧草

筛选出一批适宜我国南方热带亚热带地区栽培的热带草坪草种质；分离高产、抗病、抗逆（旱、寒、盐碱）等重要性状关键基因，阐明相应基因的遗传和生理生化特性以及在育种和生产中的利用价值，进行了转基因草坪草品种选育；强化研究 DNA 标记辅助选择（MAS），开发了一批具有实际应用价值的分子标记。

通过钴 60-γ 射线人工辐射热研 2 号柱花草，以高产、抗病为主要选育性状，优选出 20 份抗病柱花草种质，并进入品种比较试验。

8. 油料作物

椰子：文椰 2 号和文椰 4 号两个椰子品种通过农业部品种审定委员会初审。

油棕：在油棕试种园和种质圃中发现 8 株厚壳种和 4 株无壳种植株，其中两株无壳种雌性可育，可结果；两株无壳种雌性不育，为开展我国油棕杂交育种提供育种材料。获得了油棕厚壳种、无壳种和杂交组合种子的催芽技术，解决了油棕无壳种催芽过程中的易失水和容易感染病菌的问题。成功培育出杂交组合的种苗。制定了《油棕品种区域适应性试种工作方案》和《油棕品种区域适应性试种观测技术方案》。为文昌试种基地、化州试种基地、保山试种基地和景洪试种基地培育和提供试种苗木共 3 075 株，试种面积约 300 亩。完成了儋州油棕试种基地第 2 年抚管和观测，部分油棕已开花结果。

开展油棕低温胁迫下植物生长的农艺性状和生理指标表现研究，初步筛选适合粤中地区生长的油棕品种。

9. 香辛饮料作物

开展咖啡杂交育种，配制 8 个中粒种咖啡种内及中粒种咖啡和大粒种咖啡种间杂交组合，获得 600 多份杂交后代材料；对澄迈、兴隆咖啡品比区 5 个中粒种咖啡农艺和产量性状进行调查。

"热引1号"胡椒已通过现场鉴评。

调查澄迈、兴隆咖啡品比区5个中粒种咖啡农艺和产量性状，兴28和兴1表现良好。对大花香草兰、香草兰栽培变种、香草兰野生近缘种进行比较试种试验。

10. 药用植物

"热研1号"槟榔通过农业部品种审定委员会初审。

11. 剑麻

筛选到3个剑麻优异种质并进行组培快繁；获得了一些具表型变异的辐射处理植株；布置了南亚1号、肯1、肯2等品系的品比试验区。

三、农作物栽培

1. 橡胶树

抗旱研究方面：进一步完善了橡胶树围洞法抗旱定植技术，生产了一批实验用抗旱栏；建立了100亩的橡胶树抗旱栽培技术研究与示范基地，对试验区管理、数据收集等工作进行了长期跟踪调查与收集。

开展橡胶林下间种葛藤、柱花草、山毛豆、甘蔗、菠萝、香蕉等的研究，并对土壤肥力、橡胶树生长以及间作效益的影响开展研究；对胶园不同母质土壤肥力演变规律、土壤养分分区管理技术研究、NPK养分径流及叶片养分年际变化进行研究；进一步开展新型肥料的研制，建立胶园土壤数据库与信息化管理技术。

研制出新型割面营养增产素及国内外首条橡胶树割面营养增产素生产线，解决了割面营养增产素生产中的一些关键技术问题，实现了规模化生产。

在采胶生理与分子生物学方面，完成第二阶段橡胶树全基因组测序工作，发明了一种橡胶树乳管分化能力早期预测方法，初步研制出全自动干胶测定仪。

在橡胶树死皮防控方面，完成橡胶树芯片开发及死皮相关基因克隆及功能分析和健康橡胶树树皮转录组测序数据组装及分析工作，自主研发并试制橡胶树粗皮刮皮机，建立了示范基地。

对7个橡胶树新品种/系进行了叶片样品采集与抗寒生理指标分析。

2. 木薯

开展了木薯与大豆、花生、玉米的间套作模式研究，并进行了田间观测及数据分析；初步探索木薯机械化种植技术，在湛江进行机械化种植技术的生产试验；筛选抗旱栽培技术，总结了一些高产高效的施肥方法。

实地抽样调查了广东省主要木薯生产区土壤pH值、有机碳及氮素含量等指标，为广东省木薯种植和管理提供参考与理论依据。

3. 甘蔗

甘蔗机械化栽培技术研究：收集引进了具有适合机械化栽培潜力的品种（系）21个，开展机械化栽培试验；调查了每个品种的出芽速度、分蘖力能力和漏光指数等指标；利用土壤硬度计结合土层剖面研究的方法，研究全程机械化模式下各土层的土壤结构、养分变化规律，比较了机械化栽培模式下与常规栽培模式下的水分蒸腾速率，肥料利用效率等。

通过测定干旱胁迫条件下不同甘蔗材料的净光合速率、蒸腾速率、气孔导度、胞间 CO_2 浓度、水分利用率等，对6个甘蔗品种的抗寒性进行了比较。

4. 果树

（1）香蕉。香蕉突变体的矮化与植物激素关系的研究表明，外源喷施GA3对矮化突变体株高的恢复作用最大。香蕉养分资源综合管理体系的建立与环境影响评价研究初步结果表明，优化施肥处理能提高香蕉的生长速率、果实的产量和品质。

（2）芒果。进行了芒果避雨栽培技术研究，该技术能提高Zillate芒果产量、果实外观、果皮色泽及内在品质，相关研究成果已获批实用新型专利。

（3）菠萝。发明了一种诱导菠萝开花的催花方法，已获批国家发明专利；研发出成活率达95%左右的菠萝冠芽叶芽插育苗技术；进行菠萝根际营养调控和应用技术研究表明，分两次使用氮肥能提高菠萝的产量和品质，初步提出了菠萝氮磷钾肥合理用量。在广东江门的试种区对4个菠萝品种进行引种栽培，观测菠萝新品种在大田生长、生产过程中的农艺性状表现。

熟化了澳洲坚果嫁接技术，发现 Parafilm 封口膜比普通嫁接保护材料更利于接穗出芽，遮阴能提高嫁接成活率。

对芒果、荔枝、龙眼等热带果树进行不同物理和化学方法处理，探索安全高效生产的有效机制，开展控梢、促花、保果、套袋等相关技术研究，完善了热带果树高效安全生产机制和配套栽培技术。

5. 蔬菜

进行瓜菜高效生产技术研发与集成，筛选出瓜菜基质栽培配方 5 个，集成优质瓜菜育苗技术 3 套，保护地瓜菜栽培技术 1 套，瓜菜露地高效栽培技术 1 套。

对引进的 8 个彩椒品种进行生育期、植物学性状、果实性状、产量和抗病性等的评价。

6. 花卉

开展了观赏凤梨、红掌、秋石斛等花卉作物的栽培基质筛选及施肥配方的研究；开展了铁皮石斛、金线莲、海南钻喙兰、密花石斛、鸟巢蕨等野生花卉的组培苗移栽育苗研究；开展了海南钻喙兰、密花石斛的新型种植模式的研究。共筛选出适宜栽培基质 3 种、移栽育苗基质 2 种、新型种质模式 1 种。

开展生防菌对红掌生长势、花色、抗旱性、抗病性等影响的研究。

7. 牧草

对已筛选和培育的适宜我国南方热带、亚热带的牧草（柱花草、王草等）的生长发育规律与环境条件的关系、有关的调节控制技术及其原理进行了研究。

8. 油料作物

（1）椰子

①椰子营养施肥技术：开展了椰子专用肥实验，形成了椰子专用肥料配方 4 份，已经交付工厂生产。指导农户开展不同海拔椰子的栽培与施肥工作，培训农民 1 000 人次，发放资料 500 多册。②椰子林下经济：开展椰林养殖和林下间（套）作技术。其中椰林养殖山羊 200 只，椰林养殖文昌鸡 30 000 只，经济效益达 60 万之多；椰林间（混）作 6 种作物，都已经形成规模，其中花生和可可非常突出。③椰子园建设：在文昌、琼海、万宁市等建立示范区域或点 7

个，推广优良品种 2 000 亩，辐射面积达 5 000 多亩。

（2）油棕

①对不同树龄油棕树体的营养元素含量进行了测定，初步掌握了油棕在不同树龄及不同年份的变化规律。②开展低温对油棕光合特性及光合产物分配的影响研究，油棕园间种花生、菠萝研究。

（3）油茶。以五指山地区为重点对海南油茶林土壤的 pH 值、有机质、全氮、碱解氮、全磷、有效磷、全钾和速效钾含量等养分状况调查。

9. 香辛饮料作物

开展香草兰根际促生菌筛选及绿色荧光蛋白分子标记研究，实现从复杂环境中监测功能微生物，为减少化肥施用量，研发微生物肥料提供可靠的菌种材料；开展不同种植年限香草兰园土壤微生物和生理指标研究，为克服香草兰连作生物障碍积累了基础数据；开展海南省咖啡园土壤、植株养分状况评价，为海南咖啡平衡施肥提供了技术基础；开展胡椒—槟榔、槟榔—香草兰和槟榔—可可复合栽培配置方式研究，上述 3 种栽培模式中槟榔最佳株行距为 2 米×2.5 米，与单作相比间作有利于提高光合作用、土壤微生物群落多样性和养分转化吸收，单位面积经济效益提高 15%，为经济林复合栽培香辛饮料作物辐射推广提供理论支撑。

10. 药用植物

研制了 1 种适合于槟榔促化保果的专利肥和 1 种适合槟榔果实生长、膨大的专用肥；试制了 3 吨用于槟榔基地试验。

对益智、牛大力、裸花紫珠、艾纳香、鸦胆子、姜黄等珍稀南药的种苗繁育技术进行了研究，完善了脱毒快繁体系、组织培养体系等技术体系，为种植者提供了大量优质种苗，同时建立了益智、牛大力、裸花紫珠等特色南药种苗繁育基地。

针对海南南药生产现状，开展了益智、巴戟天、砂仁、灵芝、牛大力、裸花紫珠等药用植物栽培技术研究，编写了益智、巴戟天、砂仁等南药规范化栽培技术手册；充分利用益智、姜黄等南药的耐阴性开展了林下南药种植研究，并建立林下南药种植基地。

对栽培的铁皮石斛进行田间观察，筛选生长势好、抗病植株和具有特殊表现性状的植株。开展生防菌对铁皮石斛刚出瓶的组培苗、栽培一两个月的幼苗、栽培一年的成苗的生长势、抗性（特别是抗病性）等影响的研究。

11. 其他

对剑麻花芽分化的形态和生理变化进行了研究，获得成熟的剑麻花芽分化石蜡切片方法，制作了剑麻花芽分化过程的一系列切片，观察到剑麻花芽分化过程各时期的形态；测定了剑麻花芽分化过程中的几种激素（GA3、ABA、IAA 和 ZT）含量，研究了相关激素在剑麻花芽分化过程中的变化趋势。

四、植物保护

（一）病害

对为害香蕉等典型热带作物的镰刀菌进行收集、分离和鉴定研究，并对部分致病相关基因进行鉴定和功能分析，建立了香蕉枯萎病菌的致病性测定标准，并研制了枯萎菌毒素抑制剂。

已完成橡胶树胶孢炭疽菌全基因组测序，获得注释图，目前正在进行基因组分析；已完成该菌部分致病相关突变体的鉴定及相关基因在致病上的功能分析。

系统开展了槟榔黄化病的发生危害情况及防治技术研究，建立了快速诊断技术体系并进行示范推广。

对橡胶树棒孢霉落叶病、木薯细菌性枯萎病、芒果畸形病等十余种病害进行了病原鉴定、抗性机理、防控技术等研究。

（二）虫害

明确了木薯和瓜菜重要地下害虫的成灾关键因子、为害特性与发生规律；研发出木薯种茎和瓜菜种苗根无害化药剂处理及土坑诱杀木薯地下害虫与土坑毒饵诱杀瓜菜地下害虫的防灾减灾轻简化实用技术；设计 1 种木薯地下害虫成虫诱捕器；研发出环境友好复合型中试药剂"扫虫光"及其靶标技术；研发出木薯、瓜菜地下害虫绿色综合防控技术并进行示范、应用与推广。

系统完成了华南五省（区）剑麻介壳虫种类、分布的调查，发现新菠萝灰粉蚧为剑麻介壳虫的优势种，是严重为害剑麻的外来入侵害虫。系统阐明新菠萝灰粉蚧生态因子对其发生的影响，并明确了该虫的田间发生规律。筛选对新菠萝灰粉蚧具有良好毒杀活性的植物源杀虫剂。进行药剂筛选和田间试验，筛选出一批对新菠萝灰粉蚧控制效果好的药剂。

系统开展了海南小菜蛾天敌资源保护利用、天然橡胶主要害虫专业化统防统治等研究，进行天敌养殖及防治药剂生产；开展了香蕉花蓟马寄主选择机制方面研究，并建立了其快速鉴定与防治方法。

此外，对其他热带作物重要害虫害螨进行了鉴定、监测、收集、评价等工作，并开展了综合防控技术的研究。

（三）杂草

开展了中国原产木质藤本植物金钟藤突发机理研究；调查明确薇甘菊在海南 10 个市县的发生、分布与为害现状，观测了薇甘菊在海南的生长规律和物候特性。明确了薇甘菊作为绿肥覆盖应用的技术要领。筛选出安全高效的薇甘菊防除药剂草甘膦和 2,4-滴微乳剂及其用药剂量。

开展了剑麻园、木薯园、芦笋园草害调查和统计，并筛选出了较为理想的生态控草植物和化学防治药剂。

（四）病虫害综合防治技术

开展了由尖孢镰刀菌引起的作物土传病害综合防控技术研究，运用选择性培养基结合区域性调研获得香蕉枯萎病发生的基础数据，建立了香蕉水培系统，研发了绿色农药制剂。

开展了海南入境台湾果蔬危险性有害生物防控新技术研究与示范。建立了入境台湾果蔬主要危险性有害生物、入境口岸及集散地信息系统和主要危险性有害生物库；建立了 10 个入境台湾果蔬危险性有害生物监测点，系统开展有害生物监测；初步建立朱砂叶螨、新菠萝灰粉蚧、西瓜细菌性果斑病和芒果细菌性黑斑病菌的检测技术体系；构建了入境台湾果蔬携带有害生物风险评估体系，研发出 3 种环境友好复合型中试杀虫剂及其无害化靶标关键技术，建立了切实可行的入境台湾西瓜抗蚜性评级标准，明确海南棉铃虫对阿维菌素的抗药性现状，研发出其快速分子检测技术，发明了一种鞘翅目害虫成虫诱捕器。

开展了芒果病虫害综合防控技术研究与示范。建立了芒果病虫害监测与防控体系，证实芒果尖孢炭疽菌和胶孢炭疽菌的复合侵染，建立芒果畸形病的检测技术，筛选获得2株生防酵母、2种防炭疽病的诱抗剂，初步探索芒果蓟马的生态防控技术、微量元素对炭疽病的发生的影响，明确影响主栽品种采后贮运品质异常改变的主要因素。

开展了蔬菜土传病害的综合治理技术开发与应用工作，测定了生防增产菌在5种热区瓜菜作物上的定殖和应用潜力评估。进行了剑麻病虫害监测指导与信息汇总分析，了解掌握了海南、广东等省剑麻病虫害的发生危害情况。集成了一套以利用烟雾剂为主的橡胶树"两虫两病"防控新技术，联合研发防控橡胶树"两虫两病"的烟雾剂中试产品。引进一个昆虫病原线虫，用于防治热区害虫。

（五）外来入侵生物防治

开展了螺旋粉虱及其天敌昆虫哥德恩蚜小蜂生物学、生态学和监测技术等方面的研究，并完成安全性评估；分析测定了包括螺旋粉虱及海南其他粉虱的78种粉虱的线粒体 $CO\ I$ 基因序列，构建了系统发育树。

开展了瓜实蝇生物学、生态学和监测技术等方面研究，完成了瓜实蝇病原微生物资源调查及作用效能评价，筛选出了瓜实蝇雄虫引诱剂的最佳配方。

开展红棕象甲病原菌的筛选及致病性研究，并对寄主选择的生理生化机制进行研究，研发红棕象甲聚集信息素并配套设计红棕象甲诱捕器及使用方法。

开展了椰心叶甲天敌寄生蜂适应机理与控制效应研究，以及椰心叶甲抗药性促进椰甲截脉姬小蜂抗性的选育。

开展了入侵昆虫新菠萝灰粉蚧的天敌昆虫——丽草蛉的生物学特性研究；进行了丽草蛉对新菠萝灰粉蚧捕食效能、丽草蛉对猎物选择性、杀虫剂对丽草蛉的毒力的研究。

与泰国相关科教机构进行合作，掌握了泰国危险性有害生物的发生情况，对海南的热带农业有害生物进行补充调查，掌握了椰心叶甲、螺旋粉虱、刺桐姬小蜂、薇甘菊等危险性入侵生物在海南的发生分布情况。

（六）农药

对250种热带植物的农药活性进行筛选，从中发现了11种热带植物具有很好的杀虫活性，具有进一步开发的潜力，其中，从软枝黄蝉分离获得黄蝉花素等活性成分，并明确黄蝉花素对害虫生长发育具有很强的抑制作用。

开展了植物防御诱导剂与杀虫剂协同施用技术研究，以海南瓜菜重要害虫烟粉虱和蚜虫为研究对象，以 PBO 作为增效因子，研制了2种防治海南蔬菜蚜虫和烟粉虱的新型农药。

开展了瓜类蔬菜重要害虫瓜实蝇成灾机制和绿色防控技术研究，筛选出了对瓜实蝇毒力较高的杀虫剂及二元混配药剂。完成了4种杀虫剂单剂及其混剂对瓜实蝇的室内毒力测定，完成了50多种植物精油对瓜实蝇的趋避试验。

开展了热带农业的农药毒性与安全使用方法研究。研究了两种热区使用农药的神经毒性，建立了5种热带水果和土壤中壬基酚聚氧乙烯醚及其降解产物壬基酚的超高效液相色谱测定方法和超高效液相色谱-串联质谱法，并对香蕉和土壤中的消解动态及风险进行了评估，利用海南岛热带野生鳉鱼和孵化野生蛙卵成蝌蚪进行了生物毒性试验，建立热带农业农药数据库信息系统。

完善了防治橡胶树根病专用药"根康"配方加工工艺并推广应用。

开展12项农药残留登记试验，完成40%丙环唑戊唑醇水乳剂在香蕉上的残留试验等报告5项；完成中国农业科学院生态环境研究中心等残留试验单位残留田间试验9项；制定并完成了农业部药检所下达的残留限量标准2项。

五、农业机械

（一）田间作业机械

1. 甘蔗机械

试制了甘蔗叶打捆机样机。引进了深耕培土兼施肥联合农具。试制了2台小型甘蔗中耕培土施肥作业机、1台 1ZYH-120 甘蔗叶粉碎深埋联合作业机、10 台 2CLF-1 型宿根蔗切茬施肥盖膜联合作业机和 2 台 1SG-230 甘蔗地深松旋耕联合作业机。在金星农场建立了 100 亩甘蔗叶粉碎还田标准化试验基地。

2. 木薯机械

采用木薯播种机播种木薯 650 亩。初步研究有利于水土保持的免耕、少耕的收获机技术参数和机械生产方案。试制了木薯茎秆粉碎还田机样机。进行了 4UMS-900、4UMS-1800 木薯收获机的试验示范，示范面积 4 200 亩。

3. 芦笋机械

对芦笋施肥原理机进行了改进设计，更换加强了排肥机构，增加了镇压轮，改装了排肥器等，增强了整机排肥适用性。

（二）农产品加工机械

1. 油棕加工机械

完成了棕榈油提取加工设备的配套，共研制 7 台样机。对发酵罐、澄油机、脱果机、捣碎机等已研制的配套设备样机进行了性能理论分析和试验。设计并试制了 3 种不同规格的油棕果榨油机关键部件——榨轴。

2. 澳洲坚果加工机械

对澳洲坚果进行了力学特性、干燥特性的测定，初步确定了小型坚果破壳机的设计方案。

3. 胡椒加工机械

研制了 1 台胡椒预处理脱皮机，该机型已获得 1 项实用新型专利授权并已申请发明专利。自制了一种可满足实验室需求的手工胡椒预处理脱皮装置。筛选出了一种较好的酶制剂用于胡椒果脱皮，果皮脱净率达到 90% 以上。

（三）农业废弃物综合利用机械

1. 沼气干法厌氧发酵配套设备

改进了 1 台小型甘蔗叶粉碎机。试制了 1 套带搅拌装置的干法厌氧发酵反应器。开发了沼气发酵数据自动化监控系统，采用手动/自动双模式控制，实现了沼气发酵数据自动化采集和在线监控。

2. 香蕉茎秆还田机械

参与试制了可正反转工作的香蕉茎秆还田机，样机生产率可达 2.8 亩/小时。

3. 菠萝茎叶还田机械

对现有机型进行了改进设计，在现有机型的粉碎辊后面增加了一小直径粉碎辊，增加了粉碎次数，实现了 1 次作业。

（四）农业机械标准制修订

制订了农业行业标准《菠萝叶纤维》。修订了农业行业标准《天然橡胶初加工机械通用技术条件》。制定了《甘蔗耕整地机械 作业质量》《甘蔗收获机械化作业技术规范》《橡胶树机械化喷粉作业技术规范》《甘蔗喷雾机械化作业技术规范》以及《甘蔗田间管理机械化作业技术规范》5 项企业标准。完成了《木薯淀粉初加工机械离心筛质量评价技术规范》《剑麻加工机械 纺纱机》《天然橡胶初加工机械 五合一压片机》等 5 项行业标准的审定和报批工作。

六、农产品储藏、保鲜与加工

（一）热带果蔬储藏与保鲜

甲基环丙烯（1-MCP）对芒果采后炭疽病和蒂腐病的抗病机理研究表明，液态 1-MCP 处理能够有效控制芒果采后炭疽病的发生，抗病性的形成与 1-MCP 参与调节了果实的细胞壁组分代谢继而保持了果实的质地呈明显的相关性。芒果采后诱导抗病性研究表明，适宜剂量 SA 和 MeJA 处理均能一定程度抑制采后接种炭疽菌芒果的病斑直径，降低贮藏期芒果的病情指数，提高商品果率。明确了芒果最适的冷藏温度。明确了低温冷藏可有效控制采后菠萝乙烯的释放，降低黑心病的发生，保持菠萝品质。

完成荔枝采后褐变过程中关键酶基因的克隆与表达分析。

完成了不同水果采后病原分离和鉴定，筛选了 4 株拮抗菌株，进行了 4 种不同水果保鲜效果的比较，取得了较好的保鲜效果，进行了水果采后生理活动的测定。

找到了 1-MCP 和乙烯协同作用控制番木瓜果实软化的方法。探明了乙烯、1-MCP 处理条件下 MaGAD1 基因在香蕉不同成熟度的差异表达。分离筛选到 3 株分别对辣椒采后主要病害炭疽病、软腐病和灰霉病有较强抑菌活性的生防菌株，找到一条辣椒采后病害生物防治的途径。

（二）农产品加工

1. 天然橡胶

开展特种天然橡胶的研究，通过新工艺新

装备的应用，制备出具备高强度低生热性能的高品质工程橡胶。开展石墨烯/天然橡胶柔性导电材料的制备与结构性能研究，制备出在一定拉伸情况下仍具有优异导电性能的柔性天然橡胶导电材料复合材料。

进行了"纳米增强天然乳胶关键技术""高品质天然橡胶的鲜胶乳凝固新技术""天然橡胶单螺杆脱水技术"以及"新型恒粘天然橡胶的技术"等成果的推广应用。

开展了环氧化天然橡胶精确制备、高品质天然胶制备、低蛋白天然橡胶制备、新型天然胶乳无氨保存技术、天然橡胶加工废气、废水综合处理、天然橡胶复合材料研制、天然橡胶新品系质量跟踪、天然橡胶标准化和天然橡胶加工相关信息数据库建设等方面工作。

完成了橡胶木材炭化木中间试验设备的安装、调试；试制炭化橡胶木用于生产集成材拼板；开展环保型橡胶木防霉剂的研发工作；完成环保型杀菌剂的筛选工作；获得了性价比高的木材浸注改性用氨基树脂的合成工艺，开展了其改性橡胶木的性能研究；开展了橡胶木的无机复合改性技术研究。

2. 木薯

开展利用木薯淀粉制备木薯米的研究，以木薯淀粉为主要原料，辅助添加碎大米粉、玉米淀粉、大豆粉、板栗粉、山药粉及牛大力粉等，采用单螺杆挤出成型，热风干燥等工艺制备出形状类似大米，白色、无异味、复水率高、富含维生素、氨基酸、不饱和脂肪酸及微量金属元素的木薯米。

3. 热带水果

开展冷加工制备神秘果粉研究，通过规范化采摘、低温粉碎和冷喷雾干燥技术，制备出高活性神秘粉。开展澳洲坚果精深加工研究，通过采用超临界和亚临界等新提取方法提取澳洲坚果油，生产出含不饱和脂肪酸80%以上的澳洲坚果油，出油率70%以上，对其抗氧化活性和保存特性进行研究，同时，对澳洲坚果蛋白提取工艺、澳洲坚果酱的加工工艺进行研究，生产出澳洲坚果果酱。

优化了湿法提取天然椰子油的规模化生产工艺，建立了中试生产线1条，开发椰子油产

品3项，完成产品上市工作及备案企业标准1项。利用电子舌和化学指标相结合的方法全面监测新鲜椰汁的质量变化。

开展香蕉加工研究，以香蕉果实为起始原料，优化发酵工艺条件，分析香气成分，优化香蕉白兰地蒸馏工艺、研究香蕉果酒脱苦工艺。开展美拉德反应生成抑制香蕉酶促褐变的抑制剂、高效组分富集及其抑制类型分析研究，对最优反应产物进行急性毒性、遗传毒性等安全性评价；开展香蕉多酚氧化酶的提取方法研究。以老化的 Aβ25-35 处理 PC12 细胞制备了 AD（阿尔茨海默病）细胞模型，采用 MTT 法、流式细胞术等观察了香蕉果肉多酚对 Aβ25-35 致 PC12 细胞损伤的神经保护作用

4. 热带香辛饮料

开展香草兰、菠萝蜜特征性香气成分鉴定，可可、咖啡风味前体及形成路径分析，黑胡椒褐变机理和菠萝蜜种子淀粉特性等基础性研究；开展胡椒、香草兰超临界、超声波、微波、超声-微波协同萃取、动态逆流提取以及程序增压快速溶剂萃取等精深加工技术研发；重点开展香草兰香薰、香草兰酒、胡椒新型调味品、精品咖啡及可可深加工产品加工工程化技术研发，研发新产品5个，配套集成生产工艺与装备、实现产品中试化生产。

5. 南药植物

对海南龙血树、沉香、见血封喉、剑叶三宝木、小叶米仔兰、酒饼簕6种南药植物进行了生物活性成分的分离鉴定，从中共分离鉴定化合物153个，其中，新化合物23个。在这153个化合物中有34个化合物对至少4种肿瘤细胞（SGC-7901、K562、SMMC-7721、BEL-7402）中的1种具有抗肿瘤细胞毒活性，有8个化合物具有抗香蕉枯萎菌的活性，11个化合物有抗金黄色葡萄球菌的活性。开发出产品4个：丁果胶囊、沉香灵芝茶、沉香叶茶、沉香花茶。

开展了槟榔和槟榔花活性物质提取、分离及抗氧化研究，通过小鼠试验完成了槟榔提取物抗疲劳、抗衰老等活性评价，开发了产品槟榔含片。

利用液相色谱分离技术，从牛角瓜、羊角拗、蕊木、艾纳香等特色南药中分离出了艾纳

香素、牛角瓜生物碱等新化合物20余个，并对艾纳香素的抗氧化活性、牛角瓜生物碱的抗肿瘤活性等进行了研究。

以海南特色南药的功效成分及活性评价为基础，对艾纳香、牛大力及灵芝进行了深度开发与利用，其中研发艾纳香系列药妆品23款，牛大力保健酒、牛大力保健茶等保健产品7个，灵芝胶囊保健品1个。

6. 其他

开展菠萝蛋白酶中试生产，通过与企业进行中试合作研究，已建立中试生产线。

开展竹笋超微粉加工技术研究，完成毛竹笋头超微粉碎加工后笋营养活性和加工性能研究，研发出健康固体饮料；对毛竹笋头的 β-谷甾醇进行含量分析，提取和分离，通过柱层析制备出 β-谷甾醇单体。

完成海南三种特色灵芝资源活性天然产物研究，研制了具有改善睡眠作用的灵芝胶囊产品。

七、农业资源与环境

（一）农作物副产物综合利用

开展甘蔗叶、香蕉茎秆、木薯秆、菠萝茎叶肥料化/基质化利用技术研究与示范。开展了新鲜剑麻叶渣用作饲料的青储试验和废渣生产沼气等多用途利用试验。研制出菠萝叶纤维丝光平纹布、丝光珠地布，并对其进行了基本性能检测和质量评价。以甘蔗渣等热作废弃纤维制备粒度均一性好的高性能纳米化纤维。对木薯废弃茎秆粉碎、分析，初步在造纸、人工合成板、园艺轻基质育苗等方面进行研究。开展了利用蚯蚓处理香蕉茎秆的研究并应用于芽苗菜循环栽培。

（二）转基因生物安全

建立了南繁转基因水稻根际土壤微生物宏基因组数据库。

利用植物基因工程创造热带作物木薯新种质，获得了转基因植株，已申报农业部中间试验。

（三）农业环境污染治理

完成杀线虫剂在土壤中的淋溶迁移特征和在土壤中的吸附-解吸特征。开展砖红壤性水稻土百草枯/2,4-D 厌氧降解的 Fe（Ⅲ）/腐殖质呼吸驱动机制研究并富集分离得到 3 株铁/腐殖质还原菌，初步研究了其厌氧代谢特性。在腐殖质还原菌/铁还原物体系中研究了百草枯的降解动态。开展土壤中残留恶霉灵和戊菌唑的运移机制研究。

以豆科作物共生固氮为例，开展了与气候变化相关的酸性土资源环境约束研究。完成了苯醚甲环唑在水体中水解研究。开展热区种植模式下作物根系分泌物对环境污染物的胁迫影响研究。研究了三唑类农药（如苯醚甲环唑、丙环唑）在灌溉水中的残留现状及稳定性，并通过所获得的环境特征基础数据对三唑类农药进行环境风险分析。开展了橡胶林在物质循环和维持生物多样性中的作用研究。

八、畜禽健康养殖

（一）畜禽品种选育

通过传统选育和分子标记辅助研究，完善并扩大了畜禽种质资源的育种质量和养殖规模，2012年海南黑山羊、五指山猪、海南黎鸡共存栏3 000头（只），向社会提供优质畜禽种苗2 300头（只）。

（二）动物营养与饲料

完成了舍饲条件下主要营养素在海南黑山羊机体内的代谢和分配规律，确定了不同阶段主要营养物质需要量。研究制定出热带饲草高产栽培、加工（青贮）与高效利用（饲草搭配）的生产供应体系。

（三）畜禽疫病防控

严格贯彻"防重于治"的理念，配合海南省无疫区建设，对易发、易感的一些疾病进行了重点监测和防控。同时指导企业、合作社及农户加强饲养管理，搞好卫生消毒，坚持全进全出制度，严格执行检疫隔离制度以及淘汰带菌畜禽等措施。

九、热带海洋生物

（一）海洋动物

开展方斑东风螺营养需求的相关研究，确定了6种维生素在东风螺饲料中的添加量，研制出东风螺专用多维添加剂。

（二）海洋藻类

1. 热带海洋大型藻类

收集获得6种大型海藻资源；与昌江大唐

海水养殖有限公司合作建立了 1 公顷琼枝麒麟菜野外养殖试验基地，首次系统研究了养殖环境因子对琼枝麒麟菜生长的影响，确定了琼枝最适生长温度、海水相对密度和光照条件等。

2. 热带能源微藻

进一步细化研究了各种营养元素缺陷下，不同的藻株油脂积累变化，探讨了添加碳源 NaAC 对微藻油脂代谢影响。

利用 T-DNA 插入失活法构建了莱茵衣藻油脂积累缺陷突变体库，从中筛选到有效突变体 16 个。对突变体 Mu726 对应的 B-box 锌指结构蛋白 *Cr-Bbox* 基因和 Mu126 对应的 Ring 型 E3 泛素连接酶 *Cr-RING* 基因进行深入系统的研究。

（三）海洋微生物

对红树林微生物的 16S rRNA 基因序列和 ITS 序列进行 454 高通量测序，前期分析表明红树林沉积物中放线菌种类丰富。从红树林中分离获得 48 株抗 H1N1 病毒放线菌，其中 2 株为新种。

十、农产品质量标准与检测

（一）农产品质量安全例行监测

完成青海省、广东省清远市畜禽产品和贵州省贵阳市、兴义市、凯里市的蔬菜、水果、食用菌、茶叶的农产品质量安全例行监测工作；完成广州市蔬菜产品、食用菌和广东省蔬菜、草莓产品质量安全监督抽查工作；完成海南的豇豆以及广东的苦瓜、菜心和豇豆的质量安全普查工作；完成海南、湖南、湖北、江西、广东、云南和四川省区的农产品质量追溯系统建设项目监管工作。

（二）农产品质量安全控制技术和检测技术等研究

完成对辣椒粉、花椒、龙眼肉、红枣干风险因子的摸底排查，完成荔枝、芒果等热带果品产地质量安全摸底排查与专项风险评估；完成广东省畜禽产品药物残留风险监测；完成农业行业标准《农产品等级规格 苦丁茶》《绿色食品 咖啡粉》《植物性食品中阿维菌素、甲氨基阿维菌素苯甲酸盐、伊维菌素和多拉菌素残留量测定 高效液相色谱—荧光检测方法》等标准报批稿。

（三）新品种保护测试、种子种苗检验

完成 9 对水稻、1 对大豆、1 对花烛的植物新品种 DUS 测试任务和 18 份水稻品种审定预测试工作；完成柱花草、木薯、芒果 3 个测试指南的报批稿，完成木瓜、木菠萝、椰子、西番莲 4 种作物 DUS 测试指南送审稿；收集 50 份水稻、玉米已知品种，并完成数据和图片的录入工作；承办了第一期 DUS 测试技术系统培训班。完成对广东、海南和云南三省的天然橡胶良种补贴种苗基地的质量监测。完成"荔枝种苗"送审稿。承办 1 期热作种子种苗检验员培训班。

十一、农业产业经济与农业信息

（一）产业经济

开展我国天然橡胶、菠萝、木薯、芦笋等主要热作产业经济、信息分析与发展策略研究。天然橡胶方面，继续进行天然橡胶产业预警预报研究；比较分析了在东南亚国家投资环境、种植橡胶和加工橡胶的成本效益、风险等，完成了海外天然橡胶基地国别比选专题调研报告；对天然橡胶以及关联产业发展进行分析和展望，分析贸易结构与国内产销区价格的动态关系，构建了基于神经网络的市场风险预警模型，开展了天然橡胶价格形成机制研究，运用滤波法识别天然橡胶和合成橡胶价格周期并分析形成原因，分析投机、货币政策对天然橡胶价格波动的影响，研究了中日期货市场的互动关系；采用森林蓄积量扩展法，测算了我国橡胶林的碳汇贸易潜力。菠萝方面，围绕我国菠萝产业发展的优、劣势，机遇与挑战等，分析出制约其国际竞争力提升的主要因素，并提出相应政策建议；木薯方面，采集、跟踪分析木薯主产区产业发展政策、基础条件、发展趋势等信息，对其产销形势进行分析与预测。在芦笋产业信息与经济方面，构建了芦笋产业竞争力评价指标，提出提升其产业竞争力对策及开拓数据渠道的措施，开发了芦笋产业信息服务平台及价格分析软件。同时，开展中国热带地区农民专业合作组织发展研究，发现其制度变迁的特征为由外界力量推动为主的"外生诱致性变迁"，进一步剖析其发展的动力机制、运行机制，并提出相应保障措施。

（二）农业信息

开展热带农业信息采集、监测、分析与服务研究，制定热带作物信息数据标准规范1套，开发Web、Wap信息平台，构建了12316短信服务平台，编制《热带农业信息快讯》《世界热带农业信息简讯》，实现面向管理决策部门与生产部门的多途径服务。进一步扩展热作科学数据分中心数据，构建菠萝产业动态信息数据库、芦笋产业科学数据共享平台等。开展了热带作物信息服务产业链培育技术集成与应用研究，利用推理机技术等开展智能化生产管理研究，开发了天然橡胶等6个作物智能管理系统；开展二维码质量安全追溯研究，并与万宁市政府联合开展相关技术在槟榔质量安全追溯上应用，实现万宁槟榔鲜果、初加工、深加工全过程的二维码在线生成，同时实现了网上追溯、短信追溯以及手机扫描二维码追溯等。应用GIS技术开展中国热区边界的界定与变动研究，构建了中国热区基础地理信息数据库系统；应用RFID等物联网技术开展热带果蔬生产农资供应链监管及编码技术研究。

科技产出情况

中国热带农业科学院 2012 年院属单位科技产出数据统计表（论文、著作、专利、新品种、新产品等）

单　位	科技论文（篇）		科技著作（部）	专利（项）		其他成果		
	总计	其中SCI收录		申请数	获授权数	审定品种	颁布标准	软件著作权
品资所	145	29	7	23	6	5	2	
橡胶所	220	25	7	46	32		1	13
香饮所	59	3	5	16	8		2	2
南亚所	94	17		9	25	2		1
加工所	79	45		36	14		5	
生物所	245	91	3	37	21			
环植所	204	58	12	27	11		6	1
椰子所	55	6	1	12	15	3	2	
农机所	17	6	2	26	33		2	
信息所	87	16						
分析测试中心	43	3		20	16			1
海口实验站	42	2		4	1			
湛江实验站	14	1		8	6			
广州实验站	3		1					
合计	1 307	302	38	264	188	10	20	18

中国热带农业科学院 2012 年科技成果情况表

项目	数量
成果总数	53
国家科技进步奖	1
一等奖	0
二等奖	1
三等奖	0
省部级奖	29
一等奖	5
二等奖	9
三等奖	15
院科学技术成果奖	4
其他奖	4
鉴定未获奖成果	15

注：同一成果同年获不同级别奖励，只统计高等级的成果奖

中国热带农业科学院 2012 年院属单位科技成果统计表

单位名称	成果总计	获奖成果总计	国家级奖 总计	自然科学奖 小计	一	二	技术发明奖 小计	一	二	科技进步奖 小计	一	二	省部级奖 小计	一	二	三	院级奖 小计	一	二	其他奖	2012年度鉴定未获奖成果数
中国热带农业科学院	2	2	1							1		1	1			1					
品资所	8	5											4	1		3	0			1	3
橡胶所	5	4											3	1	2		0			1	1
香饮所	3	2											1			1	1		1		1
南亚所	1	0																			1
加工所	4	2											1			1	1		1		2
生物所	7	6											6	1	4	1	0				1
环植所	11	10											8	2	2	4	1		1	1	1
椰子所	8	4											2		1	1	1		1	1	4
农机所	0	0																			
信息所	1	1											1			1					
分析测试中心	2	1											1			1					1
海口实验站	1	1											1			1					
湛江实验站	0																				
广州实验站	0																				
合　计	53	38	1	0	0	0	0	0	0	0	1	0	1	29	5	9	15	4	0	4	4	15

注：同一成果同年获不同级别奖励，只统计高等级的成果奖

中国热带农业科学院 2012 年获奖成果统计表

一、获国家级奖成果

序号	成　果　名　称	获奖等级	获奖单位
1	特色热带作物种质资源收集评价与创新利用	国家科技进步奖二等奖	中国热带农业科学院、广西壮族自治区亚热带作物研究所、广州市果树科学研究所、攀枝花市农林科学研究院、广东省湛江农垦集团公司、广西壮族自治区农业科学院园艺研究所、云南省德宏热带农业科学研究所

二、获省部级奖成果

序号	成果名称	获奖等级	获奖单位
1	南药种质资源收集保存、鉴定评价与栽培利用研究	2012年度海南省科技进步奖一等奖	中国热带农业科学院热带作物品种资源研究所
2	橡胶树乳管分化研究及乳管分化能力早期预测技术建立	2012年度海南省科技进步奖一等奖	中国热带农业科学院橡胶研究所等
3	重要入侵害虫螺旋粉虱监测与控制的基础和关键技术研究及应用	2012年度海南省科技进步奖一等奖	中国热带农业科学院环境与植物保护研究所等
4	橡胶树重要叶部病害检测、监测与控制技术研究	2012年度海南省科技进步奖一等奖	中国热带农业科学院环境与植物保护研究所等
5	橡胶树次生体胚发生技术体系的建立及其在自根幼态无性系繁殖中的应用	2012年度海南省科技进步奖二等奖	中国热带农业科学院橡胶研究所等
6	橡胶树割面营养增产素产业化生产关键技术研发	2012年度海南省科技进步奖二等奖	中国热带农业科学院橡胶研究所等
7	热带作物几种重要病虫害绿色生防防技术研究与应用	2012年度海南省科技进步奖二等奖	中国热带农业科学院环境与植物保护研究所等
8	木薯、瓜菜地下害虫绿色防控关键技术研究与示范	2012年度海南省科技进步奖二等奖	中国热带农业科学院环境与植物保护研究所等
9	海南龙血树组培快繁及诱导血竭的研究	2012年度海南省科技进步奖二等奖	中国热带农业科学院热带生物技术研究所等
10	红树林利福霉素小单孢菌新种的发现及其抗MRSA活性新化合物的研究	2012年度海南省科技进步奖二等奖	中国热带农业科学院热带生物技术研究所等
11	蛋白质组学关键技术的优化改进及其在热带作物研究中的应用	2012年度海南省科技进步奖二等奖	中国热带农业科学院热带生物技术研究所等
12	见血封喉中的强心苷及其抗肿瘤活性研究	2012年度海南省科技进步奖二等奖	中国热带农业科学院热带生物技术研究所等
13	优质食用木薯华南9号的育成及利用推广	2012年度海南省科技进步奖三等奖	中国热带农业科学院热带作物品种资源研究所等
14	高档礼品西瓜新品种"美月"和"琼丽"的选育与示范推广	2012年度海南省科技进步奖三等奖	中国热带农业科学院热带作物品种资源研究所等
15	柱花草抗炭疽病的分子生物学研究	2012年度海南省科技进步奖三等奖	中国热带农业科学院热带作物品种资源研究所等
16	中粒种咖啡标准化栽培技术研究与示范	2012年度海南省科技进步奖三等奖	中国热带农业科学院香料饮料研究所等
17	"胶乳共混法"天然橡胶/二氧化硅纳米复合材料制备工艺研发	2012年度海南省科技进步奖三等奖	中国热带农业科学院农产品加工研究所
18	海南甘蔗病毒病原鉴定与检测技术体系建立及应用	2012年度海南省科技进步奖三等奖	中国热带农业科学院热带生物技术研究所等
19	椰子生产全程质量控制技术研究与应用	2012年度海南省科技进步奖三等奖	中国热带农业科学院椰子研究所等
20	主要热带农业信息基础数据收集、整理与应用	2012年度海南省科技进步奖三等奖	中国热带农业科学院科技信息研究所
21	香蕉枯萎病病程可视化研究	2012年度海南省科技进步奖三等奖	中国热带农业科学院海口实验站等
22	剑麻新菠萝灰粉蚧生物学、生态学及防治技术研究	2012年度海南省科技进步奖三等奖	中国热带农业科学院环境与植物保护研究所等
23	热带农业的农药毒性与安全使用方法研究	2012年度海南省科技进步奖三等奖	中国热带农业科学院环境与植物保护研究所等
24	海南主要野菜资源调查及利用价值研究	2012年度海南省科技进步奖三等奖	中国热带农业科学院分析测试中心
25	高产早结鲜食椰子新品种文椰2号的培育与推广利用	2012年度海南省科技成果转化奖二等奖	中国热带农业科学院椰子研究所等

三、中国热带农业科学院科学技术成果奖

序号	成果名称	获奖等级	获奖单位
1	南药种质资源收集保存、鉴定评价与栽培利用研究	一等奖	中国热带农业科学院热带作物品种资源研究所等
2	重要入侵害虫螺旋粉虱监测与控制的基础和关键技术研究及应用	一等奖	中国热带农业科学院环境与植物保护研究所等
3	橡胶树乳管分化研究及乳管分化能力早期预测技术建立	一等奖	中国热带农业科学院橡胶研究所等
4	橡胶树割面营养增产素产业化生产关键技术研发	一等奖	中国热带农业科学院橡胶研究所等
5	高档礼品西瓜新品种"美月"和"琼丽"的选育与示范推广	二等奖	中国热带农业科学院热带作物品种资源研究所等
6	海南龙血树组培快繁及诱导血竭的研究	二等奖	中国热带农业科学院热带生物技术研究所等
7	香蕉枯萎病生防内生菌资源的收集、评价与利用研究	二等奖	中国热带农业科学院环境与植物保护研究所等
8	香草兰两种主要病害发生规律及综合防治技术研究	二等奖	中国热带农业科学院香料饮料研究所
9	橡胶树重要叶部病害检测、监测与控制技术研究	二等奖	中国热带农业科学院环境与植物保护研究所等
10	"胶乳共混法"天然橡胶/二氧化硅纳米复合材料制备工艺研发	二等奖	中国热带农业科学院农产品加工研究所
11	天然椰子油湿法加工工艺改进及产品研发	二等奖	中国热带农业科学院椰子研究所等

四、2012年度作为参加单位获得的成果

序号	单位	成果名称	获奖类别	获奖等级	本单位获奖排序	本单位获奖人姓名及名次
1	中国热带农业科学院热带生物技术研究所、中国热带农业科学院分析测试中心	濒危植物海南龙血树保护生物学研究	海南省科技进步奖	一等奖	第2、3完成单位	李建国（第3），朱家红（第4）
2	中国热带农业科学院	热带果酒品质提升关键技术研究与产业化示范	海南省科技进步奖	三等奖	第2完成单位	
3	中国热带农业科学院环境与植物保护研究所	海南省外来入侵杂草病原微生物资源调查及生防评估	海南省科技进步奖	三等奖	第2完成单位	胡美姣（第4）
4	中国热带农业科学院环境与植物保护研究所	台农16号菠萝产期调节及配套栽培技术研究	海南省科技进步奖	三等奖	第2完成单位	刘奎（第6）

五、2012年度获社会力量奖情况统计表
（第一完成单位）

序号	成果名称	获奖类别	获奖等级	颁奖单位	获奖单位
1	木薯品种选育关键技术研发及其应用	中国产学研合作创新成果奖	合作创新成果奖	中国产学研合作促进会	中国热带农业科学院热带作物品种资源研究所
2	橡胶树品种热研7-33-97大面积推广应用	中国产学研合作创新成果奖	合作创新成果奖	中国产学研合作促进会	中国热带农业科学院橡胶研究所
3	热带作物几种重要病虫害绿色生防化防技术研究与应用	中国植物保护学会科学技术成果奖	三等奖	中国植物保护学会	中国热带农业科学院环境与植物保护研究所
4	天然椰子油湿法加工工艺改进及产品研发	中国粮油学会科技奖	三等奖	中国粮油学会	中国热带农业科学院椰子研究所

中国热带农业科学院 2012 年获奖科技成果简介

一、国家级奖项目

（一）特色热带作物种质资源收集评价与创新利用

主要完成单位：中国热带农业科学院、广西壮族自治区亚热带作物研究所、广州市果树科学研究所、攀枝花市农林科学研究院、广东省湛江农垦集团公司、广西壮族自治区农业科学院园艺研究所、云南省德宏热带农业科学研究所

主要完成人员：王庆煌、陈业渊、黄国弟、陈健、蔡泽祺、李贵利、刘业强、周华、李琼、陆超忠

起止时间：1988 年 1 月至 2008 年 12 月

获奖情况：国家科技进步奖二等奖

完成情况：

该成果针对我国芒果、菠萝、剑麻、咖啡等 12 种特色热带作物开展了种质资源收集评价和创新利用，取得了重大突破与创新。种质收集方面，提出了特色热带作物种质资源保护利用新思路，构建了资源安全保存技术体系，收集保存资源 5 302 份，占我国特色热带作物资源总量的 92%。种质评价方面，在全国首次创建了特色热带作物种质资源鉴定评价技术体系，鉴定准确率达 99%；对资源进行系统鉴定评价，并提供资源信息共享 22.6 万人次、实物共享 6.3 万份次，筛选优异种质 107 份，为产业培育发挥了关键性作用。种质创新利用方面，创制新种质 89 份，培育桂热芒 120 号、红铃番木瓜等系列新品种 34 个，首创番木瓜、剑麻等组培快繁技术，构建了与优良新品种相配套的种苗生产和栽培技术体系，并在海南、广东、广西等 5 省（区）广泛应用，累计推广 1 850 万亩，特色热带作物良种覆盖率达 90%，社会经济效益 926 亿元，新增社会经济效益 555 亿元。

二、省部级奖项目

（一）南药种质资源收集保存、鉴定评价与栽培利用研究

主要完成单位：中国热带农业科学院热带作物品种资源研究所

主要完成人员：王祝年、晏小霞、徐立、王建荣、庞玉新、王茂媛、李志英、陈业渊、郑玉、董志超

起止时间：2008 年 3 月至 2012 年 1 月

获奖情况：海南省科技进步奖一等奖

完成情况：

该成果调查了海南岛药用植物资源，收集整理了海南药用植物资源 253 科 3 025 种，发现新种 1 种，中国新记录归化属 1 属，中国新记录种 4 种，中国大陆新记录归化种 3 种，海南新记录属 6 属，海南新记录种及归化种 16 种；建立了南药标本室，保存南药标本 20 000 多份；建立了农业部热带药用植物种质资源圃和姜科药用植物种质圃，活体保存了南药种质 1 623 种；建立和完善了 17 种南药组培快繁技术体系；建立了南药离体保存库，离体保存南药种质 132 种；初步建立了南药种质资源鉴定评价指标体系，出版了《南药种质资源描述规范》和《南药种质资源数据质量控制规范》；从植物学、农艺学、分子生物学、植物化学等方面对部分南药种质资源进行鉴定评价，建立了南药种质资源图文信息库和药用植物信息检索系统；提供了 765 份南药种质给有关单位共享，进行研究和生产；研究总结了槟榔、益智、巴戟天、砂仁、白木香、艾纳香、牛大力等重要南药繁殖栽培技术，其应用产生了良好的经济效益和社会效益；研制了一套黄牛木茶叶生产工艺。鉴定专家组一致认为，该成果总体达到国际先进水平。

（二）橡胶树乳管分化研究及乳管分化能力早期预测技术建立

主要完成单位：中国热带农业科学院橡胶研究所、海南省热带作物栽培生理学重点实验

室-省部共建国家重点实验室培育基地、农业部橡胶树生物学与遗传资源利用重点实验室、海南省农业科学院

主要完成人员：田维敏、吴继林、史敏晶、杨署光、陈月昇、张治礼、郝秉中

起止时间：1980 年 1 月至 2011 年 12 月

获奖情况：海南省科技进步奖一等奖

完成情况：

该成果围绕橡胶树乳管分化机制进行综合研究，首次证明了割胶显著促进橡胶树乳管分化，发现割胶的这种效应主要与排胶有关，这一发现对于发展通过试割等手段调控橡胶树乳管数量的生产技术具有重要的指导意义；首次发现茉莉酸是调节橡胶树乳管分化的关键信号分子，为研究植物细胞分化提供了一个很有用的模型，同时开辟了利用化学物质（茉莉酸）或利用转基因技术（如过度表达合成茉莉酸的基因）调控橡胶树乳管数量的途径；首次建立了机械伤害诱导橡胶树萌条乳管分化的一个实验系统，基于该实验系统，在理论上开展了乳管分化的分子调控研究；发明了一种苗期预测橡胶树乳管分化能力的方法，对于缩短橡胶树产量育种时间和提高产量育种效率具有重要的实际应用价值。

鉴定专家组一致认为，该研究成果具有重要的原创性研究成果和应用前景，达橡胶树同类研究国际领先水平。

（三）橡胶树重要叶部病害检测、监测与控制技术研究

主要完成单位：中国热带农业科学院环境与植物保护研究所、海南大学、云南省热带作物科学研究所、海南省天然橡胶产业集团股份有限公司、云南省农垦总局、广东省茂名农垦局

主要完成人员：黄贵修、林春花、卢昕、刘先宝、蔡吉苗、时涛、李超萍、郑服丛、蔡志英、李博勋

起止时间：2004 年 1 月至 2011 年 12 月

获奖情况：海南省科技进步奖一等奖

完成情况：

该成果掌握了我国橡胶树三大重要叶部病害的疫情分布与危害情况，明确了棒孢霉落叶病在我国的适生区，建立棒孢霉落叶病监测技术；明确了这三种病原菌的遗传多样性，建立多主棒孢和尖孢炭疽菌分子检测技术；获得多主棒孢菌株 CC01 全基因组序列，构建遗传转化体系，筛选获得致病性缺陷型突变体；建立抗病性评价方法，分别筛选出抗棒孢霉落叶病、抗炭疽病和抗白粉病橡胶树种质（品种）；建立多主棒孢病菌毒素分离与纯化技术，获得分子量约 14.4kDa 的毒素蛋白；比较分析橡胶树品种热研 7-33-97 受多主棒孢病菌侵染前后基因表达情况，获得基因差异表达相关数据；研发出中试产品"保叶清"，并进行技术示范与应用，取得良好防效。鉴定专家组一致认为，该成果总体达到国际先进水平。

（四）重要入侵害虫螺旋粉虱监测与控制的基础和关键技术研究及应用

主要完成单位：中国热带农业科学院环境与植物保护研究所、华南农业大学、广东省农业科学院植物保护研究所、北京市农林科学院植物保护环境保护研究所、广东省昆虫研究所、海南省植保植检站

主要完成人员：符悦冠、吴伟坚、张扬、虞国跃、韩诗畴、韩冬银、牛黎明、李伟东、曾东强、张茂新

起止时间：2006 年 7 月至 2011 年 12 月

获奖情况：海南省科技进步奖一等奖

完成情况：

该成果发现螺旋粉虱入侵我国大陆地区，掌握了其在海南及周边地区的分布区域和扩散动态，调查摸清了其在海南的寄主种类及危害状况；分析阐明了螺旋粉虱在我国的适生区域及风险程度，提供了重要的预警信息；系统研究了螺旋粉虱的生物学特性及温度、寄主、光照等对其发育与繁殖的影响及种群消长规律，明确了该虫发育与繁殖的适宜温度、寄主选择特性和趋色、趋光习性；筛选出高效氯氰菊酯、啶虫脒和毒死蜱等多种高效低毒的化学防治药剂，集成了以化学防治为主的螺旋粉虱应急防控技术体系，编制形成了螺旋粉虱应急防控技术规范，为螺旋粉虱的应急防控提供了技术支撑。

（五）橡胶树割面营养增产素产业化生产管件技术研发

主要完成单位：中国热带农业科学院橡胶

研究所、海南天然橡胶产业集团股份有限公司、国家重要热带作物工程技术研究中心、海南热农橡胶科技服务中心、农业部橡胶树生物学与遗传资源利用重点实验室

主要完成人员：林钊沐、罗微、李智全、茶正早、林清火、黄华孙、魏小弟、吴小平

起止时间：2004 年 6 月至 2011 年 12 月

获奖情况：海南省科技进步奖二等奖

完成情况：

该成果以生产性能稳定的橡胶树割面营养增产素为目标进行研究，针对橡胶树割面营养增产素原小作坊式生产中不能连续作业、限制产业化发展的技术瓶颈问题，优化了橡胶树割面营养增产素配方，研发了科学合理的生产工艺流程，确定了 pH 值、温度、黏稠度等主要技术参数；进行生产线设备自主选型、安装和调试，研制出国内外首条橡胶树割面营养增产素生产线，解决了原生产中聚乙烯醇难溶解、搅拌不均匀、明火烧煮易焦、快速冷却等关键问题，产品性能良好、质量稳定；制定了《橡胶树割面营养增产素》（Q/HNRN1—2006）企业标准，完成了海南省肥料登记，注册了"橡丰"牌产品商标，申报了 2 项专利；近三年累计应用面积达 14 万公顷，共增产干胶 0.84 万吨，增加产值约 2.1 亿元，取得了显著的社会、经济效益。鉴定专家组一致认为，该成果解决了橡胶树割面营养增产素生产的关键技术问题，实现了规模化生产，整体处于国际领先水平。

（六）橡胶树次生体胚发生技术体系的建立及其在自根幼态无性系繁殖中的应用

主要完成单位：中国热带农业科学院橡胶研究所、农业部橡胶树生物学与遗传资源利用重点实验室、国家重要热带作物工程技术研究中心

主要完成人员：黄华孙、华玉伟、黄天带、孙爱花、胡彦师、涂敏、方家林、曾霞

起止时间：2005 年 7 月至 2010 年 12 月

获奖情况：海南省科技进步奖二等奖

完成情况：

该成果针对橡胶树幼态无性系规模化繁殖的瓶颈技术，通过对繁殖策略、增殖技术与方法等的研究，突破了体胚发生途径单一限制多

品种体系建立的困境，改进和掌握了内珠被、花药和悬浮细胞等多元化的体胚诱导技术，研发了热研 7-33-97 等 15 个国内外高产速生品种的体胚发生技术，实现了多品种自根幼态无性系繁殖，解决了技术应用广泛性问题；打破常规繁殖策略，采用胚状体为起始材料，建立了热研 7-33-97 等 7 个高产速生品种的高效次生体胚发生体系，年正常体胚繁殖系数可达 10 000 倍，实现了高效繁殖，为工厂化育苗奠定了技术核心；攻克了以往生产技术体系的缺陷，形成了较为完善高效的橡胶树自根幼态无性系生产技术体系，植株再生率、炼苗成活率和装袋成活率高达 70%、80% 和 96%，首次实现了工厂化育苗，为新型种植材料的产业化提供了技术支撑；开始工厂化生产，并在我国三大植胶区建立 12 个 1 000 余亩示范区，速生、高抗等优良特性已经显现。鉴定专家组一致认为，该成果达国际先进水平。

（七）热带作物几种重要病虫害绿色生防化防技术研究与应用

主要完成单位：中国热带农业科学院环境与植物保护研究所、海南博士威农用化学有限公司、海南正业中农高科股份有限公司、海南利蒙特生物农药有限公司、中国热带农业科学院南亚热带作物研究所

主要完成人员：黄俊生、杨腊英、王国芬、詹儒林、边全乐、郭立佳、张善学、杨照东

起止时间：2005 年 1 月至 2010 年 12 月

获奖情况：海南省科技进步奖二等奖

完成情况：

该成果以几种重要热带作物病虫害为对象，开展以微生物农药和化学农药防治为核心的协同防治技术研究及应用，研发了以微生物菌剂防控为核心的绿色生物防控新技术；形成了以绿僵菌、拟青霉为主的多种剂型研发体系，研制出粉剂、细粒剂等 6 种生防产品，获得菌肥登记产品"线虫裂解酵素"1 个，田间防控取得了良好的防治效果；研发了以农药新剂型为核心的环保化学防控新技术，根据热区病虫害发生特点，微生物农药与化学农药综合防控技术的集成和应用，保证农产品安全，减少对环境的污染，为热带作物产业的可持续发展提供

了技术保障；申请专利 17 项，获授权 2 项；具自主知识产权的获登记的产品 19 个，研制出 6 种微生物中试产品，5 项生防真菌中试发酵工艺；制定企业技术标准 29 个。建立了香蕉、橡胶、甘蔗等病虫害防治新技术示范基地 15 个，示范面积近 10 万亩，辐射近 200 万亩，为项目参与单位和应用单位创造直接经济效益 8 219.4 万元。该技术体系的广泛应用对热区产业结构优化和病虫害防控水平整体提升产生了重大推动和示范作用。

（八）木薯、瓜菜地下害虫绿色防控关键技术研究与示范

主要完成单位：中国热带农业科学院环境与植物保护研究所、中国热带农业科学院热带作物品种资源研究所、海南省农业科学院农业环境与植物保护研究所、三亚市南繁科学技术研究院、合浦县农业科学研究所

主要完成人员：陈青、卢芙萍、卢辉、徐雪莲、张振文、黄贵修、叶剑秋、芮凯

起止时间：2009 年 1 月至 2011 年 12 月

获奖情况：海南省科技进步奖二等奖

完成情况：

该成果针对我国热区木薯、瓜菜地下害虫防控中的环境友好技术瓶颈及综合防控系统理论与技术支撑现状进行研究，明确了木薯和瓜菜重要地下害虫蛴螬、蔗根锯天牛、小地老虎和东方蝼蛄的成灾关键因子、为害特性与发生规律；研发出易于农民接受和应用的木薯种茎和瓜菜种苗根无害化药剂处理及土坑诱杀木薯地下害虫与土坑毒饵诱杀瓜菜地下害虫防灾减灾轻简化实用技术；设计 1 种木薯地下害虫成虫诱捕器；研发出环境友好复合型中试药剂"扫虫光"及其靶标技术；研发出木薯、瓜菜地下害虫绿色综合防控技术；分别在广西木薯生产区和海南瓜菜生产区累计示范、应用与推广 5 万多亩和 12.7 万多亩，效益显著。

（九）海南龙血树组培快繁及诱导血竭的研究

主要完成单位：中国热带农业科学院热带生物技术研究所、农业部热带作物生物学与遗传资源利用重点实验室

主要完成人员：张树珍、杨本鹏、梅文莉、

蔡文伟、彭明、戴好富、王俊刚、王辉

起止时间：2008 年 1 月至 2011 年 12 月

获奖情况：海南省科技进步奖二等奖

完成情况：

该成果针对海南龙血树的组培快繁、人工栽培、血竭形成诱导及血竭形成相关基因分离和表达等进行了系统研究，首次建立了海南龙血树通过腋芽萌生成苗途径的组培快繁体系，使组培苗能够很好地保持母体的遗传特性；建立了龙血树"四年三截三疏"人工栽培（地道药材栽培）技术模式，有效地提高土地利用率；首次发现 6-BA 可以诱导海南龙血树产生血竭，并建立了海南龙血树在组织培养过程中诱导血竭形成和人工栽培树体诱导血竭形成的技术体系，发明了 2 种生产血竭的新方法；首次分离出海南龙血树血竭形成相关的基因并证明该基因参与的信号传导途径在血竭诱导形成过程中具有重要作用；该成果已推广应用 257 亩，新增产值 472 万元，新增纯收入 193 万元。鉴定专家组一致认为，成果整体达国际领先水平。

（十）红树林利福霉素小单孢菌新种的发现及其抗 MRSA 活性新化合物的研究

主要完成单位：中国热带农业科学院热带生物技术研究所、农业部热带作物生物学与遗传资源利用重点实验室、海南省热带微生物资源重点实验室

主要完成人员：黄惠琴、鲍时翔、孙前光、朱军、方哲、刘敏、欧阳范献、吕家森

起止时间：2001 年 1 月至 2011 年 12 月

获奖情况：海南省科技进步奖二等奖

完成情况：

该成果从海南红树林生境中分离获得了抗 MRSA 活性菌株 AM105，经多项分类鉴定为小单孢菌属新种：利福霉素小单孢菌 *Micromonospora rifamycinica* sp. nov.；优化获得该菌种最佳发酵培养基与发酵条件，并完成 100L 罐发酵放大实验；从菌株 AM105 发酵产物中分离纯化获得活性组分 AM105-II，运用现代波谱技术，发现抗 MRSA 新结构活性化合物 Isorafimycin S，其对 MRSA 菌株、*Mycobacterium tuberculosis*、*Sarcina lutea* 等 G + 细菌具有很强的抗菌活性，且活性明显优于临床药物 Rafimycin S 和 Rafimycin

SV，为新型抗菌药物的开发打下了坚实基础。鉴定专家组一致认为，该成果总体达到国际先进水平。

（十一）蛋白质组学关键技术的优化改进及其在热带作物研究中的应用

主要完成单位：中国热带农业科学院热带生物技术研究所、农业部热带作物生物学与遗传资源利用重点实验室

主要完成人员：王旭初、郭安平、庞永奇、黄启星、王丹、常丽丽、孙勇、易小平

起止时间：2009 年 9 月至 2011 年 12 月

获奖情况：海南省科技进步奖二等奖

完成情况：

该成果优化和改进了已有的 BPP 蛋白提取和考马斯亮蓝染色技术等方法，建立了适合于热带作物蛋白质组学研究的技术；针对热带地区高温高湿度的环境条件和热带作物高酚类物质、高多糖等影响蛋白质提取的特点，建立了一套适合于热带地区环境的高效双向电泳技术体系；建立起适合于热带作物蛋白质组学研究的 DIGE 技术体系，发明了一种与 DIGE 技术兼容的简单快捷的蛋白 GAP 凝胶染色技术，提高了蛋白染色的灵敏度和稳定性；优化改进了 2-DE 和 DIGE 技术体系，并在橡胶、木薯、香蕉等热带作物的蛋白质组学研究中成功应用。鉴定专家组一致认为，该成果总体达到国内领先水平，蛋白质提取和染色技术达到国际先进水平。

（十二）见血封喉中的强心苷及其抗肿瘤活性研究

主要完成单位：中国热带农业科学院热带生物技术研究所、海南省黎药资源天然产物研究与利用重点实验室、农业部热带作物生物学与遗传资源利用重点实验室、海南省热带病重点实验室

主要完成人员：戴好富、梅文莉、曾艳波、郭峻莉、左文健、谭光宏、王辉、郭志凯

起止时间：2007 年 1 月至 2011 年 12 月

获奖情况：海南省科技进步奖二等奖

完成情况：

该成果立足海南热带特色，首次对海南热带药用植物见血封喉中的强心苷类化合物及其抗肿瘤活性进行了深入系统的研究，从海南产见血封喉的乳汁、种子、根、叶子中共鉴定了 80 个化合物，其中 14 个为世界首次发现的新化合物（包括 12 个新的强心苷类化合物、1 个新的倍半萜类和 1 个新的异戊烯基二氢黄酮）；首次发现见血封喉中的强心苷类化合物对慢性髓原白血病细胞 K562、人肝癌细胞 SMMC-7721、人胃癌细胞 SGC-7901 和人子宫颈癌细胞 HeLa 均显示出强生长抑制活性，部分强心苷的活性为抗癌药丝裂霉素 C 的 1 000 倍以上，具有良好的开发应用前景；首次发现见血封喉种子的乙醇提取物具有杀线虫活性，并从中追踪到活性化合物 glucostrophalloside；首次揭示了见血封喉的有毒成分主要集中在乳汁和种子，而树叶中不含有强心苷类有毒成分，使群众对见血封喉中的有毒成分的分布有了较为全面的了解，消除了人们对见血封喉的恐惧心理。发表论文 14 篇，其中 SCI 收录的论文 9 篇，获授权国家发明专利 1 项。

（十三）高产早结鲜食椰子新品种文椰 2 号的培育与推广利用

主要完成单位：中国热带农业科学院椰子研究所、文昌市热带作物技术服务中心、万宁市热带作物开发中心、琼海市热带作物服务中心、三亚市热带作物技术推广服务中心

主要完成人员：赵松林、范海阔、吴翼、覃伟权、马子龙、唐龙祥、刘立云、黄丽云

起止时间：1982 年 6 月至 2011 年 12 月

获奖情况：海南省科技成果转化奖二等奖

完成情况：

该成果"文椰 2 号"椰子是以马来亚黄矮为亲本，是我国第一个从引进品种中经多年田间选育出来的椰子新品种，该品种的选育成功填补了我国矮化、高产、早熟椰子新品种的空白。该品种椰果、椰叶、花苞颜色为黄色，色彩鲜艳迷人，椰肉细腻松软，椰子水鲜美清甜，椰水糖分含量高，耐储运，商品性好，是极佳的鲜食型旅游产品，适合在海南全省栽培。

采用中试示范与推广利用相结合模式，在海南、云南和广西建立 13 个示范点，共 6 484 亩；通过示范点的建设，树立样板，结合科技入户和现场指导，逐步在我国椰子种植区推广，

在海南的文昌清澜、琼海谭门、万宁兴隆、三亚崖城、海口琼山、乐东长矛、陵水英城，云南的西双版纳州等椰子主栽区，推广面积达12 800亩，涉及农民300多户；示范区和推广地区现已投产面积达5 040亩，平均年产果量118个/株，亩年产2 100多个，比海南本地高种椰子增产302%。每亩每年直接经济效益达6 000多元，示范区和推广地区每年实现直接经济效益高达3 315万元，今后若全面投产，经济效益更高。同时，结合科技下乡活动，分别在文昌市、琼海市、万宁市和三亚市举办培训班36次，累计培训农民12 600名，发放资料15万份。

三、中国热带农业科学院科学技术奖成果

（一）香蕉枯萎病生防内生菌资源的收集、评价与利用研究

主要完成单位：中国热带农业科学院环境与植物保护研究所、热作两院种苗组培中心、中国热带农业科学院热带生物技术研究所、农业部热带作物有害生物综合治理重点实验室、海南省热带作物病虫害生物防治工程技术研究中心、海南省热带农业有害生物监测与控制重点实验室

主要完成人员：黄贵修、刘先宝、蔡吉苗、时涛、林春花、李超萍、陈奕鹏、郭志凯、谢艺贤、王永壮

起止时间：2004年1月至2011年12月

获奖情况：中国热带农业科学院科学技术成果奖二等奖

完成情况：

该成果运用可培养方法对海南省主要热带作物的内生菌资源进行收集，结合利用分离培养方法和未培养方法对香蕉根部内生细菌多样性进行了研究，获得内生细菌资源的基础数据。对收集到的1 000多个内生细菌菌株进行了香蕉枯萎病生防潜力评价，获得9株表现良好的内生菌，4株申请了国家发明专利。获得了菌株BEB99和HND5的定殖规律基础数据。获得生防内生菌BEB99和HND5的最佳发酵条件，从HND5固体发酵产物和液体发酵产物中分离鉴定得到12个单体化合物，其中6个为首次从 *Acre-monium* sp. 真菌中分离得到的环二肽物质。从菌株BEB99石油醚相粗提物中鉴定出19个成分。通过生防内生菌HND5和BEB99接种香蕉组培种苗，建立回接技术体系，培育生防种苗并进行规模化生产与大田应用，防治效果良好。鉴定专家组一致认为，该成果总体达国际先进水平。

（二）香草兰两种主要病害发生规律及综合防治技术研究

主要完成单位：中国热带农业科学院香料饮料研究所

主要完成人员：刘爱勤、桑利伟、孙世伟、苟亚峰、张翠玲、黄根深、王辉、刘向阳、汤利华

起止时间：1996年1月至2011年12月

获奖情况：中国热带农业科学院科学技术成果奖二等奖

完成情况：

该成果以香草兰细菌性软腐病和香草兰疫病病害为研究对象，通过系统研究，明确了两种主要病害病原菌种类；摸清了病害分布、危害情况及发生流行规律；筛选出农用链霉素、47%春雷·王铜和54%氢氧化铜等3种对香草兰细菌性软腐病防治效果较好的化学农药，防效达到90%；筛选出68%精甲霜·锰锌（WDG）、50%烯酰吗啉（WP）和36%霜脲锰锌（WP）共3种对香草兰疫病防治效果较好的化学农药，防效达到85%；筛选出M10、WZ254和WZ159共3株对香草兰疫霉菌具有较强抑制作用的生防链霉菌菌株，其发酵液大田防效达到65%；结合栽培管理技术，研究制定了系列化综合防治措施2套，防效分别达82.9%和85%，为我国香草兰产业发展提供了技术支撑。

目前，已在海南万宁、琼海、定安、屯昌等香草兰主产区推广应用，推广应用面积达1 200多亩，累计新增产值1 410万元，其中，近3年新增产值960多万元、节约防治成本150万元。

（三）"胶乳共混法"天然橡胶/二氧化硅纳米复合材料微观结构与性能控制

主要完成单位：中国热带农业科学院农产品加工研究所

主要完成人员：彭政、罗勇悦、汪月琼、李永振、杨昌金

起止时间：2008年1月至2010年12月

获奖情况：中国热带农业科学院科学技术成果奖二等奖

完成情况：

该成果研发了一种制备天然橡胶/纳米二氧化硅复合材料的新方法，采用表面处理和超声分散相结合的方法对纳米二氧化硅（SiO_2）进行改性，制备得到了可稳定分散于水中的具有"核壳"结构的纳米二氧化硅；将改性后具有"核壳"结构的纳米SiO_2分散于改性天然胶乳中，制备得到了具有优异综合性能的天然橡胶/纳米二氧化硅复合材料；通过研究纳米二氧化硅在橡胶基体中的分散状况、分散粒径以及分子间的相互作用确定了微观结构与宏观性能相互关系；采用计算机模型对胶乳共混方法制备的天然橡胶纳米复合材料进行了分子动力学模拟，进一步证实了微观结构与宏观性能的紧密相关性。

（四）天然椰子油湿法加工工艺改进及产品研发

主要完成单位：中国热带农业科学院椰子研究所、海南省椰子深加工工程技术研究中心、国家重要热带作物工程技术研究中心

主要完成人员：赵松林、夏秋瑜、李瑞、陈卫军、徐兵强、李枚秋、陈华、郑亚军、黄玉林、唐敏敏

起止时间：2007年6月至2011年12月

获奖情况：中国热带农业科学院科学技术成果奖二等奖

完成情况：

该成果分析了影响天然椰子油（Virgin coconut oil，VCO）得率和品质的关键因素，研发出提高得油率、缩短处理时间、抑制微生物污染、提高油脂品质的关键技术，筛选出5项湿法制备VCO的新工艺，并确定了2项适合规模化生产的稳定工艺；确定了影响VCO质量和贮藏稳定性的关键因子及其控制技术，酸价稳定控制在0.30 mg KOH/g以下（国外VCO标准为0.5 mg KOH/g以下），保质期可达24个月；首次明确了δ-癸内酯、δ-辛内酯、δ-十二内酯等香气成分的组成和含量，维生素E、甾醇、多酚等功能性成分含量及活性；明确了VCO的理化特征，为VCO的鉴别提供了依据；开发出产品3类：纯VCO，橄榄、油茶、葵花等复配VCO，木瓜浆与椰浆协同作用制备的木瓜椰油。该成果针对海南椰子加工同质化严重、缺乏高档产品的现状，经消化吸收，研发了VCO产业链的关键技术，促进VCO的开发利用鉴定专家组一致认为，技术整体达到国际先进水平。

科技平台建设情况

中国热带农业科学院现有各级各类科技平台 96 个（含筹建），按照"三级三类"平台体系进行分类，包括国家级平台 2 个，国际联合实验室（研究中心）4 个，部省级平台 68 个，院级平台 22 个。

中国热带农业科学院各级各类科技创新平台信息表

序号	名　　称	批复时间	批准部门及文号	依托单位	备注
一、国家级平台					
1	国家重要热带作物工程技术研究中心	2011 年	科技部，国科发计〔2011〕137 号	中国热带农业科学院	运行
2	海南儋州国家农业科技园区	2002 年	科技部，国科发农社字〔2002〕163 号	热带作物品种资源研究所	运行
二、国际联合实验室/研究中心					
1	热带药用植物研究与利用国际联合实验室	2009 年	双方签署协议	热带生物技术研究所	运行
2	先进热作材料国际研究中心	2009 年	双方签署协议	农产品加工研究所	运行
3	热带果树国际联合实验室	2010 年	双方签署协议	南亚热带作物研究所	运行
4	热带农业植保联合研究中心	2012 年	双方签署协议	环境与植物保护研究所	运行
三、部级重点实验室					
1	农业部热带作物生物学与遗传资源利用重点实验室	2011 年 7 月	农业部，农科教发〔2011〕8 号	热带生物技术研究所	运行
2	农业部木薯种质资源保护与利用重点实验室	2011 年 7 月	农业部，农科教发〔2011〕8 号	热带作物品种资源研究所	运行
3	农业部华南作物基因资源与种质创制重点实验室	2011 年 7 月	农业部，农科教发〔2011〕8 号	热带作物品种资源研究所	运行
4	农业部橡胶树生物学与遗传资源利用重点实验室	2011 年 7 月	农业部，农科教发〔2011〕8 号	橡胶研究所	运行
5	农业部热带作物有害生物综合治理重点实验室	2011 年 7 月	农业部，农科教发〔2011〕8 号	环境与植物保护研究所	运行
6	农业部热带果树生物学重点实验室	2011 年 7 月	农业部，农科教发〔2011〕8 号	南亚热带作物研究所	运行
7	农业部香辛饮料作物遗传资源利用重点实验室	2011 年 7 月	农业部，农科教发〔2011〕8 号	香料饮料研究所	运行
8	农业部热带作物产品加工重点实验室	2011 年 7 月	农业部，农科教发〔2011〕8 号	农产品加工研究所	运行
9	农业部农产品加工质量安全风险评估实验室	2011 年 12 月	农业部，农质发〔2011〕14 号	农产品加工研究所	运行
10	农业部热作产品质量安全风险评估实验室	2011 年 12 月	农业部，农质发〔2011〕14 号	农产品质量安全与标准研究所	运行

（续表）

序号	名　称	批复时间	批准部门及文号	依托单位	备注
四、省级重点实验室					
1	海南省热带作物资源遗传改良与创新重点实验室	2005 年	海南省科技厅，琼科函〔2009〕447 号	热带作物品种资源研究所	运行
2	省部共建国家重点实验室培育基地、海南省热带作物栽培生理学重点实验室	2003 年	海南省科技厅与科技部基础研究司，国科发计字〔2003〕8 号	橡胶研究所	运行
3	海南省热带作物栽培生理学重点实验室	2001 年	海南省科技厅，琼科〔2001〕117 号	橡胶研究所	运行
4	海南省天然橡胶加工重点实验室	2001 年	海南省科学技术厅 琼科〔2001〕117 号	农产品加工研究所	运行
5	海南省热带农业有害生物监测与控制重点实验室	2009 年	海南省科技厅，琼科函〔2009〕446 号	环境与植物保护研究所	运行
6	海南省热带园艺产品采后生理与保鲜重点实验室	2009 年	海南省科技厅，琼科函〔2009〕448 号	南亚热带作物研究所	运行
7	海南省黎药资源天然产物研究与利用重点实验室	2010 年	海南省科技厅，琼科函〔2010〕142 号	热带生物技术研究所	运行
8	海南省热带作物信息技术应用研究重点实验室	2010 年	海南省科技厅，琼科函〔2010〕420 号	科技信息研究所	筹建
9	海南省热带油料作物生物学重点实验室	2011 年	海南省科技厅，琼科函〔2011〕9 号	椰子研究所	运行
10	海南省热带微生物资源重点实验室	2012 年	琼科函〔2012〕400 号	热带生物技术研究所	运行
11	海南省热带香辛饮料作物遗传改良与品质调控重点实验室	2012 年	海南省科技厅 琼科函〔2012〕398 号	香料饮料研究所	运行
12	海南省果蔬贮藏与加工重点实验室	2012 年	海南省科技厅 琼科函〔2012〕187 号	农产品加工研究所	运行
13	海南省热带作物营养重点实验室	2012 年	海南省科技厅 琼科函〔2012〕101 号	南亚热带作物研究所	筹建
14	海南省香蕉遗传改良重点实验室	2012 年	海南省科技厅 琼科函〔2012〕493 号	海口实验站	运行
15	海南省热带果蔬产品质量安全重点实验室	2012 年	海南省科技厅 琼科函〔2012〕494 号	分析测试中心	运行
五、农业部质检中心					
1	农业部食品质量监督检验测试中心（湛江）	1991 年	农业部，农（质）字〔1991〕60 号	农产品加工研究所	运行
2	农业部热带作物种子种苗质量监督检验测试中心	1994 年	农业部，农质监（函）字〔1994〕018 号	热带作物品种资源研究所	运行
3	农业部热带作物机械质量监督检验测试中心	1994 年	农业部，农科发〔1994〕26 号	农业机械研究所	运行
4	农业部植物新品种测试（儋州）分中心	2000 年	农业部，农人函〔2000〕24 号	热带作物品种资源研究所	运行
5	农业部热带农产品质量监督检验测试中心	2001 年	农业部，农市发〔2001〕11 号	分析测试中心	运行
6	农业部转基因植物及植物用微生物环境安全监督检验测试中心	2004 年	农业部，农计函〔2004〕518 号	热带生物技术研究所	运行
7	农业部甘蔗质量安全监督检验中心（桂中南、滇西、滇粤）	2008 年	农业部，农办计〔2008〕68 号	农产品加工研究所	运行

（续表）

序号	名　　称	批复时间	批准部门及文号	依托单位	备注
六、省级工程技术研究中心					
1	海南省热带农业种质改良工程技术研究中心	2001 年	海南省科技厅，琼科函〔2001〕136 号	热带作物品种资源研究所	运行
2	海南省热带香料饮料作物工程技术研究中心	2001 年	海南省科技厅，琼科函〔2001〕136 号	香料饮料研究所	运行
3	海南省热带果树栽培工程技术研究中心	2001 年	海南省科技厅，琼科函〔2001〕136 号	热带作物品种资源研究所	运行
4	海南省热带草业工程技术研究中心	2009 年	海南省科技厅，琼科函〔2009〕406 号	热带作物品种资源研究所	运行
5	海南省热带作物病虫害生物防治工程技术中心	2009 年	海南省科技厅，琼科函〔2009〕405 号	环境与植物保护研究所	筹建
6	海南省热带生物质能源工程技术研究中心	2010 年	海南省科技，琼科函〔2010〕142 号	热带生物技术研究所	运行
7	海南省椰子深加工工程技术研究中心	2011 年	海南省科技厅，琼科函〔2011〕8 号	椰子研究所	运行
8	海南省菠萝种质创新与利用工程技术中心	2012 年	海南省科技厅 琼科函〔2012〕117 号	南亚热带作物研究所、农业机械研究所	筹建
七、科学观测实验站					
1	农业部儋州热带作物科学观测实验站	2011 年 7 月	农业部，农科教发〔2011〕8 号	橡胶研究所	运行
2	农业部儋州农业环境科学观测实验站	2011 年 7 月	农业部，农科教发〔2011〕8 号	环境与植物保护研究所	运行
3	农业部热带油料科学观测实验站	2011 年 7 月	农业部，农科教发〔2011〕8 号	椰子研究所	运行
八、种质资源圃					
1	国家橡胶树种质资源圃	2009 年	农业部，农办垦〔2009〕34 号	橡胶研究所	运行
2	农业部热带香料饮料作物种质资源圃	2008 年	农业部，农计函〔2008〕123 号	香料饮料研究所	运行
3	农业部热带棕榈种质资源圃	2008 年	农业部，农计函〔2008〕123 号	椰子研究所	运行
4	农业部儋州热带牧草种质资源圃	2009 年	农业部，农办垦〔2009〕34 号	热带作物品种资源研究所	运行
5	农业部儋州木薯种质资源圃	2009 年	农业部，农办垦〔2009〕34 号	热带作物品种资源研究所	运行
6	农业部儋州芒果种质资源圃	2009 年	农业部，农办垦〔2009〕34 号	热带作物品种资源研究所	运行
7	农业部儋州橡胶树种质资源圃	2009 年	农业部，农办垦〔2009〕34 号	橡胶研究所	运行
8	农业部热带果树种质资源圃	2009 年	农业部，农办计〔2009〕86 号	南亚热带作物研究所	运行
9	农业部万宁胡椒种质资源圃	2012 年	农业部 农办垦〔2012〕3 号	香料饮料研究所	运行
10	农业部湛江菠萝种质资源圃	2012 年	农业部、农办垦〔2012〕3 号	南亚热带作物研究所	运行
11	农业部南药种质资源圃	2012 年	农业部、农办垦〔2012〕4 号	热带作物品种资源研究所	运行

（续表）

序号	名　称	批复时间	批准部门及文号	依托单位	备注
九、加工专业分中心					
1	国家农产品加工技术研发热带水果加工专业分中心	2011 年	农业部，农企发〔2011〕1 号	农产品加工研究所	运行
2	国家薯类作物加工技术研发专业分中心	2009 年	农业部	热带作物品种资源研究所	运行
十、改良、育种中心					
1	国家橡胶树育种中心	2002 年	农业部，农计函〔2002〕88 号	橡胶研究所	运行
2	国家热带果树品种改良中心	2009 年	农业部，农计函〔2009〕132 号	热带作物品种资源研究所	筹建
十一、农业科技服务站					
1	海南省农业科技 110 香料饮料服务站	2008 年	海南省科技厅	香料饮料研究所	运行
2	海南省农业科技 110 热作龙头服务站	2008 年	海南省科技厅	海口实验站	运行
3	海南省农业科技 110 儋州市畜牧兽医服务站	2009 年	海南省科技厅	热带作物品种资源研究所	运行
4	海南省农业科技 110 椰子服务站	2011 年	海南省科技厅	椰子研究所	运行
5	海南省植物流动医院环境与植物保护研究所流动站	2011 年	海南省农业厅	环境与植物保护研究所	运行
十二、科技园区、创新战略联盟等					
1	中国援建刚果（布）农业技术示范中心	2007 年	商务部办公厅，商合促批〔2009〕50 号	热带作物品种资源研究所	运行
2	农业部野生基因资源鉴定评价中心	2009 年	农业部，农计函〔2009〕72 号	热带作物品种资源研究所	筹建
3	特色热带香料饮料作物引种及产业化引智基地	2010 年	国家外专局，外专发〔2010〕160 号	香料饮料研究所	运行
4	热带花卉产业技术创新战略联盟	2009 年	海南省科技厅，琼科函〔2009〕401 号	热带作物品种资源研究所	运行
5	椰子产业技术创新战略联盟	2010 年	海南省科技厅，琼科函〔2010〕97 号	椰子研究所	运行
十三、院级平台					
1	中国热带农业科学院热带草业与畜牧研究中心	2009 年	热科院科〔2009〕268 号	热带作物品种资源研究所	运行
2	中国热带农业科学院热带超级稻研究中心	2009 年	热科院科〔2009〕268 号	热带作物品种资源研究所	运行
3	中国热带农业科学院土壤肥料研究中心	2009 年	热科院科〔2009〕268 号	橡胶研究所	运行
4	中国热带农业科学院热带微生物研究中心	2009 年	热科院科〔2009〕268 号	热带生物技术研究所	运行
5	中国热带农业科学院油棕研究中心	2009 年	热科院科〔2009〕268 号	椰子研究所	运行
6	中国热带农业科学院香蕉研究中心	2009 年	热科院科〔2009〕268 号	海口实验站	运行
7	中国热带农业科学院热带农业经济研究中心	2009 年	热科院科〔2009〕268 号	科技信息	运行
8	中国热带农业科学院热带海洋生物资源利用研究中心	2009 年	热科院科〔2009〕268 号	热带生物技术研究所	运行

序号	名　　称	批复时间	批准部门及文号	依托单位	备注
9	中国热带农业科学院航天育种研究中心	2010 年	热科院人〔2010〕124 号	热带生物技术研究所	运行
10	中国热带农业科学院冬季瓜菜研究中心	2010 年	热科院人〔2010〕124 号	热带作物品种资源研究所	运行
11	中国热带农业科学院甘蔗研究中心	2010 年	热科院人〔2010〕124 号	热带生物技术研究所	运行
12	中国热带农业科学院环境影响评价与风险分析研究中心	2010 年	热科院人〔2010〕124 号	环境与植物保护研究所	运行
13	中国热带农业科学院热带生态农业研究中心	2010 年	热科院人〔2010〕124 号	环境与植物保护研究所	运行
14	中国热带农业科学院热带坚果研究中心	2010 年	热科院人〔2010〕124 号	南亚热带作物研究所	运行
15	中国热带农业科学院热带水果研究中心	2010 年	热科院人〔2010〕124 号	南亚热带作物研究所	运行
16	中国热带农业科学院农产品质量安全与标准研究所	2010 年	热科院人〔2010〕124 号	分析测试中心	运行
17	中国热带农业科学院热带旱作农业研究中心	2010 年	热科院人〔2010〕124 号	湛江实验站	运行
18	中国热带农业科学院热带沼气研究中心	2010 年	热科院人〔2010〕124 号	农业机械研究所	运行
19	中国热带农业科学院油茶研究中心	2010 年	热科院人〔2010〕124 号	椰子研究所	运行
20	中国热带农业科学院油料作物研究中心	2010 年	热科院人〔2010〕124 号	椰子研究所	运行
21	中国热带农业科学院热带能源生态研究中心	2010 年	热科院人〔2010〕124 号	广州实验站	运行
22	中国热带农业科学院天然橡胶加工科技中心	2012 年	2012 年增加院级平台	农产品加工研究所	运行

科技合作情况

2012年，中国热带农业科学院与外单位科技合作协议清单：

（1）海南省科学技术厅、中国热带农业科学院科技战略合作框架协议。

（2）海南省农垦总局、中热带农业科学院科技合作协议。

（3）中国热带农业科学院、广东省农垦湛江垦区国家现代农业示范区合作协议。

（4）中国热带农业科学院、云南省德宏傣族自治州芒市人民政府合作协议。

（5）广西壮族自治区农垦局、中国热带农业科学院科技战略合作框架协议。

（6）中国热带农业科学院、四川省农业科学院科技战略合作框架协议。

（7）中国热带农业科学院、新疆畜牧科学院科技合作协议。

制度建设

中国热带农业科学院
非法人科技平台管理指导性意见（试行）

（热科院科〔2012〕341号）

第一章　总　则

第一条　为规范和加强热科院科技平台建设和运行管理，保障热科院科技平台建设健康发展，提升科技平台科技创新能力，推动热科院科技工作快速发展，结合热科院实际，特制定本指导性意见。

第二条　本办法提出的非法人科技平台指由院批准设立，冠以"中国热带农业科学院"名称，不具有事业法人资格的各类科技创新主体（以下简称院非法人科技平台）。

第三条　科技处是非法人科技平台的业务归口管理部门，院属各单位是非法人科技平台管理的责任主体。

第二章　设立、变更与撤销

第四条　院非法人科技平台的设立主要有两条途径：

（一）由院属单位向科技处提出建设申请并提交建设方案。科技处会同人事处组织专家对平台建设方案进行可行性论证，论证结果报院常务会审批。

（二）由院常务会或院长办公会提议设立，指定责任单位制定建设方案，科技处会同人事处组织专家对方案进行论证，论证结果报院常务会或院长办公会审批。

第五条　与国家有关部门、地方政府、企事业单位或境外机构共建的院非法人科技平台，在筹建方案确定之前须与共建方签署共建意向书或备忘录，明确成立的目的、意义、主要研究领域或主要任务、经费需求及来源、人力资源配置及各方职责等。筹建方案经科技处组织专家论证通过并经院长办公会批准后，由热科

院与共建方正式签订共建协议。由院内多家单位联合共建的非法人科技平台，应明确相应的工作分工、权利和义务。

第六条　院非法人科技平台的名称一般为"中国热带农业科学院×××研究中心"等。与国家有关部门、地方政府、企事业单位或境外机构共建的院非法人科技平台，名称可对共建方有所体现，共建方的名称应放在"中国热带农业科学院"之后。院属单位自行设立的非法人科技平台，不得直接冠以"中国热带农业科学院"名称。

第七条　院非法人科技平台经院发文正式设立后，方可正式挂牌并对外开展活动。在正式设立前，为便于机构筹建工作的开展，对外使用的机构名称后须加"筹"字样。

第八条　院非法人科技平台的变更（指名称变更、机构整合与分设）与撤销的基本程序如下：

（一）根据科技布局或工作任务调整需要以及年度登记情况，由依托单位向科技处提出非法人科技平台的变更或撤销方案，提请院长办公会审议。

（二）经院长办公会审议通过后，由院发文正式变更或撤销。

第九条　院非法人科技平台撤销或名称变更后，不得再以原名称开展工作。

第三章　运行管理

第十条　院非法人科技平台不另行核定事业编制，所需事业编制由依托单位与共建单位调剂解决。

第十一条　院非法人科技平台实行所（站、中心）务会领导下的主任负责制。

第十二条　院非法人科技平台负责人按干部管理权限处理。

第十三条　非法人科技平台的人事、后勤等行政后勤工作由依托单位相关部门负责，不再新设行政管理部门。

第十四条　非法人科技平台内部机构的设置与变更，由平台负责人提出方案，由依托单位审议决定。

第十五条　非法人科技平台内部的人员工作安排，由平台负责人提出人选，由依托单位审核批复。

第十六条　非法人科技平台负责人负责平台内项目策划、成果组织等学术交流活动。

第十七条　院不另行核定非法人科技平台建设及运行经费，所需经费由依托单位与共建单位多渠道筹措解决。依托单位在年度预算中安排一定的经费，以确保非法人科技平台的运转。

第十八条　各非法人科技平台运行经费及各类项目经费由依托单位或共建单位专项管理，独立核算。

第十九条　院非法人科技平台涉及的资产由各平台内部专人管理，在依托单位内部管理中单列。

第二十条　由非法人科技平台科技人员产生的科技成果，应署有非法人科技平台的名字。

第四章　监督与考核

第二十一条　依托单位负责领导、监督院非法人科技平台的建设与管理。人事处会同科技处等部门负责非法人科技平台及其负责人业绩考评，具体办法及结果使用另行制定。

第二十二条　依托单位负责院非法人科技平台的民事责任。

第二十三条　院非法人科技平台依据工作职责，在依托单位的指导下，按照依托单位有关规定，开展相关工作。院非法人科技平台不得自行签署具有法律效力的文件。

第五章　附　　则

第二十四条　由国家、省、部委有关部门批复成立的重点实验室、工程实验室、工程技术研究中心、检测中心等科技平台，按相关规定进行管理。

第二十五条　院属各单位应参照本办法制定本单位非法人科技平台机构管理的具体办法。

第二十六条　本办法由中国热带农业科学院科技处负责解释。

第二十七条　本办法自印发之日起施行。

中国热带农业科学院
科学技术成果奖励办法（试行）

（热科院科〔2012〕383号）

第一章　总　　则

第一条　为奖励热科院在热带农业科学技术创新活动中做出突出贡献的单位和个人，调动和激发全院科技人员献身热带农业科学研究与技术开发的积极性与创造性，推动热带农业科技进步，促进热带农业可持续发展，根据国家有关科技奖励的规定，特制定本办法。

第二条　热科院设立"中国热带农业科学院科学技术成果奖"（以下简称院科技成果奖），用于奖励在基础研究、应用研究和技术开发等方面取得突出成果的院属单位和个人。

第三条　院科技成果奖的评审本着公开、公平、公正的原则。

第四条　院科技成果奖由院科技成果奖评审委员会专业评审组评审，评审委员会复审。

第五条　院科技处负责院科技成果奖评审的组织和日常管理工作。

第六条　院科技成果奖作为院内科技人员在业绩考核和技术职务评定时的参考依据。

第二章　组织机构

第七条　院科技成果奖评审委员会主任由院学术委员会主任担任，委员由院学术委员会委员和相关职能处室领导组成。

第八条　院科技成果奖评审委员会下设专业评审组，各专业评审组成员主要由院学术委员会委员组成。

第三章　奖励范围和申报条件

第九条　奖励范围。

（一）为研究热带农业自然现象、特征、规律而取得的科学理论成果（包括基础理论和应用基础理论）。

（二）为解决热带农业某一科学技术问题而取得的具有一定新颖性、创造性和实用性的应用技术成果（包括新产品、新工艺、新设计、新方法、新材料等）。

（三）在热带农业科技成果转化、推广、应用过程中取得显著经济、社会和生态效益的新成果。

（四）热带农业信息、发展战略、科技管理等方面取得的具有创新性的软科学成果。

第十条　申报条件。

（一）成果第一完成单位必须为院或院属单位；第一完成人必须为本院职工。

（二）不涉及国防、国家安全及与此相关的不能公开的内容。

（三）无知识产权纠纷和完成单位、完成人员等方面的争议。

（四）通过科技成果鉴定或具有视同鉴定的有关证明，且无重复报奖内容

（五）曾获得过省部级以上（含省部级）奖的成果（含名称相同、相近或主要内容相同者），不得申报院科技成果奖。

（六）经评审未获奖成果，如在后续研究和开发中取得新的实质性进展，2 年后可再次申报。

（七）下列成果须符合政府主管部门有关规定：

1. 作物新品种必须经国家或省级品种审定委员会审定、认定或行业部门的鉴定。家畜家禽新品种必须经全国专业育种委员会审定和主管部门批准认可。

2. 新型肥料、新饲料、添加剂、动植物生长调节剂、新农药必须在农业部办理登记手续并获批准文号。

3. 新兽药、兽药新制剂及兽用新生物制品必须符合国务院《兽药管理条例》和农业部《新兽药及兽药新制剂管理办法》《兽用新生物制品管理办法》的规定，获得相关批准使用证书。

4. 食品、化妆品类成果须符合国家主管部门批准的卫生标准。

5. 通过转基因技术获得的农业生物品种及产品，必须按照国家《农业转基因生物安全管理条例》及相关部门管理办法的规定，获得生产和应用许可。

第四章　奖励比例与名额

第十一条　院科技成果奖设一等奖、二等奖，视当年申报项目质量情况可设特等奖，每年评审一次。授奖总数控制在申报数的 40% 以内，其中，特等奖不超过 1 项、一等奖不超过申报数的 10%、二等奖不超过 30%。具体奖励数量根据当年的申报情况而定，宁缺毋滥。

第十二条　每项成果主要完成人员不超过 10 人，完成单位不超过 7 个。特等奖不限。

第五章　奖励申报

第十三条　申报材料包括：

（一）院科技成果奖申报书。

（二）附件材料。

1. 知识产权证明。

2. 代表性论文、专著。

3. 国家或省部级科技主管部门认定机构出具的查新检索报告。

4. 评价证明（检测报告、科技成果鉴定证书或视同鉴定的有关证明等）。

5. 国家法律法规要求的审批文件。

6. 推广应用证明（提供重要的、有代表性应用单位的证明）。

7. 其他证明。

第十四条　申报院科技成果奖的成果，应

经第一完成单位学术委员会讨论审核，并签署学术委员会意见和单位推荐意见，报送院科技处。

第十五条 申报截止时间为每年5月底。

第六章 奖励的评审

第十六条 院科技成果奖从学术或技术上的创新程度，学术价值、水平和研究难度，技术集成与转化能力、推广方法与机制，经济、社会和生态效益，对科学技术进步和产业升级的作用大小等方面进行综合评定。

一等奖：研究成果在学术上或技术上有重大创新或发现，达到国际领先或先进水平；有较高的学术价值和研究难度，从而对本学科或者相关学科的发展有较大影响和推动作用，或技术集成与转化能力极强，推广方法与机制有重要创新，技术经济效益或社会、生态效益十分显著，在生产中得到广泛应用，推广示范效果显著和影响巨大。

二等奖：研究成果在学术上或技术上有较大创新和突破，达到国际先进或国内领先水平；有较高的学术价值和研究难度，从而对热带农业发展或对本学科或者相关学科的发展有较好影响和推动作用；或技术集成与转化能力较强，推广方法与机制有较大创新，取得较大的技术经济效益或社会、生态效益，并在较大范围内推广应用。

对在科学技术上取得重大突破和创新，或在推动社会经济发展上取得显著经济、社会和生态效益、做出重大贡献的研究成果，可授予特等奖。

第十七条 形式审查。院科技处负责形式审查，经形式审查合格的成果提交院科技成果奖评审委员会评审。

第十八条 专业评审组评审。根据每年实际成果数和专业情况，设立若干专业评审组进行成果评审。成果完成人不得担任该专业评审组的评审委员。当年有参评成果的院属单位，参加同一专业评审组的专家原则上不超过2人。各专业评审组按分配的评奖名额，推荐入选成果及等级。

专业评审组实行答辩评审。专业评审组以

无记名投票方式表决，评审结果须经到会的评审委员二分之一以上多数通过，若得票过半数成果超过最高限额，按得票多少排序，取舍入选成果。若得票过半数成果未达到最高限额时，只取超过半数票的成果。

各专业评审组在确定入选成果后，要认真写出评审意见。评审意见应全面反映成果的技术水平、学术意义和社会经济效益，并明确推荐等级，由专业评审组组长签字。未入选成果，在评审意见中写明投票未通过，由组长签字。

第十九条 评审委员会复审。院科技成果奖评审委员会对专业评审组推荐入选成果及等级进行复审，决议当年拟授奖成果及等级。复审以无记名投票方式进行，获得到会委员会委员三分之二以上同意票数的成果为复审通过。

第二十条 缓评、撤回与回避。缓评是指被评成果因存在一些需澄清、补充、修改等问题，专业评审组认为当年应暂缓评审的成果。缓评成果经修改、补充后第二年可再次申报。缓评成果由专业评审组确定。

成果撤回分评审前撤回与评审后撤回。评审前撤回是指申报成果形式审查合格，已列入参评成果并在专业评审组正式投票前，完成单位提出撤出申报的成果。评审后撤回指在专业评审组或复审已入围获奖成果，院公告异议期内，完成单位提出撤出申报的成果。撤回申请须由成果第一完成人签字、第一完成单位盖章。撤回成果下一年度可以继续申报。

缓评与评审前撤回成果要在投票前确定，不参加投票。专业评审组必须在本组参评成果中减去缓评与评审前撤回成果，再按规定的授奖比例评审。具体核减的奖励数及等级数由专业评审组组长、院科技处或评审委员会主任委员确定。缓评与评审前撤回成果须在评审意见中写明原因，由组长签字。

第七章 异议及其处理

第二十一条 院科技成果奖评审结果实行公示异议制度，公示期为15日。任何单位或个人对成果完成单位、完成人及成果内容持有异议，可在公示期内向院科技处提出，逾期或无正当理由的不予受理。

第二十二条　异议必须书面提出，签署真实姓名、单位。口头异议或匿名异议不予受理。

第二十三条　成果主要完成单位和主要完成人对评审结果及其奖励等级提出的意见，不属于异议范围。

第二十四条　如发现获奖成果有弄虚作假、剽窃他人成果、已经获得过高级别奖励（省部级及其以上）或其他不宜授奖等情况，经查明属实，撤销其奖励，收回奖金，并按情节轻重给予批评教育或处分。

第八章　奖金及颁奖

第二十五条　院对院科技成果奖评审委员会复审决议的拟授奖成果及等级进行审核批准。

第二十六条　院科技成果奖由院颁发证书和奖金。

第二十七条　院科技成果奖奖金由院本级财政预算列支，第二年兑现。

奖金金额分别为：特等奖 5 万元，一等奖 3 万元，二等奖 1 万元。鼓励院属单位配套奖励。

第二十八条　奖金拨付到成果第一完成单位，原则上用于奖励热科院成果完成人。

第九章　附　则

第二十九条　本办法自发布之日起执行。之前发布的有关制度与本办法不符的，以本办法为准。

第三十条　本办法由院科技处负责解释。

三、科技服务与推广

科技服务与推广概况

2012 年，热科院"立足海南、广东，面向全国热区"，积极推动热区农业产业发展，加强了与地方政府的沟通和联系，统筹组织各研究所、站、中心，以热科院科研新成果、新技术、新品种、新知识、新信息的推广和传播为载体，共派出 1 600 余人次专家和技术员深入热区各省（区）的乡镇、农村，联合地方政府、企业全面开展科技服务，通过示范、培训、咨询、指导等手段，提高农业生产者素质，提高科技入户率和转化率，提升农业科技含量，促进农民增收和热带农业农村经济可持续发展，其中：橡胶单产普遍增产 10%；推广椰子新品种、栽培和植保技术，年增产 10%；推广甘蔗健康脱毒种苗，使蔗农的收入提高 20% 以上；推广胡椒无公害高产栽培技术，节约生产成本 15%，产量提高 10% 以上，取得了显著的社会效益和经济效益，进一步提升了热科院影响力。

一、推广科技成果，促进热区农业产业发展

1. 支持金沙江干热河谷地区农业产业发展

热科院于 9 月继续选派第五批科技人员挂职攀枝花市科技副县长，以进一步加快科技成果推广应用，促进攀枝花市经济社会发展。热科院自 1997 年与攀枝花签订合作协议以来，通过合作开展科研项目、科技入户、技术培训、基地建设、人员交流等方式，建立了以芒果生产为龙头，以龙眼、荔枝、香蕉等为代表的一大批水果基地，带动了当地热带水果业的快速发展，形成了规模化生产，尤其是晚熟优质芒果已经成为攀枝花市农业的一张名片。3 月 27～28 日，由国家牧草产业技术体系岗位专家刘国道副院长组织，热科院与国家牧草产业技术体系、四川省攀枝花市人民政府在攀枝花市仁和区共同举办了"干热河谷地区草畜生产利用技术培训班"，院党组书记雷茂良出席开班仪式。攀枝花市政府畜牧系统技术人员、养殖企业相关负责人和当地农民 130 多人接受了草畜生产技术培训，热科院还向学员赠送了南方农区畜牧业实用技术丛书、山羊养殖技术以及柱花草草种资料各 40 多份。12 月 8 日，为进一步落实加强热科院和攀枝花市的"院市继续合作协议"，攀枝花市政府副秘书长尹森一行来热科院参观考察，并就如何进一步促进攀枝花市热带农业产业发展事宜与热科院刘国道副院长一行进行座谈，副秘书长尹森对热科院多年来对攀枝花市农业的支持表示感谢，希望热科院在攀枝花市芒果、牧草、畜牧等农业产业发展以及攀枝花国家现代农业示范区、南亚热带特色水果基地、无公害检测中心等基地建设方面给予进一步支持。

2. 支持热区木薯产业发展

8 月 17 日，热科院院务委员李开绵、方佳，品资所所长陈业渊一行到广西南宁明阳生化集团，与广西农垦明阳生化集团有限公司就共同合作的"重要热带作物产品加工关键技术产业化应用"子课题"食品用木薯变性淀粉生产关键技术"项目举行签约仪式暨项目启动会。"重要热带作物产品加工关键技术产业化应用"项目由热科院香饮所牵头，联合院加工所、品资所、椰子所等 3 家科研单位，以及广西农垦明阳生化集团股份有限公司和海南椰国食品有限公司等 5 家龙头企业共同实施。项目采用"种植农户 + 农业专业合作社 + 科研院所 + 龙头企业"联合攻关的合作开发模式，确保成果转化效果；8 月 19～23 日，热科院组织开展国家木薯产业"百日科技服务"和植保技术调研活动，热科院、江西省农科院土壤肥料与资源环境研究所、云南省农科院热带亚热带经济作物研究所、广西亚热带作物研究所、福建省三明市大田县农科所等科研院所，以及来自国际热带农

业研究中心（CIAT）的木薯专家前往福建、江西两省木薯主产区开展国家木薯产业"百日科技服务"和植保技术调研活动。活动先后安排了品种选育、栽培、植保、技术熟化与示范推广、食用菌栽培、国际木薯产业发展现状、国际木薯主要生产技术等培训报告，种植基地与加工企业实地考察，产业发展座谈会等内容，培训基层科技人员及农户 100 多人，发放技术材料及问卷 600 多份。

3. 支持广东、云南橡胶产业发展

9 月 19 日，热科院启动了"热区橡胶树、槟榔病虫草害专业化防控技术培训与示范"专项行动。海南省农业厅王宏良副厅长、热科院刘国道副院长、云南农业厅、云南农垦总局、广东农垦总局的有关领导及橡胶"百名专家兴百户"代表、白沙县民营胶园胶农代表、海南橡胶主产区热作主管部门领导和业务骨干 200 多人参加了启动仪式。启动仪式上，热科院环境与植物保护研究所与白沙县政府签订了科技合作协议。该行动是热科院针对当前热区农业生产，特别是橡胶树、槟榔等热作病虫害频发、高发而及时采取的行动之一，对保障热区农业健康持续发展具有重要意义。

4. 支持热区地方农业产业发展

2012 年组织筹划"百名专家兴百村，千项成果富万家"为主题的大型科技下乡活动。活动期间共组织派出 800 余人次专家技术员深入海南、云南、广东、广西、四川等省（区）的乡镇、农村，联合地方政府、企业全面开展科技培训，组织橡胶、槟榔等作物生产技术及病虫害防控技术培训 30 余场次，培训农民 1.3 万余人次，接受技术咨询 1.8 万余人次，辐射带动培训近 3 万人次，组织编印和发放技术资料共 3 万余册，发放各种热作栽培技术 DVD 光盘 6 000 余张，推广新品种 23 种，实用新技术 8 项，推广面积 6 万多亩，其中热科院五指山猪、海南黑山羊、黎鸡、红掌、鸟巢蕨等新品种为 3 家企业，2 610 户农民带来良好经济效益，企业平均增收 30 万，农户每户平均增收 2 600 元；甘蔗健康脱毒种苗的推广，使蔗农的收入提高 20% 以上，有力带动实施区域生产发展和农民增收。

二、助推海南农民增收

1. 组织参与海南省第八届科技活动月

热科院参与活动单位和部门 14 个，派出专家 330 余人次，深入澄迈、琼海、儋州、临高、定安、白沙、琼中、万宁、乐东、海口、文昌、三亚市等 12 个市县的 30 多个乡镇，共举办各种热带经济作物、热带果树、反季节蔬菜、香辛料作物等栽培管理技术培训班（讲座）30 期，设计制作 23 面图文并茂的科技展板巡回展览，获得"海南省第八届科技活动月优秀组织一等奖"。

2. 启动"百名专家兴百村"科技行动和"绿化宝岛"行动

2 月 27 日，为进一步贯彻中央一号文件精神和海南省委省政府关于"绿化宝岛"行动的精神，落实罗保铭书记关于"充分利用热科院人才和科技资源、推动产业创新发展"的指示，为海南农民增收、农业增效提供强有力的科技支撑，热科院启动了"百名专家兴百村"科技行动和"绿化宝岛"行动。海南省政协副主席、省科技厅厅长王路对热科院启动此次行动给予高度肯定。热科院在行动中充分发挥科技、人才、资源等优势，重点在儋州地区挑选示范村，在全省范围内，开展持续、有效的"一对一"科技入户服务、示范和帮扶行动，通过以点带面，达到做好一村、带动一镇、辐射全市的示范推广作用，全力推动海南新农村建设和热带现代农业发展。王庆煌院长对"百名专家兴百村"行动进行了具体的部署，落实了责任单位和责任人，并鼓励广大科技人员深入农村一线，发挥专业特长，帮助农民致富。启动会后，王庆煌院长带领橡胶、瓜菜、香草兰、病虫害防控等方面的农业科技专家，前往琼海市和屯昌县乡镇开展科技服务活动。

3. 实施海南中部市县农民增收行动

2012 年，是实施海南中部市县农民增收三年计划的最后一年，热科院围绕海南中部市县农民增收方案，稳步推进海南中部及其他市县农民增收科技支撑十大行动。据统计，增收行动中热科院共组织派出专家技术员 500 余人次，深入中部六市县全面开展科技培训、提供种子种苗及农资、示范基地建设、推广良种和新技术等行动。共培训农民 5 000 余人次，接受技术咨询近 1 万人次，辐射带动培训近 2 万人次；组织编印和发放技术资料共 1.8 万余册，发放各种热作栽培技术 DVD 光盘 1 600 余张。免费提供防治药剂、肥料、割胶工具、培训资料等近 10 万多元的物资资料；向中部市县赠送华南 9 号木薯种茎 3 吨，牧草良种 50 千克，优质水稻种子 250 千克；提供甘蔗脱毒种苗 2 万株；无偿"两病"防控示范面积超过 5 000 亩。初步建立了橡胶树速生丰产示范胶园，展示第二代胶园丰产栽培综合技术；建立了包括蔬菜、木薯、畜牧、花卉、林下经济等示范基地共计 11 个，示范面积达约 15 000 多亩；建立杂交稻新品种推广点 8 个，推广栽培红泰优 589 面积 5 000 亩以上；建立了橡胶、木薯、香蕉、槟榔、瓜菜等病虫害防控技术及特定病虫害（如椰心叶甲、螺旋粉虱和香蕉枯萎病等）防控技术示范基地 20 个；建设椰子、槟榔新品种中试与示范点，辐射示范面积达到 9 万亩。

4. 开展的"百名党员专家连百组"活动

9 月 14 日，热科院信息所联合品资所、橡胶所、环植所与儋州市委组织部共同组织开展的"百名党员专家连百组"活动顺利启动。儋州市委常委、组织部李萍部长，品资所李开绵书记，环植所黄贵修副书记，信息所罗微书记，各试点村镇科技副镇长、村小组组长代表 100 多人参加启动仪式。该项活动将儋州市"城乡互联，创先争优"活动和热科院服务"三农"工作、党建工作紧密结合，充分发挥热科院的科技资源优势，创新手段，利用现代农业信息技术强化农技推广与服务工作。在两年时间内，组织 100 名党员专家深入儋州基层，深入农户，提供全方位、多形式的科技服务和技术培训，促进农业科技创新和推广应用，提升新技术推广效率与质量。

三、加强区域协作

2012 年热科院与四川省农业科学院、海南省农业厅、海南省科技厅、海南省东方市、广西壮族自治区农垦局、云南省农业厅、云南省芒市人民政府签署的《科技合作框架协议》7 个，与广东农垦湛江垦区国家现代农业示范区、广西田东县国家现代农业示范区、海南澄迈县国家现代农业示范区签署的《合作协议》3 个。

1. 1 月 5 日，与四川省农业科学院签订科技合作协议

四川农科院党委书记、院长李跃建，副院长任光俊、刘建军及科技处、海南分院、植保所、经作所、园艺所、土肥所、条财处一行 12 人到热科院洽谈科技合作。王庆煌院长与四川省农业科学院李跃建院长分别代表双方签署了科技合作框架协议。双方领导和专家就具体的合作内容和合作方式进行了深入的研讨。王庆煌院长指出，热科院和四川农科院在高层次人才培养、科研平台及条件建设及共享、科研项目、科技成果等方面具有资源和优势互补的特点，加强双方合作，有利于加强双方重点学科和重要科研平台建设，有利于加强高层次创新人才合作培养、有利于竞争和承担国家级重点科研项目，有利于组装集成国家级重大科技成果，从而实现双方自主创新能力和综合水平的整体提升，为发展现代农业、建设社会主义新农村提供更加坚强的支撑。

2. 4 月 23 日，与海南省农业厅举行农业产研战略合作协议签字仪式

省农业厅肖杰厅长、热科院王庆煌院长分别在合作协议上签字，并作重要讲话。王庆煌院长表示，热科院始终坚持以服务海南和热带经济社会发展为目标，力争将科技和人才优势转化为推动现代热带农业发展的动力，建设高素质的科技创新、科技推广和成果转化队伍，服务海南热带现代农业发展。通过厅、院战略合作，必将全面提升海南农业科技创新力、辐射带动力和自我发展力，通过发挥合作机制的作用，合理配置优势资源，强化科技支撑，努力构建海南农业生产合理布局，加快热带特色现代农业发展和农业产业升级，促进海南农村经济又好又快发展。海南省农业厅厅长肖杰对热科院多年来为加快海南省农业科技进步，转变农业发展方式，促进海南农业增效、农民增收和农村经济繁荣作出的重要贡献给予充分肯定，指出："农业的根本出路在科技，农业科技的关键在于与产业紧密结合"。

3. 8月18日，与广西壮族自治区农垦局签订科技合作协议

郭安平副院长与广西壮族自治区农垦局杨伟林副局长代表双方签署了协议。双方将在联合攻关、人才培养、成果转化、科技培训及共同建设"中国热带农业科学院广西亚热带作物科技创新中心"等方面开展合作。

4. 9月21日，与海南省科技厅举行科技战略合作框架协议签字仪式

热科院党组书记雷茂良、海南省科技厅党组书记叶振兴分别代表双方在协议上签字。热科院王庆煌院长在会上致辞。双方将在热带农业产业科技创新、科技创新体系建设、科技平台建设、国际科技合作交流、高层次创新人才培养等多个方面开展合作。

5. 10月25日，与芒市人民政府签署了科技合作协议

受王庆煌院长委托，刘国道副院长带领热科院专家一行赴云南省德宏傣族景颇族自治州进行考察和洽谈科技合作事宜。刘国道副院长与芒市市长沙玉庄分别代表双方在协议上签字，芒市市委书记蔡四宏、市人大常委会主任张勒干、市委常委、组织部长鲁志坚、芒市相关单位和企业负责人、热科院院务委员方佳及热科院相关单位和部门专家参加签字仪式。签字仪式由芒市人民政府朱睿副市长主持。长期以来，热科院与德宏州在热带农业发展方面建立了良好的合作基础，在此基础上，热科院将深化市院关系，为当地政府、企业、农民提供更多科技支撑，帮助解决农业生产中遇到的技术问题，提升农产品产量和质量，充分发挥热科院科技、人才、信息等综合优势，利用芒市热区的丰富资源，加强人才培训、人才资源共享、优势产业技术支撑等方面的合作，做实、做强、做大热作产业，推进芒市现代特色农业的规模化、产业化发展。

6. 12月4日，与云南省农业厅举行了热带农业科技合作框架协议签字仪式

王庆煌院长与云南省农业厅张玉明厅长分别代表双方签署协议。双方随后举行了科技合作座谈会，就合作具体细节进行了对接和探讨。座谈会由刘国道副院长主持。热科院与云南省农业厅的合作历史悠久，此次签署产研战略合作协议，就是要在已有的基础上，更加务实地开展合作，加快天然橡胶、咖啡、香蕉等新品种新技术的示范推广，推动云南高原特色热作产业快速发展。根据协议，热科院将在项目合作、示范推广、科技培训等多个领域与云南农业厅开展广泛的合作。

7. 11月6日，农业部在北京举办了2012年部属科研院校与国家现代农业示范区科技对接专项活动

热科院橡胶所、南亚所、环植所、广州实验站等单位分别与广东农垦湛江垦区国家现代农业示范区、广西田东县国家现代农业示范区、海南澄迈县国家现代农业示范区等多家示范区签署了合作协议，将在橡胶、木薯、芒果等热带作物栽培、病虫害防控、加工等领域开展广泛深入的合作，为示范区的建设与发展提供强有力的科技支撑。

8. 12月12日，与海南省东方市人民政府签署科技合作协议

热科院欧阳顺林副书记与东方市李良海副市长代表双方签署协议。双方将在科研项目合作、科技成果转化、实用技术推广、科技服务"三农"等方面建立合作。此次协议的签署对加快热科院科技成果在东方市的转移转化及产业化，解决东方市热作产业发展中的问题，促进东方市农业增产、农民增收具有重要意义。

科研基地建设与管理概况

一、加强基地的规范管理，提高知名度

根据院领导打造热科院"特色鲜明、品种优良、管理规范、优质高效的热带农业试验示范基地"的工作要求，对全院的试验示范基地以及种质资源圃建设、管理情况开展了实地调研。针对热科院基地管理方面存在的问题，7月2～5日，组织院各单位召开"基地建设和管理研讨会"，就热科院如何开展基地的"标准化、规范化、现代化、园林化"建设问题进行了讨论。形成并发布了《中国热带农业科学院试验示范基地管理暂行办法》《综合科研基地运行管理暂行办法》。同时对全院示范基地进行了重新梳理，并制作了统一规格、统一模式的牌匾，对符合要求的基地进行统一挂牌规范管理；完成菠萝、胡椒、南药等种质资源圃的挂牌工作，提高了热科院基地的知名度。

二、实施"亮点工程"初见成效

2012年着力打造"天然橡胶高效高产示范园"和"优质肉牛养殖示范基地"两大亮点工程。其中，"天然橡胶高效高产示范园"的一期和二期工程建设有条不紊的进行，通过对胶园环境和参观道路两边环境的综合治理，基本达到院示范基地建设"标准化、规范化、现代化、园林化"的总体要求。"优质肉牛养殖示范基地"已按计划实施，在基地内推广种植优良牧草，将基地内由原来的"草不足"变成了目前的"牛不够"。

全国热带农业科技协作网工作情况

2012年，协作网理事会围绕2012年工作计划，在热区全面推进"1151工程"实施；积极配合农业部"科技促进年"工作，联合各省区开展以"百项技术兴百县"为核心的服务"三农"活动，有效推进协作网各项工作的开展，逐步做实协作网工作。

一、成功组织召开协作网常务理事扩大会议

8月23～24日，成功组织召开了协作网常务理事扩大会议。农业部张桃林副部长、广西区陈章良副主席等有关领导以及热区九省区的农业行政主管部门、农科院、农垦、涉农高校及相关地方政府的领导和企业代表80多人出席会议，共商热带农业科技发展大计。会上，张桃林副部长对协作网成立以来取得的成绩给予了充分肯定和高度评价。

二、贯彻落实理事会各项决议和工作任务

协作网秘书处多次组织各省区成员单位召开秘书长工作会议，落实理事会各项决议和工作任务，共同就协作网相关工作的开展、热带农业行业共性问题、联合攻关、科技推广服务"三农"模式等问题进行深入研讨。

12月6～7日，秘书处召开了专题研讨会，农业部科教司窦鹏辉调研员出席了会议并就协作网工作向会议代表做了充分讲解和沟通。代表们共同就切实落实协作网理事会常务理事扩大会议各项决议和工作任务，扎实推进协作网2013年各项工作进行研讨，达成了共识。

三、积极配合农业部"全国科技
促进年活动"成效显著

依托协作网，组织各省区理事单位参与促进年活动，取得显著成效。中国热带农业科学院获"全国科技促进年活动先进单位"称号。

王庆煌理事长高度重视协作网的运行和科技联合协作体系构建工作，多次召开协作网专项工作会议部署相关工作。在以海南省为主的我国热带地区开展以"百项技术兴百县"为标志性工程的技术推广工程：在海南，组织并筹划了"绿化宝岛大行动"和"百名专家兴百村"等多项科技专项行动，并在海南省各市县开办农民科技培训班，进行现场技术指导；推广橡胶、甘蔗、槟榔、牧草、蔬菜、花卉和木薯优良新品种及农作物先进栽培技术等。"绿化宝岛行动"中，热科院共种植槟榔树5 000株，福建茶8万株，向文昌市文城镇坎美村委会赠送了5 000多株椰子苗。在儋州、文昌、海口、万宁、定安五个市县，赠送10万株绿化苗。在福建，福建省农科院启动以促进农民增收为目标的"双百"工程，即"百名科技人员联系百家农业企业"、"百名科技人员下乡服务三农"。安排专项经费800万元，用于201个产业技术集成示范推广项目在全省进行示范推广；根据福建省农业产业需求，设计了农、林、牧、渔等相关课程，通过远程教学系统，覆盖了福建省将近1 400个视频会场、15 300个行政村，涉及省、市、县、乡、村五级；建立了短信、网络、邮箱三个农业科技服务平台，开展网上解答农民朋友提出的农业生产问题，收到良好效果，今年已举办了5期，受训人员达5万多人次；在云南，云南省农科院启动了"八百双倍增"工程。派出以100名高级研究人员为核心的科技服务队伍，示范推广100个农作物优良品种和100项先进实用技术，部署100个百亩连片核心示范区，新技术、新品种应用推广面积超过100万亩，选定100个有代表性的自然村作为增产、增收核心试点村，重点支持100个农业企业和农村合作经济组织发展，培训100名地州级农业科技学术技术带头人；在广西，广西农科院2

月启动了"百千万"行动。即"联百企、进千村、扶万户"行动，派出由党员专家组成的粮食、甘蔗、蔬菜、农产品加工等17个科技服务分队深入100家企业、1 000个村屯开展院企对接、科技下乡服务，重点扶持10 000个农民科技示范户，以广西农科院的科技成果、人才优势为依托，系统推广一批高新农业科技成果，促进农业产业结构调整，带动产业升级，提升农产品供给保障能力，推动热区作物产业发展。广东省、四川省、湖南省、江西省以及贵州省等单位均开展了相关科技活动，实施协作网"1151"工程，有效推进协作网工作的开展。

重要批示

1. 2012 年 6 月 4 日

农业部张桃林副部长对热科院呈报的《关于全国热带农业科技协作网工作的请示》做重要批示："请科教司阅研，支持协作网建设。"

2. 2012 年 2 月 24 日

海南省陈成副省长对热科院呈报的《关于报送绿化宝岛行动方案的报告》做重要批示："很好！请认真抓好落实。"

3. 2012 年 5 月 15 日

海南省陈成副省长对热科院呈报的《关于冬季瓜菜科研和服务产业发展工作的报告》做重要批示："很好！热科院为全省冬季瓜菜生产做了许多研究，也有可喜成果。关键是要把科研成果转化成生产力，转化成经济效益，让广大农民直接享受科技成果。"

4. 2012 年 6 月 1 日

海南省陈成副省长对热科院组织开展"百名专家兴百村，千项成果富万家大型科技下乡活动"的报告做重要批示："很好！主题很好，关键在于抓落实，抓实施，真正把论文写在大地上，把成果送入农民家。"

在中国热带农业科学院广西亚热带作物科技创新中心挂牌仪式上的讲话

王庆煌　院长

（2012 年 8 月 18 日）

尊敬的危书记、陈主席、各位领导、专家、同志们！

今天很荣幸应邀出席广西亚热带作物研究所 60 周年大庆。

首先，我代表中国热带农业科学院热烈祝贺广西热作所成立 60 周年。这 60 年，是广西热作所几代人不懈努力的 60 年，是热作所不断积累取得一批批具有重要学术意义和应用价值科研成果的 60 年，是热作所为国家和广西科技和经济发展作出重要贡献的 60 年。在此，衷心祝愿广西热作所在新的历史征程中，再创辉煌，取得更加美好的发展成绩！

广西自然条件优越、资源丰富，产业发展成效显著。广西是我国重要的南亚热区，素有"天然温室"之称，拥有得天独厚的自然优势和丰富的资源优势。在自治区党委和政府的高度重视和正确领导下，广西热作产业得到快速发展，取得了显著成就。在甘蔗、木薯、冬季瓜菜、剑麻、澳洲坚果等热带水果、热带花卉、热带畜牧领域形成了优势产业，广西是全国最大的甘蔗和木薯产区、生物质能源基地、"南菜北运"生产供应基地。水果种植面积、总产量位居全国第二。广西已日益成为全国人民的"糖罐子"基地、冬春季节"菜篮子"和"果盘子"基地。广西农垦充分依托广西的资源优势，发挥龙头带动和示范作用，推进广西特色农业产业化，推动广西现代农业发展，不断拓宽经营领域和范围，提高农垦经济发展的质量和效益，大力实施农业"走出去"战略，打造广西农业企业"走出去"发展的样板，为保障国家粮食等主要农产品供给安全、示范带动全国农业现代化、推动广西经济社会发展作出了

重要贡献。中国热带农业科学院作为我国热带农业科研的国家队，始终坚持产业导向，紧密围绕热带现代农业技术需求，不断强化自主创新和产业发展支撑服务能力，取得了包括国家发明一等奖、国家科技进步一等奖在内的 50 多项国家级科技奖励和 900 多项部省级科技奖励，为产业发展提供了强有力的科技支撑。目前，我院在海南、广东两省六市设有 14 个独立法人科研机构，拥有国家重要热带作物工程技术研究中心等 70 多个国家级、省部级科技平台。在新的发展时期，我院按照农业部赋予的当好"热带农业科技创新的火车头、促进热带农业科技成果转化应用的排头兵、培养优秀热带农业科技人才的孵化器"的职责使命，确立了"一个中心、五个基地"的战略目标。坚持"开放办院、特色办院、高标准办院"的办院思路，我院高度重视与广西壮族自治区农业部门、科教单位、农技推广体系和生产单位开展产学研紧密合作，大力加强与深入主产区和生产一线推广良种和技术，取得了积极进展。在南宁、百色等市县长期进行了芒果、荔枝、龙眼、澳洲坚果等果树新品种的引进与试种工作，筛选出了一批适合当地栽培的新品种。在崇左、来宾等市县推广甘蔗生化脱毒健康种苗与配套栽培技术，在武鸣等木薯主产区推广华南 5 号、8 号品种累计超过 100 万亩，增产 30% 以上，并与广西有关单位共同获得了国家科技进步二等奖。尤其是自全国热带农业科技协作网成立以来，我院与广西农垦局、广西热作所进一步加深了合作关系，彼此之间联合协作的领域在不断地拓展和深化。

正值今天这个喜庆的日子，广西农垦与热

科院签署科技合作协议，并举行中国热带农业科学院广西亚热带作物科技创新中心的挂牌仪式。进一步加强局院合作，所所联合，搭建共同合作发展的平台，这是贯彻和实施今年中央一号文件及全国科技创新大会精神，落实广西壮族自治区党委、政府和农业部工作部署的一项重要举措，也是拓展协作网工作的重要组成部分，旨在进一步加强优势领域的联合协作、协同创新，加快热带农业科技创新体系建设，尤其是在项目联合攻关、科技成果转化、实用技术集成、科技服务"三农"及热带农业"走出去"等领域开展全方位的合作，为广西热带现代农业发展提供强有力的科技支撑。

各位领导、同志们！科技服务广西热带现代农业发展是热科院义不容辞的责任，热科院将在自治区党委、政府的指导下，在危书记、陈主席的重视支持下，紧密围绕广西建设农业强区、打造千百亿产业的目标，集中热带农业人才和科技资源，与广西农垦、广西热作所等同志们一道，为发展广西壮族自治区热带现代农业，建设社会主义新农村作出应有贡献！

谢谢大家！

在儋州市"百名专家兴百村，千项成果富万家"大型科技下乡活动开幕式上的发言

刘国道　副院长
（2012 年 5 月 23 日）

尊敬的张广英副市长，各位领导、专家、同志们：

上午好！

今天，热科院与儋州市人民政府共同主办的"百名专家兴百村，千项成果富万家"大型科技下乡活动在王五镇举行。首先，我谨代表中国热带农业科学院对各位领导、专家和同志们的到来表示热烈的欢迎，对儋州市人民政府、中共儋州市委组织部、儋州市农委、儋州市王五镇政府等单位给予这次活动的大力支持表示衷心的感谢！

为贯彻落实中央一号文件精神，积极配合农业部科技促进年、海南省第八届科技活动月等活动的开展，充分发挥热科院科技和人才优势，热科院成功启动了"百项技术兴百县"、"百名专家兴百村"等科技行动，本着依托专家、项目带动、创新形式和务求实效的原则，紧密结合儋州农民需求，通过"科技培训"、"科技咨询"、"现场指导"等多种形式，把先进科技成果送到农民手中，使农民从中得到实惠，切实促进农业增效、农民增收。

儋州养育了中国热带农业科学院，热科院人有责任和义务，为儋州农业发展提供科技支撑，我可以明确地说，热科院的专家首先属于儋州，科技成果优先服务儋州，为助推儋州市建设海南西部中心城市贡献一份力量。

同志们，我们希望通过"百名专家兴百村，千项成果富万家"科技行动，使更多的农民能受益；也保证，热科院的专家将继续以饱满的热情、扎实的作风，全身心的投入服务工作，将先进的技术成果送到农户手里。

最后，预祝"百名专家兴百村，千项成果富万家"大型科技下乡活动取得圆满成功！

谢谢大家！

制度建设

中国热带农业科学院
综合科研基地运行管理指导性意见（试行）

（热科院基地〔2012〕523 号）

根据院土地利用的统一部署，为进一步明确综合科研基地的管理责任，提高综合科研基地的运行效益，建设科研、试验、示范、园林化、高标准的综合性科研基地，尽快发挥热科院科研基地的引领示范作用，特制定本意见。

一、本意见所指的综合科研基地是指由热科院一个或多个单位联合，进驻院内其他单位所属基地内进行建设的科研试验、示范推广、科技服务"三位一体"综合性科研基地。

二、基地建设与运行管理机构及职责

成立中国热带农业科学院综合科研基地管理领导小组，负责有关全院综合科研基地有关事项的协调、管理和决策。

组　长：分管院领导

副组长：基地管理处处长

成　员：财务处、计划基建处、资产处、开发处、各院区管委会及各所（站、中心）负责人

基地建设与运行管理工作由基地管理处牵头，院相关职能部门为相应的业务管理部门，基地所属单位为基地综合管理执行责任单位，对所属基地进行综合管理。

1. 计划基建处是基地规划和项目建设业务管理部门。依据院的统筹部署，按"统一规划，统一申报"的原则，根据各参建单位的科研项目建设需求，牵头负责基地基建项目的规划及监督管理工作。

2. 基地管理处是基地运行和管理的业务管理部门。按"责任清晰，科学规范"的原则，以基地所属单位为管理执行主体，根据参建单位的项目运行和管理需求，具体负责沟通、协调及宏观管理工作。

3. 基地所属单位是所属基地综合管理的责任主体。具体负责进驻单位进驻前、后各类问题的协调与处理；承担所属基地总体规划、设计的实施和监督管理工作；协同进驻研究单位（课题组）做好田间试验工作。

4. 进驻单位是指进入院内其他单位所属基地内进行综合科研基地建设的各个单位，是基地建设执行的主体。具体负责科研项目的申报、规划、执行以及基地科研工作的正常运行等内容。

三、基地运行管理机制

基地实行统一规划、统一挂牌、基地所属单位执行管理的运行管理模式。

1. 基地所属单位负责制定本单位土地总体利用规划。综合科研基地的建设由建设单位统一规划建设，在基地内的建设以及后续扩建均应严格按规划进行，所需经费按"谁使用，谁出资"的原则。

2. 基地实行"双挂牌"制度，即热科院与综合科研基地建设单位同时挂牌。

3. 基地所属单位为基地综合管理执行责任单位，对所属基地进行综合管理。

四、基地的运行管理

（一）基地用地的获得

1. 进驻单位根据全院土地利用规划以及本单位项目、科研需求，制订实施方案及相关规划，并向基地所属单位提出用地请求。双方达成初步意向后，实施方案及相关规划报经基地管理处、计划基建处审核备案，并提交院综合科研基地管理领导小组审议通过后实施。

2. 双方经协商后签订协议书，进一步明确各自的责任、科研合作费用等相关事项。协议签订后报基地管理处等相关职能部门备案。

（二）基地的管理

1. 基地所属单位以及进驻单位间应建立完善的沟通协调机制，相互协调、配合，共同做

好基地的建设和管理工作。

2. 综合科研基地使用过程中所产生的日常管理（水、电及道路环境等管理维护、临时用工工资等支出等）以及其他相关的科研合作费用由土地使用单位与基地所属单位协商确定。

3. 基地所属单位协同、配合进驻单位好田间试验工作。

4. 基地所属单位负责基地的综合管理，负责沟通、协调、处理综合科研基地使用期间出现的各类问题，以保障各进驻单位的顺利使用。

5. 进驻单位在获得综合科研基地用地后，应按计划进度推进和完成基地建设，尽快形成良好的经济、社会效益。

6. 进驻单位在进驻期间，应积极配合基地所属单位做好基地管理的各项工作。

7. 综合科研基地内所需的临时用工由进驻基地的项目单位自行确定，同等条件下优先考虑使用基地所属单位职工。

（三）退出机制

1. 进驻单位在获得综合科研基地用地后，应确保按计划进度推进基地建设。未按时间要求完成的，基地所属单位可申请报院批准后可取收回单位有关地块的使用资格，由院统筹安排或由其他单位提出申请获批后进驻。所缴纳的各项费用不再退回。

2. 因进驻单位原因需提前退出的，基地所属单位收回该地块，由院统筹安排或由其他单位提出申请获批后进驻。所缴纳的各项费用不再退回。

3. 因基地所属单位原因，需提前收回进驻单位用地的，应与进驻单位充分协商，达成一致后，提交正式申请，报院审批同意后方可收回。对进驻单位造成的损失由双方协商解决。

五、基地使用期间产生固定资产归属和处置，按院固定资产管理相关办法和程序执行。

六、本意见自发布之日起执行。

中国热带农业科学院试验示范基地运行管理暂行办法

（热科院基地〔2012〕524 号）

第一章　总　则

第一条　为进一步贯彻落实院"一个中心，五个基地"战略，加强热科院热带农业试验示范基地"标准化、规范化、现代化、园林化"的建设和科学化管理水平，充分发挥试验示范基地在科技创新、成果推广、服务"三农"中的作用，建设一批符合现代农业发展方向、对不同地区农业和农村经济发展具有较强示范带动作用的试验示范基地，促进热带农业产业升级，支撑地方农业增效、农民增收、农村繁荣。特制定本办法。

第二条　本办法所指试验示范基地是由院统一管理的用于科研试验、成果转化、示范推广和科技开发的基地。试验示范基地对内主要承担相关集成创新研究任务，对外主要发挥农业科技示范、推广、培训、成果展示平台等作用。是院科学研究和成果展示的重要场地，是体现院科技创新能力和社会服务能力的重要平台。

第三条　试验示范基地的建设宗旨：以市场为导向，以服务农业、农村和农民为目标，以热带农业科技创新示范为主要内容，发挥科技优势，突出创新性和先进性，建设具有"特色鲜明、品种优良、管理规范、优质高效"特点的热带农业试验示范基地。

第二章　目标和任务

第四条　试验示范基地的建设目标：提升热科院的科技创新示范、科技成果的转化与推广应用、科技服务的能力；培养热区农业实用人才和农业推广人才；辐射带动热区农业产业结构优化及调整；促进热区农业增效、农民增收、农村繁荣。

第五条　试验示范基地的建设任务：按"标准化、规范化、现代化、园林化"进行基地建设，充分发挥土地资源的最大功能，为支撑热科院科研创新、成果转化与推广、科技服务、人才培养提供条件保障。

第三章　组织机构和职责

第六条　成立院试验示范基地管理领导小

组，负责全院基地建设的组织领导和评定工作。

组　长： 分管院领导

副组长： 基地管理处处长

成　员： 科技处、人事处、计划基建处、资产处、各院区管委会及各所（站、中心）负责人

第七条　全院试验示范基地运行和管理的归口管理部门为基地管理处，基地管理处作为管理责任主体负责试验示范基地的过程管理。主要负责牵头组织编制全院基地建设长远规划，制订近期工作计划；负责检查、指导、监督院属单位的示范基地建设、检查、组织评定和宏观管理工作；统一组织对符合条件的基地进行挂牌。

第八条　各院属单位作为执行责任主体，应成立专门管理机构，配备专人。主要负责基地建设的实施并抓好基地的日常运行管理；负责制定本单位的基地管理制度，按照制度规定进行基地使用的日常监督等工作。

第四章　基地的管理

第九条　基地的管理。

试验示范基地在院的统筹领导下，实行统一规划、统一挂牌的运行管理模式。

（一）各院属单位按照院土地利用的统一部署以及本单位科研需求，负责制定本单位基地总体规划。经院相关职能部门审核通过后实施。基地的建设以及后续扩建均应严格按规划实施。

（二）各院属单位通过院科技、基建等主管部门，积极获取国家、地方投资，采用灵活多样的方式开展基地创建工作。在获取基地建设项目支持后，经基地所在单位申请，由院统一评定，统一挂牌。

1. 申报挂牌的条件：

（1）要有一定的规模，可行的基地使用规划；主导产业明确，功能设计合理。

（2）具有示范性、代表性、先进性，对周边地区有较强的引导和辐射带动作用。

（3）有较强的科技创新、成果转化、人才培养、科技服务能力，完善的基地建设组织管理能力。

（4）健全的管理体系，有规范的基地运行、人员管理制度。

2. 挂牌申报程序：

（1）各单位实验示范基地建设达到申报条件后，在每年3月、6月提交申报材料至基地管理处。

（2）基地管理处对各单位上报的材料进行整理汇总后，提交院基地管理领导小组审议。

（3）经院基地管理领导小组审议通过后，由基地管理处统一组织挂牌。

（三）各单位应制定基地管理制度，成立专门管理机构，并配备专人负责。主要负责基地建设的实施以及基地的日常运行管理工作。

第十条　基地的评定。

由院试验示范基地管理领导小组统一组织，对挂牌满一年的试验示范基地进行评定。评定的内容：

（一）基地建设和组织管理

规划编制科学。基地建设规划布局和功能合理；

建设规模合理。建设规模与其科研承载能力、技术和管理水平相匹配；

基础设施良好。基地内水、电、路等基础条件配套完善，管理服务设施齐全，达到"标准化、规范化、现代化、园林化"条件。

运行机制顺畅。有健全的规章制度，具有科学高效的组织管理机制和完善的社会化服务机制。

（二）科技创新体系

主导产业清晰。能够体现现代农业特色，产业化水平高，产业拉动作用明显。

科技水平先进。能充分发挥科技优势，突出创新性和先进性，引领热带农业产业发展。

（三）基地建设成效

展示效果良好。充分发挥试验示范基地在科技创新、成果推广、服务"三农"中的作用，具有较高的基地展示度和知名度。

第十一条　建立"目标考核、动态管理"的考核管理机制，制定专门的考核指标体系，不定期的组织人员对基地进行考核。对不符合要求的基地限期整改。

第五章　附　　则

第十二条　本办法自公布之日起施行，由基地管理处负责解释。

四、科技开发

科技开发概况

2012 年，热科院以促进科技成果转化、完善科技开发体系建设为主线，结合"服务、管理、监督"的工作职责，稳步推进和落实各项工作。2012 年院属各单位开发总收入约 19 118.9 万元，较 2011 年增长 16.6%。

一、发挥区位优势、强化土地资源开发

根据院 2012 年重点工作计划安排，开发处、计划基建处等相关部门和单位共同制定了海口院区"科技服务中心"和"热带农产品展示中心及后勤服务中心"建设方案并向海口市规划局报建。

南亚所"南亚热带作物科研创新基地"控制性详细规划 2012 年 9 月 6 日已获湛江市人民政府批准。湛江疏港大道两旁土地资源开发的招商引资方案已完成，招商引资正在进行中。

加工所根据湛江市规划局意见制定了手套厂土地"三旧"改造方案。

椰子所完成了椰子大观园旅游配套项目的建设规划方案并向文昌市政府申请立项。与文昌倡和文化有限公司签订了 62 亩的 20 年林下经济开发合同。椰子大观园沿路商铺建设招商已完成。

二、加快成果转化，推进院企合作开发

院属单位在做好现有企业管理的同时，通过技术服务、技术培训、营销代理、技术转让、合作建设等方式积极开展与地方政府及相关企业的科技开发合作。2012 年品资所、橡胶所、香饮所、加工所、生物所、环植所、椰子所、农机所、分析测试中心等 11 个单位分别与 53 个企业或地方政府开展了科技合作（详见附表 1）。

三、加强科技宣传，推进科技产品市场化

本着"立足本院、联系各地，走向全国，面向世界"的目标，开发处组织院属单位参展大型农业展览（博览）会 7 项：农业部主办的"中国农业科技十年发展成就展"、"第十届中国国际农产品交易会"、"2012 年部属农业科研院校与国家现代示范区科技对接专项活动"、"第十四届中国国际高新技术成果交易会"，海南省人民政府举办的"2012 年中国（海南）国际热带农产品冬季交易会"，江门市人民政府举办的"第三届江门市农业博览会"，海南省农业厅和屯昌县人民政府联合举办的"2012 年屯昌县农民博览会"等。

（1）2012 年 7 月 24 日至 8 月 4 日，组织品资所、橡胶所、香饮所、农机所、海口实验站等单位选送的木薯、牧草、油棕、椰子等作物新品种和菠萝叶纤维纺织品、特色香辛作物深加工产品等参展"中国农业科技十年发展成就展"，受到农业部领导的高度肯定以及嘉宾代表和观众的好评。

（2）2012 年 9 月 27～30 日，组织品资所、橡胶所、香饮所、生物所、加工所、南亚所、环植所、农机所、椰子所、海口实验站等单位近百项科技成果参加"第十届中国国际农产品交易会"。

（3）2012 年 11 月 6 日，组织品资所、橡胶所、香饮所、南亚所、生物所、椰子所、海口实验站等单位选送 19 项科技成果参加"2012 年部属农业科研院校与国家现代示范区科技对接专项活动会"，所推介的项目深受参会代表的欢迎。

（4）2012 年 11 月 16～21 日，组织了橡胶所、生物所、环植所、海口实验站等单位 36 项科技成果参加"第十四届中国国际高新技术成果交易会"。品资所选送的"五指山猪"和生物所选送的"甘蔗脱毒健康种苗"获"第十四届中国国际高新技术成果交易会优秀产品奖"。热

科院已连续3年共7项科技成果获此殊荣。分析测试中心徐志副研究员在农业部举办的"新型农业投入品与农产品质量安全"论坛上作了题为"中国热带亚热带农业投入品（农药）使用现状及发展趋势"的专题演讲，报告总结了热带农业投入品使用情况，演讲内容翔实充分，观点独到新颖，得到了与会代表的一致好评。

（5）2012年3月15日，组织环植所和院冬季瓜菜研究中心参加海南省农业厅、屯昌县人民政府在屯昌县组办"2012年屯昌县农民博览会"，选送了抗病虫优良香蕉种苗、植保环保技术及生态农产品、橡胶、香蕉、瓜菜病虫害防治的新型药肥、"两用型"设施农业基质和瓜菜新品种等科技产品参加展览。

（6）2012年11月30日至12月2日，组织品资所、橡胶所、香饮所、生物所、南亚所、环植所、海口实验站等单位选送36项目科技成果参加广东省江门市人民政府举办的"第三届江门农业博览会"。这是热科院与中国农业科学研究院、中国水产科学院、农业部规划设计院作为农业部四大研究机构第一次共同参加江门农业博览会。热科院在"江门农博会"展示及销售的菠萝叶纤维纺织品系列、艾纳香日化产品系列及沉香、海蜜速溶茶等系列科技产品参会受到领导及嘉宾代表的赞扬和群众的青睐。

（7）2012年12月12~15日，组织品资所、橡胶所、生物所、椰子所、农机所等单位参加海南省政府举办的"2012年中国（海南）国际热带农产品冬季交易会"。

（8）院内展示：在全国政协万刚副主席，农业部韩长赋部长、张桃林副部长和李家洋副部长，科技部陈小娅副部长及相关部委司局级领导到热科院参观考察和指导工作期间，以实物加图文展示的方式，向到访的各级领导及嘉宾汇报和展示了热科院科技成果转化情况，深受到领导与到访嘉宾的好评。

（9）环植所召开"热科院环植所2012年度科技成果转化研讨会与成果推介会"，还牵头组建了海南热带植保产业技术创新战略联盟。品资所通过赞助"黎园杯"2012海南国际旅游岛黎族歌曲歌手大奖赛，为艾纳香系列日化产品扩大宣传，助推科技产品市场化。

四、设立科技开发启动资金，扶持院所开发工作

为大力推进全院优势成果的商品化、市场化，提高院属单位科技开发创收能力，2012年院科技开发启动资金项目资助了"铁皮石斛兰优良种苗繁育与推广"、"热带绿化树假植苗生产开发"、"高档天然椰子油旅游产品的开发和市场推广"、"海南特色产品椰花汁酒的中试生产"、"菠萝叶纤维混纺面料及产品试制"、"热带农业科技期刊的系统化运营"、"辐气测胶仪的技术推广及应用开发"、"香蕉茎秆有机肥的研制与开发"、"科技产品展示中心建设项目"等9项项目，资助经费共计190万元。

五、科技开发主导产品，增强院属综合实力

1. 扩建种业基地

品资所、橡胶所、南亚所、生物所、试验场等单位，发挥土地资源优势，投入资金扩大热带、亚热带作物良种良苗及绿化苗木基地建设，重点繁育了牛大力种苗、橡胶种苗（自根幼态无性系苗）、绿化苗木、铁皮石斛兰优良种苗、甘蔗脱毒健康种苗、番木瓜抗病毒种苗、橡胶幼态苗、香蕉优质种苗等。试验场已种植各色三角梅50 000多株，成为海南西部最大的三角梅培育基地。

2. 兴建科技产品中试基地（工厂）

已完成橡胶树刺激剂中试工厂（橡胶所）、青胡椒加工中试生产线（香饮所）、艾纳香冰片中试加工厂和热带农产品加工中试研发基地（品资所筹建）的兴建工作。

3. 热带作物农产品精深加工业

品资所与企业合作开发了艾纳香日化产品30个。研发的牛大力袋泡茶、鲜切片、饮料、牛大力酒、汤料包等已开始中试生产。

生物所研制了益智酒、海蜜速溶茶、沉香灵芝茶、沉香叶茶、灵芝胶囊、沉香花茶等科技产品市场销售情况较好。

椰子所的天然椰子油等产品已经进入海口近百家店铺销售。

香饮所研制出脱水青胡椒、冻干青胡椒、盐水青胡椒加工工艺流程3套，研发出脱水、

冻干、盐水青胡椒新产品3个。

南亚所试制了菠萝蜜果干、曲奇饼、果酱和菠萝蜜冰淇淋等产品。

环植所生态蜂蜜、有机芦笋等产品已申请注册了"热科宝岛"商标品牌。

试验场2012年完成橡胶干胶产量566.6吨，实现橡胶收入1 227.4万元，超额完成年初干胶计划产量。

4. 兴办特色养殖业

品资所投入180万元，扩建五指山猪种苗繁育基地，同时开发了海南黑山羊肉、五指山猪肉和海南黎鸡鸡蛋等绿色生态产品，2012年实现年创收60万元。

试验场引导和扶持以家庭合作为主体发展特色养殖，支持红旗队发展山鸡养殖项目，目前山鸡存栏量已达1 800只。利用林下优势，种植槟榔156亩，19 510株；种植菠萝蜜105亩，2 500株；三角梅20亩，6 520株；牛大力150多亩，6 000株。

5. 科技旅游观光产业

品资所积极开展对外合作，与多家企业开展合作洽谈，共同开发"大植物园"。"海南热带植物园"申请3A级旅游景区，与西部各旅游景点联合，拓展植物园旅游业务。

香饮所"兴隆热带植物园"按5A景区标准做好形象建设、旅游宣传、指示牌及其他标识等管理。引进聚译堂智能科技有限公司研发的语言国际化体系，能提供英、俄、法、德、日、韩、西班牙、阿拉伯等多种语言的翻译服务。通过电话、电脑、手机等通讯设备，游客、景区工作人员、翻译可实现三方通话，服务外国游客。游客旅游总体印象满意率98.29%，旅游资源满意率98.87%。

南亚所"南亚热带植物园"被农业部和共青团中央认定为首批"全国青少年农业科普示范基地"，在"科普、休闲、会议、餐饮"等方面有了重大的突破。开展休闲农业活动的同时对休闲农业体验基地的管理采取了"委托式"的管理办法，来园参加休闲体验的人数较往年有了明显的增加。

椰子所"椰子大观园"全年入园人数近3万人次，参观人员主要包括在校学生、境外及省内外旅行团、旅游散客等。

6. 科技服务

农业信息咨询：信息所制作《热带农业信息快讯》93期，近300则信息。编制《世界热带农业信息简讯》50期，信息量1 400余条。并在"中国热带农业信息"网站发布，以供农业部领导宏观决策参考。

农业信息传媒：《热带作物学报》2012年入选为"中文核心期刊"；通过协助办刊的模式，联合四川省农业科学院、广东省农业科学院、广西壮族自治区农业科学院、云南省农业科学院等10余家科研单位作为协办单位，扩大了热带农业科技期刊的影响力，发行量较以往有较大增长。

检测服务：分析测试中心完成了主管部门、热区农业企业、科研单位等3 000个样品近20 000项次的检测业务。依托农药登记残留实验单位平台，在农业部药检所的统一安排下，为国内农药厂家开展农药登记残留试验等科技服务。

六、积极申报项目，推进科技成果转化

院属单位积极申报科技部、农业部、海南省科技厅、海南省农业厅、相关市县科技或财政专项、热科院科技开发启动资金项目等各级各类成果转化和开发类项目42项。2012年获资助的成果转化和开发项目37项，获资助项目经费3 217万元。

七、科学规范管理、完善开发体系建设

进一步完善"目标管理、量化考核、效益奖罚"的管理体系，加强对院、所单位及所属企业的服务、管理和指导。

拟定了《中国热带农业科学院良种苗木基地建设工作方案》和《中国热带农业科学院良种苗木繁育基地管理办法》等。

院属单位结合本单位实际情况，制定及颁布了相应的开发管理制度，品资所、橡胶所、香饮所、加工所、生物所、环植所、椰子所等12个单位颁布执行的开发管理制度有37项，为科技开发工作快速发展提供了制度保障。

开发统计情况

科技（科企）合作情况统计表

序号	单位名称	合作单位（企业）名称	主要合作内容	合作年限	合作方式	备注
1	品资所	广东中能酒精有限公司	联合建设能源木薯示范基地	2012	技术服务	
2	品资所	聚祥（厦门）淀粉有限公司	高产木薯良种示范基地合作种植	2012～2016	技术服务	
3	品资所	海南九芝堂药业有限公司	裸花紫珠种质资源评价与规范化种植技术研究	2011～2014	技术服务	
4	品资所	芬美意香料（中国）有限公司	芳香植物种质资源收集保存与分析评价研究	2012～2015	技术服务	
5	品资所	江苏万高药业有限公司	鸦胆子种苗繁育及高产栽培技术研究	2012～2015	技术服务	
6	品资所	海南新世通黎医药产业开发有限公司	南药黎药GAP规范化生产技术示范	2011～2014	技术服务	
7	品资所	广西国有钦廉林场	牛大力种苗生产及栽培	2012～2022	种苗、技术服务	
8	品资所	钦州市钦北区鑫林林业有限公司	牛大力种苗生产及栽培	2012～2022	种苗、技术服务	
9	品资所	海南海绿农业开发有限公司	牧草栽培	2012	技术服务	
10	橡胶所	中国路桥工程责任有限公司	橡胶油棕技术援外		技术支持	
11	橡胶所	中国化学工业桂林工程有限公司	橡胶油棕技术援外		技术支持	
12	橡胶所	江苏双马化学工业有限公司	橡胶油棕技术援外		技术支持	
13	橡胶所	上海毅诺进投资有限公司	橡胶油棕技术援外		技术支持	
14	香饮所	北京军星永发农业科技发展有限公司	代理销售科技产品	2012～2017	销售代理	
15	香饮所	海南海众贸易有限公司	网络代理销售科技产品	每年签订	网络代理	
16	香饮所	海南依凡特航空物流服务有限公司	货运	每年签订	物流	
17	香饮所	热科院加工所	代销加工所科技产品	常年	展销	
18	香饮所	海南椰国食品有限公司	重大成果转化项目	2012～2014		
19	香饮所	海南四海栈实业有限公司	重大成果转化项目	2012～2014		
20	香饮所	琼海天宝橡胶工贸有限公司	重大成果转化项目	2012～2014		
21	香饮所	海南省国营东昌农场	重大成果转化项目	2012～2014		
22	香饮所	临沧凌丰咖啡产业发展有限公司	咖啡技术研究与指导	2012～2021		
23	加工所	湛江信佳橡塑制品有限公司（民营企业）	纳米天然胶乳新技术	2009～2012	联合推广技术应用；新产品研制	
24	生物所	海南黎药堂生物科技开发有限公司	生产益智酒、海蜜速溶茶等产品	10年	技术服务	
25	生物所	海南康苗农业高科有限公司	甘蔗健康种苗生产	10年	技术转让	
26	环植所	广东大丰植保科技有限公司	新型药肥的联合登记生产	2013～2015	共同投资、共同受益	
27	环植所	海南利蒙特农化有限公司	新型药肥的联合登记生产	2012～2015	共同投资、共同受益	
28	环植所	白沙县政府	特色农作物植保技术示范推广	2012～2015	合作建设相应研究机构	

（续表）

序号	单位名称	合作单位（企业）名称	主要合作内容	合作年限	合作方式	备注
29	环植所	海南省澄迈县高新农业技术示范区	特色农作物高效栽培技术示范推广	2012～2015	合作建设相应研究机构	
30	环植所	海南省儋州市农技中心	蜜蜂生态园建设	2012～2015	合作建设生态园区	
31	椰子所	文昌林业局	椰心叶甲天敌姬小蜂的生产及释放	2012	技术支持	
32	椰子所	三亚市林业局	椰心叶甲天敌姬小蜂的生产及释放	2012	技术支持	
33	椰子所	海南省林业局	椰心叶甲天敌姬小蜂的生产及释放	2012	技术支持	
34	椰子所	深圳园林局	椰心叶甲天敌姬小蜂的生产及释放	2012	技术支持	
35	椰子所	海南椰谷食品有限公司	浓缩椰浆和椰子汁生产	2011～2013	技术支持	
36	椰子所	印尼力宝集团	天然椰子油生产	2010～2012	技术支持	
37	椰子所	海南泰谷生物科技有限公司	槟榔专用肥的开发研究	2012～2015	合作开发	
38	农机所	铜陵华源麻业有限公司	纺纱技术合作	2年		
39	农机所	佛山市禅城区正艺服装厂	纺织面料及后整理技术服装试制和服用性能研究	5年		
40	农机所	佛山市禅城区万利袜厂	袜子试制及服用性能研究	5年		
41	农机所	江门市天地和袜厂	袜子试制及服用性能研究	1年		
42	农机所	佛山市天力纺织有限公司	纱线染色性能及试制研究	3年		
43	分析测试中心	海南省琼中县人民政府	开展农药投入品合理使用技术培训。开展农产品"三品一标"认证工作。开展农产品质量安全科技合作。开展农药残留快速检测技术培训	1年	技术培训，技术服务	
44	分析测试中心	五指山市宏河蔬菜专业合作社	无公害树仔菜规范生产。开展农业投入品合理使用技术培训。开展相关的农产品认证工作	1年	技术培训，技术服务	
45	分析测试中心	五指山市农业局	开展农药投入品合理使用技术培训。协助开展农产品"三品一标"认证。开展农业栽培测土施肥工作。开展农产品质量安全科技合作	未限定年限	技术培训，技术服务	
46	分析测试中心	海南省儋州市王五镇人民政府	开展农药投入品合理使用技术培训。协助开展农产品"三品一标"认证工作。开展农业栽培测土施肥工作。开展农产品质量安全科技合作。开展农药残留快速检测技术培训	未限定年限	技术培训，技术服务	
47	海口实验站	海南金香林事业有限公司	香蕉科研与示范推广			
48	海口实验站	海南徐闻县现代农业灌溉有限公司	香蕉水肥一体化示范推广			
49	湛江实验站	广东省广前糖业有限公司	甘蔗健康种苗示范与推广	3年	共同示范	
50	广州实验站	佛山市华昊华丰淀粉有限公司	共建示范基地	1年	技术服务	
51	广州实验站	广东中能酒精有限公司	共建生产示范基地	1年	技术服务	
52	广州实验站	湛江市天禾有限公司	共建食用木薯种植基地	1年	技术服务	
53	广州实验站	广州市中热商贸有限公司	合作开发肥料	3年	技术服务	

院属单位 2012 年度获资助成果转化项目和开发项目统计表

序号	项目类型	项目名称	承担单位	执行年限	获批经费（万元）
1	财政部、工信部等国家重大科技成果转化项目	重要热带作物产品加工关键技术产业化应用	香饮所等	2012.01～2014.12	1 000
2	科技部 科技支撑计划	香草兰等南方特产资源生态高值利用技术研究与产品开发	香饮所等	2012.01～2014.12	914
3	科技部 农业科技成果转化基金项目	无限长纳米增强天然乳胶膜片生产示范	加工所	2012.04～2014.04	60
4	科技部 农业科技成果转化基金项目	橡胶树微型幼态芽条繁殖技术的推广	生物所	2012～2014	60
5	科技部 农业科技成果转化基金项目	螺旋粉虱监测技术示范与应用	环植所	2012.1～2013.12	60
6	科技部 农业科技成果转化基金项目	高产特色水果型椰子新品种中试与示范	椰子所	2012.6～2014.06	60
7	科技部 国家重大科技成果转化项目	重要热带作物产品加工关键技术产业化应用	椰子所	2012.6～2014.06	280
8	农业部 农作物病虫鼠害疫情监测与防治经费	芒果病虫害监测指导与信息汇总分析	环植所	2012.1～2012.12	15
9	农业部 农作物病虫鼠害疫情监测与防治经费	剑麻病虫害监测指导与信息汇总分析	环植所	2012.1～2012.12	10
10	农业部 农作物病虫鼠害疫情监测与防治经费	香蕉枯萎病监测防治技术指导和信息汇总分析	环植所	2012.1～2012.12	35
11	农业部 农作物病虫鼠害疫情监测与防治经费	热作病虫害监测防控项目绩效评价	环植所	2012.1～2012.12	15
12	农业部 农作物病虫鼠害疫情监测与防治经费	天然橡胶主要害虫专业化统防统治	环植所	2012.1～2012.12	15
13	海南省 成果示范推广专项	切花红掌周年供应设施环境调控技术示范	品资所	2012～2014	25
14	海南省 重点项目	乙烯利在香蕉中的残留试验	加工所	2012.05～2013.05	10
15	海南省 重点科技计划项目	海南菠萝蜜系列食品研发与中试	香饮所	2012.01～2013.12	10
16	海南省 社会发展科技专项	海南特色风味巧克力研发与中试	香饮所	2012.01～2013.12	10
17	海南省 农业科技 110 示范基地	澄迈香蕉标准化生产示范基地建设	海口实验站	2012.01～2013.12	5
18	海南省 科技园区建设	海南儋州国家农业科技园区红掌优质高效生产示范与推广平台建设	品资所	2012～2013	50
19	海南省 科技园区建设	儋州国家农业科技园区公共技术平台建设	品资所	2012～2014	50
20	海南省 农业科技集成示范园	海南省香料饮料作物科技集成示范园	香饮所	2012.10～2013.10	40
21	热科院 科技开发启动资金项目	热带绿化树假植苗生产开发	南亚所	2012.01～2013.12	30
22	热科院 科技开发启动资金项目	铁皮石斛兰优良种苗繁育与推广	南亚所	2012.01～2013.12	20
23	热科院 科技开发启动资金项目	高档天然椰子油旅游产品的开发和市场推广	椰子所	2012.01～2013.12	20
24	热科院 科技开发启动资金项目	海南特色产品椰花汁酒的中试生产	椰子所	2012.01～2012.12	20
25	热科院 科技开发启动资金项目	菠萝叶纤维混纺面料及产品试制	农机所	2012.01～2013.12	20
26	热科院 科技开发启动资金项目	香蕉茎秆有机肥的研制与开发	海口实验站	2012.01～2013.12	15
27	热科院 科技开发启动资金项目	科技产品展示中心建设项目	后勤服务中心	2012.01～2013.12	25
28	热科院 院本级基本科研业务费	菠萝叶纤维混纺性能研究	农机所	2012	5
29	热科院 院本级基本科研业务费	菠萝粘胶纤维制备技术及功能性产品研发	农机所	2012	3
30	环植所 所级开发专项	海南原生态蜂蜜的生产与品牌推广研究	环植所	2012.1～2012.12	10
31	环植所 所级开发专项	芦笋在海南周年生产高产栽培技术研究	环植所	2012.1～2012.12	50

（续表）

序号	项目类型	项目名称	承担单位	执行年限	获批经费 （万元）
32	横向项目（国防科工）	低蛋白天然橡胶	加工所	2012.01~2013.12	240
33	横向项目（福建晋江市科技局）	活化改性煤矸石粉补强天然橡胶及用于运动鞋底材质的研发	加工所	2012.01~2013.12	10
34	技术服务（万宁市林业局）	万宁市富硒槟榔试点建设	椰子所、万宁市林业局	2012.10~12	25
35	合计				3 217

五、国际合作与交流

国际合作与交流概况

2012 年，院国际合作与交流工作取得可喜成绩。新增国际合作项目 27 项，获批经费 2 824.7 万元，与 2011 年相比，增长 84.08%。其中，首次获批国家自然科学基金委员会与国际农业磋商组织合作研究项目，资助经费 239 万元。平台建设取得新进展：回良玉副总理和刚果（布）萨苏总统共同为热科院承担的中国援刚果（布）农业技术示范中心落成剪彩；"中国—坦桑尼亚腰果联合研究中心"获科技部立项；与国际热带农业中心、澳大利亚国际农业研究中心共同启动《热带草地》国际在线期刊复刊工作。援外培训工作不断加强：举办援外热带农业技术培训班 11 期，培训了 14 个发展中国家的 288 名学员。国际合作能力建设得到提高：首次派出 11 名科技人员赴美国夏威夷大学参加英语与科研能力培训。交流工作卓有成效：与国外科技机构签署合作协议 4 个，引进国外先进技术 7 项、优良热带作物种质资源 500 份，1 名专家获国际橡胶研究与发展委员会颁发的天然橡胶研究金奖，1 名外国专家获海南省人民政府"椰岛纪念奖"。

一、国际合作项目管理情况

1. 建设项目库，提高项目质量

为了建立国际合作项目库，2012 年编写了《中国热带农业科学院国际合作项目申报渠道汇编》，收集了国家 8 个部委及海南省与热科院相关的 21 类项目申报指南，并分别到儋州院区、海口院区、湛江院区 13 个所（站、中心）进行宣传介绍。邀请海南省科技厅国际合作处领导到儋州院区、海口院区指导国际合作项目工作。此外，还邀请科技部国际合作司领导及该司亚非处领导来院介绍国际合作项目。通过上述工作，提高了广大科技人员对国际合作项目的认识，激发了申报热情，大大提高了申报项目质量。建立了热科院"国际合作项目专家库"，完

成了"中国—东盟科技合作伙伴计划"、"对非合作"储备项目库工作。

2. 狠抓项目申报，促进项目获批

2012 年，共组织申报科技部、农业部、商务部、国家基金委、国家外国专家局等项目和建议书 77 项，其中：科技部 25 项（国际科技合作专项 2 项、对外援助项目 1 项、国际科技合作建议 22 项），农业部 12 项（国际交流与合作项目 7 项、海峡两岸农业合作项目 1 项、科技合作项目 4 项），国家自然科学基金委国际组织间合作项目 4 项，海南省国际科技合作专项 9 项，商务部援外培训项目 5 项。

2012 年，热科院新获批项目 27 项，获批经费 2 824.7 万元，比 2011 年增长 84.08%。其中：商务部中国援刚果（布）农业技术示范中心合作项目 1 375 万元，科技部国际科技合作专项 1 项经费 525 万元，国家自然科学基金委国际（地区）合作与交流项目 1 项经费 239 万元。

3. 重视项目管理，追求项目效果

对获批项目，加强项目执行过程管理，提高项目实施效果和产出率。中刚项目按计划进入技术示范阶段，示范效果得到刚果（布）政府和当地人民的肯定。2012 年，热科院按期结题或验收国际合作项目 3 项。通过国际合作项目，共引进国外先进技术 4 项，获授权发明专利 3 项，发表 SCI 收录论文 4 篇，国内其他核心期刊或国际会议论文 12 篇，培养国际合作研究骨干人才 6 名。由于热科院品资所执行"中国—莫桑比克腰果病虫防治示范项目"工作成效显著，在当地起到了很好的示范作用，科技部不仅追加了该项目经费，还新批建立"中国—坦桑尼亚腰果联合研究中心"。

二、实施"走出去"战略情况

1. 扎实推进援外培训，服务国家外交大局

充分发挥热科院热带农业科技特色和优势，

积极开展援外培训工作，2012 年共举办了木薯种植与加工、热带香料饮料作物生产、蛋鸡养殖、玉米种植、腰果种植与病虫害防控等方面的援外培训班 11 期，培训了来自柬埔寨、埃塞俄比亚、贝宁、布隆迪、坦桑尼亚、南非、尼日利亚、利比里亚、加纳、塞拉利昂、乌干达、印尼、刚果（布）、莫桑比克等 14 个发展中国家的 288 名学员，受到了受援国学员的一致好评，增强了双方的友好互信，提升了热科院热带农业科技在发展中国家的影响力。

2. 提供科技支撑，服务国内企业"走出去"

积极为国内企业"走出去"提供科技支撑，与国家开发银行、上海外经集团、湖南北大荒种业科技有限公司、中国木薯资源控股有限公司、亚洲林业投资集团有限公司、中方集团、中国路桥公司等企业合作，为企业在国外开展农业项目提供技术支撑，进一步的提升了热科院在国内外的知名度。

三、国际合作平台建设情况

充分利用先进热作材料国际研究中心、热带药用植物研究与利用国际联合实验室及国际科技合作基地等平台，开展国际合作交流工作，进一步扩大国际影响。

1. 扩大中国援刚果（布）农业技术示范中心国际影响

由热科院承担的中国援刚果（布）农业技术示范中心经过 3 年的建设，2010 年底峻工并顺利通过验收。第二期中心技术合作项目于 2012 年 1 月启动。热科院派出 8 名专家驻刚，开展了蔬菜、木薯、玉米种植和蛋鸡、肉鸡养殖试验和示范，举办了"木薯技术培训班"、"蛋鸡养殖技术培训班"和"玉米种植技术培训班" 3 期培训班，培训了刚方科技管理、技术推广及农户等学员 59 名。2012 年 9 月 4 日回良玉副总理和刚果（布）萨苏总统共同出席示范中心落成剪彩仪式。此外，农业部牛盾副部长、商务部钟山副部长、刚方农牧业部部长、联合国粮农组织理事会主席、粮农组织布拉柴维尔办事处官员以及我驻刚大使、经商处参赞等到中心视察和指导工作。中国援刚果（布）农业技术示范中心成效显著，其政治和社会影响力

在国际上不断扩大。

2. 彰显热科院与国际热带农业中心合作办公室的合作成效

2011 年 12 月，"中国热带农业科学院与国际热带农业中心合作办公室"在热科院挂牌成立。2012 年 3 月，双方联合申报了国家自然基金委国际合作项目 3 项，并获资助 1 项经费 239 万元。2012 年 9 月，刘国道副院长率团赴越南出席了国际热带农业中心成立 45 周年庆典，进一步加强了与该中心的联系。12 月，由热科院与国际热带农业中心、澳大利亚国际农业研究中心联合启动《热带草地》期刊复刊仪式，进一步扩大了热科院的国际知名度。同时，热科院与国际热带农业中心联合主办了"热带牧草技术发展与国际合作研讨会"，酝酿了 2013 年双方合作项目。举办了为期 5 天的"国际热带牧草培训班"，培训我国热区 6 省的 40 多名科技人员。双方的合作逐步深入，合作成效逐步彰显。

3. 立足国家战略需求和热科院优势，筹建国际合作新平台

为进一步推动热科院作为联合国粮农组织支持的中国国际农业培训中心热作分中心的建设，派科技人员随农业部团组赴荷兰、泰国执行培训中心能力建设项目任务，取得了宝贵的经验，为热作分中心建设奠定了坚实的基础。

应联合国粮农组织邀请，热科院加入了"热带农业平台"建设。"中国—坦桑尼亚腰果联合研究中心" 2012 年已获科技部立项。"中国—东盟热带作物技术培训中心"和"中国—印尼热带生物资源联合研发中心" 2 个平台正在酝酿之中。

四、国际交流情况

1. 做好"迎来送往"，扩大国际交流

2012 年，热科院共接待外宾 30 多个团组 200 多人次，包括萨摩亚农渔业部勒马梅亚罗帕蒂部长、马尔代夫渔业和农业部项目协调员、尼日利亚代表团、科摩罗政府代表团、乌干达政府代表团、澳大利亚迪肯大学、美国亚利桑那大学、美国伊利诺斯、美国夏威夷大学、马来西亚科学院、泰国农业大学、德国农业部 Julius Kuhn 研究所、印度尼西亚梭罗大学、莫桑比克腰果研究院、莫桑比克农业科学院、台湾屏东科技大学等代表团。

2012 年，热科院作为农业部科研人员因公临时出国分类管理首批试点单位，认真做好分类管理工作，共派出 35 个团组 115 人次，与上一年相比，增加了 6 个团组 45 人次。科技人员分别赴美国、加拿大、刚果（布）、越南、莫桑比克等 19 个国家执行热带农业科研与考察交流任务。热科院派专家赴越南执行中越政府间科技合作联委会第八次会议项目"腰果害虫生物防治技术研究与应用"、"橡胶树桑寄生树头施药防治技术"、"荔枝种质资源考察"及赴美国执行"番木瓜转基因品种联合研究"等合作交流项目，引进国外先进技术 7 项、优良热带作物种质资源近 500 份。2012 年 10 月，热科院陈秋波研究员获得国际橡胶研究与发展委员会颁发的"薛卡杰出研究奖"金质奖章和获奖证书，成为热科院获得该殊荣的第三人。

2. 签署合作协议，奠定合作基础

利用双方互访交流的机会，热科院与印度尼西亚梭罗大学、刚果共和国科学技术研究评审总局、夏威夷大学热带农业和人力资源学院、德国杜塞尔多夫大学等 4 个单位签署合作协议，为下一步的合作打下了良好的基础。

五、国际合作人才建设情况

2012 年，共选派 65 人参加国际合作能力建设的学习。其中 11 名青年科技人员赴美国夏威夷大学参加了为期 74 天的热带农业科技创新外语能力培训。热科院 2 名科技创新人才赴美国培训。热科院加工所、橡胶所、椰子所共派出 5 名青年科技人员赴澳大利亚迪肯大学攻读博士学位。信息所 1 名科技人员赴瑞典和肯尼亚内罗毕参加种质资源与知识产权培训。加工所派科技人员赴英国参加绿色食品标识培训。邀请马来西亚科学院杨洪溢院士来院对 24 名青年科技人员进行了英文科技论文写作培训。邀请国际热带农业中心专家来院举办"国际热带牧草培训班"，培训热科院 15 名科技人员。

为加强国际合作管理，热科院国际合作处选派 7 人参加了农业部外经贸管理培训班、农业部项目申报培训班、海南省因公出国手续办理培训班、农业系统行政协调培训班、科技外事干部培训班、农业国际交流与合作项目管理系统操作培训班和联合国粮农组织支持下的中国国际农业培训中心管理培训班，大大提升了国际合作管理能力。

六、国际合作制度与机制建设

2012 年，热科院被列为科研人员因公临时出国分类改革试点单位。根据文件要求，热科院重新编制了《热科院 2012 年度出国（境）计划》，修订了《中国热带农业科学院因公出国及赴港澳管理办法》，制订了《中国热带农业科学院落实科研人员因公临时出国分类管理试点工作方案》《中国热带农业科学院科研人员因公临时出国分类管理实施办法》《中国热带农业科学院援外人力资源开发合作项目突发事件应急预案》等 4 个规章制度，使热科院外事管理工作更加规范化。

通过交流互访和参加国际合作会议，2012年热科院先后接待了科技部、农业部、农垦局、驻外机构等 20 多位领导和官员。参加了科技部、农业部举办的国际交流与合作会议，中非、中国—东盟等农业合作与发展等研讨会等重大国际交流与合作工作会议 10 余次，并在会上作交流发言，进一步深化了与国内外合作单位之间的互信。初步构建了热科院国际合作的新机制。

七、对外宣传情况

利用参与重大国际合作项目和举办国际培训班、国际学术会议或科技论坛、科技援外、签署国际合作协议、出访、重大援外项目启动等机会，积极宣传热科院的科技、资源优势及取得的成就，有力提升了热科院知名度。同时，利用创办国际性学术刊物、构建热科院英文网站等方式，积极宣传热科院，先后在海南日报、人民日报海外版、海南电视台、中国农业网、新华网等宣传报道热科院 10 余次，编制了 4 期国际交流与合作宣传简报，11 期援外培训专栏宣传，在院网上发表国际交流与合作新闻 107 篇。《国合基地——中国热带农业科学院的发展之路》作为经验交流在科技部国际合作司主办的《国际科技合作论坛》刊物上发表，并分别在《热带农业科学》和《热带农业工程》上发表了"热带农业科研单位国际合作管理效能服务能力建设措施研究"和"中国热带农业科学院提升科技国际竞争力的信息战略研究"2篇论文。协办"中国农业科技十年发展成就展"中的非农业合作、援非项目建设情况展，进一步提升了热科院在国内外的知名度和影响力。

援外培训情况

2012年热科院援外培训工作不断加强：举办援外热带农业技术培训班11期，培训了14个发展中国家的288名学员。境外举办援外培训班8期。

一、在华援外培训

2012年，热科院在华举办了3期商务部援外培训班：柬埔寨木薯种植技术培训班、非洲国家木薯生产与加工技术培训班和发展中国家热带香料饮料作物生产技术培训班。共有来自12个发展中国家的58名科技人员来院参加培训。

柬埔寨木薯种植技术培训班于2011年12月27日至2012年1月16日在热科院实施，此次培训主要由国家商务部和联合国开发计划署（UNDP）共同主办，共有来自柬埔寨农业部和省级农业主管部门和大学的30名农业高级官员参加了培训。培训班采取理论与实践相结合的方式，热科院一批知名木薯专家为学员们讲授木薯栽培、木薯种质资源创新与利用、木薯组织培养、大棚炼苗、田间移苗、主要木薯病害、虫害的发生、鉴定、防治等技术。培训期间，学员们还参观考察了热科院品资所木薯基地、木薯病害方面实验室，并进行实验操作和田间实习。

非洲国家木薯生产与加工技术培训班于2012年7月26日至2012年8月16日结束，为期21天，共有来自埃塞俄比亚、南非、坦桑尼亚、加纳、尼日利亚、塞拉利昂、乌干达、利比里亚、贝宁、布隆迪农业管理部门和科教单位的21名从事木薯种植生产的企业、科研、技术、管理人员参加了本次培训。经过21天的课堂教学与基地实习，学员们不仅学到了木薯栽培种植、木薯病虫害、木薯加工等方面的知识，同时也对中国的历史文化、风土人情等有了更

深入的了解，这不仅增进了中非人民彼此间的友谊，同时也为今后两国在木薯等相关领域的进一步合作奠定了基础。

发展中国家热带香料饮料作物生产技术培训班于2012年8月8日开班至2012年8月28日结束，为期21天，共有来自尼日利亚、刚果（布）、加纳、印度尼西亚农业管理部门和科教单位的7名从事热带香料饮料作物种植生产的企业、科研、技术、管理人员参加了本次培训。经过21天的课堂教学与基地实习，学员们不仅学到了热带香料饮料作物胡椒、香草兰、可可和咖啡优良种苗繁育、丰产栽培、病虫害防控、产品加工等方面的知识。在现场实习环节，学员们参观了热科院香料饮料研究所国家重要热带作物工程技术研究中心，使学员对该领域的科学研究有了进一步的了解。

二、境外援外培训

2012年，热科院还通过商务部和科技部援外项目在刚果（布）、莫桑比克举办了8期热带农业技术培训班，培训了230名当地科技人员和农户，培训内容包括木薯、蔬菜、玉米种植、蛋鸡养殖和腰果种植、病虫害防治技术等。

其中，在刚果（布），以热科院承建的援刚果（布）农业技术示范中心为平台，举办了3期培训班，培训学员59名。刚果（布）农牧业部长戈贝尔·马布恩杜高度重视中心工作的开展，连续三期为我中心培训班主持结业典礼。

2012年5月18日至6月14日，有来自刚果（布）Brazzaville、Brunza、Pool、Plateau、Cuvette五省区的木薯种植农户19人在刚果（布）布拉柴维尔的贡贝农业技术示范中心参加了培训。教学结合刚果（布）当地土壤、气候条件，品种资源特性，引进热科院木薯新品种、新技术。为培训班精心设计了中国文化、世界

木薯发展史、木薯生物特性和品种介绍、制作绿肥、木薯栽培技术（种植方法、除草、施肥、补苗、间苗）、病虫害防治、木薯的收获和贮藏、木薯加工利用和烹饪等十余门课程。

2012 年 11 月 13～27 日，热科院在刚果（布）示范中心举办了"蛋鸡养殖技术培训班"。此次培训班共招收学员 20 名，分别来自刚果（布）首都布拉柴维尔市、经济大省黑角、农业大省布拉多和布尔等省市。本次培训班为期 15 天，授课方式采取理论联系实际，动手操作为主，分别在蛋鸡育雏、育成及产蛋期的养殖技术、卫生防疫、疾病防治等方面展开培训。

2012 年 12 月 9～21 日，热科院援刚果（布）农业技术示范中心成功举办"玉米种植技术"培训班。本期培训班共招收学员 20 名，培训 13 天。培训班理论联系实践，以田间操作为主，从平整土地、挖沟起畦、播种育苗、小苗管理、移苗定苗、中耕回土、施肥、病虫害防治及玉米收获与加工等内容，向学员传授全套玉米生产技术。

2012 年 9 月 15 日至 12 月 12 日，热科院专家在莫桑比克腰果主产区 Nampula 和 Inhambane 省举办技术培训班 5 期，培训腰果研究人员及上述主产区的乡村技术员代表 171 人。培训内容涉及腰果综合栽培技术、腰果施肥技术、腰果病虫害综合防治技术、施肥对失管多年腰果植株生长结果及对病虫害发生影响、腰果种质资源评价技术、腰果种质资源数据库安装和使用方法等。

国际合作平台建设情况

一、中国援刚果 (布) 农业技术示范中心

由热科院承担的中国援刚果（布）农业技术示范中心于 2012 年 1 月启动了第二期中心技术合作项目。热科院派出 8 名专家驻刚，开展了蔬菜、木薯、玉米种植和蛋鸡、肉鸡养殖试验和示范。回良玉副总理和刚果（布）萨苏总统共同为热科院承担的中国援刚果（布）农业技术示范中心落成剪彩。

2012 年示范中心全面开展了叶菜类、豆类、茄果类及瓜类蔬菜试验种植、木薯试验种植、玉米试验种植和蛋鸡、肉鸡试验养殖和技术培训。通过引种试种和品种比较试验，从 28 种蔬菜里筛选出 53 个适于刚果（布）布拉柴维尔地区栽培的蔬菜优良品种。开展了大棚无籽西瓜品种和番茄品种筛选，参试品种分别有 6 个和 7 个，获得了相关数据。开展种质资源收集、调查，保存了国内外 17 份木薯种质。根据当地的气候特征，结合木薯的开花习性，利用国内外引进的木薯品种，进行杂交，试配 28 个杂交组合，为品种改良和新品种选育奠定基础。进行了 18 个玉米品种适应性试验。进行蛋鸡养殖适应性试验和集约化规模化立体笼养综合饲养管理技术探索研究试验，先后饲养了两批共 5 000 只法国 ISA BROWN 蛋鸡，分别进行了研究试验，现有 5 000 只蛋鸡全部采用笼养技术，并已开始产蛋，产蛋率在 70% 以上。

2012 年 1 月 1 日，项目进入技术合作阶段以来，为使合作取得实质性效果，并为同类性质的援外农业技术示范中心提供必要的服务，热科院组织人力、物力编写了 16 个培训教材，含中英法 3 种版本，内容涵盖：木薯、蔬菜、玉米、蛋鸡肉鸡、橡胶、牧草、香草兰、椰子、水稻、腰果、咖啡、可可、油棕和剑麻等，目前由中国农业出版社正式出版的有：《木薯栽培实用技术》《蛋鸡养殖实用技术》和《玉米种植实用技术》。

示范中心进入技术合作期尚不足一年，各项试验工作根据科学要求正在稳步推进。我示范中心已于 2012 年 9 ~ 12 月先后在刚果（布）举办了"木薯生产技术"培训班、"蛋鸡养殖技术"培训班和"玉米生产技术"培训班，培训学员 59 人。培训班取得了很好的示范、推广和宣传效果，刚方农牧业部部长亲临每期培训班指导工作，并作热情洋溢的讲话，盛赞培训工作意义重大。

通过试验种植与养殖，示范中心已产生初期经济效益。与辽宁国际达成合作意向，为建设非洲试验站科特迪瓦分站奠定了良好的基础。在示范中心的展示和示范效果影响下，刚方农牧业部有意与我示范中心合作，推动示范中心科技成果在刚果（布）示范推广，缓解刚果（布）国家粮食安全，带动示范中心可持续发展。

二、CATAS-CIAT 合作办公室

CATAS-CIAT 合作办公室于 2011 年 12 月 4 日在热科院挂牌成立。2012 年 3 月，双方联合申报了国家自然基金委国际合作项目 3 项，并获资助"木薯全基因组关联分析及分子设计育种模型" 1 项，经费 239 万元。

2012 年 9 月 10 日，国际热带农业中心（CIAT）在越南河内举行成立 45 周年庆典，应国际热带农业中心主任 Dr. Ruben Echeverria 的邀请，热科院刘国道副院长率团参加了庆典。刘国道副院长应邀在庆典上做了题为"中国热带农业科学院与国际热带农业中心潜在合作建议"的发言。

12 月 3 日，由热科院、国际热带农业中心

（CIAT）和澳大利亚国际农业研究中心（ACIAR）三方合办的国际在线期刊《热带草地》（SCI收录）复刊工作正式启动。同时，热科院与国际热带农业中心联合主办了"热带牧草技术发展与国际合作研讨会"，酝酿了2013年双方合作项目，举办了为期5天的"国际热带牧草培训班"，培训我国热区6省的40多名科技人员。内容包括世界热带牧草研究概况、牧草资源情况、牧草基因育种、牧草种子生产、病虫害防控、牧草基地建立和管理、施肥技术、牧草生物技术研究等。

三、中国—FAO 国际农业技术培训中心热作分中心

为进一步推动热科院作为联合国粮农组织支持的中国国际农业培训中心热作分中心的建设，2012年9月18~27日，热科院派专家作为项目组成员参加了由农业部对外经济合作中心组织的一行6人赴泰国、荷兰进行国际农业培训考察，推动热科院实现建立热带农业国际培训分中心的目标，扩大面向世界热区发展中国家的热带农业技术培训。

在泰国期间，考察团一行考察了FAO亚太区域办事处、东南亚教育部长组织秘书处、联合国教科文组织泰国办事处等区域和国际组织，并与泰国农业大学国际发展交流中心、亚洲理工学院培训部专家座谈交流；在荷兰期间，考察了世界农业领域著名的瓦赫宁根大学及其所属的万豪劳伦斯坦学院，实地参观了该国种植业、花卉业和畜牧业等现代农业，并在瓦赫宁根大学创新发展中心接受了2天的培训学习。

通过考察，加强了与相关国际组织和知名的国外培训机构之间的联系，了解了国际组织如何实施国际培训项目，对国外培训机构在培训项目的立项、标准化实施、培训评估、项目管理以及培训中心的建设、运行管理与可持续发展等方面均有了新的认识。并将对热科院今后建设热带农业国际培训分中心有借鉴意义。

制度建设

中国热带农业科学院
因公出国及赴港澳管理办法

（热科院外〔2012〕335 号）

第一条 根据《中华人民共和国公民出境入境管理法》、《中华人民共和国护照法》、《因公出国人员审批管理规定》和《农业部外事管理工作规定》，为做好我院科技人员因公出国及赴港澳工作，促进国际合作交流，特制定本办法。

第二条 本办法因公出国及赴港澳主要指单位工作人员出国及赴港澳执行出席国际学术会议、访问、考察、讲学、合作研究、短期培训、援外及其他公务。

第三条 出国及赴港澳组团人数要小而精，团组人数一般不超过 6 人。尽量压缩境外停留时间：出访一国一般不超过 6 天；出访两国一般不超过 10 天；出访三国以上一般不超过 12 天。出国执行科研项目的时间可根据项目任务需要申报境外停留时间。离抵境当日计入境外停留时间。在境外如需延长停留时间，需本人提出书面申请，经院领导同意后方可延长。

第四条 因公出国及赴港澳人员须在上一年度做好下一年度出国计划，并具有出国预算，经农业部批复后方可申办出国手续。院属单位聘请的外籍专家因公出访须将出访计划报国际合作处备案。

第五条 出访人员应在出访日期前 3 个月向国际合作处提出申请，申请书要说明出国及赴港澳人员身份、任务、出访国别、时间、在境外停留期限、路线、经费来源，并提供符合要求的邀请信及其中文翻译件。

第六条 因公出国及赴港澳人员的行政审批程序：

1. 院领导出访，使用《农业部部内签报》，由院长审核后（院长出访，由院党组书记审核），以院的名义报农业部科技教育司审批。

2. 院机关处室负责人出访，由出访人填写《中国热带农业科学院因公短期出国及赴港澳申请表》（附件 1），由出访人向业务分管院领导请示后，将申请表、邀请信及其中文翻译件交国际合作处，分别报分管国际合作的院领导、院长审批。《农业部部内签报》经分管国际合作的院领导审核后，报农业部国际合作司审批。

3. 院属单位法定代表出访，由出访人填写《中国热带农业科学院因公短期出国及赴港澳申请表》，将申请表、邀请信及其中文翻译件交国际合作处，分别报分管国际合作的院领导、院长审批。院属单位党委或党总支负责人出访，分别报分管国际合作的院领导、院党组书记审批。院属单位局级干部审批后的申请表同时抄报人事处备案。《农业部部内签报》经分管国际合作的院领导审核后，报农业部国际合作司审批。

4. 其他人员出访，由出访人填写《中国热带农业科学院因公短期出国及赴港澳申请表》，凭邀请信及其中文翻译件向所在单位或部门提出出访申请，经所在单位或部门领导签字并加盖公章，交国际合作处，报分管国际合作的院领导审批。《农业部部内签报》经分管国际合作的院领导审核后，报农业部国际合作司审批。

5. 院属单位聘请的外籍专家出访，由出访人填写《中国热带农业科学院因公短期出国及赴港澳申请表》，向所在单位提出出访申请，经所在单位领导签字并加盖公章，交国际合作处备案。

第七条 因公出国及赴港澳人员的政审程序。

1. 院属单位局级干部、正处级干部（含享受正处级待遇人员）填写《因公出国（境）人员备案表》（附件2），由院党组领导签字并加盖院党组公章。

2. 首次出访的副处级及以下人员，填写《因公出国及赴港澳人员审查表》（附件3），由所在单位党组织签署意见，交国际合作处，并由国际合作处起草政审批件，经人事处初审、复审后交院党组领导签字并加盖院党组公章。政审批件三年有效。

3. 副处级及以下人员在政审批件有效期内再次出国及赴港澳，办理与正处级相同的政审备案手续。

第八条　外事专办员凭农业部签发的因公出国任务批件在海南省外事侨务办公室办理护照、签证等相关出国手续。

第九条　出访人员须接受外事纪律教育。外事纪律办公室设在国际合作处，国际合作处负责对已领取护照签证的出访人员进行外事纪律教育。

第十条　因公出国及赴港澳人员回国后30天内办理报账手续。报账前需分别向国际合作处和档案馆提交出国报告（含电子文档，出访图片，纸质版需有出访人签名）。报告内容应包括：实际出访人员情况、日程安排、任务完成情况（包括出访目的、任务、主要活动、收获、体会和建议）、收集的重要资料、图片和样品清单以及经费使用情况等。并由国际合作处和档案馆分别出具已交报告证明，方可报账。

第十一条　院本级报账需填写《院本级因公出国及赴港澳境外费用收支明细表》（附件4），按院本级财务审批制度办理，并由国际合作处出国专办员审核出访国别和境外停留时间。院属单位报账需填写《院属单位因公出国及赴港澳境外费用收支明细表》（附件5），按所在单位财务审批制度办理，并由所在单位外事秘书（专办员）和财务人员审核。

报账时，须附由海南省因公出国国际机票定点采购单位出具的"国际航空旅客运输专用发票"和国际机票"电子客票行程单"销售报表、农业部因公出国及赴港澳任务批件原件及出国护照（港澳通行证）复印件（含签证及出入境记录）、外币利率兑换水单、外文发票需注明中文说明。参加农业部等国家部委组团出访，机票等可由组团单位统一购买。

第十二条　临时（90天以内）出国及赴港澳人员的费用按照财政部、外交部《临时出国人员费用开支标准和管理办法》（财行〔2001〕73号）执行。中长期出国及赴港澳培训人员的费用按照国家外国专家局《关于调整中长期出国（境）培训人员费用开支标准的通知》（外专发〔2006〕172号）执行。

第十三条　凡因公出国及赴港澳人员必须通过因公出国及赴港澳审批渠道办理手续，严禁持因私护照出国执行公务。因私出国（境）不得使用因公出国及赴港澳证件。

第十四条　国际合作处会同科技处、人事处、财务处、监察审计室等部门加强监督与检查。对不按规定报批，弄虚作假，不按报批内容、路线和日程出国及赴港澳，通过因私渠道执行公务或公款报销因私出国及赴港澳费用及其他违反外事和财务纪律的违规违法行为，必须严肃处理违纪单位和相关责任人，涉嫌犯罪的，移交司法机关依法处理。

第十五条　本办法自发布之日起执行，原《中国热带农业科学院因公出国及赴港澳管理办法》（热科院外〔2008〕379号）和《关于因公出国人员回国报账相关事宜的通知》（热科院外〔2011〕54号）同时废止。

第十六条　本办法由国际合作处负责解释。

附件：1. 因公短期出国及赴港澳申请表（略）

2. 因公出国（境）人员备案表（略）

3. 因公出国及赴港澳人员审查表（略）

4. 院本级因公出国及赴港澳境外费用收支明细表（略）

5. 院属单位因公出国及赴港澳境外费用收支明细表（略）

中国热带农业科学院
援外培训项目突发事件应急预案

（热科院外〔2012〕337号）

为规范和加强援外培训项目的组织管理，有效预防和解决援外培训执行过程中的突发事件，确保参训学员在我院学习期间的生命财产安全，在意外事件发生后，能及时采取积极有效的措施，最大限度地减少损失，做好事发后的各项应急处理工作，保证援外培训项目安全和顺利进行，根据《商务部援外项目突发事件应急预案》等有关规定，结合援外培训项目的特点和我院工作实际，特制定本预案。

一、工作原则

（一）遵循"居安思危，预防为主"的方针

培训班开班前，对所有参加培训班的工作人员进行突发事件应急措施教育，强化安全服务的思想意识，牢固树立"安全第一、预防为主"的方针。一旦有紧急事件发生，工作在一线的工作人员能够及时发现，做到及时汇报。

（二）坚持"以人为本"

在突发事件发生后，始终把人员的人身安全放在第一位，及时、妥善进行处理，最大限度地减少损失，缩小影响。

（三）统一领导，分工负责

突发事件的处置工作由中国热带农业科学院就本培训项目成立的应对援外培训项目突发事件领导小组（以下简称"院应急领导小组"）统一指挥协调，各成员分工明确，各司其职。

二、适用范围

本预案针对的是在援外培训项目中，参训学员在我院培训期间由于政治事端、治安事故、交通事故、自然灾害、重大疾患所引发的造成人员伤亡、重大财产损失，违反我国法律或严重影响援外培训项目正常顺利开展的突发事件。一旦发生上述事件，即启动本预案。

三、组织领导

为及时有效地处置突发事件，特成立院应急领导小组。

组　长：国际合作分管院领导

副组长：国际合作处负责人、院属单位国际合作分管领导

成　员：院办公室、国际合作处、保卫处、项目具体实施单位相关负责人。

院应急领导小组成员分工：

组　长：负责应急处理的决策和全面指挥。

副组长：协助组长工作，担任现场指挥，负责指挥、协调具体行动，调集人员，实施决策。

成　员：负责对有关问题进行跟踪反馈，对发生的紧急事件在第一时间及时报告，并做出应急处理。

院应急领导小组各成员要熟悉援外培训项目突发事件应急预案，了解处置原则，明确处置程序，掌握处置方法。如遇突发事件，应急领导小组应当快速到位、及时部署，迅速组织力量进行处理，将事件损失降到最低限度，防止事态扩大。

院应急领导小组办公室设在国际合作处。办公室主任由国际合作处分管处领导担任，副主任由项目具体实施单位国际合作分管领导担任。办公室主要负责援外培训工作的管理和监督，密切保持同援外培训上级主管部门和院项目具体实施单位的联系，加强培训实施项目的检查指导，遇到突发事件及时沟通报告，并做好相关协调工作。

四、预防机制

本着"安全第一"的原则，建立和完善突发事件预防机制，加强对信息的监测和预警分析以及信息沟通和共享，做到早发现、早报告、

早准备、早控制。加强信息的收集和报送，重大预警信息要及时向商务部主管部门报告。建立和完善突发事件应急网络，建立并确保与商务部援外司、商务部国际商务官员研修学院（简称"部研修学院"）、省商务厅、我国驻外使馆经商处、各参训学员所在国驻华使领馆等联系渠道的畅通，保证突发事件出现时能与相关部门和工作人员尽快取得联系，并及时有效开展协调处理工作。

五、处置措施

（一）处置程序

1. 突发事件发生后，项目现场负责人应立即向项目负责人、项目实施单位国际合作分管领导汇报，由院项目实施单位国际合作分管领导立即向应急领导小组报告。院应急领导小组根据突发事件的性质、规模、影响等因素，启动应急预案，尽快妥善处理。同时，要在事发后第一时间把事件相关情况（包括起因、现状、目前所采取的措施及对外影响等）和下一步处理意见及时向商务部主管部门提交书面报告。

2. 根据商务部相关主管部门的处理意见，由院应急领导小组组长牵头，统一协调。第一，与商务部主管部门汇报沟通，确保上情下达、下情上报及时；第二，及时上报农业部主管部门并同时向海南省应对援外培训项目突发事件领导小组（简称：省领导小组）通报情况和表态口径，并通知相应驻华使、领馆；第三，与我国驻该学员所在国使馆经商处并通过经商处与其国内派出单位（有时还包括学员家属）之间的沟通协调。

3. 对于突发事件，应急领导小组要高度重视，精心安排，拿出翔实可行的实施方案，督促检查各项处理的落实情况和质量，确保各项措施落实到位，取得实效。

4. 突发事件处置的进展情况和结果，项目具体实施单位国际合作分管领导应及时向院应急领导小组报告，院应急领导小组立即向省领导小组和商务部相关主管部门报告（情况紧急或影响较大的应坚持一天一报制）。报告的内容包括：事件发生的时间、地点、简要经过、对事件性质的初步判断、伤亡人员姓名、人数、

状况、国籍、财产损失等基本情况，所采取的措施和进展情况。如发生伤亡事故，报商务部协商有关国家驻华使领馆赴事发地协助处理。必要时要对项目组人员和家属进行慰问，做好项目组人员政治思想和安抚工作，稳定人员情绪。

（二）处置措施

1. 当发生政治事端时，项目负责人要迅速查明情况，进行解释和疏导，设法将参与其中的参训学员劝离现场并及时报告应急领导小组，防止失态扩大或被人利用。

2. 切实加强学员教学区的安全保卫工作。在学员教学区配备 1~2 名保安人员，此项工作具体由保卫处负责人负责。在上课期间，封闭课堂周围区域，安排保安人员值班，以便及时应对突发事件。

3. 对学习期间突发疾病的处理。项目负责人须密切关注学员的身体状况，若有学员由于突发急性疾病，引起身体严重不适甚至休克，工作人员须保持镇定，保护好现场，不得盲目向病人实施急救措施，立即拨打 120 急救电话，并通知项目具体实施单位国际合作分管领导。若有可能，工作人员应拍摄施救过程照片和录像，以备日后有关部门查阅。具体处理原则和注意事项如下：

在处理病患的过程中，项目具体实施单位国际合作分管领导应亲自到场指挥工作，并安排专人对医疗救护过程进行记录，随时了解学员的恢复情况。为保护学员的隐私，工作人员须对学员的病情、病历要做好对外保密工作。

若学员病情严重（如休克、死亡等），启动"联动工作机制"，由公安、安全、食品卫生检疫部门到现场调查取证，明确界定突发事件的性质和责任。与商务部援外司、部研修学院、省领导小组、参训学员所在国驻华使领馆等各有关单位保持密切、畅通的联系，随时掌握并报告事态的发展。

若学员发生疾病死亡，应做好保险理赔、遗体护送回国等善后工作。

4. 对外出实习车祸等突发事件的预防和处理。

外出实习期间，安排的司机必须经过充分

休息才能上岗。项目负责人出发时应告知学员系好安全带,以免发生交通事故。外出参观时应配备1~2名陪同参观的工作人员。

若学员在外出时发生车祸,随行工作人员须保持镇定,保护好现场,立即拨打110报警电话和120急救电话,通知项目实施单位国际合作分管领导、院应急领导小组和省领导小组,并尽快通知保险公司到场对意外进行评估定性,以便日后理赔工作的顺利开展。若有可能,工作人员应拍摄车祸现场和施救过程,以便日后有关部门备查。应急领导小组领导于第一时间赶赴车祸现场指挥工作,并配合公安和医疗部门做好案件记录和救护工作,同时将所了解到的具体情况及时汇报商务部援外司、部研修学院、参训学员所在国驻华使领馆等有关单位。

车祸发生后,工作人员要做好伤员及其他学员的安抚工作,确保伤员安心疗伤,其他学员的研修活动继续开展。若学员发生伤亡,应做好保险理赔、遗体护送回国等善后工作。

5. 对火灾的处理。工作人员定期检查教学区有无火灾隐患和消防器具。如果发生火灾,项目现场负责人应立即报火警119并及时向院应急领导小组报告,由院应急领导小组迅速组织有关人员赴现场协助扑救。

6. 对食物中毒的处理。工作人员定期对食物卫生等进行检查监督,减少隐患。若发生食物中毒事件,项目现场负责人应迅速报急救中心120,组织抢救中毒人员,并在最短的时间内向院应急领导小组和商务部有关部门报告。

7. 对人身伤害事件的处理。当发生人身伤害时,项目现场负责人要立即报匪警110,迅速组织抢救受伤害人员,设法控制当事人和目击证人,保护好现场,协助公安部门处理,并及时将有关情况报告院应急领导小组和商务部主管部门。

8. 对失窃案件的处理。当发生失窃案件时,项目负责人要迅速将有关情况向院应急领导小组报告,并注意保护现场及时报警。

9. 当发生爆炸事件时,项目现场负责人要迅速报告消防、公安部门和急救中心,并紧急疏散人员,组织转移,抢救受伤人员,控制事发现场,协助公安、消防部门调查,并由项目实施单位国际合作分管领导及时向院应急领导小组、省领导小组和商务部主管部门汇报,并做好善后工作。

10. 当发生其他紧急突发事件时,有关人员要迅速到位,查明情况,及时报告,妥善处置,尽量减少损失、缩小影响。

六、工作要求

(一)根据预案项目具体实施单位在培训项目实施过程中,要始终随时随地做好应对涉外突发事件的思想准备和应急准备,认真做好日常信息收集、监测预警及宣传教育等工作。要高度重视参训学员的安全保卫工作,加强对预案的宣传工作,树立忧患意识和危机意识。加强对处置涉外突发事件有关人员的培训,重视并提高有关工作人员的应变能力和处置涉外突发事件的水平。遇到突发事件,相关部门和人员要随时听候调遣,快速响应,根据突发事件的性质、规模和影响,统一指挥,分级负责,启动相关预案,及时妥善处置。

(二)突发事件的报告,要确保院应急领导小组成员及所有工作人员通讯畅通,以及各种文电的高效、迅速签发和流转,以免延误。在处置重大涉外突发事件过程中,原则上应采取层级上报制度,即由项目负责人向项目实施单位国际合作分管领导汇报,再经项目实施单位国际合作分管领导向院应急领导小组报告,不得误报、错报、漏报、知情不报或擅自进行处理。根据突发事件的具体情况,发生交通事故、人身伤害、火灾、爆炸等紧急情况可先向当地社会治安部门报告,以争取时间,但同时要向上级和商务部主管部门报告。

(三)遵守保密规定。未经商务部主管部门同意不得随意向外界和新闻媒体透露援外培训项目突发事件的情况,如需要应对外界或新闻单位,应按照商务部主管部门或省领导小组的要求办理,严禁私自对外发布信息。

(四)本预案由院国际合作处负责解释,自发布之日起实施。

中国热带农业科学院
科研人员因公临时出国分类管理实施办法

（热科院外〔2012〕338 号）

为进一步改进和完善因公出国管理工作，更好地服务农业领域的对外科技合作与交流，促进农业领域的科技进步与创新，切实保障我院科研人员因公临时出国分类管理试点工作积极稳妥、有序推进，根据《农业部科研事业单位科研人员因公临时出国分类管理实施办法（试行）》精神和要求，制定《中国热带农业科学院科研人员因公临时出国分类管理实施办法（试行）》。

第一章　人员分类

第一条　中国热带农业科学院从事国家级、省部级科技计划项目和国际科研合作项目的研究人员以及执行与其专业领域、承担项目或分管工作直接相关的科研、学术交流与合作任务的科技管理人员（含局级科技管理人员）因公临时出国试行分类管理。

第二条　实行因公临时出国分类管理的人员包括：

1. 从事下列科研项目的科研人员

（1）引进国际先进农业科学技术（948 项目）

（2）国家高技术研究发展计划（863 计划）

（3）国家重点基础研究发展计划（973 计划）

（4）国家自然科学基金、国家社会科学基金

（5）国家科技支撑计划

（6）国家科技基础条件建设（国家科技基础条件平台建设专项、国家重点实验室、国家工程技术研究中心、科技基础性工作专项、科研院所社会公益研究专项）

（7）国家对外经济技术合作项目（中刚项目）

（8）政策引导类科技计划及专项（国家重点新产品计划、国家软科学研究计划、国际科技合作计划、科研院所技术开发研究专项资金、星火计划、火炬计划、农业科技成果转化资金、科技型中小企业科技创新基金、科技富民强县专项行动计划）

（9）财政部、发改委科研项目

（10）国家开发银行项目

（11）国家林业局科研项目

（12）国家高技术产业化应用专项（国家发展改革委）

（13）财政部农业公益性行业科研专项

（14）中央级公益性科研专项

（15）海南省国际科技合作重点项目

（16）国家外国专家局出国培训项目

（17）企业横向委托或"走出去"项目

（18）其他国家级、省部级科研项目

（19）其他境外资助国际合作项目

2. 执行与其专业领域、承担项目或分管工作直接相关的科研、学术交流与合作任务的科技管理人员（含局级科技管理人员）。

第三条　上述人员因公临时出国执行科研交流与合作任务，可根据出访任务和工作需要，实行分类管理，不受我院年度出访总量限制，不占用我院出国指标，出访团组数、人次数和经费单独统计。

第四条　院属各单位其他人员，包括科技服务人员、不直接参与科研课题活动的科技管理人员因公临时出访，仍按《关于进一步加强因公出国（境）管理的若干规定》（中办发〔2008〕9 号）和《关于坚决制止公款出国（境）旅游的通知》（中办发〔2009〕12 号）等有关规定要求，实行计划报批和量化管理。

第二章　实施方案和出国计划

第五条　实施分类管理的人员因公临时出国执行科研交流与合作任务，严格实行年度出国计划管理。各单位要根据承担的科技合作交

流项目实际需要，合理规划、精心制定本单位科研人员因公临时出国分类管理年度计划。

试点期间科研人员因公临时出国计划经院国际合作处审核、主管院领导同意，报农业部审批后下达执行。

第六条 科研人员因公临时出国分类管理年度计划应该包括：组团单位、出访类别、组团名称、出访国家、访问单位、出访目的和出访任务、出访人员、出访时间、经费来源等。

第七条 各单位上报科研人员因公临时出国分类管理计划时，应当明确出访目的、出访任务，详细说明出访必要性和拟通过出访解决的主要问题。对于出访目的、出访任务和预期成果不明确、不详实和无切实必要性的出访项目将不予纳入分类管理计划。

第三章 项目审批

第八条 本着"精简节约、服务发展"的原则，严格把关，从严控制计划外出访。

第九条 科学统筹，重点保障、优先安排执行国家重大和前沿领域科研和国际合作项目的人员出访，坚决制止无实质内容、重复考察或照顾性出访。

第十条 院属各单位要按照"确有必要、于我有利"的原则，合理安排科研人员出国开展多边、双边科研交流与合作，不得有请必到。不得利用分类管理试点之机安排与课题项目无关人员出访。

院属各单位参加分类管理的人员根据项目或课题研究任务的需要，出国开展科研交流与合作，应当保证其承担的项目或课题有相关国际合作交流任务，且配备有相应的国际合作交流经费预算，方可上报出访项目。

第十一条 出访敏感国家或出席存在重大敏感问题的国际学术交流活动，应按规定严格履行报批手续并做好相应预案。

第十二条 院国际合作处对参加分类管理人员的出国项目依据下列标准，审查合格后予以审批。

1. 出访目的明确

出访目的应紧密结合所承担科研项目的相关研究任务和从科学研究的发展需要，项目报批时应说明出访目的和必要性，包括国内现状及与国外的差距、拟通过出访解决的主要问题等。对近年已有过类似出访内容，或者可通过其他途径达到本次出访目的的项目，不予批准。

2. 前期工作充分

项目报批之前应具备良好的前期工作基础，了解国内外相关情况，明确需求和对口访问单位，并就访问目的和会议议题等与外方沟通达成一致。前期工作的主要成果或资料应作为附件同时上报。不具备前期工作基础的项目，不予或暂缓批准。

3. 预期成果明显

项目报批时应说明出访预期成果和后续应用效果及措施。预期成果不明确、后续效果及措施不可行、无法检查落实考察成果的项目，不予批准。

4. 出访时间、国别符合规定

原则上出访一国不超过6天，两国不超过10天，三国以上不超过12天（抵离时间计算在内），出访执行科研项目的时间可根据项目任务需要申报境外停留时间，并附详细日程。

第四章 出国经费预算管理

第十三条 对使用国家行政事业经费执行因公出国任务的，纳入本单位预算管理，按照"经费先行审核"的要求从严把关。对使用国家主管部门批准的科研项目和双多边合作项目经费的，要严格按照项目预算及经费使用安排履行审核审批手续。对使用外方资助项目经费的，要严格按照双方达成的协议或共识予以审核审批。

第五章 事前公示和事后公开制度

第十四条 建立科研人员因公临时出国事前公示制度。列入我院科研人员因公临时出国分类管理年度计划的外事项目，在出国任务报批前，应将团组人员信息、出国任务、日程安排、境外停留时间、地点、邀请单位、经费来源和预算等情况，在院本级和院属科研单位信息公开栏公示5个工作日，如公示无问题，再行文上报。在公示过程中，对群众反映有问题的出访项目，经核查确实存在问题的，将责令整改，不得报审。

第十五条　建立科研人员因公临时出国事后公开制度。出访任务结束后，院属各单位应在 1 个月内将团组出访报告等上报院国际合作处并在院本级和院属科研单位信息公开栏公开，接受监督。

出访报告内容应包括：实际出访人员情况、日程安排、任务完成情况（包括出访目的、任务、主要活动、收获、体会和建议）、收集的重要资料、图片和样品清单以及经费使用情况等。

第十六条　各单位应指定专人负责本单位因公临时出国团组信息事前公示和事后公开制度的执行和监督工作。

第六章　监督检查和总结

第十七条　为确保试点工作取得实效，院国际合作处将会同科技处、人事处、财务处、监察审计室等部门，对院属各单位因公临时出国工作进行指导、监督和检查，对试点过程中发现的问题及时提出整改意见，限期整改。

第十八条　对未按时提交出访报告或提交的出访报告未达要求，且经提醒仍未改正的个人，由其所在单位给予批评，并责令限期改正；在改正之前，暂停受理本人和该项目以及所在单位上报的出访项目。

对违规违纪的团组和有关责任人，要严肃查处。问题严重的，移交纪检监察机关依法追究相关责任。

第十九条　院属各单位应加强组织领导，认真落实并不断完善管理办法要求，及时提交试点情况报告，总结试点经验，提出改进分类管理工作的意见和建议，确保试点工作顺利进行，取得实效。

第七章　附　　则

第二十条　本管理办法由院国际合作处负责解释。

第二十一条　本管理办法自印发之日起试行。

六、人事管理与人才队伍建设

人事人才概况

2012 年，热科院紧密围绕 2012 年重点工作计划，以目标管理为手段，发挥全处人员能动性，不断创新工作机制，提升工作效能，大力实施"人才强院"战略，扎实推进各项人事人才工作，为热科院实现"一个中心，五个基地"的战略目标提供强有力的人才支撑和组织保障。

一、人才数量大幅增加，人才队伍结构较大改善

2012 年，依托国家重大人才培养计划、重大科研建设项目、重点学科和研发基地等平台，积极探索人才引进新模式，通过院内招聘、外出招聘和现场招聘等多种渠道和方式积极引进国内外智力和人才。根据产业体系、学科和平台建设，规划人才引进指标 307 名。全年共举办 40 多场次招聘会，批复录用人员共计 220 人（其中博士 88 名，硕士 93 名）；继续实施特聘制度引进智力，全院增补院级特聘专家 7 名。截至年底，热科院现有硕士 534 人，博士 311 人，新增科技人员 168 人，人才数量和质量有了较大提高。

二、人才扶持培养方式多样，育才工作呈现新局面

围绕院科技发展战略，积极做好各类人才培训工作，特别是青年人才和科技创新团队的扶持培养。一是组织开展了对青年科技人员的调研，制定了《中国热带农业科学院加快青年人才队伍建设的指导性意见》。二是组织专业技术人员参加各类培训 1 500 多人次，如选派 8 名科技骨干到南京农业大学参加外语培训；选派 1 名专家参加农业部高层次专家国情研修班。三是制定了培训规划，组织了与方圆认证中心的 ISO 管理体系培训，制定了与华中农业大学合作的 MBA 培训方案。四是专家参与科技服务三农活动，选派 7 名骨干专家参加省人保厅的百名专家服务基层活动。五是遴选 5 名热带农业科研杰出人才和 5 名青年拔尖人才及其创新团队的扶持培养计划，配套科研经费，实行动态跟踪管理，并规划 2012 年的遴选工作。六是组织申报科技部 2012 年创新人才推进计划中的创新人才培养示范基地项目，积极争取省部支持和协同共建。通过多方式、多渠道、多层面对人才扶持培养，加快提升热科院人才队伍的整体素质。

三、加强专家推荐工作，专家队伍建设取得突破

专家队伍建设是热科院人才队伍建设的重要组成部分，加大各级各类专家遴选、推荐工作力度，提升热科院专家在各个层面、多个领域的显现度，助推带农业科技事业的发展。一是加强专家的宣传，制作高级专家信息册在部省各司局、有关业务部门等进行宣传推荐。二是组织推荐申报各层面的专家，如人社部高层次留学人才回国资助项目、省优专家、中华农业英才奖、省农贸市场达标复查专家、中组部青年千人计划、"国家特支计划"百千万工程领军人才等各级各类专家 50 多人次。其中：张正科同志获得 2012 年度留学人员科技活动择优资助经费项目，刘国道和李开绵入选农业科研杰出人才，李平华入围第四批"青年千人计划"人选（已公示），彭明和陈业渊荣获"全国优秀科技工作者"荣誉称号，陈松笔同志获第二批"海南省高层次创新创业人才"称号，彭明、赵松林、张劲 3 位专家入选 2012 年度海南省有突出贡献优秀专家，陈业渊、邬华松、易克贤等 9 位专家入选海南省委省政府直接联系重点专家。

四、深化职称制度改革，优化了人才队伍职称结构

深化职称制度改革，坚持广泛参与、民主

集中、专家治研等原则，完善农业科研评价机制，坚持分类评价，注重解决实际问题，改变重论文轻发明、重数量轻质量、重成果轻应用的状况，制定《中国热带农业科学院专业技术职称评审指导性意见》，修订《中国热带农业科学院2012年专业技术职称评审工作实施实施意见》，完成2011年度专业技术职务评审工作，热科院人才队伍职称结构有了显著改善。161人通过评审取得专业技术职务资格，其中61人晋升高级专业技术职务；155人定级中级及以下职称，其中81人定级中级专业技术职务资格。完成了680人次的岗位资格认定和岗位聘任工作（其中，专业技术二级岗4人），优化人才队伍的职称结构，提升科技人才队伍整体素质。

五、以提升能力为重点，推动管理干部队伍建设

强化干部队伍建设，通过调整配备干部动态优化队伍结构，积极选派干部交流挂职和教育培训，提升干部队伍综合能力。一是加强干部配备工作，农业部党组为热科院配备了3名院领导、7名副局级所领导。热科院完成了43名处级、31名科级干部调整配备工作，完成了16名处级干部、91名科级干部试用期满考察工作。二是积极选派干部挂职交流，提升干部队伍整体素质。选派了23名干部院内挂职，完成了上年度16名院内挂职干部期满考察工作；做好博士服务团推荐考察工作；推荐7名干部到农业部相关司局挂职（借用）、18名干部到地方挂职服务，热科院被授予"海南省第二期中西部市县挂职科技副乡镇长先进派出单位"，3人获"优秀挂职科技副乡镇长"荣誉称号。三是加强干部队伍培训，组织10多批（期）参加农业部各类培训班共30人次。积极组织管理干部参加脱产培训、各类讲座、论坛、流动课堂。四是不断加强干部考核监督工作，制定《中国热带农业科学院巡视工作办法》。完成了农业部对热科院的巡视工作，启动院对海口实验站、加工所的巡视工作。通过调配备、交流挂职、学习、培训等，干部队伍结构逐步优化，干部素质进一步得到提升。

六、完善考核评价体系，提高热科院绩效管理水平

分级分类完善单位绩效管理体系，坚持以工作业绩和创新能力为主导，完成任期目标情况为主要内容，明确各单位目标责任和评价重点。按照机关部门、院属科研单位、附属单位分类构建绩效考评指标体系，修订了《中国热带农业科学院单位绩效考评指导性意见》，发布了《中国热带农业科学院服务"三农"绩效评价暂行办法》，下达了《2012年单位（部门）目标责任书》。按照农业部绩效管理试点要求开展热科院试点工作，生物所被推荐确定为农业部2012年绩效管理试点单位。为加强激励机制工作，发布了《中国热带农业科学院工作先进集体和先进个人奖励办法》《中国热带农业科学院构建人才考核评价及激励机制指导性意见》等制度，坚持重能力、重实绩、重贡献，做到一流人才、一流业绩、一流报酬，充分体现人才价值，激发热科院人才的积极性和创造性。

七、规范管理与争取政策并举，不断提高职工福利待遇

按照规范管理，合理分配等原则，千方百计提高职工各项福利待遇。一是健全了制度，加强工资福利工作管理，提高工作的规范化，促进工作高效运行。制定了《中国热带农业科学院关于调整离休人员补贴标准的通知》《中国热带农业科学院职工请休假管理办法》等9个制度，二是规范工作流程，对热科院工资业务管理流程、社会保险缴费业务流程、补缴流程、退休待遇业务流程，明确了引进的高层次人才基本工资核定标准。三是完成了生物所、海口实验站和分析测试中心社保业务管理重心下移。四是积极争取政策空间，不断提高职工福利待遇。2012年职工工资总额26 421.08万元，比2011年实际增加18%；指导、实施调整提高全院绩效工资15%和职工社保、住房补贴、住房公积金缴交基数10%以上；推进在热科院就业的外国人参加社会保险工作；积极促成海南省社保局与湛江市定点医院签订异地就医结算服务协议，解决了热科院湛江院区千余名干部职

工异地就医结算难题。通过提高职工各项福利待遇，大大提升广大职工的工作热情，促进热科院事业又好又快发展。

八、提升管理服务水平，离退休人员工作迈上新台阶

积极争取农业部政策支持，落实老干部的"两个待遇"为重点，在离退休党支部建设、组织开展文体活动、发挥离退休专家积极作用等方面更上新台阶。一是组织召开了热科院2012年离退休人员工作会议，发布了《中国热带农业科学院关于加强新形势下离退休人员工作的指导意见》，为全面提升离退休工作管理水平打下了坚实的基础。二是积极争取农业部支持，获国家财政追加退休人员补贴1491万元。三是注重加强离退休党支部建设，充分发挥党组织战斗堡垒作用。根据区域情况，对全院离退休党支部进行了优化调整。四是不断丰富离退休人员生活。积极组织开展了征文活动、赠送书籍、"热作杯"院离退休人员书画摄影巡回展等活动，积极筹建农业部老年大学分校（教学点）的工作，激发离退休人员参加活动热情。五是强化工作机制，成立了由35名离退休高级专家组成的院离退休高级专家组，组织了4位院离退休高级专家为海口、儋州和湛江3个院区的200余名青年科技人员作专题报告；制定了《中国热带农业科学院离退休高级专家组专家管理指导性意见》等管理制度，进一步调动了离退休专家支持院各项事业的热情并发挥作用。热科院被授予中组部离退休干部工作联系点。

九、落实户口迁移，解决职工后顾之忧

人事处与有关职能部门协调合作，认真做好热科院职工落户工作，为热科院职工解决后顾之忧。按照院机关战略转移需要，院本级办公住址变更至海口市，在海口市龙华区公安局开办了集体户，按照个人自愿、分类分批的原则，开展了热科院第一批职工落户海口的工作。截至12月，办理职工户籍落户海口人员共计509人，其中户籍关系从儋州市迁到海口市落户共计168户378人，通过办理调动落户海口的共计25户33人，新录用人员落户海口98人。积极配合做好湛江院区新录用人员落户湛江市的工作，协助在海南办理退休需进行户籍关系转移到海南省的51名职工办理落户工作，并配合广州实验站与广州市政府协调沟通职工落户广州市的相关工作。通过推动职工落户工作，为解决职工子女读书等后顾之忧奠定良好基础，让科技人才安心地从事农业科技创新工作，更好的深入基层一线，为服务"三农"提供人才支撑和后勤保障。

十、以落实常规工作为抓手，促进事业稳步发展

围绕中心，紧抓落实各项常规工作，服务和保障重点工作的开展，为热科院人事人才提供重要保障，具体包括：加强各类机构的规范管理，成立了中国热带农业科学院甘蔗研究中心等科技平台5个；积极配合企业清理工作，做好人员的规范管理；完成了各单位2011年度的法人年检及相关单位的法人变更；开展了对热科院2012年具备岗位聘任资格人员的岗位聘任工作，完成了遴选增补4名专业技术二级岗位人员，兑现了相关待遇；组织完成全院2012年职工人数和工资总额计划测报及调整上报工作；组织完成全院2013年预算基础信息审核上报；组织完成全院2011年人事劳动工资统计工作；出台了《中国热带农业科学院职工家属聘用的指导性意见》；组织、指导院属各单位做好2500多离退休人员养老金资格认证、体检等方面的工作，协助院属单位办理离退休人员医疗费审核发放工作；配合房改办做好全院2012年住房补贴、住房公积金申报及发放、院第二批经济适用房申报等工作。

机构设置及人员情况

中国热带农业科学院
关于调整院级议事协调机构及其人员组成的通知

（热科院人〔2012〕497号）

各院区管委会、各单位、各部门：

经研究，现将院级议事协调机构及人员组成调整如下：

一、院体改（科技体制改革、附属单位分类改革、"一所两制"改革）领导小组

组　长：王庆煌

副组长：张万桢、郭安平、孙好勤

成　员：院办公室主任、科技处处长、人事处处长、财务处处长、资产处处长、开发处处长、监察审计室主任、机关党委书记、院属单位所长（主任、站长、场长、校长）

主要职责：在院常务会、党组会的领导下，负责院科技体制改革、附属单位分类改革、"一所两制"改革的过程领导管理。

领导小组下设办公室，挂靠法律事务室。

主　任：孙好勤（兼）

常务副主任：王富有

副主任：唐冰、邓远宝

成员单位：院属单位综合办主任

二、政府采购与招投标监督领导小组（重大工程建设项目监督领导小组）

组　长：雷茂良

常务副组长：张万桢

副组长：赵瀛华、王富有

组　员：韩汉博、赖琰萍、黄忠、院属单位纪委书记（纪检员）

主要职责：在院党组会的领导下，负责院政府采购与招投标、重大工程建设项目监督的过程领导管理。

领导小组下设办公室（挂靠监察审计室）。

办公室主任：王富有

办公室副主任：陈玉琼、方程

三、热带农业科技中心项目建设领导小组

组　长：雷茂良

副组长：张以山、赵瀛华

成　员：方程、肖婉萍、刘恩平、罗金辉、黄华孙、陈业渊

主要职责：在院常务会的领导下，负责热带农业科技中心建设的过程领导管理。

领导小组下设办公室，办公室挂靠计划基建处。

办公室主任：赵瀛华

办公室副主任：方程、肖婉萍

四、计划基建领导小组

组　长：雷茂良

副组长：张万桢、张以山

组　员：赵瀛华、王富有、韩汉博、院属单位所长

主要职责：在院常务会的领导下，负责院本级及院属单位基本建设的规划、立项、程序、重要规章制度建设的过程领导管理。

领导小组下设办公室，办公室挂靠计划基建处。

办公室主任：赵瀛华

办公室副主任：方程、陈玉琼

五、住房制度改革领导小组

组　长：张万桢

副组长：张溯源

成　员：欧阳欢、方程、罗志强、邓远宝、肖婉萍、院属单位分管领导。

主要职责：在院常务会的领导下，负责院

住房制度改革、办公用房、职工住房分配管理的过程领导管理。

领导小组下设办公室，办公室挂靠资产处。

办公室主任：张溯源

六、社会治安综合治理领导小组（维稳、安全生产领导小组）

组　长：张以山

常务副组长：黎志明

副组长：郑学诚、王富有

成　员：罗志强、邓远宝、肖晖、院属单位党委（党总支）书记。

主要职责：在院常务会、党组会的领导下，负责院社会治安综合治理、维稳、安全生产的过程领导管理。

领导小组下设办公室，办公室挂靠保卫处。

办公室主任：肖晖

办公室副主任：温春生、陈刚、周浩

七、三亚院区筹建领导小组

组　长：郭安平

副组长：马子龙、赵瀛华

组　员：唐冰、邓远宝、杨礼富、易小平、方程、肖婉萍

主要职责：在院常务会的领导下，负责三亚院区筹建的过程领导管理。

领导小组下设办公室，办公室挂靠生物所。

办公室主任：易小平

副主任：邓远宝、生物所办公室主任

八、服务"三农"协调领导小组

组　长：刘国道

常务副组长：方佳

副组长：龙宇宙、明建鸿

成　员：林红生、宋红艳、邓远宝、杨礼富、院属单位分管领导。

主要职责：在院常务会的领导下，负责服务"三农"的过程领导管理。

领导小组下设办公室，办公室挂靠基地管理处。

办公室主任：宋红艳

九、院保障性住房建设（海口院区围墙经济建设、中国农业科技创新海南（文昌）基地建设、儋州市中兴大道西延线建设）领导小组

组　长：张以山

副组长：赵瀛华

组　员：龙宇宙、韩汉博、赖琰萍、张溯源、王富有、方程（海口）、陈鹰（湛江）、赵松林（文昌）、龚康达（儋州）

主要职责：在院常务会的领导下，负责院保障性住房、海口院区围墙经济、中国农业科技创新海南（文昌）基地、儋州市中兴大道西延线建设的过程领导管理。

领导小组下设办公室，办公室挂靠计划基建处。

办公室主任：方程

办公室副主任：椰子所分管领导、试验场分管领导

十、院战略管理领导小组

组　长：孙好勤

副组长：彭政

组　员：陈业渊、刘恩平、王家保、邓远宝、戴好富、李积华

主要职责：在院常务会的领导下，负责院战略管理的过程领导管理。

领导小组下设办公室，办公室挂靠院办公室。

办公室主任：邓远宝

办公室副主任：驻北京联络处1人

十一、院保密委员会

主任：汪学军

副主任：方艳玲

成员：林红生、邓远宝、唐冰、李琼、曹建华、肖婉萍、罗志强、肖晖

主要职责：在院党组会的领导下，负责院保密工作的过程领导管理。

院保密委员会下设办公室，办公室挂靠院办公室。

办公室主任：邓远宝

保密员：陈刚、黄得林、王安宁

特此通知。

中国热带农业科学院

2012年12月21日

中国热带农业科学院
关于成立热科院老干部工作联系点工作组的通知

（热科院人〔2012〕220号）

各院区管委会、各单位、各部门：

　　为顺利推动中组部老干部工作联系点在热科院的建立，经研究，决定成立中国热带农业科学院老干部工作联系点工作组。现就有关事宜通知如下：

　　组　长：雷茂良

　　副组长：王文壮

　　成　员：方骥贤、方艳玲、黎志明、韩汉博、于钦华、范武波、明建鸿、欧阳欢

　　主要职责：贯彻落实中组部、农业部关于老干部工作方针政策和决策部署，根据中组部老干部工作联系点要求，在农业部离退休干部局的指导下，加强对全院老干部工作的宏观指导；组织和协调海口、儋州、湛江院区开展中组部老干部工作联系点的建设工作；检查老干部工作方针政策和决策部署在院属各单位的落实情况；研究解决当前联系点建立工作中面临的重点难点问题。

　　工作组下设办公室，挂靠人事处（离退休人员工作处）。

　　办公室主任：欧阳欢

　　办公室副主任：罗志强

　　成　员：郑少强、黄锦华、马秋红、黄川、陈影霞、白菊仙

　　主要职责：收集相关资料，做好迎接农业部、中组部到热科院调研的各项准备工作；总结老干工作中的"特色"和"亮点"，及时反映一些行之有效的做法和有借鉴价值的工作经验；加大对外宣传工作力度，总结宣传各单位老干工作中的创新实践和弘扬离退休干部的先进事迹，树立典型；加强对海口干休所、湛江干休所和儋州离退休工作站建设的指导。

　　特此通知。

二〇一二年五月二十八日

中共中国热带农业科学院党组
关于调整院纪律检查组的通知

（院党组发〔2012〕41号）

各单位、各部门党组织：

　　经研究，现对院纪律检查组调整如下：

　　组长：孙好勤（代理）

　　副组长：方骥贤

　　组员：王富有、唐冰、黄忠、罗志强、院属单位党组织书记

　　日常办事机构设在监察审计室。

　　职责：在院党组领导下，负责纪检监察、监督、问责的过程领导管理。

　　特此通知。

中共中国热带农业科学院党组

2012年12月21日

中国热带农业科学院关于调整院区管理委员会人员组成的通知

（热科院人〔2012〕296号）

各院区管委会、各单位、各部门：

经2012年7月13日院常务会议研究，决定调整各院区管理委员会人员组成，现公布如下：

一、海口院区管理委员会

主　任：方艳玲

常务副主任：由办公室挂靠单位的党委（党总支）书记担任

执行副主任：黄锦华

成　员：由生物所、分析测试中心、海口实验站、香饮所、椰子所、后勤服务中心、院机关服务中心推荐一名处级人员兼任

办公室：轮流挂靠生物所、分析测试中心、海口实验站一年

办公室主任：由挂靠单位的综合办主任担任

办公室执行副主任（专职）：1人

二、儋州院区管理委员会

主　任：李开绵

常务副主任：由办公室挂靠单位的党委（党总支）书记担任

执行副主任（专职）：1人

成　员：由品资所、橡胶所、环植所、信息所、试验场、后勤服务中心、附属中小学推荐一名处级人员代表单位兼任

办公室：轮流挂靠品资所、橡胶所、环植所一年

办公室主任：由挂靠单位的综合办主任担任

办公室执行副主任（专职）：1人

三、湛江院区管理委员会

主　任：彭政

常务副主任：由办公室挂靠单位的党委（党总支）书记担任

执行副主任（专职）：陈鹰

成　员：由加工所、南亚所、农机所、湛江实验站、广州实验站推荐一名副处级人员代表单位兼任

办公室：轮流挂靠加工所、南亚所、农机所一年

办公室主任：由挂靠单位的综合办主任担任

办公室执行副主任（专职）：1人

特此通知。

中国热带农业科学院

2012年7月17日

中国热带农业科学院
关于甘蔗研究中心等三个平台为副处级建制机构的通知

（热科院人〔2012〕42号）

各院区管委会、各单位、各部门：

经院常务会2012年2月20日会议研究，决定中国热带农业科学院甘蔗研究中心、中国热带农业科学院冬季瓜菜研究中心、中国热带农业科学院坚果类作物研究中心为副处级建制机构。

中国热带农业科学院甘蔗研究中心、中国热带农业科学院冬季瓜菜研究中心、中国热带农业科学院坚果类作物研究中心的建设主体分别为热带生物技术研究所、热带作物品种资源研究所、南亚热带作物研究所，建设主体单位要高度重视、明确定位和职责任务，加强人才

队伍和基础条件建设，充分发挥平台作用。

特此通知。

中国热带农业科学院

二〇一二年二月二十一日

中国热带农业科学院关于调整部分院属单位内设机构的通知

（热科院人〔2012〕295 号）

各院区管委会、各单位、各部门：

为健全和完善热科院的组织机构和运行体系，进一步理顺关系，规范管理，提高工作效能，根据单位职责任务、类型、属性、规模及结构，按照精简、高效等原则，经 2012 年 7 月 13 日院常务会议研究，决定调整部分院属单位内设机构。

一、热带作物品种资源研究所、香料饮料研究所增设人事办公室。主要职责：负责本单位人事、人才、离退休人员、工资福利等以及研究生（博士后）管理等工作。

二、后勤服务中心内设综合办公室（党委办公室）、经营管理办公室、财务办公室、公共事务管理办公室（含建设项目管理、保安、公有房屋管理职能）；增设幼儿园为正科级建制单位。

三、附属中小学内设教育科（正科级）、综合办公室（党总支办公室）（副科级）、政教办公室（团委）（副科级）、总务办公室（副科级）；增设小学部为正科级建制单位。

特此通知。

中国热带农业科学院

2012 年 7 月 17 日

中国热带农业科学院
关于进一步规范科研单位内设科研机构管理的通知

（热科院人〔2012〕372 号）

各院区管委会、各单位、各部门：

为进一步加强和规范热科院科研单位内设科研机构的管理，提高内设科研机构的综合效能，促进资源有效整合利用，调动科研人员的积极性、主动性、创造性，促进热科院科技事业健康发展，根据事业单位分类改革精神和热科院工作部署，决定组织开展对热科院科研单位内设科技机构进行规范设置和管理的工作。现就有关事项通知如下：

一、规范范围

院属科研单位内部设立所有的科研机构，包括中心、研究室、实验室、课题组等。

二、规范工作内容

（一）梳理研究领域，明确任务职责

各单位要按照热科院产业技术体系和重点学科体系建设的目标要求，根据本单位科研事业发展方向，结合设置在本单位的省、部、院等各类各级平台的任务职责，对学科设置、研究领域和方向等进行梳理和凝练，进一步明确内设科研机构的任务职责。

（二）整合和规范内设科研机构

按照规范管理的原则，以单位负责管理研究室，研究室负责管理课题组的管理形式对本单位现行内设的各研究室（中心、实验室、课题组）等机构进行调整和整合。对研究方向设置不合理、研究内容过于分散、工作任务严重不足或职责相同相近（重叠）的研究室或课题组予以整合。

（三）提出内设研究机构设置方案

各单位在梳理研究领域和凝练研究方向的基础上，按照精简高效原则设置内设科研机构。人员规模和工作任务量较大的科研单位，设置研究室（中心）7~8个，其他科研单位设研究室（中心）5~6个。研究室下设的课题组由各单位统筹设置，原则上不能重复设置研究方向相同或相似的课题组。内设机构的名称原则上统一为"×××研究室"，如因对外联合协作业务量较大等原因，需在整合相关研究资源后，可以命名为"×××研究中心"。对省、部、院等各类各级平台进行梳理，根据研究方向和领域，业务由研究室（中心）归口管理，或与研究室（中心）合作开展工作。各单位要严格按照以上原则要求，提出本单位内设科研机构调整方案，包括科技机构设置的名称、理由、职责及岗位设置等。

三、工作要求

（一）各单位要高度重视内设科研机构的规范调整设置工作，按照"围绕中心，服务大局"的原则，着眼于科技事业发展需要，统筹兼顾，做好本单位内设科研机构的整合和调整设置工作。

（二）按照"科学、规范、分类"的原则加强对内设科研机构的管理，按照分类分级的原则制定各级职责范围内的管理制度，逐步建立起科学合理的绩效考评机制。

（三）各单位要严格按照要求，认真组织好本单位内设科研机构的规范调整工作，调整方案须经单位领导班子集体研究后报送。

（四）请各单位于2012年9月25日前将本单位内设科研机构设置方案报送到院人事处

联系人：陈诗文、冯仁军，联系电话：0898 - 66962924、0898 - 66962955 传真：0898 -66962973，邮箱：catasrsc@126.com。

附件：×××单位内设科研机构方案（略）

中国热带农业科学院

2012 年 9 月 14 日

中国热带农业科学院内设机构处级以上干部名册表

（以 2012 年 12 月 31 日为准）

单位	姓名	行政职务
办公室	方艳玲	主任
	陈 忠	副主任（正处级）
	林红生	副主任（正处级）
科技处	李 琼	处长
	杨礼富	副处长
人事处（离退休人员工作处）	方骥贤	处长
	唐 冰	常务副处长（正处级）
	欧阳欢	副处长
财务处	韩汉博	处长
	陈玉琼	副处长
	赵朝飞	副处长
	肖婉萍	副处长
计划基建处	赵瀛华	处长
	方 程	副处长
	符树华	副处长
	黄俊雄	副处长

（续表）

单位	姓名	行政职务
资产处	赖琰萍	处长
	张溯源	副处长（正处级）
	孟晓艳	副处长
研究生处	郭建春	处长
	杜中军	副处长
国际合作处	蒋昌顺	处长
	曹建华	副处长
开发处	龙宇宙	处长
	邓远宝	副处长
基地管理处	方 佳	处长
	宋红艳	副处长
监察审计室	王富有	主任
	黄 忠	副主任
保卫处	郑学诚	处长
	肖 晖	副处长
	陈方声	副处长
机关党委	黎志明	书记
	罗志强	副书记，工会副主席（主持工作）
	魏安敏	工会主席
驻北京联络处	王树昌	主任
	谢东洲	副主任
机关服务中心	陈 忠	主任
院学术委员会	符悦冠	副主任（正处级）
湛江院区管委会	黄茂芳	主任
热带作物品种资源研究所	陈业渊	所长（副局级）、党委副书记
	李开绵	党委书记（副局级）
	陈海芳	党委副书记（正处级）
	王祝年	副所长（正处级）
	尹俊梅	副所长（正处级）
	陈松笔	副所长（正处级）
	徐 立	副所长
	周汉林	副所长
	杨 衍	所长助理，冬季瓜菜中心主任（副处级）
	刘劲松	基条办主任（副处级）
橡胶研究所	黄华孙	所长（副局级）、党委副书记
	方骥贤	党委书记（副局级）
	林位夫	副所长（正处级）
	周建南	党委副书记、副所长（正处级）
	田维敏	副所长
	谢贵水	副所长
	唐朝荣	副所长
	陈 青	科办主任（副处级）
	张令宏	基条办主任（副处级）

（续表）

单位	姓名	行政职务
香料饮料研究所	邬华松	所长、党委副书记
	宋应辉	党委书记、副所长
	赵建平	兴隆办事处主任、副所长
	谭乐和	副所长（正处级）
	练飞松	副所长（正处级）
	陆敏泉	综合办主任（副处级）
	刘爱勤	开发办主任（副处级）
南亚热带作物研究所	谢江辉	所长、党委副书记
	王家保	党委书记
	江汉青	党委副书记（正处级）
	詹儒林	副所长（正处级）
	杜丽清	副所长
	李端奇	副所长
	陆超忠	院坚果类作物研究中心主任（副处级）
农产品加工研究所	彭　政	所长（副局级）、党委副书记
	徐元革	党委书记（副局级）
	张　劲	副所长（正处级）
	李积华	副所长（正处级）
	杨春亮	副所长（正处级）
	许　逵	副所长
	李普旺	开发办主任（副处级）
	王　蕊	科研办主任（副处级）
热带生物技术研究所	彭　明	所长（副局待遇）
	马子龙	党委书记（副局级）、副所长（法定代表人）
	戴好富	常务副所长（正处级）
	刘志昕	副所长、党委副书记（正处级）
	鲍时翔	副所长
	易小平	副所长
	张家明	科研办主任（副处级）
	张树珍	院甘蔗研究中心主任（副处级）
	王冬梅	院热带海洋生物资源利用研究中心常务副主任（副处级）
环境与植物保护研究所	易克贤	所长、党委副书记
	黎志明	党委书记（副局级）
	黄俊生	名誉所长
	黄贵修	副所长、党委副书记（正处级）
	李勤奋	副所长（正处级）
	刘　奎	副所长
	蒲金基	副所长
	胡盛红	综合办（党委办）主任（副处级）
	陈光曜	财务办主任（副处级）
	彭黎旭	院环境影响评价与风险分析中心主任（副处级）
椰子研究所	赵松林	所长、党委副书记
	雷新涛	党委书记，副所长
	覃伟权	副所长

（续表）

单位	姓名	行政职务
椰子研究所	陈卫军	副所长
	梁淑云	副所长
	韩明定	副所长
农业机械研究所	邓干然	所长
	高锦合	党总支书记
	李明福	副所长
	范培福	副所长
科技信息研究所	刘恩平	所长
	罗 微	党总支书记、副所长
	阚应波	副所长
	邓志声	院图书馆馆长（副处级）
	陈开魁	院档案馆馆长（副处级）
分析测试中心	罗金辉	主任、党总支副书记（兼）
	周 鹏	党总支书记、副主任
	李建国	副主任
	袁宏球	副主任
	徐 志	副主任
海口实验站	金志强	站长、党总支副书记
	明建鸿	党总支书记、副站长
	王必尊	副站长（正处级）
	蔡胜忠	副站长
	曾会才	副站长
	马蔚红	副站长
湛江实验站	刘实忠	站长、党总支副书记
	范武波	党总支书记，副站长
	窦美安	党总支副书记（主持党总支工作）、副站长
广州实验站	覃新导	站长、党总支副书记
	冯朝阳	党总支书记、副站长
	黎佑龙	副站长
	魏守兴	副站长
后勤服务中心	吴 波	主任、党委副书记
	陈新梅	党委书记、副主任
	陈德强	副主任
	黄锦华	副主任
	王建南	副主任
试验场	龚康达	场长
	于钦华	党委书记
	王秀全	常务副场长
	陈海青	常务副书记（正处级待遇）、儋州院区管委会专职副主任
	周家锁	副场长
	张锦平	副场长
	刘 诚	副场长
	茶正早	副场长
	沈海龙	党委副书记
	郑少强	副场长
附属中小学	尹 峰	校长、党总支副书记
	杨学银	党总支书记，副校长

中国热带农业科学院院外挂任处级职务干部名册表

（以 2012 年 12 月 31 日为准）

姓名	单位	挂任职务
孟晓艳	资产处	财政部驻海南省财政监察专员办事处
杨 衍	热带作物品种资源研究所	海南省琼中县副县长
王松标	南亚热带作物研究所	四川省攀枝花市仁和区副区长
范志伟	环境与植物保护研究所	四川省攀枝花米易县副县长
陈 华	椰子研究所	四川省攀枝花盐边县副县长
范武波	湛江实验站	农业部农垦局热带作物处调研员
周汉林	热带作物品种资源研究所	农业部畜牧业司行业处副处长
陈光曜	环境与植物保护研究所	农业部财务司专项资金处副处长

中国热带农业科学院挂职副乡镇长名册表

姓名	现单位	挂职单位及职务
何际婵	热带作物品种资源研究所	陵水县提蒙乡副乡长
朱家立	橡胶研究所	琼中县红毛镇副镇长
王 辉	香料饮料研究所	陵水县椰林镇副镇长
林海鹏	热带生物技术研究所	屯昌县乌坡镇副镇长
欧阳沙郴	环境与植物保护研究所	琼中县湾岭镇副镇长
李 专	附属中小学	琼中县长征镇副镇长
吴学进	分析测试中心	昌江县叉河镇副镇长
韩丽娜	海口实验站	东方市八所镇副镇长
王恩群	试验场	陵水县文罗镇副镇长
李艺坚	橡胶研究所	儋州市雅兴镇副镇长
贺 滉	热带作物品种资源研究所	儋州市东成镇副镇长
邢楚明	环境与植物保护研究所	儋州市木棠镇副镇长
宋启道	科技信息研究所	儋州市兰洋镇副镇长
符家杰	试验场	儋州市南丰镇副镇长

职称评定情况

中国热带农业科学院
关于周汉林等 127 位同志取得专业技术职务资格的通知

（热科院职改〔2012〕66 号）

各院区管委会、各单位、各部门：

经中国热带农业科学院相应专业技术职务评审委员会评审通过，报有关程序审批，周汉林等 127 位同志取得下列相应专业技术职务资格：

一、正高级专业技术职务资格（11 人）

研究员（11 人）
热带作物品种资源研究所：周汉林
橡胶研究所：曾日中、茶正早
南亚热带作物研究所：窦美安
农产品加工研究所：彭政（破格）、桂红星
环境与植物保护研究所：林勇
分析测试中心：罗金辉
湛江实验站：刘实忠
院机关：李琼、唐冰

二、副高级专业技术职务资格（50 人）

1. 副研究员（49 人）
热带作物品种资源研究所：侯冠彧、马千全、王文强、詹园凤、郑玉、蒋盛军、周泉发（转评）
橡胶研究所：安锋、陈月异、郭海超、程汉、王秀全、王军
香料饮料研究所：鱼欢、朱红英
南亚热带作物研究所：马小卫、杜丽清、何衍彪、杨为海、武红霞、弓德强、吕玲玲
农产品加工研究所：王蕊
热带生物技术研究所：李春强、李辉亮、王静毅、孙建波、段瑞军、畅文军、阮孟斌、王辉
环境与植物保护研究所：车海彦、漆艳香、吕宝乾、鄢小宁、郭建荣

椰子研究所：杨耀东（破格）、吴多扬
农业机械研究所：宋德庆（转评）
科技信息研究所：凌青根、高秀云
分析测试中心：徐志
海口实验站：钟爽、刘永霞
湛江实验站：黄小华
附属中小学：尹峰
院机关：方艳玲、黎志明、赵朝飞

2. 高级工程师（1 人）
农产品加工研究所：王启方

三、中级专业技术职务资格（62 人）

1. 助理研究员（45 人）
热带作物品种资源研究所：王茂媛、张瑜、黄少华
橡胶研究所：邹智、刘锐金、李晓文、李民、蔡海滨、杨文凤
香料饮料研究所：王晓阳
南亚热带作物研究所：李伟明
热带生物技术研究所：张雨良、王俊刚、张静（转评）、荣凤云（转评）
环境与植物保护研究所：欧阳沙郴、李焕苓、温衍生
椰子研究所：阎伟、唐敏敏、黄玉林、孙晓东、牛晓庆、杨伟波
农业机械研究所：何俊燕、覃双眉（转评）
科技信息研究所：胡小婵、黄媛媛、赵军明
分析测试中心：赵敏、万瑶、吴南村、林靖凌、张艳玲
试验场：王学良、夏新根、熊新旺、施惠香
院机关：陈刚、黄得林、田婉莹、欧春莹、

袁宏伟、詹小康、常偲偲

2. 农艺师（2 人）

试验场：刘春华、羊以武

3. 实验师（5 人）

橡胶研究所：贝美容（转评）

香料饮料研究所：张翠玲（转评）

南亚热带作物研究所：冼皑敏（转评）

热带生物技术研究所：郑楷

分析测试中心：何秀芬（转评）

4. 工程师（3 人）

后勤服务中心：林超

院机关：罗志恒、何斌威

5. 中学一级教师（6 人）

试验场：黄欢霞、刘小英、符殷桃、周衍

附属中小学：陈素玉、麦贤慧（转评）

6. 小学高级教师（1 人）

试验场：符桂桃

四、初级专业技术职务资格（4 人）

1. 研究实习员（2 人）

椰子研究所：贾永立（转评）

湛江实验站：李克辛

2. 助理馆员（2 人）

湛江实验站：邱桂妹

后勤服务中心：陈慧卿

根据有关规定，以上同志专业技术职务任职资格时间自 2012 年 1 月 1 日起计算。岗位聘用按照岗位管理有关规定执行。

二〇一二年三月六日

关于孟晓艳等四位同志具备高级专业技术
职务岗位聘任资格的通知

（热科院职改〔2012〕96 号）

各有关单位、部门：

根据海南省有关文件规定，经审核，资产处孟晓艳、热带生物技术研究所汪国芳具备高级会计师岗位聘任资格，时间从 2012 年 1 月 31 日起计算；附属中小学李义东具备中学高级教师岗位聘任资格，时间从 2011 年 12 月 29 日起计算；经海南省人力资源和社会保障厅认定，

环境与植物保护研究所郭建荣具备研究员（认定）岗位聘任资格，时间从 2011 年 12 月 30 日起计算。

特此通知。

二〇一二年三月二十六日

中国热带农业科学院
关于洪青梅等 34 位编外人员取得初级专业技术职务资格的通知

（热科院职改〔2012〕125 号）

各院区管委会、各单位、各部门：

经院中初级专业技术职务评审委员会评审通过，报有关程序审批，洪青梅等 34 位编外人员取得初级专业技术职务资格：

1. 研究实习员（23 人）

热带作物品种资源研究所：洪青梅、韦卓文、火冉、何忠曲

南亚热带作物研究所：刘丽琴、梁菁燕、

洪亚楠

热带生物技术研究所：邹枚伶、马帅、夏启玉、曾涛、文明富、谭昕

环境与植物保护研究所：单国燕、李叶、邹益霖、陈泰运、刘磊（转评）

科技信息研究所：李一萍

海口实验站：宋肖君

试验场：符运柳、陈炫

后勤服务中心：张曼

2. 助理工程师（1 人）

橡胶研究所：朱庆安

3. 助理农艺师（3 人）

试验场：郭庆辉、杨泽坚、董英秀

4. 助理实验师（2 人）

橡胶研究所：杨红竹、孙海燕

5. 小学一级教师（2 人）

附属中小学：罗秋燕、汤玲（转评）

6. 中学二级教师（3 人）

附属中小学：刘梦、辛稀琦

试验场：王慧媛

根据有关规定，以上同志专业技术职务任职资格时间自 2012 年 1 月 1 日起计算，并同时具有岗位聘用资格。

二〇一二年四月九日

传承创新　聚心凝智　推动热带农业科技事业持续快速发展

——在热科院离退休高级专家聘任大会上的讲话

王庆煌　院长

（2012年1月8日）

尊敬的各位老领导、各位专家、同志们：

今天，我们在这里隆重举行热科院首批离退休高级专家聘任大会。这是我院人才发展中的一大盛事，也是关系我院建设和发展的一项重要举措。首先，我代表全院广大干部职工对为热带农业科技事业和热科院建设发展做出突出贡献的各位老领导、老专家表示崇高的敬意！对你们长期以来关心、支持全院建设发展表示衷心的感谢！下面，我讲三点意见。

一、服务国家战略，开创中国热带农业科技辉煌成就

1950年朝鲜战争爆发，西方国家对我国实行经济封锁，作为国防战略物资的天然橡胶极度匮乏。1951年，党中央做出了一定要建立自己的天然橡胶基地的战略决策。1954年，中央决定在广州成立华南特种林业研究所（中国热带农业科学院的前身），正式启动了我国以天然橡胶为重点的热带作物科研工作。1956年，更名为华南亚热带作物科学研究所，1958年，搬迁到生产第一线——海南儋州，同年成立了华南热带作物学院。在那激情燃烧的时代，祖国的需要高于一切，包括你们在内的一批批知识分子、下乡知青、退伍军人，积极响应党和国家的号召，为了共同的理想和信念，从大江南北、长城内外，轰轰烈烈地集结到祖国南疆，义无反顾地把自己的人生坐标，定位于新中国的橡胶事业。天然橡胶产业在荒野上崛起，建院初期，以何康、黄宗道等为代表的中国第一代热作科技事业的开拓者们，通过技术引进和吸收再创新，加速建立起了我国的橡胶树选育种技术体系和热带北缘减灾丰产技术体系，打

破了国际橡胶界公认的"北纬17°以上是植胶禁区"的论断，与天然橡胶生产者们共同创造了在北纬18°～24°大面积种植橡胶树的世界植胶史的奇迹，植胶面积达1 300多万亩，使我国一跃成为世界的第五大产胶国，并提前30年实现了橡胶树种植材料良种化，天然橡胶单产从50年代每公顷干胶产量不到300千克提高到目前的1 500千克，奠定了我国热带作物产业发展的坚实基础。目前，我院在橡胶树产胶机理基础研究、减灾丰产栽培技术、刺激割胶技术、天然橡胶加工基础理论研究和纳米复合橡胶加工等方面处于世界先进水平。

在我院发展历程中，凝聚着朱德、周恩来、邓小平、叶剑英、王震等老一辈国家领导人的心血，凝聚着胡锦涛、江泽民、温家宝、李鹏、朱镕基等新一代国家领导人的亲切关怀，充分体现了党和政府对热带农业的高度重视，对天然橡胶等重要战略物资保障的殷切期盼，特别是1960年，周恩来总理亲临我院，写下"儋州立业，宝岛生根"的光辉题词，激励着一代又一代热科院人为祖国的热带农业科教事业艰苦创业、无私奉献。胡锦涛总书记视察我院时寄予厚望，强调"你们在我国是唯一的，要争取办成世界一流的"，进一步激励热科院人不断创新、勇攀高峰。

50多年来，热科院人草房上马，荒野崛伟业，建起了一座热带农业科教城。热科院半个世纪的发展历程印记着老一辈热作人艰苦创业的足迹，凝聚着各位专家"无私奉献，艰苦奋斗，团结协作，勇于创新"的精神。当年风华正茂的年轻人、业务骨干，成为各行各业的顶尖专家或领军人才，虽然现在离开了钟情几十年的工作岗位，但我们时刻不会忘记，是你们！为我国热带农业

科技事业的发展奉献了自己毕生的才华，为热区经济和社会发展做出了卓越的贡献。是你们！为新一代热带农业科技工作者树立了光辉的榜样，激励着我们新一代热科院人不断创新、奋勇前进。在此，我们向为热科院创新发展、为我国热带农业科技事业付出辛勤劳动并作出重要贡献的老一辈热作人致以崇高的敬意！我们也郑重表态，我们将不会忘记老一辈创业者的嘱托，将沿着老领导、老专家的足迹，满怀激情，开拓创新，扎实工作，为早日实现世界一流的热带农业科技中心努力奋斗！

借此机会，我向各位老领导、老专家汇报今年工作取得的一些成绩！科技方面，全院获批立项 300 多项，资助经费 1.06 亿元，获得省部级以上科技奖励 31 项，其中中华农业科技奖 8 项，其海南省科技奖励 23 项。国家重要热带作物工程技术研究中心以优秀成绩通过验收。获批启动建设包括农业部综合性实验室、海南省重点实验室在内的 15 个部省级科研平台，成立了热带作物品种审定委员会，即将组织开展热带作物品种审定工作。服务三农方面，深入开展中部市县农民三年增收十大科技支撑行动，统一规划合理布局全院示范基地建设，扎实组织开展抗风救灾科技服务，得到了农业部、海南省、有关地方政府的高度肯定和广大农民朋友的好评。人才队伍建设方面，依托学术委员会和特聘专家制度，聘请了包括 3 位中科院院士，17 位工程院院士在内的 134 名高级专家，引进了 132 名各类人才，其中海外归国人才 6 名、博士（后）53 名，硕士 56 名，并在农业部、海南省支持支持下加快推进农业科技创新与人才基地（海南）和海南热带农业创新创业人才发展示范基地建设。支撑条件方面，2011 年我院财政拨款总盘子达到 5.4 亿元，通过修购项目、重大设施运行项目有效改善了科研基础条件。海口热带农业科技中心项目去年获得国家发改委批复，总投资 206 亿，建筑面积 4.5 万平方米，目前正在抓紧开展建设前期工作。科技开发方面，截至 11 月底全院去年开发（经营）收入总计约 1.6 亿元。国际合作方面，国家自然基金委批准我院联合国际热带农业中心设立重点项目，首期开展的牧草和木薯合作研

究项目每项将知识 80 万美元。投资 4 000 多万元建设的中刚项目以优异成绩通过商务部竣工验收。进一步开放办院，农业部依托我院建设的全国热带农业科技协作网运行良好，目前正在组织策划热作产业"双增"科技优先计划。围绕天然橡胶单产增加 15% 和热带经济作物亩增收 500 元的目标，预计 5 年总投入达 1.8 亿元。民生工程快速推进，海口院区第一批经济适用房建设正在抓紧实施，通过全院上下积极争取，海口院区容积率提高到 1.8，省房改办批复我院增加建设 656 套经济适用房，文昌、湛江、兴隆、儋州院区保障性住房也在加速推进，将基本实现保障性住房政策的全覆盖。湛江院区"三所一站"参加海南社保统筹遗留问题得到有效解决。

目前，我院已经发展成为拥有儋州、海口、湛江、三亚（筹建）四个院区，在海南的海口、儋州、文昌、万宁和广东的湛江、广州"两省六市"设有 14 个具有独立法人资格的专业科研机构。土地资源近 7 万亩。拥有国家重要热带作物工程技术研究中心、省部共建国家重点实验室培育基地、农业部重点开放实验室等 60 多个省部级以上科技平台和 2 个博士后科研工作站，现有科技干部职工 3 100 多人。日益成为学科比较齐全、研究领域比较宽广的综合性农业科研机构，自主创新能力的不断增强、开放协作机制的逐步完善、国际影响力的日益扩大，成为国家热带农业科技创新的支撑力量。

二、传承创新，推动热带农业科技事业又好又快发展

尽管这些年取得了一些发展成绩，但我们也清醒地认识到，与农业科技的国家队的身份相比、与支撑热带农业发展的崇高使命相比、与我院新时期创新跨越发展的要求相比，与在座的老领导、老专家的期望相比，我们还有一定的距离，许多困难、问题和矛盾还一定程度地存在，特别是领军人才缺乏、基础性研究不够深入、重大标志性成果不多、科研组织团队协作不够，在新的一年里，我们将高度重视、深入研究并认真加以解决。

2010 年国务院办公厅下发了《关于促进我

国热带作物产业发展的意见》（45号文件），去年底的中央农业农村工作会议、全国农业工作会议对今年农业农村做出了一系列重要部署，今年中央强农会惠农政策力度将进一步加大，特别是今年一号文件突出强调部署农业科技创新，把推进农业科技创新作为"三农"工作的重点，作为农产品生产保供给和现代农业发展的支撑，出台了一系列含金量高、打基础管长远的政策措施，在我国农业科技发展史上具有重要的里程碑意义。同时，今年是实施"十二五"规划承上启下的重要一年，农业部把今年确定为农业科技"促进年"，许多重点项目、重大工作将在今年谋划和逐步组织实施，我们将紧紧抓住这一重大机遇，进一步振奋精神，坚持面向国家战略需求、市场发展需求和农民增收需求，传承创新，不断凝练发展目标、进一步明确发展思路，合理布局，突出发展重点，以只争朝夕的精神推动热带农业科技快速跨越。

（一）发展目标

努力创建世界一流的热带农业科技中心，建设热带农业科技创新基地、热带农业国际科技交流与合作基地、热带农业高级人才培养基地、热带农业科技成果转化与示范基地、热带农业科技服务"三农"与技术培训基地。

（二）发展思路

以科学发展观为指导，以加快转变院所发展方式为主线，毫不动摇地坚持"开放办院、特色办院、高标准办院"的办院方针，不断强化"一个中心、五个基地"基础建设，加快提升热带农业科技自主创新能力、技术引领能力和产业支撑能力，不断强化科技开发和对外合作交流，显著增强我院综合实力和对外影响力，夯实农业科技"国家队"基础和内涵，为发展热带现代农业、促进热区农村繁荣和农民增收再立新功。

（三）发展布局

立志热带农业科技事业，扎根世界热区"三农"伟业。紧紧围绕"建立世界一流热带农业科技中心"的战略目标，发挥好"带动热带农业科技创新的火车头、促进热带农业科技成果转化应用的排头兵、培养优秀热带农业科技人才的孵化器"的作用。立足海南，为现代热带农业发展、国际旅游岛建设、国家海南冬季瓜菜基地建设、南繁可持续发展、中部六市（县）农民增收和热带海洋生物资源开发提供科技支撑，立足广东，建设热带亚热带农业综合实验站，打造面向珠三角、立足广东的桥头堡，为广东现代农业发展提供科技支撑。服务全国热区，开展热带农业科技创新、高层次人才培养和科技推广，为冬季全国人民的"菜篮子"、"果盘子"和热区农民增收提供科技支撑。走向世界热区，为中国农业"走出去"战略提供科技支撑，服务国家科技外交。

三、实施离退休高级专家咨询制度，进一步凝聚老专家智慧

在座的离退休老专家是我们事业的奠基人，也是我院发展的宝贵财富。我们组建离退休高级专家组，把离退休高级专家组纳入我院专家重要组成部分，其目的就是继续发挥离退休老专家的作用，为热带农业科技事业和全院建设发展提供强有力支持。

我们将积极为各位专家科研、交流、研发提供服务，搭平台，定期或不定期地组织专家讲座，开展学术交流，并将离退休高级专家所需经费纳入年度预算，为其运转提供强有力的保障。

今天，在座的各位领导、各位专家有着丰富的社会经历和宝贵的科研经验，并且对热带农业科技事业保持着高昂的忠诚和热爱。在此，我代表院领导班子，对各位老领导、老专家欣然应邀担任院离退休高级专家组专家，并关心支持全院建设发展再次表示衷心的感谢！

我真诚期望位在座的老领导、老专家一如既往地关心和支持热带农业科技事业，继续为我们院的科学发展贡献经验、才智和力量，用您的智慧和影响力促进全院各项建设，续谱热带农业科技事业发展新篇章。同时，也要求各单位、各部门进一步做好老专家服务工作，为老专家发挥作用提供良好条件。我们有理由深信，在农业部的正确领导下，在各位离退休高级专家的倾力支持下，在全院干部职工的共同努力下，热科院的明天一定会更加辉煌。

再过十来天就是传统的新春佳节了，敬祝全体离退休老前辈、老领导、老专家，春节快乐，健康长寿，万事如意！

制度建设

中国热带农业科学院先进集体和先进个人表彰办法

（热科院人〔2012〕152 号）

为规范热科院先进集体和先进个人评选表彰工作，进一步鼓励和调动广大干部职工的积极性，发挥榜样的激励作用，根据《全国农业先进集体和先进个人评选表彰管理办法》（农人发〔2012〕4 号）、《中国热带农业科学院表彰工作指导性意见》（热科院人〔2011〕468 号），特制定本办法。

一、奖项设置

（一）综合奖

设立"中国热带农业科学院工作先进集体"和"中国热带农业科学院工作先进个人"，每年评选表彰一次。

（二）专项奖

1. 设立"中国热带农业科学院服务'三农'先进集体"和"中国热带农业科学院服务'三农'先进个人"，每年评选表彰一次。

2. 设立"中国热带农业科学院科技开发先进集体"和"中国热带农业科学院科技开发先进个人"，每年评选表彰一次。

3. 设立"中国热带农业科学院科研创新先进团队"，评选表彰按《中国热带农业科学院科技奖励办法（试行）》（热科院科〔2011〕549 号）执行。

4. 其他根据上级有关规定和特殊事项设立的专项表彰。

二、评选范围和奖励名额

（一）评选范围

1. "中国热带农业科学院工作先进集体"评选范围包括院属科研单位、附属单位、院机关各处（室）和重要平台。"中国热带农业科学院工作先进个人"评选范围包括院属科研单位、附属单位、院机关各处（室）和重要平台的在

编在岗人员。

2. "中国热带农业科学院服务'三农'先进集体"评选范围包括院属科研单位、附属单位和重要平台；"中国热带农业科学院服务'三农'先进个人"评选范围包括院属科研单位、附属单位和重要平台负责项目推广的首席专家或责任专家。

3. "中国热带农业科学院科技开发先进集体"评选范围包括院属科研单位、附属单位和重点企业；"中国热带农业科学院科技开发先进个人"评选范围包括院属科研单位、附属单位和重点企业的经营管理或研发人员。

（二）奖励名额

1. "中国热带农业科学院工作先进集体"：原则上不超过 7 个，其中院属科研单位不超过 3 个，按不同类型分别确定；附属单位不超过 1 个；院机关部门不超过 2 个；重要平台不超过 1 个。"中国热带农业科学院工作先进个人"原则上不超过 23 名，其中处级以上领导不超过 2 名，其他人员院属科研单位不超过 14 名，附属单位不超过 3 名，院机关部门不超过 3 名，重要平台不超过 1 名。

2. "中国热带农业科学院服务'三农'先进集体"原则上不超过 3 个，"中国热带农业科学院服务'三农'先进个人"原则上不超过 10 名。

3. "中国热带农业科学院科技开发先进集体"原则上不超过 3 个，"中国热带农业科学院科技开发先进个人"原则上不超过 10 名。

三、评选条件

（一）评选各项荣誉称号应具备的条件

1. 中国热带农业科学院工作先进集体。年度单位绩效考评达到优秀等次；落实院重点工

作计划和目标成效显著；领导班子求真务实，团结协作。

2. 中国热带农业科学院工作先进个人。年度考评为年度达到优秀等次；能创造性地开展工作，发挥骨干带动作用，业绩显著；个人工作能力和行为获得上级有关部门肯定或得到职工的好评。

3. 中国热带农业科学院服务"三农"先进集体。科技推广与服务"三农"的规模和影响大；在热区现代热带农业先进适用技术成果推广普及率高；对农业增产、农民增收做出突出贡献。

4. 中国热带农业科学院服务"三农"先进个人。从事"三农"服务工作3年以上；责任区域组织开展适用技术推广、培训工作中成绩突出；个人工作能力和行为获得上级有关部门肯定或得到农户的好评。

5. 中国热带农业科学院科技开发先进集体。创办的科技企业规模大或发展前景好；在农业科技成果转化、高新技术产业化等方面成绩突出；开发应用年产生的经济效益5 000万元以上或年创收增长30%以上。

6. 中国热带农业科学院科技开发先进个人。从事科技开发工作3年以上；在创办科技企业中及经营管理发挥重要作用或主持研发新产品成绩突出；个人工作能力和行为获得上级有关部门肯定或得到客户的好评。

（二）评选表彰前3年内曾发生严重违规违纪事件、重大安全事故的单位及责任人，不能作为先进集体和先进个人推荐对象。

四、评选程序

（一）申报推荐。各单位按评选条件和指标逐级申报推荐。

（二）接收材料。牵头处室对上报的申请材料进行汇总、整理。

（三）初审。院表彰工作小组对初审合格材料按标准进行计算、排序。

（四）提名。院表彰领导小组对初审材料进行审核，提出候选名单。

（五）审定。院党组会议对候选名单进行审定。

（六）公示。审定的结果在院网站或公告栏进行公示。

（七）确认。根据公示情况确认最终获奖名单，并下发表彰决定。

五、奖励实施

（一）奖励组织

1. "中国热带农业科学院工作先进集体"、"中国热带农业科学院工作先进个人"由人事处牵头，与年度考核结合同步进行，根据年度单位绩效考评结果和个人考核结果确定。先进个人按管理岗位、专业技术岗位和工勤技能岗位分别确定。

2. "中国热带农业科学院服务'三农'先进集体"、"中国热带农业科学院服务'三农'先进个人"由基地管理处和人事处牵头，制定专项实施方案，结合年度单位专项绩效考评结果和地方政府评价结果制订实施方案评比确定。

3. "中国热带农业科学院科技开发先进集体"、"中国热带农业科学院科技开发先进个人"由开发处和人事处牵头，结合年度单位专项绩效考评结果制订实施方案评比确定。

（二）奖励方式

1. 对获得"中国热带农业科学院工作先进集体"的单位，由院颁发奖牌和奖金2万元；对获得"中国热带农业科学院工作先进个人"的个人，由院颁发荣誉证书和奖金2 000元。

2. 对获得"中国热带农业科学院服务'三农'先进集体"的单位，由院颁发奖牌和奖金1万元；对获得"中国热带农业科学院服务'三农'先进个人"的个人，由院颁发荣誉证书和奖金1 000元。

3. 对获得"中国热带农业科学院科技开发先进集体"的单位，由院颁发奖牌和奖金1万元；对获得"中国热带农业科学院科技开发先进个人"的个人，由院颁发荣誉证书和奖金1 000元。

（三）奖励费由院本级从自有经费中统筹安排

六、责任追究

评选表彰有下列情形之一的，撤销其荣誉

称号，收缴奖牌（证书）和奖金，通报批评并取消两年参评资格。

1. 申报时弄虚作假，骗取荣誉称号的；

2. 严重违反评选程序的；

3. 获得荣誉称号后，因违法违纪受到开除处分、劳动教养、刑事处罚的；

4. 法律法规规定应当撤销荣誉称号的其他情形。

七、附则

1. 本办法自 2012 年 1 月 1 日起实施。之前发布的有关制度与本办法不符的，以本办法为准。

2. 本办法由人事处负责解释。

中国热带农业科学院职工家属聘用指导性意见

（热科院人〔2012〕176 号）

为更好地稳定和激励人才，建立和完善职工家属的聘用制度，根据《中华人民共和国就业促进法》（中华人民共和国主席令第七十号）、《国务院关于做好促进就业工作的通知》（国发〔2008〕5 号）、《农业部事业单位公开招聘人员暂行办法》（农办人〔2008〕5 号）、《农业部事业单位人员聘用制实施办法》（农人发〔2005〕3 号）等文件精神，结合热科院实际，制定本指导性意见。

一、实施范围

热科院在职职工和离退休职工符合聘用条件的配偶和子女。

二、基本原则

1. 坚持民主、公开、竞争、择优的原则。

2. 坚持以内部消化与促进就业相结合原则。

3. 坚持编制内、编制外多种形式聘用原则。

4. 坚持统筹兼顾，分类分批解决原则。

5. 坚持平等自愿、协商一致聘用原则。

三、聘用条件

（一）基本条件

对符合以下基本条件的职工家属，未在院就业或已就业但在异地工作的均可参加热科院聘用人员公开招聘。

1. 遵守国家法律、法规。

2. 具有良好的品行和职业道德。

3. 符合岗位所需的专业或技能条件。

4. 应聘为管理岗位、专业技术岗位应具有

全日制本科及以上学历，应聘为工勤岗位应具有专科（含）以上学历或相应的职业资格。

5. 年龄原则上控制在 40 周岁以下，特殊需要的可放宽到 45 周岁以下。

6. 身体健康，能坚持正常工作。

（二）编制内人员优先聘用条件

1. 新引进高层次创新创业人才（指引进且被院或上级部门认定的高层次创新创业人才）的家属。

2. 高级优秀专家（指国家、农业部有突出贡献的中青年专家、享受国务院政府特殊津贴专家、全国劳模、中华英才奖获得者，被认定为海南省杰出人才、领军人才，具有正高级技术职称且被认定拔尖人才）的家属。

3. 正高级技术职称或博士后满 3 年、副高级技术职称满 8 年职工的家属。

4. 已在政府机关、事业单位、国有企业等单位工作的副高级技术职称以上、博士后职工家属，为解决长期分居而申请调入。

（三）编制外人员优先聘用条件

1. 副高级技术职称以上、博士后职工的家属。

2. 博士研究生职工工作满 2 年、中级技术职称满 5 年、硕士研究生职工工作满 8 年的家属。

3. 一般职工工作满 12 年的家属。

（四）正处级及以上职务比照正高级技术职称、副处级职务比照副高级技术职称、科级比照中级技术职称条件执行。

（五）在同等条件下，职工家属的聘用按职

工的层次由高到低，先配偶、后子女的原则排序聘用。

（六）对不具备学历、经自学考试等方式获得国家承认的学历、职称，可作为重要参考依据。

四、聘用管理

（一）院根据事业发展情况和岗位设置状况，在编制数额内，每年从严从紧安排一定数量的编制指标用于聘用职工家属。院本级职工家属聘用指标由院统筹安排到院属单位。

（二）聘用形式

1. 高层次创新人才家属聘用为编制内人员，参照中央、农业部、海南省和院高层次创新人才引进的办法，其配偶或子女的聘用由院下达编制指标，院属单位根据规定的程序，负责安排相应的岗位聘用。

2. 其他职工家属聘用为编制内人员，由院属单位根据院下达指标、岗位需要，按有关规定，统一通过公开招聘等办法择优聘用。

3. 职工家属聘用为编制外人员，由院属单位根据本单位岗位需要，按有关规定，自行通过公开招聘等办法择优聘用。

（三）聘用程序

1. 院机关或院属单位根据权限，提出编制指标和人员聘用的申请；

2. 院人事处进行审核，报院级会议审定；

3. 院属单位根据院的有关规定程序进行公开招聘，确定拟聘用人选，报人事处审核；

4. 公示和审批备案。公示期限不少于7个工作日；

5. 签订聘用合同。

（四）院属单位在聘用职工家属时。要严格遵守公开招聘的规定，不得设置歧视本单位外的职工家属聘用的条件和要求，安排院本级职工家属应一视同仁。

（五）公开招聘时，评委组成成员中本单位之外的评委不少于三分之一。

（六）鼓励各单位之间采取相互支持的方式，聘用家属工作。

（七）聘用职工家属应签订聘用合同。聘用合同必须符合国家法律、法规和人事劳动政策的有关规定。试用期满考核称职以上的按院规定定级，正式聘用。

（八）对表现特别优秀、做出特别贡献和突出成就的编制外聘用的职工家属，由单位向院申请编制指标，按院招聘有关规定，公开招聘。

（九）解聘和辞退。已聘用的职工家属，违反单位相关规定和年度考核不称职者按相关规定予以解聘或辞退。

（十）对违反规定聘用职工家属的单位，由院责令限期改正；造成严重后果的，应按有关规定追究单位主要负责人、直接责任人的责任。

五、附则

（一）本指导性意见从文件下发之日起执行，之前发布的有关制度与本指导性意见不符的，以本意见为准。国家、农业部有新的政策规定的，从其规定。

（二）院属单位根据本指导性意见，结合单位实际，制定具体的实施办法，并报院人事处备案后实施。

（三）本指导性意见由院人事处负责解释。

中国热带农业科学院离退休高级专家组专家管理指导性意见

（热科院人〔2012〕202号）

第一条 为凝聚热科院离退休专家的智慧，充实热科院人才力量，提高热科院科技创新能力，共同推动我国热带农业科技事业发展，根据热科院实际，制订本指导性意见。

第二条 离退休高级专家是热科院长期从事管理、科研或生产工作，在业务领域具有较高水平或知名度的离退休人员。

第三条 离退休高级专家组是热科院专家体系的重要组成部分，发挥老专家在热带农业科研事业中的积极作用，对实施人才强院战略，促进人才队伍建设和发展具有重要意义。

第四条　离退休高级专家实行聘任制，每届聘期为 2 年。可以根据工作需要，按规定程序增补专家组成员。

第五条　离退休高级专家聘任条件

（一）有高度责任感、事业心和良好的职业道德，作风正派，遵纪守法。

（二）长期从事管理、科研或生产等方面的工作，在业务领域有一定的造诣和建树。

（三）有为单位服务的意愿。

（四）身体情况较好。

第六条　离退休高级专家人选的产生方式：

（一）离退休高级专家

包括院级离退休高级专家和院属单位离退休高级专家两类。院级离退休高级专家同时应是院属单位离退休高级专家。

（二）院级聘任离退休高级专家人选产生：

1. 各单位人选推荐：各单位在本单位离退休高级专家组成员范围推荐院离退休高级专家组成员人选，每单位推荐 1 ~ 3 人，高层次专家人数较多的单位可适当增加名额。

2. 曾在热科院、热农大工作过的专家人选推荐：在个人自荐、组织推荐的基础上，人事处（离退休人员工作处）会同相关部门共同推荐人选。

（三）院属单位聘任离退休高级专家人选

在个人自荐、组织推荐的基础上，单位学术委员会审议、所（中心、站）务会研究确定。

第七条　院离退休高级专家组设组长 1 名，副组长 3 ~ 5 名，组员若干名。院离退休高级专家组组长、副组长由院长办公会研究确定。

第八条　离退休高级专家主要任务和职责：参与热科院服务"三农"、科学普及等专项活动；组织开展专项调研、课题研究工作；定期举办学术报告或讲座；对离退休人员自我管理与服务提供建议；为热科院热带农业科技事业提供咨询。

第九条　离退休人员工作领导小组负责统筹、协调和指导全院离退休高级专家组专家工作；人事处（离退休人员工作处）负责院级离退休高级专家的管理工作，制定院高级专家组工作计划，督促各单位对工作计划的落实；各院属单位负责本单位离退休高级专家管理工作，协助人事处（离退休人员工作处）对院级离退休高级专家具体管理，组织开展相关活动，发挥专家在本单位中积极作用。

第十条　根据有关政策规定及离退休高级专家工作开展的实际情况，由聘用单位向离退休高级专家提供相应活动经费、咨询报酬等待遇。

第十一条　院本级和院属单位应将离退休高级专家组工作经费纳入年度预算，为其正常运转提供强有力的保障。

第十二条　获得项目活动经费资助的离退休高级专家，需在项目活动执行结束后提交总结报告。

第十三条　离退休高级专家在聘期内利用院本级和院属单位项目经费开展研究取得的科研成果（论文、专著、专利等），知识产权归属院本级和院属单位，按照其与依托单位签署的合同进行管理。

第十四条　在聘期内，聘任单位按照聘任离退休高级专家的工作任务职责，可组织对聘任离退休高级专家进行评议，对于成绩突出的，给予适当奖励。

第十五条　聘期满后，聘任单位根据离退休高级专家聘期评议结果，解除聘用或者延长聘期。聘任单位根据离退休高级专家身体健康等实际情况可提前解除聘用。

第十六条　离退休高级专家辞聘，应向聘用单位提出书面申请，聘用单位应在 30 日内作出书面答复。

第十七条　离退休高级专家聘用终止后，聘用单位应于当月将有关情况书面报院人事处（离退休人员工作处）备案。

第十八条　本意见自 2012 年 1 月 1 日起实施，由人事处（离退休人员工作处）负责解释。

中国热带农业科学院社会保险费补缴业务管理办法（试行）

（热科院人〔2012〕226号）

根据海南省社会保险事业局关于印发《海南省社会保险费补缴业务经办流程（试行）》（琼社保〔2012〕49号）文件规定，制定本办法。

一、工作职责

（一）院人事处负责院社会保险补缴管理和内部控制工作，并对院属单位社会保险补缴执行工作进行指导和监督，组织清理历史遗留的社会保险补缴和移交工作。

（二）院属单位负责本单位职工社会保险补缴清理和具体操作业务。具体包括人员名单清理、五项社会保险费补缴解释以及业务办理。清理历史遗留的社会保险补缴和移交工作时，要做好组织人员申报、提供有效证明材料、核定申报基数以及补缴费用代收代缴等工作。

二、补缴原则

（一）需要对养老、医疗、工伤、失业和生育五项保险统一核定补缴。

（二）补缴基数原则上按照欠费期间实际工资确定，无法确定工资的按欠费期间上年度全省在职职工月平均工资的60%确定。其中医疗补缴费率按照办理补缴手续时间上年度所在统筹地区用人单位及其从业人员参加基本医疗保险的费率确定，补缴基数按照不得低于办理补缴手续时的上年度所在统筹地区在岗职工的月平均工资。

（三）补缴时间从1992年1月1日起。

（四）由院统一补缴的，补缴的本金、利息和滞纳金等，各单位需在补缴前转入院本级账户。

三、补缴流程

（一）编制内人员社会保险补缴管理流程

1. 编制内人员（含编制外转编制内人员）提出申请，具备真实劳动关系并符合办理条件的，由各单位到参保所属地区社会保险经办机构办理补缴。

2. 各单位办理职工编制内期间的社会保险补缴时，如果因用人单位申报补缴的起始日期早于用人单位取得营业执照或获准成立之日和各险种条例规定执行的时间使得补缴确实有困难的，各单位可向人事处提出补缴申请，并准备相关材料（包括劳动关系证明、原始工资会计凭证、人事档案、原始工资发放表等材料），经院人事处初审并报海南省人力资源与社会保障厅审批后，到海南省社会保险事业局办理。

3. 各单位须做好五项社会保险费补缴解释、组织申报、有效证明材料提供、申报基数核定、补缴费用代收代缴等工作。

4. 各单位为个人办理社会保险补缴业务后，须协助个人将办理的社保费转入海南省社会保险事业局。

（二）历史社保补缴或者移交管理流程

1. 历史社保补缴或者移交业务需作为特殊专项管理，各单位需指定一名负责人，负责协助人事处做好材料整理、审核、相关报表填报（3-2-7，3-2-8和3-2-9）和具体业务操作工作。

2. 对于社会保险费的移交工作，根据社保局的要求，各单位需准备移交阶段的合同和会计凭证，以及社保局要求的其他材料。

（三）编制外人员社会保险补缴管理流程编制外人员由各单位自行到单位参保所属地区社会保险经办机构办理。

（四）未尽事项按照海南省社会保险事业局关于印发《海南省社会保险费补缴业务经办流程（试行）》的通知和有关要求执行。

附件：1.《海南省社会保险费补缴业务经办流程（试行）》的通知（略）

2. 海南省省本级补缴社会保险费申报（审批）表（3-2-7）（略）

3. 海南省省本级社会保险费补缴明细表（3-2-8）（略）

4. 海南省省本级单位办理社会保险费补缴手续证明材料清单（3-2-9）（略）

5. 补缴材料申报模板（略）

中国热带农业科学院
关于加强新形势下离退休人员工作的指导意见

（热科院人〔2012〕354 号）

为贯彻落实党和国家关于离退休干部工作的方针政策，全面推动热科院离退休人员工作更好地适应科技事业科学发展及和谐院区建设的需要，根据中组部《关于进一步加强新形势下离退休干部工作的意见》，现就加强热科院新形势下离退休人员工作提出以下意见。

一、深刻认识新形势下离退休人员工作的重要意义

离退休干部是党和国家的宝贵财富，是促进热科院科研事业科学发展的宝贵资源。离退休干部工作是党的组织和干部工作的重要组成部分，是社会主义和谐社会建设的一个重要方面。全面做好离退休人员工作，是各级党组织和各级领导干部应尽的政治责任，也是全面贯彻落实《中国老龄事业发展十二五规划》的重要保障。近年来，热科院始终坚持"按政策、讲感情"的原则，扎实有效地开展离退休人员工作，工作取得了长足发展，被农业部推荐确定为"中组部老干部工作联系点"，形成了"围绕中心、服务大局"的良好风气和局面。离退休人员队伍思想稳定、精神状态良好，为支持在职干部聚精会神、专心致志做好本职工作和热科院各项事业的健康发展及和谐稳定发挥了重要作用。

随着热科院离退休人员数量不断增多，整个离退休人员队伍呈现出基数大、增速快、高龄、空巢、病号多及多点但相对集中居住等特点。这些新情况、特点和重点难点问题对热科院离退休人员工作提出了新的更高要求。各单位要进一步提高认识，结合干部离退休制度 30 年的实践，把建立"中组部老干部工作联系点"当做一项政治任务来抓好落实，自觉把离退休人员工作置于推进科研事业科学发展的全局中进行谋划，并纳入事业单位分类改革发展的总体部署中组织安排和推进实施，努力把热科院离退休人员工作提高到一个新的水平。

二、认真把握离退休人员工作的总体要求

坚持以邓小平理论和"三个代表"重要思想为指导，深入贯彻落实科学发展观，坚持继承和创新相结合，不断更新观念、创新思路、大胆探索，推动老干部工作创新发展。坚持在院党组的统一领导下，整合各方面资源，形成齐抓共管的工作机制和整体合力。要始终按照中组部、农业部努力推进老干部工作创新发展的要求，紧密围绕热科院现代农业科技创新中心工作来谋划和推进离退休人员工作。要在继续抓好中组部老干部工作联系点工作任务的同时，注重离退休人员管理服务工作，研究探索离退休人员工作机制，在全面推进院"一个中心、五个基地"建设和构建和谐院区的实践中，不断开创离退休人员工作的新局面，为老同志老有所养、老有所医、老有所教、老有所学、老有所乐、老有所为创造良好条件。

三、着力推进离退休人员工作创新发展

（一）加强离退休人员思想政治建设

1. 加强对离退休人员的政治教育。要进一步突出老干部工作的政治性，善于从政治高度来把握老干部工作，切实做到一手抓待遇落实、一手抓思想政治建设，一手抓服务保障、一手抓教育管理，不断提高老干部工作的政治水平。通过定期举办学习报告会、召开支部会、座谈会，开展读书小组活动等方式，深入学习贯彻党中央重要会议精神和部党组的决策部署，使离退休人员及时了解党的路线方针政策、国际国内形势以及农业部、当地和热科院的重要情

况及组织干部等工作情况，在思想上和行动上自觉与院保持一致，从而推动离退休人员思想政治工作长效化，机制化。

2. 注重落实离退休人员的政治待遇。根据离退休人员特点和需求，积极采取有效措施，保证离退休干部享有阅读文件、参观学习、参加重要会议活动等方面的权利。要健全完善定期向老干部通报情况制度，一些重要政策尤其是关系老干部切身利益的政策，在出台前要注意听取他们的意见和建议。要坚持和落实重大节日走访慰问老同志的制度，及时送去党和政府对他们的关怀和温暖。

3. 加强改进离退休人员党支部建设。把离退休党支部建设纳入各单位党组织建设规划，原则上各单位都应成立离退休党支部。要针对离退休干部党员队伍构成和管理方式、居住方式等变化情况，探索创新党支部设置方式，保证所有离退休干部党员都能纳入党组织的教育管理中，争创"五好"党支部；要选好配强离退休干部党组织书记，尤其要把政治水平高、组织能力强、身体状况好、热心奉献的同志选拔出来，发挥他们敢抓善管的作用；加强离退休党员教育管理，每个季度至少组织一次学习或情况通报会，增强离退休党支部和党员队伍的活力。

（二）狠抓落实离退休人员生活待遇

1. 健全离休费、医药费等保障支持机制。各单位要在预算中足额安排，确保离休费按时足额发放和离休干部医药费按规定报销。针对离休干部整体进入"双高期"的实际，要进一步加强医疗保健和生活服务工作，加强健康体检和保健教育，稳妥推进热科院离休干部医药费委托海南省社会保险事业局单独建账、统筹管理工作。

2. 贯彻落实离退休人员生活待遇。按照国家和海南省相关政策规定，努力争取财政支持，确保离退休费和各项补贴按时足额发放。在进行涉及离退休人员切身利益的改革时，特别是在调整住房、提高福利待遇等方面，要同步研究制定相应的保障办法和措施。

（三）加强离退休人员精神文化生活建设

1. 加强离退休人员活动阵地等基础设施规划和建设。满足离退休人员精神文化需求，把院老干部（离退休人员）活动中心、老年大学基础设施建设纳入发展规划和工作计划，同时加大投资力度。院重点加强海口院区老干部活动中心、湛江院区老干部活动中心、儋州院区离退休人员活动中心建设；各单位要从实际出发，加强本单位离退休人员活动和学习场所建设，建成规模合理、实用性强的离退休人员活动场所。

2. 积极组织开展离退休人员学习和文体活动。各单位、干休所要从有益于离退休人员身心健康出发，保证专项经费，积极组织、引导离退休人员开展集政治性、思想性、科学性、知识性和趣味性于一体、丰富多彩和积极向上的读书会等学习活动。探索建立适合热科院老年大学分校（教学点）的新路子和新方法，组织开展符合老年人特点的文化体育活动，满足老同志精神文化生活需求。各单位原则上每年安排一次离退休人员赴院内单位互访活动。

（四）注重发挥离退休干部的积极作用

1. 坚持组织引导和个人自愿相结合，鼓励和引导离退休干部力所能及地发挥作用。各单位要加强组织协调，解决活动经费等实际困难，根据工作需要和老干部的自身特点和优势，探索适合老干部发挥作用的平台。积极引导和鼓励院所两级离退休高级专家组参与政策咨询、技术服务、专业指导、专题调研及建言献策等方面工作，充分发挥他们在推动热带农业科技、"三农"事业发展中的作用。

2. 以创先争优活动为载体，建立院、所两级离退休人员评优表彰制度。每年对讲政治、识大体、顾大局、维护院所发展，并积极发挥作用的离退休人员评选表彰一次。要大力宣传杨善洲以及热科院老干部先进典型，发挥标杆的激励示范作用，引导老干部见贤思齐、创先争优。

（五）着力加强离退休人员服务管理工作

1. 各单位要把离退休人员工作纳入单位发展规划，制定离退休人员年度工作计划，明确目标任务，细化措施，保障经费，狠抓落实，认真做好离退休人员服务管理工作，并把离退休人员工作纳入考核体系，作为年度考核重要指标之一。

2. 注重加强对离退休人员的个性化服务。各单位和干休所要注意深入分析和了解掌握离退休人员情况，加强紧急救助、便老设施等方面服务，加强人文关怀和精神慰藉。要创新关怀、帮扶困难机制和合理诉求快速反应机制，多为他们雪中送炭，帮助他们解决燃眉之急，对他们有关意见快速办理或做好解释说明。

3. 每年召开一次全院离退休人员工作会议，认真总结各单位加强离退休人员工作的经验和做法。对表现突出的离退休人员工作先进单位和个人，以及敬老爱老助老先进典型及时进行推荐表彰和宣传，促进全院形成尊重关爱老同志、关心支持离退休人员工作的良好风气和氛围。

四、切实加强离退休人员工作体系建设

（一）健全离退休人员工作领导责任制

1. 进一步健全院离退休人员工作组织体系，形成在院党组统一领导下，各有关部门、各单位齐抓共管的工作格局。院离退休人员工作领导小组要加强离退休工作的指导和协调，解决工作中面临的重点难点问题，督促检查工作的落实情况；院人事处（离退休人员工作处）要进一步加强对院系统离退休人员工作的政策指导和组织协调，切实做好院机关离退休老同志的服务管理工作；机关党委要加强对院属单位离退休人员党支部思想建设和指导；院办公室等部门对院离退休人员工作给予支持和配合；各院区管委会要加强本院区离退休人员活动的组织协调，使全院离退休人员工作得到整体推动、共同发展。

2. 明确院属单位为离退休人员工作管理和执行的责任主体。各单位要把离退休人员工作摆到重要位置，院属单位的党委为离退休人员工作领导机构，书记为责任人；分管领导为直接责任人，负责离退休人员工作过程的领导管理；综合办公室（或人事办公室）为日常管理机构，确定一名办公室负责人作为联系人，并指定专人负责管理和服务，接受院离退休人员工作处的业务指导。干休所（离退休人员工作站）协助各单位负责辖区离退休人员的日常管理和服务工作。

（二）进一步加强离退休人员工作队伍建设

1. 要保持离退休人员工作机构的相对独立和稳定，编制和人员配备必须与担负的职责任务相适应。要按照政治素质好、工作能力强、作风过得硬、对离退休人员有感情的要求选好配强离退休工作人员，让他们在实际工作中经受磨炼，干出业绩，成为想干事、会干事、能干事、干成事的"行家里手"，培养、造就一支高素质工作队伍。

2. 加强海口干休所、湛江干休所和儋州离退休人员工作站建设，完善有关工作制度建设，并配备精干队伍，建立运行有序和保障有力的管理体系和服务网络。

3. 要关心离退休工作人员的工作、学习和生活，为他们的成长进步创造条件。加强教育培训工作，提高离退休工作人员的思想政治素质，提高政策运用能力、服务管理能力、调查研究能力和改革创新能力，树立和展示新时期离退休工作人员的良好形象。

五、附则

（一）各单位、各部门要根据本意见制定本单位离退休人员工作方案，确保离退休人员工作落实到位。

（二）本指导意见由离退休人员工作处负责解释。

中国热带农业科学院工作人员基层锻炼活动实施办法

（热科院人〔2012〕381 号）

为促进热科院青年干部职工深入基层，提高综合实践能力，带动产学研发展，增强服务

"三农"意识，推动工作更好落实，根据《关于印发〈农业部党组关于坚持深入基层和加强实践锻炼的意见〉的通知》（农党组发〔2011〕60号）、《中国热带农业科学院挂职人员管理指导性意见》（热科院人〔2011〕512号）等文件精神，特制定热科院工作人员基层锻炼活动实施办法。

一、人员范围

（一）自2008年以来进入热科院，而且年龄在40岁及以下未在科技一线从事服务"三农"科技推广等的院属单位科技人员。

（二）年龄在40岁以下，在院机关工作未曾在基层单位工作满一年的机关工作人员。

二、锻炼期限

锻炼时间原则上不少于12个月。

三、锻炼平台

各单位一是要立足于本单位的科研、生产一线及试验基地，安排好本单位人员的锻炼工作；二是要统筹安排好本单位到外单位锻炼人员的选派和接收外单位人员锻炼的岗位安排，三是积极加强与院外合作单位的沟通和联系，并建立职工到院外锻炼的对接机制。

（一）海口院区

香饮所和椰子所在为本单位职工提供锻炼平台的同时，也为海口院区的生物所、测试中心、海口实验站职工提供锻炼平台。

（二）儋州院区

品资所、科技园及试验场在为本单位职工提供锻炼平台的同时，也为儋州院区的橡胶所、环植所和信息所职工提供锻炼平台。

（三）湛江院区

南亚所和热科院江门热带南亚热带农业综合试验站为湛江院区的南亚所、加工所、热机所、湛江实验站及广州实验站职工提供锻炼平台。

（四）各单位为院机关工作人员提供锻炼平台。

四、锻炼形式

院属单位人员以参与实际生产操作、服务"三农"及参与科技推广为主要锻炼形式，并结合经验交流、总结、学术会议等其他形式。院机关工作人员以参与单位实际管理工作为主要锻炼形式。

五、工作程序

人员到基层锻炼原则上按照以下程序进行：

（一）制订方案

由各单位按照锻炼人员范围，制订本单位职工到基层锻炼计划，并根据工作实际需求，制定本单位接收职工锻炼的方案，明确锻炼岗位内容和职责，包括接收锻炼岗位需求数量、锻炼岗位内容、工作要求、人员条件等。

（二）确定人选

由单位根据工作需要直接确定到基层锻炼人员的选派。

（三）组织实施

按照本单位职工到基层锻炼的计划，做好组织实施工作，积极与提供锻炼岗位单位做好对接工作。提供锻炼平台的单位做好与相关单位对接，为锻炼人员提供生活条件和工作安排，加强对锻炼人员的管理。

直接在本单位锻炼的人员要将有关情况报人事处备案，到外单位锻炼的人员由人事处统筹管理。

六、人员管理

（一）职工在锻炼期间实行双重管理，以接收锻炼单位管理为主，派出单位管理为辅。

（二）接收单位要建立锻炼人员档案，准确记录开展工作的各项记录（包括考勤、学习、工作、活动、季度小结、半年小结、全年总结等）。锻炼期间，派出单位和人事部门将对选派人员的工作情况进行走访、抽查；锻炼结束，锻炼人员要提交锻炼总结报告，接收单位根据锻炼期间的德才表现和工作实绩认真负责地做出书面鉴定，填写《年轻干部基层锻炼考核登记表》，并报人事处备案，作为职工职称评审的必要条件和干部任职的重要参考条件。

七、工作要求

（一）开展职工到基层锻炼活动是推动热科

院科技事业发展的重要举措，各单位各部门要充分认识这项活动的重要性，切实加强领导、精心组织，团结协作，确保活动取得预期效果。

（二）各单位要每年制定工作人员到基层锻炼的工作计划并报人事处备案，按照分类分批的原则制定本单位工作人员到基层锻炼计划，原则上符合条件的人员必须参与基层锻炼活动，并建立长效工作机制。

（三）各接收单位要积极做好人员的工作安排，明确工作岗位任务和要求，严格管理和考核，建立健全锻炼人员的绩效考核评价机制。同时，要做好传帮带作用，使年轻同志在基层得到锻炼，尽快成长。

（四）到基层锻炼人员要珍惜锻炼机会，通过实践锻炼，加强自身修养，提高自身素质，多深入基层，多调查研究，要充分发挥主观能动性，积极参与一线生产实践学习，增进对热科院基层的了解，丰富个人生产实践、农业科技推广、服务"三农"及管理等经验，根据个

人专业特长和岗位要求发挥对口服务和桥梁纽带作用。

（五）到基层锻炼人员要严格工作要求，遵章守纪，按照单位工作要求，听从工作安排，不能在生活上要求接收单位提过分的要求，不搞特殊化。

八、组织保障

（一）加强工作人员到基层锻炼工作的组织领导。人事处会同科技处、开发处、基地管理处负责组织、协调和监督。

（二）各相关单位要将锻炼活动经费纳入年度预算，为锻炼人员提供必要的工作、生活条件，支持他们开展工作，为人员的锻炼提高和施展才华创造条件。

（三）工作人员锻炼期间的待遇参照《中国热带农业科学院挂职人员管理指导性意见》（热科院人〔2011〕512号）规定执行。

中国热带农业科学院职工请休假管理办法

（热科院人〔2012〕417号）

为了规范职工的各种假期管理，保障职工充分享受国家规定的各种假期待遇，提高单位工作效率，根据《国务院关于修改〈全国年节及纪念日放假办法〉的决定》（国务院令第513号）、《职工带薪年休假条例》（国务院令第514号）、《女职工劳动保护特别规定》（国务院令第619号）、《国务院关于职工探亲待遇的规定》（国发〔1981〕36号）、《国家机关工作人员病事假期间生活待遇的规定》（国发〔1981〕52号）、《中共农业部党组关于进一步做好因私出国（境）管理工作的通知》（农党组发〔2005〕40号）等有关职工请休假规定，结合热科院实际，制定本办法。

一、公休假

（一）国家规定公休假日指每星期的周六、周日；国家规定法定节日指元旦、春节、清明节、劳动节、端午节、中秋节、国庆节、妇女

节、青年节、建军节。法定节日的具体放假时间根据院办公室和各单位的通知执行。

（二）中小学、幼儿园教职工的寒、暑假按教育部门的规定，由各单位具体安排。

（三）职工法定节日和公休假日因单位需要，安排从事指令性、突击性任务或专项工作，以及工作赶进度或工作值班的，应发放加班报酬。加班报酬按照《中国热带农业科学院加班费劳务费专家咨询费管理办法》（热科院人〔2011〕504号）规定的标准发放。

二、年休假

（一）享受带薪休假的职工及休假时间

1. 连续工作1年以上的，享受带薪年休假。

2. 职工累计工作已满1年不满10年的，年休假5天；已满10年不满20年的，年休假10天；已满20年的，年休假15天。

3. 国家法定休假日、休息日、探亲假、婚

丧假和产假的假期，不计入年休假的假期。

4. 职工有下列情形之一的，不享受当年的年休假：

（1）依法享受寒暑假的中小学、幼儿园教职工，其寒暑假放假天数多于年休假天数的。

（2）请事假累计 20 天以上且单位按照规定不扣基本工资的。

（3）累计工作满 1 年不满 10 年的职工，请病假累计 2 个月以上的；累计工作满 10 年不满 20 年的职工，请病假累计 3 个月以上的；累计工作满 20 年以上的职工，请病假累计 4 个月以上的。

（二）休假安排

1. 各单位应采取有效措施结合春节及暑假统筹安排好工作人员的年休假，保证年休假制度落到实处，工作人员在年休假期间享受与正常工作期间相同的工资收入。

2. 各单位根据本单位工作具体情况，在保证不影响工作正常运转前提下，统筹安排工作人员年休假。休假在 1 个年度内可以集中安排，也可以分段安排，一般不跨年度安排。单位确因工作需要不能安排职工休年休假的，应征求工作人员意见。病事假可抵休假，天数不能超过可享受年休假时间。

（三）职工未休年休假的工资报酬按下列办法发放：

1. 符合年休假条件的职工，在休假期间的一切待遇不变。

2. 因工作需要无法安排休假的工作人员，各单位应按有关规定支付其未休年休假报酬。未休年休假工资报酬的标准为：每应休未休 1 天，按照该职工日平均工资收入的 300% 支付（包含职工正常工作期间的工资收入）。计算方法：

年休假工资报酬＝当年日平均工资收入×应休未休年假天数×2。

当年退休人员应休假天数＝（当年度在本单位工作天数÷365 天）×本人全年应当享受的年休假天数。

3. 职工工作年限满 1 年、满 10 年、满 20 年后，从下月起享受相应的年休假天数。

（四）单位已安排年休假，职工未休且有下列情形之一的，不增加发放年休假报酬：

1. 因个人原因不休年休假的。

2. 请事假累计已超过本人应休年休假天数。

（五）各单位发放职工未休年休假报酬时，应将本单位未休年假情况（包括姓名、应休假天数、未休假天数、日平均工资额、应发未休假工资报酬等内容）在单位公示后，才能发放。

（六）各单位根据有关规定和单位实际，对优秀人才和年度先进工作者，可适当安排异地休假。

三、探亲假

（一）工作满一年的正式职工，符合下列条件之一的，可享受探亲假待遇：

1. 夫妻两地分居，且不能在公休假日团聚的。

2. 与父母各居一地，且不能在公休假日团聚的。

（二）职工探亲假期按下列标准计算：

1. 未婚职工国内探望父母的，每年准假一次，假期不超过 20 天。

2. 已婚职工国内探望配偶的，每年准假一次，假期不超过 30 天。

3. 已婚职工国内探望父母的，每四年准假一次，假期不超过 20 天。

4. 出国（境）探亲假，3 年可享受一次，其中探望父母、配偶（非公派留学）、子女的，探亲假不超过 30 天；出国（境）前确定的留学年限在 3 年以上的公派出国研究生，婚后在国外学习期限达 1 年以上者，其国内配偶可享受探亲假 3 个月。

5. 职工探亲可根据路程情况增加路程假，具体天数由所在单位按实际情况从严掌握。

6. 上述假期天数是指职工与探望对象团聚的时间，包括法定节日和公休假日在内，不得跨年度累计。

（三）有下列情形之一的，不能享受探亲假。

1. 夫妻分居的职工在一个年度内，一方享受了探亲待遇后，另一方不再享受。

2. 享受寒暑假的，不再享受探亲假。

3. 结婚、离婚当年，不再享受探亲假。

4. 符合探亲条件的职工因病、因伤回家休养等其他原因，与配偶和父母团聚的，已婚的超过 30 天的，未婚的超过 20 天的，当年不再享受探亲假期。

5. 女职工当年休产假期间超过 30 天以上的，不享受当年的探亲假。

6. 公派出国（境）的援外人员可回国休假一个月，不再享受探亲假；公派出国（境）的进修人员、访问学者，其配偶不享受出国探亲假。

（四）职工探亲往返路费的报销标准为：

1. 已婚职工在境内探望配偶和未婚职工在境内探望父母的路程费用，按照 0.3 元/公里或两地火车、汽车硬座价格计算，由所在单位报销；

2. 已婚职工在境内探望父母的往返路程费用，按照 0.3 元/公里或两地火车、汽车硬座价格计算，在本人月基本工资 30% 以内的由本人自理，超过部分由所在单位报销。

3. 出国（境）探亲的，其国内段往返路费按上述标准报销，国（境）外段由本人自理；出国（境）留学探亲假，探亲所需的一切费用自理。

（五）职工探亲假期间的待遇按下列办法发放：

1. 基本工资和国家规定的津贴补贴正常发放；

2. 基础性绩效工资按请假天数 50% 标准发放，奖励性绩效工资按请假天数扣减。

3. 经批准延长出国（境）探亲假，延长天数停发工资及一切福利待遇。

四、病假

（一）职工因病、因伤必须治疗和休假的，应出具医院病假证明。请假时未能提供证明的，须在请假后一周内提供。

（二）职工出差、探亲等途中因急性病在异地就医的，应先口头向单位请假，并在返回单位后及时提供诊治医院开具的疾病证明（单位需向省社保局医疗保险处口头汇报情况）。

（三）不能提供医院证明，或弄虚作假取得证明休病假的，按旷工处理。

（四）间断病假的职工，在年度内累计计算。病假期间如遇法定节日、公休假、年休假的，假期不顺延计算。

（五）职工病假期间的待遇按下列办法发放：

1. 当月基本工资和国家规定的津贴补贴正常发放；

2. 基础性绩效工资按病假天数扣减；

3. 全年病假累计 30 天以内，奖励性绩效工资按缺勤天数扣减；全年病假累计 30～59 天，当年奖励性绩效工资按 50% 计发；全年病假累计超过 60 天的，不得享受当年奖励性绩效工资。

（六）其他事项

1. 长期病休的职工所患疾病已治愈，但身体仍较弱的，根据医院的证明，经所在单位同意后，可要求半日工作半日休养（以下称半休）。

职工半休时间最长为 1 个月。半休期间工资原则上照发，绩效工资减半发放。

2. 伤病休假职工从事有收入性活动的，一经发现即停发其全部工资及其一切福利待遇；经批评教育不改的，按旷工处理；情节严重的，可给予行政处分直至按自动离职处理。

五、事假

（一）职工遇有个人特殊情况必须在正常工作的时间内去处理的，应请事假。

（二）职工事假的假期应根据实际情况从严掌握。在国内探亲访友等的，最高不超过探亲假期期限；出境去港澳台的最高不超过 3 个月；出国的最高不超过 6 个月。出国（境）人员确因特殊情况需要续假的，续假时间最长不超过 1 个月。

（三）事假期间如遇法定节日、公休假日的，假期不顺延。

（四）职工事假期间的待遇按下列办法发放：

1. 全年事假累计 20 天以内，月基本工资和国家规定的津贴补贴正常发放。

2. 基础性绩效工资按事假天数扣减。

3. 全年事假累计 15 天以内，当年奖励性绩效工资按事假天数扣减；全年事假累计 15～30 天，当年奖励性绩效工资按 50% 计发；全年事假累计超过 30 天的，不得享受当年奖励性绩效工资。

4. 假期间扣发工资后，若实际收入低于所在地当年最低生活保障线时，按所在地规定的最低生活保障线的标准发给基本生活费。

六、婚丧假

（一）职工结婚可以请婚假。假期一般为 3 天，初婚者属晚婚的（男 25 岁、女 23 岁以上）增加晚婚假 10 天。

（二）职工因对方户口或工作在外地而必须到外地结婚者（不包括旅行结婚），按实际情况另给路程假。

（三）职工的配偶、子女、父母或岳父母、公婆死亡，可申请丧假，假期一般不得超过 3 天。如到外地料理丧事，可根据路途远近，另给予路程假。

（四）符合探亲条件，且在父母、子女或配偶去世的当年未曾享受过探亲假待遇的职工，请假回家去料理丧事时，可以按探亲假处理。

（五）职工婚丧假期间，如遇法定节日、公休假日的，假期不顺延。超过批准的假期可请事假，无请事假未回单位上班的，按旷工处理。

（六）职工经批准的婚丧假期间，一切待遇不变。婚丧假往返路费不得报销。

七、计划生育假

（一）职工计划生育假按所在地的人口与计划生育管理有关规定执行。

（二）职工享受计划生育假时间：女职工产假为 98 天；难产的，增加产假 15 天；生育多胞胎的，每多生育 1 个婴儿，增加产假 15 天；24 周岁以上生育第一个子女的，增加晚育产假 15 天；领取《独生子女父母光荣证》的，女方增加产假按所在地规定的天数，男方享受护理假 10 天。

（三）职工享受计划生育手术假时间：放置宫内节育器的，假期 3 天；取宫内节育器的，假期 1 天；施行输精管绝育手术的，假期 7 天；施行输卵管绝育手术的，假期 21 天；怀孕不满

3 个月终止妊娠的，假期 25 天；怀孕 3 个月以上终止妊娠的，假期 42 天。同时落实两种计划生育手术的，假期合并计算。

（四）计划生育假期间如遇法定节日、公休假的，假期不顺延计算。

（五）职工计划生育假期间的待遇发放：工资照发，并享受全勤待遇，不影响晋级、调整工资。

八、其他事项

（一）职工请假应履行书面请假手续，填写《工作人员请假单》报所在单位人事部门备案，经单位批准后方可离岗。特殊情况的，可先口头请假，并在销假时履行书面请假手续。

（二）处级以上领导还须按照《中国热带农业科学院领导干部外出请示报告管理办法》（院办发〔2008〕66 号）相关要求报院办公室备案。

（三）职工假期结束后，应到本部门和人事部门销假。各单位、各部门应严格把关《考勤登记表》，注明请休假类型和日期。

（四）当月全请假（探亲假、病假、事假、计划生育假等）的，不发放当月交通补贴、通讯补贴等工作性有关的补贴；工作不满 15 天的，工作性有关的补贴减半发放。

（五）职工请休假期间的工资待遇和未休年休假的工资报酬按财务有关规定和经费来源发放各类待遇。

日工资计算方法：日平均工资收入 = 本人全年工资收入 ÷ 261 = 月工资收入 ÷ 21.75。

（六）职工旷工行政处分按国家和院有关规定处理，待遇扣减按下列办法处理：

1. 基本工资、国家规定的津贴补贴：按旷工天数扣减。

2. 旷工 1 天，扣减当天绩效工资；连续旷工 5 天以内，扣减当月绩效工资；连续旷工 5～9 天或全年累计旷工 20 天以内，扣减全年 50% 绩效工资；连续旷工 10 天及以上或全年累计旷工 20 天及以上，扣减全年绩效工资。

九、附则

（一）本规定自发布之日起施行。

（二）各单位可根据本单位人事管理实际情况，参照院管理办法制定实施细则。

（三）本办法由院人事处负责解释。

中国热带农业科学院加快青年人才队伍建设的指导性意见

（热科院人〔2012〕418号）

第一章　总　则

第一条　为加大对青年人才的培养、引进、使用和激励力度，充分发挥热科院青年人才的积极性和创造性，全面实施"人才强院"战略，促进热科院科技事业发展，根据农业部关于青年农业科技人才队伍建设精神和《中国热带农业科学院中长期人才发展规划（2010～2020年)》，结合热科院实际，制定本指导性意见。

第二条　各单位要把青年人才工作摆上战略性、基础性、先导性位置，加强战略规划，争取政策支持，狠抓工作落实，努力使热科院青年人才队伍建设工作取得更大突破，迈上新台阶，为实现"一个中心、五个基地"战略目标提供人才保障和智力支持。

第三条　深入贯彻落实科学发展观，遵循人才成长规律，发挥青年人才的优势，以45岁以下青年科技人才为重点对象，以提升能力为目标，加大扶持力度，强化实践锻炼，推进团队建设，创新体制机制，抓紧培养造就青年英才，形成人才辈出、人尽其才、才尽其用的局面。

第二章　青年人才的培养开发

第四条　加强青年人才思想和精神引导。强调从思想上入手，帮助新进的青年科技人员树立正确的世界观、人生观和价值观，增强历史责任感、使命感；培养青年科技人才热爱热带农业科技事业、勇攀科技高峰，弘扬科学精神，鼓励探索、宽容失败良好作风。

第五条　加强青年人才职业生涯规划指导。根据热带农业科技发展方向、趋势和战略需求，为各类青年科技人员发展空间和目标定位提供咨询，开展职业生涯规划服务，及时发现和解决青年人才的实际问题。

第六条　实施多途径的青年人才培训计划。对青年科技人员分层次、分类别、有针对性地进行继续教育，选派青年科技人员进行专业技能培训、外语进修、在职学历学位、博士后教育；支持参加高水平学术会议和国内外学术交流活动，组织青年科技论坛等专业学术活动；支持在对口的国内各知名研究基地和科研院所间进行人员交流学习、做访问学者。

第七条　实施稳定的青年科学研究资助计划。加大对青年科技人员开展科学研究的支持力度，充分利用中央级公益性科研院所基本科研业务费、科研启动费等项目资金，资助青年科技人员安心地从事科学研究工作。积极推荐青年科技人才申报国家、部省级科研项目；在跨学科集成、跨部门协作的重大项目中吸收更多青年科技人员参加，通过专家的"传、帮、带"和科研实践，提高青年科技人员的创新能力。

第八条　建立"责、权、利"相统一的课题负责制。遴选优秀青年科技人才进入现代农业产业技术体系后备人才队伍，使其逐步成为岗位科学家和综合实验站站长；支持优秀的青年科技人才牵头主持项目实施工作，担任课题负责人。同时放权让项目负责人在课题组长的监督下管理自己的项目，提高其开展课题研究的积极性和创造性。有主持项目的青年科技人才在研究生招收上也给予一定倾斜。

第九条　实施长周期的挂职锻炼计划。加大青年科技人员交流力度，引导安排青年科技人员到基层一线和基地去实践锻炼；积极推荐青年人才到农业部、到地方挂职锻炼，促进青年人才快速成长；优先推荐青年人才在各种学术团体、各级青年联合会，到热带农业科技国际组织任职，提高青年人才的学术地位和话语权。

第三章 青年人才的引进聚集

第十条 扩大青年人才队伍规模。各单位要采取有效措施，在重点学科和发展领域，着力引进各类青年人才，保持人才供给数量，为单位发展提供有力支撑。

第十一条 加快优秀青年人才的引进工作。设立高层次青年人才引进专项资金，围绕现代热带农业和世界热带农业科技前沿，加大"青年千人计划"、"青年拔尖人才支持计划"、"国家自然科学基金青年科学基金"、"国家优秀青年科学基金"、"国家杰出青年科学基金"等计划的资助的高层次青年人才的引进力度。

第十二条 建设热带农业特色的科技创新团队。各单位每年在优势基础学科（领域）选拔一定比例的青年科技人员作为后备培养，形成有竞争力和发展潜力的、具有明确稳定主攻方向的科技骨干。在此基础上，院在重点和交叉学科（领域），每年重点培养扶持 5~10 支"热带农业青年拔尖人才及其创新团队"和"热带农业科研杰出人才及其创新团队"，在人、财、物上给予长期稳定支持。对优秀青年拔尖人才积极推荐申报"农业科研杰出人才及其创新团队"。

第十三条 加强青年科技人才梯度建设。完善团队成员的年龄和专业结构，通过"固定+流动"的聘用方式，吸引和聚集国内外优秀青年农业科技人才加入创新团队，推进团队开展交流和合作，提升科技发展能力。

第四章 青年人才的使用评价

第十四条 完善岗位设置管理制度。建立和健全各类各级人才岗任职条件，建立和畅通专业技术岗位人员竞聘管理岗位的渠道，科学合理使用青年人才，促进人岗相适、用当其时、人尽其才。

第十五条 推进科技管理队伍年轻化。积极为青年科技人才给位置、压担子，选拔担任部省级和院级重点实验室等平台负责人、学科带头人，让优秀的青年科技人才冒头，为他们创造广阔的创新创业机会、干事舞台和发展空间。

第十六条 推进领导干部年轻化。坚持从一线、从基层选拔任用思想作风过硬、精干高效、业务知识全面、富有改革创新精神，能够适应改革发展和热科院科技创新需要的优秀青年科技专家，有计划有步骤提拔任用为一批年青处级干部，充实到单位领导班子中。

第十七条 完善专业技术职务评审办法。改变重论文轻发明、重数量轻质量、重成果轻应用的状况，形成重在业内和社会认可的氛围。把承担项目和在基层锻炼实践列为职称评审重要条件，将确有真才实学的第一线优秀青年人才破格晋升到高级技术职务。

第十八条 完善岗位分类考评制度。对不同性质单位、不同专业青年人员进行分类评价，建立起以能力和业绩为导向，以年度考核、阶段考核和长期考核相结合，以定量为主、定性为辅的岗位绩效分类考评体系，科学评价青年人才工作业绩，改变青年科技人员急功近利、心浮气躁的缺点，让其安下心来注重解决实际问题。

第五章 青年人才的激励保障

第十九条 培育公平的科技创新氛围。建立起鼓励青年人才创新创造，多出成果、出好成果的机制，发扬学术民主，倡导百家争鸣，破除论资排辈观念，在科技成果署名、成果评奖按照其贡献排名，为青年人才投身于科技事业创造良好的条件，进一步激发青年的创新热情。

第二十条 建立院青年人才信息库。分类建立科研、开发、推广、管理、技能青年人才信息库，直接掌握联系一批高层次青年人才，进一步增强人才工作的针对性、前瞻性和实效性。

第二十一条 完善知识产权激励制度。建立起以绩效工资为核心，以知识、技术、管理、技能等生产要素按贡献参与分配的分配激励制度。多劳多得，优绩优酬，对获取项目资助、科技成果、知识产权，以及开展科技推广、成果转化等做出重要贡献的青年人才给予奖励，激励青年人才积极性和创造性。

第二十二条　完善工作绩效激励制度。建立起干实事、重实绩、重贡献绩效奖惩机制，对获批国家级重大项目、高级别成果奖励、高档次论文、连续考核优秀青年人员，可低职高聘到相应专业技术岗位。

第二十三条　建立青年英才表彰制度。对做出突出贡献的青年科技人才，授予院先进个人表彰；优先推荐申报中国青年科学家奖、中国青年科技奖、全国农业先进个人、农业部青年科技标兵、省部级突出贡献优秀专家、海南"515"人才工程人选、"五四青年奖章"等荣誉称号，提高知名度。对获得荣誉称号的各类优秀青年专家，在报刊、网络等媒体进行个人事迹宣传报道，安排外出休假等精神激励。

第二十四条　改善青年人才工作生活条件。实施保障性住房建设和人才创新基地建设，帮助解决住房、户籍迁移、子女就学等福利，举办各类富有新意的青年联谊会等集体活动，努力营造和谐团结的氛围和充满活力的环境，吸引和留住人才。

第二十五条　建立长效的激励保障机制。健全院所两级奖励、以各单位为主体的人才奖励体系。各单位要统筹安排人才发展资金，逐步增加青年人才激励投入，及时兑现青年人才激励各项待遇，做好青年人才工作服务和管理。

第六章　附　　则

第二十六条　本指导性意见从发布之日起实施。

第二十七条　各单位根据本指导性意见，建立健全本单位加快青年人才培养实施办法，报院人事处备案。

第二十八条　本指导性意见由人事处负责解释。

中国热带农业科学院巡视工作办法

（院党组发〔2012〕23 号）

第一章　总　　则

第一条　为加强对院属单位领导班子及其成员的监督，根据《中共农业部党组关于巡视工作的办法（试行）》（农党组发〔2006〕26号）、《农业部巡视工作规程（试行）》（农办人〔2007〕57 号）等文件精神，结合热科院实际，制定本办法。

第二条　巡视工作坚持以邓小平理论和"三个代表"重要思想为指导，认真贯彻执行党要管党、从严治党的方针，遵循实事求是、发扬民主的原则，健全和完善监督机制，维护党的纪律，保证党的路线、方针、政策和决议、决定的贯彻执行。

第三条　巡视工作的主要任务是对机关部门和院属单位领导班子及其成员以下情况进行监督：

1. 贯彻落实"三个代表"重要思想和执行党的路线、方针、政策，以及院的决议、决定的情况。

2. 贯彻落实科学发展观和改革发展的情况。

3. 执行民主集中制的情况。

4. 落实党风廉政建设责任制和廉政勤政的情况。

5. 领导班子建设和选拔任用干部的情况。

6. 单位推动提升科技内涵、综合实力的情况。

7. 联系群众，认真解决群众最关心、最直接、最现实的利益问题的情况。

8. 根据院工作部署要求巡视的其他事项。

第二章　组织领导

第四条　成立巡视组，承担巡视工作。巡视组在院党组领导下开展工作。

巡视组由 1 名组长和 2 名工作人员组成，从院机关部门或院属单位抽调。巡视组实行组长负责制，巡视组组长由正处级及以上干部担任。

巡视组人员实行公务回避和任职回避。

第五条　院纪检组、人事处、机关党委、监察审计室建立巡视工作联席会议制度，负责研究、组织、协调巡视工作。

第六条　联席会议对巡视工作反映的情况、提出的意见和建议研究提出处理意见，重要情况和意见、建议及时向院领导报告。

第七条　人事处负责巡视组的日常管理、后勤保障及联系工作。

第三章　工作程序

第八条　每年组织安排对 2~3 个部门或单位进行巡视，并根据实际状况确定巡视回访单位。

第九条　巡视工作的方式和程序为：

（一）巡视准备。联席会议根据院党组部署，拟定年度巡视工作计划及巡视组组成人员，报院党组审定；制定具体工作方案；了解被巡视单位领导班子及成员的有关情况；根据实际情况，组织巡视组人员进行集中学习培训；开展巡视前 10 天向被巡视单位发出巡视通知。

（二）巡视实施。张贴巡视预告；到达被巡视单位后，向被巡视单位领导班子成员通报巡视工作的有关事宜；召开巡视工作动员大会，会上进行民主测评；听取被巡视单位领导班子近年来的全面工作汇报；个别谈话听取对领导班子及其成员的评价、意见和建议；调阅相关资料；实地调研；其他方式了解有关情况。

（三）总结汇报。每次巡视结束后，巡视组应总结巡视情况，提交院党组决定。

（四）反馈整改。巡视组根据院党组审定情况和结果，以发函等方式通知被巡视单位，被巡视单位自收到反馈意见 30 日内向院党组上报整改方案。受院领导委托，巡视组组长可与被巡视单位的领导班子成员进行廉政谈话或诫勉谈话。

（五）资料归档。巡视组及时整理巡视工作方案、民主测评、谈话记录、工作报告、反馈意见、整改方案等材料，由人事处统一归档。年度巡视工作情况按要求报农业部人事劳动司备案。

第四章　巡视组的管理

第十条　严格执行请示报告制度。巡视组对巡视中发现的有关问题，应及时请示报告。发现重要情况、重大问题或紧急情况可直接向院党组汇报。

第十一条　巡视组收到的信访举报材料，应根据情况对举报材料做出处理。

巡视组对巡视工作中形成的材料要妥善保管，及时移交。

第十二条　加强巡视组自身建设。建立健全巡视组日常管理制度，严格规范工作程序，组织开展学习培训，不断提高巡视组人员的政治、业务素质和工作水平。

第十三条　严肃工作纪律。巡视组要正确履行职责，不干预被巡视单位的正常工作，不处理被巡视单位的具体问题，不查办案件，严格遵守保密、回避、廉洁自律等有关规定。

第十四条　巡视组要认真履行职责，对被巡视单位干部群众反映强烈、属于巡视工作职责范围内的重要问题，应当了解而没有了解，应当报告而没有报告甚至隐瞒不报的要追究责任，并视情节轻重予以处理。

第五章　附　　则

第十五条　本办法由人事处负责解释。

第十六条　本办法自 2012 年 7 月 1 日起实施。

七、资产、财务、基建管理

资产管理概况

一、国有资产情况

2012 年年末院国有资产总额 130 100.07 万元，比年初增加 9 231.42 万元。其中：流动资产 44 458.75 万元，比年初减少 2 904.22 万元；固定资产 82 852.94 元，比年初增加 11 355.36 万元；其他 2 788.39 万元（对外投资 2 164.43 万元，无形资产 623.96 万元），比年初增加 780.29 万元。基本建设资金占用 50 949.19 万元，比年初增加 12 123.43 万元。

二、资产管理情况

（一）强化院土地资源管理

1. 深入调查研究，提出（草拟）土地资源管理与利用调研报告，提出了调剂配置各单位的土地使用规模建议。院土地资源调剂配置到位后，编制土地使用规划，根据使用结果和国家土地资源管理办法要求，逐步办理地使用权和产权转让登记。

2. 加强土地资源确权工作。依据《中华人民共和国农业部、海南省人民政府关于中国热带农业科学院与华南热带农业大学机构、人员和资产划分的协议》划分土地结果及《海南省人民政府、国家农业部推进海南儋州国家农业科技园区管理和发展的意见（备忘录）》，及时向儋州市国土部门申请补办院校搁置两宗未注册的土地 426.32 亩（园区核心区署名在热农大名义下的 67.71 亩，园区核心区展示区示范基地院校搁置事项用地面积 358.62 亩）的确权工作，并于本年 7 月份办理了土地使用证，确保院土地资源的完整性。

3. 积极与上级主管部门和地方政府沟通。多次与农业部资产管理部门、海南省财政厅、国土资源厅联系，咨询土地规划相关政策及具体管理办法，并得到工作上的支持。

4. 推进院土地资源开发与利用工作。参与院组织的海口院区"围墙经济"的土地资源利用建设项目——科技服务中心、热带农产品展示中心的讨论，并提出相关建议；为椰子所提供土地管理利用相关政策信息，配合做好土地资源开发项目——林下立体农业示范中心开发合作项目可行性报告；配合试验场在儋州院区科技园核心区建立种子种苗示范园项目，从而推进院土地资源开发与利用工作，充分发挥现有土地的使用效益。

5. 稳步推进儋州院区中兴大道两旁相关土地管理工作。对儋州院区中兴大道西延线与云植路交叉路口，建设拓宽增加用地进行现场勘察，提出了相关建议和要求，加强儋州院区中兴大道两旁相关土地管理工作，为下一步开发利用做好相关基础工作。

（二）加强国有资产使用管理

2012 年度国有资产处置事项共 17 项，处置资产原值 757.72 万元，其中：院本级 4 项，处置资产原值 303.23 万元；椰子所 2 项，处置资产原值 46.83 万元；橡胶所 2 项，处置资产原值 93.05 万元；生物所 2 项，处置资产原值 59.68 万元；品资所 1 项，处置资产原值 48.46 万元；南亚所 1 项，处置资产原值 37.29 万元；加工所 1 项，处置资产原值 11.64 万元；环植所 1 项，处置资产原值 37.52 万元；海口实验站 2 项，处置资产原值 60.25 万元；分析测试中心 1 项，处置资产原值 44.49 万元。审核、处理院属单位上报的出租出借等事项，湛江实验站出租 9 项，出租资产合计价值 176.04 万元，年出租收入为 85.30 万元。

院本级上报农业部处置事项已于 2012 年 2 月 27 日（农办财〔2012〕22 号）批复，批复了 684 件，处置资产原值 238.75 万元。经北京产权交易所确认，有实物的 645 件，其中：可拍卖的 473 件、金额 63.61 万元；环保回收 168 件、金额 87.39 万元；车辆 4 件、金额 70.25 万元。无实物的 39 件、金额 17.50 万元。可拍卖部分由北京阳光国际拍卖有限公司进行拍卖，处置收入 1.24 万元。

（三）积极推进对外投资业务

根据农业部资产管理办法和对外投资审批程序要求，与审计、开发处等业务部门对香饮所申报投资 780.00 万元（货币资金 376.00 万元；固定资产账面金额 687.00 万元，评估金额 404.00 万元），成立海南兴园热带植资源开发有限公司进行可行性论证，经院长办公会决议通过后批复所属单位，同时，加强对事业单位投资设立企业资本的保全性和增长性的监管，确保国有资产保值增值。

（四）理顺湛江院区相关单位的资产管理关系

针对湛江试验站科技楼（金马酒店）、原汽车检测站厂房、印刷厂、嘉立公司、教学楼资产管理与收益管理不统一等问题，按照资产权属情况，逐一提出处理办法和建议；针对湛江

院区管委会关于新综合大楼分配与使用问题，按照农业部资产管理办法要求，事业单位负责对本单位占有、使用的国有资产实施具体管理，为改善湛江实验站科研基础设施条件，合理安排岭南综合楼的使用，确保湛江实验站科研、行政办公用房需求。

三、院政府采购情况

2012 年度热科院政府采购预算 27 120.20 万元，政府采购计划 22 399.61 万元，增长率为 28.73%；执行的政府采购预算总金额 19 992.22 万元，增长率为 59.27%；实际执行 19 312.77 万元，增长率为 56.91%；节约资金 679.46 万元，节约率为 3.40%。

四、国有资产保值增值情况

2012 年实际国有资产保值增值率为 102.57%，增值额 2 327.28万元。

财务管理概况

一、财务工作情况

2012 年热科院围绕"强化预算资产财务管理，保障科研工作顺利开展"目标，积极争取上级部门的投入与支持，加快预算执行、加强制度和管理体系建设，加强科技开发、增加收入，财务管理工作取得了显著成绩。

（一）细化目标，落实责任，提高了管理能力

一是将各项财务重点工作计划和工作要求进行了细化，制定了全年主要工作计划明细表。二是建立了重点工作督办和统筹协调工作机制，确保了院各项重点财务管理工作得到了有效落实和顺利完成。三是协调安排财务人员参加农业部组织的各项相关业务培训。积极开展工作调研和财务管理科研，并撰写专项调研报告和

管理论文，内容涵盖队伍建设、重大基建项目财务管理、项目资金绩效评价、修购项目管理等方面的内容，促进财务管理人员从业务型向管理型的转变。

（二）围绕中心，财力保障水平进一步提高

一是 2012 年，热科院紧紧围绕提升热带农业科技内涵这一中心工作，努力提高预算编制的水平和质量，争取增加热科院财政拨款预算批复的规模和总量。2012 年，农业部下达热科院财政拨款比 2011 年增加了 11.4%。

二是修购项目支持力度有所增加。根据农业部的统一安排，热科院 2013~2015 年修购规划（第三期）申报数 5.54 亿元，项目数 139 个，其中：农业部核定科学事业单位申报数 5.24 亿元，项目数 118 个；农业事业单位申报数 3 048.10万元，项目数 21 个。科学事业单位

第三期规划申报数较 2006～2008 年（第一期规划）申报数增长 266%，较 2009～2012 年（第二期规划）申报数增长 121%。

三是强化了院本级经费管理和控制。根据院本级预算批复情况和"一上"预算申报、审核情况，进一步改进了院本级各职能部门 2012 年经费计划的分配和细化工作，适当增强各部门经费统筹能力。加强对院本级各类经费的统筹管理，及时反馈经费使用情况，重点加强财政拨款的执行情况的实时监督，推进预算执行工作。及时对院本级财务管理情况进行分析，查找管理中的问题，提出改进工作的意见和建议，并向院领导提交专项报告，不断提高院本级财务管理水平。认真落实院厉行节约的工作要求，加强对一般性公务支出的控制力度，严格控制各部门新增一般性公用经费需求，各部门公用经费增长过快的势头初步得到控制，保证了有限的经费重点用于院队伍、科研和民生等重要方面的支出，进一步提高了院重点工作的财力保障水平。

（三）强化监管，财务管理水平进一步提高

一是开展财务管理制度清理修订工作。2012 年 3 月起，根据院的统一部署全面清理了院校分离以来院制订、目前仍在执行的内部财务管理制度，共清理出财务管理制度 30 多项（不含转发上级部门规定和一次性工作部署文件）。在此基础上，启动了财务管理的拟制（修）订工作，拟制订管理办法 2 项，拟修订管理办法 4 项，组织配合相关管理部门制订财务管理办法 2 项。

二是进一步强化了预算执行管理。结合热科院 2011 年预算执行工作情况，制定了 2012 年全院的预算执行进度目标和实施方案，进一步落实了预算执行责任制。加强预算执行督导，对各单位的预算执行情况进行了现场督导，有效地加强了各单位的预算执行管理工作。加强预算执行情况通报，按月统计和分析全院各单位的预算执行情况，及时掌握和反馈各单位、各类项目动态的预算执行情况，进一步促进了各单位预算执行工作，加快预算执行进度。落实责任，根据实际执行情况分析统计各单位的执行进度，并提供相关部门作为督办和考核的

依据。建立预算执行预警机制，及时提醒各相关单位和项目执行负责人。

三是积极推进项目资金的绩效评价。充分利用与财政部驻海南省专员办的共建关系，与专员办组成调研组，到农科院和中国水产科学院开展实地调研，为推进热科院的项目绩效评价工作吸取了经验和收集了相关资料；组织财务人员，在院相关单位选取了"现代农业产业技术体系专项资金"作为试点项目，进行了摸底调研，为制定项目绩效考评办法奠定了基础；拟定了《中国热带农业科学院财政项目绩效考评暂行办法》，规范了项目绩效评价工作的相关内容和程序。

四是组织开展会计基础工作交叉检查和科研专项经费重点抽查工作。根据 2012 年度院重点工作安排和科研项目绩效评价试点工作总体安排，组织 6 个检查小组对院属 18 个单位 2012 年度会计基础工作进行了交叉检查，并对院属 9 个单位承担的 2011～2012 年度现代农业产业技术体系建设专项经费的预算执行、经费使用、会计核算等方面进行重点抽查。

五是认真做好国库集中支付和银行账户管理工作。2012 年度累计受理院属单位提交的直接支付材料 57 笔，金额 6 198.69 万元。

六是加强票据管理工作。按照财政部、农业部的工作部署，组织开展了 2009～2010 年度中央行政事业单位资金往来结算票据自查工作，以及发票管理自查工作。积极配合专员办，完成了 2011～2012 年度非税收入的收缴及一般缴款书的使用情况的检查工作。组织开展了 2011 年度非税收入一般缴款书审验工作。

七是理顺了院本级税务关系。2012 年 3 月，热科院法人登记证书、组织机构代码证的开办地址变更完成后，我处加强了与儋州、海口两地的国税、地税机关的沟通协调工作，按照税务登记的工作要求办理税务的注销和登记手续。通过积极努力，已完成了儋州税务登记注销和海口税务登记工作、发票申领和网上申报纳税工作。

二、财务状况

（一）资产负债情况

1. 年末资产部类总计 18.12 亿元。其中：

流动资产4.45亿元，固定资产8.29亿元，对外投资0.21亿元，无形资产0.06亿元，基本建设资金占用5.11亿元。

2. 年末负债部类18.12亿元，其中：负债1.60亿元，净资产11.41亿元，基本建设资金来源5.11亿元。

（二）财务收支情况

1. 收入和支出总体情况

2012年收入总计119 592.46万元，其中：上年结转18 457.32万元，当年收入100 692.21万元，用事业基金弥补收支差额442.93万元。当年收入包括：财政拨款60 671.23万元，事业收入16 671.62万元，经营收入4 966.72万元，附属单位缴款290.00万元，其他收入18 092.64万元。

本年支出合计99 048.34万元，其中：基本支出55 108.08万元，项目支出38 979.17万元，

经营支出4 961.09万元。

年末结转和结余19 220.69万元，其中：财政拨款结转和结余10 387.15万元。

2. 本年财政拨款收入支出决算情况

2012年财政拨款资金来源合计74 189.00万元，其中：上年财政拨款结转13 517.55万元；当年财政拨款60 671.23万元。当年财政拨款中包括：基本支出经费29 026.26万元，住房改革支出经费4 194.44万元，项目支出经费27 450.53万元。

2012年财政拨款支出63 801.63万元，其中：基本支出33 445.70万元，项目支出30 355.93万元。

年末财政拨款累计结转和结余资金10 387.15万元，其中：基本支出结转资金221.56万元；项目支出结转和结余资金10 165.59万元。

预算执行情况

2012年热科院财政拨款预算执行指标71 543.57万元，比上年增加4 813.07万元，实际支出64 178.13万元，执行进度89.70%，执行进度比上年增长5.02%，其中：

1. 基本支出预算指标33 553.5万元，实际支出33 385.69万元，执行进度99.5%，比上年增长0.55%。

2. 项目支出预算指标37 990.07万元，实际支出30 792.44万元，执行进度81.05%，比上年增长9.23%。

（1）行政事业类项目预算指标24 123.61万元，实际支出22 446.18万元，执行进度93.05%，比上年增长5.83%。

（2）基本建设项目预算指标13 866.46万元，实际支出8 346.26万元，执行进度60.19%。比上年增长20.68%。

修购项目情况

一、修购项目预算下达情况

2012 年，在农业部的大力支持下，热科院获得修购专项经费 6 550.4 万元，33 个项目，其中科学事业单位 5 730 万元，27 个项目；农业事业单位 820.40 万元，6 个项目。

（一）科学事业单位获批情况

1. 按项目类型分布情况

2012 年热科院科学事业单位房屋修缮类项目 3 个，385 万元；基础设施改造类项目 6 个，1 590 万元；仪器设备购置类项目 18 个，3 755 万元。

2. 按单位获批情况

2012 年热科院下属各预算单位修购项目获批情况为院本级 85 万元，橡胶研究所 760 万元，热带作物品种资源研究所 840 万元，环境与植物保护研究所 905 万元，热带生物技术研究所 250 万元，南亚热带作物研究所 785 万元，农产品加工研究所 660 万元，农业机械研究所 180 万元，香料饮料研究所 530 万元，椰子研究所 735 万元。

2012 年度中央级科学事业单位修缮购置项目批准情况表

项目名称	项目类型	金额（万元）	项目数（个）
合 计		5 730	27
中国热带农业科学院院本级		85	1
儋州院区环境改造	基础设施改造类	85	
中国热带农业科学院橡胶研究所		760	4
橡胶树种质资源大田评价二号基地基础设施改造	基础设施改造类	275	
橡胶树品种特性研究仪器购置	仪器设备购置类	160	
橡胶树木材加工利用实验室设备仪器购置-续	仪器设备购置类	150	
橡胶树分子遗传研究设备购置	仪器设备购置类	175	
中国热带农业科学院热带作物品种资源研究所		840	5
热带作物科研试验基地儋州院区基础设施改造项目	基础设施改造类	545	
农业部热带作物种质资源利用重点开放实验室仪器设备购置（四期）	仪器设备购置类	120	
热带作物种质资源库购置仪器设备（四期）	仪器设备购置类	55	
热带野生植物资源鉴定评价中心仪器设备购置（三期）	仪器设备购置类	55	
热带畜牧科技平台仪器设备购置（四期）	仪器设备购置类	65	
中国热带农业科学院环境与植物保护研究所		905	2
热带植物病理学研究中心仪器设备购置	仪器设备购置类	610	
热带果蔬采后贮运保鲜研究中心仪器设备购置	仪器设备购置类	295	
中国热带农业科学院热带生物技术研究所		250	1
热带作物基因组学研究中心仪器设备购置（四期）	仪器设备购置类	250	
中国热带农业科学院南亚热带作物研究所		785	6
科技成果展示及科普用房的改造	房屋修缮类	160	

（续表）

项目名称	项目类型	金额（万元）	项目数（个）
澳洲坚果果品加工技术研究中心改造	房屋修缮类	45	
抗寒高产橡胶试验基地改造	基础设施改造类	135	
热带果树环境生态相关仪器设备的购置	仪器设备购置类	310	
热带园艺产品采后生理与保鲜研究仪器设备购置	仪器设备购置类	75	
澳洲坚果果品加工技术研究中心仪器设备购置	仪器设备购置类	60	
中国热带农业科学院农产品加工研究所		660	3
农业部食品质量监督检验测试中心（湛江）条件建设项目（三）	仪器设备购置类	185	
热带植物油脂类生物能源开发实验室仪器设备购置	仪器设备购置类	165	
农业部热带作物产品加工重点开放实验室条件建设（四）：热带水果无废弃加工实验室仪器设备购置	仪器设备购置类	310	
中国热带农业科学院农业机械研究所		180	1
热带农业装备科技培训楼修缮	房屋修缮类	180	
中国热带农业科学院香料饮料研究所		530	1
热带香辛料作物产品质量安全监测设备购置	仪器设备购置类	530	
中国热带农业科学院椰子研究所		735	3
试验三队基地基础设施改造	基础设施改造类	295	
试验四队基地基础设施改造	基础设施改造类	255	
热带能源棕榈遗传改良研究中心建设	仪器设备购置类	185	

（二）农业事业单位获批情况

2012年热科院农业事业单位获得修购项目经费6个，820.40万元，均为一次性装备购置项目。分别支持了科技信息研究所165.00万元、分析测试中心196万元、海口实验站228万元、湛江实验站128.10万元和广州实验站103.30万元。

2012年度农业事业单位设施设备修缮购置项目批准情况表

项目名称	金额（万元）	项目数（个）
合计	820.40	6
中国热带农业科学院科技信息研究所	165.00	1
热带农业科技信息化服务网络平台功能完善与拓展设备购置	165.00	
中国热带农业科学院分析测试中心	196.00	1
热带农产品质量安全检测技术研究室仪器设备购置	196.00	
中国热带农业科学院海口实验站	228.00	2
香蕉生物学实验室视频监控系统建设	30.00	
香蕉病虫害研究实验室仪器设备购置	198.00	
中国热带农业科学院湛江实验站	128.10	1
基本实验设备及办公装备购置	128.10	
中国热带农业科学院广州实验站	103.30	1
仪器设备购置	103.30	

二、修购项目预算执行情况

加强对修购项目执行前期准备工作的谋划，强化对院各项目单位的业务指导和督导管理，使项目预算执行工作取得了较好的成效。2012年热科院科学事业单位和农业事业单位修购项目预算执行进度分别达88%和93%，均比2011年提高了11%。

（一）科学事业单位修购项目预算执行进度

2012年度科学事业单位修购项目预算执行指标7 884.07万（其中上年结转2 154.07万元、年初部门预算批复5 730万元），本年支出6 904.47万元，年末结转979.6万元，当年预算执行进度达88%，比2011年提高了11%。

2012年度修购项目综合预算执行进度94.53%，其中：房屋修缮类项目95.41%，基础设施改造类项目89.48%，仪器设备购置类项目98.34%。

（二）农业事业单位修购项目预算执行进度

2012年农业事业单位修购项目预算执行数909.81万元（其中上年结转89.41万元、2012年初部门预算批复820.4万元），本年支出854.62万元，年末结转55.19万元，当年预算执行进度达93%。

三、修购项目验收与总结工作

2012年，热科院严格按照农业部的通知要求，组织开展了2010年度科学事业单位修缮购置项目验收工作，验收项目28个，共计6 840万元。同时，还对2009年度3个修购项目进行了部级验收，共计1 825万元。这是热科院自获批修购项目支持以来，首次在规定年度内完成全部项目的执行和验收工作。在此基础上，部署开展了项目验收总结工作，并完成2007～2009年总结报告的编印工作。

通过2010年度修购项目的顺利实施，热科院修缮各类房屋5 572平方米，改造建成各类基地8个，新增各类仪器设备234台/套，进一步改善了热科院科研基础条件，具体如下表：

2010年度房屋修缮类项目执行情况统计表

年度	资金情况			项目完成情况					
	预算批复（万元）	实际完成（万元）	资金执行率（%）	实施方案批复修缮面积（平方米）	实际完成修缮面积（平方米）				
					小计	科研用房	办公用房	公共服务用房	设备用房
2010年	285	285	100	5 314	5 572	3 307	700	1 220	345

2010年度基础设施改造类项目执行情况统计表

年度	资金情况			项目完成情况							
	预算批复（万元）	实际完成（万元）	资金执行率（%）	科研基地		温室		网室		其他	
				数量（个）	金额（万元）	数量（个）	金额（万元）	数量（个）	金额（万元）	数量（个）	金额（万元）
2010年	2 250	2 250	100	5	1 195					3	1 055

2010年度仪器设备购置类项目执行情况统计表

年度	资金情况			新增固定资产							
	预算批复（万元）	实际完成（万元）	资金执行率（%）	实验室		质检中心		工程技术中心		野外观测台站	
				仪器设备（台/套）	金额（万元）	仪器设备（台/套）	金额（万元）	仪器设备（台/套）	金额（万元）	仪器设备（台/套）	金额（万元）
2010	4 305	4 305	100	223	3 936.54	11	164.48	5	76.5	1	101.08

四、2013～2015 年（第三期）修购专项规划情况

热科院 2013～2015 年（第三期）修购专项规划数为 55 435.10 万元，项目数为 139 个。第三期规划申报数较 2006～2008 年（第一期规划）申报数增长了 266%，较 2009～2012 年（第二期规划）申报数增长了 121%。

（一）中央级科学事业单位修缮购专项资金规划

2013～2015 年，中央级科学事业单位修缮购专项资金规划申报数 52 387 万元，项目数 118 个，其中：

1. 2013 年拟申报项目资金 21 644 万元，项目数 38 个。房屋修缮类项目 1 136 万元，项目数 3 个；基础设施改造类项目 11 591 万元（其中：2013 年执行 5 896 万元、2014 年执行 4 893 万元、2015 年执行 802 万元），项目数 18 个；仪器设备购置类项目 8 917 万元，项目数 17 个。

2. 2014 年拟申报项目资金 16 921 万元，项目数 39 个。房屋修缮类项目 640 万元（其中：2014 年执行 382 万元、2015 年执行 258 万元），项目数 2 个；基础设施改造类项目 7 378 万元（其中：2014 年执行 4 834 万元、2015 年执行 2 544 万元），项目数 17 个；仪器设备购置类项目 8 833 万元，项目数 19 个；仪器设备升级改造类项目 70 万元，项目数 1 个。

2013～2015 年中央级科学事业单位修缮购置专项资金工作规划表

项目类型	年度	总计 项目数（个）	总计 金额（万元）	院本级 项目数（个）	院本级 金额（万元）	橡胶研究所 项目数（个）	橡胶研究所 金额（万元）	热带作物品种资源研究所 项目数（个）	热带作物品种资源研究所 金额（万元）	环境与植物保护研究所 项目数（个）	环境与植物保护研究所 金额（万元）	热带生物技术研究所 项目数（个）	热带生物技术研究所 金额（万元）	南亚热带作物研究所 项目数（个）	南亚热带作物研究所 金额（万元）	农产品加工研究所 项目数（个）	农产品加工研究所 金额（万元）	农业机械研究所 项目数（个）	农业机械研究所 金额（万元）	香料饮料研究所 项目数（个）	香料饮料研究所 金额（万元）	椰子研究所 项目数（个）	椰子研究所 金额（万元）
总计	合计	118	52 387	6	3 210	19	5 769	14	8 487	11	4 604	13	11 360	12	4 447	15	4 684	9	2 123	9	4 421	10	3 282
总计	2013 年	38	15 949	0	0	6	1 960	5	2 862	5	1 614	5	3 312	4	1 494	5	1 694	2	708	3	1 361	3	944
总计	2014 年	39	19 012	5	1 614	5	1 859	5	2 896	2	1 288	4	4 587	3	1 623	4	1 422	3	723	3	1 624	5	1 376
总计	2015 年	41	17 426	1	1 596	8	1 950	4	2 729	4	1 702	4	3 461	5	1 330	6	1 568	4	692	3	1 436	2	962
房屋修缮	小计	13	3 806	1	448	0	0	2	1 290	0	0	1	371	2	233	2	380	4	764	1	320	0	0
房屋修缮	2013 年	3	1 136					1	620			1	371	1	145								
房屋修缮	2014 年	2	382	1	190		0											1	192				
房屋修缮	2015 年	8	2 288		258			1	670					1	88	2	380	3	572	1	320		
基础设施改造	小计	48	22 808	2	1 982	11	2 775	8	3 789	3	1 422	3	6 415	5	2 250	6	1 165		373	4	1 334	4	1 303
基础设施改造	2013 年	18	5 896			3	736	3	1 300	2	400	2	1 513	2	750	1	393	1	193	2	422	1	189
基础设施改造	2014 年	17	9 727	2	878	3	1 036	3	1 344		400		3 600	2	1 000	2	380		180		190	3	719
基础设施改造	2015 年	13	7 185		1 104	5	1 003	2	1 145	1	622		1 302		500	2	392				722		395
仪器设备购置	小计	54	25 503	3	780	8	2 994	4	3 408	7	3 032	9	4 574	5	1 964	5	3 019	3	986	4	2 767	6	1 979
仪器设备购置	2013 年	17	8 917			3	1 224	1	942	3	1 214	2	1 428	1	599	1	1 301	1	515	1	939	2	755
仪器设备购置	2014 年	19	8 833	2	546	2	823	1	1 552	2	888	1	987	2	623	1	972	1	351	2	1 434	2	657
仪器设备购置	2015 年	18	7 753	1	234	3	947	1	914	2	930	4	2 159	2	742	3	746	1	120	1	394	2	567
仪器设备升级改造	小计	3	270	0	0	0	0	0	0	1	150	0	0	0	0	2	120	0	0	0	0	0	0
仪器设备升级改造	2013 年	0	0																				
仪器设备升级改造	2014 年	1	70													1	70						
仪器设备升级改造	2015 年	2	200							1	150					1	50						

3. 2015 年拟申报项目资金 13 822 万元，项目数 41 个。房屋修缮类项目 2 030 万元，项目数 8 个；基础设施改造类项目 3 839 万元，项目数 13 个；仪器设备购置类项目 7 753 万元，项目数 18 个；仪器设备升级改造类项目 200 万元，项目数 2 个。

（二）农业事业单位修缮购项目经费规划

2013～2015 年，农业事业单位修缮购项目经费规划申报数 3 048.10 万元，项目数 21 个，其中：

1. 2013 年拟申报项目资金 854 万元，项目数 5 个。基础设施改造项目 137 万元，项目数 1 个；一次性装备购置项目 717 万元，项目数 4 个。

2. 2014 年拟申报项目资金 1 057.70 万元，项目数 8 个。基础设施改造项目 347 万元，项目数 2 个；一次性装备购置项目 710.7 万元，项目数 6 个。

3. 2015 年拟申报项目资金 1 136.40 万元，项目数 8 个。基础设施改造项目 92 万元，项目数 2 个；一次性装备购置项目 944.40 万元，项目数 6 个。

2013～2015 年农业事业单位修缮购置专项资金工作规划表

项目类型	年度	总计		科技信息所		分析测试中心		海口实验站		广州实验站		湛江实验站		各类型及年度所占比重（%）
		项目数（个）	金额（万元）	项目数（个）	金额（万元）	项目数（个）	金额（万元）	项目数（个）	金额（万元）	项目数（个）	金额（万元）	项目数（个）	金额（万元）	
合计	合计	21	3 048.10	2	118.30	3	499.00	8	1 350.00	4	508.80	4	572.00	100
	2013 年	5	854.00	0	0.00	1	198.00	3	519.00	1	137.00	0	0.00	28
	2014 年	8	1 057.70	1	68	1	112	2	350	1	124	3	403	35
	2015 年	8	1 136.40	1	50.00	1	189.00	3	481.00	2	247.40	1	169.00	37
基础设施改造	小计	5	676.00	0	0.00	0	0.00	3	369.00	1	110.00	1	197.00	22
	2013 年	1	137.00					1	137.00					20
	2014 年	2	347.00					1	150.00			1	197.00	51
	2015 年	2	192.00					1	82.00	1	110.00			28
一次性装备购置	小计	16	2 372.10	2	118.30	3	499.00	5	981.00	3	398.80	3	375.00	78
	2013 年	4	717.00			1	198.00	2	382.00	1	137.00			30
	2014 年	6	710.70	1	68.30	1	112.00	1	200.00	1	124.40	2	206.00	30
	2015 年	6	944.40	1	50.00	1	189.00	2	399.00	1	137.40	1	169.00	40

五、加强修购项目成效宣传

根据农业部科教司的工作部署，积极开展热科院修购项目成效宣传工作，认真撰写总结报告，通过文字、图表、图片等形式全方位向中央媒体展示修缮购置专项的投入对热科院科研基础条件建设、科技创新能力的提升等方面发挥的重要支撑保障作用。精心准备，积极配合中央媒体的实地采访工作，取得了显著的效果。新华社、人民日报、中央电视台、中国财经报、农业日报等媒体发表修购项目相关报道、文章 11 篇，其中报道热科院修购项目成效宣传的有 3 篇。

基本建设概况

一、基本情况

2012 年，全院在建基本建设项目 17 个，农业基建项目总投资 13 866.46 万元，其中上年结转 6 851.46 万元，2012 年下达 7 015 万元。至年底，共完成投资 8 346.26 万元，预算执行 60.19%，比上一年度高 20%，近 4 年来首次突破 60%。

二、项目立项情况

2012 年，热科院共组织 12 个农业基本建设项目向上级主管部门申请立项，总投资 22 578 万元。其中 7 个项目已完成了专家评审，申报总投资约 16 129 万元，在进一步修改完善后将力争于 2013 年批复立项。

三、项目验收情况

2012 年，全院共 4 个基本建设项目通过竣工初验收，中央投资 2 504.4 万元；4 个基本建设项目通过竣工验收，中央投资 951 万元。

四、专项规划情况

2012 年，热科院配合农业部发展计划司编制《全国农业科技创新能力条件建设规划（2012～2016 年）》，在该规划思路框架的指导下，编制了《中国热带农业科学院科技创新能力条件建设规划（2011～2015 年）》。为促进海口院区发展，编制了海口院区修建性详细规划调整方案，并顺利通过海口市规划审批，容积率由 1.03 增加至 1.8。为建设和谐院区，编制了海口院区环境景观规划。

五、重大基本建设工程进展情况

2012 年，由国家发改委批复的热带农业科技中心项目顺利动工建设，总建筑面积 42 865 平方米，包括科技中心主楼、品资所、橡胶所、分析测试中心及共享平台四栋建筑。海口院区科技服务中心项目顺利完成设计招标，并组织专家评审，完成设计方案优化。海口院区热带农产品展示中心及后勤服务中心项目顺利完成规划设计方案预审。

2012 年基建项目中央预算内投资计划下达表

序号	项目名称	建设性质	建设地点	建设规模及主要建设内容	建设起止年限	投资来源	总投资（万元）	至上年底累计完成投资（万元）	2012 年下达投资（万元）
总计						合计	30 378	4 500	7 015
						中央投资	30 378	4 500	7 015
						地方配套			
						自有资金			
						其他投资			
1	中国热带农业科学院热带农业科技中心	新建	海南省海口市龙华区学院路 4 号	总建筑面积 42 575 平方米。其中科技中心主楼 18 293 平方米，品资所 8 018 平方米，橡胶所 8 040 平方米，测试中心及共享平台 8 224 平方米。购置仪器设备 226 台（套）。	2011～2014	合计	26 363	1 500	6 000
						中央投资	26 363	1 500	6 000
						地方配套			
						自有资金			
						其他投资			

（续表）

序号	项目名称	建设性质	建设地点	建设规模及主要建设内容	建设起止年限	投资来源	总投资（万元）	至上年底累计完成投资（万元）	2012年下达投资（万元）
2	中国热带农业科学院热带生物技术研究所试验基地	新建	海南省文昌市新市区	建设田间实验室（含工具房）1 284平方米，负压实验室105平方米，隔离温室1 024平方米，大棚5 452平方米，防虫网室11 520平方米，配套供电、围栏等基础设施；购置拖拉机4辆、皮卡车3辆。	2009~2012	合计	1 490	1 000	490
						中央投资	1 490	1 000	490
						地方配套			
						自有资金			
						其他投资			
3	中国热带农业科学院香料饮料研究所综合实验室	新建	海南省万宁市兴隆镇	新建综合实验室6 126平方米，配套建设道路、绿化、给排水、消防、供电、污水处理等室外工程，并购置安装实验台柜。	2010~2012	合计	1 900	1 500	400
						中央投资	1 900	1 500	400
						地方配套			
						自有资金			
						其他投资			
4	中国热带农业科学院橡胶树抗寒高产选育种试验基地	新建	广东省湛江市麻章区	新建田间实验室448.74平方米、育苗温室1 920平方米，并配套相关附属工程，购置仪器设备43台（套）。	2011~2013	合计	610	500	110
						中央投资	610	500	110
						地方配套			
						自有资金			
						其他投资			
5	项目前期工作费	新建	海南省	农业科技创新能力条件建设规划编制及重大项目评审论证等前期工作费用	2012~2012	合计	15	0	15
						中央投资	15	0	15
						地方配套			
						自有资金			
						其他投资			

2012年竣工初验收基建项目清单

序号	项目名称	建设地点	承担单位	中央投资（万元）
1	橡胶树种质资源圃改扩建	海南儋州	橡胶所	284.40
2	热带植物园扩建	海南儋州	品资所	1 690.00
3	木薯种质资源圃	海南儋州	品资所	270.00
4	热带农业野生植物基因资源鉴定评价中心	海南儋州	品资所	260.00
合计				2 504.40

2012年竣工验收基建项目清单

序号	项目名称	建设地点	承担单位	中央投资（万元）
1	糖能兼用甘蔗新品种试验基地	广东湛江	南亚所	208.00
2	热带果树种质资源圃	广东湛江	南亚所	275.00
3	热带香料饮料种质资源圃	海南万宁	香饮所	263.00
4	热带棕榈种质资源圃	海南文昌	椰子所	205.00
合计				951.00

2012 年在建农业基本建设项目完成情况表（按完成百分比从高到低排序）

序号	项目名称	财政拨款预算指标			2012 年 12 月底 形象进度	2012 年 12 月底 支出合计 （万元）	2012 年 12 月底执 行进度 （%）
		合计 （万元）	上年结转 （万元）	年初预算 及追加 （万元）			
总计		13 866.46	6 851.46	7 015.00		8 346.26	60.19
一	环植所	408.66	408.66	—		381.60	93.38
1	中国热带农业科学院环境与植物保护研究实验室建设	408.66	408.66		已完工，正在办理工程结算	381.6	93.38
二	品资所	1 196.00	1 196.00	—		1 077.41	90.08
1	中国热带农业科学院海南热带植物园扩建项目	357.36	357.36		已初验，准备上报农业部验收	352.23	98.56
2	国家热带果树品种改良中心建设项目	791.58	791.58		已完工，正在办理工程结算	682.74	86.25
3	中国热带农业科学院木薯种质资源圃	47.06	47.06		已初验，准备上报农业部验收	42.44	90.18
三	生物所	920.25	430.25	490.00		783.33	85.12
1	中国热带科学院热带生物技术研究所实验基地	920.25	430.25	490.00	工程已完工，部分分项工程已完成验收	783.33	85.12
四	南亚所	285.75	285.75	—		195.98	68.58
1	湛江院区台风损毁基础设施修复项目	80.00	80.00		已完工并完成工程结算	75.08	93.85
2	中国热带农业科学院南亚热带作物研究所热带水果科研基地	3.92	3.92		已申报项目初验	3.92	100.00
3	中国热带农业科学院南亚热带作物研究所综合实验室	201.83	201.83		主体工程已结算，部分分项工程未结算	116.98	57.96
五	橡胶所	1 221.13	1 111.13	110.00		687.28	56.28
1	中国热带农业科学院橡胶研究所橡胶树良种苗木繁育基地建设项目	611.13	611.13		一标段已完工并结算，二标段进度 90%	574.54	94.01
2	中国热带农业科学院橡胶树抗寒高产选育种试验基地	610.00	500	110.00	已完成临时规划许可，正在进行施工图设计	112.74	18.48
六	院本级	8 246.00	2 231.00	6 015.00		4 414.24	53.53
1	儋州院区台风损毁基础设施修复项目	170.00	170.00		已完工并完成工程结算	162.17	95.39
2	项目前期工作费	23.81	8.81	15.00	正在执行	7.30	30.66
3	中国热带农业科学院热带农业科技中心	7 370.42	1 370.42	6 000.00	已开工建设	3 831.40	51.98
4	中国热带科学院试验基地水毁基础设施修复重建项目	197.54	197.54		正在办理结算	130.39	66.01
5	中国热带农业科学院单身和客座研究员宿舍项目	479.28	479.28		工程已完工并验收。正在办理工程结算	282.56	58.96
6	中国热带农业科学院儋州院区职工医院病房改造与设备购置	4.95	4.95		已上报农业部验收	0.42	8.48
七	香饮所	1 588.67	1 188.67	400.00		806.42	50.76
1	中国热带农业科学院香料饮料研究所综合实验室	1 588.67	1 188.67	400.00	主体结构已封顶，正在进行砌体工程施工	806.42	50.76

领导讲话

在中国农业科技创新海南（文昌）基地规划研讨会上的讲话

王庆煌　院长
（2012 年 2 月 24 日）

各位领导、同志们！

今天，我们在这里召开中国农业科技创新海南（文昌）基地建设规划研讨会，标志着中国农业科技创新海南基地建设迈出了实质性一步，首先，我代表热科院对中国农业科学院、中国水产科学院、农业部规划设计研究院和西藏自治区农牧科学院的领导和专家们表示热烈的欢迎！并对你们参与和共同打造中国农业科技创新基地表示衷心的感谢！

下面，我讲四点意见。

一、热带地区资源环境优越、热带大农业大有可为

我国热带南亚热带地区生物资源丰富，光、热、水、气等自然条件优越，生物资源和生态环境多样化突出，特别是地处热带北缘的海南岛，素有"天然大温室"的美称，光温充足、降水均衡，并具有鲜明的雨热同季特征，是开展农业科技创新、发展现代农业不可多得的珍稀资源。全岛仅维管植物就有 4 600 多种，其中 600 多种植物为海南独有。每年全国 500 多家农业科研、生产单位、高等院校、科技企业数千名农业专家学者汇集海南进行加代繁殖和制育种。海南岛畜牧业生产历史悠久，拥有如五指山猪、文昌鸡、东山羊等许多性状独特、优势明显的优良品种资源。同时，海南岛是全国陆地面积最小、海洋面积最大的省，陆地面积约 3.5 万平方千米，海域面积约 200 万平方千米，海洋鱼类资源 1 500 多种，许多具有极高的经济价值。

党和国家高度重视热带农业，自新中国成立以来，以天然橡胶为首拉开了热带农业资源开发的序幕，1954 年，中央做出了"一定要建立我们自己的天然橡胶基地"战略决策，1986 年，国务院专门成立发展热带南亚热带作物协调领导小组及其办公室（简称南亚办）。进入新的世纪，国务院办公厅还专门下发了促进天然橡胶产业（2007 年）、促进热带作物产业（2010 年）文件，做出全面部署。在中央的重视下，我国热带农业不断发展壮大，日益成为在国民经济中地位突出、作用不可缺少和替代的特色产业，海南岛被形象地誉为冬季"菜篮子基地""果盘子基地"和"糖罐子"基地。2009 年，《国务院关于推进海南国际旅游岛建设发展的若干意见》（国发〔2009〕44 号）对海南岛的六大定位中，明确提出充分发挥海南热带农业资源优势，大力发展热带现代农业，使海南成为全国冬季菜篮子基地、热带水果基地、南繁育制种基地、渔业出口基地和天然橡胶基地。加大南海渔业资源开发力度，加强海洋科研、科普和服务保障体系建设，打造南海资源开发和服务基地。

二、建设文昌创新基地意义重大

建设文昌创新基地是热科院开放办院的重大举措，热科院坚持把"开放办院、特色办院、高标准办院"作为办院宗旨，这也是国家、农业部赋予的责任和使命之所在，实践证明，坚持开放办院能凝聚促进热科院科学发展的强大合力和不竭动力。热科院从立足长远、共谋发展的角度出发，向农业部提出建设中国农业科技创新海南（文昌）基地的设想，得到农业部

的充分肯定，其目的是切实贯彻农业部加快农业科研机制创新决策部署，依托文昌椰子研究所土地和区位优势，瞄准我国热带农业发展重大科技需求，凝聚部属科研机构、热区有关科研单位等积极力量，打造一流热带大农业科技创新基地，围绕热带大农业发展技术需求，重点开展南繁种业、冬季瓜菜、热带海洋生物资源、热带畜牧等领域的科研联合攻关和技术创新，切实推进热带农业科技大联合大协作，争取把文昌创新基地建设成为我国农业科技创新重要基地、农业科技高层次创新创业人才发展重要基地和热科院"开放办院"的重要基地，为热带现代农业发展和农民增收提供强有力的科技支撑。

建设文昌创新基地是落实中央决策部署的重要举措。今年中央一号文件突出农业科技创新，强调要完善农业科技创新机制，打破部门、区域、学科界限，有效整合科技资源，建立协同创新机制，推动产学研、农科教紧密结合，这为创新基地的组建提供了有利的政策支持和美好契机，也为我们在座的各个单位大联合、大协作提供了永久平台，为热科院及各有关单位的项目推动、提升发展提供了难得的机遇。

建设文昌创新基地也是各单位的迫切需求，目前，部属农业研究机构和省级农科院几乎在海南都建有科研基地，但缺乏集中、稳定、资源共享的试验平台，文昌创新基地建设将彻底改变很多单位租用农村和农民的土地导致的用地关系不长久、不稳定、不可持续矛盾，也为各单位永久性科研基础设施建设提供了条件保障，一定程度上也确保了科研试验的有效进行。

建设文昌创新基地是海南现代热带农业发展的重要组成部分，国际旅游岛政策颁布以来，海南高度重视发展热带现代农业、大力推动建设国家现代热带农业基地，文昌创新基地建设将吸引部属农业科研机构和有关省区科研单位进入，带来的不仅仅是科学试验，还有本单位成果示范和顶尖的农业科技专家，必将为海南农业发展提供智力支撑和人才保障。

三、强化组织、科学规划、高起点高标准建设

作为牵头单位，热科院对文昌创新基地建

设高度重视，多次向农业部领导专题汇报，已就基地建设的选址、规模和顶层设计等方面做了大量的前期工作，并向海南省、文昌市争取了有关政策支持，目前条件基本成熟，在这里，我建议，作为我国第一个农业科技创新集成基地，务必要强化组织、科学规划、整合共享、高起点高标准建设，争取把文昌基地打造成集成优势力量和优势资源协同创新的标杆。

基地建设组织方面，热科院成立了中国热带农业科学院文昌热带农业科技创新基地建设工作组，由雷茂良同志代表热科院协调与参建单位有关工作，牵头组织文昌基地规划和工作组织。为加强各单位建设运行过程中的协调，我建议我们共同向农业部建议成立农业部层面的协调机构，研究基地规划和建设方案。同时，要成立由各单位具体人员组成的工作组织体系，椰子研究所作为文昌基地建设的责任主体，要主动协调好建设运行过程中有关工作，加强与建设单位具体负责人员的联系。

基地规划方面，要遵循立足当前、着眼长远的原则，基地用地规模既要考虑当前各单位的实际需求，也要适当考虑将来发展的空间。田间实验室和道路、供水、供电、宿舍等辅助设施要统筹规划、适当集中，充分共享共用。基地内科学实验、田间试验设施设备要高起点、高标准，同时要考虑新品种新技术示范等因素，争取把基地建设成布局合理、共享共用、环境优美的一流科研基地，现代农业优良品种、先进实用技术示范基地和参观观摩、农民培训基地。要加强基地建设方案的研究和论证，报农业部和海南、文昌政府部门批准后尽快实施。

四、创新运行机制，实现各方共赢

作为跨单位、跨部门、跨区域的农业科技创新基地建设，还是新生事物，我们务必要做好顶层设计，创新运行机制，确保文昌基地建设的顺利进行和可持续发展。热科院作为牵头单位，主要是从大框架方面与在座的各单位签订合作协议，明确各自的责权利，确保成果共享，在此，就基地建设运行机制提出以下建议，供大家参考。

一是协同创新机制。热科院依托文昌椰子

研究所土地资源，联合部属农业科研机构和热区农科院建设中国热带农业创新海南（文昌）基地，各单位以项目、资金、人才进入，采取联合共建研究平台、联合申报研究项目等方式，围绕热带大农业技术需求开展共性技术联合攻关和创新。

二是共建共享机制。着眼现代农业产业技术需求和文昌创新基地发展，共建一批实验室、工程技术研究中心和野外科学观测台站、试验示范基地等公共科技平台和公共服务设施，面向文昌基地参建单位共享共用。热科院的实验室和大型仪器设备也将全面对在座的各单位开放。

三是共同发展机制。热科院牵头与参建单位共同向农业部、海南省和文昌市争取有关优惠政策，争取使进入创新基地的单位和专家享受部、省创新创业人才政策。推动单位之间、

专家之间的更高层次、更宽领域的项目合作，联合申报和承担科技项目。同时，也建议参建单位在同等待遇前提下优先安排椰子研究所科研辅助岗位职工就业。

四是共享成果机制。凡进入创新基地或主要工作在创新基地完成的创新项目，其成果由主持单位和热科院等协作单位共享共用，具体办法协商制定。

各位领导，各位专家，科技是现代农业的根本出路和希望所在，协同创新日益成为农业科技的主旋律，让我们全面贯彻中央一号文件精神，在农业部的正确领导下，努力加快文昌创新基地建设，凝聚一流人才、打造一流平台、争创一流成果，共同为发展我国农业科技、推动现代农业发展做出新的贡献！

谢谢大家！

围绕中心　保障发展　全面加强财务资产管理工作

——在2012年财务工作会议上的讲话

王庆煌　院长

（2012年5月22日）

同志们：

2011年，按照农业部的要求，热科院财务资产管理工作稳步推进，不断强化政策落实和监督管理，进一步理顺财务资产管理机制，规范财务资产管理行为，加快预算执行进度，提高资金使用绩效，整合优化资源，推进资产共享共用，确保国有资产保值增值，为推动"一个中心、五个基地"战略目标的实现发挥了重要的支撑和保障作用。刚才，张万桢副院长传达了农业部财务工作会议的精神，大家要认真学习并加以贯彻落实。万桢副院长关于全院财务资产工作情况的报告，我完全同意，也希望大家在工作中抓好落实和执行。下面，我就全院财务资产管理工作如何围绕院所工作重点，以监管为手段，以服务为导向，以发展为目标，全力做好科技内涵提升、综合实力增强的支撑保障作用，讲几点意见：

一、统筹安排资金，全面提高财力保障水平

作为国家级科研机构，科研工作是热科院一切工作的中心。要大力推进"科技强院"战略，必须坚持预算围绕科技、条件建设围绕科技、人才队伍建设围绕科技的大局。财务资产工作要服务科技内涵提升这一中心任务，集中财力物力，为科研基础条件和创新人才团队建设提供财力支持，促进全院科研创新能力不断提升。发挥财务资产的保障支撑作用，需要做好以下几方面的工作：一是各单位、各部门要加强与农业部、科技部、财政部及海南省政府各相关部门的汇报和沟通，积极争取项目支持，努力拓宽资金渠道，全面提高资金保障能力。二是要充分发挥各类资源的经济效益，进一步盘活存量资产，加强科技成果转化，提高科技创收能力，加快探索"开发强院（所）、开发富民"的有效途径，为院所快速

发挥提供财力支撑。三是要统筹利用好各类资金，集中财力物力办大事。各单位、各部门要进一步统一思想，根据院里确定的中心工作和重点工作，按照各类资金的使用要求，合理安排资金，确保各项工作的顺利推进。合理、有效地安排科研改革启动费和基本科研业务费，突出两项经费对创新科技人才培养、重大科研项目孵化的重要作用。四是要加强预算管理和项目规划，提高资金安排的科学性、合理性，提高资金资产使用绩效。各单位要高度重视规划工作，强化顶层设计，进一步推进共建共享，提高资金使用绩效。五是要切实关注和改善民生，力保民生项目和职工福利。要进一步加强院所环境建设，努力为广大职工提供良好的工作环境和生活条件。

二、强化制度建设，努力规范各项业务工作

制度建设具有全局性、根本性的特点。制度建设包括健全完善制度和落实执行制度两个方面。我们要构建依法合规、简单实用、高效易行的决策、管理、执行、监督体系，要依法、依规对全院财经工作开展服务、管理、监督，确保规范高效。财务资产管理工作具有很强的政策性和法规性，院机关财务处、资产处要强化对二级单位的服务指导，在服务中达到管理的目的，在指导中达到监督的目的；要从全院的角度，进一步梳理现行各项内部财务资产管理制度，强化内部控制，优化工作流程。各单位要不断完善本单位内部财务资产管理制度，健全内部控制，监督经济活动，防范经济风险。各单位、各部门要牢固树立按制度办事、照制度管钱管物的观念，确保各项管理制度落实到位、执行有力。

三、促进资源开发，切实提高资产使用效率

在新的历史起点上，我认为发展是院所价值的唯一体现，发展是我们的唯一出路。大家一定要清醒地认识到，不进则退，慢进也是退，不发展是最大的倒退！一定要走出一条科技创新与成果转化、科技开发"双轮驱动"，相互促进的良性发展道路。土地和无形资产是热科院重要的优势资源，具备较大的利用和开发空间，要加快实现优势资源的转化利用，重点做好儋州、文昌、湛江、海口的土地资源开发利用工作，实现良好

的经济效益和社会效益。对科研成果、专利技术等无形资产，要制定政策，完善机制，鼓励各单位利用科技成果、专利对外合作和对外投资，将科技成果真正转化为现实生产力，真正把论文写在大地上，提高科技成果反哺科研工作的能力。

要开展资产使用绩效考评，推进资产共享与共用。一是加强存量资产的调剂。在摸清家底的基础上，加强对闲置资产的调剂力度。二是加强新购资产配置计划的审核。在预算编制前或项目申报时，充分开展资产测算工作，加强配置计划的审核，尽量避免重复配置。三是进一步发挥大型仪器设备共享服务平台的作用，推进资产的共享共用，实现资源整合和高效利用。

四、加强监督检查，全力保障资金使用安全

院所资金和资产的安全规范使用，是全院财务资产管理工作的前提，是贯穿全院各项活动的一个基本原则。我们必须严肃财经纪律，实行财经工作"一票否决制"。财务管理部门要充分发挥监督职能，严格履行财务审批程序和账务处理制度，不断加强和规范会计基础工作，管好用好资金，提高资金使用效益。坚决杜绝"小金库"现象，坚决杜绝违规使用资金。资产管理部门要加强政府采购和资产的日常监督管理，进一步夯实资产管理基础工作，加强对院属单位资产管理、使用的指导和服务，提高资产管理各个环节的规范化、程序化水平，加强存量资产的共享共用，保障院所资产安全，提高资产使用效率。

同时，全院上下要进一步弘扬艰苦奋斗的优良作风，提高思想认识，厉行节约，坚持少花钱、办实事。特别是院机关工作人员，更要率先垂范，建设高效节约型机关。

五、完善项目管理，不断提高科研经费绩效

近年来，热科院各类科研项目和科研经费快速增加，相应地，我们的管理压力和执行压力也在增加，这一点大家都深有感受。国家审计署农林水审计局在对农业部2011年预算执行审计中，发现部属科研单位经费管理还存在不少问题，如擅自调整预算用途、研究成果多头交账、使用虚假合同套取科研经费等，也提出了进一步规范科研经费管理的意见和建议。部领导十分重视，组

织专门力量进行调研整改，并召开了部科技系统党风廉政建设座谈会，推动科研经费的规范使用和严格管理。热科院一定要高度重视，对照检查，认真查找自身存在的问题和管理漏洞，举一反三，坚决纠正。在科研项目管理中，我们既要尊重科研人员对科研经费的合理支配权，也要破除科研经费就是课题主持人私有财产的错误思想，落实好课题承担单位法人责任制，建立健全内控制度，规范科研经费管理，严格按照项目经费预算的要求合理使用资金，已结题的科研项目一定要及时进行项目结算。要建立科学的绩效考核评价体系，预算立项围绕中心工作，执行过程降低成本，目标结果按时、保质、保量、有成果，不断提高经费使用绩效。

六、坚持多措并举，切实提高财会人员素质

按照热科院财务管理人才队伍中长期建设规划确定的任务和目标，要加快建设一支品德优秀、素质过硬、结构合理、流动有序的财务资产管理队伍。一是要加大人才引进力度，不断补充新鲜血液；加强挂职锻炼和轮岗交流力度，优化队伍结构。二是要通过举办内部培训班和组织参加外部业务培训等多种方式，加强财务资产管理人员业务培训工作，促进相互交流，拓宽知识面，提高整体素质。近期要把新修订的《事业单位财务规则》作为培训重点，加大财经纪律和财经法规宣传教育力度，不断提高财务资产管理人员的业务监管能力和水平。三是要按照以定量考核指标为主、定量评价与定性评价相结合的原则，科学设定并不断完善财务资产管理人员业务考核评价指标体系，加强考核评价。四是各单位、各部门要尊重、理解和支持财务资产管理人员依法理财、照章监管的工作，认真解决他们的实际困难，为他们营造良好的工作环境，促进他们的成长和发展。

同志们，财务资产管理工作是全院各项工作顺利推进的基础和保障，切实做好财务资产管理工作责任重大、任务艰巨。全院上下要按照院里的部署和要求，开拓创新、履行职责、敢于担当、狠抓落实，努力把各项工作推上新台阶，为推动热带农业科研事业的快速发展做出应有的贡献。

谢谢大家！

在《领导干部财务素养》专题讲座暨科研项目负责人财务知识培训班开班仪式上的讲话

王庆煌　院长

（2012 年 9 月 23 日）

同志们：

在农业部财会服务中心的大力支持下，中国热带农业科学院《领导干部财务素养》专题讲座暨科研项目负责人（课题组长）财务知识培训班顺利开班了。为圆满实现此次培训班的目标任务，下面我讲三点意见：

一、热科院高度重视抓好干部财务管理和项目管理的培训工作

近年来，热科院科研项目立项数量和获批经费都大幅度增加。进一步提高全院领导干部财务知识水平，牢固树立财务管理规范意识和风险意识，不仅是规范科研经费使用、提高资金使用绩效的前提，也是热科院落实农业部"农业科技促进年"的一项基础性工作。今年4月，农业部召开了农业科技系统党风廉政建设座谈会。为落实好座谈会精神，进一步加强热科院党风廉政建设，非常有必要在广大科技人员中进一步普及基本财务知识和财经政策法规。当前，热科院正处于"十二五"跨越发展的关键时期，为顺利实施热科院"创新能力提升行动"，推进"十百千人才工程"和"十百千科技工程"和"235保障工程"，全面提升热科院科技内涵，增强综合实力，强化管理出效益，很有必要抓好干部能力培训这么一项打基础、管长远的重要工作。院里一直强调做好放权强所、

管理重心下移，实行"小机关、大科技"的管理体系。很重要的一点，就是要求院属各单位按照职责属性，切实履行好作为热科院各项工作部署的执行责任主体的职责和作用，切实提升包括财务管理、项目管理在内的综合管理能力；就是要求院属单位领导干部和科研人员，尤其是各单位、各部门的主要负责人和科研项目负责人要切实增强责任意识和使命意识，全面提升个人综合素质和能力水平。为此，院里对举办本期培训班高度重视，领导班子进行了专题研究，并列入热科院 2012 年的重点工作计划。院相关职能部门从 5 月份起就开始了培训班的相关准备工作。今天的开班仪式和接下来的讲座，在家的院领导、院属单位党政主要负责人、院机关各部门主要负责人和科研项目负责人都参加培训。

二、对部财会服务中心给予的合作支持表示衷心的感谢

自去年热科院与财会中心建立合作共建关系以来，财会中心对热科院业务培训、业务咨询等方面的工作给予了大力支持，双方合作共建的各项工作正有序、快速推进。在为热科院财务人员开办专题业务培训班后，这是财会中心今年第二次到海口为热科院举办专题培训。为办好本期培训班，财会中心精心选派业务专家，从 6 月份起认真准备培训内容和培训课件。中心蒋协新主任、王从基副主任精心部署，并

亲自授课。其他几位授课的处长也多年从事财务管理和财务检查，以及科研项目评审、检查、验收等工作，有着深厚的理论水平和丰富的工作经验。在此，我代表院领导班子，对财会中心各位领导的到来表示热烈欢迎，对财会中心给予的大力支持表示衷心感谢！

三、高标准、严要求抓好培训管理，务求实效

同志们，这次讲座与培训内容非常丰富，既有理论讲析也有实务案例，涉及政策法规、预算编制、项目申报、基础知识、案例分析等内容。明天财政部驻海南专员办的丁守生处长还会来给大家讲积极财政政策和预算执行的有关问题。在这里，我就办好培训班对参训人员提几点要求：一是要求大家积极参加。掌握好基本财务知识和法规政策，规范资金使用、提高资金使用绩效，促进党风廉政建设。院各级领导干部和科研人员一定要高度重视，积极参加培训和学习。二是要求大家静下心来认真听讲。本期讲座和培训信息量非常丰富，只有认真听讲，才能充分领悟和掌握相关知识，达到学以致用的目的。三是要求大家深入进行互动交流。参训人员要珍惜利用这次难得的机会，积极主动地与授课的各位专家互动交流，解决一些工作实际中遇到的困难和问题，务求实效，从而达到既增长知识，又解决实际问题的培训目标。

最后，预祝本期讲座和培训取得圆满成功！

在热带农业科技中心项目开工奠基仪式上的讲话

王庆煌　院长
（2012 年 12 月 19 日）

尊敬的各位领导、各位来宾，同志们、朋友们：

今天，我们在这里隆重举行热带农业科技中心项目开工奠基仪式。在这喜庆、重要的时刻，我代表院党组、院领导班子对热带农业科技中心开工建设表示热烈的祝贺！对莅临开工仪式的各位领导、各位来宾表示热烈欢迎！向参与项目设计、施工、监理的全体建设者致以亲切的问候！

热带农业科技中心项目总建筑面积 4 万多平方米，购置仪器设备 200 多台（套），项目总投资 2.6 亿元，是农业部迄今单体规模最大的建设项目，项目获批充分体现了国家和农业部对热带农业科技的重视和关怀，在热科院发展史上具有里程碑式的意义。自 2010 年 7 月批复立项以来，院领导班子高度重视项目前期工作，在国家发改委和农业部各有关司局的大力支持

下，经过两年多细致的前期工作，于今年8月完成了国家发改委和农业部对项目的初步设计及概算批复；在海南省、海口市建设主管部门的大力支持下，于今年11月顺利完成了规划报建、施工和监理招标等工作。

热带农业科技中心项目的建设对热带农业科技创新发展意义重大、影响深远，这是贯彻落实党的十八大和全国科技创新大会精神，实施创新驱动发展战略的具体体现，是热科院建设"一个中心、五个基地"，把海口院区打造成为热带农业科技创新基地和人才培养基地的重要举措，也是热科院未来5~8年实施"科技创新能力提升行动"，推进"235保障工程"的一号工程，必将在新的历史起点上进一步发挥热科院"热带农业科技创新的火车头、促进热带农业科技成果转化应用的排头兵、培养优秀热带农业科技人才的孵化器"的重要作用，助推热带农业科技事业实现新的跨越，必将在更高起点上打造热带农业科技创新的新的增长极，必将为热科院创建世界一流的热带农业科技中心提供强有力的支撑保障。在这里，我代表热科院，再次衷心感谢国家发改委、农业部、海南省、海口市等主管部门的大力支持！

"百年大计，质量为本"，热科院高度重视热带农业科技中心项目的建设，专门成立了由雷茂良书记任组长，张以山副院长、赵瀛华院务委员任副组长的项目建设领导小组，在院常务会的领导下，负责热带农业科技中心建设的过程领导管理。下面，我对热带农业科技中心建设提几点要求：一是要确保质量，要坚持高标准、严要求和科学性、前瞻性的建设理念，各参建单位要切实树立质量第一的观念，严格按照国家和地方规范施工和监督，采取有效措施，注重细节控制，确保工程质量。二是要确保安全，各参建单位要切实做到安全施工、文明施工，加强工程过程管理，维护好施工场地和周边秩序，切实消除安全隐患，同时尽可能减少施工噪音等对院区环境的影响。三是要科学控制进度。施工单位要制定合理的工期计划，监理单位要加强监督实施，严格按照合同工期完工，保证项目能按期投入使用，尽早发挥作用。四是要严格控制投资，要严格按照批复概算组织各项建设工作，力求做到功能齐全、设施先进，确保最大程度发挥项目建设的成效。同时，要求院计划基建处、财务处、监审室等部门切实履行职责、加强管理和监督，把好质量、进度、安全、资金、廉政关，把热带农业科技中心项目建设成为阳光工程、精品工程、亮点工程。

同志们！"十二五"是热科院创新跨越发展的关键时期，在党的十八大提出全面建成小康社会宏伟目标指引下，在农业部的正确领导和海南省的大力支持下，热科院建设发展各项事业呈现了蓬勃兴旺的大好局面，希望全体科技职工以热带农业科技中心奠基为契机，以更加坚定不移的理想信念、更加开拓进取的勇气决心，不断改革创新，奋勇拼搏，全面加快世界一流的热带农业科技中心建设，为热区农业农村经济发展作出更大的贡献！

最后，祝工程建设顺利！谢谢大家！

落实综合财政监管 提高资金使用绩效
推动热带农业科研事业蓬勃发展

——在海南省中央预算单位综合监管工作会议上的讲话

张万桢 副院长

（2012年3月28日）

尊敬的各位领导、朋友们：

受王庆煌院长的委托，我简要介绍中国热带农业科学院的有关工作情况。我汇报的题目是：落实综合财政监管，提高资金使用绩效，推动热带农业科研事业蓬勃发展。

中国热带农业科学院是中央驻琼二级预算

单位，隶属农业部，现有 15 个三级预算单位和 3 个附属单位，分布在海南、广东"两省六市"。经过近 60 年的发展，已成为我国热带农业科技创新的支撑力量。

一、科研投入继续增加，科研产出成效显著

在财政部、科技部、农业部和海南省的支持下，热科院 2011 年科研投入继续增加，科研产出成果也十分显著。全年获得省部级以上奖励 31 项，完成科技成果鉴定和登记 82 项，获授权各类专利 78 项。

一年来，热科院广大科研人员坚持把论文写在大地上，大力开展服务"三农"活动，积极服务地方经济发展，院领导亲自带领广大科研人员深入农业生产一线，开展海南中部市县农民三年增收十大科技支撑行动，为中部市县农业增产、农民增收提供了科技支撑和保障。同时在海南、广东等地连续遭受"纳沙""尼格"等强风暴袭击后，热科院紧急动员，在做好抗灾自救的同时积极投入地方抗风救灾工作，派出专家深入到受灾严重的海南、广东 9 个市县开展抗灾救灾和灾后恢复生产技术指导服务，得到农业部、海南省、湛江市等有关领导的高度评价。第三是认真落实国办 45 号文件精神，紧紧围绕国家战略需求、农业产业转型和农民增收，系统梳理和整合现有各类科技平台和项目资源，对院内外 112 个示范基地进行重新明确和登记挂牌，合理布局示范基地，发挥基地示范作用。第四是服务国家科技外交。热科院设立了热科院—国际热带农业中心合作办公室，建立了热带农业国际合作项目库，推进与国际热带农业中心（CIAT）合作。热科院承建的中国政府援助刚果（布）农业技术示范中心项目顺利通过商务部组织的内部竣工验收，并参与了新一批中国援非农业技术示范中心项目的可行性考察，培训了来自 18 个发展中国家的 182 名学员。

二、认真落实综合财政监管，提高财政资金使用绩效

建院以来，热科院管理体制多次进行调整，多年累积的历史遗留问题亟待解决。综合财政监管改革为热科院提高财务管理水平、及时反映并解决发展中遇到的问题和困难提供了有利契机。

第一，推进共建工作，落实综合财政监管。综合财政监管开展一年来，海南专员办多次召开座谈会，充分听取基层预算单位的建议，积极探索综合监管的有效方式。2011 年，热科院配合海南专员办，探索建立财政监管长效机制的有效途径和方法。双方通过推动共建工作，建立了六大工作机制，确定了 3 年共建的总目标和年度工作目标。专员办对热科院实施综合财政监管的模式，初步实现了从以事后检查为主转变为开展全过程、全方位、持续性监管的目标。海南专员办坚持监管、指导与服务相结合的工作原则，加大了对热科院现场办公和实地审核工作力度，保证了热科院财政资金的支付安全。

第二，热科院将财务队伍和管理制度建设作为提高财务管理水平的前提和基础。制定了财务管理队伍专项建设规划，制定和修订了 20 多项预算资产财务管理办法，进一步推进了预算资产财务管理工作的制度化、规范化和程序化。

第三，为做好预算执行工作，热科院明确预算执行目标，细化执行计划，层层落实责任，加强现场督导，把预算执行工作纳入行政督办和行政效能监察范围，并作为年度绩效考评的重要内容。通过这些措施，全院预算管理水平进一步提高，预算执行进度不断加快。

第四，在项目投入方面，热科院坚持共建、共享、共用原则，由院属各单位共同建设科研试验基地，建成后的基础设施由各单位共享共用，避免了重复浪费，财政投入的叠加效应日益显现，资金使用绩效明显提高。特别是财政部大力支持的科研事业单位修缮购置项目，由于坚持共建共享共用原则，为热科院科研基础条件快速改善发挥了重要作用。

第五，坚持资产管理与预算管理、财务管理相结合，实物管理与价值管理相结合。加强政府采购管理，确保资金使用安全高效，2011 年全院政府采购执行节约资金 244 万元。加大对全院存量资产调剂工作力度，避免闲置浪费。

2011 年仅院本级调剂资产就达 482 台（套/件），账面价值 105 万元。

第六，热科院设立了大型仪器设备共享中心，将全院单价 20 万元以上的 314 台/套大型科研仪器设备和部分小型仪器全部纳入共享范围，资产总价值超过 1.5 亿元。改变了科研设备资源分散闲置等不合理状况，盘活了设备资源，提高了共享利用效率。

第七，热科院联合海南、广东等热区九省区主管部门、科研院所、高等院校共同建立的全国热带农业科技协作网在 2011 年正式运作，各相关单位联合攻关、协作共建工作机制初步形成，推动了热带农业科技大联合大协作，为热区农业增产和农民增收提供了科技支撑。

三、继续做好 2012 年预算资产财务管理工作

2012 年，热科院将在财政部、农业部和海南省的大力支持下，在海南专员办的指导和帮助下，认真贯彻落实中央一号文件精神，进一步探索综合财政监管的有效方式。继续加强财务队伍和内控制度建设，提高预算资产财务管理的规范化、科学化水平。改进预算执行分析和通报制度，完善预算执行责任落实和责任追究制度，提高预算执行进度。完善资产管理机制，进一步整合和盘活存量资产，加强土地利用规划，提高资产共享共用水平。提高与海南专员办的共建课题研究对实际工作的指导作用，开展资金使用绩效评价工作，不断提高财政资金的使用绩效。

各位领导，热科院将继续在海南专员办的指导下，加强与海南各兄弟单位的业务交流，认真学习兄弟单位的优秀经验，为落实综合财政监管任务，提高财政监管工作实效，推动各项事业的科学发展做出新的更大的努力。

规范管理　狠抓落实　推动财务资产管理工作有序开展

——在 2012 年财务工作会议上的讲话

张万桢　副院长

（2012 年 5 月 22 日）

同志们：

这次会议的主要任务是，传达和落实农业部财务工作会议精神，总结 2011 年全院财务资产管理工作，分析当前工作中存在的问题，研究和部署下一阶段的重点工作。下面我围绕这次会议的任务讲几点意见。

一、2011 年财务资产管理工作取得的成效

2011 年，按照农业部的工作要求和院里的统一部署，全院财务资产管理工作围绕中心，服务大局，在全院各单位、各部门的大力支持和共同努力下，财力保障水平、服务和监管能力、队伍建设等各项工作都有了新的提高。

（一）积极争取，财政经费保障水平进一步提高。2011 年，一方面由于中央财政加大了对农业科研单位的支持力度，另一方面也是通过我们的积极争取，财政拨款比 2010 年有了较大幅度的增长。2011 年，农业部下达热科院各项财政拨款资金累计 5.4 亿元，比 2010 年增加了 8%，其中基本支出经费增加了 22%。财政拨款的增加，进一步增强了热科院经费保障能力，极大地促进了热科院各项工作快速、持续、科学和全面的发展。

特别要说的是，2011 年两项财政支持使我们深感温暖：一是财政追加了 2 400 多万元的离退休人员津贴补贴，让我们感受到了党和政府对老同志的关怀，使热科院 2 600 多名退休职工真正享受到了实惠；二是农业部在资金十分紧张的情况下，为热科院安排了 1 290 万元的抗风救灾专项资金，有力地支援了热科院的抗灾自救工作，让全院职工感受到了主管部门的关心，感受到了后盾的力量。

（二）完善制度，财务资产管理能力进一步增强。2011 年，为进一步理顺和强化热科院财

务管理责任体系，不断提升全院财务管理水平，规范资金使用，提高资金使用绩效，院里印发了《关于进一步加强和完善财务管理责任体系建设的意见》，明确了各单位法定代表人、分管领导、部门负责人和业务经办人的责任和分工，促进了财务工作的有序开展。

2011年，在农业部的支持下，院机关成立了专门的资产管理部门。资产处成立以来，加强了院属事业单位资产管理情况专项调研和检查工作，进一步理清了工作思路，为资产管理工作的组织和开展打下了良好的基础。

2011年，热科院还制定和修订了《中国热带农业科学院部门预算执行进度管理实施办法》《中国热带农业科学院国有资产管理暂行办法》等一批财务资产管理制度和办法，内部控制体系不断健全，初步形成了财务资产管理制度体系，制度化、规范化水平有了新的提高。

（三）强化落实，财会工作基础进一步夯实。执行规范，落实制度，是财会工作的基本要求。2011年，院机关财务资产管理部门加强了与各单位、各部门的沟通协调，积极宣传财经法规以及各项管理制度，严肃财经纪律，强化政策制度落实，依法办事，财会工作基础进一步夯实。

财务处严把审核签批关，有效控制各项开支，强化了对项目经费的跟踪检查工作。组织院属各单位开展了会计基础工作交叉评比工作，进一步提高了各单位对会计基础工作的重视，为继续改进全院会计核算和财务管理工作打下了良好的基础。院机关财务在参加农业部部属事业单位会计基础工作交叉评比中，以高分获得农业部的通报表扬。后勤服务中心等10个院属单位也获得农业部的通报表扬。

资产处严格申报程序，加强出租出借、对外投资等重要事项管理；强化了台账管理等基础性工作，及时处理不良资产；加大存量资产的管理与调剂力度，盘活资产，避免闲置浪费，提高资产使用效率。2011年，从院本级调剂账面价值105万元的资产482台（套/件），用于支持试验场、附中、信息所等单位的条件建设；从环植所、生物所、加工所、品资所、橡胶所等单位调剂了账面价值138万元的仪器设备37台（套/件），用于支持广州实验站基地建设。这些工作为科学、合理配置资产，促进资产的共享共用打下了良好的基础，得到了农业部国有资产保值增值情况核查小组的好评。

（四）项目推动，科研基础条件进一步改善。在农业部的大力支持下，科技创新中心等基本建设项目和一批修缮购置项目获批，并纳入部门预算拨款。2011年全年基建项目财政拨款5 870万元，中央级科学事业单位修缮购置项目财政拨款5 022万元，农业事业单位修缮购置项目财政拨款761万元，合计11 653万元。这些项目的实施，使热科院一大批科研用房、试验基地、基础设施得到了建设、修缮和改造，实验仪器设备得到补充，科研基础条件得到了进一步改善。

（五）强化措施，财政预算执行进一步加快。2011年，热科院各项预算收支实现了综合平衡，保证了全院经济的有效运行。全院各单位、各部门不断加强预算执行工作力度，科学制定预算执行目标和执行计划，及时分析研究预算执行中遇到的困难和问题，层层落实预算执行责任。院里召开了全院预算执行管理工作动员会，明确了预算执行目标和工作计划。将预算执行工作作为行政督办和年度绩效考核的重要内容，召开了全院预算执行督导会议，开展了预算执行督查，预算执行进度不断加快。2011年全院预算执行进度为84.68%，比上年提高了4.22%。

（六）细化管理，资产使用效率进一步提高。2011年，热科院进一步拓宽了采购范围、扩大了采购规模、规范了采购流程、强化了信息化建设。全年政府采购预算3.8亿元，当年政府采购计划1.74亿元，实际执行1.23亿元，节约了2%的资金。将采购执行权限下移，真正实现了管采分离。从部门预算编制着手，严格审核政府采购预算，规范政府采购计划及执行。加强资产配置审核，发挥大型仪器设备共享中心平台作用，加强进口产品论证和申报，2011年进口产品申报审批通过率达99%。

2011年，对全院固定资产进行了全面清查。做好国有资产保值增值考核管理工作，将国有资产保值增值工作与财务预算、收支监管、政府采购、资产管理工作相结合，2011 年热科院国有资产保值增值率为 102.70%，完成了国有资产保值增值任务。院本级、广州实验站顺利通过了农业部国有资产保值增值完成情况核查。

（七）加强监督，资金资产使用进一步规范。继续开展小金库清查工作，形成了"小金库"治理工作长效机制，真正做到了从源头上、体制上防范风险。组织开展了 2011 年预算执行自查，各单位按院里的统一部署，围绕重点，逐一排查，主动发现问题，积极进行整改。在开展自查的基础上，强化责任意识，完善制度建设，建立内控机制，防范制度漏洞，进一步规范财务行为，财务监督能力不断加强。

加强了与财政部驻海南专员办的共建工作，开展了财政综合监管调研和课题研究工作，探讨了科研经费绩效管理的途径和方法，参与了海南专员办开展的预算资产财务检查工作。加强了与部财会服务中心的合作，签署了长期合作框架协议，开展了历史遗留问题专题业务研讨和交流活动，为进一步提高热科院预算资产财务管理水平提供了支撑。

（八）多措并举，财会队伍建设进一步加强。2011 年，热科院制订了财务队伍建设中长期规划，明确了 2011～2020 年财务队伍建设的指导思想、发展目标和保障机制。加大了财务资产管理人员的引进力度，全院新增财务资产管理人员 11 名。通过组织各类业务培训班、派出人员参加上级举办的培训班、到兄弟单位学习交流等多种形式，积极开展财务资产管理人员业务培训工作，不断提高人员素质和业务能力。

这些成绩的取得离不开各单位、各部门的共同努力，离不开全院财务资产部门广大职工的辛勤劳动，在此我代表院领导向大家表示衷心的感谢！

二、目前财务资产工作中需要重视和解决的主要问题

同志们，在看到成绩的同时，我们也要清醒地认识到，我们的财务资产管理工作还存在一些突出问题。各单位、各部门要准确把握矛盾，狠抓关键环节，创新工作思路，着力予以解决。

一是经费保障能力不能满足事业发展需要。近几年，热科院的科学事业得到快速发展，社会影响力迅速提升，服务地方经济发展的能力明显加强。但目前，热科院大部分单位的科研基础设施还比较落后，科研条件还有待改善和提高；科研创新能力较弱，人才队伍建设仍需加强；部分单位职工待遇偏低，民生工程的投入仍需加大，这些都需要稳定合理的经费数量作为保障。而现有的财政经费供给有限，单位自主创收来源不足，院里的资金调控能力较弱，经费不足与事业发展需要之间的矛盾日益突出。与这些需求相比，我们的经费保障能力尚有较大差距。比如说，2011 年，全院基本支出的财政拨款保障水平仅有 58%。同时，院属各个单位经费保障能力极不平衡，也制约着热科院科研事业的发展。

二是预算执行进度仍然偏慢。2011 年，热科院的预算执行进度虽然比上年有所加快，但与农业部近 96% 的总体预算执行进度相比，仍有非常大的差距。预算管理相对粗放，预算执行进度偏慢，资金使用绩效不高，仍然是热科院的一个现实问题。影响预算执行总体进度的主要方面是项目支出的执行，修购项目和基建项目更是问题的难点和重点。修购项目和基建项目资金量大，实施周期长，对整体预算执行进度的影响权重较大。修购项目和基建项目从申报、立项、招投标再到施工，工作量大，审批程序复杂，这是客观事实。但如果我们能把基础性工作做细、做实，做到科学规范，完全可以提高预算执行进度。

三是土地资源保护与开发利用的压力较大。热科院土地面积较大，土地使用结构不合理，存在历史划拨时与农民土地关系未理顺的现象，部分有产权纠纷。而且，地方政府出于加强管理、市政建设以及地方经济发展的需要，对未建设的土地有强制征用的可能。由于土地管理经费短缺，仅仅依靠单一的看护已无法保全土地权益，各单位土地资源保护管理与开发利用的压力越来越大。

四是全面的综合监管机制尚未形成。近年来，热科院在财务资产监管方面出台了一系列

制度和规定，采取了多项措施，取得了一定的成效。但从业务检查和内部审计结果看，仍存在不少问题，一些问题屡查屡犯、屡审屡犯。比如预算编制不科学、不完整，预算执行缺乏总体控制，个别单位虚报冒领或套取项目资金，未按规定严格执行政府采购，擅自出租资产，创收收入监管不到位、存在账外资产，部分单位劳务费发放不规范，个别单位重大经济事项缺乏有效的监督制衡机制等。这些问题的出现，除了监管意识不强、制度约束不到位、财务监管力量不足等原因外，很重要的一个原因是财务资产部门、监察审计部门和其他业务部门尚未形成有效的综合监管工作机制。各部门未能形成协同监管的合力，不少问题在业务工作环节就造成既成事实，到了财务资产处理环节已难以进行纠正。因此，迫切需要探索和完善各部门协调配合、齐抓共管的综合监管工作机制。

三、做好 2012 年财务资产管理工作

今年是"十二五"承上启下的重要一年。我们要紧紧围绕院确定的各项工作目标，创新工作方法，强化资金监管，提高服务水平，充分发挥财务工作的保障作用，重点做好以下几项工作：

（一）加快 2012 年预算执行进度。截至 4 月份，热科院预算执行进度 21.64%，不仅远远低于序时进度和计划进度，比上年同期执行进度仍低 0.07%。其中基本支出执行进度 32.35%，比上年同期高 1.32%，比计划进度低 0.81%；行政事业类项目执行进度 16.92%，比上年同期高 1.19%，比计划进度低 12.7%；基建项目执行进度 4.37%，比上年同期低 3.73%，比计划进度低 27.54%。总体看，预算执行的压力较大。做好 2012 年预算执行工作，要认真落实农业部的工作部署，切实做好"四抓一加强"，即"抓早、抓大、抓难点、抓责任落实、加强信息沟通"。抓早，就是要提早做好基础工作，制定预算执行计划，通过计划督导执行；抓大，就是对一些资金量大的项目，要成立专门的预算督导小组，强化跟踪问效；抓关键，就是对审批复杂、付款程序多的项目，要常过问，常督促，掌握项目进度；抓责任落实，就

是要明确财务人员、科研人员和项目管理人员之间的责任分工，将责任落实到人；加强信息沟通，就是要做到预算执行信息及时反馈，各部门要各司其职，经常沟通，共同做好预算执行的各项工作。希望各单位主要领导要亲自了解本单位预算执行的进度，分管财务的领导要掌握本单位资金使用情况和存在问题，特别是基建项目和修购项目的支出情况，优先安排当年部门预算资金的使用。

（二）做好 2013 年预算编制工作。部门预算是财务资产管理工作的重点之一，科学、合理、规范的预算编制能够反映单位的真实资金需求，满足科学事业的发展需要，保障院中心工作和重点工作的正常开展。预算工作要努力做到未雨绸缪，当好"先锋官"。2013 年预算编制工作马上就要开始部署，各单位在编制 2013 年部门预算时，要坚持"实事求是、科学合理、重点突出"的原则，按照院的统一部署，围绕各单位的发展定位，认真测算资金需求，通力协作，把部门预算做细、做实。不断完善预算编制制度，优化工作程序，不断推进预算编制的精细化、科学化和规范化。

2013 年预算编制，院里将根据有关的政策和院的实际需求，继续加强与农业部的沟通，积极争取财政支持，进一步提高热科院财政拨款保障水平。重点向农业部争取扩大热科院纳入基本支出定员定额试点单位的范围，提高财政拨款基本支出保障能力；确保修缮购置项目申报的规模，努力增加重大设施运转费的投入，进一步改善热科院科研条件建设和重点平台的运行维护；增加附属中小学绩效工资支出经费，保障附属中小学教职工应享受的国家工资待遇。

（三）认真规划第三期修购专项。目前，各单位正按照院的部署安排，开展第三期（2013～2017 年）修购专项规划的编制工作。这项工作，是对热科院修购项目进行总体设计和谋划，也是为农业部编制总体规划提供科学有力的依据和基础，希望大家高度重视。坦率说，财务处从今年 2 月份就开始启动修购专项规划编制工作，各单位已经有了足够的规划时间。院学术委员会给予了高度重视和大力支持，召开了专门的学术评审会，对规划项目的支撑保

障作用进行了论证、评议和质疑。院科技、基建、基地等部门通力合作，分头开展了规划的专业评审工作，针对每个规划项目都提出了具体意见和建议。各单位领导要按照"科学规划、突出重点；整合集成、效益优先"和"共建、共享、共用"的原则，紧紧围绕院所科技发展规划、重点学科建设对科研基础条件建设的需求进行统筹安排和统一规划。要做好顶层设计，在编制规划过程中要充分考虑项目内容的合理性、科学性和绩效性，确保规划符合热科院今后发展的总体布局。

（四）稳步推进公务卡制度改革工作。公务卡制度是一项重要的现代财政国库管理制度，热科院要根据农业部的统一部署和要求，按照"先试点、后推开，先探索、后规范"的原则，积极稳妥地推进公务卡制度改革工作。各单位、各部门要从党风廉政建设和从源头预防腐败的高度，切实提高对实施公务卡强制结算目录必要性和重要性的认识，切实按规定使用公务卡，严格公务卡结算范围，规范公务卡报销处理方式，认真抓好落实工作。这项工作财政部和农业部有明确的实施时间要求，年底前要完成，各单位要按照院里的部署安排有序推进。申请领取公务卡后就必须严格执行公务卡强制结算目录，严格按照公务卡管理规定进行管理和核算，请各单位领导切实予以关注。

（五）着力加强资产管理和政府采购工作。各单位要进一步加强资产管理工作，确保国有资产的安全完整和保值增值。资产处要结合实际核定好各单位的保值增值指标，组织好相应检查；组织各单位开展好2012年的资产清查工作；按照国有资产处置的审批权限、程序和手续，办理国有资产无偿调拨（划转）、对外捐赠、出售、出让、转让、置换、报废报损等具体事项；做好出租出借、对外投资事项的申报审批及备案工作；力争建设好全院国有资产信息管理系统，规范国有资产报告业务；理顺湛江院区资产管理关系。

进一步完善院政府采购办法及相关程序。认真做好2012年政府采购计划、执行，2013年政府采购预算，2014年度新增资产配制计划等相关信息的编报工作，提高新增资产配置预算、政府采购信息及资产决算的规范性和完整性；及时申报进口产品，抓好2012年政府采购工作关键节点，推进院预算执行进度。根据农业部政府采购管理要求，院里将组织人员对部分单位年度政府采购等情况进行检查，确保政府采购工作规范操作。

（六）落实好会计基础工作规范。从会计工作实践看，院所两级财务会计基础工作不规范的现象依然存在，如年底突击花钱、平时报账不及时、原始票据零散未归集等不规范的现象。如院机关各部门在2011年年底半个月内报销的公用、人员经费占全年机构运行支出的16%。机关某部门2011年12月15～31日报账金额占该部门全年支出的58%。出现这些现象的原因主要是：有些年初发生的费用未及时结清，经办人年底才去开发票，导致支出票据的时间与业务实际发生时间不匹配；有些已经发生并取得发票的经济事项不及时履行报账手续，将较长时间的支出费用集中一次报销；有些已实际形成支出的事项，在审核时发现有些手续不完善或不合规的票据，因年底时间紧迫又无法完善相关手续，造成无法在当年列支。报账不及时，不仅违反了会计核算及时性原则，而且导致财务部门因无法及时掌握经费开支情况从而难以及时调剂资金。另一方面，由于财务核算的时效性要求，财务人员只能通过连续加班完成报账核算任务，直接增加了会计记账、出纳付款的工作压力和账务核算准确性的风险。票据未归集不仅影响报账工作效率，在周转过程中还存在遗漏、丢失的风险。如院机关2011年12月报账涉及的各类原始票据接近17 000张，这些票据短时间内集中到机关财务科，给会计基础工作带来了极大的压力。对这些不规范现象，各单位、各部门都应高度重视，共同做好各项基础工作。要进一步严格财务审签制度，优化工作流程，提高工作效率。要重点做好各类票据的使用管理，严格执行发票管理的有关规定。要充分利用信息化手段，通过各地税务机关发票查验网络，加强税务发票查验工作；通过航信验真平台，加大航空电子行程单的抽查，坚决杜绝虚假发票入账。要进一步加强创收收入管理，确保单位各项收入纳入法定账簿核算，防范"跑冒滴漏"，坚决杜绝账外收入形成新的"小金库"。

（七）妥善处理历史遗留问题。附属单位管理体制改革、债权债务处理、基建项目竣工财务决算办理、院所办企业清理等历史遗留问题，情况复杂，时间较长，涉及单位多，处理难度大。从去年开始的企业清理工作，取得了一些成效，目前正在稳步推进。应该说，历史遗留问题的解决需要各单位、各部门细心研究，形成切实可行的解决方案。同时也要学会利用外部力量，如加强与财政部驻海南省专员办、农业部财会服务中心等的合作与共建，发挥他们的专业和资源优势，征询相关意见和解决方案。今年，院里已制定了债权债务清理和院本级平台、项目清理工作方案，要逐步推进落实。今天下午院里还要召开专题会议，研究部署企业清理工作。各单位、各部门要按照统一部署，抓好落实。总之，解决历史遗留问题，需要集中和发挥大家的智慧，通过民主科学的决策，按照"先易后难、先近后远"的原则，稳妥处理。

（八）切实提高财务资产管理水平。客观地讲，与农业部其他直属单位相比，与农科院和中国水产科学院相比，我们在预算编制、预算执行、会计核算、资产监管等方面还有一定的差距，我们的财务资产管理水平还不高，需要进一步加强。一方面，需要各单位、各部门领导的重视、支持，业务部门的协调、配合。另一方面，还需要不断提高财务资产管理队伍的业务能力。这里我想强调的是，院所两级的财务资产管理人员要认清肩负的责任，明确努力的方向，勇于学习、善于学习，熟悉财经法律法规和政策，掌握各项财会制度和规定，强化监管意识、服务意识，提高驾驭本单位、本岗位财会业务大局的能力，切实提高财务资产管理水平。

同志们，财务资产管理工作直接关系到各单位法定代表人和班子成员的经济责任，关系到单位发展大局。做好财务资产管理工作不仅需要财务资产部门的努力工作，更需要各单位领导的大力支持和各业务部门的理解配合。广大财务资产管理工作人员要脚踏实地、真抓实干，为全院各项工作的顺利开展提供有力保障。

谢谢大家！

在2013年部门预算编制布置会上的讲话

张万桢　副院长

（2012年6月18日）

各位领导、同志们：

今天会议的主要任务，一是传达农业部2013年部门预算编制布置会精神，二是布置热科院2013年部门预算编制工作。

一、传达农业部2013年部门预算编制布置会精神

2012年6月14日，农业部财务司组织召开了农业部2013年部门预算编制布置会，邓庆海巡视员在会上做了重要讲话。

讲话总结了农业部预算管理工作取得的成绩。近年来农业部部门预算编制与执行管理水平有了全面的提高，预算管理的法律意识、公共意识、责任意识进一步增强；预算编制规模更加接近预算单位的现实需要和预算目标，预算编制的全面性、真实性不断深化；预算编制规模及内容更加贴近财政审核要求，财政审核通过率大幅提高、审减数额逐年缩小，预算精细化能力明显增强；预算执行中调整事项不断减少，调整规模显著下降。2012年预算，农业部加大了基本支出经费的安排力度，全面落实了离退休人员规范津贴补贴，提高了非营利科研所在职人员财政补助标准，扩增定员定额试点补助范围和标准，大大增强了预算单位的基本支出财政保障水平，缓解了各单位利用自有资金和创收弥补经费不足的局面。在项目支出方面也加大了投入的力度，其中：提高基本科研业务费补助标准，按创新编制人均增加1万

元，效果显著，大大提高了三院本级的调控能力。农业部预算编制工作由于效果显著，成绩突出，继 2011 年蝉联财政部评比第一名后，2012 年再次获得一等奖。

农业部预算执行工作推进扎实有效，截至 2012 年 5 月底，农业部部门预算执行进度为 52.12%，在中央农口部门中名列第一。虽然取得了阶段性的成果，但邓司长要求各单位继续密切关注下半年的预算执行，特别是执行慢的项目、执行慢的单位要采取切实有效的办法，加快预算执行进度。6 月、7 月、9 月、10 月预算执行进度将直接与 2013 年预算挂钩。

讲话分析了当前国内外的形势，认为世界经济复苏的曲折性、艰巨性进一步显现，不同经济体经济走势出现分化，不稳定性、不确定性在增加；国内经济运行中仍存在一些突出矛盾和问题，经济下行压力加大。具体反映到财政收入上，受经济增长趋缓、外贸进出口增幅回落、企业利润下降、实施结构性减税等综合因素影响，全国财政收入出现了低速增长的态势。预计，明年我国面临的形势依然严峻，明年中央本级支出的增幅比 2012 年可能会有所回落。因此，2013 年部门预算编制，各单位必须树立过紧日子的思想，做好应对困难的准备。

讲话对 2013 年预算编制提出了具体的要求，可概括为"五条十五个词"。一是优化支出结构，着力改善民生和控制运行成本。关键词是"确保、控制、科学"。确保，即对事业发展所必需的支出，在认真审核的基础上予以**积极保障**，对关系广大干部职工切身利益的支出，按政策规定予以**合理保障**；控制，即继续从严控制一般性支出，特别是 2013 年"三公经费"原则上仍按"零增长"控制；科学，即进一步完善决策机制，预算编制要紧密结合单位主要职能、发展规划和工作计划，履行相关程序，充分广泛听取各方意见。二是加强预算编制管理，着力合理安排预算资金。关键词是"统筹、精准、细化"。统筹，即深入推进综合预算，继续加大结转结余资金统筹使用力度；精准，即继续扩大和完善基本支出定员定额和实物费用定

额试点，加快推进项目支出定额标准建设，不断推进预算支出标准体系建设；细化，即不断提高预算年初到位率，尤其是科学支出、基建投资尽快落到项目。三是狠抓预算执行，着力提高预算资金使用效益。关键词是"加快、减少、管控"。加快，即提前谋划，完善制度，加强动态分析和检查督促，加快预算执行进度，努力消化财政结转资金；减少，即严格执行预算批复，强化预算约束，除无法预见的临时性或特殊支出事项外，原则上不再调整预算；管控，即完善预算执行监管机制，进一步健全国库单一账户体系，研究将预算单位实有资金账户纳入国库单一账户体系，严格按照批复的预算开展政府采购活动，避免出现无预算采购，超预算、超标准采购等问题。四是强化预算监管，着力提高预算透明度。关键词是"主动、透明、内控"。主动，即自觉接受财政、审计监督，有关问题要主动加以整改，有关建议要尽快制定落实措施；透明，即进一步推进预算决算公开，做好"三公经费"与预决算公开的衔接工作；内控，即加强内部制度和人员队伍建设，练好基本功，提升单位自身管理水平。五是积极开拓创新，着力加强预算绩效管理。关键词是"扩围、试行、构建"。扩围，即扩大绩效管理范围，原则上 2 000 万元以上的前三类项目（国务院确定项目、经常性专项业务费项目、跨年度支出项目）都要填报绩效目标，并做到量化、可考核，同时将选择部分党中央国务院关心、社会普遍关注、涉及民生的重大项目进行绩效考评；试行，即选择有条件的预算单位，开展整体绩效考评试点，对单位的国家政策落实、预算收支结构、资金支出方向、重点支出保障、预算管理水平等整体绩效进行评价；构建，即建立预算考评的工作机制，完善指标体系，建立评价结果应用机制、评价结果公开机制、绩效责任追究机制。这"五条十五个词"的要求，精炼、准确、全面，对预算编制与预算执行工作具有重要的指导意义。

二、2013 年预算编制工作安排

为了做好热科院 2013 年预算编制工作，我讲三个方面的意见：

（一）2013年部门预算编制的指导思想和原则

2013年部门预算编制的指导思想：在农业部的统一部署和领导下，深入落实科学发展观，围绕热科院"一个中心，五个基地"的战略发展目标、院"十二五"发展规划以及院确定的2013年的中心工作，以提升科技内涵为核心，确保民生工程为基础，优化支出结构，既统筹兼顾，又保证重点，为热科院的机构运行和事业发展提供财力支撑和保障。

按照上述指导思想，2013年预算编制的基本原则：一是保证院确定的各项重点工作顺利开展，切实保障人才队伍建设、重点科研领域资金需求；二是保证院机关和院属各单位正常运转；三是保证民生工程的落实；四是经费支出从严从紧，加强绩效评价，提高资金使用绩效。

（二）2013年部门预算编制要求

1. 高度重视，切实做好2012年预算编制工作。各单位、各部门要高度重视，加强领导，精心组织，认真做好本单位、本部门2013年部门预算编制的各项工作，确保各项数据准确、完整，相关编制说明真实、详细。

2. 要按照综合预算管理原则，对按规定应列入部门预算编报范围的资金，应全部编报部门预算。特别要加强对除财政拨款以外的事业收入、经营收入和其他收入的管理，进一步完善收支测算方法，提高收入预算编制的完整性和准确性，努力提升其他资金预算编制质量，力求缩小预、决算差异。收入的问题一般容易发生在经营收入、事业收入等财政拨款之外的领域，比如利用财政拨款变相进行投资创收，利用财政专项资金为企业搞推广牟利创收，擅自出租出借从事经营创收等等。我们鼓励单位创收，但收入必须合法，必须将经营性支出与财政项目支出严格区分，创收收支必须纳入预算管理。

3. 全面贯彻落实党中央、国务院关于厉行节约的有关规定，从严从紧编制"三公经费"和会议费等预算。一是2013年各单位安排的"三公经费"预算原则上分别不得超过2012年相关预算规模。二是会议费，要严格按照国家有关规定编报预算，减少不必要的会议次数和会议费开支。三是各单位要严格控制办公楼等楼堂馆所建设、装修及超标准配置办公家具等，严格控制和规范庆典、研讨会、论坛等活动。

4. 要严格按照相关规定加强结转结余资金的管理，统筹安排，加快消化。各单位应结合本单位结转资金情况和项目年度资金需求情况提出2013年经费需求，对于2012年执行中可能产生的结转资金，必须做到充分预计，并在2013年"二上"预算中全面、完整地反映。经财政部批复确认的结余资金，由农业部统筹安排，各有关单位不得自行安排使用。对结转结余资金较多的单位，农业部将压缩预算申报规模或核减预算安排。因此，各单位要加快预算执行，尽量减少结转结余资金。

5. 按照《中央本级基本支出预算管理办法》，规范基本支出预算的编制，严格控制基本支出的开支范围和开支标准。各单位要提高基本支出测算水平，要注意收集相关基础数据和政策，做到测算依据充分，数据准确完整，不留硬缺口。按财务司单独布置要求，认真、如实编报本单位细化的住房改革支出预算，确保相关数据与2013年部门预算中的住房改革支出预算一致。

6. 认真谋划项目支出安排，做好项目支出预算编制，提高项目文本的编制质量。这里要重点谈一下项目申报的问题，前段时间，财务司已对各单位申报的运转费项目和农业事业单位修购项目进行了评审，反映了项目申报中存在的一些问题。其中运转费主要的问题是，一与公用经费混淆，把本该由单位公用经费财政拨款保障的基本设施强行分离出来，转而用于申请运转费，像办公楼运转费、办公自动化系统运转费；二是与专项业务经费不分，属于专项业务工作内容的却申请运转费，例如，在运转费中列支与重大设施系统运转无关的其他研究性、业务性支出；三是与经营性支出不分，一些检验检测等通过收费服务维持运转的设施，运转费项目是不予支持的，对于公益性设施中实施经营性管理的部分也是不应由财政经费保障的。修缮购置项目的问题主要是与基本建设投资区分不清。目前的修缮购置资金重点用于满足事关职工生活、单位运转等公共设施的维修和设备购置，对提升功能的部分一般应争取基本建设投资安排。

7. 认真做好 2013 年单位国有资产处置收支预算、新增资产配置预算和政府采购预算的编制工作。在新增资产配置预算编制过程中，各单位预算管理部门要加强与资产管理部门的沟通协商，充分测算需求，在征求资产管理部门意见的基础上填报、审核相关预算。新增资产配置预算随"一上"预算上报后，不得自行变更。未按要求报送新增资产配置预算的，不得安排资金用于相关新增资产配置。

所有使用财政性资金及其配套资金采购货物、工程和服务的支出必须编制政府采购预算。各单位未在预算中按要求编报政府采购预算的，不得组织政府采购活动，不得支付资金，对涉及执行中申请采购进口产品和变更政府采购方式的，财政部将不予审批。

需要强调的是新增资产配置预算和政府采购预算要与项目支出预算衔接，否则，即使项目申报文本中包含了采购的目录和内容，而没有填报新增资产配置预算或政府采购预算，在执行中也会遇到问题。

（三）预算编制工作的组织

各单位要认真组织本单位的预算编报工作，单位负责人对本单位预算的真实、准确、完整负责。全院汇总的部门预算经院务会审定后上报农业部。

机关有关部门要指导各单位部门预算编制，对各单位上报的部门预算进行审核和汇总，具体分工如下。

1. 财务处负责组织与实施全院的部门预算编制工作。配合相关部门审核各单位项目申报文本的相关预算数据；负责审核、汇总全院部门预算，报院务会审议通过后上报农业部。

2. 人事处负责制定 2013 年各单位人才引进计划，审定各单位申报的 2013 年预算人数；提出引进高层次创新人才计划及经费需求，确保在部门预算中体现和保障；负责组织人员信息数据库填报工作，审核各单位上报的人员信息数据及相关文字材料。

3. 科技处负责协调和指导相关单位编制各项重点科研工作的经费预算；负责组织审核科研类项目的申报文本。

4. 计划基建处负责协调和指导相关单位基本建设项目的申报；负责相关单位自筹基建项目立项或变更审批工作；组织审核相关单位基本建设项目和修缮类项目申报文本；

5. 资产处负责审核各单位的政府采购预算，审核各单位资产存量情况、新增资产配置预算；负责审核仪器设备购置类项目申报文本；负责组织各单位单独编制住房改革支出预算，确保与部门预算中的住房改革支出预算相关数据一致。

6. 开发处负责拟定各单位上缴上级支出指标。

7. 院办公室负责审核公务用车购置及运行费、公务接待费、会议费预算。

8. 国际合作处负责审核因公出国（境）费预算。

预算编制是一项系统工程，需要各单位、各部门的协同配合，更需要大家的辛勤努力和付出，才能很好地完成。今年的预算编制工作，时间紧、任务重，希望各单位能够充分准备、充分酝酿、充分测算、充分论证，积极动员、精心组织、细致审查、严格把关，务请严格按照要求的时间、高质量地将预算上报到院财务处。接下来，财务处的同志还要就预算编制的具体内容进行布置和讲解，不清楚的问题要尽早咨询沟通。最后，衷心希望我们大家共同努力，把热科院 2013 年部门预算编制工作做好。

制度建设

中国热带农业科学院预算单位公务卡改革工作实施意见

（热科院财〔2012〕59号）

根据《农业部办公厅关于执行中央预算单位公务卡强制结算目录有关事项的通知》（农办财〔2011〕183号）和《财政部中国人民银行关于印发〈中央预算单位公务卡管理暂行办法〉的通知》（财库〔2007〕63号）要求，为贯彻落实财政部关于公务卡改革的工作部署，进一步深化国库集中支付改革，加强和规范预算单位公务支出管理，推进公务卡制度改革，扩大公务卡使用范围，切实减少公务支出中的现金提取和使用，规范授权支付业务，提高支付透明度，加强财政监督，制定本意见。

一、公务卡改革意义

公务卡是预算单位工作人员持有的，主要用于日常公务支出和财务报销业务的信用卡。公务卡改革是国库集中支付改革的深化，是公共财政管理制度的重要创新。在公共消费领域引进公务卡结算方式，有利于提高公务消费支付的透明度，进一步规范财政授权支付管理；有利于减少现金支付结算，降低单位现金管理成本，提高单位财务管理水平；有利于加强对公务支出过程的监控，从源头上堵塞漏洞，预防腐败现象，促进公务行为廉洁高效。

二、公务卡改革指导思想和原则

（一）指导思想

坚持公共财政改革方向，以国库单一账户体系为基础，以公务卡及电子转账支付系统为媒介，以现代财政国库管理系统为支撑，逐步实现使用公务卡办理零星公务消费支付，最大程度地减少单位现金支付结算，强化财务管理和监督，健全现代财政国库管理制度。

（二）基本原则

1. 规范运作原则。公务卡改革应当符合国库集中支付改革的各项要求，以国库单一账户体系为基础，确保在财政资金最终支付给收款人前不流出国库。做好持卡人信息保密工作，切实维护持卡人合法权益。

2. 强化监管原则。公务卡改革不改变预算单位现行财务报销制度。要通过制度和技术手段创新，进一步提高财政资金支付的透明度，强化财务部门对公务消费信息的监控。

3. 简单便利原则。公务卡改革方案的设计，要有利于持卡人方便快捷地办理公务支出结算和报销活动，要有利于减少预算单位财务部门工作量。

4. 积极稳妥原则。热科院公务卡改革工作的实施，要按照"先试点、后推广"的总体思路进行。各预算单位要努力改善用卡环境，引导持卡人转变用卡观念，不断扩大公务卡结算使用范围。

三、公务卡改革主要内容

（一）公务卡标准及功能

公务卡统一使用银联标准卡（即中央预算单位公务卡），具有普通信用卡的所有功能，享有一定透支额度与透支免息期。公务卡实行实名制，卡片及密码由持卡人自行保管，并承担相应的法律责任。公务卡原则上用于公务支出，如用于个人消费结算的，单位不承担个人消费引致的一切责任。公务卡仅用于办理人民币支付结算业务。

（二）公务卡结算适用范围

公务卡结算的适用范围是，实行财政授权支付的预算单位原使用现金结算方式的公务支出和零星商品服务购买支出，并严格执行《农业部办公厅关于执行中央预算单位公务卡强制结算目录有关事项的通知》规定的强制结算目录。

实行公务卡改革后，预算单位原通过转账方式进行结算的支付业务，继续按照国库集中支付的有关规定通过转账方式办理支付手续。

（三）公务卡结算报销基本程序和步骤

1. 刷卡消费。持卡人在从事公务活动时，应按规定使用公务卡刷卡消费，并取得相应报销凭证和消费交易凭条。

2. 申请报销。持卡人应在公务卡透支免息期内，凭合规的报销凭证和消费交易凭条，按照财务管理制度的有关规定申请报销。

3. 报销还款。预算单位财务部门通过发卡银行公务卡支持系统，对个人申请报销的刷卡消费信息进行查询、审核，确认无误后，签发支付指令，从单位零余额账户直接将报销款项划入公务卡账户，完成报销程序。

（四）公务卡改革后预算单位财务管理和会计核算

实行公务卡改革后，单位财务部门仍按现行财务报销制度，对公务卡公务消费支出进行审核报销；对经审核不予报销的部分，由持卡人自行偿还。在公务消费中，未经单位财务部门批准，持卡人不得使用公务卡提取现金，否则将视同个人消费行为，单位不承担由此引致的一切费用。单位财务部门在进行会计处理时，应将消费交易凭条和其他报销凭证一起作为会计原始凭证进行管理。

（五）公务卡发卡银行选择

各预算单位应当优先选择本单位零余额账户开户银行作为发卡银行（简称同行办卡），也可以选择非本单位零余额账户开户银行的其他中央国库集中支付业务代理银行作为发卡银行（简称跨行办卡，具体包括中国工商银行、中国农业银行、中国银行、中国建设银行、交通银行、中国光大银行、中信银行），但每个基层预算单位只能选择一家代理银行作为发卡银行。

四、公务卡改革中有关部门（单位）职责

公务卡改革是一项系统工程，涉及财务、人事、纪检监察、审计、基层预算单位等部门（单位）。各部门（单位）要统一思想，明确责任，密切配合，加强协作，共同促进公务卡改革工作的顺利进行。在公务卡改革中，各有关部门（单位）的主要职责是：

财务处：负责组织、指导各预算单位制定本单位公务卡改革实施方案和实施细则等管理制度；牵头组织公务卡改革实施工作，对预算单位财务人员进行业务培训；协调各预算单位确定公务卡发卡银行，督促预算单位与发卡银行签订服务协议；对发卡银行服务质量进行跟踪考评。

人事处：负责协助提供真实、准确、完整的个人申请资料；及时提供工作人员新增、调动、退休、离职，以及职务、职称变动等信息。

监察审计室：负责公务卡改革工作的监督检查，对工作人员是否按规定使用公务卡进行公务消费的情况进行检查、监督。

基层预算单位：在财政部指定的公务卡发卡银行范围内，选择确定本单位公务卡发卡银行，并与之签订服务协议；制定本单位公务卡结算实施方案和实施细则等财务管理办法；做好本单位公务卡申领工作，对职工进行公务卡知识培训。

五、公务卡改革实施时间

公务卡改革工作要按照积极稳妥原则，先试点、后推广，2012年年底前全部完成公务卡改革，在全院范围内初步建立起"使用方便、操作规范、信息透明、监控有力"的公务卡管理新机制。具体安排是：

2012年3月10日前，各预算单位完成《公务卡制度改革的工作实施方案》和《执行公务卡强制结算目录的实施细则》制定工作。《实施方案》应明确工作时限、选择确定发卡银行、明确相关工作步骤；《实施细则》应结合本单位工作实际，规范授权支付业务，明确日常公务支出和财务报销业务的公务卡使用范围及程序等，重点明确不能使用公务卡结算情况下的财务审批程序和报销手续。

2012年3月底前，院统一组织财务人员参加公务卡制度改革及相关政策法规等知识的培训，确保财务人员熟练掌握公务卡核算办法；做好公务卡制度改革的宣传，确保工作人员熟练掌握公务卡的使用方法，使工作人员形成主

动用卡、自觉用卡的良好氛围，促进公务卡制度改革顺利进行。

2012 年 4 月，在院本级启动公务卡改革试点。

2012 年 5 月，院属二级预算单位启动公务卡改革试点工作，条件成熟的单位可适当提前启动。

2012 年 7 ~ 10 月，在院属二级预算单位全

面推行公务卡改革。院附属单位可根据本单位实际需要参照执行。

各单位应根据本实施意见的要求，从党风廉政建设和源头预防腐败的高度，切实提高对公务卡改革，以及实施公务卡强制结算目录必要性和重要性的认识，规范授权支付业务，扎实推进公务卡改革的各项工作。

中国热带农业科学院
关于进一步加强重大科技成果、重大科研项目和优秀科研团队支持保障力度的指导性意见

（热科院财〔2012〕74 号）

进一步加强对热科院重大科技成果奖励、重大科研项目培育和优秀科研团队建设工作的支撑保障力度，更好地发挥各类资金以及科技资源、人力资源和科研基础设施的使用绩效，制定本意见。

一、加强重大科技成果集成创新，加大重大科技成果奖励力度

建立健全与科研立项相衔接的重大科技成果培育机制和科技成果跟踪制度，大力凝练科技成果的创新点与突破点，加大宣传力度，不断加强重大科技成果的管理和集成工作，积极做好各类科技成果奖励申报工作。

进一步加大对重大科技成果，特别是对获得国家级二等奖及以上奖项科技成果的奖励力度，鼓励和引导科技人员积极进行科技成果集成与创新。对获得国家级二等奖及以上奖项的重大科技成果，由院给予一定奖励，院属相关单位也应安排配套资金进行奖励。

二、加快重大科研项目培育，加强优秀科研团队建设

进一步加强与农业部等有关上级部门的沟通汇报，紧紧围绕国家战略需求、农业产业转型和农民增收，完善科技发展规划。按照热带农业产业发展和热科院学科发展需求，不断提

高科研立项数量和水平。紧密追踪科研计划立项动态，加强科研计划立项的前瞻性，切实做好项目集群工作，建立健全持续性支持的重大科研项目投入机制，加快重大科研项目培育。

系统梳理热科院现有各类科技平台和项目资源，遵循相关经费投入规律，科学谋划和合理布局重大科研创新平台、支撑平台和服务平台，积极争取新建平台立项，全面加强科研条件建设。完善规章制度，提高运行效能，大力推进平台与学科、项目、人才、成果的有机结合。

以优秀科研创新平台为基础，以重大科研项目培育为导向，不断优化人才管理机制，加大人才引进与培养力度，切实加强高层次人才队伍建设，积极打造优秀创新团队。加强优秀科研团队内部运行机制建设，不断提高团队的凝聚力和创造力，切实发挥优秀科研创新团队在集中力量出大成果和锻炼培养优秀科技人才等方面的作用。

三、充分发挥自有资金导向作用，切实提高财政资金使用绩效

加快科技成果转化和科技开发工作，不断提高热科院科技产业发展后劲，进一步增强科技开发反哺科技创新的能力。统筹安排自有资金，严格控制一般性公用支出，进一步压缩用

于日常公用经费的自有资金安排。不断突出自有资金使用重点，优先安排用于改善职工福利待遇、民生工程和重大科技成果奖励，更好地发挥自有资金使用的导向和杠杆作用。

进一步做好财政专项资金预算管理工作。一是要以重大科研平台建设、重大科研项目培育为重点，进一步推进重大项目的筹划与立项工作。二是要统筹安排各类财政专项资金，重点对重大科研项目培育和优秀科研团队培养进行持续性支持。三是不断完善财政专项资金管理，提高预算编制的科学化、精细化水平和预算执行质量，充分发挥财政资金使用绩效。

中国热带农业科学院
关于加强科研项目劳务费管理的指导性意见

（热科院财〔2012〕79 号）

为进一步规范科研项目临时劳务用工和科研项目劳务费发放管理，提高资金的使用绩效，根据国家人事劳动及科研项目劳务费管理的有关规定和《中国热带农业科学院加班费劳务费专家咨询费管理办法》（热科院人〔2011〕504号），结合热科院实际，制定本意见。

一、严肃人事劳动纪律，加强劳务用工管理

科研项目临时劳务用工是各单位为完成科研项目（科研课题等，下同）任务临时聘用的编外临时用工（含在校研究生等，以下统称项目劳务用工）。

项目劳务用工是热科院人力资源的组成部分，各单位应统筹安排，纳入本单位人事劳动管理范围，建立健全项目劳务用工管理制度。

各单位应严格按照国家和院有关人事劳动管理规定，把好聘用关，在确保科研工作顺利开展的前提下，严格控制项目劳务用工数量。

各单位应按照规定办理劳务用工手续，切实保障项目劳务用工的合法权益，及时支付劳务费，依法办理有关社会保险。

各单位应进一步加强项目劳务用工的法律法规教育、保密意识教育、劳动安全教育和劳动纪律教育。

二、科学编制项目预算，确保
科研工作顺利开展

科研项目劳务费是指在科研项目研究开发过程中支付给项目组成员中没有工资性收入的相关人员，如项目临时聘用人员和流动人员（含在校研究生）等的劳务性费用和社会保险费用。

科研项目承担单位聘用的参与研发任务的优秀高校毕业生在聘用期内所需的劳务性费用和有关社会保险费补助，可以在劳务费中列支。

各单位在编制项目申报文本时，要按照相关项目管理规定、财务管理规定和项目实际情况，科学、合理、充分预计科研项目开展过程中需要发生的各项劳务支出，将劳务费列入项目预算。

科研项目负责人要对科研项目申报文本中的劳务费预算严格把关，按照从严从紧的原则编制劳务费预算，预算批复后，原则上不得在科研项目实施过程中随意调整。

三、规范劳务费发放管理，提高资金使用绩效

各单位应严格控制科研项目劳务费发放对象和发放标准，由单位财务部门根据科研项目劳务费预算据实列支。各单位不得无预算或超预算列支科研项目劳务费。

各单位应根据院劳务费管理有关规定制订和完善科研项目劳务费发放程序，加强科研项目劳务费发放审批，规范科研项目劳务费发放签收手续。

各单位发放科研项目劳务费原则上应通过银行转账方式直接汇入项目劳务用工个人银行账户，不得由项目组成员或其他人员代领代发。

发放科研项目劳务费应缴纳的个人所得税，由支付单位代扣代缴。

四、强化监管，落实责任

各单位科技、人事、财务、纪检监察、审计等部门要进一步加强对项目劳务用工和科研项目劳务费发放的监督检查工作。科研项目负责人对科研项目劳务费发放的真实性承担直接责任。对虚报科研项目劳务费、擅自扩大科研项目劳务费发放范围和提高发放标准、利用"小金库"发放科研项目劳务费的，按国家和院的有关规定追究当事人责任。

中国热带农业科学院院本级实施公务卡消费制度工作方案

（院办财〔2012〕50 号）

为适应财政管理制度改革的要求，进一步加强和规范公务支出管理，切实减少公务支出中的现金提取和使用，根据《关于实施中央预算单位公务卡强制结算目录的通知》（热科院财〔2011〕542 号）要求，结合院本级实际情况，制定公务卡实施工作方案。

一、实施公务卡消费制度的指导思想

坚持公共财政改革方向，以公务卡及电子转账支付系统为媒介，以国库单一账户体系为基础，以现代财政国库管理信息系统为支撑，逐步实现使用公务卡办理公务支出，最大限度地减少现金支付结算，强化财政动态监控，健全现代财政国库管理制度。按照"先试点、后推开，先探索、后规范"的原则，积极稳妥地推进此项工作，确保按时按质完成任务，取得实际成效。

二、公务卡消费制度主要内容

1. 公务卡性质

公务卡使用中国银联标准信用卡，是银行面向财政预算单位工作人员发行的用于日常公务支出和财务报销业务的个人信用卡，持卡人在信用额度内进行公务消费后，在到期还款日之前将发票和交易凭证交给财务部门报销，变过去现金支付为"刷卡"支付。

公务卡原则上不能用于个人支付结算，单位不承担私人消费行为导致的一切责任。

2. 持卡人范围及信用额度

单位根据工作性质、工作需要，合理确定可以申领公务卡的人员及其信用额度。申领公务卡实行实名制，由开卡的职工自行妥善保管。每张公务卡的信用额度不超过 5 万元、不少于 2 万元，特殊情况可以提前申请临时追加信用额度。

三、实施步骤

（一）准备阶段

1. 做好组织培训、内部宣传工作

根据院的统一部署，财务处组织公务卡消费制度改革的相关培训，确保财务人员能够正确使用公务卡支持系统，保证工作人员能够正确使用公务卡。在本单位形成主动用卡、自觉用卡的良好氛围，切实减少公务支出中的现金提取和使用。

2. 制定公务卡消费制度实施细则

3. 选择确定发卡行。院本级选定零余额开户行作为发卡行，并与其签订委托代理协议。

4. 积极配合发卡行做好公务卡支持系统的调试工作，熟悉公务卡支持系统的操作。

5. 统一组织办理公务卡。统一组织单位工作人员向发卡行申办公务卡，正确填写公务卡申领材料，按发卡行的相关规定启用公务卡。

（二）推行阶段

1. 根据工作进展情况，2012 年 6 月 1 日开始在院本级全面推行。

2. 信息维护。单位工作人员新增或调动、退休时，及时组织办理公务卡的申领或停止使用等手续，并通知发卡行及时维护公务卡支持系统。现有工作人员涉及公务卡的相关信息变动时，也应及时通知发卡行维护公务卡支持系统。

四、工作进度安排

3 月 31 日前完成公务卡消费制度的宣传培

训工作，并与代理银行签订公务卡服务协议；4月30日前完成公务卡支持系统调试工作；5月31日前代理银行为试点预算单位职工办卡、发卡；6月1日正式启动公务卡消费。

五、职责分工

公务卡消费制度改革是一项综合性改革，院机关各部门要各司其职、各负其责，密切配合、加强协作，形成工作合力，共同推进公务卡消费制度改革工作顺利开展。

（一）财务处负责牵头组织实施公务卡消费制度改革试点工作，做好对各部门人员的业务培训与政策解释工作，协调解决实行公务卡消费制度中出现的问题。

（二）人事处负责审核确认院本级申请公务卡的人员范围；审核工作人员个人申请资料的真实性；负责及时提供工作人员变动情况以及职务、职称变动等信息。

（三）监察审计室负责对利用公务卡虚开多报、损公肥私等违规消费的行为进行监督检查。

（四）各部门要从党风廉政建设和源头预防腐败的高度，切实提高对实施公务卡强制结算目录必要性和重要性的认识，切实按规定使用公务卡，严格公务卡结算范围，规范公务卡报销处理方式，认真抓好落实工作。

中国热带农业科学院本级公务卡管理实施细则

（院办财〔2012〕50号）

第一章 总 则

第一条 为进一步深化和完善国库集中支付制度改革，规范公务卡财务管理，减少现金支付结算，提高公务支出的透明度，加强财政监督，根据财政部、中国人民银行关于印发《中央预算单位公务卡管理暂行办法》的通知（财库〔2007〕63号）和《关于实施中央预算单位公务卡强制结算目录的通知》（热科院财〔2011〕542号）要求，结合热科院实际，制定本细则。

第二条 本细则所称公务卡，是指中央预算单位工作人员持有的，主要用于日常公务支出和财务报销业务的信用卡。

第二章 代理银行

第三条 院本级选定中国农业银行海口城西支行作为代理银行。公务卡具有银行信用卡的全部功能，并享有以下优惠权益：公务卡在有效期内免年费；免收工本费、挂失手续费和损坏换卡手续费；免费提供交易短信通知、报销还款交易短信通知、账单到期短信提醒；还款额度实时恢复。

第三章 公务卡日常管理

第四条 公务卡的使用。

（一）公务卡只限本人使用，根据代理银行的规定，明确划分不同人员的额度。

（二）公务卡用于单位公务支出结算，持卡人在未办理报销手续之前，无论是公务消费还是个人消费均属个人行为，由此导致的经济、法律等责任由个人承担。

（三）公务卡原则上不能用于个人消费支出。因特殊情况发生的透支本息和相关费用由持卡人本人负责还款。

（四）持卡人执行公务时不得通过公务卡透支提取现金，否则产生的利息、手续费等费用由持卡人个人承担。

（五）因退货等原因导致已报销资金退回公务卡时，持卡人应及时将相应款项退交财务部门。

第五条 公务卡日常管理。

（一）公务卡的办理：

1. 公务卡实行"一人一卡"，单位工作人员不能开设多张公务卡，不允许办理公务卡附属卡。

2. 公务卡由院财务处统一组织职工向代理

银行申请办理。办理公务卡的对象是院本级在职在编工作人员，其他人员根据工作需要由本人提出申请，经部门负责人同意并报人事处和财务处批准后方可办理。

办卡时需由本人按银行要求填写"中国农业银行中央预算单位公务员申请表"，各部门收集后汇总填写"中央预算单位在职在编人员清单"（见附表1）并交财务处，由财务处统一向银行申请办理。

3. 公务卡实行实名制、自行保管，密码自行设立，因保管不善造成的经济损失由个人承担。

（二）公务卡因遗失、毁损等原因需补办的，由持卡人本人到银行办理挂失和补办手续，补办成功后持卡人应及时告知财务处联系发卡银行维护相关信息。

（三）持卡人调动、离职、退休等原因离开单位，应按单位要求及时清理公务卡债权债务，经财务部门确认后，通知发卡行停止该公务卡的使用，人事部门方可办理相关手续。

第四章　公务卡结算的范围

第六条　公务卡强制结算的范围：凡目录规定的公务支出项目，包括办公费、印刷费、咨询费、手续费、水电费、邮电费、物业管理费、差旅费、维修（护）费、租赁费、会议费、培训费、公务接待费、专用材料费、公务用车运行维护费、其他交通费等，都应按规定使用公务卡或银行转账结算，原则上不再使用现金结算。

第七条　现行通过单位转账方式支付的款项，如邮电费、水电费、书报杂志订阅费等仍采用银行转账结算方式，可不通过公务卡进行结算，继续使用转账方式。

第八条　实行公务卡结算方式后的现金管理。

属于下列情况的，可继续使用现金结算：

1. 在县级以下（不包括县级）地区发生的公务支出；

2. 在县级及县级以上地区不具备刷卡条件的场所发生的单笔消费在 200 元以下的公务支出；

3. 确需采用现金方式支付的补助费、慰问金或其他抚恤救济性支出；

4. 签证费、快递费、过桥过路费、出租车费用等目前只能使用现金结算的支出。

5. 发放个人劳务费、讲课费、咨询费等原则上通过转账结算，确需现金支付的须事先经部门负责人同意，并报部门分管院领导及分管财务院领导批准。

除上述情况外，因特殊情形确实不能使用公务卡结算的，应由提供消费（服务）的商户或经办人出具不能使用公务卡的证明材料，报经部门负责人批准。

第五章　公务卡日常报销管理

第九条　公务卡结算的报销原则。

（一）使用公务卡结算，不改变现行财务管理制度和报销审批程序。

（二）持卡人因公务活动使用公务卡消费时，必须取得本人签名的公务卡消费交易凭条和合法票据。

（三）不具备刷卡环境而又确需进行公务消费时，由个人先行垫付资金，然后按照财务报销程序进行报销。

（四）有下列情形之一的，所产生费用由持卡人个人承担，不予报销。

1. 使用公务卡用于个人消费的部分；

2. 报销费用与提供的报销凭证、公务卡消费交易凭条不符的；

3. 持卡人透支提取现金所产生的手续费、利息等；

4. 因持卡人个人保管不慎或遗失等原因，导致公务卡被盗刷卡所形成的支出和损失；

5. 其他不符合财务管理规定和要求或超出标准的消费。

第十条　公务卡结算的报销程序。

（一）对于差旅费、会议费、招待费、购买货物等公务支出，使用公务卡结算的，应在公务卡信用额度内，先通过公务卡结算，并取得发票等财务报销凭证和公务卡消费交易凭条。

（二）持卡人应于免息还款日 10 个工作日前将符合财务报销要求的报销材料送财务处办理报账手续。

因持卡人的原因不及时报账，未能在公务卡免息期内申请报销，所造成的罚息和滞纳金、手续费等费用由持卡人个人承担。

（三）持卡人应在报销时填写"公务卡费用报销汇总表"（见附表2），注明刷卡消费的时间及刷卡金额等信息，以便于会计人员进行对账和账务处理。

（四）会计人员对持卡人签字确认的公务卡消费交易凭条、报销审批凭证及报销单据等进行审核后，登陆公务卡支持系统，根据持卡人提供的姓名、交易日期和消费金额等信息，查询核对公务消费的真实性，审核确认后予以报销。

（五）复核人员将公务卡支持系统所生成的公务支出明细表和汇总表与支出报销单进行复核确认，统一办理公务卡还款业务。

（六）会计人员应在公务卡免息还款期前3个工作日完成公务卡的还款手续。

第十一条 实行公务卡结算方式后，原则上不再向职工个人办理借款。因出差时间长等特殊原因，无法在免息还款期内回单位办理报销手续的，可由持卡人或委托相关人员先办理借款手续，同时向财务部门提供持卡人姓名、交易日期和每笔交易金额的明细信息，由财务部门于免息还款期之前将资金转入公务卡，待持卡人返回单位后，7个工作日内补办报销手续。

第六章 附 则

第十二条 持卡人要严格遵守国家关于银行卡使用管理的有关规定，规范使用公务卡。严禁持卡人违规使用公务卡。对恶意透支、拖欠还款等所产生的后果，由持卡人负责，单位不承担由此引发的任何责任。

第十三条 各部门负责人应严格执行财经纪律，对本部门公务卡持卡人的公务消费行为进行管理和审核，严格控制支出，杜绝超范围、超标准的支出，确保公务消费支出控制在规定范围之内。

第十四条 本细则由院财务处负责解释。

第十五条 本细则自2012年6月1日起施行。

中国热带农业科学院办公室
关于进一步加强院本级出差和会议定点管理工作的通知

（院办财〔2012〕132号）

各院区管委会、各单位、各部门：

根据《中国热带农业科学院关于转发〈财政部关于进一步加强党政机关出差和会议定点管理工作的通知〉的通知》（院办财〔2012〕117号）的相关要求，结合院本级的实际情况，现就进一步加强院本级出差和会议定点管理有关事项通知如下：

一、进一步加强出差定点管理

工作人员出差应当到定点饭店住宿。出差前应当预订出差定点饭店，入住定点饭店应当出示证明身份的工作证和身份证，使用公务卡结算食宿费。住宿费按照定点饭店的协议价格凭据报销；出差到没有定点饭店的地方或特殊情况在非定点饭店住宿时，住宿费按所在地级市（州、盟）出差定点饭店协议价格上限内凭据报销。

住宿标准：副部级人员住套间，司局级人员住标准间，处级及处级以下人员二人住一个标准间。

二、进一步加强会议定点管理

根据财政部对会议定点管理改革的有关要求，各部门要进一步节俭使用会议经费，努力降低行政成本。凡是可以在单位内部会议室召开的会议，不得安排在宾馆或其他经营性场所召开。需要到宾馆召开的会议，应尽量使用单位内部的宾馆、招待所，内部宾馆、招待所不具备承接条件的，必须到定点饭店召开，不得租用高级宾馆、饭店召开会议，也不得到党中央、国务院严禁召开会议的风景名胜区等地方召开会议。会议筹备工作要在单位内进行，不得安排在宾馆、饭店。

委托下属单位或会务公司安排会务的，应将会议费直接拨付到召开会议的定点饭店，不得将会议费拨付到下属单位或会务公司。

出差地住宿费和会议费开支标准上限，具体以财政部"党政机关事业单位出差和会议定点饭店查询网"公布的信息为准，网址为 http：//www. hotel. gov. cn。

自本通知下达之日起，凡是到院本级办理出差住宿费、会议费报销的，院财务处将严格审核。凡不符合上述要求的，不予办理报销手续。

中国热带农业科学院国有资产管理暂行办法

(热科院资〔2012〕71 号)

第一章　总　则

第一条　为加强国有资产管理，合理配置和有效利用国有资产，保证院科研、行政和产业开发工作的正常进行，促进各项事业的发展，根据《行政事业单位国有资产管理办法》《农业部部属事业单位国有资产管理暂行办法》《农业部行政事业单位土地资产管理暂行办法》《农业部行政事业单位房产管理暂行办法》等规定，结合院实际情况，制定本办法。

第二条　本办法适用于院本级及院属各事业单位。

第三条　本办法所称事业单位国有资产，是指院本级及院属各单位占有、使用的，依法确认为国家所有，能以货币计量的各种资产的总称。

主要包括：国家拨给院本级及院属各单位的资产，院本级及院属各单位按照国家政策规定运用国有资产组织收入形成的资产，接受捐赠和其他经法律确认为国家所有的资产等，具体表现形式为流动资产、固定资产、无形资产和对外投资等。

第四条　院国有资产管理坚持资产与预算，资产与财务，实物与价值管理相结合的原则，坚持责、权、利相统一原则。

第五条　院国有资产实行国家所有，分级监管，单位占有、使用的管理体制，统一领导、归口管理、分级负责、责任到人。

第二章　管理机构及职责

第六条　院资产处是负责院属各单位国有资产监督管理的职能机构，对院本级和院属各单位占有和使用的国有资产实施综合监督管理。相关职能部门对国有资产管理的具体工作，依据资产和管理业务分类实施归口管理。

(一) 资产处

1. 贯彻执行国家和农业部有关国有资产管理的法律、行政法规和政策。

2. 制定院国有资产管理办法，并组织实施和监督检查；负责院本级国有资产具体管理工作。

3. 组织国有资产的清查、登记、统计汇总及日常监督检查工作，负责产权登记、产权纠纷调处的基础性管理工作；具体负责院本级产权登记和管理。

4. 按国家规定权限及上级主管部门授权，组织审核院属各单位有关资产配置、处置以及利用国有资产对外投资、出租出借等事项并履行报批手续。

5. 负责院属各单位长期闲置、低效运转和超标准配置资产的调剂工作，推动国有资产共享、共用。

6. 督促院属各单位按规定缴纳国有资产收益。

7. 组织实施院属各单位国有资产保值增值考核及院属各单位国有资产管理的绩效考评工作。

8. 组织、指导资产管理信息化建设；组织建立院资产管理数据库并进行资产总量分布和结构的动态管理。

9. 负责资产管理队伍建设；负责组织全院资产管理人员的业务培训。

10. 接受财政部、农业部的监督、指导，并报告有关事业单位国有资产管理工作。

（二）财务处

1. 参与资产配置预算编报；

2. 负责全院货币性资产监督管理；

3. 负责国有资产收益的代缴国库工作；

4. 负责院本级固定资产价值核算及货币性资产管理；

5. 配合资产处、科技处、基建处等职能部门对专项经费资产配置事项进行审核。

（三）计划基建处

1. 负责在建工程类资产信息统计；

2. 参与房屋建筑物、土地类固定资产的配置、处置、出租出借、对外投资等事项的审核；

3. 对院本级财务决算前的基建项目资产进行监督和管理。

（四）科技处

1. 参与科研项目资产配置审核；

2. 负责对可形成无形资产的专利权、著作权、非专利技术等登记备案；

3. 参与专利权和非专利技术等无形资产的出租出借、对外投资、处置事项的审核；

4. 负责专利权、非专利技术等相关无形资产使用监督管理；

5. 大型仪器设备共享使用监督管理及绩效评价。

（五）院办公室

1. 负责车辆编制管理；

2. 负责车辆配置预算审核；

3. 对院属各单位车辆资产使用情况进行监督管理；对院本级车辆资产进行实物及相关使用管理；

4. 参与对院属各单位车辆出租出借、对外投资、处置事项的审核；

5. 负责车辆信息统计工作。

（六）开发处

1. 对全院经营性国有资产实施监督管理并开展绩效评价；

2. 组织院本级经营项目论证并履行资产投入的申报手续，代表院履行出资人职责；

3. 组织审核院属各单位出租、出借、对外投资事项的可行性论证并出具审核意见；

4. 负责中国热带农业科学院名称及缩写用于营利性目的的冠名权审批和管理；负责院商标权管理。

（七）监察审计室

负责监督国有资产管理行为，对国有资产配置、使用、出租出借、对外投资、处置等事项实施重点监督。

第七条 院属各单位对本单位占有、使用的资产实施具体管理。其主要职责是：

（一）贯彻执行国家有关国有资产管理的法律、行政法规和政策。

（二）根据农业部和院的相关规定，制定本单位国有资产管理内控制度并组织实施；负责本单位资产配置预算、计划申报、购置、验收入库、使用及维护保管等日常管理；负责本单位资产的账卡管理、清查登记、统计报告、信息化管理及日常监督检查工作。

（三）负责办理本单位国有资产配置、处置和对外投资、出租出借等事项的报批手续，根据授权审批本单位有关国有资产配置、处置和对外投资、出租出借等事项。

（四）履行出资人职责，按照规定及时足额缴纳国有资产收益；负责本单位用于对外投资、出租出借等资产的保值增值。

（五）负责本单位占有和使用的国有资产的安全、完整、有效利用，参与大型仪器、设备等资产的共享、共用和公共研究平台建设工作。

（六）完成本单位资产清查、评估、界定、登记和资产年报等任务。

（七）负责本单位资产信息管理，组织建立资产管理数据库并进行动态监管，定期清查盘点，确保账、卡、物相符，资产信息准确。

（八）接受上级主管单位（部门）和相关部门的监督、指导，并报告有关国有资产管理工作。

第八条 院属各单位国有资产管理实行法定代表人负责制。设立国有资产管理岗位，配备专门的资产管理人员并保持相对稳定。

对本单位的资产管理，单位法定代表人应负领导责任；资产管理分管领导和资产管理人员负管理责任；资产使用人对自己所占有和使用的国有资产负保管和维护的直接责任。

第三章　审批权限与审批流程

第九条　院本级及院属各单位的资产配置、处置，以及对外投资、出租出借等事项，应严格履行申报、审批程序，其中土地资产、房产事项的申报要求及审批规程应《按农业部土地、房产管理实施办法》（农财发〔2010〕102号）执行。

第十条　土地资产审批权限。

（一）出租出借：院本级及院属各单位出租出借土地资产，单项或批量价值（账面价值，下同）800万元以上的，报农业部审核，财政部审批；

院本级单项或批量价值800万元以下的出租出借事项报农业部审批；院属各单位单项或批量价值800万元以下的出租出借事项报院审批。

（二）对外投资：院本级及院属各单位的土地资产原则上不得用于投资，确需对外投资的，无论金额大小，均须报农业部审核或审批。

（三）资产处置：院本级及院属各单位的土地资产处置，无论金额大小，均需报农业部审核或审批。

第十一条　房产审批权限。

（一）出租出借：院本级及院属各单位利用房产对外出租出借，单项或批量价值800万元以上的，报农业部审核，财政部审批。

院本级单项或批量价值800万元以下的由院审批。院属各单位单项或批量价值800万元以下的自行审批。

（二）对外投资：院本级及院属各单位利用房产对外投资，单项或批量价值800万元以上的，报农业部审核，财政部审批。

院本级800万元以下全部事项报农业部审批。院属各单位500万元至800万元事项报农业部审批；500万元以下报热科院审批。

（三）资产处置：院本级及院属各单位所有

房产处置事项，无论金额大小，均需报农业部审核、审批。

第十二条　土地、房产以外的其他国有资产（以下简称其他资产）审批权限。

（一）出租出借

院本级和院属各单位单项或批量价值800万元以上（含800万元）的报农业部审核，财政部审批。

院本级单项或批量价值800万元以下的由院审批。院属各单位单项或批量价值800万元以下的自行审批。

（二）对外投资：院本级及院属各单位单项或批量价值800万元以上（含800万元）事项，均报农业部审核，财政部审批。

院本级单项或批量价值800万元以下的，报农业部审核；院属各单位单项或批量价值800万元以下的报热科院审批。

（三）资产处置：院本级及院属各单位资产处置事项，单项或批量价值800万元以上的报农业部审核，财政部审批。

院本级单项或批量价值50万元以上的资产处置事项，报农业部审批；50万元以下的资产处置事项，报院审批。院属各单位单项或批量价值50万元以上至800万元以下的处置事项报热科院审批；单项或批量价值50万元以下的处置事项自行审批。

第十三条　单位的资产配置、处置、对外投资、出租出借等申报事项、应严格履行以下审批流程。

（一）上报农业部审核（批）事项：院属各单位提交申请，院资产处组织相关单位审核并提出相关建议，经分管院领导审签，院领导班子集体研究决定同意后，由资产处行文上报。

（二）上报热科院审批事项：院属各单位提交申请，资产处组织审核并提出相关建议，经院分管领导审签，院领导班子集体研究决定，由资产处行文批复。

（三）院属各单位自行批复事项：由本单位资产管理部门组织审核，提出相关建议报领导审签，提交领导班子集体研究审批，并履行备案程序。

院属各单位自行审批完成后10个工作日

内，将批复文件（一式 5 份）上报院资产处，同时报当地财政监察专员办事处备案；院资产处汇总后于 5 个工作日内报农业部备案。

第四章 资产配置

第十四条 资产配置是指根据院属各单位履行职能的需要，按照国家有关法律、行政法规和规章制度规定的程序，通过购置或者调剂等方式配备资产的行为。

第十五条 资产配置应当符合以下条件：

（一）现有资产无法满足本单位履行职能的需要。

（二）难以与其他单位共享、共用相关资产。

（三）难以通过市场购买服务方式实现，或者采取市场购买服务方式成本过高。

第十六条 资产配置应当符合规定的配置标准；没有规定配置标准的，应当从严控制，合理配置。能通过单位内部调剂方式配置的，原则上不重新购置。

第十七条 对于院属各单位长期闲置、低效运转或者超标准配置的资产，可根据工作需要进行调剂。调剂程序按照无偿调拨（划转）的规定执行。

调剂方式可分为院属各单位申请调剂和上级主管部门调剂两种。

第十八条 院属各单位申请购置规定范围内及规定限额以上资产的，须履行如下程序：

（一）年度部门预算编制前，单位资产管理部门会同财务部门根据资产的存量、使用及其绩效情况，提出下一年度拟新购置资产的品目、数量和所需经费，经单位领导班子集体研究同意后，纳入单位预算。

（二）财务处将经审核后的资产配置预算随部门预算一并报上级部门审批。

（三）院属各单位按照上级部门的预算批复配置资产。

第十九条 购置纳入政府采购范围的资产，应当按照政府采购管理的有关规定实施采购，优先采购国产、节能、环保、自主创新产品。

第二十条 院属各单位国有资产管理部门对单位购置、接受捐赠、无偿划拨（接受调剂）、自行研制等方式配置的资产，应及时组织验收、登记，严把数量、质量关，验收合格后送达具体使用部门。院属各单位财务管理部门应根据资产的相关凭证或文件及时登记入账。

盘盈资产或没有原始价值凭证的资产，可通过查阅竣工财务决算资料、委托中介机构进行资产评估、查阅同期同类商品市价估价入账等方式确定资产价值。

建设工程形成的资产（如房屋、道路、构筑物等），应在基建部门进行竣工验收、结算，财务部门进行财务决算后，由财务部门将相关材料送资产管理部门，同时列增资产。

第五章 资产使用

第二十一条 资产使用包括单位自用和对外投资、出租出借等方式。

权属关系不明确或者存在权属纠纷的资产，不得用于对外投资和出租出借。

第二十二条 院属各单位应建立健全自用资产的验收、领用、使用、保管和维护等内部管理流程，定期对资产进行清查盘点，做到账账、账卡、账实相符；加强对本单位专利权、商标权、著作权、土地使用权、非专利技术等无形资产的管理，防止国有资产流失。

第二十三条 院属各单位应建立资产领用收回制度。资产领用应经主管领导批准。资产出库时保管人员应及时办理出库手续。办公用资产应落实到人，使用人离职时，所用资产应按规定收回。

第二十四条 院属各单位应建立资产统计报告制度，定期向单位领导报送资产统计报告，及时反映本单位资产使用以及变动情况。

第二十五条 院属各单位应严格控制对外投资、出租和出借等行为。在确保单位职能正常履行的情况下，院属各单位利用国有资产对外投资、出租出借的，应当符合国家有关法律、行政法规的规定，进行可行性论证，坚持集体决策，严格审查程序，强化后期跟踪，确保投资回报。

第二十六条 院属各单位申报国有资产出租、出借等事项，一般应提交如下材料：

（一）出租、出借事项的书面申请。院开发

处应组织相关单位对申报材料的完整性、决策过程的合规性、项目实施的可行性提出审核意见。

（二）拟出租、出借资产的权属证明复印件（加盖单位公章）。

（三）能够证明拟出租、出借资产价值的有效凭证，如购货发票、工程决算副本、记账凭证、固定资产卡片等复印件（加盖单位公章）。

（四）出租、出借的可行性分析报告。

（五）事业单位同意利用国有资产出租、出借的领导班子会议决议。

（六）事业单位法人证书复印件。

（七）其他材料。

院属各单位根据授权自行审批的，应严格履行内部审批手续，并将上述材料存档备查。

第二十七条　院属各单位国有资产，有下列情形之一的，不得出租、出借：

（一）已被依法裁定查封、冻结的；

（二）产权有争议的；

（三）未取得其他共有人同意的；

（四）出租、出借后影响单位职能正常履行的；

（五）其他违反国家法律、法规的。

第二十八条　院属各单位利用国有资产出租、出借的期限原则上不得超过五年。法律、行政法规另有规定的，从其规定。

第二十九条　院属各单位出租、出借资产，必要时应采取评审或资产评估的办法确定出租的底价。

第三十条　院属各单位申请利用国有资产对外投资，应提交以下材料，并对材料的真实性、准确性负责：

（一）对外投资事项的书面申请。院开发处应组织相关单位对申报材料的完整性、决策过程的合规性、拟投资使用资金来源的合理性、项目实施的可行性等方面提出审核意见；

（二）拟对外投资资产的权属证明复印件（加盖单位公章）。以无形资产对外投资的，应提交成果鉴定报告、专利证书或其他权属证明文件；

（三）能够证明拟对外投资资产价值的有效凭证，如购货发票、工程决算、记账凭证、固定资产卡片等复印件（加盖单位公章）；

（四）可行性分析报告。内容包括投资的必要性及背景、投资金额及方式、资金来源及对单位财务状况的影响、合作方资信状况等，并分析投资风险、投资收益及回收期等经济指标；

（五）事业单位同意利用国有资产对外投资的领导班子会议决议；

（六）拟创办经济实体的章程和工商行政管理部门下发的企业名称预先核准通知书；

（七）事业单位与拟合作方签订的合作意向书、协议草案或合同草案，明确约定相关方的权利、义务、利益分享和风险分担的责任等，并须注明该协议经本单位上级主管部门审批同意后方正式生效的保留条款；

（八）事业单位法人证书复印件；

（九）事业单位上年度财务报表；

（十）中介机构出具的拟合作方上年度财务审计报告；

（十一）其他材料。

第三十一条　除国家专项拨款外，院属各单位不得用财政性资金和上级补助资金进行对外投资，也不允许发生以下对外投资行为：

（一）买卖期货、股票（不含股权转让行为）；

（二）购买各种企业债券、各类投资基金和其他任何形式的金融衍生品或进行任何形式的金融风险投资；

（三）利用国外贷款的，在贷款债务没有清偿以前，未经批准利用贷款形成的资产对外投资；

（四）其他违反法律法规的。

第三十二条　院属各单位应在保证单位正常运转和事业发展的前提下，严格控制货币性资金对外投资。鼓励院属各单位根据《中华人民共和国促进科技成果转化法》等规定，利用科技成果对外投资。

第三十三条　院属各单位的内设机构、附属营业机构和其他不具有法人资格的所属单位不得对外投资。

第三十四条　院属各单位不得以任何形式进行虚假对外投资。兴办经济实体的，不得抽逃注册资金。

第三十五条 院属各单位利用国有资产进行境外投资的，应遵循国家境外投资项目核准和外汇管理等相关规定，并按照有关规定履行报批手续。

第三十六条 院属各单位利用国有资产进行对外投资，应按照国家有关规定对拟投资资产进行资产评估或验资。资产评估项目按规定履行备案或核准手续。

第三十七条 院属各单位应按照财务会计制度，设置"对外投资"会计科目，对对外投资项目进行明细核算，及时进行账务处理。不得以成本费用或往来核算方式记录对外投资业务。

第三十八条 院属各单位对所投资企业依法享有资产收益、参与重大决策和选择管理者等出资人权利；依照法律、行政法规的规定，制定或者参与制定所投资企业的章程；对须经批准的关系国有资产出资人权益的重大事项，应严格按规定履行审批手续。

第三十九条 院属各单位应当依照法律、行政法规以及企业章程对所投资企业履行出资人职责，对关系国有资产出资人权益的重大事项，坚持领导班子集体决策，确保国有资产保值增值，防止国有资产流失。

第四十条 院属各单位对所投资的全资或控股企业承担《企业财务通则》（财政部令第41号）规定的投资者财务管理职责。

第四十一条 院属各单位所属全资或控股企业通过改制、产权转让、合并、分立、托管等方式实施重组，对涉及资本权益的事项，院属各单位应当进行可行性研究，并组织开展以下工作：

（一）清查财产，核实债务，委托会计师事务所审计。

（二）制定职工安置方案，听取重组企业的职工、职工代表大会的意见或者提交职工代表大会审议。

（三）与债权人协商，制定债务处置或者承继方案。

（四）委托评估机构进行资产评估，并以评估价值作为净资产作价或者折股的参考依据。

（五）拟订股权设置方案和资本重组实施方案，经过审议后履行报批手续。

第四十二条 企业改制按照《国务院办公厅转发国务院国有资产监督管理委员会关于规范国有企业改制工作意见的通知》（国办发〔2003〕96号）和《国务院办公厅转发国务院国有资产监督管理委员会关于进一步规范国有企业改制工作实施意见的通知》（国办发〔2005〕60号）等有关规定执行。企业改制中涉及自然人、法人参股的，按照公开交易、公平对待的原则进行操作。国家另有规定的，从其规定。

第四十三条 院属各单位每年应根据所投资企业经营情况，研究提出利润分配意见，及时参与利润分配，确保对外投资收益。

第四十四条 院属各单位应当对本单位对外投资、出租出借的资产实行专项管理，同时在单位财务会计报告中对相关信息进行披露。

第四十五条 院属各单位利用国有资产对外投资、出租出借等取得的收入应当纳入单位预算，统一核算，统一管理。

第六章 资产处置

第四十六条 国有资产处置，是指部属事业单位对其占有、使用的国有资产进行产权转让或者注销产权的行为。处置方式包括无偿调拨（划转）、对外捐赠、出售、出让、转让、置换、报废、报损、货币性资产损失核销等。

（一）无偿调拨（划转）是指在不改变国有资产性质的前提下，以无偿转让的方式变更国有资产占有、使用权的行为。包括：长期闲置、低效运转、超标准配置的资产；因单位撤销、合并、分立而移交的资产；隶属关系改变，上划、下划的资产；其他需要调拨（划转）的资产。

（二）对外捐赠是指按照《中华人民共和国公益事业捐赠法》自愿无偿将其有权处分的合法财产赠与合法的受赠人的行为。包括实物资产捐赠、无形资产捐赠和货币性资产捐赠等。

（三）出售、出让、转让是指变更国有资产所有权或占有、使用权并取得相应收益的行为。

（四）置换是指与其他单位以非货币性资产为主进行的交换，这种交换不涉及或只涉及少量的货币性资产（即补价）。

（五）报废是指按有关规定或经有关部门、专家鉴定，对已不能继续使用的资产，进行产权注销的资产处置行为。

（六）报损是指由于发生呆账损失、非正常损失等原因，按有关规定对资产损失进行产权注销的资产处置行为。

（七）货币性资产损失核销是指单位按现行财务与会计制度，对确认形成损失的货币性资产（现金、银行存款、应收账款、应收票据等）进行核销的行为。

第四十七条 院属各单位拟处置的国有资产权属应当清晰。权属关系不明确或者存在权属纠纷的资产，须待权属界定明确后予以处置；被设置为担保物的国有资产处置，应当符合《中华人民共和国担保法》《中华人民共和国物权法》等法律的有关规定。

第四十八条 院属各单位国有资产处置应遵循公开、公正、公平和竞争、择优的原则，严格履行审批手续，未经批准不得擅自处置。

第四十九条 申请货币性资产损失核销的，须符合下列条件之一：

（一）债务人已被依法宣告破产、撤销、关闭，且用债务人清算财产清偿后仍不能弥补损失的；

（二）债务人死亡或者依法被宣告失踪、死亡的；

（三）已经法院判决裁定败诉的，或虽胜诉但因无法执行被裁定终止执行的。

第五十条 院属各单位处置授权限额以上的国有资产，应履行单位申报——逐级审核审批——评估备案与核准——公开处置的程序。

院属各单位自行处置国有资产，应履行资产使用部门申请——资产管理部门审核——单位领导审批——资产评估——公开处置——上报备案文件的程序。

重大资产处置事项，应由单位领导班子集体研究决定。

第五十一条 院属各单位申报资产处置事项，一般应提交如下材料：

（一）资产处置申请文件。院资产处应组织相关部门对申报材料的完整性、决策过程的合规性等提出审核意见；

（二）《中央级事业单位国有资产处置申请表》；

（三）资产价值凭证及产权证明，如购货发票或收据、工程决算副本、记账凭单、固定资产卡片等复印件（加盖单位公章）；

（四）事业单位同意处置资产的领导班子会议决议；

（五）其他有关资料。

第五十二条 资产处置除按第五十条规定提交材料外，根据具体方式，还应提交必要的补充材料，其中：

（一）无偿调拨（划转）的，需提供资产的名称、数量、规格、单价等清单。属单位撤销、合并、分立移交资产的，需提供撤销、合并、分立的批文。

（二）对外捐赠的，需提供捐赠报告（包括捐赠事由、途径、方式、责任人、资产构成及其数额、交接程序等）、捐赠事项对本单位财务状况和业务活动影响的分析报告。使用货币资金对外捐赠的，应提供货币资金的来源说明等。

（三）出售、出让、转让的，需提供出售、出让、转让方案（包括资产的基本情况，处置的原因、方式等）和合同草案，属于企业国有产权转让的，还应提交可行性报告。

（四）置换的，需提供近期的财务报告，对方单位拟用于置换资产的基本情况说明、是否已被设置为担保物等，双方草签的置换协议，对方单位的法人证书或营业执照的复印件（加盖单位公章）。

（五）报废、报损的，需提供价值清单和技术鉴定意见。其中：属于非正常损失的，需提供责任事故的鉴定文件及对责任者的处理文件；属于因拆除构筑物等原因办理资产核销手续的，需提交相关职能部门的拆除批复文件、建设项目拆建立项文件、签定的拆迁补偿协议；属于对外投资、担保（抵押）发生损失的，需提供被投资单位的清算审计报告及注销文件，债权或股权凭证、形成呆坏账的情况说明和具有法定依据的证明材料；属于申请仲裁或提起诉讼的，需提交相关法律文书。

（六）申请货币性资产损失核销的，属于债

务人已被依法宣告破产、撤销、关闭，且用债务人清算财产清偿后仍不能弥补损失的，需提供宣告破产的民事裁定书以及财产清算报告、注销工商登记或吊销营业执照的证明、政府有关部门决定关闭的文件；属于债务人死亡或者依法被宣告失踪、死亡的，需提供其财产或遗产不足清偿的法律文件；涉及诉讼的，需提供判决裁定申报单位败诉的人民法院生效判决书或裁定书，或虽胜诉但因无法执行被裁定终止执行的法律文件。

第五十三条 院属各单位国有资产处置应当由单位资产管理部门、财务部门会同技术部门或专家小组进行审核鉴定，提出处置意见，按审批权限报送审批。专家小组不少于3人，应由熟悉相关资产行业标准，且具有副高级以上专业技术职务的人员组成。

第五十四条 资产出售、出让、转让，应当通过产权交易机构、证券交易系统、协议方式以及国家法律、行政法规规定的其他方式进行。对产权交易机构和证券交易系统之外的直接协议方式应当严格控制。

第五十五条 财政部、农业部、院对院属各单位国有资产处置事项的批复，以及院属各单位按规定权限处置资产报院备案的文件，是安排院属各单位有关资产配置预算项目的参考依据，院属各单位应当依据其办理产权变动和进行账务处理。

第五十六条 院属各单位国有资产处置收入，在扣除相关税金、评估费、拍卖佣金等费用后，按照政府非税收入管理和财政国库收缴管理的规定上缴中央国库，实行"收支两条线"管理。其中，科技成果转化（转让）收入，按照国家有关规定，在扣除奖励资金后上缴中央国库。

第五十七条 院属各单位利用国有资产对外投资形成的股权（权益）的出售、出让、转让收入，按以下规定办理：

（一）利用现金对外投资形成的股权（权益）的出售、出让、转让收入纳入单位预算，统一核算，统一管理。

（二）利用实物资产、无形资产对外投资形成的股权（权益）的出售、出让、转让收入，按以下情形分别处理：

1. 收入形式为现金的，扣除投资收益，以及税金、评估费等相关费用后，上缴中央国库，实行"收支两条线"管理；投资收益纳入单位预算，统一核算，统一管理；

2. 收入形式为现金和其他资产的，现金部分扣除投资收益，以及税金、评估费等相关费用后，上缴中央国库，实行"收支两条线"管理。

（三）利用现金、实物资产、无形资产混合对外投资形成的股权（权益）的出售、出让、转让收入，按照本条第（一）、（二）项的有关规定分别管理。

第七章 产权登记与产权纠纷处理

第五十八条 国有资产产权登记是指国家对事业单位占有、使用的国有资产进行登记，依法确认国有资产所有权和事业单位对国有资产占有、使用权的行为。

第五十九条 院属各单位国有资产产权登记工作根据上级部门（财政部门、农业部）的要求组织开展。

第六十条 产权纠纷是指由于国有资产所有权、经营权、使用权等产权归属不清而发生的争议。

第六十一条 院属各单位与其他国有单位之间发生国有资产产权纠纷的，由当事人双方协商解决，协商不能解决的，可以向上一级单位申请调解或依法裁定。

第六十二条 院属各单位与非国有单位或者个人之间发生产权纠纷，院属各单位应当提出拟处理意见，与对方当事人协商解决并将产权确权给对方的需经院报农业部审核并报财政部同意后方可执行；亦可直接依照司法程序处理。

第八章 资产评估与资产清查

第六十三条 院属各单位有下列情形之一的，应当对相关国有资产进行评估：

（一）整体或者部分改制为企业；

（二）以非货币性资产对外投资；

（三）合并、分立、清算；

（四）资产拍卖、转让、置换；

（五）整体或者部分资产租赁给非国有单位；

（六）确定涉讼资产价值；

（七）法律、行政法规规定的其他需要进行评估的事项。

第六十四条　院属各单位与院本级之间、院属各单位之间、院属各单位与院系统外行政事业单位之间发生合并、资产划转、置换和转让行为，以及报经财政部确认的、其他不影响国有资产权益的特殊产权变动行为，可以不进行资产评估。

第六十五条　国有资产评估工作应当依据《国有资产评估管理办法》（国务院令第 91 号），委托具有资产评估资质的评估机构进行。院属各单位应当如实向资产评估机构提供有关情况和资料，并对所提供的情况和资料的真实性和合法性负责。

院属各单位不得以任何形式干预资产评估机构独立执业。

第六十六条　国有资产评估项目实行核准制和备案制。经国务院批准实施的重大经济事项涉及的国有资产评估项目，经院审核后，报上级部门核准。其他国有资产评估事项实行备案制，其评估结果经资产处报部财务司备案。

第六十七条　资产出售、出让、转让，应按资产评估报告所确认的评估价值作为市场竞价的参考依据，意向交易价格未达到评估结果90% 的，应当按规定权限重新报批。

第六十八条　院属各单位进行资产清查，应当提出申请，经院、部审核同意后实施，并将相关材料报财政部备案。根据国家有关规定进行的资产清查除外。

资产清查工作按照财政部《行政事业单位资产清查暂行办法》（财办〔2006〕52 号）、《行政事业单位资产核实暂行办法》（财办〔2007〕19 号）有关规定执行。

第九章　资产信息管理与报告

第六十九条　院属各单位应当按照国有资产管理信息化的要求，及时将资产变动信息录入管理信息系统，对本单位资产实行动态管理，并在此基础上做好国有资产统计和信息报告工作。

第七十条　国有资产信息报告是院属各单位财务会计报告的重要组成部分。院属各单位应当按照规定的年度部门决算报表的格式、内容及要求，对占有、使用的国有资产总量与分布构成、资产质量与运行情况、资产使用情况、主要资产的实物量情况及增减变化情况、国有资产处置结果、处置收入及上缴情况等作出报告。

第七十一条　资产管理信息系统数据和资产信息报告，是编制和安排院属各单位预算的重要参考依据。

第七十二条　院属各单位应建立健全国有资产档案管理制度。资产配置、使用和处置过程中形成的各种决议、合同、协议、章程、批示、批准文件及各类凭证等资料，应由有关职能机构及时按照国家标准规范，全面、完整、及时地整理归集后，移交本单位档案管理机构统一保管。

第十章　管理责任和监督检查

第七十三条　院属各单位法定代表人是本单位国有资产管理的第一责任人，负有维护国有资产安全完整，发挥国有资产使用效益的责任。

第七十四条　资产处根据院属各单位类别、财政补助方式、经济状况以及履行职能情况，分类进行国有资产保值增值考核，以签订《国有资产保值增值责任书》的方式落实保值增值责任。

第七十五条　国有资产保值增值考核结果，是对院属各单位法定代表人和领导班子业绩考核的重要内容，也是年度考核、核定院属各单位年度工资总额，以及编制和安排院属各单位预算的重要参考依据。

第七十六条　院属各单位及其工作人员在国有资产管理中，有下列行为之一的，依据《财政违法行为处罚处分条例》的规定进行处罚、处分、处理，并视情节轻重暂停或取消其年度资产配置预算的申报资格。

（一）以虚报、冒领等手段骗取财政资

金的；

（二）擅自占有、使用和处置国有资产的；

（三）擅自提供担保的；

（四）未按规定缴纳国有资产收益的。

第十一章 附 则

第七十七条 对涉及国家安全的院属各单位国有资产的配置、使用、处置等管理活动，要按照国家有关保密制度的规定，做好保密工作，防止失密和泄密。

第七十八条 院属各单位可以根据本办法和管理的需要，制定本单位国有资产管理实施细则，报院资产处备案。

第七十九条 本办法由院资产处负责解释。

第八十条 本办法自印发之日起施行。

附件：1. 中国热带农业科学院资产管理组织机构图（略）

2. 中国热带农业科学院资产配置管理流程图（略）

3. 中国热带农业科学院自用资产管理流程图（略）

4. 中国热带农业科学院出租出借管理流程图（略）

5. 中国热带农业科学院对外投资管理流程图（略）

6. 中国热带农业科学院资产处置管理流程图（略）

7. 中国热带农业科学院资产配置业务流程图（略）

8. 中国热带农业科学院资产领用回收业务流程图（略）

9. 中国热带农业科学院出租出借业务流程图（略）

10. 中国热带农业科学院对外投资业务流程图（略）

11. 中国热带农业科学院资产处置业务流程图（略）

中国热带农业科学院土地资产管理暂行办法

（热科院资〔2012〕118 号）

第一章 总 则

第一条 为规范院土地资产的配置、使用和处置行为，维护相关权利人的合法权益，依据《中华人民共和国物权法》《中华人民共和国土地管理法》和《农业部行政事业单位土地资产管理暂行办法》等有关法律、行政法规，结合热科院实际，制定本办法。

第二条 本办法适用于院及其所属事业单位（以下简称各单位）占有、使用的土地资产。

第三条 本办法所称土地资产。主要包括：

（一）国家划拨的土地；

（二）使用财政资金或自筹资金购置的土地；

（三）其他单位无偿调入的土地；

（四）以置换、受赠、索赔、盘盈等方式取得的土地；

（五）以其他方式取得的土地。

第四条 土地资产的管理，应当坚持依法监管、前置审核、程序规范、公平公正的原则。

第五条 院计划基建处及资产处负责土地使用的规划工作；院资产处负责土地资产前置审核等工作。

第六条 院产权的土地资产，可由院法定代表人通过签订《土地资产授权管理责任书》，授权相关单位依照本办法代管。

第七条 土地资产收益作为一般预算收入纳入中央财政预算，全部缴入中央国库，实行"收支两条线"管理；各单位应在当年的预算中安排一定的经费用于土地管理费用支出。

第二章 配置及确权

第八条 土地资产的配置，是指根据事业发展和职责履行需要，按照国家有关法律、法规和规章，通过购置或调剂等方式配备土地资产的行为。

第九条　各单位配置土地资产，均应严格按照有关法律法规订立真实有效的合同、协议或取得其他形式的合法证明文件。

第十条　对于各单位长期闲置、低效运转或者超标准配置的土地资产，可根据工作需要在各单位之间进行调剂。调剂方案由相关单位协商一致，经院审核后，报农业部审批。

第十一条　各单位应按照国家有关法律法规及时申办土地权属登记。新配置土地资产的，应在 30 个工作日内向所在地国土行政管理机构申请登记。已实际占用土地而未办理权属登记（含土地使用权证有效期满）的，应补办权属登记。

第十二条　各单位取得土地使用权证后，应及时按照获取土地实际支付费用的原始凭证及相关资料编制记账凭证，记入无形资产账，且不得作摊销处理。无法确认原始价值的土地，可按 1 元记入无形资产账。国家另有规定的，从其规定。

第三章　规划与使用

第十三条　为合理使用土地资产，各单位应按规定编制土地利用规划。规划的编制，应兼顾当前需要和长远需求，充分体现履行职责的需要，促进事业发展；应合理划分土地利用区块，明确各地块的功能和用途；应与所在地的土地利用总体规划、城市总体规划及控制性详细规划、本行业中长期发展规划有效衔接。

第十四条　各单位土地利用规划应进行充分论证，经单位领导班子集体研究通过、并在本单位范围内公示 7 个工作日后，报院计划基建处及资产处审核，经院常务会议审议同意后报农业部审批。

第十五条　土地利用规划是各单位配置、使用和处置土地资产的重要依据。土地利用规划确定后，应严格依照执行。确需调整的，在履行相关事项的法定程序前应按上述第十四条程序审批。

第十六条　土地资产的使用包括自用、出租、出借和对外投资等方式。

第十七条　各单位应加强土地资产的日常管理，坚持规划先行、节约使用，防止被非法侵占；未经批准，不得擅自在土地上进行采矿、挖沙、采石、取土、土葬，确保土地资产安全完整。

第十八条　土地资产出租、出借应当满足以下条件：

（一）符合国家法律、行政法规、规章和政策的有关规定，不损害社会公共利益；

（二）符合本单位土地利用规划；

（三）不影响本单位职能的正常履行；

（四）土地权属明晰合法，无纠纷；

（五）出租的性价比合理，出借补偿适当；

（六）程序公开、公正；

（七）单位领导班子集体研究同意；

（八）其他。

第十九条　土地原则上不出租、出借。确需各单位出租土地资产的合同租期原则上不得超过 5 年。

第二十条　各单位出租、出借土地资产，单项或批量价值（账面价值，下同）800 万元以上（含 800 万元）的，经单位领导班子集体研究通过，报院资产处审核，经院常务会议审议同意后，报农业部审批。单项或批量价值（不含院本级）800 万元以下的，经单位领导班子集体研究同意，报院资产处审核，经院常务会议审批，在审批完成后的 15 个工作日内院资产处将批复文件（一式四份）报农业部财务司备案。

院本级出租、出借土地资产均须由院资产处审核，经院领导班子集体研究同意后，报农业部审批。

第二十一条　出租、出借土地资产须提交以下材料：

（一）土地出租、出借申请文件。应就申报材料的完整性、决策过程的合规性、项目实施的可行性等方面提出意见；

（二）土地使用权证复印件（加盖单位公章）；

（三）能够证明拟出租、出借土地资产价值的有效凭证，如购地发票或收据、记账凭单等复印件（加盖单位公章）；

（四）可行性分析报告。包括：拟出租土地的位置、面积、规划用途、使用现状、出租原因、招租方式、租期设定、租价确定方法、对承租方的限定条件等；

（五）本单位法人证书复印件、拟承租承借方的单位法人证书复印件或企业营业执照复印件、个人身份证复印件；

（六）同意出租、出借土地资产的单位领导班子会议决议；

（七）其他需提交的材料。

第二十二条 各单位的土地资产原则上不得用于对外投资。确需对外投资的，经院常务会议审议同意后，报农业部审批。

第二十三条 申报对外投资，应提交以下材料：

（一）利用土地资产对外投资的书面申请。就申报材料的完整性、决策过程的合规性、项目实施的可行性等方面提出意见；

（二）土地使用权证复印件；

（三）能够证明拟对外投资土地使用权价值的有效凭证，如购地发票、记账凭证等复印件（加盖单位公章）；

（四）可行性分析报告。包括投资的必要性及背景、土地来源及对单位履行职能的影响、合作方资信状况等，并分析投资风险、投资收益及回收期等经济指标；

（五）同意利用土地资产对外投资的领导班子会议决议；

（六）单位法人证书复印件；

（七）拟投资企业的章程和工商行政管理部门下发的企业名称预先核准通知书；

（八）单位与拟合作方签订的合作意向书、协议草案或合同草案。合作意向书或草案应明确约定相关方的权利、义务、利益分享和风险分担的责任等，并须注明该协议经本单位上级主管部门审批同意后方正式生效的保留条款；

（九）单位及拟合作方上年度财务报表或审计报告；

（十）其他材料。

第二十四条 各单位利用土地资产进行对外投资，应聘请有资质的资产评估机构或会计师事务所，按照国家有关规定对拟投资资产进行资产评估和验资。资产评估项目按规定履行核准或备案手续。

第二十五条 土地资产不得用于担保。

第四章 处 置

第二十六条 土地资产处置是指变更土地权属的行为，包括无偿调拨（划转）、对外捐赠、转让、置换、被征用、报损等。

第二十七条 属于以下情况之一的，可以申报土地资产处置：

（一）因公共事业建设被征用的；

（二）因周边环境变化，该宗地原有功能丧失的；

（三）因单位职能调整、整体搬迁等原因，继续使用该宗地确无必要的；

（四）长期闲置且在可预期内无法有效使用的；

（五）其他。

第二十八条 土地资产处置事项均须经单位领导班子集体研究通过，报院资产处审核，经院常务会议审议同意后，报农业部审批。

第二十九条 各单位申报土地资产处置前，土地处置方案应在单位全体职工范围内进行公示，公示时间为7个工作日。

第三十条 申报土地资产处置，应提交以下材料：

（一）处置申请文件；

（二）《中央级事业单位国有资产处置申请表》；

（三）土地资产价值凭证及产权证明，如购地发票或收据、记账凭单、土地使用权证等凭据的复印件（加盖单位公章），尚未取得土地使用权证且属于划拨土地的，须提供划拨土地的证明材料；

（四）土地现状及四至平面图；

（五）同意处置土地资产的单位领导班子会议决议；

（六）本单位范围内公示情况说明；

（七）其他需提交的材料。

院对所属单位申报材料的完整性、决策过程的合规性等方面提出意见。

第三十一条 土地资产处置除按第三十条规定提交材料外，根据具体方式，还应提交必要的补充材料，其中：

（一）无偿调拨（划转）的，应提交依据文

件和划转意向性协议。属单位撤销、合并、分立而移交资产的，需提供撤销、合并、分立的批文。

（二）对外捐赠的，需提供捐赠报告（包括：捐赠事由、途径、方式、责任人、土地状况及其数额、交接程序等）、捐赠事项对本单位财务状况和业务活动影响的分析报告。

（三）转让（不含作为征地补偿的置换）的，应提交可行性论证报告、意向性协议书（或公开招标、拍卖、挂牌计划）。

（四）因公共事业建设占地造成土地资产减少的，应提交所在地政府相关文件、协议书、补偿方案。

（五）置换的，需提供近期的财务报告，对方单位拟用于置换资产的基本情况说明、是否已被设置为担保物等，双方草签的置换协议，对方单位的法人证书或营业执照的复印件（加盖单位公章）。

（六）报损的，应提交有关证明材料。其中，非正常损失的，应提交责任认定或处理意见。

第三十二条　经批准同意处置的土地资产应遵循依法、公开、公平、公正的原则，通过产权交易机构以及国家法律、法规规定的其他方式进行交易，一般不得采取产权交易机构之外的直接协议方式。

第三十三条　置换或被征用的土地资产，原则上应优先选择以地易地方式。

第五章　档案和基础信息管理

第三十四条　各单位应建立健全土地资产档案管理制度，按档案管理的有关规定，全面、完整、及时地整理归集相关资料，经本单位资产管理机构负责人审核签字后，移交院档案管理机构集中保管。归档材料应包括：

（一）土地使用权证；

（二）土地权属来源证明，包括建设（农业、其他）用地规划许可证、划拨合同、出让合同、转让合同、置换协议、拆迁许可证、征地批文等；

（三）反映和记载土地资产权属状况的信息资料，包括土地测绘成果报告及各类介质储存

的统计报表、图纸、图像等；

（四）土地利用规划及申报、审批的相关资料；

（五）土地使用和处置的相关资料，包括申报文件、审批文件、使用和处置过程中形成的协议、文本、账表等。

第三十五条　归档的土地资产资料应为原件。存档资料是复印件的，应由资产管理机构核对无误后签章，并注明核对日期及原件存放处。

第三十六条　土地资产档案应永久保存。各单位要加强土地资产档案的日常管理，定期检查；档案毁损或者丢失的，应当及时采取补救措施。

第三十七条　复制、借用土地资产权属文件资料，须经单位分管领导同意，并明确借用期限和使用范围；借出的土地资产权属文件资料应予登记，并由专人负责跟踪管理。

第三十八条　任何人不得以任何借口将土地资料据为己有或者拒不归档。

第三十九条　按规定程序处置土地资产后，应及时进行账务处理。

第四十条　能够数据化的土地资产资料应纳入资产管理信息库，并及时更新。

第四十一条　土地资产档案由土地产权单位按档案管理办法集中管理，同时将土地权属证复印一份交院资产处。

第六章　监督检查和法律责任

第四十二条　院组织资产处、基建处、监察与审计室、档案馆对各单位土地资产规划、使用、处置、档案管理情况进行监督，定期或不定期地开展专项检查。

第四十三条　各单位在土地资产使用、处置过程中不得有下列行为：

（一）未按规定程序申报，擅自越权审批土地资产使用、处置事项；

（二）对不符合规定的申报材料予以审批；

（三）串通作弊、暗箱操作，低价出租、低估价值对外投资或压价处置土地资产；

（四）截留土地资产收益；

（五）其他造成土地资产损失的行为。

第四十四条 各单位和个人违反本办法规定的，应根据《中华人民共和国物权法》《中华人民共和国土地管理法》和《财政违法行为处罚处分条例》（国务院令第427号）等有关规定追究法律责任。

第七章 附 则

第四十五条 本办法所称土地资产收益是指各单位转让、出租国有土地使用权所获得的全部收入以及获得的占地补偿收入，扣除按规定应交地方人民政府的土地出让金和市政基础设施配套费以后取得的收益。各单位取得的土地收益，应按照财政部非税收入收缴有关规定，在收入抵扣后两个工作日内，将余额统一缴入财政部为院开设的中央财政汇缴专户。

第四十六条 各单位应根据本办法和管理的需要，制定土地资产管理实施细则，报院资产处备案。

第四十七条 本办法由院资产处负责解释。

第四十八条 本办法自印发之日起执行。

中国热带农业科学院国有资产管理审签事项工作规程（试行）

（热科院资〔2012〕119号）

第一章 总 则

第一条 为规范院国有资产管理审批工作，明确管理责任，完善工作流程，提高工作效率，根据《中国热带农业科学院国有资产管理暂行办法》（以下简称"院国有资产管理办法"）及有关规定，特制订本规程。

第二条 本规程适用于院本级及院属各事业单位国有资产审批管理事项。

第三条 其他资产是指除土地、房产以外的国有资产；审批是指审批权限范围内事项以及审核按规定需上报主管部门审批的国有资产管理事项。

第四条 办理国有资产管理审批事项，应当依照法律、行政法规、部门规章和本规程的规定，履行法定职责，遵守法定程序和时限，提高工作效率。

第五条 办理国有资产管理审批事项，应当为申请单位提供便利，保障其享有知情权、陈述权、申辩权等相关权益。

第二章 自行审批事项规程

第六条 自行审批事项是指依据审批权限，由院属各单位自行审批并履行备案程序的国有资产管理事项。

第七条 自行审批事项主要包括院属各单位如下审批事项：

（一）房产事项：单项或批量价值800万元以下的房产出租出借事项。

（二）其他资产事项：

1. 单项或批量价值800万元以下的其他资产出租出借事项；

2. 单项或批量价值50万元以下的其他资产处置事项。

第八条 自行审批事项由院属各单位履行内部申报、审核流程后，提交本单位负责人审签后自行批复。审批重大事项必须经所务会讨论并形成决议。

第九条 院属各单位自行审批完成后10个工作日内，将批复文件（一式五份）上报院资产处，同时报当地财政监察专员办事处备案；院资产处汇总后于5个工作日内报农业部备案。

第三章 院审批事项规程

第十条 院审批事项是指院本级所有国有资产管理审批事项和院属各单位依据审批权限，向院提出申请的审批事项。包括院批复事项和院审核上报事项。

第十一条 院批复事项是指热科院依据审批权限进行审核批复的事项。

（一）院属各单位

1. 土地事项：单项或批量价值800万元以下的土地出租出借事项。

2. 房产事项：单项或批量价值500万元以

下房产对外投资事项。

3. 其他资产事项：

（1）单项或批量价值800万元以下其他资产对外投资事项。

（2）单项或批量价值50-800万元以下资产处置事项。

（二）院本级

1. 房产事项：单项或批量800万元以下出租出借事项。

2. 其他资产事项：

（1）单项或批量800万元以下出租出借事项。

（2）单项或批量50万以下的处置事项。

第十二条 院审核上报事项是指热科院审核并出具意见上报农业部的审批事项。

（一）院属各单位

1. 土地事项：除单项或批量价值800万元以下土地出租事项外，所有土地申报事项（包括800万元以上土地出租，土地对外投资、土地处置）。

2. 房产事项：

（1）单项或批量500万元以上对外投资事项。

（2）单项或批量800万元以上出租出借事项。

（3）所有房产处置事项。

3. 其他资产事项：单项或批量800万元以上出租出借、对外投资、资产处置事项；

（二）院本级

1. 土地事项：所有土地申报事项，包括出租出借、对外投资、资产处置事项。

2. 房产事项：

（1）单项或批量800万元以上出租出借事项。

（2）所有的对外投资事项。

（3）所有的房产处置事项。

3. 其他资产事项：

（1）单项或批量800万元以上出租出借事项。

（2）所有的对外投资事项。

（3）50万元以上资产处置事项。

第十三条 资产处是审批、审核事项的承办机构。

第十四条 资产处组织对院本级和院属各单位申报的资产管理事项进行初审，对于符合以下条件的予以受理：

（一）属于院审批事项。

（二）符合资产配置、使用和处置的各项条件。

（三）申报材料完整、齐全。

（四）决策程序规范，业经单位领导班子集体研究决定。

（五）有明确的审核意见。

第十五条 资产处启动受理程序后，对于审批权限范围内的事项，经履行内部程序后完成审批。

第十六条 资产处启动受理程序后，对于需提交院领导或院常务会议审议的事项，按以下程序进行：

（一）资产处组织相关部门及有关专家审核申报材料并提出审核意见。

1. 开发处就涉及的事业单位出租出借、对外投资事项可行性论证提出审核意见；对经营性国有资产处置事项提出审核和审批意见。

2. 计划基建处就涉及的基本建设规划、投资、管理等方面提出审核意见。

3. 财务处就财务管理方面提出审核意见。

4. 人事处对人事劳动管理事项提出审核意见。

（二）资产处将相关材料及建议报院领导审签或院领导班子审议，依据审议意见批复各单位或报送主管部门。

第十七条 资产处在审批完成后10个工作日内，将批复文件（一式四份）报农业部财务司、当地财政监察专员办事处备案。

第四章 附 则

第十八条 本规程所称对外投资事项包括新增对外投资，企业的合并、分立、改制、转让、上市、解散、注册资本变动等涉及国有资本变动的事项。

第十九条 各单位应参照本规程制定本单位内部审核审批流程。院在授权范围受理所属单位申报的新增对外投资以及企业国有产权转让事项时，应事先征求农业部行业主管司局和业务归口管理司局等相关机构的意见。

第二十条　本规程所称"以上"均含本数、

"以下"均不含本数。资产价值均为账面价值。

第二十一条　本办法由资产处负责解释。

第二十二条　本办法自印发之日起施行。

中国热带农业科学院本级资产配置管理暂行办法

（热科院资〔2012〕120号）

第一条　为加强资产管理，提高资产使用效益，根据《农业部部属事业单位国有资产管理暂行办法》以及院相关规定，制定本办法。

第二条　本办法适用于院本级资产配置事项。

第三条　资产配置是指各部门根据履行职能的需要，按照国家有关法律、行政法规和规章制度规定的程序，通过购置或者调剂等方式配备资产的行为。

第四条　资产配置条件。

（一）现有资产无法满足本单位履行职能的需要。

（二）难以与其他单位共享、共用相关资产。

（三）难以通过市场购买服务方式实现，或者采取市场购买服务方式成本过高。

第五条　资产配置标准。

资产配置应当符合规定的配置标准；没有规定配置标准的，依据人员、资产存量、使用绩效等从严控制，合理配置。能通过单位内部调剂方式配置的，原则上不重新购置。

第六条　配置方式及配置程序。

（一）购置

1. 资产处根据主管部门要求，组织各部门编制资产配置计划及预算。

2. 资产处根据批复的配置计划和预算，组织各部门依据《中国热带农业科学院本级货物和服务类采购管理暂行办法》实施政府采购。

（1）资产处将批复的配置计划和预算指标细化到各部门。

（2）各部门按照配置指标提出购置申请报资产处。

（3）资产处组织各部门实施采购及验收。

（4）采购完成后，各部门凭发票、采购合同、电子验收单、设备验收单等凭据到资产处办理资产报增、到财务处办理付款，未经批准而擅自购置的资产，财务部门不予付款。

（5）资产处对相关配置文件进行档案管理。

（二）调剂

对院本级各部门长期闲置、低效运转或者超标准配置的资产，可根据工作需要进行调剂，调剂可分为申请调剂和主管部门调剂两种方式。

1. 调剂申请：

机关各部门对本部门长期闲置、低效运转或者超标准配置的资产提出调剂申请，申报拟调出固定资产清单。

本部门难以与其他单位共享、共用，难以通过市场购买服务方式实现，或者采取市场购买服务方式成本过高的资产配置需要，申报拟调入固定资产清单。

2. 调剂审批：

（1）资产处依据相关管理办法，结合各部门资产使用情况和相关申请，办理调剂审批手续。

（2）资产处对各部门长期闲置、低效运转或者超标准配置的资产可进行统一调剂。

（3）涉及对院本级以外其他单位的资产调剂事项，应按资产处置的相关规定，履行报批程序。

3. 资产移交：

资产处依据调剂审批情况组织各部门办理资产移交手续。

（1）各部门办理实物移交及资产报增（减）手续，并将相关移交资料存档备查。

（2）资产处、财务处进行账务调整。

（三）其他配置方式

各部门通过购置、调剂方式以外（如接受捐赠、无偿划拨、自行研制等）其他方式所配置的资产，到资产处办理固定资产登记手续，财务处根据相关凭证或文件及时登记入账。对没有原始价值凭证的资产，可通过参考同期同类商品市价估价或委托中介机构进行资产评估等方式确定资产价值入账。

第七条 配置资产的使用管理

各部门资产管理实行处长（主任）负责制，处长（主任）对本部门的资产管理负领导责任。

资产管理员对本部门资产管理负管理责任。资产管理人员对所配置的资产应建立账、卡，及时登记资产信息并定期与资产处核对，做到账账、账卡、账实相符，负责组织本部门资产处置材料，配合院本级资产清查及资产统计工作。

使用人对所使用的资产负使用、维护和保管责任。使用人离岗时，所用资产应由本部门收回，由资产处出具资产收回审核意见，对未按规定办理资产缴回的人员，不予办理人事调动手续。

第八条 违规行为的处理

各部门及其工作人员在国有资产管理中有以虚报、冒领等手段骗取财政性资金，擅自占有、使用和处置国有资产等行为的，依据《财政违法行为处罚处分条例》规定进行处罚；并视情节轻重暂停或取消其年度资产配置预算的申报资格。

第九条 本办法由资产处负责解释，自印发之日起执行。

中国热带农业科学院
基本建设项目施工现场签证管理规定（试行）

（热科院计〔2012〕180号）

第一条 为使热科院基本建设项目顺利执行，确保施工现场签证的质量，杜绝虚假签证的发生，使现场签证程序有章可循，根据国家有关法律、法规，结合热科院实际，制定基本建设项目施工现场签证管理规定。

第二条 本规定仅限于热科院内部新建、扩建、改造及维修工程的施工现场签证管理。

第三条 本规定所称施工现场签证是指发包人与承包人按合同约定，就施工过程中涉及合同价款和工期变更事件所作的签证。

第四条 施工现场签证是项目发包人、承包人履行合同的一个重要组成部分，是办理工程结算的重要凭证之一，是控制和调整造价的重要依据。应严格控制办理施工现场签证。

第五条 施工现场签证的分类

工程施工现场签证分为经济签证和工期签证。

1. 经济签证范围：

（1）用于承包人应发包人要求实施的非合同承包范围内的项目费用；

（2）非承包人责任的设计变更原因造成已完工程的返工损失费，包括已完工程的费用和拆除、清理费用；

（3）承包人应发包人要求代支付的费用；

（4）合同约定的其他因素。

2. 工期签证范围

（1）因发包人的原因造成承包人无法连续施工而延误工期；

（2）因重大设计变更造成工程量增加，或返工而使承包人增加作业天数；

（3）因不可抗力因素造成工程停工或缓建的；

（4）合同约定的其他因素。

第六条 施工现场签证的原则

1. 工程承包人应严格按工程施工图组织施工，不得任意更改。如发生合同中约定可以变更的情况或非承包人原因造成的工程内容及工程量的增减，经监理工程师和发包人现场负责人核实，并报发包人批准后，方能办理签证。

2. 工程施工现场签证由承包人、监理单位、发包人共同及时办理，如涉及工程结构变化、涉及安全使用的变更需设计单位签字确认。施工现场签证实行"一事一单、一项一签、随做随签"，避免过期补签，以保证隐蔽工程及工序交叉作业的单项工程客观数据资料的真实性。严禁在办理工程结算时补签。

3. 工程施工现场签证必须在确保工程技术标准和质量标准不降低的前提下,方能办理经济技术签证。

4. 对工程施工现场签证的描述须客观、准确,对隐蔽工程签证要以图纸、实测数据和必要的图片为依据,标明被隐蔽部位、工程项目和工艺、质量完成情况。

5. 对施工图以外的施工现场签证,必须写明时间、地点、事由、几何尺寸或原始数据,并附上简图和现场过程图片,不能笼统地签注工程量清单和工程造价。

6. 执行工程量清单计价规范的项目,签证时应注意同工程量清单的比较,如工程量清单包含的内容,就不可再重复签证。

7. 未执行清单计价规范的项目,应注意同施工图、预算和合同比较,如设计做法不明确,发包人委托的造价咨询机构编制的预算未包含,合同未对该项内容明确包干的,经发包人项目执行组研究讨论确定(民生工程的项目执行组须向业主代表通报签证事由、内容和金额),报分管领导批准后方可办理签证。

8. 未经发包人审批并加盖公章的施工现场签证一律不得作为竣工结算的依据。

第七条 施工签证格式内容主要包括:

1. 工程名称;

2. 签证日期;

3. 连续编号;

4. 签证事由或计算公式;

5. 签证涉及增加工程造价的计算(列表或列式明确表达式);

6. 备注;

7. 施工说明或施工简图,如有涉及工程结构变化和安全使用的内容,须由设计单位正式出图;

8. 承包人经办人、项目经理2人以上签字,加盖公章;

9. 监理单位签证意见;

10. 监理单位经办人、总监2人以上签字,加盖公章;

11. 发包人现场负责人审核意见或项目执行小组组长审核意见;

12. 发包人分管领导研究同意后,由发包人施工现场负责人、项目执行小组组长及分管领导(院本级项目可由院授权相关处室负责人)3人签字,加盖公章。

第八条 可以办理的施工签证

1. 在非正常施工条件下采取的特殊技术措施费;

2. 清单计费中未包括,按规定允许计算的相关费用;

3. 发包人要求的材料替代造成的工程量变化;

4. 发包人原因造成的工程中途停建、缓建损失费用;

5. 不可预见的地下障碍物拆除费用和不可预见的阻碍正常施工因素的处理费用;

6. 受发包人委托,发生的其他零星工程;

7. 由于发包人、监理单位原因增加的其他项目费用。

第九条 不予办理的施工签证

1. 在正常施工条件下为完成某项清单内容或施工图内容而发生的属于国家和项目所在地施工规范、计价规范已考虑包含的相关工序和费用;

2. 合同或协议中规定包干支付的有关事项;

3. 发生施工质量事故造成的工程返修、加固、拆除工作;

4. 施工组织不当造成的停工、窝工和降效损失;

5. 违规操作造成的停水、停电和安全事故损失;

6. 工作失职造成的损失;

7. 虚报工程内容增加的费用;

8. 承包人为创品牌工程、业绩工程增加的费用;

9. 承包人为增加利润提出的要求;

10. 因承包人责任增加的其他费用项目。

第十条 经发包人同意的设计变更,由设计单位出具设计变更单或图纸,不再另行办理工程签证。未经发包人同意的设计变更,不得实施和作为办理工程结算的依据。

第十一条 施工现场签证办理的时效性。

根据国家财政部、建设部联合下发的《建设工程款结算暂行办法》（财建〔2004〕369号）通知要求，发包人应加强现场签证管理工作，严格按以下规定的时限逐级对施工现场签证报告做出审核审批意见。

1. 承包人应在签证事件发生后的14天内提交签证报告，并按本规定第七条要求将签证事项的内容签证明确，否则，视为承包人主动放弃，发包人有权决定是否给予签证及调整签证的内容；

2. 监理人在收到承包人签证报告的2天内做出初审，并将数量、单价、控制总价等内容签证明确，报送发包人现场负责人或项目执行小组；

3. 发包人应在收到承包人报送的签证报告后14天做出回复（包括确认与协商意见）。并按内部职责分工和以下时限做出审核审批意见。

（1）现场负责人或项目执行小组在收到监理人转来的签证报告2天内复核数量、提出审核意见，重大工程顶项目应送负责项目施工阶段全过程造价控制的造价咨询单位复核；

（2）造价咨询单位在收件后7天内复核单价依据、控制总价、提出复核意见，然后报分管领导；

为避免超时期回复造成损失，对重大工程变更涉及工程价款变更报告的确认的时限，发包人可与承包人协商，适当延长回复时限。

第十二条 属工程变更的签证签发后，发包人现场负责人在3天内必须将变更内容标注在受控施工图上；施工中间过程的隐蔽签证一般要附有影像资料。

第十三条 办理施工签证应符合相关法律、法规、规范。

第十四条 委托监理的工程，按照委托监理合同和施工合同，监理工程师要对工程安全、质量、进度和造价负责，对工程建设中发生的施工签证进行监督和签署意见，及时发现、解决施工签证中的问题，确有困难的应当及时向发包人现场负责人反映并取得解决办法，不得延误。

第十五条 发包人现场负责人要积极协调监理工程师的工作，监督检查工程建设中发生

的施工现场签证，有权更正施工现场签证中的不合理部分并签署意见。

第十六条 没有委托监理的工程，发包人现场负责人按照施工合同履行监理工程师的职责，对工程质量、安全、进度和造价负责，对工程建设中发生的施工现场签证进行监督和签署意见，及时发现、解决施工现场签证中的问题，确有困难的应当及时向分管领导反映并取得解决办法。

第十七条 办理施工现场签证要求内容完整、记录真实、说明详尽、文字表述无异意、图示尺寸准确、计算过程符合工程量计算规则、工程量计算无差错、材料价格要注明是预算价还是市场价，是否取费、让利，施工签证及其附件能够相互解释。

第十八条 办理施工现场签证要字迹清晰，书写工整，格式统一。

第十九条 发包人现场负责人要协调本单位不同专业的工程师按分工办理施工现场签证，避免签署本专业之外的施工现场签证。因专业人员不全无法按专业办理的施工现场签证，应当由现场负责人提出，由分管领导召集相关人员集体研究后会签。

第二十条 办理施工签证的签字顺序是：承包人，监理单位，发包人。没有委托监理的工程签字顺序是：承包人，发包人。

第二十一条 发包人执行小组办理完施工签证后保留一份存档，避免人为修改或遗失。其余返回监理单位和承包人。

第二十二条 施工现场签证作为工程结算依据和技术经济文件应当妥善保管。结算时按照工程竣工结算程序将施工现场签证（原件）同其他结算资料一并报发包人审核。办理工程进度款时施工签证可以报送复印件。

第二十三条 本规定应作为工程施工合同的附件，在合同中注明。目前已经签订工程施工合同的建设项目，发包人应通知到承包人，并由承包方签收本规定，承诺遵守本规定。

第二十四条 院内零星维修，小型项目的施工签证可参照本规定执行。

第二十五条 本规定自发文之日起实施，由计划基建处负责解释。

中国热带农业科学院基本建设项目申报管理规定（修订）

（热科院计〔2012〕181 号）

为加强热科院基本建设项目管理，规范项目申报审批程序，明确职责分工，提高项目申报质量，根据农业部有关规定及《中国热带农业科学院基本建设管理办法（修订）》（热科院计〔2012〕218 号），对原《中国热带农业科学院基本建设项目申报管理规定（修订）》（热科院计〔2009〕254 号）进行修订。本规定适用于中国热带农业科学院基本建设项目的内部评估论证与向上级主管部门申报等工作。院基本建设项目的申报，应坚持先开展前期研究，再进行专家评估论证，最后组织申报项目的原则。

第一条　有项目需求的单位根据本单位的科研方向，结合农业部制定的专项和行业中长期发展规划、中国热带农业科学院条件建设规划和科技创新能力条件建设规划，以及农业部行业司局发布的项目申报指南，进行申报项目策划，提出项目建议书。

第二条　项目建议书应包含以下几方面的内容：项目单位基本情况、项目建设的必要性、可行性、拟建项目所要达到的目标（能在国家及区域农业需求方面解决什么问题）、拟建规模及主要建设内容、投资估算、资金来源、项目实施所能带来的效益。

第三条　项目单位在每年 3 月 1 日前，将拟申报的项目列表，并附项目建议书、单位基本情况表（人员数量及学历、职称情况，现有科研条件如科研及辅助用房、大棚、基地面积、仪器设备情况）纸质版三份及电子版报院计划基建处。超出规定期限上报的，不予受理。

第四条　有下列情形之一者，原则上该单位项目不能列入年度申报计划：

1. 未编制本单位修建性详细规划和科研基地条件建设规划的；

2. 项目建设进度严重滞后的；

3. 项目单位有 2 个以上在建项目未按时完工的；

4. 未完成项目整改工作的；

5. 有严重违规行为的；

6. 有上级主管部门规定不能申报项目的其他情形的。

第五条　计划基建处按本规定第一、四条进行项目符合性审查，并将通过符合性审查和未通过符合性审查的项目，分别汇总报分管基本建设工作的院领导审阅。

第六条　分管基本建设工作的院领导会同计划基建处，将通过符合性审查的项目与农业部相关司局沟通，初步确定年度申报项目。

第七条　初步确定为年度申报的项目，报院常务会研究审定。

第八条　经院常务会研究审定的拟申报项目，列入院年度项目申报计划，由各项目单位委托具有工程咨询资质的机构编制可行性研究报告（初稿）。

第九条　每年度 3 月 30 日前，项目单位将可行性研究报告（初稿）纸质版一份及电子文档报计划基建处，超出规定期限上报的，将不予受理。

第十条　每年度 4 月 10 日前，应完成可行性研究报告（初稿）评审工作。评审分两种形式，一是由计划基建处组织的集中评审；二是由各项目单位自行组织的分散评审。

有院属重大项目申报或项目申报个数多于 5 个，不利于实施分散评审时，采取集中评审方式。

第十一条　可行性研究报告的评审重点内容：一是进行可行性研究报告文档结构合理性审查，审查是否按可行性研究报告的标准格式要求进行编排撰写，有无内容遗漏；二是审查项目的可行性、必要性的描述是否充分；三是审查项目实施拟达到的目标与效益是否具体、实际；四是审查项目建设规模、内容、投资估算等内容的合理性；五是审查项目安排进度的合理性和招标方案的合理性；六是项目环境影响评价、规划部门批复的规划或项目建设选址意见书等必要的附件是否齐全。

第十二条　各项目申报单位应按评审意见修改可行性研究报告，于每年 4 月 20 日前将定稿后的可行性研究报告纸质版一式三份报计划基建处（同时报送电子文档），计划基建处在每年度 4 月 30 日前统一制作项目申报文件。

第十三条　院属各项目单位收到项目申报文件后，将项目申报文件和可行性研究报告一式三份于每年度 5 月 10 日前寄农业部相关司局，同时在"中国农业建设信息网"上进行网上申报（网上申报时应根据所申报项目属性，分别在相应的行业规划或指南中填报项目，不属行业规划或相应指南的基础设施类项目，在"直属单位项目"栏中填报）。

第十四条　本规定自 2012 年 6 月 1 日起施行。原《中国热带农业科学院基本建设项目申报管理规定（修订）》（热科院计〔2009〕254 号）同时废止。

附件：单位基本情况表（略）

中国热带农业科学院工程建设项目发包管理规定

（热科院计〔2012〕217 号）

一、总　则

1. 为加强热科院工程建设项目发包管理，规范参与工程建设活动各方的行为，确保工程质量，提高投资效益，保护当事人的合法权益，在确定工程建设项目承包单位的过程中遵循公开、公平、公正和诚实信用的原则，根据《中华人民共和国招标投标法》《中华人民共和国政府采购法》《中华人民共和国招标投标法实施条例》《农业工程建设项目招投标管理规定》等法律法规，制定本规定。

2. 院属工程建设项目在确定工程咨询、勘察、测量、设计、造价咨询、监理、施工和建安工程设备供应单位的过程中，适用本规定。

3. 本规定所称发包是指通过公开招标、邀请招标、询价采购、单一来源采购等方式确定项目承包人或供应商，并与之签订承包合同的过程。

4. 工程建设项目发包过程必须遵循公开、公平、公正和诚实信用的原则。

二、工程建设项目发包管理机构和职责分工

1. 院常务会：审议政府采购与招投标监督领导小组提交的关于工程建设项目发包事项。

2. 院政府采购与招投标监督领导小组：负责指导全院政府采购与招投标监督工作（院政府采购与招投标监督领导小组办公室设在监察审计室），审议政府采购与招投标管理制度、指导性意见、格式合同文本等，向院常务会提出意见和建议。

3. 计划基建处：负责院工程建设项目发包管理，负责指导、监督、检查院属各单位工程建设项目发包工作的实施。

4. 院属项目单位：选择具备代理资质的招标代理机构，配合招标代理机构完成公开和邀请招标的过程；项目单位负责组织询价采购、单一来源采购的实施；项目单位必须对拟发包项目的招标文件、询价采购文件进行审核，如实施单一来源采购的，须对单一来源采购方案进行审核。

5. 监察审计室：对院本级的招标、询价采购和单一来源采购过程进行监督，并对院属重点项目的工程建设招投标业务实施跟踪审计。

6. 院属项目单位的招标投标监督小组：对本单位工程建设项目的发包活动过程实施监督；院计划基建处、监察审计室随机对发包活动过程进行监督或抽查相关过程资料。

三、院工程建设项目发包活动的组织形式

（一）招标。工程建设项目达到《工程建设项目招标范围和规模标准规定》（国家计委令第 3 号）确定的范围和标准的，必须进行招标：

1. 施工单项合同估算价在 200 万元人民币以上的（含 200 万元）；

2. 仪器、设备、材料采购单项合同估算价在 100 万元人民币以上的（含 100 万元）；

3. 勘察、设计、监理等服务的采购，单项合同估算价在 50 万元人民币以上的（含 50 万元）；

4. 单项合同估算低于第一、二、三项规定的标准，但项目总投资额在 3 000 万元人民币以上的（含 3 000 万元）。

（二）询价采购。院属工程建设项目没有达到《工程建设项目招标范围和规模标准规定》（国家计委令第 3 号）确定的范围和标准，符合采用《中华人民共和国政府采购法》规定的询价采购条件的，按询价采购方式确定供应商。

（三）单一来源采购。院属工程建设项目没有达到《工程建设项目招标范围和规模标准规定》（国家计委令第 3 号）确定的范围和标准，符合采用《中华人民共和国政府采购法》规定的单一来源采购条件的，按单一来源采购方式确定供应商。

（四）院属工程建设项目达到《工程建设项目招标范围和规模标准规定》（国家计委令第 3 号）规定的范围和标准的，但项目批复文件明确批复不招标的，按以上第（二）、（三）条方式确定承包商或供应商。

四、发包方式

工程建设项目的发包方式有公开招标、邀请招标、询价采购、单一来源采购：

（一）公开招标

1. 必须进行招标的项目，全部使用国有资金投资或者国有资金投资占控股或者主导地位的，应当公开招标。

2. 公开招标工作流程：

（1）选定具有招标代理资质的招标代理机构。

（2）拟定招标文件。由招标代理机构按院设定的相关要点拟稿，项目单位研究审核。院本级项目应报计划基建处审核。

（3）招标代理机构将招标文件报项目所在地建设主管部门办理审核、备案手续。

（4）招标代理机构将建设主管部门的审核意见反馈项目单位，项目单位确定招标文件后，招标代理机构制作正式招标文件。

（5）项目批复总投资在 2 000 万元以上的项目，其施工、建安工程设备的估算合同金额达到公开招标额度的，项目单位视情况可提请院计划基建、法律事务室协助审核招标文件，招标文件应包括招标公告和主要合同条款。

（6）招标代理机构在有形建筑市场办理招标备案。

（7）招标代理机构办理发布招标公告。

（8）招标代理机构接受投标报名。

（9）招标代理机构向具备投标资格的单位发售招标文件。

（10）招标代理机构或项目单位组织具备投标资格的单位踏勘拟实施项目的场地，召开招标答疑会。

（11）招标代理机构在招标文件确定的有形建筑市场组织开标。

（12）招标代理机构组织专家进行投标资格审查并对资格审查合格者进行评标（评标专家由项目当地建设主管部门评标专家库随机产生），院机关职能部门和项目执行单位招投标监督小组派人对开标、评标过程进行监督。

（13）完成开标、评标并由评标专家确定具备实施项目能力的中标候选人排序，并由项目单位确定中标人。

（14）招标结果公示期满后，招标代理机构发出中标通知书。

（二）邀请招标

1. 未使用国有资金投资、国有资金投资不占控股或者不占主导地位的必须进行招标项目，可以采用邀请招标；

2. 国有资金占控股或者主导地位的必须进行招标的项目，有下列情形之一的，经项目审批部门批准可以采用邀请招标：

（1）技术复杂、有特殊要求或者受自然环境限制，只有少量潜在投标人可供选择；

（2）采用公开招标方式的费用占项目合同金额的比例过大。

3. 邀请招标工作流程：

（1）选定具有招标代理资质的招标代理机构。

（2）拟定招标文件。由招标代理机构按院设定的相关要点拟稿，项目单位研究审核。院本级项目的招标文件应报计划基建处审核。

（3）招标文件报项目所在地建设主管部门

办理审核、备案手续。

（4）招标代理机构将建设主管部门的审核意见反馈项目单位，项目单位确定招标文件后，招标代理机构制作正式招标文件。

（5）在有形建筑市场办理招标备案。

（6）招标代理机构向特定的具备承包工程资质的企业发出投标邀请。

（7）招标代理机构制作并向接受投标邀请的单位发售招标文件。

（8）由招标代理机构或项目单位组织具备投标资格的单位踏勘拟实施项目的场地。

（9）由招标代理机构在招标文件确定的有形建筑市场组织开标。

（10）由招标代理机构组织专家进行投标资格审查并对资格审查合格者进行评标（评标专家由项目当地建设主管部门评标专家库随机产生），院机关职能部门和项目执行单位招投标监督小组派人对开标、评标过程进行监督。

（11）完成开标、评标并由评标专家确定具备实施项目能力的中标候选人排序，并由项目单位确定中标人。

（12）招标结果公示期满后，招标代理机构发出中标通知书。

（三）询价采购

1. 同时符合下述三种情形的，可以采用询价采购方式：

（1）工程建设项目没有达到《工程建设项目招标范围和规模标准规定》（国家计委令第3号）规定的范围和标准的；

（2）必须进行招标的项目，在项目批复文件中明确批复不招标的；

（3）采购的货物规格、标准统一、现货货源充足且价格变化幅度小的采购项目，可以依照本法采用询价方式采购。

2. 询价采购工作流程：

（1）儋州和海口院区（含椰子研究所、香料饮料研究所）、湛江院区分别建立通用项目的供应商资格库。

（2）项目单位组织不少于3人的询价小组，其中专家的人数不得少于成员总数的三分之二。

（3）询价小组根据院制订的模板，制作询价采购文件，报项目单位领导审核，询价采购

文件应当对采购项目的价格构成和评定成交的标准等事项作出规定。

（4）询价小组从供应商资格库中随机抽取不少于3至5家供应商，并邀请被抽中的供应商参与项目报价，抽取和通知供应商的过程应由项目单位监督小组实施监督，严禁抽取作弊和通知不到位。对资质要求较特殊、院未成立供应商资格库的项目，由询价小组收集具备资质的供应商名单，经单位领导研究后，确定邀请参加报价的供应商。

（5）询价小组向受邀请参加报价的供应商发出询价文件，要求被询价的供应商一次报出不得更改的价格。

（6）询价小组组织报价公开会，进行报价评定、确定承接的供应商（在项目单位监督小组的监督下实施全过程。报价评定专家根据需要可邀请当地建设主管部门评标专家库的专家，也可自行邀请熟悉基建业务的外单位专家）；院职能部门视情况派人对询价采购过程进行监督或实施随机抽检。

（7）项目单位向成交供应商发出成交通知书，并将结果通知所有被询价的未成交的供应商。

（四）单一来源采购

1. 采用单一来源采购的情形：

（1）工程建设项目没有达到《工程建设项目招标范围和规模标准规定》（国家计委令第3号）规定的范围和标准的；

（2）必须进行招标的项目，在项目批复文件中明确批复不招标的；

（3）同时符合（1）、（2）条并符合下列情形之一的工程建设项目，可以依照本法采用单一来源方式采购：

①只能从唯一供应商处采购的；

②发生了不可预见的紧急情况不能从其他供应商处采购的；

③必须保证原有采购项目一致性或者服务配套的要求，需要继续从原供应商处添购。

2. 单一来源采购的原则

采取单一来源方式采购的，采购人与供应商应当遵循《中华人民共和国政府采购法》规定的公开透明原则、公平竞争原则、公正原则和诚实信用原则，在保证采购项目质量和双方

商定合理价格的基础上进行采购。

五、其他

1. 应当招标的工程建设项目，符合下列情形的，可以不招标：

（1）《中华人民共和国招标投标法》第六十六条规定下述特殊情形：

①涉及国家安全、国家秘密或者抢险救灾而不适宜招标的；

②属于利用扶贫资金实行以工代赈需要使用农民工的。

（2）《中华人民共和国招标投标法实施条例》第九条规定的下列情形之一：

①需要采用不可替代的专利或者专有技术；

②采购人依法能够自行建设、生产或者提供；

③已通过招标方式选定的特许经营项目投资人依法能够自行建设、生产或者提供；

④需要向原中标人采购工程、货物或者服务，否则将影响施工或者功能配套要求；

⑤国家规定的其他特殊情形。

2. 工程建设项目在报批可行性研究报告时，必须将招标范围、招标方式、招标组织形式等有关招标内容报项目审批部门核准。如有前款应当招标而申请不招标的，必须在可行性研究报告中将申请理由说清楚。项目批复后，按批复执行。

3. 项目单位不得肢解工程建设项目或以其他任何方式规避招标。批复要求招标的项目，如项目组成内容涉及多行业、多资质的，可以设为一个标段，进行总承包招标或允许联合体投标，也可分为多标段实施分标段招标。进行总承包招标的项目，以暂估价形式包括在总承包范围内的工程、货物、服务属于依法必须进行招标的项目范围且达到国家规定规模标准的，应当依法进行招标。

4. 院属各单位的工程建设项目招标文件，应使用国家或项目地省级建设主管部门发布的标准范本，按院制定的要点进行编写。询价采购文件应使用院制定的模板文件。在招标或询价文件编写过程中，需要根据项目特征进行的

修订，须经项目单位基本建设领导小组研究审核并形成会议纪要，然后对外发出。

5. 询价采购在邀请承包人或供应商参加询价采购报价时，必须在项目单位监督小组的监督下发出电话邀请，邀请内容有：项目单位名称、项目名称、项目地点、标的金额、发售询价采购文件的地点、时间。

6. 未经立项、未经造价咨询机构编制工程预算或清单的工程项目不得进行招标或询价采购。

7. 招标代理机构在实施招标代理服务过程中，应严格按照国家和省级建设主管部门的规定完成招标工作。

8. 项目单位应认真审核招标代理机构编制的招标文件资料，监督其按国家和省级建设主管部门规定的相关程序实施，如发现招标文件有排挤条款、不公平条款和违反国家、省级主管部门规定的行为，应及时制止，并按违约予以处理（在招标代理合同中需约定相关违约处理条款）。

9. 项目单位不得要求或暗示招标代理机构违反规定办事，不得要求或暗示设置排挤潜在投标人条款，不得要求或暗示设置不公平的资格审查条件和评标条款。如有发现违反，由院相关部门追究有关人员的责任。

10. 项目单位在实施询价采购时，不得弄虚作假，排挤从竞价资格库中随机抽取的，符合资质条件的承包人或供应商参加报价活动，不得制定不公平的条款，如有违反，由院相关部门追究有关人员的责任。

11. 院机关各职能部门在指导、监督各项目单位的建设项目发包工作中，不得要求或暗示项目单位违反本规定办事，如有违反，由院相关部门追究有关人员的责任。

12. 项目立项批复已明确批复招标方案的，在实施过程中，不得擅自更改招标方式，如需要更改，应报项目原批复单位批准。

13. 本规定自 2012 年 6 月 1 日起执行，原发布的《中国热带农业科学院工程建设项目发包管理规定》（热科院计〔2010〕111 号）同时废止。

中国热带农业科学院基本建设管理办法（修订）

（热科院计〔2012〕218号）

第一章　总　则

第一条　为了贯彻执行党和国家关于基本建设管理的方针、政策和法规，加强中国热带农业科学院（以下简称热科院）基本建设管理，保障热科院总体规划顺利实施，促进热科院基本建设工作合法、规范、健康、有序、高效地运行，根据国家及相关部委的法律法规、规定以及现行行业规范、标准，结合热科院实际，制定本办法。

第二条　本办法适用于热科院使用各种资金建设的基本建设项目。本办法所指"基本建设项目"包括：投资超过5万元（含5万元）的各类房屋建筑、基础设施、公共设施及其他设施的新建、改扩建、续建和装修工程等项目。总投资超过5万元（含5万元）的专项维修、修缮购置项目中的房屋修缮、基础设施改造工程建设项目，按基本建设项目管理。

第三条　基本建设管理的基本任务：①制订基本建设管理的规章制度；②组织编制科研条件建设规划、修建性详细规划；③组织编报基本建设年度计划和组织项目申报；④下达基本建设任务并组织实施；⑤检查、监督和指导各项目执行单位的基本建设管理工作；⑥报告年度计划的执行情况；⑦组织相关项目的初验，并根据上级部门授权，组织完成相关项目的验收。

第四条　基本建设管理的基本原则：严格按国家基本建设程序办事，加强管理，强化监督，保证质量，勤俭节约，努力提高投资效益。

基本建设工程项目坚持"先勘察、后设计、再施工"的原则，严禁搞边勘察、边设计、边报建、边施工的"四边"工程。

第五条　基本建设项目的管理内容包括：建设规划管理、年度建设计划和项目立项管理、工程建设项目发包管理、合同管理、勘察与设计管理、工程施工质量监督管理、工程造价预算与结算管理、财务管理、审计监督管理、基建档案收集管理以及项目执行情况检查等十一个方面。

第六条　基本建设项目实行项目法人负责制和项目质量终身负责制。

第二章　管理机构与职责

第七条　基本建设工作实行院宏观管理、统一计划、分级实施的管理体制。院基本建设项目的决策、管理、执行和监督职能由各相关机构或组织独立行使。需要院领导决策的事项由项目执行单位书面报计划基建处，计划基建处提出初步意见后，报分管基本建设工作的院领导审阅，分管基本建设工作的院领导按规定做出决策或报院常务会讨论决策。

第八条　主要机构、职能部门的职责。

（一）决策机构

1. 院常务会：讨论决定有关基本建设管理的规章制度；审定院科研条件建设规划、修建性详细规划、国家投资的年度基本建设项目申报计划和年度投资计划，审议院长办公会提交的项目设计方案。

2. 院长办公会：初步审议有关基本建设管理的规章制度；研究、协调解决基本建设项目管理中存在的问题；初步审定院科研条件建设规划、修建性详细规划，初步审定申请国家投资的年度项目申报计划和年度投资计划；审议重大建设项目或投资在2 000万元以上的建设项目设计方案；院长办公会审议认为需要报院常务会审议的事项，按程序报院常务会审议。

3. 院政府采购与招投标监督领导小组（辅助决策机构）

负责指导全院政府采购与招投标监督工作（院政府采购与招投标监督领导小组办公室设在监察审计室），审议政府采购与招投标管理制度、指导性意见、格式合同文本等，向院常务会提出意见和建议。

（二）管理部门

计划基建处是热科院基本建设管理的职能部门，主要职责是：①组织编制科研条件建设规划、修建性详细规划，编报年度基本建设计划草案；②负责国家投资的基本建设项目的申报管理工作；③负责院自筹基本建设项目的立项管理；④检查、监督、指导院基本建设项目的执行；⑤定期向分管院领导汇报基本建设项目管理情况，提请分管院领导根据项目管理情况召开专题办公会研究、协调解决项目管理中存在的问题；⑥拟订院基本建设管理制度、拟定通用招标文件中的要点和工程询价采购模板、通用合同文件的要点，并进行动态管理；⑦审核院本级基本建设项目的招标文件、合同文件；⑧院重大建设项目的具体组织实施。

（三）项目执行机构

院属各单位负责项目立项和建设准备阶段、项目建设阶段、竣工验收阶段各阶段的日常管理。院本级在海口、儋州两院区的一般性项目（非重大建设项目），由项目所在地的所、站执行。

立项和建设准备阶段工作：指从项目立项至完成施工发包，确定项目承接单位为止的阶段性工作，主要工作内容有：提出项目建议书、完成项目可行性研究、编制可行性研究报告、编制项目立项申报文件、编制初步设计与概算、施工图设计、图纸审查、施工图预算、进行规划报建、工程施工发包。

项目建设阶段工作：指从签订工程承包合同、完成施工报建直至完成合同约定的所有工作内容的过程管理工作。

竣工验收阶段工作：指项目完工进行初验、建设主管部门验收备案、结算、决算、档案收集整理，直至完成决算审计并通过上级部门的项目验收等工作。

（四）监察审计机构

监察审计室负责制定院基建监督及审计管理相关制度，并按规定实施相关管理。审核院本级基本建设项目的招标文件、合同文件的有关法律条款。

（五）财务管理机构

财务处负责制定院基建财务管理相关制度，并按规定实施相关管理。

（六）档案管理机构

档案馆负责院基本建设项目档案收集和监督检查、指导等工作。

第三章　建设规划管理

第九条　院科研条件建设规划由计划基建处组织编制。

第十条　各院区的修建性详细规划由各院区管委会及所在单位组织编制；报计划基建处组织专家进行内部评审后，方可按单位所在地建设主管部门的要求报批（未纳入地方城镇建设规划的区域不需报批）。

经政府建设行政主管部门批准的各院区、所（站）的修建性详细规划具有权威性、严肃性和连续性，任何单位和个人不得擅自更改，如需调整和更改，必须先报计划基建处审查并经分管基本建设工作的院领导同意后，方可报原建设行政主管部门审批（未纳入地方城镇建设规划的区域不需报批）。

第十一条　院规划区内的任何建设活动，必须严格执行规划，服从当地政府有关部门和院的规划管理。建设活动所使用土地，必须符合院土地管理方面的规定。因建设需要拆迁的建筑物、设施及地面其他附着物必须根据规划要求进行无偿拆迁。

第十二条　各院区的基础设施项目施工前，应报该院区管委会审批，相对独立的院属单位的基础设施项目施工也要经单位审查批准后动工。外单位进入热科院实施的基础设施项目，在项目开工前应要求申请实施的单位提交一定数额的保证金（保证金额度要确保足够用于恢复被破坏的原有基础设施和绿化），项目完成后，申请实施项目的单位负责将破损的原有基础设施、绿化进行恢复，并提工程交竣工图，验收合格后，方可退还保证金。

第四章　年度建设计划与项目立项管理

第十三条　院基本建设年度计划根据院科研条件建设规划制定，由院属各单位提出项目

建议书,基本建设年度计划要具有前瞻性:

一、申请国家投资的项目

1. 根据院科研条件建设规划,各单位于每年 3 月 1 日以前将本单位下一年度需申请国家农业基本建设投资的新建、扩建、改造、大型维修和装修(超过 5 万元)项目进行所(站、中心)务会研究,确定项目名称、建设规模、建设内容及投资估算,编制项目建议书报院计划基建处。

2. 计划基建处将各单位报来的项目建议书整理汇总后,进行分类、初审、排序,形成年度申报项目库初步意见,报分管基本建设工作的院领导召开办公会进行分析、讨论。

3. 院计划基建处与部相关司局沟通,初步确定年度申报项目。

4. 院常务会研究审定,确定年度项目申报计划。

二、申请自筹资金的项目

1. 申请项目的单位形成项目立项请示和项目建议书报计划基建处,同时附上单位领导研究的相关会议纪要。

2. 计划基建处提出初步审核意见后呈分管基本建设工作的院领导审批。

3. 院属各单位自筹资金的建设项目,由分管基本建设工作的院领导直接审批;需要院资金支持的建设项目,由分管基本建设工作的院领导做出审批意见后,提交院常务会审定。

4. 同意建设的项目,按财务"一上"预算的要求,提交项目材料,列入下一年度预算支出。

第十四条 经院常务会审批确定申请国家投资的项目,列入院年度基本建设申报计划。列入计划的项目,由提出项目的单位委托有资质的咨询单位编制可行性研究报告。院本级项目的可行性研究报告,由计划基建处组织编制。可行性研究报告编制应在每年的 3 月 30 日前完成初稿并报院计划基建处。可行性研究报告初稿完成后,应组织专家评审,专家评审工作一般于每年的 4 月 10 日前完成。4 月 20 日前各单位根据评审意见完成修改并形成正式文件,5 月

10 日前上报农业部相关司局。

因特殊原因未能列入院基本建设年度申报计划的项目,以及根据农业部行业司局发布的年度项目申报和储备指南提出的项目,根据需要可另行组织申报。

第十五条 申请国家投资的基本建设项目,由院行文报农业部相关司局进行项目立项申请。立项审批后,院向各执行单位转发批复,由各执行单位根据批复执行。

第十六条 严格院基本建设计划管理,有下列情形之一者,原则上该单位项目不能列入年度申报计划:

1. 未编制本单位修建性详细规划和科研基地条件建设规划的;

2. 项目建设进度严重滞后的;

3. 项目单位有 2 个以上在建项目未按时完工的;

4. 未完成项目整改工作的;

5. 有严重违规行为的;

6. 有上级主管部门规定不能申报项目的其他情形的。

第十七条 有以下重大变更情形的,经项目单位领导班子集体研究确定并形成会议纪要,报计划基建处确认并经分管院领导同意后,向原上级审批机关重新办理报批手续。

(一)变更建设地点的;

(二)变更建设性质的;

(三)变更建设单位的;

(四)变更建设内容、建设标准、建设规模导致项目主要使用(服务)功能发生变化的;

(五)初步设计概算的总投资变更超过立项批复总投资 10% 以上(含 10%)的,或者实施过程中投资变动超过批准的项目总投资 10% 以上(含 10%)的。

第十八条 有下列情形之一的,经项目单位领导班子集体研究确定并形成会议纪要,报计划基建处确认并经分管院领导同意后,向原审批部门申请批准:

(一)变更建设期限;

(二)变更招标方案;

(三)变更建设内容、建设标准、建设规模(包括项目经费有节余,项目单位根据完善项目

功能的需要，申请新增工程建设内容），但不属于本办法第十七条第四项情形的；

（四）变更初步设计概算的总投资超过立项批复总投资 10% 以下的，或者实施过程中投资变动超过批准的项目总投资 10% 以下的；

（五）其他变更。

第五章 工程建设项目发包管理

第十九条 院基本建设项目的勘察、设计、施工、监理以及与工程建设有关的主要材料设备等的采购，凡涉及招标的，按《农业基本建设项目招标投标管理规定》进行招标。

第二十条 必须进行招标的基本建设项目应在报批的可行性研究报告（项目建议书）中提出招标方案。招标方案包括以下主要内容：

1. 招标范围。说明拟招标的内容及估算金额。

2. 招标组织形式。所有招标项目，均委托招标代理机构进行招标。

3. 招标方式。说明拟采用公开招标或邀请招标方式，邀请招标的应说明理由。

第二十一条 必须进行招标的项目，拟不进行招标的，在报批可行性研究报告时提出不招标的申请并说明理由，经项目审批部门批准，可以不进行招标。

第二十二条 公开招标项目，其招标活动必需在项目所在地建设主管部门设立的有形建筑市场进行，并接受监督、检查。

第二十三条 招投标工作应体现公开、公平、公正、科学、择优和诚信的原则。严禁任何单位和个人以任何名义干预正当的招投标活动。

公开招标的信息发布按国家规定和项目所在地省级建设行政主管部门的规定执行。

第二十四条 实施招标的工程建设项目在注重工程质量、造价、工期的同时，应充分考虑投标人的技术力量、装备、管理水平和企业信誉，在综合评估的基础上确定承包方。招标文件在投标人资格和评标办法设置上，不得有排斥潜在投标人的条款。

第二十五条 未达到规定招标条件的基本建设项目，由各项目执行单位按《中华人民共和国政府采购法》规定的询价采购、单一来源采购等方式确定实施单位。

第二十六条 不得将工程建设项目发包给不具备相应资质的勘察、设计、工程咨询、施工、监理单位。

第二十七条 不得肢解工程建设项目以规避招标。批复要求招标的项目，如项目组成内容涉及多行业、多资质的，可以设为一个标段，进行总承包招标或允许联合体投标，也可分为多标段实施分标段招标。进行总承包招标的项目，以暂估价形式包括在总承包范围内的工程、货物、服务属于依法必须进行招标的项目范围且达到国家规定规模标准的，应当依法进行招标。

第二十八条 院属项目执行单位在完成招标或询价采购工作后，应对招标或询价采购工作进行年度总结，形成年度总结报告报院计划基建处。报告应包含以下内容：项目概况、招标（询价采购）的工作流程、控制价、投标企业（供应商）的产生过程、投标企业（供应商）资质要求、开标（公开报价）地点、开标（公开报价）组织人、监督人员、评标专家、评标结果、存在的问题和建议等。院计划基建处根据招标和询价采购工作中发现的问题，向院报告，提出改进建议。

院属工程建设项目的具体发包规定，详见《中国热带农业科学院工程建设项目发包管理规定》（热科院计〔2012〕217 号）。

第六章 合同管理

第二十九条 院基本建设项目实行合同管理制。各项目执行单位根据发包结果，由其法定代表人（或法定代表人委托人）与中标单位（成交供应商）法定代表人（或法定代表人委托人）依照《中华人民共和国合同法》签订项目承包合同。

第三十条 各类合同的签订，应使用标准合同。合同专用条款中的要点由院计划基建处拟订，经监察审计室、院法律事务室分别审核后，报院政府与采购招投标监督领导小组审议确定。没有标准合同的一些特定项目，由项目执行单位根据实际情况签订合同。

第三十一条　合同是发包方和承包方为完成商定的建筑、安装及其他工作内容所进行的工程咨询、勘察、测量、设计、施工、监理、保修等工作内容，明确相互的权利与义务关系的法律依据。在合同签订前，项目执行单位要做好前期准备工作，同时组织做好踏勘、测量、图纸会审、技术交底等工作，力求在合同执行前将表达不明确或图纸未表达的问题解决好，避免和减少合同履行过程中的重大变更。各类合同都要有明确的承包范围、金额、质量要求、工期、风险范围、履约担保、违约处理、合同争议解决方式等条款、以及双方明确的权利和义务。

在合同执行过程中，项目执行单位应强化工程变更的签证管理意识，杜绝重复签证和虚假签证，工程签证严格按《中国热带农业科学院基本建设项目施工现场签证管理规定》执行。

第三十二条　各项目执行单位要监督中标单位，防止将工程层层转包或违法肢解分包。

第七章　工程勘察设计管理

第三十三条　工程建设项目设计必须以项目批复为依据，不得随意变更批复的建设内容和规模。项目设计需根据项目所从属的行业及规模大小，择优选用有相应设计资质的设计单位来完成。工程建设项目设计必须遵循"方案设计→初步设计及概算→勘察及勘察成果审查→施工图设计→施工图审查"的步骤。项目执行单位必须向勘察、设计单位提供与工程相关的真实、准确、齐全的原始资料，不得明示或暗示勘察、设计单位违反工程建设强制性标准。

第三十四条　项目单位应当在收到批复之日起3个月内完成项目初步设计与概算的初稿，初步设计稿完成后，应组织相关工程技术人员进行初步设计内容与立项批复内容的吻合性审查和初步设计概算内容与初步设计图一致性审查，并组织本单位相关人员进行实用性、设计方案施工的可能性和经济性审查。初步设计在符合批复原则的基础上，力求设计合理、功能齐全、安全经济、环境保护、美观大方。

第三十五条　在设计委托过程中，设计合同中要明确限额设计，要求设计单位以限额进行工程设计，并在设计合同中明确责任、义务和违约条款。在设计委托过程中，为确保设计质量，不应人为地压缩合理的设计周期。施工图中尽量不留待定因素，以免在施工过程中拆改导致工期延误和造价增加，设计合同中应明确设计人在设计中留下的待定因素导致造价增加的责任。设计中应注意选用建筑材料或设备的经济性。

施工图设计必须严格按批复的初步设计进行，不得在施工图设计阶段进行规模变更和增、减建设内容，施工图设计完成后，项目单位要组织本单位相关人员审查施工图设计与初步设计一致性。施工图预算总投资变更超过批准的初步设计概算总投资5%以上的，要重新向原审批机关报批初步设计文件。

第三十六条　施工图设计完成后，项目执行单位应组织相关人员进行图纸会审，对设计图中存在的问题要求设计单位进一步完善设计图纸。需要报建的项目，其施工图必须报项目所在地建设主管部门批准设立的图纸审查中心审查，未经审查批准的图纸，不得使用。施工图是编制详细施工图预算和工程量清单的基础，是作为工程发包的重要依据。

第三十七条　工程开工前，必须及时组织设计单位、承包方、监理单位及其他有关人员，进行施工图技术交底，设计单位根据设计意图、相关规范和施工、监理等单位提出的问题，整理写出详细技术交底文件。必须坚持施工图和技术交底文件的严肃性，不得随意更改，确需变更的，须由设计部门提出更改意见，经院项目单位批准后变更。如属于变更项目建设内容与规模的，须向项目审批机关申报批准。

图纸会审形成的技术交底文件是施工图纸的补充、细化，不得因此进行承包价格调整。确实属于设计漏项，必须补充的内容，因由设计单位补充设计，经项目单位批准实施。

第八章　工程施工质量监督管理

第三十八条　项目执行单位在领取施工许可证或开工证前，应当按国家有关规定办理质量监督手续、交纳国家和地方政府部门规定的规费等。

第三十九条 项目单位必须在项目纳入农业部年度投资计划并下达第一次项目投资计划后的 6 个月内开工。因故不能按期开工的，必须向项目批准部门申请延期开工；延期以两次为限，每次不超过 3 个月。农业部第一次下达项目投资计划后，既不开工又不申请延期，或者因故不能按期开工超过 6 个月的，农业部将暂停下达项目投资计划，责令限期整改；整改达不到要求的，撤销建设项目，收回已下达的投资

第四十条 项目执行单位必须向施工、监理单位提供与工程相关的真实、准确、齐全的原始资料，不得迫使承包方低于成本价承接项目，不得任意压缩合理工期，不得明示或暗示承包方违反工程建设强制性标准，降低工程质量。如发生重大工程质量事故，依照国家有关法律法规追究相关责任单位和责任人的责任。

第四十一条 工程施工过程中，项目执行单位应强化质量、进度、投资的监督、控制与管理。土建或田间工程总投资在 100 万元以上的农业基本建设项目，或房屋类建筑面积在 1 000 平方米以上的农业基本建设项目，必须委托具备合格资质的监理单位实施监理。监理单位对基本建设项目的"投资控制、进度控制、质量控制、安全管理、合同管理、信息管理、与施工有关的组织与协调"实行全面管理。项目单位支持监理单位开展管理工作，并且通过监理单位监控工程项目建设。土建或田间工程总投资在 100 万元以下的农业基本建设项目，或房屋类建筑面积在 1 000 平方米以下的农业基本建设项目，建议进行项目打包委托监理。

第四十二条 实施监理的项目，项目单位须派相关技术人员参与施工现场监督管理，监督管理实行"现场代表"制度，"现场代表"是项目单位与承包方、监理单位联络沟通的桥梁，同时，对承包方、监理单位的工作进行检查、督促和管理。未实施监理的项目，院项目单位的"现场代表"按照工程技术规范和施工操作办法，监督检查施工质量，做好隐蔽工程的验收工作。对项目投资进行控制，并根据合同工期控制施工进度。

第四十三条 工地管理坚持周例会制，项目单位分管领导通过随机检查和工地例会及时掌握工程实施过程质量管理情况、工程进度和投资控制情况等相关信息。

项目执行单位每月定期向院计划基建处报送项目执行情况月报表；计划基建处定期或不定期组织检查组对项目执行单位的执行情况进行例行检查、督导，发现问题及时进行纠正处理。项目执行情况月报表详见附表。

第四十四条 项目执行单位必须严格监督承包方按照设计图纸、技术交底资料和施工标准、规范进行施工，对工程的重要结构部位和隐蔽工程要建立质量预检和复检制度。必须严格设备材料质量检查制度，不得随意更改设计、提高或降低标准，不得随意突破工程预算，严禁使用不合格或不符合设计和规范规定的材料和设备。

第四十五条 工程完成后，必须按农业部有关规定进行严格的竣工验收，由项目执行单位组织工程竣工验收。竣工验收合格后，方可交付使用。工程竣工验收后，应及时进行工程建设总结，必要时召开总结会议，分析问题，总结经验，为下一工程建设项目管理提供借鉴。

工程组织验收前，由承包方编制工程竣工验收资料，并按"承包方自查→监理单位审查→建设主管部门的质量安全监督站审查"的审核程序完成资料审核；资料审核合格后，方可组织工程竣工验收。

验收人员应由勘察、设计、施工、监理、项目执行单位、管理单位、使用单位、监督单位和其他一些相关单位的人员组成。

第四十六条 项目完成后，按照《农业基本建设项目竣工验收管理规定》进行项目验收，修缮购置专项资金修缮改造项目的竣工验收按农业部办公厅印发的《科学事业单位修缮购置专项资金修缮改造项目验收办法（试行）》有关规定进行项目验收。

第四十七条 工程建设项目完工交付使用满一年后，应及时进行工程质量回访以便总结经验，提高管理水平。

第四十八条 所有工程建设项目均实行保修制度，在工程签订施工合同的同时，项目执行单位要与承包方签订质量保修合同。

一、在正常使用条件下，建设工程的最低保修期限为：

1. 基础设施工程、房屋建筑的地基基础工程和主体结构工程，为设计文件规定的该工程的合理使用年限；

2. 屋面防水工程、有防水要求的卫生间、房间和外墙面的防渗漏，为5年；

3. 供热与供冷系统，为2个采暖期、供冷期；

4. 电气管线、给排水管道、设备安装和装修工程，为2年。

5. 其他项目的保修期限一般按2年计。

二、建设工程的保修期，自竣工验收合格之日起计算。

三、建设工程在保修范围和保修期限内发生质量问题的，承包方应当履行保修义务，并对造成的损失承担赔偿责任。在保修合同中应明确：需保修事项发生后，承包方不能在一周内履行保修责任的，甲方可另行安排人员维修，费用从保修金中扣出。

四、建设工程在超过合理使用年限后需要继续使用的，产权所有人应当委托具有相应资质等级的勘察、设计单位及有资质的房屋安全鉴定机构鉴定，并根据鉴定结果采取加固、维修等措施，重新界定使用期。

第九章　工程造价预算与结算管理

第四十九条　工程建设项目的预、结算须委托社会上具备法定资质的造价咨询机构实施编制、审核。

一、工程造价金额在1 000万元以内的，可以只委托一家咨询机构编制预算。

二、工程造价金额在1 000万元以上的，可以委托两家造价咨询机构，实行一编一审制或双预算（互审）制。

三、固定总价合同的项目结算，委托造价咨询机构对变更部分进行结算。

四、单价合同的项目结算，当结算金额在1 000万元以内，可以只委托一家咨询机构编制结算，项目单位业务人员进行审查；当结算金额在1 000万元以上时，可以委托两家造价咨询机构，实行一编一审制或互审制。

预算稿编制完成后，项目单位应派熟悉相关业务的人员审查预算，力争做到不多算、不少算、不漏项、不留缺口、不留暂定项目，确保清单子目特征描述准确，以防止日后工程造价的调整。实行双预算（结算）制时，当较高的预算价不超出较低预算的1.05倍（结算不超过1.03倍）时，两份预算（结算）应属于合理，误差是合理误差，原则上取较低预算价为发包上限价或取用较低结算价；当较高的预算价超出较低预算的1.05倍（结算超过1.03倍）时，应责成造价咨询机构进行核对并找出误差原因，直至相差在控制在本文件规定的误差范围内为止。实行清单计价的项目，在实行双预算时，应注意比对两份清单中子目是否基本一致，特征描述是否一致，数量是否基本一致。

第五十条　造价咨询机构编制或审核的工程预算、结算书应加盖单位资质章、行政章、编制及审核人员资质章。

第五十一条　工程竣工验收合格后，应督促承包方在合同约定的期限内提交竣工结算文件，院项目执行单位应按照约定的期限内予以反馈审核意见。

第十章　财务管理

第五十二条　院基本建设财务管理按财政部《基本建设财务管理规定》《农业部基本建设财务管理办法》《中国热带农业科学院基本建设财务管理暂行办法》等办法执行。

第五十三条　财务处根据农业部批复的相关项目预算，及时批复给项目单位。

第五十四条　基建财务管理工作中，必须认真贯彻执行国家财政部、农业部和院的管理办法。凡是不符合基建管理程序、财务审核和审批手续的不予办理拨付。

第五十五条　对纳入基本建设预算支出管理的资金应保证按投资计划使用，不得挪用、挤占、截留。

第五十六条　承包方申请拨付工程进度款，必须填写已完工程进度表，详细注明工程进度并附上已完工程预算，经监理单位（未请监理的除外）、执行单位项目管理人员审核确认，并经项目执行单位分管领导审核、主管领导批准后，由财务部门审核办理拨付工程款。

第五十七条　院内各项目单位应当严格执行工程价款结算的制度规定，坚持按照规范的工程价款结算程序支付资金。项目单位与承包方签订的施工合同中确定的工程价款结算方式要符合财政支出预算管理的有关规定。

第十一章　监督管理

第五十八条　凡代表院参加基本建设管理的人员，都要本着对事业负责的态度，认真履行职责，自觉遵守有关法律法规，严守秘密，廉洁自律。不准利用职权影响和干涉工程发包工作；不准收受贿赂；不准泄露标底或其他单位编制的标书；不准以任何理由擅自改变发包的过程和程序。

第五十九条　为加强基本建设工作中的廉政责任，规范基本建设勘察、设计、工程发包、监理、工程预结算和物资、设备采购过程中的项目责任人行为，甲、乙双方项目责任人应当签署"基建工程建设廉政责任书"。

基建工程建设廉政责任书作为建设工程合同（勘察、设计、工程承包、监理、预结算、采购）的附件，与工程建设合同具有同等法律效力。经双方签署后立即生效。

第六十条　项目单位应强化制度建设，制定基本建设管理相关制度，为基本建设项目实施的全过程提供管理依据，同时约束相关管理人员的行为；项目单位应加强对变更签证的管理，确保对项目投资的有效控制。

第六十一条　各单位加强对基本建设项目的监督管理。

第十二章　基建档案收集管理

第六十二条　基本建设档案严格按照《建设工程文件归档整理规范》（GB/T50328—2001）的要求进行整理。

第六十三条　各项目执行单位必须遵照项目所在地城建档案管理要求和院档案管理相关规定抓好基建工程档案工作。基建档案材料必须安排专人负责收集、整理、汇编和归档等工作。项目单位关于项目建设研究的会议纪要、决策等相关文件要及时将原件收录进档案。项

目档案材料移交档案馆（或单位档案室）之前，原则上不更得换档案材料管理人员。

第六十四条　项目初验时，院相关管理部门组织专家对项目单位收集的档案材料的完整性、准确性、系统性进行审查。

第六十五条　各院区所有单位的管、线、路等基础设施建设项目竣工后，必须绘制竣工后的总平面图（应标注平面坐标、标注与构筑物、建筑物的位置关系）纳入档案材料。项目执行单位应每两年检查、更新建设用地现状平面图及水、电、气、通讯等管网图，作为档案保存。

第六十六条　基建档案工作接受院档案馆指导和检查，并且在项目验收后一个月内向院档案管理部门移交（儋州、海口、湛江和三亚院区的院本级项目向院档案馆移交，其余院属各单位向本单位档案室移交）。

第十三章　项目执行情况检查

第六十七条　计划基建处负责组织院项目执行情况监督检查，负责起草检查工作制度、年度检查方案并部署检查工作，组织基本建设项目专项检查，通报检查结果，提出违规问题处理意见并监督整改。

第六十八条　监督检查内容有十一个方面，根据不同项目执行的进展情况，分别检查相关阶段性工作内容和材料：

（一）程序检查

检查项目是否按基本建设程序组织实施。

（二）前期工作检查

1. 检查项目立项报批是否符合规定；

2. 检查初步设计及设计单位的资质是否符合要求；

3. 检查初步设计内容与项目立项批复的符合性；

4. 检查施工图是否按初步设计批复要求进行编制；

5. 检查项目实施是否按规定履行报建手续。

（三）开工条件检查

1. 检查初步设计及概算是否批复，建设资金是否落实；

2. 检查项目建设场地是否落实；

3. 检查施工图设计是否完成；

4. 检查施工图预算是否编制，编制单位是否具备资质；

5. 检查项目各项内容的发包手续是否履行，是否签订合同；

6. 检查施工组织设计和监理大纲是否编制。

（四）实施过程检查

1. 检查院属项目执行单位是否按批复期限组织实施；

2. 检查院属项目执行单位是否按设计图纸内容组织实施；

3. 检查是否有肢解发包、转包、违法分包行为；

4. 检查承包单位的资质是否与承担的项目相符；

5. 检查承包单位实施过程的机械设备、技术人员、实施方法、安全措施、设备材料使用和进度是否符合要求。

（五）工程质量检查

1. 检查院属项目执行单位是否建立设备材料质量检查制度；

2. 检查承包单位是否建立质量保证体系和现场质量自检、重要结构部位和隐蔽工程预检、复检制度；

3. 检查监理单位是否建立完善的质量管理体系，是否严格履行监理职责；

4. 检查承包单位和监理单位是否落实质量责任制（检查相关日志、记录、会议记要、工程联系单、报告等）；

5. 检查工程质量是否符合设计要求，是否达到验收标准，是否出现过重大质量事故。

（六）项目资金检查

1. 检查资金来源是否符合有关规定；

2. 检查资金计划下达、拨付、到位情况；

3. 检查概算控制是否有措施、有落实；

4. 检查概算调整是否符合国家有关规定；

5. 检查项目专户、专账、专款专用情况；

6. 检查资金使用是否符合概算和有关规定，是否按合同支付；

7. 检查院属项目执行单位财务制度情况，财务管理是否规范，有无套取、挤占、挪用、截留、滞留资金，有无虚列工程资金支出、白条抵账、虚假会计凭证和大额现金支付；

8. 检查项目竣工决算审计。

（七）项目发包和合同检查

1. 检查项目发包是否符合规定，是否符合项目立项批复；

2. 检查项目发包管理资料，运作是否规范；

3. 检查合同是否严密、合法、规范；

4. 检查是否履行合同。

（八）项目组织机构检查

1. 检查院项目执行单位是否建立管理机构，是否建立规章制度；

2. 检查院项目执行单位是否配备专职人员实施管理，是否在项目实施过程进行有效监督、管理。

（九）工程监理检查

1. 检查监理单位是否具备资质并与所监理的项目相符合；

2. 现场监理机构是否与合同约定相符；

3. 监理手段和措施是否满足工程要求；

4. 检查监理单位的管理资料。

（十）竣工验收检查

1. 检查工程竣工验收程序是否规范；

2. 检查工程相关文件和档案是否齐全和规范；

3. 工程是否办理固定资金移交手续。

（十一）项目运行情况检查

检查项目是否能正常运行并达到预期效果。

第六十九条　计划基建处根据检查结果形成检查报告送院内相关职能部门和院领导审阅，并根据农业部相关规定，于每年二月底前将院基本建设项目检查情况向农业部发展计划司报告。

第十四章　违规处罚

第七十条　违反本办法规定，擅自更改规划、建设规模、建设地点、建设标准的，按相关规定追究有关单位责任和个人责任。

第七十一条　违反本办法规定，擅自将工程建设项目发包不具备相应资质的勘察、设计、工程咨询、施工、监理单位和肢解发包工程的，按相关规定追究有关单位责任和个人责任。

第七十二条　承包方将承接的工程转包或

违反规定分包的，除责令改正或中止合同外，上报建设行政主管部门依法进行处罚。

承包方对其转包或违法分包造成的损失，与接受转包或者分包单位承担连带赔偿责任。

第七十三条 承包方在施工过程中偷工减料，使用不合格的材料和设备，或者不按照工程设计图纸和施工标准、规范进行施工的，项目单位应责令限期改正。造成工程质量不合格的，承包方应负责返工、修理。双方应在施工合同中明确因此造成损失的赔偿方式。

第七十四条 工程竣工验收合格后，院各项目执行单位应在规定期限内及时完成工程建设项目的结算，无故拖延的，追究当事人责任。

第七十五条 如有发生《农业建设项目违规处理办法（试行）》（农计发〔2006〕9号）认定的违规行为或事项的，从其规定处理。

第七十六条 各项目执行单位必须做好基建档案管理工作，并接受院档案馆的指导和检查，对检查不合格者，全院通报批评，并限期改正。

第十五章 附 则

第七十七条 本办法由计划基建处负责解释。本办法未予以明确的，参照国家、住建部、农业部相关法律、法规、规定执行。项目所在地地方行业主管部门有另行规定的可参照执行。

第七十八条 本办法自公布之日起执行。同时，原《中国热带农业科学院基本建设管理办法》（热科院计〔2010〕488号）废止。投资在5万元以下的建设或修建项目，可参照本办法执行。

八、学术交流与研究生教育

学科建设和学术交流概况

一、学科建设

1. 积极探索和创新重点学科运行机制，完善热科院学科体系建设布局。院重点学科由原来的 27 个增加到 29 个，增设了畜牧学、草业科学、蔬菜学三个院级重点学科，建立了覆盖热科院所有研究领域的学科体系。积极鼓励倡导各研究所针对新兴科研领域设立新的学科，建立了由 57 个所级学科组成的所级学科体系。

2. 积极探索和创新重点学科运行机制，发挥学科在科研协作、整合和拓展学术资源方面的桥梁与主线作用。将学科建设融入院科技创新体系，明确学科创新团队建设为学科建设的核心，学术水平高低为学科建设的标志；明确学科带头人责任制，学科建设依托单位制订学科建设方案，积极组织相关单位协作；建立院学术委员会专业委员会与学科对接制度，以院学术委员会专业委员会为学科群单位，明确院学术委员会专业委员会主任委员为学科群建设责任人，明确和完善了学科群建设体系。

3. 积极开展各种形式的学科建设活动，组织院、所重点学科研讨调研 59 次。在院学术委员会2012 年年会期间，组织院学术委员会 12 个专业委员会和 29 个院重点学科针对学科（领域）发展规划、建设进展、主要发展方向以及各专委会相关领域的热带农业重大科学问题等进行研讨、调研，探讨提出可行的科技发展战略。

二、学术交流

2012 年各单位组织各种形式的学术交流会议 190 多次，其中，邀请院外专家来院举办学术会议 90 多次，举办单位内部学术交流会议 80 多次；举办重大学术交流会 10 余次，有 80 多人次参加国际学术会议，40 多人次受邀参加国际学术会议，300 多人次参加了国内各级各类学术会议。

1. 举办了一系列的重大学术活动。举办了院第九届学术委员会 2012 年年会、热带牧草国际研讨会、热带植保环保高层论坛、热带亚热带果树分会、中国热带特色植物多样性研讨会、海南国际热带药物研究与开发研讨会、南亚热带特色区域发展基础研究研讨会、海南省土壤肥料学会学术研讨会、割胶可持续发展技术学术研讨会、2012 年农垦农产品质量追溯研讨会等重大学术研讨会。

2. 积极鼓励科研人员参加国际学术交流活动。共有 80 多人次分别参加了 ANRPC 2012 年年会与第五届橡胶产业大会、第二届热带亚热带高产高效现代农业国际研讨会、第 12 届土壤-植物系统钾素管理国际学术研讨会、第二届IEEE 遥感 & 环境与交通运输工程国际会议、第五届国际热带水果学术研讨会等；40 多人次受邀参加了世界生物能源研讨会、第四届国际农业蛋白组研究前沿论坛暨第四届全国植物蛋白质组学大会、第二届全球木薯协作会议（GCP-Ⅱ）等国际国内会议并作报告。

三、学术委员会

1. 认真发挥院所学术委员会的职责，积极支持对各处室在基础条件建设规划、职称评定、人才队伍建设、科技规划和制度制定等重大科技工作中开展学术评议。

2. 扩大和健全院所学术委员会建制。院学术委员会共设立 12 个专业委员会，增设了"热带海洋生物资源研究与利用"和"农业经济与发展战略"两个专业委员会，共有院内外委员132 人，其中院外委员 55 人（包括中国工程院院士 23 人，中国科学院院士 5 人）。

3. 创新学术委员会工作机制，明确学术委员会在凝聚和拓展学术资源方面的重要作用。

不断创新院学术委员会工作机制，紧密结合院学术委员会与学科体系建设，设立了以 12 个院学术委员会专业委员会为学科群、包含 29 个院重点学科的学科体系，并以 12 个学科群和 29 个重点学科为学术单位组织开展学术交流活动。

4. 成功举办了院第九届学术委员会 2012 年会，进一步明确"建设世界一流热带农业科技中心"的战略目标。

5. 组织开展专题研究。组织开展"热带农林生产生态系统"和"现代热带农业理论研究"专题讨论会，征集"现代热带农业"专题研究论文 13 篇，并在《热带农业科学》发表论文。

中国热带农业科学院学术委员会专业委员会和院重点学科设置一览表

序号	专业委员会	主任	副主任（学术秘书）	主要挂靠单位	院重点学科	牵头单位	学科带头人
1	热带种质资源学专业委员会	陈业渊	王文泉	热带作物品种资源研究所	0101 种质资源学	热带作物品种资源研究所	陈业渊
2	热带作物遗传育种与作物栽培专业委员会	黄华孙	张树珍	橡胶研究所	0201 作物遗传育种学	橡胶研究所	黄华孙
					0202 作物栽培学与耕作学	橡胶研究所	林位夫
					0203 作物生理学	橡胶研究所	田维敏
					0204 植物营养学	南亚热带作物研究所	孙光明
3	农业资源环境专业委员会	邬华松	李勤奋	香料饮料研究所	0301 土壤学	橡胶研究所	罗微
					0302 环境生态学	环境与植物保护研究所	李勤奋
4	热带园艺学专业委员会	谢江辉	尹俊梅	南亚热带作物研究所	0401 果树学	南亚热带作物研究所	谢江辉
					0402 园林作物与观赏园艺	热带作物品种资源研究所	尹俊梅
					0403 蔬菜学	热带作物品种资源研究所	杨衍
5	植物生物技术与生物安全专业委员会	彭明	张家明	热带生物技术研究所	0501 植物生物工程	热带生物技术研究所	彭明
					0502 转基因生物安全	热带生物技术研究所	郭安平
					0503 天然产物化学	热带生物技术研究所	戴好富
6	微生物工程专业委员会	曾会才	刘志昕	热带生物技术研究所	0601 微生物工程	热带生物技术研究所	曾会才
7	植物保护专业委员会	易克贤	覃伟权	环境与植物保护研究所	0701 植物病理学	环境与植物保护研究所	黄贵修
					0702 农业昆虫与入侵生物防治	环境与植物保护研究所	符悦冠
					0703 农药学	环境与植物保护研究所	林勇
8	农产品加工与农业工程专业委员会	黄茂芳	张劲	农产品加工研究所	0801 农产品加工与贮藏工程	农产品加工研究所	王庆煌
					0802 食品工程	农产品加工研究所	黄茂芳
					0803 有机高分子材料	农产品加工研究所	彭政
					0804 农业机械化工程	农业机械研究所	邓干然
					0805 固体废弃物资源化	农业机械研究所	张劲
9	农产品质量安全专业委员会	罗金辉	杨春亮	分析测试中心	0901 农产品质量安全	分析测试中心	罗金辉

（续表）

序号	专业委员会	主任	副主任（学术秘书）	主要挂靠单位	院重点学科	牵头单位	学科带头人
10	畜牧专业委员会	刘国道	周汉林	热带作物品种资源研究所	1001 畜牧学	热带作物品种资源研究所	周汉林
					1002 草业科学	热带作物品种资源研究所	刘国道
11	热带海洋生物资源研究与利用专业委员会	鲍时翔	王冬梅	热带生物技术研究所	1101 海洋生物学	热带生物技术研究所	鲍时翔
12	农业经济与发展战略专业委员会	孙好勤	刘恩平	科技信息研究所	1201 农业信息学	科技信息研究所	刘恩平
					1202 农业经济学	科技信息研究所	孙好勤
					1203 科技管理学	院本级	王庆煌

研究生和博士后培养情况

2012 年，热科院紧密围绕建设热带农业"高层次人才培养基地"的战略目标，充分发挥在人才培养方面的优势，积极与有关高校联合办学，研究生和博士后培养工作迈上了新的台阶。

1. 研究生招生。2012 年热科院与海南大学、华中农业大学联合招收硕士研究生 105 名、博士研究生 34 名其中与海南大学联合招收硕士研究生 77 名、博士研究生 6 名，与华中农业大学联合招收硕士研究生 28 名、博士研究生 28 名（含同等学力博士生 26 名）。截止 2012 年底，热科院在读硕士研究生总数为 358 名，在读博士研究生总数为 113 名。

2012 年硕士研究生招生情况统计表

联合招生单位	招生专业	学位类型	招生人数
海南大学	作物遗传育种	学术型	10
海南大学	农业生物技术	学术型	9
海南大学	微生物	学术型	9
海南大学	生物化学与分子生物学	学术型	6
海南大学	种质资源学	学术型	4
海南大学	作物栽培学与耕作学	学术型	4
海南大学	草学	学术型	3
海南大学	农业昆虫与害虫防治	学术型	3
海南大学	土壤学	学术型	3
海南大学	分子植物病理学	学术型	2
海南大学	能源植物	学术型	2
海南大学	农产品加工与贮藏工程	学术型	2
海南大学	森林保护学	学术型	2
海南大学	森林培育	学术型	2
海南大学	橡胶学	学术型	2
海南大学	植物病理学	学术型	2
海南大学	植物分子遗传学	学术型	2
海南大学	材料学	学术型	1
海南大学	环境工程	学术型	1
海南大学	林木遗传育种	学术型	1
海南大学	南药学	学术型	1
海南大学	生态学	学术型	1
海南大学	食品工程	学术型	1
海南大学	食品科学	学术型	1

（续表）

联合招生单位	招生专业	学位类型	招生人数
海南大学	遗传学	学术型	1
海南大学	作物害虫学	学术型	1
海南大学	材料工程	专业学位	1
华中农业大学	园艺	专业学位	6
华中农业大学	食品工程	专业学位	5
华中农业大学	植物保护	专业学位	3
华中农业大学	作物	专业学位	3
华中农业大学	林业硕士	专业学位	2
华中农业大学	农业工程	专业学位	2
华中农业大学	农业资源利用	专业学位	2
华中农业大学	环境工程	专业学位	1
华中农业大学	农村与区域发展	专业学位	1
华中农业大学	养殖	专业学位	1
华中农业大学	农业信息化	专业学位	1
华中农业大学	生物工程	专业学位	1

2012 年博士研究生招生情况统计表

联合招生单位	招生专业	招生人数	备注
海南大学	农业生物技术	3	统招生
海南大学	橡胶学	1	统招生
海南大学	植物分子遗传学	1	统招生
海南大学	作物遗传育种	1	统招生
华中农业大学	作物遗传育种	11	同等学力博士生 10 人
华中农业大学	农产品加工及贮藏工程	7	同等学力博士生 6 人
华中农业大学	果树学	3	同等学力博士生
华中农业大学	植物学	2	同等学力博士生
华中农业大学	农业昆虫与害虫防治	1	同等学力博士生
华中农业大学	生物化学与分子生物学	1	同等学力博士生
华中农业大学	遗传学	1	同等学力博士生
华中农业大学	植物病理学	1	同等学力博士生
华中农业大学	资源环境信息工程	1	同等学力博士生

2. 研究生培养。2011～2012 学年度热科院共有 19 名博士研究生、147 名硕士研究生顺利毕业，并获得相应学位，比上一年度多培养了 44 名硕士毕业生和 10 名博士毕业生；热科院培养的 8 名硕士毕业生和 1 名博士毕业生的学位论文荣获海南大学 2012 年度优秀学位论文，热科院培养的 6 名硕士毕业生和 3 名博士毕业生的学位论文荣获海南省 2012 年度优秀学位论文，研究生培养质量不断提升。

2011～2012 学年度培养毕业研究生情况统计表

联培单位	专业	毕业人数	学位类型
海南大学	农业生物技术	9	博士
海南大学	植物分子遗传学	4	博士
海南大学	种质资源学	3	博士
海南大学	分子植物病理学	2	博士
海南大学	能源植物	1	博士
海南大学	生物化学与分子生物学	20	硕士
海南大学	作物遗传育种	18	硕士
海南大学	农业生物技术	15	硕士
海南大学	微生物学	12	硕士
海南大学	分子植物病理学	8	硕士
海南大学	作物栽培学与耕作学	7	硕士
海南大学	植物分子遗传学	6	硕士
海南大学	种质资源学	6	硕士
海南大学	生态学	5	硕士
海南大学	材料学	4	硕士
海南大学	南药学	4	硕士
海南大学	农药学	4	硕士
海南大学	发育生物学	3	硕士
海南大学	环境工程	3	硕士
海南大学	森林保护学	3	硕士
海南大学	植物病理学	3	硕士
海南大学	植物学	3	硕士
海南大学	草业科学	2	硕士
海南大学	果树学	2	硕士
海南大学	林木遗传育种	2	硕士
海南大学	农产品加工及贮藏工程	2	硕士
海南大学	农业昆虫与害虫防治	2	硕士
海南大学	土壤学	2	硕士
海南大学	橡胶学	2	硕士
海南大学	植物营养学	2	硕士
海南大学	能源植物学	1	硕士
海南大学	农业机械化工程	1	硕士
海南大学	农业经济管理	1	硕士
海南大学	应用化学	1	硕士
海南大学	园林植物与观赏园艺	1	硕士
海南大学	作物害虫学	1	硕士
四川大学	食品科学	1	硕士

2012 年荣获海南大学优秀研究生学位论文统计表

序号	学生姓名	论文题目	专业	学位类别	导师姓名
1	王颖	调控橡胶树 *HbSRPP* 的转录因子 HbWRKY1 的分离与功能分析	植物分子遗传学	博士	彭世清
2	黄凤迎	细胞松弛素 D 聚乙二醇脂质体抗肿瘤作用实验研究	生物化学与分子生物学	硕士	梅文莉
3	唐依莉	老鼠筋根际土壤放线菌培养与非培养水平多样性、菌株生理活性及新种鉴定	农业生物技术	硕士	洪葵
4	王东阳	木薯块根发育过程比较蛋白质组学研究	作物遗传育种	硕士	郭建春
5	李若霖	新疆橡胶草种质资源遗传多样性研究	作物遗传育种	硕士	张秀春 吴坤鑫
6	蓝基贤	橡胶树胶乳转化酶的分离纯化、生化特性与表达分析	发育生物学	硕士	唐朝荣
7	龚殿	辣椒环斑病毒（*Chilli ringspot virus*）全基因组克隆及序列分析	微生物学	硕士	刘志昕
8	唐改娟	香蕉枯萎病菌 1 号小种 T-DNA 插入突变体库的致病性变异突变体筛选与致病性丧失突变体生物学表型分析	微生物学	硕士	曾会才
9	王清隆	海南爵床科的分类学修订	植物学	硕士	王祝年

2012 年荣获海南省优秀博、硕士学位论文统计表

序号	作者姓名	性别	论文题目	导师姓名	类别
1	谭德冠	男	巴西橡胶树体胚发生的改良及乳管分化研究	张家明	博士
2	赵悦	女	巴西橡胶树乳管细胞茉莉酸信号途径对橡胶生物合成调节的研究	田维敏	博士
3	王玉洁	女	挥发性物质在荔枝——荔枝蝽二重营养关系中的作用研究	赵冬香	博士
4	杨子平	男	巴西橡胶树乳管中与 14-3-3 蛋白相互用的蛋白的分离与鉴定	彭世清	硕士
5	闫良	男	胶园砖红壤中氮、钾垂直运移特征初步研究	茶正早	硕士
6	杨帆	男	儋州市土系划分的理论和实践	漆智平	硕士
7	叶可勇	男	miR172、miR319、miR393、miR402 的功能研究及转化木薯	郭建春	硕士
8	范玉洁	女	橡胶树胶乳再生相关基因的 cDNA-AFLP 的筛选与分析	唐朝荣	硕士
9	董文化	男	见血封喉种子的生物活性成分研究	戴好富	硕士

3. 同等学力博士生联合培养工作。为提高热科院青年科研人员的综合素质，积极探讨新的人才培养模式，热科院与华中农业大学联合开展了在职人员以同等学力身份申请华中农业大学博士学位工作，签订了同等学力博士生联合培养备忘录。2012 年，热科院有 28 位在职科研人员获得了资格，并组织华中农业大学和热科院相关导师为研究生集中在海南授课，为科研人员节省了时间，取得了很好的效果。

4. 启动留学生招生工作。为贯彻落实热带农业科技走出去战略，热科院积极推动与华中农业大学联合招收留学生工作，多次与华中农业大学国际学院进行沟通与交流，启动了热科院留学生招生工作，取得了新的突破。

5. 积极争取招生资格。热科院多次向教育部、农业部汇报热科院研究生招生工作面临的困难，积极与中国工程院进行沟通，向教育部、中国工程院提交了申请加入"高等学校和工程研究院所联合培养博士研究生试点"报告材料和 2013 年联合培养博士生试点计划申请表。

6. 研究生思想教育工作。研究制定了《进一步加强研究生思想政治教育工作的指导性意见》，组织各单位成立了研究生联合会，提出了开展研究生思想政治教育工作的形式和方法，指导各单位开展研究生思想政治教育工作，并组织开展了科学道德和学风建设宣讲教育工作。

7. 博士后招收和培养工作。2012 年热科院共有 2 名博士后进站，在站博士后总人数共有 7 名；组织在站博士后人员申报第 51 批、第 52 批中国博士后科学基金面上资助项目；2012 年热科院有 21 名专家被中国博士后科学基金会聘为评审专家。

2012 年博士后科研工作站进站人员名单

序号	姓名	性别	进站时间	一级学科	合作导师
1	张杨	女	2012 年 7 月	生物学	李平华
2	郑晓非	男	2012 年 8 月	农业工程	罗微

2012 年中国博士后科学基金评审专家名单

序号	姓名	主要一级学科	主要二级学科	状态
1	陈松笔	生物学	生物化学与分子生物学	正式专家
2	鲍时翔	生物学	微生物学	正式专家
3	彭 政	材料科学与工程	材料物理与化学	正式专家
4	黄茂芳	材料科学与工程	材料加工工程	正式专家
5	张 劲	农业工程	农业机械化工程	正式专家
6	彭黎旭	环境科学与工程	环境工程	正式专家
7	王明月	食品科学与工程	农产品加工及贮藏工程	正式专家
8	杨春亮	食品科学与工程	农产品加工及贮藏工程	正式专家
9	蒋昌顺	作物学	作物遗传育种	正式专家
10	易克贤	作物学	作物遗传育种	正式专家
11	周 鹏	作物学	作物遗传育种	正式专家
12	徐 立	作物学	作物种质资源学	正式专家
13	李 虹	作物学	作物栽培学与耕作学	正式专家
14	梁李宏	园艺学	果树学	正式专家
15	陈业渊	园艺学	果树学	正式专家
16	黄俊生	植物保护	植物病理学	正式专家
17	黄贵修	植物保护	植物病理学	正式专家
18	范志伟	植物保护	农药学	正式专家
19	赵冬香	植物保护	农业昆虫与害虫防治	正式专家
20	白昌军	畜牧学	草业科学	正式专家
21	周汉林	畜牧学	动物营养与饲料科学	正式专家

合作协议

关于中国热带农业科学院在职人员以同等学力身份申请华中农业大学博士学位工作的备忘录

为保证在职人员以同等学力身份申请博士学位的质量、进一步规范同等学力人员申请学位管理工作，经研究，按以下条款操作：

第一条 基本要求。在职人员以同等学力身份申请博士学位严格按照《国务院学位委员会关于授予具有研究生毕业同等学力人员硕士、博士学位的规定》操作。双方单位严格审核拟申请学位的在职人员的各项条件。

第二条 导师指导。严格执行双导师制。第一导师、第二导师都必须取得华中农业大学的博士生指导资格。已具备其他单位的博士生指导资格的导师需根据华中农业大学博士生导师遴选的相关规定，进行华中农业大学的博士生导师资格认定。

第三条 开设课程。同等学力申请博士学位人员上课要求与华中农业大学全日制博士生上课要求一致。主要开设政治理论、外国语、生命科学进展三门课程及博士资格考试。

第四条 上课与资格考试。根据需要，学校可选拔教师到申请人员集中的单位授课，其中，生命科学进展由双方遴选授课教师及上课专题；博士资格考试集中进行。

第五条 学位论文。学位论文工作独立进行，根据需要部分研究工作可到华中农业大学校内完成。

第六条 成果要求。申请者完成学位论文的同时需达到华中农业大学相应学科规定的博士生发表论文要求。华中农业大学为第一作者单位、中国热带农业科学院为通讯作者单位。

第七条 学术道德。以同等学力身份申请博士学位需严格遵守双方单位学术规范，严守学术道德。

第八条 论文答辩。修完相应的课程、取得学分，通过博士资格考试，达到相应成果要求，学位论文通过盲评的，方可进行学位论文答辩。论文答辩原则上在华中农业大学校内进行。

第九条 费用标准。每位申请者需交纳学位论文申请费用4.5万元，可一次缴清，或分2次缴清。该费用不包括论文答辩、论文盲评相关费用。教师赴海口授课产生的相关费用协商解决。

第十条 学位授予。达到华中农业大学博士学位授予条件的，华中农业大学学位评定委员会讨论授予博士学位。

华中农业大学 中国热带农业科学院

2012年5月24日

制度建设

关于进一步加强研究生思想政治教育的指导性意见

（院（党委）〔2012〕21 号）

为进一步加强研究生的思想政治教育，促进研究生德、智、体全面发展，根据中共中央、国务院《关于进一步加强和改进大学生思想政治教育的意见》和教育部《关于进一步加强和改进研究生思想政治教育的若干意见》等有关文件规定，结合热科院实际情况，制定本指导性意见。

一、充分认识研究生思想政治教育工作的重要性

1. 研究生教育是我国现代化建设创新拔尖人才培养的最高层次，对全面实施科教兴国战略具有重要的意义。研究生思想政治教育是研究生教育的重要组成部分，加强研究生思想政治教育，是深入推进素质教育、全面提升研究生培养质量的需要。

2. 研究生是热科院一支重要的学术创新队伍，研究生思想政治教育工作非常重要，不可忽视。各单位要与时俱进，结合本单位实际情况，加强研究生思想政治教育，培养德才兼备、身心健康的高素质创新人才。

3. 从总体来看，研究生思想主流健康向上，广大研究生热爱祖国，拥护党的路线、方针和政策，勤奋学习、努力钻研，不断攀登学术高峰，对社会发展和自己的人生充满信心。随着我国学位与研究生教育事业的快速发展，高校研究生招生的数量和规模不断扩大，研究生面临着学业、经济、就业等各方面的压力，国内外各种不良风气也乘虚而入，研究生的思想状况变得越来越复杂，一些研究生不同程度地存在政治信仰迷茫、理想信念模糊、价值取向扭曲、诚信意识淡薄、社会责任感缺乏、艰苦奋斗精神淡化、团结协作观念较差、心理素质欠佳等问题，使得研究生思想政治教育工作面临

新的挑战。因此，各单位必须清醒地认识到研究生思想政治工作的意义，主动采取有效措施加强研究生思想政治教育工作。

二、建立沟通渠道，采取有效手段，促进研究生思想政治素质与学术创新能力同步发展

1. 明确研究生思想政治教育工作的责任主体。研究生培养单位是研究生思想政治工作的责任主体，各单位要切实把研究生思想教育作为研究生管理工作的重点来抓，指定 1 名研究生思想政治教育工作负责人。

2. 充分发挥导师在研究生思想政治教育工作中的重要作用。导师是开展研究生思想教育、培养研究生创新思维、引导研究生进行科研创新的首要责任人，作为研究生导师重点需要做好以下几项工作：一是要注重提高自身的师德修养。联培研究生远离高校环境，最直接的沟通和交流对象是导师，导师的为人处世、思维方式、言行举止对学生的影响是重要而深远的，所以导师要以身作则，率先垂范。二是要有强烈的责任意识。导师的首要任务之一是培养人才，要将研究生的科研工作放在心上，为研究生提供良好的科研条件，用心指导他们的科研工作，培养他们的科研兴趣，启迪他们的创新思维，从而指导他们不断做出成绩。三是主动关心研究生的思想状况、生活情况和就业问题。导师要把研究生当作科研团队中的一员，努力培养研究生的科研创新精神和团队协作精神。要及时掌握研究生的思想状况，关心研究生的成长，力所能及地为研究生解决实际困难，并充分利用自身掌握的社会关系对研究生进行就业指导。四是要给研究生参与学术交流、开拓视野和眼界的机会。导师要多带领研究生参加

国内外会议,使他们接受学术熏陶,培养研究生的思维工作能力和创新意识,学会与人交流和沟通,全面提升他们的综合素质,使他们有机会较早地接触专家、接触社会。五是要鼓励研究生参与生产实践,引导研究生将理论研究与生产实践结合,做到学以致用。

3. 采取灵活多样的教育手段和方法。首先,要完善研究生的社团组织建设。各单位要组织本单位研究生成立研究生联合会,建立研究生"大家庭"。第二,要组织研究生开展内容丰富的主题教育活动。比如:围绕国际国内重大时事,开展形势政策、国情民情学习教育活动;挖掘和宣传毕业研究生中的先进典型,对研究生开展理想信念教育和爱院爱所教育;开展研究生法制教育、诚信教育和学术道德教育等。第三,组织开展丰富多彩的文体活动。各单位要支持研究生开展形式多样的文体活动。鼓励各单位研究生联合会之间开展文体竞赛活动和交流活动。第四,加强研究生学术文化建设,促进研究生学术科研能力和思想道德素质同步提高。要鼓励研究生参加各类科研课题,加强对研究生的学术道德教育,鼓励并支持研究生开展"研究生学术报告会"、"研究生学术沙龙"或"研究生讲坛"等学术活动。第五,加强研究生思想政治教育宣传工作,开辟宣传专栏。及时向研究生宣传国家相关的政策法规、本单位工作动态、科研动态、研究生思想政治活动开展情况等,树立研究生以所为家、所荣我荣的"主人翁"意识。

4. 着力为研究生解决实际困难和问题。各单位研究生工作负责人要与研究生座谈交流,听取他们的意见和建议,及时发现研究生思想上存在的问题和生活上存在的困难,并积极创造条件帮助他们解决各种困难。各单位或导师要为家庭困难的研究生提供一定数量的"助研岗位"和"助管岗位",单位或导师要定期为研究生提供一定的"助研补贴"。

5. 与研究生所在高校加强沟通。各单位要经常与研究生所在高校思想政治教育部门加强联系和沟通,及时反馈研究生的思想政治教育状况,征求他们的意见和建议,并适当地邀请所在高校或学院思想政治教育工作负责人来院所指导工作。

6. 开展优秀研究生评选活动。各单位要定期开展优秀研究生评选活动,对思想品德好、学习勤奋、积极投身科学研究、大胆创新、取得优异科研成果的优秀研究生进行奖励,并大力宣传优秀研究生的先进事迹。

三、加强安全教育,确保研究生人身安全

各单位要高度重视研究生安全教育工作,有目的、有针对性地开展安全教育活动,组织研究生参加安全消防演习,采取有效的措施保证研究生在科研、住宿、实践过程中的安全,实验室、自习室、实验基地等涉及研究生安全的场所要有专门的指导人员,配备相应的安全消防工具。

四、采取措施,保障研究生思想政治教育工作的顺利开展

1. 加强领导。本单位主管研究生工作的领导要承担起研究生思想政治教育工作的重任,担任研究生联合会指导负责人,指导本单位研究生联合会开展活动,实现研究生自我教育。

2. 充分发挥基层党组织、团组织作用。各单位基层党支部、团支部要积极接纳研究生党员、团员参与支部活动。

3. 提供经费支持。各单位要根据研究生人数,每年单列一定的经费,专门用于研究生开展思想政治教育活动和各类文体活动。

4. 加强管理监督。研究生处不定期的检查或抽查各单位研究生思想政治教育工作开展情况。对未按照本指导性意见开展相关工作的单位和导师,将限制其招收研究生。

九、综合政务管理

综合政务概况

2012年组织各类重要会议80余次，印发文件纪要795份，处理内外来文1583份，督办上级批示事项450件，编印《信息参考》20期、《2012年重点工作进展情况通报》10期，督导制修订规章制度59项，院网编发各类新闻稿件等1 800多篇，印发《科技动态》和《工作动态》19期，在农业部网站、《光明日报》《农民日报》等中央、地方媒体宣传报道新闻稿件140多篇。

一、中心枢纽作用显著增强

一是重大事项组织有力。全年组织各类重要会议80余次，其中组织农业部、科技部领导视察汇报会8次，协调院领导出席仪式典礼20次，组织院工作会议、院常务会和党组会等18次，起草重要文件、报告及领导文稿30多篇。二是上传下达畅通高效。全年核签院文件509份、党组文件41份、院办公室文件148份，核签院长办公会纪要80期、党组会纪要8期、常务会纪要9期，电邮发放各类文件32 040份；收到并及时处理农业部、海南省等上级部门及相关单位来文1 288份，收到并及时处理院内各单位、各部门请示、报告232份，处理各类机要件63份；督办上级批示、院领导指示、会议决定事项等450件。三是参谋助手作用强化。加强国家农业政策法规学习，做好信息收集，编印《信息参考》20期；提高文稿质量，确保起草的文稿从政策把握、思想深度、科技内涵、文字表达等各个方面，都能够尽可能贴近院领导的要求。

二、形象窗口作用继续提升

一是加强对外宣传力度，进一步提升院的影响力和显示度。在院网编发各类新闻稿件等1 800多篇，印发《科技动态》《工作动态》19期，完成机关办公楼一楼大厅沙盘的制作，形象宣传热科院"立足海南、面向中国热区，走向世界热区"的发展战略。在农业部网站、《光明日报》《农民日报》《海南日报》、海南电视台、新华社海南分社、人民网海南视窗等中央、地方媒体宣传《"牛"技术培育"牛"产业》《昌江海尾水下网绳养"麒麟"》等稿件140多篇。二是努力提高公务接待水平，进一步展示院所对外形象。2012年圆满完成农业部、科技部、海南省等上级部门领导20余人次视察调研服务工作，完成四川农科院、广东药学院等10多个兄弟院校的考察服务工作，完成与海南省科技厅、农垦局、农业厅、云南省农业厅等科技合作协议签订仪式的会务工作。

三、协调保障作用坚强有力

一是加强规章制度建设，简化办事程序。全年制修定规章制度59项。二是加强印章管理。监印公章60 000多份，私章500多份。三是夯实保密管理工作。接受农业部保密委、海南省保密局的保密检查2次，组织全院保密培训班1期，协助组织农业部2012年机要员培训班1期，全年安排60人次参加保密培训。四是统筹做好文献材料编撰工作。完成《中国热带农业科学院机关部门主要职责》编印、2010～2012年会议纪要汇编、2010～2012年制度汇编工作，组织完成《中国热带农业科学院年鉴2013》编撰、审核、印刷工作。五是做好保障服务工作。认真做好全院外出请示报告、节假日安排、通讯录管理、会议室调度、公章刻制、综合统计、水电费管理等综合服务与保障工作。

民生工程概况

2012 年，全院保障性住房建设全面开展，已在海口、万宁、文昌、儋州、湛江等地争取保障性住房建设指标 2665 套，其中，申购儋州市政府建设经济适用房 163 户，海口院区第一批 324 套保障性住房建设顺利，第二批保障性住房 656 套获批启动，香饮所经济适用房一期 84 套已主体结构全部封顶，椰子所椰创园一期 176 套经济适用房已完成规划报批和方案备案、工程地质勘察和施工图设计工作，试验场南区 2009 经济适用房建设项目（20 套）已竣工验收、南区 2010 经济适用房建设项目（40 套）已施工至框架第 4 层、九队职工经济适用房建设项目建设指标已获得儋州市发改委批准、二队等老队公房维修建设项目已基本完工、各村队的饮水工程已获海南省人民政府批复获取经费支持 430 万元。2012 年，顺利完成首批职工儋州户籍向海口迁移，全年下达工资总额 2.64 亿元，比上年增加 18%。

法律事务概况

1. 积极推进企业清理

2012 年 3 月份、5 月份分别在儋州、海口召开了企业清理工作会议，推动企业办理管理主体移交手续，组培中心、花卉公司等企业已经变更法定代表人，完成了所有企业的资产、人员清查、核实和移交工作；协调处理家具厂破产事宜、协调建安公司债务案应诉，推进落实组培中心资本金、资产理顺工作。

2. 认真谋划体制改革

初步完成了试验场体制改革、附属中小学基础教育改革建设方案、后勤中心体改工作方案。

3. 严格审核经济合同

加强法律合同审核，共计审核合同达 300余份。

4. 服务基层科技开发

帮助品资所与辽宁茂源花卉公司谈判，针对椰子所沿街土地开发项目，提供法律服务，控制风险，推进项目。

5. 协调应对争议案件

协调处理了海口 9 号楼案件、杜长青案件、冯尔丰劳动纠纷再审案件等案件，参与中刚项目合同争议谈判，为附属中小学与宿舍建设经营合同、食堂承包经营合同纠纷提出法律意见，有效地避免了经济损失。

6. 强化法务人员培训

召开了院法律知识培训班，对院机关相关职能部门、14 科研单位和 3 个附属单位分管领导和法律事务管理人员进行培训。

主要媒体报道

热科院全力打造三艘"航母"强力支撑热带现代农业发展

2012年是热科院乘势而上、创新跨越的关键之年。1月9日，热科院隆重召开2012年工作会议，会议紧密围绕热带农业科技中心工作，深入谋划，凝练目标，努力构建热带农业科技创新体系，提出全力打造天然橡胶、农产品加工、甘蔗三艘"航母"的发展思路，为我国热带现代农业提供强有力的科技支撑。

一是加快组建天然橡胶"航母"。天然橡胶是国家重要战略物资，是热科院的立业之本，发展天然橡胶产业是党和国家赋予热科院的重要历史使命。热科院将紧紧围绕国家战略需求，积极贯彻落实《国务院办公厅关于促进我国热带作物产业发展的意见》，以服务国家海南热带农业基地、天然橡胶基地建设为目标，建立涵盖种质资源、育种、栽培、植保、加工、产业经济全链条的天然橡胶学科创新体系，打造天然橡胶"航母"，强化科技对我国天然橡胶产业发展的引领支撑，提高我国天然橡胶自给率和科技竞争力，提高天然橡胶科技世界话语权，为我国天然橡胶产业发展和产业升级提供强有力的科技支撑。

二是加快组建农产品加工"航母"。农产品加工是实现现代农业增产增效的重要手段，是一项惠农工程。热科院将通过外引内联，围绕热带农产品加工业发展重点和技术需求，增设各类热带农产品加工研究室，加大人才重组力度和项目申报调控，打造热带农产品加工"航母"，努力提高农产品效益和增加农民收入，促进现代农业产业升级。

三是加快组建甘蔗"航母"。甘蔗是我国第一大糖料作物，也是我国热带南亚热带地区主要经济作物，发展甘蔗生产对保障国家食糖安全、促进农民增收具有十分重要的意义。热科院将紧密围绕热区"糖罐子"需求，以促进我国糖料生产和食糖安全供给为目标，增设分子育种、甘蔗优良品种选育、良种和健康种苗繁育、高产配套栽培等研究室，加大人才重组力度和项目申报调控，打造甘蔗"航母"。

组建三艘"航母"的思路是在热科院不断提升科技内涵，增强院所实力，加快改革发展，全面加快建设世界一流的热带农业科技中心的背景下提出来的。

过去一年来，热科院在农业部的正确领导下，取得了丰硕的成果，各项事业得到全面协调发展。创新能力稳步提升，科技成果不断涌现。获得中华农业科技奖8项，其中一等奖2项，获优秀创新团队奖1项；获海南省科技奖励23项，其中科技进步奖一等奖3项，二等奖8项；获得海南省科技成果转化奖一等奖1项，二等奖2项。平台建设取得重大进展。国家重要热带作物工程技术研究中心以优秀成绩通过验收，正在抓紧组建海南兴科热带作物工程技术有限公司；增设了香蕉研究所、甘蔗研究中心、冬季瓜菜研究中心等8个院级科研平台，初步形成特色鲜明的热带农业科技平台体系。

科技引领支撑作用的有效发挥，进一步加强了全国热带农业科技协作网的建设与运行，成立了首届理事会，全面展开科技大联合大协作。同时，热科院承建的中国援刚果（布）农业技术示范中心项目顺利竣工，一批国际联合实验室得以启动建设或运行。目前，热科院科研基础条件逐步改善，"一个中心、五个基地"建设得以快速推进。

王庆煌院长表示，热科院将紧紧围绕国家战略需求、产业升级、农民增收三大目标，凝练科研目标方向，提升科技创新内涵，通过加快组建三艘"航母"、加大优秀人才引进、加快成果转化、深入推进开放办院等方式，全面加强世界一流的热带农业科技中心的建设，强力支撑热带现代农业发展。

上文发表于 2012-01-10
农业部网　作者：院办公室

热科院聘任一批离退休高级专家为热带农业科技事业贡献余热

为充分发挥离退休高级专家作用，推进热带农业科技事业，加快热科院发展，1 月 8 日，新年伊始，热科院隆重举行了首批离退休高级专家聘任大会，聘任余让水、胡耀华、梁荫东、郑学勤、张藉香等 35 名老同志为热科院离退休高级专家。王庆煌院长为离退休高级专家颁发了聘书。

王庆煌院长在聘任大会上深情回顾了热带农业科技事业和热科院建设发展的历程，充分肯定了离退休老专家为发展我国热带农业做出的突出贡献，向老领导、老专家们汇报了热科院 2011 年工作，对紧紧抓住国家重视农业科技重大政策机遇，加快发展热带农业科技事业做了介绍，并就做好老专家服务工作提出了要求。他指出，离退休老专家是热科院事业的奠基人，也是热科院发展的宝贵财富。组建离退休高级专家组，其目的就是继续发挥离退休老专家的作用，为热带农业科技事业和全院建设发展提供强有力的支持。他表示，热科院将积极为各位专家科研、交流、研发提供服务，搭建平台，定期或不定期地组织专家讲座，开展学术交流，并将离退休高级专家所需经费纳入年度预算，为其运转提供强有力的保障。

热科院党组书记雷茂良希望老专家们一如既往地关心和支持热带农业科技事业，继续为热科院的科学发展贡献经验、才智和力量。他要求各单位、各部门要进一步做好服务工作，为老专家发挥作用提供良好条件。

离退休高级专家郝永禄代表首批受聘的离退休高级专家郑重表态，将倍加珍惜热科院赋予的光荣称号，时刻谨记肩负的使命，更加关注热带农业科技事业，尽最大能力参与、支持热带农业科技事业。同时，携手、带动全院广大离退休专业人员投入到热科院的科技事业发展中来，在热科院热带农业科技事业中发挥薪火相传的作用。

王文壮副院长及各院区管委会主任、机关各部门主要负责人、院属单位党政主要领导、分管离退休工作负责人、海口干休所、湛江干休所负责人等出席大会。

上文发表于 2012-01-11
农业部网　作者：院办公室

刚果（布）农牧业部部长　赞扬中国农业技术援助

近日，刚果（布）农业和畜牧业部部长戈贝尔·马本杜一行 20 多人前往由热科院负责实施的中国援刚果（布）农业技术示范中心考察，向热科院专家们致以新年的祝福，并对中国提供的农业技术援助给予了高度评价。

马本杜部长一行听取了示范中心关于房屋和设备的验收情况汇报，先后参观了办公培训区、生产服务区、养殖区和大棚生产区，参观了由示范中心培育的木薯、西瓜、黄瓜、香瓜等十余种瓜果及粮食作物的新品种。他说："我对中国专家们的工作十分满意。示范中心是在过去中国援建的贡贝农场旧址上重新启动的，这里一直都是中刚两国农业合作的成功典范，我相信，在中国政府的高度重视和密切配合下，示范中心将大步向前迈进。"马本杜部长还希望能够和中国深化农业领域合作，推动刚果（布）农业更快发展。

热科院刘国道副院长对刚方在示范中心项目实施过程中给予的高度重视表示感谢，他表示，热科院将尽最大努力为刚果（布）农业发展提供强有力的技术支撑。

参观结束后，马本杜部长与刘国道副院长

一起栽下了象征中刚友谊长青的树苗。

中国援建的刚果（布）农业技术示范中心位于刚果（布）首都布拉柴维尔市郊区，占地 59 公顷。该中心具有培育适应当地的新品种、示范和推广先进农业技术、为当地农民和有关部门提供培训等多种功能。经过一年多的项目工程建设，该示范中心已经顺利实现对外移交，并正式启动了技术合作项目。

上文发表于 2012-01-20

农业部网　作者：中刚办

以科技创新为中心热科院对 2012 年工作进行部署

2 月 8 日，热科院召开 2012 年工作部署会。王庆煌院长对全力做好 2012 年各项工作进行部署，要求各单位、各部门要励精图治，进一步解放思想、创新思路，紧紧围绕院战略管理目标，明确工作方向，突破重点，形成亮点，扎实做好 2012 年各项重点工作。

王庆煌院长从战略管理、工作计划、工作框架三大方面部署了 2012 年热科院重点工作。他强调，2012 年是农业科技促进年，也是热科院跨越发展极为关键的一年。今年的中央一号文件聚焦农业科技创新，把农业科技创新摆上了突出位置。为抓住机遇，实现热科院跨越发展，必须强化顶层设计，加强战略管理，认真谋划事关热科院发展全局的重大战略性、方向性和关键技术性的问题。他从 5 个方面对热科院 2012 年工作进行战略部署。

一是强力推进"一个中心、五个基地"建设。一要加快热带农业科技创新基地建设。力争动工建设"海口热带农业科技创新中心"，规划论证"湛江南亚热带作物科技创新中心"。二要加快热带农业成果转化基地建设。以国家重要热带作物工程技术研究中心为平台，以香饮所为责任主体，建设成果转化基地。三要加快高层次人才培养基地建设。鼓励支持有条件的所建立"博士后工作站"。研究所为责任主体，与重点农业高校联合培养研究生。四要加快国际合作与交流基地建设。鼓励、支持有条件的研究所参与、加入热带农业国际组织或共建联合实验室。以中-刚项目为平台，为中国农业"走出去"战略提供科技支撑，同时服务国家科技外交。五要加快服务"三农"与推广基地建设。以"海南儋州国家农业科技园区"为平台，为"海南省国家现代热带农业示范基地"建设提供科技支撑。以"全国热带农业科技协作网"为平台，为中国热区"三农"产业升级提供科技支撑。

二是实施强院、强所战略。一要提升热带农业科技内涵。全力打造天然橡胶、热带农产品、甘蔗"航母"。拓展热带畜牧，热带海洋生物资源，南繁种业的研究，加强平台建设。加强热区冬季"菜篮子"、"果盘子"、热带油料、生物质能源植物的研究和超级杂交稻的推广。二要创新人才工作机制。围绕院、所中心工作引进人才，优化人才结构，实行全员聘用制。开放办院、办所，坚持开展特聘研究员制度，延揽高端智慧。改革人才考核评价机制，不唯学历、不唯资历，重实绩、重贡献，年度考核与绩效工资挂钩，与岗位聘用结合；探索全员"进、退、留、转"的工作机制，和创新创业人才期权激励的长效机制；加强人员分类管理，不断增强专业技术、管理及工勤技能团队的建设。

三是以人为本、和谐发展。一要加强综合管理，强化安全稳定。二要强化管理出效益。全面构建依法合规、简单实用，高效易行的决策、管理、执行、监督体系。建设科学的绩效评价体系，预算时立项围绕中心工作，执行过程降低成本，目标结果按时、保质、保量、有成果。严肃财经纪律，实行财经原则"一票否决制"。三要全面推进民生工程，争取保障性住房政策全覆盖，职工福利待遇不断提高。

四是实施人才强院、强所战略。一要增加一线科技人员，以博士为主，重点加强香饮所、橡胶所、品种所、环植所、南亚所、香蕉所、加工所、农机所、椰子所、质标所等研究所力量。二要加强专业管理队伍，以硕士为主，重点加强财务、人事、审计、宣传、规划、经济、市场、战略管理、公关等领域。三要创新管理机制、做到人尽其才、人尽其用。四要开放办院、开放办所，全面推进特聘研究员制度，延揽高端智慧，汇集各类精英。

五是实施科技兴院、兴所战略。一要推出专家，扩大影响。二要狠抓科技项目申报工作。三要狠抓项目执行。四要成果应用重实绩、重贡献。五要用好基本科研业务费、体改经费。六要科技为院、所中心工作。

王庆煌院长对实施开发富民战略、加强公共关系战略管理也作出部署。他强调，思路、能力、胸怀、情怀是事业成功的四大要素，他勉励热科院科技职工在新的一年里抓住机遇，开拓进取，再上新台阶。

王文壮副院长、张万桢副院长，欧阳顺林副书记、郭安平副院长分别围绕院战略管理、工作计划和工作框架，结合各自分管工作进行部署。机关各部门和院属各单位负责人也分别就2012年的工作重点作了汇报。院机关全体人员、院属单位党政主要负责人参加。

上文发表于2012-02-10
农业部网　作者：院办公室

热科院隆重召开2012年党风廉政建设工作会议

2月20日，热科院隆重召开2012年党风廉政建设工作会议，深入学习贯彻十七届中央纪委七次全会和农业部2012年党风廉政建设工作会议精神，总结部署2011年热科院党风廉政建设和反腐败工作，部署2012年任务。

会上，王庆煌院长作重要讲话，要求各级党组织和广大党员干部要以"党风廉政建设年"为载体，扎实做好2012年反腐倡廉各项工作，不断取得党风廉政建设和反腐败斗争新成效，为实现热科院"一个中心、五个基地"战略目标和各项事业又好又快发展提供坚强的组织保证。欧阳顺林副书记代表院党组作了热科院党风廉政建设工作报告。大会由院党组书记雷茂良主持。

王庆煌院长在会上强调，热科院担负着热带农业科技工作的重大使命，热科院党员干部始终保持党的纯洁性，才能体现始终服务农民的宗旨，才能增强我们在农民群众中的威信，才能赢得广大农民群众的信赖和拥护，才能在新的起点推动热带农业科技事业创新跨越。他要求全院各级党组织要广泛发动和组织党员干部、科技人员围绕今年一号文件开展以"国家需求就是我的志愿，热区产业升级、农民增收就是我的专业"为主题的大学习、大讨论活动，以此提升和坚持理想信念，从而增强为热区"三农"工作奋斗的自觉性和积极性，将十七届中央纪委七次全会和农业部2012年党风廉政建

设工作会议精神落到实处。

王庆煌院长指出，新形势下党风廉政建设和反腐败斗争具有长期性、复杂性和艰巨性的特点，全院领导干部一定要保持清醒的头脑，时刻绷紧反腐倡廉这根弦，要把认识统一到中央、农业部反腐倡廉工作的部署和要求上来，增强政治责任感和现实紧迫感，坚持廉政自律，认真落实好本单位、本部门的反复倡廉工作，为热科院科研事业健康发展提供有力的保证。

王庆煌院长要求，2012年要以"党风廉政建设年"为载体，扎实做好反腐倡廉各项工作。一要强化责任、抓好落实，严格落实党风廉政责任制。二要抓好重大决策部署落实和效能监督。三要统筹结合、综合监督，把反腐倡廉建设与开展"创先争优"活动、加强干部队伍建设、加强基层基础工作结合起来。四要发现和解决实际问题。五要创新体制机制，深化廉政风险防控机制建设。六要发扬求真务实、真抓实干、知难而进、锲而不舍的奋斗精神，做出亮点。

王庆煌院长强调，作风能力建设是重点，要全面加强干部人才队伍建设。要大力实施"人才强院、强所"战略，不断加强各级领导班子能力建设和干部人才队伍整体素质。坚持"重实绩、重贡献，不唯学历、不唯资历"的用人导向，注重加强年青干部和青年科技人员的培养使用力度，并号召广大党员和科技人员扎

根基层、深入生产第一线，把论文写在大地上，把成果送进热区农民家。

雷茂良书记传达了胡锦涛总书记在十七届中央纪委七次全会上的重要讲话和农业部2012年党风廉政建设工作会议精神，要求全院干部职工认清形势，统一思想，进一步增强党风廉政工作的责任感和紧迫感，自觉坚持"两手都要抓、两手都要硬"的工作方针，认真学习，深刻领会这次会议精神，贯彻落实"党风廉政建设年"活动，改进工作作风，加大工作力度，强化监督检查，把反腐倡廉和作风建设融入到各项业务工作之中，促进热科院各项事业又好又快发展。

欧阳顺林副书记在报告中回顾了热科院2011年党风廉政建设取得的成绩，部署了2012年党风廉政建设的主要工作任务。2012年，热科院将重点抓好五个方面的工作。一是切实加强反腐倡廉教育，筑牢拒腐防变的思想基础。二是深化改革和制度革新，进一步抓好治本抓源头工作。三是深入推进专项治理工作，着力解决重点领域突出问题。四是强化监督，营造良好的监督氛围。五是以提升能力为重点，大力加强纪检监察队伍素质建设。

会上，橡胶所、南亚所和香饮所分别作了党风廉政建设工作汇报。王庆煌院长和雷茂良书记与品资所、分析测试中心和院办公室党政"一把手"现场签订了党风廉政责任书。

院领导王文壮、张万桢、郭安平、刘国道及机关全体人员、院属各单位党政主要负责人、海口院区副高以上科研人员参加了会议。

上文发表于 2012-02-23
农业部网 作者：院办公室

热科院用美食图谱推广木薯新品种种植
木薯上餐桌 身价翻十倍

一本汇集88种木薯烹饪技法的食谱，正在都市人群中点燃木薯消费的热情，各地餐饮企业闻香而来寻找这种极具海南特色的食材。受终端消费拉动，海南新品种木薯种植面积正急速扩张。

记者今天从中国热带农业科学院获悉，自去年该院提出以食材拓展市场带动木薯种植的工作思路以来，目前，海南木薯种植面积已达50多万亩，其中食用型木薯新品种"华南9号"更是在去年的基础上连续翻番，种植面积突破5万亩，并表现出强劲的扩种需求。

在去年底深圳、海口等地举办的第十三届中国国际高新技术成果交易会、2011中国（海南）国际热带农产品冬季交易会等高端农业科技产销交流会上，热科院精心制作了木薯月饼、木薯鸡仔饼、木薯黄金糕等美食供市民品尝，与此同时，热科院还适时出版发行了《中国木薯食谱》。

据介绍，这是国内首部木薯食谱，填补了木薯食品无文无谱的空白，以华南9号食用木薯为原料，创新出88个具有中国特色的木薯食谱，集聚了蒸菜、蒸糕、炸菜、炸点心、煎菜、煎饼、炒菜、红烧菜、烩扒焖糖醋菜、汤羹、冷盘等12大类烹饪技法。

近期已有来自广东、江浙等地的餐饮企业人士向热科院相关部门咨询食用木薯原料供应事宜。

据国家木薯产业技术体系首席科学家李开绵介绍，木薯一直是华南地区最重要的淀粉和酒精工业原料，进入21世纪，由热科院热带作物品种资源研究所选育的食用型木薯新品种"华南9号"，鲜薯淀粉含量高，富含蛋白质、维生素C、胡萝卜素等，被誉为"黄金木薯"。此次热科院推出一整套木薯食谱，通过木薯全粉、木薯膨化食品、木薯固体饮料等特色食品加工，提升了木薯市场价值，激发了农户的种植积极性。木薯下游产品从工业类扩大到食品类，使木薯产业链更加完善，抗市场风险能力更强。

热科院热带作物品种资源研究所木薯专家

黄洁告诉记者，木薯收购价从工业用时每千克0.4元左右，提升为食用时每千克4元左右。"早几年我们做木薯新品种推广，要到种植大户家里去请他们帮忙种，现在农民天天打电话找我们买种苗。"

上文发表于2012-02-29

海南日报 作者：记者：陈超 通讯员：林红生

中国农业科技创新海南（文昌）基地规划研讨会召开

2月24日，中国农业科技创新海南（文昌）基地规划研讨会在海南文昌召开。建设文昌农业科技创新基地是热科院开放办院的重大举措，该基地毗邻文昌航天城，具有优越的地理优势和发展前景，建成后将为热带现代农业发展提供强有力的科技支撑。

来自农业部发展计划司、中国农业科学院、中国水产科学研究院、农业部规划设计研究院、宁夏回族自治区、西藏自治区农牧科学院以及热科院50多名领导、专家参加了研讨会。

与会人员围绕农业科技创新基地建设和如何充分发挥作用展开热烈研讨。

热科院王庆煌院长指出，建设文昌农业科技创新基地是落实中央决策部署的重要举措。今年中央一号文件为创新基地的组建提供了有利的政策支持和良好契机，他就基地建设运行机制提出建议，一是协同创新机制。各单位以项目、资金、人才进入，采取联合共建研究平台、联合申报研究项目等方式，围绕热带大农业技术需求开展共性技术联合攻关和创新。二是共建共享机制。着眼现代农业产业技术需求和文昌创新基地发展，共建一批实验室、工程技术研究中心和野外科学观测台站、试验示范基地等公共科技平台和公共服务设施。三是共同发展机制。热科院牵头与参建单位共同向农业部、海南省和文昌市争取有关优惠政策，联合申报和承担科技项目。四是共享成果机制。

农业部计划司刘艳处长提出，要进一步细化基地的功能定位、目标及需求，扎实开展土地变性、规划及环评等前期工作，为今后的项目申报做好准备。中国农业科学院李金祥副院长认为，文昌创新基地平台的建设有利于现代农业的发展，他对基地的管理提出建议，一是明确产权；二是统一管理，组建管理班子，扎实开展基地前期建设工作，推进基地建设步伐；三是结合未来发展，结合各院所专家的意见，认真考虑区域布局，实现基地的有效使用。中国水产科学研究院张显良院长指出，要以高起点、高标准建设文昌创新基地，既要满足科研需要，也要满足休闲观光及科普需要。热科院雷茂良书记认为，各单位建设用地尽量集中，一方面便于资源的集中利用与管理，同时能集约建设投资，达到环境友好、和谐的目的。

宁夏回族自治区副主席屈冬玉、农业部科教司原司长马世青、中国水产科学研究院书记王泰健、农业部规划设计研究院院长朱明、西藏农牧科学院副院长李宝海、中国水产科学院黄海水产研究所唐启升院士以及热科院副院长张万桢等领导和专家也分别提出了宝贵的意见和建议。

据了解，中国农业科技创新海南（文昌）农业科技创新基地由热科院联合中国农科院、中国水产科学院、农工院等部属科研单位和西藏农牧科学院共同建设，将紧紧围绕热带大农业发展技术需求，重点开展南繁种业、冬季瓜菜、热带海洋生物资源、热带畜牧等领域的科研联合攻关和技术创新，通过科技大联合大协作，力争建成我国农业科技创新重要基地、农业科技高层次创新人才发展重要基地和热科院"开放办院"重要基地。

上文发表于2012-02-29

农业部网 作者：院办公室

王庆煌院长忙下乡

　　冒着连绵细雨，踩着一路泥泞。3 月 1 日，中国热带农业科学院院长王庆煌从海南省琼海市大路镇下了汽车就心急如焚地赶往那里的香草兰种植基地。要知道，3 月份是香草兰开花的季节。这几天对香草兰的护理至关重要，一不小心就会影响它的收成，那样的话，种植香草兰的农户就要受到损失。

　　到了！只见里三层外三层的农民迎候在道口，王庆煌几步小跑，甩掉雨伞，一头扎进香草兰种植大棚，农民们紧随其后。

　　"院长，你看这茎上长疤了！要紧吗?" 一个农民指着一棵香草兰的根部说。"这就叫茎腐病，我带药来了，但首先要给它做手术!" 王庆煌说着从口袋里拿出一把小刀，蹲下身子，左手扶住那根茎，右手使劲一划，"要切干净，不留一点痕迹，更关键的是剖下来的东西一点也不能掉在地上，必须装起来扔到垃圾桶，否则这种菌蔓延很快。" 说完他起身顺着一垄垄香草兰仔细查看着。"院长，这有一根茎也病了!" 听一个农民在嚷，王庆煌走过去，把小刀递给

他说："你试试，我看你做手术!"

　　忙乎了好一阵，王庆煌把周围的农民招呼在自己身边，认真地说："香草兰越临近开花，越容易出毛病，一要注意多施些磷肥，二要注意阴雨天少浇水，三要及时修整茎，把多余的去掉，保证主茎长果开花。""院长，看今年这长势，我这收入准高于去年。" 大路镇农民符明镇冲着王庆煌说。"今年海南天气特殊，阴雨天太多，茎腐病发病率也高，可不能大意呀!" 说完，王庆煌让一起来的同事把一箱多菌灵药水和好几箱磷肥留给了农户们，然后又继续赶往下一个香草兰种植基地。

　　实际上，连日来王庆煌已跑遍了海南十几个市县的科研基地，而且他不是单枪匹马，中国热带农业科学院的百余名专家全部下乡，因为时令不等人，一年之计在于春，这时候农民最需要他们。

　　　　　　　　　　　　上文发表于 2012-03-05
　　　　　　光明日报　记者：魏月蘅，王晓樱

我国第一株油棕组培苗移栽成功

　　"我们已经掌握了大批量生产油棕组培苗的技术，这就是我国首株移栽成功的油棕组培苗，目前长势良好。这对解决我国'粮油争地'问题具有重大意义。"中国热带农业科学院研究员林位夫指着花盆里一株高 20 厘米左右高的小苗自豪地告诉记者。

　　油棕是世界上单产最高的油料作物，单位面积产量相当于大豆的 8 倍、花生的 6 倍、油菜的 10 倍，远远高于其他油料作物，被誉为"世界油王"。由于我国油料自给率仅为 40%，油脂消费严重依赖国外进口。其中仅棕榈油每年的进口量就有 600 多万吨，占世界棕榈油总产量的 13% 以上。

　　中国热带农业科学院于 1998 年启动油棕引种试种工作，经过 12 年的不懈努力，于 2011 年获得了第一批组培植株，同年 12 月首株组培苗已移栽成活。截至目前，中国热带农业科学院已经掌握了油棕种植的开垦、育苗、定植、施肥、授粉和收获等核心技术，初步形成了与油棕新品种相匹配的丰产栽培技术，初步查明我国适宜油棕种植面积在 500 万亩以上，我国棕榈油产业化生产指日可待。

　　　　　　　　　　　　上文发表于 2012-03-06
　　　　　　光明日报　记者：王晓樱，魏月蘅
　　　　　　　　　　　　　　　通讯员：林红生

我国第一株油棕组培苗在热科院移栽成功

"我们已掌握了油棕组培苗技术，这就是我国首株移栽成功的油棕组培苗，目前长势良好。这意味着突破了我国发展油棕产业的技术瓶颈之一，对我国油棕商业化生产具有重大意义。"热科院油棕研究中心林位夫研究员指着花盆里一株高20公分左右的小苗自豪地告诉记者。

林位夫介绍，油棕是世界上单产最高的油料作物，单位面积产量相当于大豆的8倍、花生的6倍、油菜的10倍，远远高于其他油料作物，被誉为"世界油王"。

由于我国油料生产发展缓慢，目前自给率仅约40%，油脂消费严重依赖国外进口。其中仅棕榈油每年的进口量就达到600多万吨，占世界棕榈油总产量的13%以上。同时，外国资本还控制了中国近75%的油脂供应，对我国食用油安全构成实质性威胁。

为了降低对国际市场的依赖，保障我国食用油战略安全，中国热带农业科学院于1998年重新启动油棕引种试种工作。经过12年的不懈努力，在以往划定的油棕种植次适宜区引种成功，并突破油棕组培技术。2011年获得了第一批组培植株，同年12月首株组培苗移栽成活。科研人员还初步查明我国适宜种植油棕的面积在500万亩以上。

林位夫说，早在20世纪20年代我国就引种油棕，在50年代末大规模引种。但在80年代中期放弃油棕商业化栽培，目前，仅存的油棕大多是作为绿化观赏树保存下来的。调查分析结果表明，认识和投入不足，管理、技术和品种落后或新品种推广不力是导致两次大规模引种失败的主要原因。

为解决这一问题，热科院组织专家开展了油棕种质资源收集、种质资源评价利用、高产栽培、病虫害、加工机械以及分子生物学等方面的研究。目前，已初步形成了与油棕新品种相匹配的丰产栽培技术，为我国棕榈油产业化生产打下了坚实的基础。

上文发表于2012-03-08
农业部网 作者：院办公室

海南高温高湿易孳生病虫害专家建议：造林绿化警惕外来物种入侵

"海南高温高湿，极易滋生病虫害，外来入侵物种在没有天敌的情况下，更容易得到迅速扩散。"3月14日上午，中国热带农业科学院环境与植物保护研究所两位专家专程从儋州赶到海口，接受海南日报记者专访。两位专家建议："绿化宝岛"大行动要严格检疫检验工作，警惕外来物种入侵，同时，对城市园林绿化的常见病虫害也列出了防控措施。

易克贤是环境所所长、研究员，而彭正强则是国内知名椰心叶甲防治专家、研究员，他们都强调："海南大规模植树造林，绿化宝岛是件大好事，但我们一定要理性，一定要尊重自然规律，谨防外来物种入侵，让好事好上加好。"

目前，我省大规模开展植树造林，不仅各市县相互大量调运苗木，甚至还要从岛外调进苗木，彭正强提醒，在苗木的流通中，应加大检疫力度，严防外来物种入侵。"椰心叶甲、螺旋粉虱等，都是我们深刻的教训。"彭正强说，外来物种入侵造成的损失难以评估，也很难在短时间内消除，不应忽略。

海南是岛屿型生态系统，只要是岛外的生物，都是外来生物，一旦这些生物造成危害，就是外来入侵物种。易克贤说，针对海南特殊的地理环境，对什么是外来生物要重新定义。近几年，热科院开展了"海南外来入侵物种及其安全性考察"，将全省划分为60多个地理网络单元，通过以我省公路干线（东线、中线、西线）为主线进行调查，结果表明，我省目前外来入侵物种近200种，进入21世纪以来，平均每年都有一种危害性外来物种入侵。

记者过去在采访中国科学院院士宋大祥时，

他也曾说过，海南漫长的海岸线很难设立关卡，在各种经济往来、人类活动中，越来越多的苗木、水果、农作物被带入境内，海南比较出名的外来入侵生物中，有相当一部分是通过引进种子、种苗、购入绿化观赏植物等造成的。

"病、虫、草害，是海南最常见的入侵种类。"易克贤说，"绿化宝岛"大行动中，从省外调运苗木，应严格遵守科学的程序，调查—检疫—监控，一旦发现有入侵物种，就地赶快销毁。

"内检太松，流于形式。即使各市县的苗木流通，也应加大检疫力度。"彭正强举例说，比如香蕉巴拿马病，当初仅在我省几个地方有个别香蕉植株发病，如果及时销毁，并严禁从疫地往非疫地调运香蕉苗的话，就可以有效防止香蕉巴拿马病的扩散和传播。因此，彭正强建议，从省外调运苗木时，一是事先要调查当地是否属于疫区，有没有检疫性病虫害，二是要调运健康的苗木和优质种苗。

"总之，严格执行检疫检验制度，是防止外来物种入侵的有效办法。"两位专家反复强调，海南相对孤立，生态脆弱，应建立完善的外来有害生物入侵预警机制，以保障海南生态安全。

对于城市园林绿化植物常见病虫害，如真菌病害、病毒病害、细菌病害和线虫病害等，易克贤也详细列出了防控措施。他告诉记者，绝大部分昆虫都有趋光性，而城市绿化地带往往有密集的灯光分布，这也易导致高密度的病虫害发生；还有，城市绿地内园林植物品种单一、种植密集，又是人口活动比较频繁的地方，一旦发生病虫害，防治难度也很大。

因此，易克贤建议，城市园林绿化病虫害防治，要以防为主，首先是严格选择无病虫害的健康苗木，科学栽培和管理，合理搭配树种，使城市绿化植物更加多样化，以减少病虫害的发生。一旦发生病虫害，防治要强调以安全为前提，要坚持统防统治的原则，采取物理、生态防治为主，高效低毒的化学药物为辅的综合防治方法，并及时清除销毁被病虫害为害的植株残体和枯枝落叶，防止病虫害的进一步蔓延和传播。

上文发表于 2012-03-17

海南日报　记者：范南虹　通讯员：林红生

热科院向农民赠送绿化经济苗木

"教会一批农民，带动一个产业"，是中国热带农业科学院启动的"绿化宝岛"大行动科技支撑计划提出的口号。近日，该院香料饮料研究所向定安县岭口镇赠送了2 000株优良菠萝蜜种苗及相关栽培技术手册，以在当地带动菠萝蜜种植业的发展。3月14日，香饮所向万宁市北大镇农民赠送科普小册子200多册、咖啡种苗500多株、可可种苗500多株。

香饮所党委副书记、研究员宋应辉带领专家组，向镇政府赠送了2 000株优良菠萝蜜种苗（马来西亚1号）及200本《菠萝蜜栽培技术手册》。针对农户种植管理中存在的问题，专家们向当地农业主管干部及农技骨干详细讲解了栽培技术要领，专家组7名成员还与当地农业主管部门进行对接，以便及时对种植户进行技术指导。

宋应辉告诉记者，在活动开展前，香饮所就派科技人员到定安岭口镇调研，了解当地农民喜欢的绿化树种。调研得知，菠萝蜜既是岭口镇适宜种植的经济作物，也是当地发展潜力巨大的新兴产业，但目前品种老化，种植管理不规范，经济效益不高。香饮所与定安县政府协商后，决定向该县岭口镇赠送一批优良菠萝蜜种苗，以实际行动为地方环境绿化及农业发展作贡献。

据了解，为响应"绿化宝岛"大行动号召，香饮所多次为海南农民赠送经济价值高的优质种苗以及科普手册。该所还与北大镇签署《科技合作协议》，双方将联合建立科技成果转化基地，以"科研院所＋地方政府＋农户"的模式共同推进香草兰、咖啡、可可等热带香料饮料作物产业的发展，大力发展北大镇林下经济，达到绿化美化环境和农业增效增收的目的。

上文发表于 2012-03-19

海南日报　记者：范南虹　通讯员：林红生

连绵阴雨天气之后，橡胶树病了

——热科院专家当"大夫"

"这是点火开关，这是喷药开关；白色塑料桶里装的是治白粉病的药，黑色塑料桶里装的是治炭疽病的药……"今天上午10时许，刚赶到临高县和舍镇头开村一橡胶园里，中国热带农业科学院环境与植物保护研究所的专家就迫不及待地从车上卸下药液和机器，指导胶农如何使用。

这块胶园的面积有200多亩，是村民江峰的胶园。几天前，江峰发现他的橡胶树刚长出新叶，就出现不断掉叶的情况，可急坏了。"去年也是这样，掉了两次叶。掉完一次，叶子长出来，又掉了。"他说，去年，因为橡胶树莫名掉叶，导致胶园延迟开割，通常应该是在4月初开割的，结果他的胶园到了6月份才开割，甚至还有的树到了7月份才能开割。

"我有两块胶园，一共400亩。几百亩橡胶树延迟开割差不多两个月，造成了巨大的损失。"江峰说，橡胶树掉叶，不能进行光合作用，如果强行割胶的话，会对橡胶树造成很大的伤害。没想到，今年阴雨天气结束后，一出太阳，橡胶树又开始掉叶。而且，不仅他的胶园如此，附近农民的胶园也出现了这种情况。

3月20日，手足无措的江峰赶到位于儋州那大的热科院环植所，向专家进行咨询。听了江峰的介绍后，环植所所长易克贤研究员初步判定，他的橡胶树得了白粉病和炭疽病。"只要出现连续3天阴雨天气，橡胶树就易得这两种病，长期阴雨天气后，更是这两种病的高发期。"易克贤告诉记者，该所调查发现，我省民营胶园由于缺乏技术、管理粗放等原因，尤其是北部、中部地区的胶园，绝大部分都出现了这种橡胶树患病的情况。

记者今天跟随专家来到江峰的橡胶园看到，很多橡胶树的叶片背后，出现了很多不规则的灰白斑痕和淡黄、黑色的小硬点，地上也是一层落叶。"江峰来咨询后，我们到胶园实地察看后确认了病情，今天调足了药液给他送来。"热科院环植所开发办主任唐超说，村民传统使用背负式喷雾喷粉机，用它装上硫磺喷洒患病的橡胶树，但这种防治方式不仅仪器笨重，而且对人体和环境都有害。

热科院专家给江峰带来的是斜挎式的热力烟雾机，将药液通过高温转化成药雾。工人打开机器后，只需要挎着机器在胶园匀速行走即可。"1个小时就可以喷完200亩橡胶林。"

"这个机器很轻便，使用起来也轻松，而且药液的味道和刺激性都比硫磺要轻得多。"经过简单培训后，胶园的工人高兴地挎上烟雾机使用给记者看，浓浓的白色烟雾迅速弥漫在胶园里。

上文发表于 2012-03-23

海南日报　记者：范南虹　实习生：邬慧彧

通讯员：林红生

"黄金木薯"

——舌尖绽放绚丽新香

"黄金木薯"：舌尖绽放绚丽新香

在很多人看来，木薯是粗粮，是饲料，是工业原料，总之与"美食"是有段距离的。其实，在木薯的故乡巴西，木薯被称为"食谱之根，生命之根"。

19世纪20年代从热带美洲漂洋过海来到中国的木薯，算得上有历史的"进口食品"了。作为世界三大薯类作物之一，木薯在南中国被广泛种植。现如今，木薯作为食物，更多存在于父辈们的苦难记忆中，在很多人看来，木薯是粗粮，是饲料，是工业原料，总之与"美食"是有段距离的。

2011年底，中国热带农业科学院编撰出版的《中国木薯食谱》，不仅成为国内首部木薯食谱，更填补了国际上木薯食品无文无谱的空白。翻开这本汇集88种木薯烹饪技法的食谱，食用型木薯新品种"华南9号"闪耀出的黄金光泽首先会撩拨起人们品尝的欲望，经过蒸、炸、煎、炒、烩、红烧、糖醋、汤羹、冷盘等12大类烹饪技法的锻造，一块木薯入口，你会感到它正裹挟源自故土巴西的热情动力，在舌尖释放出绚丽清香。

悠悠岁月里的苦中乐

木薯进入中国后，首先在广东高州一带栽培，随后引入海南岛，现已广泛分布于华南地区。在二三十年前，生活在中国南方地区的人们对木薯是种又爱又怕的情感。在饥荒年代，生命力强大的木薯让很多人饱腹，经过主妇们的巧手，木薯甚至是很多人童年的美食，但受限于当时的品种，因加工不当而产生的食用木薯中毒事件，也造成很多家庭悲剧。

记者在采访中，听过不少关于"木薯吃多了会醉"、"生吃木薯会中毒"的真实故事。网友"梦赶夜"在一篇名为《木薯》的文章中回忆道：在我三四岁时，有天傍晚进入三婶婆的院子里，三婶婆正在吃木薯，顺手撕下一片二指般长短大小的木薯给我吃，至天朦胧黑时，我就感觉天旋地转，头晕欲吐。待母亲收工回来时，我只能躺在床上跟母亲哭诉了。母亲问清情况后，很是焦急，忙去砍来包粽子的那种植物秆，捣碎取汁，喂我灌下。闻讯赶来的大人们，也围在床边忙乎，有的喂我红糖水，有的我扁菜汁，母亲又取两头尖的圆扁担插入房后挺直的香蕉秆，取香蕉汁液灌我吃，一下我吐了起来，才将在奈何桥边徘徊的我拉回家里来。

热科院专家介绍，当时在海南粗放生长的木薯品种，含有一种名为"亚麻仁苦苷"的物质，这种物质经过胃液水解后会产生游离的氢氰酸，如果摄入生的或未煮熟的木薯，甚至喝汤，都有可能引起中毒。

正是基于这样的时代背景，1960年周恩来到海南视察华南热带作物研究所和华南农学院海南分院，也就是后来的"两院"时，品尝了"两院"精心制作的木薯点心，让"两院"热作科研工作者们备受感动和振奋。

老外追捧木薯"中国菜"

"目前我国木薯种植面积已达700万亩以上，海南木薯种植面积有50多万亩，其中食用型木薯新品种'华南9号'种植面积突破5万亩。"国家木薯产业技术体系首席科学家李开绵介绍，进入21世纪，由热科院热带作物品种资源研究所选育的食用型木薯新品种"华南9号"，剔除了毒性物质，鲜薯淀粉含量高，富含蛋白质、维生素C、胡萝卜素等，可以生吃，由于色泽金黄，被誉为"黄金木薯"。

近年来，在国家商务部、联合国发展计划署（UNDP）等机构的推动下，热科院与国际热带农业中心（CIAT）等国际木薯科教单位合作，为尼日利亚、柬埔寨等国家农业部门学员进行木薯生产、加工等技能的培训，国际木薯烹饪技法成为重要的培训内容之一，李开绵说："借助中英文对照的木薯食谱，中外爱好者可以照谱制作和享用，这将有利于国内外食用木薯的推广和应用，有助于开拓木薯成为新时期的特色粮食作物。"

据了解，作为世界最大的木薯生产国，尼日利亚年产木薯约4 000万吨，占世界木薯年产量的20%左右，其中90%以上充当粮食。而木薯的故乡巴西，则把木薯称为"食谱之根，生命之根"。

《中国木薯食谱》编撰者之一、热科院品资所研究员黄洁告诉记者，在很多热带国家，木薯都是当地人最普通的食物之一，而木薯食品的制作方法也很简单，譬如巴西人在各种肉汤里放上木薯粉，用微火慢慢焖煮成又黏又稠的糊状，肉鲜味重，汤浓有劲，或者用木薯粉与玉米粉、小麦粉等和在一起，做成蛋糕、面包、饼干等；东南亚一些国家把熟木薯拿来发酵，再切成一小截一小截，用香蕉叶裹着当零食吃，口感有些酸甜。

"掺有少量木薯粉的食品吃起来更有韧劲，口感更加酥松、香脆，这使得很多国家的人民爱吃木薯。现在我们将木薯这种具有热带作物特色的食材，与中国博大精深的传统烹饪文化结合，既丰富了中国的传统饮食文化，也让很多国际友人很感兴趣。"黄洁说，在多期国际培训班上，很多外国学员都忍不住想照着《中国木薯食谱》做一道"中国菜"。

古老食材的新滋味

虽与红薯、马铃薯并称世界三大薯类作物，木薯却长势挺拔，2米多高的木质茎呈现灌木状，也被称为"树薯"。行走在海南中西部山区的乡间，可以看到木薯地像一小片一小片的树林，泛青的纤细茎秆上布满疙瘩，裂开的蹼掌般的翠绿叶片，顶在树端像一把把撑开的小伞，在微风轻拂下招摇着，露出其间粉嫩的小花苞。像树毕竟不是树，费不了多大劲，就能把木薯的块根从地里刨出来。经过热科院专家们的改良，现在的新品种木薯已不再是过去的细条状，管理得好的木薯块根，能比成年人的腿还粗，一棵木薯结出的块根，甚至能比一个小孩还重。

海南老一辈人吃木薯最多见的是煮或蒸：在水中加少许盐，使木薯产生一种很单纯的香，细细咀嚼，能吃出泥土和阳光的味道，讲究点的家庭会把拍烂的蒜头用热油爆香再加盐及水将木薯煮熟，让木薯香在蒜香的帮衬下层次更为丰富；或将木薯置于水锅里的竹箦篓中，使木薯土褐色的表皮被膨胀的薯肉撑破而变得易剥，取出还有些烫手的木薯肉，趁热撒上砂糖或蘸上炼乳或直接入口，甜香的包裹下，木薯的清香顺着牙缝丝丝渗入，直到心田。

相对复杂些的木薯食品是煎木薯饼。将鲜木薯剥皮打成蓉，加葱花拌匀，用盐调味，揉搓成圆饼，把锅烧热、均匀地撒上油，然后放入木薯面饼，用锅铲压至厚薄约半厘米，小火煎至双面金黄、熟透，起锅摆盘，一碟油光水秀的木薯饼，散发着诱人的葱焦香，咬上一口，脆中带糯，韧而绵滑，恨不得将一整碟都揽为己有。

日前，《中国木薯食谱》一书的主要编撰者、中国烹饪名师单荣芝向记者展示了木薯月饼、木薯蛋挞、木薯水晶饺等利用木薯研制的新食品。单荣芝说："过去为了防止木薯中毒，要将木薯剥皮后用水浸泡5~6天，每天换一次水；要长时间加热，不能喝木薯的汤。现在的'华南9号'新品种木薯，已经不含有毒物质，可以直接食用，非常方便。"

为了让木薯适用于更多的烹饪方法，单荣芝建议将木薯剥皮后用搅拌器等工具制作成薯蓉留用。因为"华南9号"木薯淀粉含量高，从营养成分、黏糯度等方面看，堪比面粉、糯米粉，同时又富含膳食纤维，具备低糖、高能等优点，符合当前的养生理念，做皮做馅都很适宜。在木薯月饼中，木薯蓉充当了饼馅的角色，在木薯蛋挞和木薯水晶饺中，木薯蓉又充当了皮的角色。而不论是做馅还是做皮，木薯特有的清香味都会久久停留在味蕾上，当你轻轻咀嚼时，一种无法用言语描述的奇妙Q感会在齿间跳舞。

在去年底深圳、海口等地举办的第十三届中国国际高新技术成果交易会、2011中国（海南）国际热带农产品冬季交易会等高端农业科技产销交流会上，热科院木薯产业研发团队精心制作了木薯月饼、木薯鸡仔饼、木薯黄金糕等美食供市民品种，大获好评，现在已有来自广东、江浙等地的餐饮企业人士闻香向热科院相关部门咨询食用木薯原料供应事宜。

上文发表于2012-03-24
海南日报　记者：陈超　通讯员：林红生

热科院专家深入海南各市县　指导橡胶树"两病"防治

"这是点火开关，这是喷药开关；白色塑料桶里装的是治白粉病的药，黑色塑料桶里装的是治炭疽病的药……"3月29日，热科院的专家刚赶到临高县和舍镇头开村的一处橡胶园里，就迫不及待地从车上卸下药液和机器，指导胶农如何使用。

近期，海南省由于持续阴雨，又遭遇"倒春寒"，橡胶树正处于萌芽期，导致橡胶树"白粉病"和"炭疽病"高发，成为海南胶园当前危害性最大的叶片病害。橡胶树"白粉病"和"炭疽病"俗称"两病"，是影响干胶产量的重要病害，此两病危害会导致橡胶减产5%～20%。为了帮助胶农及时、科学防治橡胶树"两病"，3月下旬，热科院积极组织专家，陆续前往海南白沙、儋州、琼中、屯昌、定安等市县植胶区，开展防治橡胶树"两病"专题科技服务。

在白沙县牙叉镇、元门乡，屯昌县枫木镇冯宅村、定安县富文镇田头村、黄竹镇白塘村，热科院专家携带机器、药物，为示范村、示范户现场指导防治"两病"。在胶园，科技人员亲自为胶农示范操作喷粉机和喷雾机的使用方法，传授橡胶树白粉病和炭疽病药剂的调配技术，并结合当地气象和土地条件，制定相应的防治措施。在儋州市那大镇石屋村、茶山村和和庆镇美万新村，热科院专家不时深入胶园，严密

监控"两病"的发病情况，要求村干部发现问题及时与专家联系进行防治。

在临高县和舍镇，热科院专家调足了药液，并送来了轻便、环保的斜挎式热力烟雾机。胶农打开机器后，只需要挎着机器在胶园匀速行走，1个小时就可以喷完200亩橡胶林，而且药液的味道和刺激性都比硫磺要轻得多。

在文昌市谭牛镇，琼中县黎母山镇、什运乡，热科院专家赶往种植橡胶树多的村庄，专门为胶农举办了橡胶树"两病"的防治专题讲座，在课堂上向胶农展示了"两病"对胶树的危害，介绍防治"两病"的方法。

接下来，热科院专家将继续与海南其他市县主管部门积极沟通，了解当地橡胶树"两病"危害情况，并根据反馈情况，及时提供技术示范和防治指导，提高当地胶农的病虫害防控技术水平。

上文发表于 2012-04-01

农业部网　作者：热科院

热科院遴选首批科研杰出人才

近日，中国热带农业科学院拨出巨额专项资金，用于支持杰出科研人才开展科研工作，并遴选出了该院首批热带农业科研杰出人才和青年拔尖人才。

据了解，热科院彭政、陈业渊、田维敏、戴好富、金志强5人，入选该院首批热带农业科研杰出人才，每人将获得科研杰出人才经费100万，每年20万元，连续五年滚动支持；李积华、曾长英、王旭初、曹红星、谷风林5人，入选该院青年拔尖人才，每人将获得培养经费75万元，每年15万元，连续五年滚动支持。此外，他们还将人均享受一次性奖金5 000元。

根据农业部《"十二五"农业科研杰出人才扶持培养方案》和中组部青年拔尖人才工作的有关精神，热科院实施了热带农业科研杰出人才和青年拔尖人才培养计划。"十二五"期间，该院将围绕热带农业产业体系、学科体系和科技创新平台建设，在全院范围内选拔培养30名左右热带农业科研杰出人才和热带农业青年拔

尖人才，以建立一批学科专业布局合理、整体素质能力较高、自主创新能力较强的热带农业科研创新团队。

选人才、用人才，还要管理好人才队伍，热科院将对遴选出热带农业科研杰出人才和青年拔尖人才，实施综合考评和目标管理制度，在培养期间，制定工作目标和年度工作计划，采取5年周期考核和中期评估结合的形式，全面了解人才在承担科研项目、取得科研成果、服务"三农"及开展学术交流等方面的情况，根据培养目标和考评结果，将评价结果作为培养计划继续实施的基本依据，与资助经费和待遇等直接挂钩，对人才实行动态调整。

据了解，热科院一向重视人才爱惜人才，为人尽其材创造良好的发展空间。待遇是其次的，真正干事业的人最需要良好的事业平台。"今年30多岁的谷风林是热科院香饮所2010年引进的人才，初到香饮所，他不仅如数拿到了3万元安家费，还分到了80平方米两室一厅的住

房，妻子也在该所的帮助下，从牡丹江调到兴隆中学教书。更重要的是，他到香饮所第三个月，就获得 50 万元科研经费支持，独立承担研发"风味巧克力"。如今，谷凤林研制的香草兰巧克力、椰子巧克力、咖啡巧克力已经上市，深受消费者喜爱，这让他特别有成就感。

该院还依托国家重大人才计划、重大科研专项、重点学科和研发基地等平台，通过各种渠道和方式积极引进海内外杰出人才，一大批优秀人才脱颖而出。例如，从美国引进的彭明博士（美籍华人），成为我省第一个国家重点基础研究发展计划"973"项目首席科学家；从澳大利亚引进的彭政博士，成为国家自然科学基金委项目和科技部国际合作项目评审专家；从英国引进的陈松笔博士，被评为我省第二批"高层次创新创业人才"，并享受我省"一次性拨给 100 万元的创新创业启动经费"和其他各种优惠政策。

上文发表于 2012-04-05

海南日报　记者：范南虹　实习生：邬慧彧

通讯员：林红生

热科院与海南省农业厅签署农业产研战略合作协议 携手推进海南现代农业发展

为充分发挥中国热带农业科学院科技人才优势和海南省农业厅组织优势，共同促进海南农业集约化、精细化、设施化、品牌化、生态化，4 月 23 日，热科院与海南省农业厅在海口举行了农业产研战略合作协议签字仪式。海南省农业厅肖杰厅长、热科院王庆煌院长分别代表双方签署合作协议。

根据协议内容，双方主要开展八大方面合作。一是共同推进"双百工程"的实施，即百名专家兴百村工程和百项技术富农民工程。由农业厅会同有关市县，在全省范围内遴选 100 个农业科技示范村，由热科院遴选 100 名农业科技专家，开展持续有效的"一对一"科技入户服务、示范和帮扶行动。同时，农业厅会同热科院围绕海南热带现代农业发展的科技需求，遴选并集成 100 项先进适用技术，重点向冬季瓜菜、热带水果、天然橡胶、畜牧业等主要产区、主导产业示范推广。二是支持海南南繁综合检测中心建设，通过专家与技术平台共享、整合资源，加强南繁转基因生物安全和外来有害生物安全监控和管理，促进中国南繁种业可持续发展。三是针对海南热带现代农业迫切需求，整合资源，联合开展产研攻关。共建产研合作示范基地。四是合作建设乐东、海口、澄迈等现代农业示范区，创建一批布局合理、科技装备先进、经营机制完善、资源环境良好、产品优质安全的现代农业示范区。五是开展农产品质量安全风险评估和信息互通制度，联合开展农产品质量安全检测人员培训等。六是优先示范推广热科院农机所的科技成果，共同开展农机队伍人才培养，加强技术交流，联合研发农机产品。示范推广农产品储运保鲜及产品加工工艺和配套装备。七是共同打造人才交流培养平台。充分发挥热科院科技和人才的优势，开设农业实用人才培养培训班，为海南提供多种形式、高层次的农技人才培养服务。双方鼓励或推荐业务水平和能力比较突出的技术人员及干部到对方挂职锻炼或任职。八是加强农业国际合作，共同引导和鼓励农业企业"走出去"开发境外农业资源，共建境外热带农业生产示范基地（中心），提升海南农业对外开放水平，拓展农业发展空间，增强农业整体竞争力。

双方还将建立定期会商及联络员制度，交流合作工作情况，及时研究和解决双方科技合作重大问题，合力推进海南农业科技示范推广工作。

在签字仪式上，海南省农业厅厅长肖杰对热科院多年来为加快海南省农业科技进步，转变农业发展方式，促进海南农业增效、农民增收和农村经济繁荣作出的重要贡献给予充分肯定，指出，农业的根本出路在科技，农业科技的关键在于与产业紧密结合。他说，海南省农业厅出台了农业科技促进年活动方案，策划了 6 个方面 33 个活动，其中最重要的一项就是与科研院所的高位嫁接。他表示，此次产研合作是"双十双百"产研高位对接活动的开始。他希望，通过合作，使得双方在农业领域紧密对接，实现共赢，为加快海南省现代农业的发展、农民增收做出积极贡献。

热科院王庆煌院长表示，热科院始终坚持以服务海南和热带经济社会发展为目标，力争将科技和人才优势转化为推动现代热带农业发展的动力。他认为，通过厅、院战略合作，必将全面提升海南农业科技创新力、辐射带动力和自我发展力，通过发挥合作机制的作用，合理配置优势资源，强化科技支撑，努力构建海南农业生产合理布局，加快热带特色现代农业发展和农业产业升级，促进海南农业农村经济又好又快发展。

海南省农业厅、热科院相关负责人参加签约仪式。

上文发表于 2012-04-25

农业部网　作者：院办公室

协助专家开发出方斑东风螺配合饲料
养螺农户的科技之路

"这批配合饲料效果很好，饲养的方斑东风螺发病率很低。" 4 月 25 日上午，海南日报记者跟随中国热带农业科学院热带生物技术研究所研究员王冬梅，走进琼海市长坡镇椰林管区梁昌旺的养殖场，他高兴地迎上来带大家参观他用配合饲料养出来的方斑东风螺。

方斑东风螺是我省大宗海产养殖珍品之一，肉质鲜美、酥脆爽口，市场上售价也很高，除供应内地市场外，还远销中国香港、中国台湾等地以及韩国。2005 年，我省把方斑东风螺养殖技术作为重大项目推广，使海南成为全国最大的东风螺产区。

但长期以来，方斑东风螺的饲料以海产小杂鱼为主，需要养殖户修建冷库或者购买冰柜储存，生产成本较高。更为重要的是，大量养殖户使用小杂鱼喂养方斑东风螺，给近海渔业资源带来压力。

"我一直希望科研单位能研发出人工配合饲料，为养殖户分忧解难。" 梁昌旺用养螺的切身体会向记者列举了小杂鱼饲料带来的一系列问题：不仅储存难，价格不断攀升，而且饲养很不方便；更为重要的是，由于近海水质下降，小杂鱼常携带病源，易引发病害。

2006 年，热科院生物所启动了方斑东风螺系列营养需求研究和饲料研发课题，当王冬梅等专家找到梁昌旺，想利用他的养殖场做试验时，梁昌旺愉快地答应了，他想不到农民也能从事科研工作。梁昌旺主动和课题组研究人员一起，承担了观察、记录不同配方的配合饲料喂养方斑东风螺带来的不同效果。几年来，他们试验了多种配方的配合饲料，并在去年找到了最佳的饲料配方——用鱼粉、酵母、小麦粉以及诱食剂等组成配合饲料。

去年底，梁昌旺拿出 3 个养殖池来做试验，用这种新型配合饲料喂养方斑东风螺，才养了 5 个多月这批螺就达到了商品螺的规格，可以上市了。"我做了对比，螺苗来源相同，投放养殖的时间相同，但是用配合饲料养殖的比用小杂鱼养殖的方斑东风螺，成活率更高，达到九成以上，提高了 10%；发病率更低，几乎没有病害；饲料成本也大大下降，从 25 元/斤（1 斤 = 0.5 千克。全书同）下降到 22 元/斤。"梁昌旺说。

王冬梅告诉记者，课题组与梁昌旺合作研发配合饲料有 6 年多了，梁昌旺从实际生产中获得的观察数据对试验很有帮助，不仅减少了科研经费的支出，而且使科研更有针对性。"课题组也曾在试验室用鱼缸养殖方斑东风螺做试验，但由于养殖量不大，获得的科研数据与实际生产有很大的差距，不利于科研成果以后的推广应用。"

"我还会和课题组专家继续合作，尝试研发出能提高方斑东风螺免疫力的饲料。"梁昌旺的脸上充满了自信，看得出来，能与专家合作搞科研，让这名农民很是骄傲。

上文发表于 2012-05-01

海南日报　记者：范南虹　通讯员：林红生

加快提升热带农业科技创新与推广水平

5月3日，农业部部长韩长赋来到中国热带农业科学院，察看热科院生物所、分析测试中心以及热科院创新产品展示，看望慰问干部职工，了解热科院近年发展情况，并与干部职工座谈交流，听取大家对推进热科院改革发展、加快热带农业科技进步的意见建议。他强调，热科院要深入推进体制机制创新，加快提升热带农业科技创新与推广水平，着力加强人才队伍建设，不断扩大国际科技合作交流，把中国热科院建设成为世界一流的热科院。

韩长赋指出，热科院是我国热带农业科技的国家队和主力军。60多年来，全院干部职工立足热区、服务热区，艰苦创业、团结奋斗，推进热带农业科技事业发展取得巨大成就，为保障国家战略物资安全、生态安全和热带农业发展等作出了重大贡献。特别是近年来，热科院坚持开放办院、特色办院、高标准办院的方针理念，加大资源整合力度，充分调动科研人员的积极性、主动性、创造性，在自主创新、转化应用、队伍建设、国际合作等方面都取得了显著成效，为我国热带农业转型提升提供了有力的科技支撑。

韩长赋强调，今年中央一号文件突出强调农业科技，为推进农业科技改革发展创造了重大机遇。热带农业科技是农业科技的重要组成部分，加速热带农业科技发展，必须紧紧抓住机遇，按照走中国特色农业科技发展道路的总体要求，从国情特色和热区农业的产业特点出发，坚持服务产业发展、服务农民需要的根本方向，深入推进体制机制创新，不断提高科技对热带特色产品有效供给的保障能力、对热区农民增收的支撑能力和对转变热带农业发展方式的引领能力。

韩长赋对中国热作科学院的发展提出几点希望：一要深入推进体制机制创新。强化服务产业的科技导向，加快构建热带农业科研、教育、推广三位一体的新型热带农业科技体系。二要加快提升热带农业科技创新与推广水平。把增强自主创新能力作为战略基点，不断提高原始创新能力、集成创新能力和引进消化吸收再创新能力，引领我国热带农业科技事业不断取得新突破、实现大发展，抢占世界热带农业科技制高点。要特别重视、着力突破热区这个特殊区域的关键技术问题。大力推进成果推广与应用，积极探索新时期科技服务热区农业农村经济发展的做法和模式，鼓励引导科技人员深入基层、深入田间地头，开展科技服务。三要着力加强人才队伍建设。充分发挥重大农业科研项目、重点学科和重点科研基地凝聚人才、培养人才的重要作用，积极培养和引进科技领军人才和创新团队。坚持在实践中锻炼、培养、选拔和评价人才，造就一批一流的领军人才。四要不断加强国际科技合作交流。继续巩固现有合作关系，重点在组织援外技术服务、引进技术和资源、拓展国际合作空间等方面创新思路。

农业部副部长余欣荣、总经济师陈萌山等参加调研。

上文发表于 2012-05-05

农民日报　记者：宁启文

昌江海尾水下网绳养"麒麟"

5月1日一大早，昌江黎族自治县海尾镇的　妇女们就三三两两地来到海边，迎着海上喷薄欲出的红日，翻晒几天前趁着潮落采收的琼枝麒麟菜。

琼枝麒麟菜是一种经济价值很高的热带、亚热带大型海藻，是提取卡拉胶的主要原料，还可鲜食，亦可全藻入药，适用于支气管炎、甲状腺肿、肠炎、高血压等病症的治疗。

海南日报记者在海尾镇看到，小镇上很多居民家门前都堆放着已晒干的麒麟菜，走到海边也看见沿着海滩铺晒着密密麻麻的红褐色的麒麟菜。

大唐海水养殖有限公司是海尾镇三联村村民吴祥英创办的，她从 1998 年开始养殖琼枝麒麟菜。由于投入少、风险小且效益高，吴祥英的养殖规模越来越大，目前已承包海域面积 300 多亩。

"最初的养殖方式很落后，要先找到有珊瑚礁的海域，然后将麒麟菜绑在上面养殖。"吴祥英说，不仅不利于珊瑚礁保护，而且很辛苦，尤其是采收的时候，要根据潮汛，趁潮落时，天不亮就起床，戴上头灯，连夜采收，一不小心，就会被珊瑚礁等割伤手；等天亮涨潮后，再将采收到一起的麒麟菜放在泡沫板上，依靠海水浮力将它们运到岸上。

辛苦不算什么，但由于生产方式落后，每亩海域使用率很低，产量更低，全年每亩海域可收获麒麟菜仅 250 千克左右。吴祥英辛苦劳作 10 年，也没有攒下多少钱。

"海尾镇海域海水水质良好，水温波动小，近岸浅海有很多地方适宜养殖麒麟菜。"海尾镇镇长吉华告诉记者，海尾镇是麒麟菜养殖的天然基地，近几年来，该镇利用村民的养殖传统，走"兴海富民，科学利用"的道路，把麒麟菜养殖业当作富民强镇的主要产业来抓，并引进我省相关科研单位，提升改造这一传统产业，中国热带农业科学院热带生物技术研究所和省水产研究所都是主力单位。

2003 年，热科院生物所探索出了琼枝麒麟菜新的养殖方式，即利用水下网绳作为麒麟菜生长附着基进行养殖，成功开发出水下牵网式养殖麒麟菜的模式，这一科技成果获得了我省科技进步奖，同时于 2008 年获得农业科技成果转化项目资金资助，在我省昌江和儋州等地推广。

吴祥英是 2009 年采用这一新技术的。"开始不相信，我养了 10 来年的麒麟菜，从来没听说用网绳也能养麒麟菜。"生物所的项目专家方哲给她试验网养模式，果然麒麟菜长势很好。于是，吴祥英主动与生物所合作，在生产实践中，共同对新的养殖模式进行改造，最后建立了水泥框单面网式和双面网式两种养殖模式。

"新技术大大提高了麒麟菜的养殖产量，一年能收三季，全年亩产可达 8 000 到 1 万斤，是传统养殖模式的 20 倍。"吴祥英依靠新技术带来麒麟菜的大丰收，迅速传遍了海尾镇。养殖户们纷纷改造落后的养殖模式，生物所的项目专家也到镇上为麒麟菜养殖户免费举办培训班，传授网式养殖技术。

吉华说，新技术为传统产业带来了强大的生命力，麒麟菜养殖产业发展迅速，成为该镇的优势产业，去年海尾镇麒麟菜面积已达 4 800 亩，年总产量 5 720 吨，总产值达 9 216 万元，很多村民靠养殖麒麟菜致富。像杨华元，还有吴忠英，都是近两年依靠养殖麒麟菜富起来的。

"劳动 + 科技才能致富。"深有体会的吴祥英笑说，2009～2011 年养麒麟菜的收入，比过去 10 年的总和还要高。在刚结束的上一个潮汛里，大唐海水养殖有限公司采收了 6 万多斤麒麟菜，这两天晒干后就能销售了，那可是近 50 万元的收入。

上文发表于 2012-05-07　海南日报

海南省农业厅和热科院　开展八方面农业科技合作

4 月 23 日下午，海南省农业厅和中国热带农业科学院"高位嫁接"，在海口签订农业产研战略合作协议，双方将重点在双百工程、国家

南繁基地建设、重大技术联合攻关、农业科技创新、农产质量安全、农业机械化、科技人才培养、农业国际合作等八个方面开展全方位的

交流与合作。

海南省农业厅和中国热带农业科学院的合作并不是首次，此次签署产研战略合作协议，是在已有的基础上，更深入地开展战略合作。双方将本着"优势互补、互惠互利、共谋发展"的原则，围绕建设海南国家热带现代农业基地的战略任务，充分发挥海南省农业厅组织优势和中国热带农业科学院科技及人才优势，共同促进海南农业向集约化、精细化、设施化、品牌化、生态化迈进。

双方此次的合作将大力实施"双百工程"；支持国家南繁基地建设；整合资源，联合开展产研攻关；共建产研合作示范基地；加强农业科技创新，提升科技服务能力；加强农产品质量安全体系建设；促进农业机械产业的健康发展；共同打造人才交流培养平台；加强农业国际合作，推动农业"走出去"。

海南省农业厅厅长肖杰说，农业的根本出路在于科技，农业科技的关键在于与产业紧密结合。今年，中央把加快推进农业科技创新作为一号文件的主题，把农业科技摆在非常重要的位置，为此，海南省农业厅出台了农业科技促进年活动方案，策划了6个方面33个活动，其中非常重要的一项就是与科研院所的高位嫁接，在"双十双百"产研高位对接活动计划中，省农业厅和中国热带农业科学院的产研合作是当前活动的开始。

肖杰希望，通过双方的合作，借助中国热带农业科学院的人才、技术、智力优势，在广泛的农业领域紧密对接，实现共赢，为加快海南省现代农业的发展、农民增收做出积极贡献。

上文发表于 2012-05-15 新华网

中国热带农业科学院专家林位夫的"棕榈油"梦想

十余年潜心研究终突破——中国热科院专家林位夫的"棕榈油"梦想

油棕是世界热区一种重要的油料植物，油棕籽含油量可达50%以上，有"世界植物油王"之称，每亩油棕的产油量是每亩大豆的8倍、花生的6倍、油菜的10倍。

我国自己能不能种植油棕、生产棕榈油？中国热带农业科学院橡胶研究所副所长、研究员林位夫陷入了深深的思考。然而，这是一项曾被否定的课题。早在上世纪五六十年代，我国就曾投入1亿多元开展油棕大面积引种种植，其中海南岛种植面积达63万亩。至上世纪80年代，引种试种结果宣告失败，实践证明仅海南岛南部部分地区适宜油棕种植，且产量有限。

作为我国天然橡胶事业的领头人之一，林位夫在过去的27年里，在橡胶树栽培研究领域取得了诸多骄人成绩，在事业蒸蒸日上之时，转变研究方向，且选择一个被否定的物种，这需要极大的勇气，并承担巨大的风险。

"通过多年的橡胶栽培研究发现，植物的生长和品种及施肥、管理有直接关系。"林位夫说。从2000年开始，中国热带农业科学院橡胶

研究所开展了新一轮油棕引种，在过去被认为是油棕次适宜地区（旱寒区）的海南省儋州市地区试种。通过12年的试种研究发现，新引进油棕品种具有矮生、早熟、高产、高抗以及含油率高的特性。

记者日前在中国热科院儋州校区一片70亩的油棕试种园里看到，这里的12个品种的油棕长势良好，不少植株上挂着多串果穗，油棕籽颗粒饱满，含油量高。工作人员砍下的一串果穗重达30千克。

仅仅证明高产是不够的，油棕究竟能在我国哪些区域种植？如果仅仅适合海南岛部分地区，那仍然是大面积推广的瓶颈。与此同时，要实现大面积种植，必须得培育出大量的优质种苗，油棕繁殖依靠杂交育种，这种方法太缓慢，若依靠种子育苗，其油棕母体的高产、耐寒、抗性强等优势不一定能保存下来，"只有进行组培育苗繁殖油棕，是最先进、最便捷、最可靠的办法。"

为此，林位夫派出课题组两位博士，邹积鑫负责组培苗培育研究，张希财负责全国热区范围内的油棕种植利用现状调查，负责筛选高

产、耐寒的油棕品种。

两位博士生从 2005 年起，就开始了漫长的研究，他们回忆说，不记得跑了多少个地方，不记得失败了多少次，"每一年都拿不出论文，绩效工资全部靠导师从他的研究成果中分摊。" 邹积鑫说，如果没有导师一次又一次的鼓励，我们可能早就放弃了。

健康的油棕小幼苗终于育成了，经过长达 7 年的研究，邹积鑫终于从实验室成功移植出一株油棕组培苗，虽然只是第一株，但对我国油棕产业发展来说，这是一株具有里程碑意义的小苗，它标志着我国攻克了油棕组培苗技术难关，为油棕大规模种植解决了种苗瓶颈。

与此同时，张希财也完成了历时 7 年、里程数万公里的调查，得到惊人发现，从 1990 年开始，油棕在我国已由油料作物转变成了观赏植物，目前广泛分布在海南、云南、广东、福建等地的油棕种植居群，主要是成行、成片种植的行道树、园林绿化树，全国种植油棕总数约在 10 万株以上。在经过多次寒旱考验下，这些油棕大部分能开花结果，即使在北回归线附近也都能正常生长，且几乎每棵植株都能开花，大部分植株能结果。"这意味着我国适宜种植油棕的土地面积超过了 500 万亩。" 林位夫激动地说。

试种的结果也表明，油棕在我国热带北缘环境中能够保持其油料高产特性，亩产值可高达 3 000 ~ 5 000 元，而且油棕的下游产业链很长，还可以开发化妆品、保健品等。

"在攻克油棕组培苗技术瓶颈的基础上，我国已具备了油棕小规模试种示范的基本条件。" 林位夫的"棕榈油"产业梦想已经不太遥远，他说，利用我国热带地区的土地资源发展油棕生产，建立起大规模的热带木本油料产业，不但可以大量生产油脂，满足与日俱增的油脂市场需求，减少我国对国际油脂市场的依赖，同时也可以缓和"粮油争地"矛盾，符合国家关于发展木本油料产业的政策，也有利于促进地方经济发展和农民脱贫致富。

上文发表于 2012-05-15
新华网　记者：赵叶萍

林下种益智　护林又增收　热科院生态扶贫富了黎凑村

5 月 20 日上午，记者一行从琼中黎族苗族自治县红毛镇墟驱车前往黎凑村，由于前两天刚下过雨，道路非常泥泞。

经过 12 公里颠簸，终于来到了绿树环绕的目的地，一股微辛的清香味扑鼻而来。

"这是益智的味道。" 同行的中国热带农业科学院热带作物品种资源研究所副所长王祝年研究员告诉记者，益智是四大南药，药用广泛，现在正是采收益智果实的季节。

果然，一走进村子，就看见村民家家户户门前空地上、房屋顶上，晒着刚采收的益智果。益智果果皮为绿色，有莲子般大小。

认识王祝年的村民王国利高兴地迎上前来打招呼，带我们走上他家的房顶。"站到高处，数一数有多少新屋顶，就知道有多少户村民盖新房了。" 记者数了一下，大约有 10 多间新屋。

黎凑村有 58 户人家，由于交通不便，加上一度缺乏农业科技，曾非常贫困。村里老人告诉记者，10 多年前，村民人均年收入不到 1 000 元，都没钱送孩子上学。"我家那时收入更低，全家 5 口人，一年到头总收入不到千元。" 王国利说，在热科院专家的帮助下，如今他成了全村的益智种植大户，种有 100 多亩益智。

王国利告诉记者，黎凑村有种益智的传统，他家从 1982 年就开始种益智了，但是由于缺乏种植、管理技术，导致益智年产量很低，果实又小，卖相不好，价格也很低。因此，黎凑村村民过去并没有把种益智当作一种主要经济来源。

2001 年，热科院品资所到黎凑村调研，发现黎凑村的气候、自然环境、村民传统的种植习惯等都非常适宜发展益智产业。2002 年，省发改委、热带科学研究院与黎凑村签订了扶贫合同，共同约定在黎凑村开展生态扶贫示范项目，利用扶贫资金在黎凑岭的天然次生林下种植益智，帮助当地农民建立一种既能保护生态环境，又能脱贫致富的农业种植新模式。

"我们最初来调研时，发现黎凑村民除了种植橡胶外，还大量种植木薯。而种植木薯要砍伐天然林，每年采挖木薯又容易导致水土流失，不利于保护中部山区的生态环境。"王祝年说，合同签订后，热科院前来开展工作的专家才发现，村民们对此并不热心。他们和村民反复交谈后了解到：益智当年价格不是很高，每斤才5元钱，而且合同还规定项目期内，村民种植的益智收获后要与热科院分成。

为了鼓励村民种植益智，热科院不仅放弃了合同中关于收益分成的规定，还主动提出村民每种一亩益智就补贴100元，大大调动了村民的种植积极性。短短几年里，黎凑村的益智种植从最初零零星星的几十亩地，发展到了2 000多亩，省发改委也为此给村民补贴了20万元的扶持经费。

"家家户户都种益智，满山都是益智。"王国利很有成就感地说，以前村民缺钱了就进山

砍株大树卖钱，种上益智后，由于需要大树遮荫，村民早就不砍树了。

"从2002年以后，益智的收购价每年都往上涨，今年收购价根据益智不同的品质已经达到了12~15元/千克。"村民王国海给记者算了一笔账，仅益智种植这一项，每年就给每户村民增加数万到10多万元不等的收入。种益智最多的王国利也早早甩掉了贫穷的帽子，去年花了16万元建起了150多平米的2层小楼。

黎凑村村民的人均年收入已经增长了10来倍，富裕带给村民们的不仅是生活水平的提高，还有村容村貌、文化建设等的提高与改变。"5年前，我们村里一个大学生都没出过，连高中毕业生都很少，小伙子娶媳妇也很难。现在，我们村里已经出了6个大学生，而且去年一下子就出了3个大学生。"王国海今年刚给小儿子办完喜事，他说，家里到了学龄的孙子孙女都送到县城去上学了。

上文发表于2012-05-20 海南日报

"牛"技术培育"牛"产业
药食同源牛大力 琼中花开养蜜蜂

"黎药里，牛大力是非常好的滋补品。只要在野外看见牛大力，无论大小，我们都会挖回家。"5月19日下午，琼中黎族苗族自治县长征镇新村仔村，村民王开勤站在自家的牛大力地边告诉记者，现在，野生的牛大力已经很难找到了，要依靠人工种植才能保护野外资源，满足市场需求。

"琼中的农民很了解牛大力的价值，听说有牛大力组培苗，都争着要种植。"琼中科协副主席邓群青告诉记者，当地农民种植牛大力的积极性很高。

更为重要的是，琼中在大力发展养蜂业，而牛大力花期在每年的6~8月，这正是琼中蜜源紧缺的季节。牛大力花朵浓密繁多，花香宜人，对蜜蜂有很强的吸引力。"10~12株牛大力，就可以满足一箱蜜蜂采蜜的需求，每亩地可种牛大力400株，能满足40箱蜜蜂采蜜。"邓群青说，种植500亩牛大力不仅能收获药材，

还能为琼中蜂农增加蜂蜜收入1 000多万元。

名贵中药+重要蜜源，促使琼中科协决定加强与热科院合作，在琼中大力推广种植牛大力，力争在最近两三年内超过500亩的种植面积，引导农民培育牛大力种植+养蜂业这一新的种养模式。

牛大力是传统的药食同源植物，以根入药，经济价值与药用价值极高。由于采挖严重，加上牛大力种子量少，发芽缓慢，发芽率低，野生资源锐减。中国热带农业科学院品资所副所长徐立博士告诉记者，牛大力一直为野生状态，其生态特性无人研究。尽管有人多次尝试将野生牛大力挖回栽种，但多年来一直没有获得膨大的块根。牛大力人工栽培不结薯以及种苗培育等问题，成为其产业发展的瓶颈。

2002年起，热科院品资所专家王祝年、徐立和李志英等人开展起牛大力种苗组织繁殖技术的研究。尝试了多种培育办法后，组培专家

们最终采用牛大力茎段作为组培原料，通过腋芽萌发、切段繁殖等方法，成功培育出牛大力组培苗，并获得了单株 5 千克、亩产 2 000 多千克牛大力薯块的成绩。同时，项目组专家还探索出了在橡胶、荔枝、槟榔等人工林下进行规模化种植牛大力的新路。

去年，热科院品资所开始在琼中、澄迈、昌江、保亭等市县，与当地科协合作，示范推广种植牛大力，目前已经推广种植 500 亩，琼中就种植了 60 亩。

记者在王开勤家的田里翻开一株牛大力看到，去年 6 月种下的牛大力目前已经结薯了，而且薯块粗壮，比大拇指还粗。"一般情况下，牛大力种植 5 年就可以收获了。"徐立介绍，在牛大力种植期间，村民除了可以养蜂采蜜外，还可以剪割牛大力枝条作为中药原料，目前的市场收购价为 1.25 元/千克。

徐立说，品资所还在加快牛大力保鲜片、牛大力酒、牛大力蜂蜜等产品的研发力度，力争使牛大力的产业链条得到延伸，为农民增加更多收入。

上文发表于 2012-05-20
海南日报　记者：范南虹　通讯员：林红生

五彩常蔬有乾坤

在一般人眼中，辣椒、苦瓜这等家常蔬菜实在很普通，到任何一家农贸集市上走走，满眼都是红的、绿的、尖的、圆的辣椒，狭长而翠绿的苦瓜，对于这些家常菜的做法也比较简单随意，或煸、或炒、或熘、或凉拌、或煲汤。可就在这些家常菜上，中国热带农业科学院的科技工作者们，却花费了 10 多年的光阴，让它们如灰姑娘一样披上华美的外衣，增添了丰富的内涵，再加上巧手的烹饪——家常蔬菜，也能成为盛大宴席上别出心裁的点缀。

近日，记者来到热科院后勤中心，品尝由中国烹饪名师单荣芝主厨的五彩家常蔬菜。

我们先到种质圃观看彩椒的活植株。一般的辣椒植株高度在成年人腿部左右，可在热科院的辣椒种质圃，高大的辣椒植株像茂密灌丛，身材不高的成年人站进去，可以被这些繁盛的枝叶遮挡得严严实实，更让人惊叹的是悬挂在枝头的硕大辣椒果，状如金钟，个头大的一只手仅能握住一枚。除了市面上可见的红、青色辣椒外，另有乳白、咖啡、橘、紫、褐、黄等异色辣椒，阳光映射在辣椒表皮的天然果蜡上，为果实打上隐隐亮光，使它们闪烁在碧绿枝叶间，远远望去，好似颗颗流光溢彩的玛瑙石，又似串串喜庆的小灯笼。

正说着，热科院热带作物品种资源研究所（简称"品资所"）的苦瓜专家刘昭华热情招呼我们观看他选育的白苦瓜品种。市面上的苦瓜一般是青色的，可在这里，苦瓜的色彩实现了从绿到白的渐变，颜色最深的苦瓜为墨绿色，然后是草绿色、翠绿色、淡绿色直至白色。最白的苦瓜品种莹润如玉，手感光滑，呈饱满的纺锤状，使这种苦瓜更像一件工艺品。

五色菜中有乾坤

品资所副研究员曹振木向记者介绍，他们种植的新品种辣椒堪称蔬菜中的水果，口感不辣反甜，水分充足，最大的单果可重达 1 千克，最长可达 30 多厘米。

"在各类蔬菜中，椒类的维生素 C 含量是最高的，彩椒又比一般的辣椒营养成分更丰富，"曹振木从生物学专业的角度，对每种颜色的彩椒所含不同营养成分及适用不同的加工方式，进行了专业的讲解，"紫椒含更多的花青苷，其苷元花青素是种强抗氧化剂，被人体摄入后能帮助人体免受自由基有害物质的损伤，并改善循环系统；黄椒含更多的叶酸，而叶酸有促进骨髓中幼细胞成熟的作用；绿椒是种始终保持绿色的辣椒，含有很高的叶绿素，叶绿素可以帮助人体提高造血功能，还能净化体内药残及辐射性物质。这三种颜色的彩椒更适合生吃。红椒含有辣椒红素，是类胡萝卜素的一种，是脂溶性的维生素，适合与肉类同时烹饪。"

苦瓜是维生素 C 含量排名第二的蔬菜。苦瓜虽苦，却有"君子菜"的美称，因为苦瓜在与其他食物搭配时，从不把苦味渗染到别的配料上。刘昭华告诉记者，苦瓜的苦味，与苦瓜表皮上的瓜瘤有很大关系，"瓜瘤一般也叫'瓜刺'，苦瓜上的刺越密，越尖，就越苦。"在刘昭华的研究成果中，白苦瓜瓜瘤平滑，墨苦瓜瓜瘤密布，色彩和风味各有千秋。市面上的青苦瓜一旦变黄，不仅从"清热"功效转变为"滋养"，在储存上也几近临界点，行将腐败，神奇的白苦瓜却是在泛黄时口感最佳，存放上三五天问题不大。

简单果蔬好养生

时值春末夏初，海南的天气却早已高温多日，单荣芝告诉记者，这个时节，吃辣椒和苦瓜，在养生上自有其说道。

一般人认为辣椒吃了上火，热天更要对辣椒"退避三舍"，而事实上，天热时吃点辣椒，正体现出中医"寒热调和"，"春夏养阳"的智慧。

夏季人们常吃的丝瓜、茄子等果蔬，都属于寒凉性食物，吃多了易损脾胃，如果把这些凉性果蔬与辣椒配伍，则可以起到寒热平衡的作用，同时，夏天吃辣还能给身体"除湿"，夏天雨水多、湿气重，正可以用辣椒来除除湿气。辣椒中含有的丰富维生素 C 和辣椒素，还可有效促进汗液的排放，加快体内毒素排出，起到一定的降温作用，从而防止中暑的情况发生。更别说在酷暑难耐，胃口不振时，急需辣椒来促进食欲、开胃下饭呢。

苦瓜则是我国南方夏季的主要蔬菜。中医认为，苦瓜有清暑除烦、解毒、明目、益气壮阳的功效。据清代王孟英的《随息居饮食谱》记载："苦瓜清则苦寒；涤热，明目，清心。可酱可腌。……中寒者（寒底）勿食。熟则色赤，味甘性平，养血滋肝，润脾补肾。"即是说瓜熟色赤，苦味减，寒性降低，滋养作用显出，与未熟时相对而言，以清为补之。其实吃苦瓜以色青未黄熟时才好吃，更取其清热消暑功效。

化繁为简留清香

摘菜花了一个多小时，把食材送进厨房，

不到一刻钟，五六个菜就摆上桌了。

最简洁的菜式是凉拌苦瓜，把白苦瓜和墨绿苦瓜洗净切片，配上几根红椒丝，撒点盐粒和蒜头，就可以装盘了。白苦瓜从外到里都是剔透的白，切片后更显晶莹，味道一点不苦，细品之下，还有丝丝清甜；墨绿苦瓜的苦味较白苦瓜重，果肉层略厚，口感更爽脆。

最华丽的菜式则是海鲜彩椒了。硕大的彩椒去掉蒂把儿和辣椒籽，变成天然的盛器，将鱿鱼、草菇等切成粒状，爆炒出香，加入作料，再放入彩椒盛器中。海鲜及菇类色彩偏淡，正好利用彩椒的绚丽来增色，彩椒则借海鲜食材的高贵，提升了整体的价值。海鲜和菇类咸香味醇，嚼之劲道弹韧，彩椒甜香味清，汁多生脆。菜品整体色香味俱全，荤素搭配相得益彰，感官效果令人赏心悦目。

"不论彩椒还是白苦瓜，作为食材而言，尤以色彩和光泽取胜，在烹饪时应尽量保留这些优点，所以我选择了凉拌和焯水的加工方法，这样就不会因过度加工而破坏了它们的质感和外形。"单荣芝告诉记者，要保持白苦瓜的洁白，加工时，连酱油、醋这样的作料都不放，单放盐来调味，同时加上蒜头、姜末，可杀菌又可增香，让凉拌苦瓜的味道更丰富。

对于彩椒的焯水工艺，就需要厨师把握好时间，"把水烧沸后，滴几点清油，把彩椒放进去烫一下就捞出来，这样热油会在彩椒表面形成一层油膜，避免彩椒表皮起皱或变软，做盛器时才能保持坚挺。焯一下让彩椒断生，又不会太改变原味，高温还能让彩椒里的某些甜味成分更充分的释放。这样就非常适合摆盘及食用了。"

当一桌极富自然气息的五彩家常蔬菜宴摆在眼前时，植物特有的清凉气息安抚了大家被炎炎夏日点燃的燥热情绪，清香菜汁入喉，暑热又减了三分。

上文发表于 2012-05-21

海南日报 记者：陈超

海南：大型科技下乡活动助力农民增产致富

5月23日，由中国热带农业科学院和海南省儋州市政府共同举办的"百名专家兴百村，千项成果富万家"大型科技下乡活动在儋州市王五镇举行。农业科技专家走进乡镇田间，不仅为农民送去先进的农业科技，还给农民传递增产致富的信心。

今年68岁的王五镇枝根村的符锦贤老人一大早就赶到了镇里参加科技下乡活动。老人告诉记者，他家种植的1000多株橡胶苗即将进入嫁接的关键时期。为了使橡胶树高产，他并没有采用传统的嫁接工艺，而是借科技下乡活动的机会向中国热带农业科学院橡胶研究所的专家讨教，如何对橡胶苗进行有效嫁接，从而达到高产增收目的。

现场的橡胶专家在听取符锦贤老人的需求后为他开出一张"专业处方"，就是采用优质橡胶品种对符锦贤老人家的橡胶苗进行新技术嫁接，并对他的橡胶种植进行跟踪服务。有了专家的专业指导，符锦贤老人说："种橡胶、保养橡胶啊、打虫啊、除草、怎么管理，我一直都请教他们的，觉得很有希望。"符锦贤表示对未来的橡胶种植充满信心。

和符锦贤老人一样，来自大成镇的李开宏也是为橡胶问题来到科技下乡现场。据李开宏介绍，他家400多株橡胶树的品种是大丰95，目前到了开割期。为了促进橡胶树多排胶，他想现在就使用一种名叫"割面营养增产素"的新产品。通过详细了解，专家认为李开宏所使用的橡胶树是新品种，不耐刺激，因此暂时并不需要使用营养剂。

海南是全国最大的橡胶生产基地，现有橡胶开割面积256万亩。据中国热带农业科学院橡胶研究所科技服务中心主任王秀全介绍，从2006年起，海南橡胶处于大规模更新阶段，橡胶苗如何选择、日常管护需注意什么、怎样才能提高产胶量等都是胶农们非常关心的问题。因此，橡胶研究所的专家们加大了科技下乡次数，以满足广大胶农对农业科技知识的需求。

王秀全介绍："橡胶所每年起码要（科技）下乡130次以上，连续从2006年到现在，每年都要130次以上。像上周，我们一周就有7场培训或者是在胶园里指导，加上礼拜六、礼拜天，平均一天一场。"

活动现场，热带水果、蔬菜、热带畜牧等展台同样吸引众多农民前来咨询。来自中国热带农业科学院的上百名专家与农民面对面交流，上千册农业科技知识宣传册在半个小时内被抢领一空。此外，专家们还对农民进行瓜菜栽培、甘蔗种植和农产品质量安全科普等知识培训，并深入到农户田间地头帮助农民解决实际难题。

中国热带农业科学院副院长刘国道认为，科技下乡的意义主要在于，拉近了科技人员同农户的距离，以及把科技成果推广的方式更加智能化、通俗化，让老百姓更能够从中学到东西，学后能用，用后能致富。

上文发表于 2012-05-25

新华网　记者：陈爱娣，郭良川

热科院举办"百名专家兴百村 千项成果富万家"大型科技下乡活动

为进一步贯彻落实农业部科技促进年和海南省第八届科技活动月的部署,科技支撑海南农业农村经济发展,5月23日,热科院在儋州市王五镇举办了"百名专家兴百村,千项成果富万家"大型科技下乡活动。刘国道副院长带领品资所、橡胶所、生物所、环植所、信息所、测试中心、试验场和基地管理处科技专家40多人走进乡镇田间,不仅为农民送去了先进的农业科技,还给农民增添了致富增收的信心。

活动当天,68岁的王五镇枝根村村民符锦贤一大早就赶到了镇里参加科技下乡活动。老人说,他家种植的1 000多株橡胶苗即将进入嫁接的关键时期。为了使橡胶树高产,他特地赶过来向热科院橡胶研究所的专家讨教如何有效嫁接。现场的橡胶专家在听取符锦贤老人的需求后为他开出一张"专业处方":采用优质橡胶品种进行新技术嫁接,并表示将对他的橡胶园进行跟踪服务。有了专家的专业指导,符锦贤表示对未来种植橡胶充满了信心。

活动现场,木薯、蔬菜、热带畜牧等展台同样吸引众多农民前来咨询。热科院专家冒着烈日,耐心细致地解答农民的疑问后,还赠送了上千册技术资料,并留下了联系电话,以便随时为村民提供技术指导。此外,为进一步助推当地农业发展,热科院分析测试中心还与王五镇政府当场签订了"农产品质量安全科技合作协议",双方将联合打造无公害瓜菜示范基地。专家们还对农民进行了瓜菜栽培、甘蔗种植和农产品质量安全科普知识等培训,并深入到田间地头帮助农民解决生产中的难题。

上文发表于 2012-05-25
农业部网 作者:院办公室

伟大的基础成就伟大的创举

——小热区大作为

50多年前,在荆棘遍地、野草丛生的海南省儋州市宝岛新村,活跃着这样一群人,他们一代又一代,立志热带农业科技事业,扎根世界热区"三农"伟业,在极其艰苦的环境里,以百折不挠、毫不退缩的顽强精神风雨兼程,用青春、智慧和热血铸造辉煌,先后取得了国家发明一等奖、国家科技进步一等奖在内的科技成果900多项,其中仅橡胶北移、橡胶优良品种、橡胶割制改革等几项成果的推广应用,就为国家创造了160亿元利税,使我国由原来的橡胶空白国,崛起为世界第五产胶国。他们就是中国热带农业科学院人!

如今他们正瞄准建立世界一流热带农业科技中心,成为带动热带农业科技创新的火车头、促进热带农业科技成果转化应用的排头兵和培养优秀热带农业科技人才的孵化器的目标昂首进发。

伟大的创举要有伟大的基础。中国热带农业科学院艰苦的工作环境需要改变、科研基础条件需要强化、先进的大型精密仪器需要购置、学科建设需要投入,可资金从哪里来呢?

2006年中央财政修购专项的实施,让热科院人拨云见日。6年来,中国热带农业科学院利用农业部累计下达的37 957万元修购专项,修缮房屋面积4.8万平方米;完成改造科研基地道路68 895米、沟渠63 165米、机井10口、温网室41 283平方米、池塘7 355平方米、水电系统改造56套;新增和改造升级单价5万元以上科研仪器设备874台套;新建了24个省部级科研平台。从根本上改善了热科院的整体面貌和科研基础平台，为原创性研究和新技术开发提供了必要的技术支撑和技术手段，为不断扩大科研成果产出奠定了坚实的基础。

而12 280万元的基本科研业务费专项的投入，开创了以财政专项支持和加强学科建设之先河，为热科院形成新的学科增长点、优化学科布局、拓展和延伸研究领域以及孵化和培育重大科技项目及原创性科技成果提供了必要的条件支撑。同时，也为广大青年科技人员提供了安心从事科学研究的宝贵机会，有效解决了"有思路、无经费"、"有点子、无银子"的难题，充分调动了广大科研人员的创新热情，使青年科技人才得到了快速成长，全面提升了热科院的科技创新能力、人才培养与凝聚能力、成果产出能力以及对外交流与合作能力，为我国热带现代农业的快速发展提供了有力的支撑。

修购专项和基本科研业务费专项的实施，不但让地处偏僻的儋州院区各研究所如虎添翼，而且彰显出了1+1>2的巨大效应，一项项科研成果如雨后春笋，成为引领我国热区农业科研、经济、社会发展的强大引擎。

橡胶研究所攻克了橡胶树自根幼态无性系繁殖效率低下的世界难题，通过胚状体实现了体胚苗快速繁殖，使橡胶树移栽成活率达到80%，装袋成活率达到96%，年产苗能力达到100万株，橡胶组培苗产业化有望成为现实，由此将掀起橡胶生产种植材料的一次革命，用体培苗取代芽接苗，再一次提高橡胶树的产量；成功建立的橡胶树遗传转化技术体系，使我国橡胶树遗传转化效率由0.05%大幅提高到了6.1%，为橡胶树缩短育种周期、转基因遗传改良、生物反应器研制、重要功能基因克隆等研究提供了技术支撑；研究建立的橡胶树精准化施肥技术体系，填补了橡胶树变量施肥理论研究的空白，革新了橡胶树施肥机制，提高了肥料利用率和乳胶产量，截至2010年，该技术累计应用面积达18.1万公顷，增产干胶1.07万吨，增收节支1.7亿元；从无到有并不断壮大的油棕研究团队，突破了油棕组培技术难题，成功培育出了我国第一株油棕组培苗，为解决我国棕榈油的自给提供了重要的科技支撑。

环境与植物保护研究所在"十一五"期间，承担部省级以上的科研项目数比"十五"增加了2倍，获得了23项部省级以上科技奖励，是"十五"的7倍，获各类授权专利8项，是"十五"的8倍，三大国内索引收录论文833篇，是"十五"的4倍，并在国家支撑计划项目、公益行业科研专项等重大科技项目上实现了零的突破；特别在2010年和2011年，科研产出方面取得了突破性进展，共发表论文424篇（其中SCI/EI/ISTP66篇），专著13部，申请专利29项，获得海南省科技奖励16项，其中获得海南省科技进步奖特等奖2项、一等奖1项、二等奖1项、三等奖10项，获得海南省科技成果转化奖二等奖3项，获得中国植保学会科学技术奖二等奖1项；2006～2011年，转化科技成果70项，推广应用面积1395万亩，取得社会效益11.08亿元。在这些科研成果中，值得一提的是，针对香蕉产业近年来遭遇的毁灭性病害——镰刀菌枯萎病，启动的香蕉枯萎病快速检测与监测应用研究，在国际上率先破译了香蕉枯萎病菌基因组遗传密码，首次建立了选择性培养基对田间香蕉枯萎病害进行简易快速检测与监测体系，检测准确率达到95%以上，推广的无毒香蕉组培苗使香蕉枯萎病发病率降低5%以上，从源头上防止了香蕉枯萎病的蔓延，对我国香蕉产业的稳定发展具有重要应用价值；利用寄生蜂防治重大入侵害虫椰心叶甲的研究与应用，解决了人工大量扩繁寄生蜂技术，极大地降低了繁育成本，实现了工厂化生产，现已累计释放寄生蜂26亿头，持续防控面积112多万亩，有效控制了椰心叶甲的发生与危害，对保障椰子、槟榔及棕榈科绿化苗木产业和观赏旅游业的健康发展，恢复和改善海南及我国南方地区的热带亚热带自然景观发挥了积极作用。

热带作物品种资源研究所借助修购专项，初步搭建了热带作物种质资源保存和创新利用、热带牧草、热带花卉蔬菜和热带畜牧四大科技创新条件平台，建成了200多亩热带牧草种质圃、200亩木薯种质圃、300多亩热带花卉蔬菜种质资源圃，保存了近1万份热带作物种质资源，全方位提升了基础研究和应用研究的创新能力。从领奖台上也传来了这样一个又一个喜讯：热带作物品种资源研究所的"木薯品种选育及产业化关键技术研发集成与应用"获国家科技进步二等奖、"热研 4 号王草选育及推广利用"获神农中华农业科技二等奖、"香蕉优质高产技术集成与推广"获海南省科技成果转化特等奖、"热带作物种质资源安全保存体系的构建"获海南省科技进步一等奖、"苦瓜种质资源收集、评价鉴定——新品种热研一号、二号油绿苦瓜的选育与推广"和"海南黑山羊种质特性研究"获海南省科技进步二等奖、"种草舍饲海南黑山羊综合技术开发"获农业部农牧渔业丰收二等奖。

热科院所在我国热区取得的成就令人振奋，而在世界热区的表现也引人注目。"十一五"期间，承担各级各类国际科技合作交流项目 101 项，比"十五"多增近 3 倍；新增了 6 个国际合作平台，与 10 多个国际机构及 30 多个国家和地区开展了广泛的学术交流和合作研究，与 70 多个世界热区国家开展了热带农业科技交流与合作，签署各种备忘录和合作协议 40 多份；培训了 84 个国家的 622 名学员，在世界传播了先进热带农业科技，增进了与受援国的交流和友谊，扩大了热科院在国际上的影响力和知名度；引进各种热带作物种质资源 1 400 多份，国外先进技术 30 多项，极大地丰富了我国热带农业科研内容，为热作事业发展提供了不竭动力。

中国热带农业科学院副院长张万桢在接受记者采访时说，我国热作产业在农业中所占比重虽然不大，但是热带农业资源丰富、产品种类多、用途广、附加值高、需求量大，蕴藏着巨大的发展潜力，是保障我国战略安全、粮食安全和生态安全的重点区域，在国民经济和社会发展中占有独特的地位。昨天全国各地的各路专家云集海南，在艰苦的环境里，用自己的青春、智慧和热血创造了热作事业的辉煌。今天年轻一代，传承与创新，彰显了新一代科技工作者的人格魅力和宏伟业绩。今后将以崇高的责任感和使命感，承担起历史的重任，不负时代的重托和人民的期望！

上文发表于 2012-06-11
农业部网　作者：梁宝忠

植根热区　致富蕉农

——记中国热带农业科学院香蕉研究所

小香蕉，大民生，国家的需求就是天职使命！2009 年初，国家香蕉产业技术体系启动，中国热带农业科学院海口实验站在承担国家农业产业技术体系工作任务的同时，积极探索实验站职能发挥过程中的关键环节与门户转变，打破体制对申报科研项目的限制，实现了自身的跨越式发展，从而走出一条可供借鉴的体制创新之路。

大视野高标准

香蕉是热带亚热带地区的重要水果之一，有生长快、易栽培、产量高、经济效益好、果品供应期长、市场需求量大等特点。我国香蕉种植区域主要分布于广东、广西、海南、福建等省区。尤其在海南，香蕉是仅次于天然橡胶的第二大热带经济作物，是海南发展热带高效农业的重要支柱产业之一。

目前，我国除了消费国内每年的七八百万吨国产香蕉外，还需从国外进口 40 万吨以上的香蕉，以满足国内的香蕉消费市场需求。据不完全统计，我国直接从事香蕉种植业的人口在 100 万左右，有千家万户的农民和许多企业参与香蕉的种植、运输、销售及保鲜加工等环节。如考虑到配套服务行业，再将香蕉的深加工及附属产业发展起来，则可带动更多的人口就业。

一次面对众多媒体问及为何想到要筹建香蕉研究所时，中国热科院院长王庆煌不假思索地说出一系列热区数字：中国热区有 48 万平方公里，占国土面积的 5%，涉及到海南、广东、广西、云南等 9 个省区，总人口 1.7 亿；在热区的 280 个县市中，目前尚有 65 个国家级和省级贫困县，贫困人口近 600 万。因此香蕉产业对于这些地区的繁荣发展、社会稳定和谐和全面建设小康社会都起着重要的作用。

作为国家植根于热区的热带农业科研机构，热科院理当肩负如何把我国香蕉产业做大做强的重任，把香蕉产业打造成热区农民脱贫致富、增加收入的重要抓手。自1996年至今，热科院共承担了70多项有关香蕉方面的科研课题，其中包括"948"项目、国家自然科学基金项目，还有一大批省部级科研项目，形成了较为坚实的科研基础。

国家需求市场取向

正是由于我国香蕉产业发展中存在着重大科技问题，而现有的科研及其推广现状又不能有效地解决，因此成立中国热带农业科学院香蕉研究所，从国家战略需求的高度与全球香蕉产业发展的视野来看，整合和增强香蕉产业的科技研发能力，提升引进消化吸收和加快农业科技推广步伐，对热区农业的发展起到巨大的推动作用。

目标既已确定，就当朝着既定目标不断推进。在新的历史起点上，海口实验站勇立潮头结合科学发展观，科学合理地筹建起香蕉研究所来。先是新领导班子与新支委的组建，再是原后勤和机关延伸部分职能进行剥离，不等不靠、充分发挥主观能动性。

海口实验站组织科研人员还用两年时间深入海南、广东、云南、福建、广西等五省区进行香蕉产业调研工作。在条件困难、时机尚不成熟的情况下，更是出色地完成了筹（组）建香蕉所的可行性报告、撰写了全国香蕉产业调研报告等多项工作，为组建香蕉研究所奠定了基础。

纵观我国香蕉产业及整体标准，存在问题有三：一是香蕉主栽品种逐步老化，后备品种储备严重不足；二是香蕉果品质量档次仍然偏低，采收、保鲜、加工技术相对滞后，生产流通环节的科技含量不高，产业化经营仍处于较低水平；三是近年来香蕉病虫害日益严重，危害有不断加剧的趋势。此外，在我国香蕉产业链各环节中，也存在着的一系列技术问题，直接影响着我国香蕉产品的市场竞争力、种植效益和种蕉农民的收入。

创新体制引领发展

"国家对香蕉产业发展的需求，香蕉产业发展过程中所存在的重大科技需求与农民增收的迫切需要，都对我们科技创新能和科技支撑提出了迫切需求。"这是海口实验站党总支书记明建鸿去年初在接受记者采访时的一番感慨。他说，为了应对挑战，务必加快建所进程，时不我待，只要通过创新发展模式，一些问题才会随之迎刃而解。

按照"创新体制机制，实现跨越发展"的总体思路，实验站建所目标是争取在5~8年时间内，把香蕉研究所建设成为国际一流的集香蕉产业科技创新、人才培养、科技成果转化、科技推广和产业经济研究于一身的研究所。如今，历经三年多的发展，实验站科研机构有香蕉遗传育种研究室、香蕉耕作与栽培研究室、香蕉病虫害研究室、香蕉储运与加工研究室、香蕉产业经济研究室及香蕉产业技术研发中心等6个部门；所属企业有年生产能力3 000多万株的热作两院种苗组培中心一个；初步建成香蕉生物学实验室、香蕉繁育技术研发中心、香蕉种质资源保存与创新利用基地等科技平台。

目前站职工58人（其中副研以上15人，博士13人，硕士16人），已初步构建一支从事香蕉研究的科技队伍。三年来承担省部级科研项目40多项，累计发表科技论文51篇，其中SCI收录9篇，ISTP收录4篇；实用新型专利获授权2项；申请发明专利6项；获得海南省科技进步一等奖和"神农"中华农业科技三等奖各1项。在国际合作与交流方面，积极参与国际香蕉组织及相关研究机构的沟通。2011年，海口实验站成功承办了"第三届全国果树分子生物学学术研讨会"，为搭建与其他单位科研工作者之间交流平台创造了机会，为下一步寻求科技合作拓宽了渠道。

2011年6月13日，在椰城老城区的海口实验站，热科院举行了隆重的"中国热带农业科学院香蕉研究所"揭牌仪式，正式标志着海口实验站成功转型取得实质性的进展。

上文发表于 2012-06-13
农民日报

三沙椰林：一片乡情的延伸

一片海水，一座孤岛，一株高大的椰子树。

"蓦然在祖国的南海看见了，双眼莫名地被撞击得生疼，不觉流下泪来。这就是乡念与乡愁！"1982年，当毛祖舜教授首次登上西沙群岛的金银岛时，岛上仅有一株椰子树。看到这株在海风中孤独飞舞的椰子树，他想，这是海南渔民对于乡情的记忆与延伸啊！

1982~1992年，中国热带农业科学院文昌椰子研究所教授毛祖舜，每年都会到西沙群岛种植椰子树，永兴岛、东岛、中建岛、琛航岛、金银岛、珊瑚岛等8个小岛，都留下了他的足迹，都生长着他种下的椰子树。

椰子树　南海开发的见证

海南渔民在南海各岛屿种植椰子树历史悠久。

"站峙"，是海南渔民对长期居住在南海小岛上和沙洲上从事生产和生活的形象的比喻。海南渔民开发南海初期，岛上几乎空无一物，人在岛上生产生活，连坐的地方都没有，上去只能"站"着。

"站峙"久了，对于遥远的家乡和亲人，倍加思念起来，加上岛上淡水稀缺，于是，象征着海南风物人情的椰子树，就成了最佳选择。海南渔民，从家乡迢迢地运了椰子树来岛上种植，一可聊解思乡之苦；二可饮椰子水解渴；三可作为开发南海的标志；四是高大的椰子树，在一望平川的大海上，可以作为辨别方位的参照物。

海南渔民在南海岛屿上种植椰子树，有据可考的是19世纪中期开始的外国记载：19世纪60年代英国编著的《中国海指南》记载，"林康岛（东岛），岛之中央一椰树不甚大。"

根据调查，在清光绪年间，琼海县渔民在太平岛西北部建庙一座，打挖井一口，种植椰子树200余株。此外，西月岛、中业岛、双子礁、南威岛、南钥岛、鸿庥岛、太平岛等等，都有海南渔民种植的椰子树。

西南中沙群岛办事处编著《海洋的叙说》一书也记载：1951年，琼海潭门草塘村船主许开茂到南沙作业，遭遇风暴，便到南子岛避风，却因逆风无法回返，只好在南子岛上搭棚暂住。渔民们看到岛上掉落的椰果已经发芽，大家便把这些发芽的椰果移植到日本人曾窃挖鸟粪的空地上，每人至少种植10~20多株椰子树，待他们离开时，南子岛已遍地椰树。

最早开发南海的海南渔民，以琼海、文昌渔民居多，这两个地方既是海南的侨乡，又是椰乡。渔民在"站峙"的岛上种下椰子树，似乎能从海风中闻到家乡的味道。

1982年，驻西沙永兴岛部队一位陈姓政委，找到中国热带农业科学院，请求该院派出专家到永兴岛，帮部队种植椰子树。

一直从事椰子树研究的毛祖舜等4人前往永兴岛。"当时去西沙的交通非常不便，由于船期的问题，我们4人在三亚榆林港整整等待了1个月。"7月16日上午，已经76岁的毛祖舜老人在家中向记者回忆这段往事，也揭秘了热科院与西南中沙不解的椰树之缘。

时隔经年，毛祖舜仍然很激动。"能为祖国海疆种椰子树，绿化西南中沙群岛，是我一生中最骄傲的大事！"

当年，毛祖舜上岛调查后发现，部队种植的椰子树都是从文昌清澜港运过去的，是两年生的椰苗，种植时已经很高了。这些椰苗基本上是种一批死一批，头年种下，第二年就死了。

"两年生的椰苗，椰子母果的营养基本被消耗尽了。而西沙群岛日照强，淡水资源少，又是珊瑚沙，缺少土壤，大苗不容易成活。"毛祖舜告诉记者，找到椰子树成活率低的原因后，他们运来刚发芽的小椰苗种植，成活率竟然提高到80%以上。

"小椰苗的母果里，还有很多营养，种在珊瑚沙里，依靠母体原有的营养，容易成活扎根，而且南海降水量很大，可以供应椰树的生长。"毛祖舜告诉记者，1980年代，小椰苗很便宜，几角钱一株，热科院每年都会采购两三百株，运到西沙群岛去种植。

毛祖舜说，当时种椰子树，有几个原因，

一是椰子树可以绿化美化海岛，二是椰子树可以解决部分饮水问题，还有一个当时需要保密的理由：战备的需要。

"琼崖纵队战士们曾用椰子水作葡萄糖疗伤治病。"毛祖舜说，驻西沙部队曾委托热科院分析椰子水的成分，看看是否真的能替代葡萄糖。检析的结果表明：生长了7~9个月的嫩椰子果汁可以作葡萄糖用，太老的则不行。

为了种椰子，毛祖舜几乎走遍了西沙群岛的各个小岛。在琛航岛，他和同事一起去拜祭了在1974年1月西沙海战中牺牲的18位烈士。"战士们为了保卫祖国边疆，连生命都可以牺牲，我们种点椰子树吃点苦，又算什么！"

此后，毛祖舜每年都要到西沙群岛去种椰子，一种就是十年。十年里，他受热科院派遣，在西沙群岛种下了上千株椰树，也目睹了西沙群岛发生的巨大变化。

"第一次上岛时，永兴岛还很荒凉，除了西南中沙群岛工委两层高的办公楼，部队的营房，一家老邮电局，其他建筑物很少。"到1992年，毛祖舜带着学生唐龙祥最后一次上岛时，永兴岛已经先后建起了银行、机场、医院，慢慢地繁华热闹起来。

热科院专家到西沙放姬小蜂

前几年，椰心叶甲为害海南岛椰子树，并迅速蔓延至全岛。在人们不经意的往来和生产作业中，椰心叶甲被带到了西沙群岛，那里的椰子树也有了椰心叶甲，而且传播很快。

"岛上有一片将军林里种植了几十年的椰子树也受到威胁。"热科院环植所所长、研究员易克贤，参加了西沙群岛椰子树害虫椰心叶甲的防治。

2010年7月，易克贤带领该所研究员彭正强等专家到永兴岛检查虫害，发现椰心叶甲为害非常严重，几乎90%以上的椰子树都有椰心叶甲。

"我们带了大量椰心叶甲的天敌——姬小蜂和啮小蜂，指导部队战士挂蜂包。"两天后，永兴岛的椰子树都挂上了蜂包。易克贤告诉记者，在后来的随访中，他们了解到，永兴岛上椰心叶甲虫害基本得到了控制，受到虫害的椰子树又重新长出嫩叶，恢复了生机。

如今，西南中沙的椰子树，一如既往舒展着她们秀美的羽状长叶，在祖国南海见证着千百年来海南渔民开发南海的艰辛，也向祖国人民发出热情的邀请：请到三沙来，这里春常在！

上文发表于 2012-07-19

海南日报　　记者：范南虹　　通讯员：林红生

热科院专家在西沙群岛种下上千株椰树
十年种树见证西沙巨变

南海本没有椰子树，但自从海南渔民来得多了之后，慢慢就有了椰子树。

"蓦然在祖国的南海看见了（椰子树），不觉流下泪来。"1982年，中国热带农业科学院文昌椰子研究所教授毛祖舜首次登上西沙群岛的金银岛时，岛上仅有一株椰子树。看到这株在海风中孤独守候的椰子树，他想，这是海南渔民的乡念与乡愁啊。

缘起 椰子树见证南海开发

"站峙"，是海南渔民对长期在南海小岛和沙洲上从事生产和生活的形象"比喻"。海南渔民开发南海初期，岛上几乎空无一物，人在岛上生产生活，连坐的地方都没有，上去只能"站"着。

"站峙"久了，对于遥远的家乡和亲人，倍加思念起来，加上岛上淡水稀缺，于是，象征着海南风物人情的椰子树，就成了最佳选择。海南渔民，从家乡千里迢迢地运了椰子树来岛上种植，一可聊解思乡之苦，二可饮椰子水解渴；三可作为开发南海的标志；四是高大的椰子树，在一望平川的大海上，可以作为辨别方位的参照物。

海南渔民在南海岛屿上种植椰子树，有据可考的是19世纪中期开始的外国记载：19世纪60年代英国编著的《中国海指南》记载："林康岛（东岛），岛之中央一椰树不甚大。"

渔民在"站峙"的岛上种下椰子树，似乎能从海风中闻到家乡的味道。

应邀 椰树专家赴西沙种树

驻西沙永兴岛部队种植的椰子树，总是头年种下，第二年就死。1982年，该部队一位陈姓政委找到中国热带农业科学院，请求该院派出专家到永兴岛，帮部队种植椰子树。

一直从事椰子树研究的毛祖舜等四人应邀前往永兴岛。

毛祖舜等上岛调查后发现，部队种植的椰子树都是两年生的椰苗。"两年生的椰苗，椰子母果的营养基本被消耗尽了。而西沙群岛日照强，淡水资源少，又是珊瑚沙，缺少土壤，大苗不容易成活。"

找到椰子树成活率低的原因后，他们运来刚发芽的小椰苗种植，成活率提高到了80%以上。

为了种椰子树，毛祖舜几乎走遍了西沙群岛的各个小岛，每到一岛，他都写一首小诗纪念。在琛航岛，他和同事一起去拜祭了在对越自卫还击战中牺牲的18位烈士。

此后，毛祖舜每年都要到西沙群岛去种椰子，一种就是十年。十年里，他受热科院派遣，在西沙群岛种下了上千株椰树，也亲睹了西沙群岛发生的巨大变化。

"第一次上岛时，永兴岛还很荒凉，除了西南中沙群岛工委两层楼的办公楼，部队的营房，一家老邮电局，其他建筑物很少。"到1992年，毛祖舜带着学生唐龙祥最后一次上岛时，永兴岛已经先后建起了银行、机场、医院，慢慢地繁华热闹起来。

揭秘 种椰树曾为战备需要

毛祖舜说，种椰子树还有一个当时需要保密的理由：战备的需要。

"琼崖纵队时，战士们曾用椰子水作葡萄糖疗伤治病。"毛祖舜说，驻西沙部队曾委托热科院分析椰子水的成分，看看是否真的能替代葡萄糖。检析的结果表明：生长了7~9月的嫩椰子果汁可以作葡萄糖用，太老的则不行。

如今，西南中沙的椰子树，一如既往舒展着她们秀美的羽状长叶，在祖国南海展示着千百年来海南渔民开发南海的艰辛，也向祖国的人民发出热情的邀请：请到三沙来，这里春常在！

上文发表于2012-07-19
南方日报 海南日报
特派记者：赵洪杰，闫昆仑，范南虹

热科院广西亚热带作物 科技创新中心挂牌成立

8月18日，在广西亚热带作物研究所成立60周年庆祝大会上，"中国热带农业科学院广西亚热带作物科技创新中心"挂牌成立。中心以广西亚热带作物研究所为依托，联合广西农科教单位，以甘蔗、木薯、澳洲坚果、热带水果等重要经济作物为研究重点，为广西热带现代农业发展提供有力科技支撑。中心的成立，既是区域热带农业产业发展的客观需要，也是热科院贯彻中央一号文件精神、推动农业科技大联合、大协作的重要举措。

会议期间，热科院还与广西农垦局签订了科技合作协议。合作双方将以广西亚热带作物科技创新中心为平台，在科技联合攻关、成果推广转化、技术集成培训及热带农业"走出去"等方面，加强与广西农垦局及科研院所、高等院校的合作，充分发挥双方优势，加快广西热带现代农业发展。近期，双方将在木薯、芒果、剑麻、甘蔗、花卉等热带作物新品种培育、区域试种推广，木薯加工技术研究，甘蔗、剑麻病虫害生物防治技术研究推广，热带水果早期保鲜及深加工技术研究，甘蔗机械化生产技术研究，热作产业标准化生产技术规程研究制定等方面进行实质性的合作。

广西壮族自治区政府陈章良副主席表示，

广西自治区政府高度重视热带农业发展，希望热作科研机构及广大科研工作者发扬开拓创新、求真务实的精神，加强基础研究和成果推广，尤其是针对甘蔗、木薯、澳洲坚果、热带水果等重要经济作物，加快科技自主创新，加大实用成果推广力度，加快提高作物产量和质量，重视加强农产品加工，为广西优势产业发展和国内市场有效供给提供强有力的科技支撑。

王庆煌院长指出，此次与广西农垦签署科技合作协议，并依托广西热作所成立中国热带农业科学院广西亚热带作物科技创新中心，旨在进一步加强局、院合作，所、所联合，搭建共同合作发展的平台。这不仅是热区区域特色产业发展对科技提出的要求，也是贯彻和实施今年中央一号文件及全国科技创新大会精神，

落实农业部工作部署的一项重要举措。他表示，热科院将进一步加强与广西自治区农垦局等广西农业部门、科教单位、农技推广体系和生产单位的合作，强化科技与经济、产业、市场的紧密结合，集中科技、人才等优势资源，充分利用广西优越的自然资源和产业优势，加快热带农业科技创新体系建设，强力支撑广西热带现代农业发展。

热科院郭安平副院长、品资所、环植所、椰子所、科技处、基地管理处等单位（部门）有关负责人及专家参加了挂牌仪式。

上文发表于 2012-08-21
农业部网　作者：热科院

农业部副部长张桃林
在全国热带农业科技协作网理事会常务扩大会议上强调：
加快推进热区现代农业科技创新与推广体系建设

为深入贯彻中央一号文件、全国科技创新大会精神，全面落实农业部关于农业科技促进年的工作部署，充分发挥全国热带农业科技作网在组织协调区域协同创新、服务"三农"中的作用，引领支撑热带现代农业发展，8 月 23～24 日，全国热带农业科技协作网在广西南宁召开理事会常务理事扩大会议，农业部副部长张桃林在出席会议时强调，热区农业地位重要，功能独特，发展潜力巨大，既是保障我国粮食安全、生态安全的重点区域，也是我国热区农民增收、农村经济社会发展稳定的重要基础。要充分认识到热区农业的重要性，紧紧依靠科技进步，立足热区各省区特色、优势产业，进一步明确热带农业科技的方向和重点，积极探索构建热区农业科技创新和社会化服务体系，打造科技基础设施条件共建共享的公共性平台，引领支撑热区现代农业发展。

张桃林对协作网下一步的发展和定位提出了明确要求。一是要成为热带农业产业技术协同创新的中枢。充分发挥协作网理事会的统筹与组织作用，整合优势农业科技资源，紧紧围

绕热区重大的、共性、生产性科技基础问题，发挥协作网成员在学科、区域各自优势和特色，加强顶层设计和科学分工衔接，引领支撑热区现代农业跨越发展。二是要成为热带农业协作推广的纽带。做好与产业技术体系、农技推广体系的有效衔接，发挥好地区农科院所和综合试验站的组织优势，联合打造具有代表性的热区农业科技试验示范基地，加大产业技术集成推广的力度，把地区优势转变成区域优势，把单项技术转变为集成技术，不断探索热区农科教结合、产学研协作、服务热区"三农"的新模式。三是要成为热带农业科技人才培养和成长的摇篮。积极开展基层农技推广人才、农业科技人才、农村实用技术人才、农科院校后备人才的培训和培养，逐步建立一支热带农业科技协作推广专家队伍、一支热带农业科技协作创新人才队伍、一支热带农业战略研究队伍、一支热带农业产业管理和经营队伍。四是要成为热带农业龙头企业发展的依托。加强产学研结合的力度，科研院所要与企业紧密结合，共同构建农业科技创新与服务体系，联合攻克关

键技术,切实解决科技应用于热区农业生产的"最后一公里"问题。

全国热带农业科技协作网于 2009 年 11 月 25 日正式启动建设。协作网运行 2 年多以来,以建设"覆盖热区、资源共享、优势互补、运行高效的热带农业科技协作网络"为目标,坚持"产业导向、创新机制、开放共享、重点突破",大力组织开展热带农业科技联合攻关、协作推广、人才培养和战略规划,不断实践和探索大联合大协作的有效机制,为充分发挥热带农业科技整体优势和强大合力,引领支撑热带农业和农村经济社会发展发挥了重要作用。

上文发表于 2012-08-29
农业部网 作者:院办公室

热土凝香写传奇 筚路蓝缕创伟业

——记中国热带农业科学院香料饮料研究所建所 55 周年暨兴隆热带植物园开园 15 周年

翻开我国热带香料饮料作物发展史,本身就是一幅雄奇壮阔的生动画卷,在南国这片热土上演绎着一段段传奇,绽放出一阵阵奇香。

55 年前的今天,为了开创我国热带香料饮料事业,张籍香、陈封宝等一批科技工作者奉命来到偏僻荒凉的兴隆。在这片茅草丛生的土地上,他们披荆斩棘,栉风沐雨,垦荒种地,白手起家,挥洒激情与汗水,燃烧青春与梦想,创建了"华南热带作物研究院兴隆试验站",奠定了中国热带农业科学院香料饮料研究所跨越发展的坚实基石。

回顾 55 年不平凡的发展之路,香料饮料研究所四个重要的发展阶段历历在目:从 1957 年垦荒建站、服务热区生产开始,历经 1958 年撤并、1961 年复办、1970~1973 年兵团建制等艰难历程后,到 1993 年撤站改所,更名为"华南热带作物研究院热带香料饮料作物研究所",不断寻求发展出路;从 1997 年创办兴隆热带植物园,终于走出一条"科研、开发、旅游三位一体"的发展新路子,到 2002 年,正式定名为"中国热带农业科学院香料饮料研究所(兴隆热带植物园)",开启了香料饮料研究所成为国家创新团队的新里程。

这每一步都凝聚着香饮所人的智慧和汗水,饱含着老一辈香饮所人创业的艰辛。正是一代又一代的香饮所人薪火相传、奋发图强、无私奉献,才有了香饮所今天的成就。

55 年的发展历程,时时刻刻都浸透着国家领导人、政府部门、兄弟单位、社会各界的关心、支持和厚爱。朱德、刘少奇、邓小平、李鹏、朱镕基、习近平等 20 多位党和国家领导人,万钢、罗保铭、张桃林等 80 多位部省领导都先后亲临视察、指导。原农业部长、热科院老院长何康更是对香料饮料研究所的发展关爱有加,先后多次到所里指导工作,并亲笔题词:"深入开展热带香料作物研究,建设一流精品热带植物园,为热带作物科研教学和海南开发作出更大贡献",拳拳关爱,殷殷期盼,激励着香料饮料研究所干部职工不断奋发,不断创新,不断前进。

五十五载砥砺前行成就伟业,五十五载不懈追求铸就辉煌。经过半个多世纪的不断探索和不懈努力,香料饮料研究所已成为一家专业从事热带香料饮料作物产业化配套技术研究的综合性科研机构,日益成为热带农业科技创新和市场开发的重要力量。目前,该所设有热带香辛饮料作物、热带功能性作物和热带特色水果 3 个产业技术体系和种质资源、选育种、耕作与栽培、病虫害防控、产品加工、生态农业等 6 个学科,并拥有国家工程中心基地部、国家引智基地、农业部、海南省重点实验室等 8 个科研、服务平台。

55 年来,香料饮料研究所始终坚持以国家和产业需求为导向,立足科技前沿,不断加强热带香辛饮料作物相关学科的研究,在香草兰引种试种、精深加工,胡椒丰产栽培、病虫害防控,咖啡选育种,可可复合栽培等方面取得了突破,共取得科研成果 80 多项,获国家级、省部级成果奖励 35 项。其中，香草兰系列研究填补了我国香草兰研究空白，培育了我国香草兰新兴特色产业；胡椒一系列丰产栽培与瘟病防控技术研究成果，大大推动了胡椒在我国的推广种植，使我国一跃成为世界第五大胡椒生产国；8 个中粒种咖啡的无性系选育、芽接换种改造低产园等配套技术研究，产量比生产上提高 4~5 倍，达到世界先进水平；椰园间作可可等配套技术研究，产量超过世界主产国平均产量 50% 左右。上述成果的取得，为促进热区农民脱贫致富，满足全国人民农产品多样化需求做出了突出贡献。

55 年来，香料饮料研究所始终坚持以服务"三农"为使命，在加快科技创新的同时，不断加快科技成果转化的步伐，助推热区农民增收致富，逐步成长为我国热带香料饮料作物科技推广的主力军。研发出香草兰、咖啡、胡椒等特色热带香料饮料作物系列产品 39 类 86 种，获专利 24 项，科技成果转化率达 90% 以上，获农业部科技成果转化奖一等奖 4 次、二等奖 1 次，有力地促进了我国特色热作产品加工由"手工作坊式"向现代加工业的跨越式发展；探索出"研究所 + 农户"、"研究所 + 公司 + 农户"等富有特色的农技推广模式，在海南、云南等地建立试验示范基地 20 多个，推广普及热带香料饮料作物良种良苗和生产加工先进技术，合作区域覆盖率 90% 以上、主推技术区域覆盖率 80% 以上，起到了良好的示范、辐射与带动作用，有力地促进了我国热带香辛饮料作物从零星种植发展成为区域性优势产业。在做好服务中国热区的同时，香料饮料研究所还积极通过举办国际援外培训班等方式，向其他发展中国家推广热带香料饮料先进生产技术，为国家农业"走出去"战略提供强有力的科技支撑，扩大我国热作产业国际影响力。香料饮料研究所的成果转化和科技推广工作，加快了科技成果向现实生产力的转化，促进了科技与经济的紧密结合，推动了热带香料饮料作物产业的快速发展，获得了政府部门的充分肯定和农民朋友的高度认可，先后获得全国科技年活动先进集体、海南省优秀科技特派员长等荣誉。

55 年来，香料饮料研究所始终坚持以市场为导向，不断探索新的发展道路，首创"科研、开发、旅游三位一体"的发展模式，建立兴隆热带植物园，并不断完善拓展，延伸特色热带作物种质圃的科普示范新功能，形成了今天"科学研究、产品开发、科普示范三位一体"的发展模式，进一步促进了科技成果集成创新、示范推广和转化，取得了巨大成功，闻名于全国科研院所。开园以来，兴隆热带植物园累计接待国内外游客 1 500 多万人次，新增社会经济效益 150 多亿元，累计向地方上缴各种税收 4 000 多万元，为地方解决直接就业岗位 600 个以上，先后被授予"首批全国农业旅游示范点"、"全国科普教育基地"、"首批全国青少年农业科普示范基地"、"海南省十佳旅游景点"等 30 多项荣誉和称号，2001 年被评为国家 4A 级旅游景点，2002 年顺利通过了 ISO 国际环境和质量管理体系双认证，2005 年"科研、开发、观赏旅游三位一体新型植物园的创建"获得了海南省科技进步一等奖，2008 年，"科学研究、产品开发、科普示范三位一体"工程技术模式更是获得了海南省科技成果转化一等奖。兴隆热带植物园已成为农业部、海南省、热科院和万宁市的一张靓丽名片，成为热带农业科研考察、科普示范的重要基地和窗口，成为我国热带植物园、农业科技园区、农业观光园自力更生、创新发展的典范和楷模。

55 年来，香料饮料研究所始终秉持人才强所的理念，以宽广的胸怀，广阔的舞台，特有的文化，和谐的氛围，吸引和培养了一大批优秀人才、著名专家和学科带头人，打造了一支特别能吃苦，特别能战斗，特别能创新、特别能奉献的科研团队，涌现出许多著名的农学专家、全国劳模。其中，享受国务院政府特殊津贴专家 3 人，农业部有突出贡献中青年专家 1 人，中国共产党十六大、十七大代表 1 人。有多人先后多次被授予"全国优秀共产党员"、"全国先进工作者"、"全国三八红旗手"、"海南省优秀共产党员标兵"、"海南省第三届十大专利发明人"等荣誉称号。正是有了这一代又一代的优秀科技工作者，奋发图强，无私奉献，才有了香料饮料研究所今天的辉煌，才创造出了一个芳香四溢的新世界。

辉煌的历史已经过去，未来的成就尚需铸造。当前，我国正处于传统农业向现代农业转变的关键阶段，科技进步是现代农业发展的关键因素。今年的中央一号文件吹响了加快推进农业科技创新的号角，全国科技创新大会也对科技工作者提出了新的要求，海南国际旅游岛的建设更是给我们提供了难得的发展契机。

面对新形势、新情况、新机遇、新挑战，香料饮料研究所将继续坚持"开放办所、特色办所、高标准办所"方针，发扬"以所为家，团结协作，艰苦奋斗，勇攀高峰"的优良传统，以"建设世界一流的热带香料饮料作物科技创新中心、热带农业科技成果转化基地和热带生态农业科普示范基地"为目标，立足万宁、服务海南、面向中国热区、走向世界热区，加快推进产业技术体系和优势学科的建设，不断加大特色热作精加工产品的研发力度，把香料饮料研究所打造成集"科、农、工、贸、旅"为一体的综合性科技集团，强力支撑热区经济社会发展。

上文发表于 2012-09-10
光明日报

五十五年风雨路　热土凝香写传奇

——中国热带农业科学院香料饮料研究所发展纪实

祝贺中国热带农业科学院香料饮料研究所建所 55 周年！

55 年前，万宁兴隆还是一处偏僻荒凉的地方，这里荒草丛生，瘴疬逼人，生产发展水平非常落后。1957 年，新中国成立 8 周年，也是中国第一个"五年计划"的收官之年。百废待兴的新中国，急需大力发展经济建设，让人民过上幸福快乐的日子。

历史原因，我国热区长期以来，社会经济发展滞后，人民生活非常贫困。国家农业部原部长、中国热带农业科学院院长何康看中了兴隆充足的光热资源及水资源，当年 4 月，何康决定在这里建设华南亚热带作物科学研究所兴隆试验站开展热带作物研究，开创热带香料产业，并派出了 9 名科技人员和 10 多名工人前去垦荒建站。

55 年后，兴隆已是海南东部一个繁华热闹、生气蓬勃的旅游小镇，兴隆试验站也发展成为一个年收入达 1.2 亿元，集科研、旅游、科普示范于一体的中国热带农业科学院香料饮料研究所（以下简称香饮所），还创造了"以所为家、团结协作、艰苦奋斗、勇攀高峰"的香饮所文化。

香饮所的发展故事，是一个特殊年代的曲折故事，漫长却又让人深思感佩，是一代又一代热作科技工作者为了祖国之振兴、民族之崛起，而作出的伟大尝试和无私奉献。

改革：励精图治改革　三位一体确立

改革开放，自十一届三中全会以来，就是中国一个永恒的话题。香饮所也一直在探索改革的道路，科研体制改革、分配制度改革、人事制度改革、后勤管理体制改革等等，随着改革的深化不断完善，获得良性发展。

1991 年，香饮所的发展遭遇瓶颈，集体经济收入不高、科研经费短缺、科技条件差、职工工资都很难按时发放，人员流失非常严重。这一年，年仅 28 岁的王庆煌临危受命，担任副站长并主持全面工作。

年轻气盛、踌躇满志的王庆煌发誓，一定要带着全所干部职工闯出一条成功的路子来。他与所领导集体商议决定：整合所里热带香料饮料作物基地以及收集种植各种热带植物资源，建设兴隆热带植物园，并对外开放，发展旅游业，走"科学研究、产品开发、科普示范三位一体"的改革发展道路。

"当时，并不是盲目提出办旅游，而是在经过市场调研和对社会现状理性分析的情况下提出来的。"王庆煌说，20 世纪 90 年代中后期，我国在经历近 20 年的改革开放后，生产力有了很大的解放，人民生活水平也有明显提高。

在这种历史背景下，王庆煌认为，以农业高科技含量为特色的农业科技旅游，更是一种正在兴起的农业旅游的新热点。但是，香饮所一没有旅游基础设施，道路、停车场、接待能力等等；二没有旅游开发经验，旅游市场培育方面是零起点；三没有旅游开发管理人才；四没有资金。

"园区道路不完善，职工自己修；没有停车场，职工自己建；热带植物布局不合理，职工自己种自己调整。"多年过去，香饮所的干部职工，仍记得当年上下齐心、勇于进取、一门心思求改革求发展的劲头。

1997 年下半年，兴隆热带植物园得到了海南省旅游局认可，批准正式向游客开放；第二年 2 月份又被省旅游局确定为海南省参观旅游定点单位；2002 年，兴隆热带植物园被评为国家 4A 级景点后，旅游市场终于逐渐稳定下来。

香饮所通过改革办旅游，实现了创收的目标，一举扭亏为盈。1997 年，兴隆热带植物园开发经营收入 147.5 万元；1998 年，香饮所总收入达到 1 246.5 万元，其中兴隆热带植物园的开发性收入 1 023.6 万元，还清了债务；到 2011 年，香饮所实现总收入 12 310 多万元，获批立项省部级以上科研项目 14 项，在研科研项目 63 项，申请发明专利 12 项，构建起胡椒、咖啡、香草兰三个产业技术体系以及六个科学研究团队，走上改革、创新、发展的良性循环轨道，进入全国十强农科院所。

香饮所创建了独一无二的"科学研究、产品开发、科普示范三位一体"的改革模式，也成为全国科研院所叫得响的改革模式。自 1996 年以来，在科技部、农业部及中国热带农业科学院的大力支持下，香饮所先后被列为中国热带农业科学院改革试点单位、农业部转企改革试点单位之一、科技部"九所"科技管理体制改革长期试点单位之一。

发展：逢盛世求发展　深化改革成果

通过改革，全所科研人员的积极性被充分调动起来，除了热带香料饮料作物生产的研究外，其产品加工的研究也不断有新成果，配合

兴隆热带植物园的对外开放，也开发出了一系列热带旅游产品。1999 年，香饮所对食品厂和香草兰深加工实验室进行扩建，增加生产车间 400 平方米，并进行装修及更新设备，并开发 4 种茶叶罐装产品、椰子食品 2 个、黑胡椒粒 1 个，从而使该所旅游食品、饮品达 23 个品种，当年"兴科"牌商标已获国家商标证书及 12 项外观设计专利，并获"海南省质量管理先进单位"称号，香草兰茶叶系列产品被评为海南省名优产品，香草兰深加工系列产品被评为海南特别推荐产品。

改革不可能浅尝辄止，香饮所有了更大的发展目标。2001 年，在王庆煌的主导下，香饮所提出了《以产权为纽带，加速热带农业科技产业化的试点方案》，该方案以市场为依托，效益为中心，科研为基础，尝试以产权为纽带，建立以法人治理结构为核心，加速科技产业化发展步伐为目标的试点思路，通过资本多元化，经营多样化，实现科技产业的规范、快捷、良性发展。为了加快改革力度，成立了"香饮所改革与发展委员会"，全面开展和落实改革试点方案，被共青团中央、全国青联授予"中国青年科技创新行动先进集体"

改革成效显著，香饮所被列为"热带香料饮料作物工程技术研究中心"。国家科技部体改专项"香饮所分流调整、机构转换试点工作"，经过分流调整，推行"两块牌子，一套人马"的体制管理，研究所作为科研事业单位从事科研工作，其余人员转入植物园，并逐步尝试以产权为纽带，法人治理结构为核心，加速科技成果产业化进程。

在前期改革成效的基础上，香饮所继续探索"三个层次，两种机制，一个目标"的发展模式，筹建"海南兴隆热带植物园有限责任公司"，对兴隆热带植物园进行改造扩建，开拓市场，上规模，上水平，兴隆热带植物园被国家旅游局评定为国家 AAAA 级旅游区。现在，兴隆热带植物园占地 600 亩，植物品种 1200 多个，划分为六大展区：热带香料饮料作物、热带名优果树、热带经济林木、热带园艺植物、热带药用植物、热带珍稀植物，汇集有咖啡、胡椒、香草兰、可可等热带经济作物，以及榴莲、山

竹等热带果树，保存有见血封喉等野生植物的珍稀物种，特种资源丰富、园林景观优美。

如今，走进兴隆热带植物园，浓荫蔽日，清香宜人。胡椒区、咖啡区、香草兰区、生态园区、南药区、珍稀植物区等等，一个个分区隐藏在茂密的林木之间；植物园里，人工修成的小溪呈现非常自然的状态，弯弯曲曲流向植物园的生态小湖，叮叮咚咚的流水声，伴随着植物园四周弥漫的轻音乐，让游客即使在炎热的夏天，也会感觉清凉舒畅。

走累了，游客还可以到植物园品茗处品尝用热带香料饮料植物加工成的饮料和食品，醇厚的香草兰苦丁茶、清淡的糯米香茶、香甜的可可椰奶、浓郁的咖啡、薄脆的椰子饼、风味独特的香草兰巧克力等，不仅让人唇齿生香，一洗旅途劳顿，还具有保健提神等作用。这些产品都是中国热带农业科学院香料饮料研究所自己研发生产的，只能在兴隆热带植物园品尝和购买到。所以，游客在结束兴隆热带植物园之旅后，往往意犹未尽，会到园区的科技产品展示中心，大包小包购买这里特有的旅游产品，把一份兴隆独有的热带甜香打包带回去与亲朋好友分享。

科研：成果来自基层　科技助民致富

"梅花香自苦寒来"，香饮所取得的科研成果也同样如此，每一项成果都凝聚着课题组人员和全所职工的心血，每一项成果背后都是十几年甚至数十年如一日的积累与付出，是厚积薄发的产物。

香饮所的科技工作者有一个优良的传统，他们的科研成果来自生产一线，来自基层，来自农民的需求，把科研成果写在大地上，香饮所原所长、现任中国热带农业科学院院长王庆煌甚至有"泥腿子院长"的绰号。比如香饮所第一个科研成果——"胡椒丰产栽培"，是香饮所的老科技工作者，和椒农一起，共同在生产一线研发出来的。

半个多世纪里，香饮所根据不同时期的社会需求和发展状况，不断调整科研及其发展方向。上个世纪60、70年代以胡椒、咖啡研究为主，结合橡胶、油棕、剑麻、椰子等热带作物

的多种经营——20世纪80~90年代又引种并研究香草兰——21世纪初开始引种并研究苦丁茶、糯米香茶——再到如今确立的胡椒、香草兰、咖啡、可可四大热带香料饮料作物。

科研成果来自基层又服务于基层。55年来，香饮所利用科研成果、利用科研示范基地，服务"三农"，为海南地方经济发展作贡献。他们为"三农"服务，不计得失、不辞辛劳，在农民最需要时，总能第一时间站出来，帮助他们解决技术甚至生产上的难题，让农民获得最有益的帮助，也使很多农民依靠热带香辛料作物的种植而脱贫致富。55年来，香饮所一直秉承这一宗旨，将自己的科研技术和成果，低价甚至无偿地提供给热区农民。

直到今天，琼海、万宁、文昌等地区的农民还记得香饮所那些风里来雨里去的老专家，还有一代又一代的后来者。"从20世纪80年代以来，胡椒就一直是万宁农民主要的经济作物，椒农的栽培技术和种植模式，也是根据香饮所提供的技术规程和标准来种植的。"谈到香饮所为农民提供的服务，万宁市热作中心主任符之学很感动："几十年如一日，香饮所的专家和农民没有距离，他们一来就和农民一样下地。"

为了鼓励科技人员积极推广科研成果，拉近最新农业科技成果与农民的距离，香饮所还在"十一五"期间成立了"海南省科技110香料饮料服务站"，结合农业部农业科技入户工程及海南省十大科技成果推广示范工程等项目，在海南、云南、广西等我国热区推广热带香辛饮料作物种植与加工技术成果。单单过去5年里，香饮所累计为农民举办培训班30多期，咨询、培训农民6 200多人次；推广示范面积1万多公顷，辐射面积5万多公顷，示范及辐射带动效果显著，有效提高了科技成果转化率。

无论何时，海南一旦发生灾情，热带农业生产受损，香饮所的专家总是第一时间出现在受灾现场。"海南农民种植的热带经济作物大多是胡椒、槟榔、咖啡等，这些都是我们的技术强项，科技救灾，帮助受灾群众进行生产自救，重建家园，是香饮所义不容辞的责任。"所长邬华松说，香饮所不仅主动承担起科技救灾的责

任，还捐款捐粮，帮助受灾群众渡过眼前难关。因此，在海南每次大的自然灾害中，该所无一例外地都受到了地方政府的表彰。

比如，2000年10月，海南遭受了一场百年不遇的特大洪涝灾害，造成了巨大损失，灾区人民的生产和生活面临着极大的困难。"一方有难，八方支援"，香饮所在自身受灾情况下，伸出援助之手，向万宁市灾区人民捐赠大米1.6万千克，职工捐款3 520元，衣物932件，帮助灾区人民渡过难关，还派出农业科技专家4人深入受害热作地区进行免费技术指导，帮助灾区积极开展生产自救，被万宁市委、市政府授予防风救灾工作先进集体。

2011年9月以来，强台风"纳沙"、强热带风暴"尼格"正面袭击海南，海南的农业生产遭受重创。香饮所心系灾区，多次派出专家队伍奔赴海南各受灾市县开展香草兰、胡椒、咖啡等作物科技救灾行动，充分体现了作为国家级农业科研院所的责任感和使命感。

展望：面向世界作为　打造科研强所

55年里，香饮所从无到有，从小到大，从弱到强，经历了曲折的发展历程，取得了丰硕的成果。可以说，香饮所的发展历史，就是新中国热带香辛饮料作物产业的发展历史，它为产业发展作出了巨大的科学技术贡献，提供了强有力的科技支撑。

每隔5年，香饮所都给自己制定一个发展规划。站在新世纪的起点上，它又有了新的追求。去年，在数十年科研积累的基础上和良好的历史发展机遇上，为进一步推动热带香辛料作物产业更好、更快发展，在《国家中长期科学和技术发展规划纲要（2006～2020年）》、《农业科技发展规划（2006～2020年）》，以及《中国热带农业科学院"十二五"科学技术发展规划（2011～2015年）》的框架下，香饮所制定了《"十二五"科学技术发展规划》，提出了新时期的发展战略、思路与目标。

"瞄准国际热带香辛饮料科学技术前沿，重点开展热带香辛饮料作物及特色热带果树种质资源收集保存与创新利用、遗传育种、耕作与栽培、病虫害防控、产品加工以及热带生态农

业等学科（领域）的基础研究、应用基础研究和应用研究，以及科技成果转化和技术集成、示范与推广，构建热带香辛饮料作物产业技术体系，把我所建成世界一流的热带香辛饮料行业科研机构和人才培养基地，为推动我国热带香辛饮料作物产业升级，为热区农业科技进步和农村经济发展提供科技支撑和技术服务。"这是香饮所未来五年的发展定位。

《"十二五"科技发展规划》也为香饮所的发展制定了一个近期目标，要把香饮所建成"一个中心两个基地"，即建设世界一流的热带香料饮料作物科技创新中心、热带农业科技成果转化基地、热带生态农业科普示范基地。根据这一目标，要坚持"开放办所、特色办所、高标准办所"，按照"主动出击，积极开拓，增强针对性、扩大交流、强强合作，注重实效性，加大投入，提高效益"的方针，加速热带香辛饮料作物、热带功能性作物和热带特色水果3个产业技术体系以及热带香料饮料作物遗传育种、耕作与栽培、病虫害防控、热带香辛饮料产品加工等6个学科体系建设。争取在科技创新平台建设和科技创新能力提升方面取得重大突破，快速提升我国热带香辛饮料作物科技自主创新能力，增强我国热带农业竞争力，确保我国热带香辛饮料作物产业健康、稳定发展，同时为海南国际旅游"香岛"建设提供科技支撑。

"香饮所能有今天的成果，是老一代科研工作者打下的良好基础，五十多年的积累与发展，最后实现了厚积薄发。"看得出来，如今已是中国热带农业科学院院长的王庆煌对香饮所至今仍有深厚的感情，热带香辛料科研仍是他情之所在。他说，香饮所不仅要为海南服务、为国家服务，也要为世界热区服务。它担负着建立世界热带一流科研中心的任务。

在科研方面，要把香饮所建设成世界一流热带香料饮料科技创新中心；在成果转化方面，要充分利用国家重要热带作物工程技术研究中心基地部的平台，把香饮所打造成热带农业科技成果转化基地；在生态农业方面，要充分利用海南国际旅游岛建设的机遇，把兴隆热带植物园建设成海南热带生态农业科普示范基地、

典型热带作物种质资源基因库和国家 5A 级旅游景区等等，将香饮所打造成一个集科、农、工、贸、旅为一体的综合性科技集团。

这是香饮所全体干部职工共同的理想！

未来，香饮所仍将以科技之"翼"，在热带地区的灿烂阳光下，长空搏击，创造一个香气萦绕的世界。

上文发表于 2012-09-10

海南日报

中国热带农科院香料饮料研究所致力服务三农

9 月 8 日，中国热带农业科学院香料饮料研究所迎来了建所 55 周年庆典，该院始终以服务"三农"为使命，助推热带地区农民增收致富，逐步成长为我国热带香料饮料作物科技推广的主力军。

中国热带农业科学院院长王庆煌说，针对热带香料饮料作物产业发展的重大科技难题，香料饮料研究所克服重重困难，累计承担国家级、省部级等各类科研项目 326 项，取得了包括国家级、省部级成果奖励在内的科研成果 80 多项，这些成果的推广与应用，促进了我国特色热作产品加工由"手工作坊式"向现代加工业的跨越式发展。

中国热带农业科学院香料饮料研究所所长邬华松表示，55 年来，香料饮料研究所在香草兰引种试种、精深加工，胡椒丰产栽培、病虫害防控，咖啡选育种等方面取得了突破。香草兰系列研究填补了我国香草兰研究空白，培育了我国香草兰新兴特色产业；胡椒一系列丰产栽培与瘟病防控技术研究成果，使我国一跃成为世界第五大胡椒生产国；椰园间作可可等配套技术研究，产量超过世界主产国平均产量 50% 左右。这些为促进热区农民脱贫致富，满足全国人民农产品多样化需求做出了突出贡献。

据了解，香料饮料研究所设有热带香辛饮料作物、热带功能性作物和热带特色水果 3 个产业技术体系和种质资源、选育种、耕作与栽培、病虫害防控、产品加工、生态农业等 6 个学科，并拥有国家工程中心基地部、国家引智基地、农业部等 8 个科研、服务平台。

上文发表于 2012-09-10

新华社　记者：赵颖全

"泥腿子院长" 王庆煌加快为农服务步伐

日前，在中国热带农业科学院香料饮料研究所建所 55 周年庆典上，"泥腿子院长"王庆煌率领的科研团队分别与海南省万宁市长丰镇、琼海市彬村山华侨农场签订科技合作协议，双方将在农民增收、农业产业结构调整、农村生态环境安全及成果转化、技术推广等领域展开广泛合作。

中国热带农业科学院香料饮料研究所于 1957 年在海南省万宁市兴隆成立，开展热带香料饮料种植及产品加工的科技研发。55 年来，香料饮料研究所共取得科研成果 80 多项，获国家级、省部级成果奖励 35 项。其中，香草兰系列研究填补了我国香草兰研究空白，培育了我国香草兰新兴特色产业；胡椒一系列丰产栽培与瘟病防控技术研究成果，使我国一跃成为世界第五大胡椒生产国。

在加快科技创新的同时，香料饮料研究所不断加快科技成果转化和科技推广的步伐，将科研技术和成果，低价甚至无偿地提供给热区农民，助推热区农民增收致富，逐步成长为我国热带香料饮料作物科技推广的主力军。王庆煌介绍，香料饮料研究所科技成果转化率达 90% 以上，在海南、云南等地建立试验示范基地 20 多个，推广普及热带香料饮料作物良种良苗和生产加工先进技术，合作区域覆盖率 90% 以上。

上文发表于 2012-09-12

光明日报　记者：王晓樱，魏月蘅

《热土凝香》记录平凡　讴歌奋斗

在我们所处的这片热土上，总在发生着这样或那样的生动故事。但是，这故事就算是平凡细微得如同这片热土上的一棵胡椒、一株咖啡，也有它独特的色彩和芬芳。

近日，中国热带农业科学院院长王庆煌和海南日报记者范南虹主编创作的报告文学——《热土凝香》一书，由江西人民出版社出版。这部书的风格，就像热带的香辛料植物一般，辞藻不那么华丽，却有信手拈来的叙事方式；情感不那么浓重，却在字里行间蕴藏着历史的厚重。

上个世纪 50 年代，海南万宁兴隆还是一个贫困落后、偏僻荒凉的地方，这里杂草丛生，热带病盛行，疟疾更是地区高发病，海南有一句民谣："兴隆陵水，有命去没命回。"说的就是兴隆地区疟疾盛行，为此，国家曾在万宁兴隆设立新中国第一个疟疾教育及防治基地。当时，东南亚一带国家和地区的归国华侨，被国家安置在兴隆，组建兴隆华侨农场。归国难侨冒着风险，带回了胡椒、咖啡、可可等热带香辛料作物的种子，但由于缺乏种植技术，产量不高，归国难侨的生活很困难。

《热土凝香》讲述了中国热带农业科学院香料饮料研究所的科技工作者的故事，9 位老一代农业科技人员在原农业部部长何康的领导下，到兴隆建站从事热带香辛料的科研工作。从此，他们白手起家，艰苦创业，一代又一代无私奉献，薪火传承，在我国热区开创了一个年产值数十亿元的新产业——热带香料饮料产业，他们利用自主研发的先进农业科技，带领热区群众种植咖啡、胡椒、香草兰、可可等热带香料饮料植物，并将它们深加工成精油、香水、巧克力、茶叶等，帮助热区农民脱贫致富。

该书作者之一王庆煌曾经长期担任香饮所所长，并带领香饮所大胆改革、锐意创新，给香饮所带来了翻天覆地的变化，并且以一个科研机构创建了一个国家 AAAA 级景区——兴隆热带植物园，他探索建立的"科学研究、产品开发、科普示范三位一体"的科研机构改革模式也成为全国科研院所的典型；另一位作者范南虹是海南日报资深记者，长期从事海南科技战线的采访工作，对香饮所的发展历史有很深的了解。

《热土凝香》以独特的视角，生动地再现了那段看似平凡，却改变了千千万万热区群众生活的历史。55 年里，香饮所科技工作者创造了"以所为家、团结协作、艰苦奋斗、勇攀高峰"的企业文化，努力拼搏、大胆开拓、改革创新，在 55 年前荒草丛生的热土上写出了一段传奇故事。《热土凝香》一书由何康老部长题写书名并作序，图文并茂。何老在序言中写道："《热土凝香》是在为普通人立传，激活并讴歌了一段平凡的历史。香饮所一代代科技工作者，在广阔的热土上，用自己的青春和毕生心血，开创了一个全新的伟大的事业，凝练出浓郁的事业的芳香，希望后来的年轻人能好好读读这本书，继续传承老一辈科技工作者的精神和光荣，与时俱进，不断开拓创新。"

上文发表于 2012-09-13
海南日报

儋州子弟携农业项目闯非洲　为祖国赢荣誉

今年 47 岁的李开绵，是儋州市新州镇攀步村人。他和他的团队在非洲刚果（布）创建了 1 个农业项目，为乡亲父老、为他的团队和祖国赢得了极高的荣誉。

2012 年 6 月 24 日，刚果布农牧业部长戈贝尔·马布恩杜带领农业部官员到这个项目基地考察时说，该项目基地现在的农业生产规模让他感到惊喜，"已成为中刚合作的典范"。

6 月 30 日，中国驻刚果（布）大使关键带领全体使馆、经商处工作人员在这个项目基地与专家们一起共同庆祝党的生日。活动中，他们品尝了项目基地生产的木薯和礼品西瓜，体验了农业劳动的快乐和喜悦。

项目由来

2006年11月，国家主席胡锦涛在中非合作论坛北京峰会上宣布，中国将在非洲建立一批有特色的农业技术示范中心，以促进双方的合作交流，提升农业技术水平、提高农产品产量、降低粮食生产成本、增加农民收入，减少贫困，扩大中国在非洲国家的影响，不断巩固和发展中非友谊。

中国热带农业科学院于2007年8月争取到了在非洲承建"中国援建刚果（布）农业技术示范中心"项目的光荣任务。李开绵以该院热带作物与品种资源研究所党委书记、中国木薯产业技术体系首席科学家的身份，被任命为该项目的执行主任。李开绵等近10人的热带农业高级专家团队负责该项目的建设、管理、运行，承担热带农业技术的研究、培训、推广等任务。

该项目选址在刚果（布）首都布拉柴维尔市南部17公里的贡贝农场。贡贝农场是中国政府20世纪70年代和80年代援助刚果（布）项目所在地，占地59公顷。

该项目于2008年5月启动，2010年初开始建设基础设施，2011年3月，该项目第一阶段的基本建设顺利通过了中国商务部组织的竣工验收，于12月完成移交，该项目第二阶段为2012年1月1日至2014年12月31日，对木薯、玉米、蔬菜和肉鸡蛋鸡等动植物全面进行示范种养，并开展了对当地官员、农业技术人员和农民的培训、技术指导等工作。中国政府为此无偿总投资将超过5400万元以上。

成果辉煌

现在，该项目的办公培训、种植试验与品种展示、养殖试验与示范、产业化生产经营示范和生产服务等5个功能区已经显示出了巨大的效果。

木薯现在已经是全球范围内特别是非洲、亚洲的10多亿人的粮食。木薯是刚果（布）当地一种主要的粮食作物，木薯叶也当做蔬菜食用，受到当地人们的青睐。然而在刚果（布）种植木薯感染非洲花叶病较普遍，导致木薯严重减产。李开绵立志通过引进国内木薯新品种进行品种适应性试验，筛选出最适宜刚果（布）种植的抗病性强、产量高的优良木薯品种，结合配套栽培技术，开展示范、推广，不断提高木薯产量，逐渐满足当地人们消费需求，为解决刚果（布）的粮食安全问题作出积极贡献。

2010年5月份，李开绵向该基地引进了他潜心研究的华南10号、华南9号、华南8号、华南5号、华南6068、面包木薯6个优良木薯品种。9月份在项目基与当地种植的K-265、V-130、VIOLET、NGATSA等4个优良木薯品种进行品种适应性对比试验。结果发现，引进的木薯亩产2吨，比当地木薯平均高出1吨多。他在国内已经剔除了华南9号的毒性物质，鲜薯淀粉含量高，富含蛋白质、维生素C、胡萝卜素等，可以生吃，由于色泽金黄，被誉为"黄金木薯"，受到当地农民青睐。

与此同时，项目内示范基地产出的玉米、青瓜、彩色甜椒、美少女西瓜、白菜、长豆角和肉鸡、蛋鸡等产品，已经开始向部分当地农民和刚果（布）首都的中国大使馆、中资机构批量供应。

培训工作也进入了正常轨道。培训的主要内容为木薯、玉米和蔬菜种植技术、蛋鸡和肉鸡养殖技术、饲料生产加工和农业机械技术等，每次培训，总是座无虚席，课堂内外、田间地头，都是虚心听课的黑人兄弟。

前程远大

"该项目具有试验研究、示范推广和农业可持续发展等三大功能特点，其最关键的是可持续发展功能。"李开绵对记者说，中国政府将为该项目建成后的头三年继续提供资金支持，之后将以企业化模式继续运行，驻刚大使馆经商处参赞沈翔对他的设想表示赞同。

根据刚果（布）的实际情况，他设想的路线图是：3年后，在刚果（布）申请注册中刚热带农业开发公司，将项目打造成集热带农业科研、生产、观光和服务接待为一体的综合性经营实体，适当扩大农畜产品的养殖和生产规模，以满足刚果（布）乃至周边国家对农畜产品的需求；开办淀粉厂、饲料加工厂等，开展农副产品深加工；从事农产品包括热带农产品的进出口贸易。同时，以该项目为基础，建立非洲热带农业技术培训中心。初期覆盖刚果（布）周边国家，随后逐步扩大到其他国家。

上文发表于 2012-09-13
中新网

中国热带农业科学院服务"三农"见闻

洒向热区都是爱

近年来，中国热带农业科学院（简称"热科院"）始终坚持产业导向，突出热带产业要求，不断强化自主创新，支撑和引领着我国热带现代农业发展，尤其在服务三农上更是不遗余力，上下一心，纵横交错，内外兼修。品资所、橡胶所、生物所、香饮所、南亚所等所既是热科院旗下的副院级单位，又是院服务"三农"的主力军、先遣队，其业务与社会影响早已超出自身功能范畴，成为院内的五大金刚。每所是独立的，但科研项目以及服务又是交织的，你中有我，我中有你。大凡属于三农技术问题，农民无论找到哪家所的专家，都能得到满意的解答。院长王庆煌、副院长刘国道等就是从这些所里走出来的精英，王庆煌是香草兰技术权威，刘国道是牧草业专家。作为院领导，他们深谙基层所服务"三农"的重要性与技术支撑性，因此，分别还兼任院服务"三农"小组组长与副组长。自院校分离以后，热科院在结构上、功能上也作了部分改革与完善，如成立了基地管理处，把基地建设、服务"三农"、全国热带科技协作网归在一起，就是一个很大的举措，一改服务"三农"等工作过去没有独立部门操作执行的做法。很快此项综合服务工作得以紧抓不懈、细致到位和积极推进，从而使分家后的热科院短短几年在有目共睹中发展与壮大。

见闻之一，院领导常领专家下乡村

在 2 月 27 日热科院启动"百名专家兴百村"科技行动和"绿化宝岛"行动上，院长王庆煌指出，实施"百名专家兴百村"行动对有效促进农业科研方式转变、加速农业科技成果转化应用、逐步提高农业科技支撑功能、引领农业科研产业升级具有深远的意义。他表示，热科院将充分发挥科技、人才、资源等优势，重点在儋州、中部市县、乐东等地选好示范村。王庆煌对记者说，热科院还将在全省范围内，开展持续、有效的"一对一"科技入户服务、示范和帮扶行动，通过以点带面，达到做好一村、带动一镇、辐射全市的示范推广作用，全力推动海南新农村建设和热带现代农业发展。并鼓励广大科技人员深入农村一线，发挥专业特长，帮助农民致富。活动一结束，王庆煌就亲自带领橡胶、瓜菜、香草兰、病害防控等方面的农业科技专家，前往琼海市和屯昌县乡镇开展科技服务活动。到达琼海大路镇香饮所科技示范基地时，这时天空早飘起了雨丝，看到基地还有那么多自发而来的农民在企盼他的技术讲解时，王庆煌也顾不上什么客套，张口就从如何防控雨水及香草兰病虫害说起，并手把手向农民传授一些关键技术问题，部分农民都早熟悉他了，现场科教一点不受雨天影响。

王庆煌告诉记者，从事农业科研就是一个常与泥土打交道的活儿，有苦更有乐，俯下身段才会创造出成效。他说，工作再忙自己一年也挤出三分之一的时间搞科研，必须的。热科院正因为有院长王庆煌这样的标杆领头，近年来所呈现的浓厚的科研氛围就反映了该院正处在又好又快的发展时期，涌现出了众多出类拔萃的热带作物方面的专家在国家现代农业中占有相当的比重，对支撑和引领起热带现代农业功不可没，如橡胶专家黄华孙、木薯专家李开棉、香蕉专家金志强、南药专家王祝年、植保专家彭正强、菠萝专家孙光明、香辛料作物专家邬华松、蔬菜专家杨衍等等。3 月初，记者随同专家组科技下乡到屯昌县枫木镇时，印象最深的就是当地农民见到专家就像见到亲人似的，有的握手拥抱，有的甚至干脆把专家们往家里拽。拽去不一定为了咨询，而是想感激一下专家。这是农民另类的待客方式，是专家的技术让他们致富了，他们无非想表示点什么，听说专家们要到，许多村民便开始杀猪宰羊，并拿出家里特酿的酒来，其热情场面非常感人。

见闻之二，开启服务三农的又一窗口

为充分发挥院试验示范基地在服务"三农"、科技推广中的作用，加强基地"标准化、规范化、现代化、园林化"的建设，打造一批符合现代农业发展方向，对热区农业经济发展具有较强示范带动作用的试验示范基地，引领和带动热区产业升级，实现农业增效与农民增收。热科院全院土地总面积 4 500多公顷，仅儋州院区就有 3 500公顷，其余的是湛江、文昌等处的基地。儋州试验场无疑是院最大的地主，场长龚康达对记者说，场部的试验示范基地的建设，一直以来都是与服务产业、服务"三农"紧密相关不可分割的，在分工管理上我们毫不马虎，在科技创新上也是不断探索。品资所所长助理杨衍说，基地建设是以加速科研成果研发与示范服务"三农"为目的，该所的科研用地就是按科研示范区、种质圃区、科研试验区和植物园区等功能区进行划分建设，并制定了相对完善的管理制度，以制度管理基地。目前，以儋州院区为中心，热科院在海南及广东、广西、云南、四川等地已建或在建的试验基地共有 43 个，示范基地 92 个，其中部级热带作物标准化生产示范园 5 个、种质资源圃 18 个、农业科学观测实验站 1 个。

基地管理处是热科院运筹帷幄、服务"三农"的中枢部门，该处负责人方佳是一个在院科技处、信息所、院办等部门主管过的老同志，业务、协调、运作、策划以及承上启下的统筹综合能力，很受院领导器重与基层所的敬重。在热科院许多服务"三农"的系列活动中，都可以见到他的身影，他事事必躬亲的做事风格，为热科院服务"三农"创先争优工作赢得了良好的声誉。7月上旬，基地管理处就组织策划了一次别开生面的基地建设调研会，本报记

者也应邀到场。热科院各所基地办及与基地有关联的部门负责人员到会，进行会议论坛与实地调研相结合，把儋州、兴隆、文昌、湛江几处热科院基地串联起来，形成类似旅游线路，大观摩大对比大交流，使许多与会的同志获益匪浅，很希望这样的活动每年能主办一次。

在去湛江基地途中，方佳对记者说，示范基地是农业科学技术进村入户的一个关键点，院领导对基地建设与服务"三农"很重视，一直希望我们能找到切合点把基地建设和服务"三农"对接起来抓，开启热科院服务"三农"工作新的又一示范窗口。热科院如果连自己基地都做不好，更不值一看，又如何让农民朋友们心悦诚服呢？因此组织这么一次大规模的活动，目的是推进热科院院内各单位的基地建设，使各研究所试验示范基地能达到引领现代热带农业发展的需求。让许多未从谋面的同事在讨论中认识、认识中交流、交流中提高，事实也是如此，你看大家调研时各抒己见，座谈会上畅所欲言，激情洋溢，氛围轻松活泼，这些都是热科院特色丰厚的科研文化组成部分。

见闻之三，南亚所科研及服务独树一帜

南亚所是热科院在广东湛江的单位，为南亚热带作物研究所的简称，是农业部下属从事南亚热带作物研究的国家非营利性科研机构，位于湛江湖光岩风景区，在雷州半岛可是闻名遐迩。该所科研试验设施近万平方米，科研试验基地面积达 200 多公顷，共收集保存了南亚热带植物 139 个科 1 437个种的种质资源 3 000余份，成为国内收集和保存南亚热带作物种类最丰富的单位之一，已建成全国最大的芒果、菠萝、剑麻等种质圃，是热科院走出岛外及连接内地热区的前沿阵地。

享誉雷州半岛的"科技小院"是南亚所、中国农大和天脊煤化工集团三方共建的农业科技成果转化与技术推广平台，也是南亚所服务"三农"创新争优的典例。成立两年多来，三方各派出相关科技人员长期驻守乡村，在香蕉、菠萝、蔬菜等作物上开展水肥一体化和高产高效生产关键技术的应用和推广，服务地方农业，致力于农民的增收致富。在徐闻县甲村建立的

"科技小院",类似于北京四合院,记者看到院落中果树成荫,四周墙上张贴着图文并茂的试验基地建设情况和科普知识,以及试验展示,屋内摆放着各种科技书籍,浓浓的科普气息如春风拂面。今年4月14日,由热科院南亚所与中国农大等共建单位还在徐闻县组织召开"徐闻基地——科技小院"产学研融合交流会,农业部农技中心、广东省农业厅、湛江市科技局、湛江市农业局、徐闻县农业局等单位的领导和专家也出席到会。研讨会围绕以"科技小院"为平台的产学研融合的技术研究、示范、推广等内容展开,认真听取了常驻甲村的中国农大研究生对田间试验和科技小院建设情况的介绍,并与农民田间学校的学员交流田间生产情况。会上还举行了徐闻县前山镇甲村农民田间学校典礼,湛江市科技局、农业局分别为甲村村委支部书记、副书记颁发徐闻基地甲村农民田间学校校长和副校长聘书。南亚所所长、徐闻基地总指挥谢江辉在接受记者采访时很激情地说,产学研三位一体共建"科技小院"和"田间学校",是南亚所落实今年中央一号文件精神,践行"农业科技促进年",实现"科技进村入户、助力增产增收"的实际行动,是将科研、技术示范推广与人才培养有机结合,通过总结农户的高产经验,发现农业生产存在的问题,开展研究并建立高产高效试验示范基地的一种服务"三农"的求实创新。

前不久,四川攀枝花市的"新农学校"就组织长期在农村开展科技培训的教师一行15人,来到南亚所考察交流后对该所是备受推荐。新农学校常务副校长乔宝认为,南亚所是我国热带农业科研的国家队,具有拥有较强的科研创新能力和一流的人才队伍,在解决我国热带地区特别是四川攀枝花地区芒果产业的关键性科技问题发挥着重要作用,具有较强的晚熟芒果、菠萝和香蕉等热带、亚热带水果生产关键技术的研发能力。据了解,新型农民培训学校是近年来攀枝花市新成立的以转变农民思想观念,提升农民素质,与校外科研院所沟通、交流、引进农业新技术、新品种,让科研成果适时转化为生产力,加强基层党建为主的农村培训机构,很受当地农民欢迎。攀枝花芒果产业

的发展与技术提升,与热科院派出的专家作用紧密相连。20世纪80年代后期,以何康老部长、卢良恕院士、黄宗道院士为首的专家考查团考察了四川攀枝花地区,认为该地区适合发展芒果,热科院当时就派出多名专家到了该地区,引进芒果新品种,培训农民技术员,办培训班,发展到今天的新农学校的开办,南亚所始终都派有专家进驻。谢江辉对攀枝花新农学校所取得的成绩给予了充分肯定,他表示,南亚所将继续以新农学校为主,开展科技成果推广,进行广泛的科学研究和攻关。为此,双方还签署了多项科技推广合作协议。

见闻之四,协作网理事会延伸到了地头

刚刚在广西南宁举行的"全国热带科技协作网理事会常务理事扩大会议"就为热科院赢得了良好的声誉,被业内外评价为"规模不大规格高,时间不长时效长"!开幕当天,农业部副部长张桃林及广西壮族自治区领导危朝安、陈章良等都到场祝贺并出席讲话。国务院农村综合改革办、农业部、科技部等主管单位及部门的负责人也特邀到会。会议仅两天,活动范围却纵横上百公里,与会代表们一起深入到了广西农科院南宁郊县甘蔗基地和香蕉基地的田间地头。在参观调研过程中,互相交流最起劲的要属各热区省份农科院的负责人,同属热区而物种土壤及技术的差异成了最多的话题。尤其在分组讨论事项中,就概括如何构建热区农业科技社会化服务体系与研讨发展热带特色产业需解决的重大关键问题等议题,代表们是进言献策言无不尽,给本届常务理事扩大会议及承办单位之一的广西农科院留下了珍贵的记忆。

全国热带科技协作网是为了加强热带地区"三农"服务工作,强化我国热带地区科技创新的大协作、大联合,更有效地推进热带地区农业产业升级、促进农业增效与农民增收。自2009年成立了"全国热带科技协作网",将华南九省(区)农科、教科力量、涉农大型企业汇集在一起,由各省农业主管部门为组织协调机构,形成了科技大联合大协作局面。同时,协作网成立了协作网理事会,协作网在理事会的领导下开展工作。中国热带农业科学院是农业

部直属的科研单位，是名副其实的国家队。热科院是协作网的理事长单位，该院王庆煌院长为理事长。热科院领导班子高度重视协作网工作，把服务我国热区"三农"视为己任。多年来，热科院默默无闻地做好所在地海南省的科技服务"三农"工作外，还在广西、广东、云南、福建等省及四川的攀西地区配合当地做好各项服务"三农"工作，得到当地政府的高度评价。出席这次协作网南宁会议的张桃林在接受记者采访时说，在新形势下，协作网需要做好与产业技术体系、农技推广体系的有效衔接，发挥好地区农科院所和综合实验站的组织优势，联合打造具有代表性的热区农业科技试验示范基地，加大产业技术集成推广的力度，把地区优势转变成区域优势，把单项技术转变成集成技术，不断探索热区农科教结合，产学研协作、服务热区三农的新模式，这对加快推进农业科技体制机制创新、构建热带农业科技创新与服务体系，引领和支撑热区现代农业建设，具有非常现实而深远的意义。

我国热带地区总面积48万平方公里，占国土总面积的5%，涉及海南、广东、广西、云南、福建、贵州、四川、湖南、江西等九个省区。这块土地独特的光、温、热资源是我国重要的无可替代的稀缺资源，使其成为我国的"果盘子"和冬天的"菜篮子"基地。2011年热区冬季瓜菜种植面积达到119.2万公顷，总产量达到2 579万吨，成为我国冬季瓜菜的主要供应地，以香蕉为代表的热带水果37.2万公顷，总产量达992万吨，列世界第二位。以天然橡胶、木薯、甘蔗、棕榈和热带水果等热带作物为标志的热带农业是我国现代农业的重要组成部分，热带农产品在参与国际竞争中也越来越凸显它的重要地位，而引领热带农业发展的科技支撑及服务"三农"更是广阔天地大有作为。

上文发表于 2012-09-20
农民日报　记者：铁庭，操戈

半个世纪前的激情岁月

——海南植物园建设风潮

新中国成立后，我国兴起了植物园建设风潮。在海南，由于原"华南亚热带作物科学研究所"在1958年从广州迁到那大宝岛新村，根据发展热带经济作物的布局，在兴隆建设以收集热带香辛料植物为主的植物园，在那大建设以热带经济植物为主的植物园，在湛江建设以热带水果为主的植物园。这3座植物园自建设以来，受到新中国领导人的高度关注，他们不仅关心植物园的建设，出国考察时帮植物园收集珍稀植物，还亲自到植物园考察、指导，留下不少佳话与传奇。

半世纪前植物园建设风潮
聚焦海南植物园

无疑，植物与人类的关系是最亲密的，我们的衣食住行，都来自植物；在中国，植物还有其特殊的情感，中华民族传统文化之瑰宝——中药，就大量地使用植物；植物又是风姿绰约的，它还丰富着人类的审美情趣，有了植物，我们的家园会更绿更美。

为了经济发展需要，为了美化环境需要，为了生态建设需要，新中国成立后，一批批植物园应运而生。海南热带植物园、兴隆热带植物园、湛江南亚热带植物园等，正是那个年代的产物。

9月8日，中国热带农业科学院香料饮料研究所庆祝建所55周年活动在兴隆热带植物园举行。在这个活动上，记者了解到一些鲜为人知的历史，新中国成立之初，我国兴起了第一次植物园建设风潮，国内有名的植物园诸如西双版纳植物园、北京植物园、武汉植物园、南京中山植物园等，就是这一时期建设起来的。

在海南，由于原"华南亚热带作物科学研究所"（现更名中国热带农业科学院）在1958年从广州迁到当时的儋县那大宝岛新村，根据时任所长何康发展热带经济作物的布局安排，在万宁兴隆建设以收集热带香辛料植物为主的植物园，在那大建设以热带经济植物为主的植物园，在湛江建设以热带水果为主的植物园。

不过，在建设初期，这些植物园并不具规模，有些类似于种质资源圃，随着收集的种质资源越来越丰富，热科院辖下的 3 座植物园渐成规模，并逐渐发展成熟起来，成为现在集种质资源收集、科研、科普、旅游等于一体的热带综合性植物园，这些植物园既是科研基地，又是小型景区。

近日，记者走访了原华南热带作物科学研究院、华南热带作物学院院长、原国家农业部部长何康，海南热带植物园第二任园长丁慎言教授，兴隆热带植物园老专家张籍香，南亚热带植物园退休老干部庞廷祥等，听这些 80 多岁高龄的老人，追忆 50 多年前的故事，那些被尘封的往事隔着世纪的岁月，若隐若现地浮于眼前。

垦荒建园　白手起家
植物园的艰苦创业路

"那个时候非常艰苦，真正的白手起家。大家一锄头一锄头地在一片荒地上，挖出了一座植物园。" 9 月初，兴隆热带植物园，张籍香老人带着记者在园里一边观赏热带香料植物，一边讲述植物园建设的故事。

1957 年，何康决定利用兴隆丰富的光热资源和侨乡的优势，建设兴隆试验站，把咖啡、胡椒、可可、香草兰等热带香辛料植物收集到一起，开展丰产栽培、种植管理、产品研发等科研工作，帮助热区农民发展生产，提高生活水平。

"随后，9 名科技人员和 10 多名工人到了兴隆，借住在兴隆小学的茅草房里，开始垦荒建园。" 张籍香回忆，当时，兴隆非常贫穷落后，是疟疾高发区，海南曾有一句民谣："兴隆陵水，有命去没命回"，说的就是兴隆地区疟疾盛行。由兴隆华侨农场划拨的 500 亩土地上种满了香茅，科研人员和工人们不分白天黑夜，每天起早摸黑砍茅草，砍下来的茅草作为青肥，然后再把茅草根清除掉，整理好土地建设咖啡、胡椒等热带作物基地。

"所有的工作都要自己动手，开荒、除草、

育苗、搭棚、制作胡椒桩等等，双手都被锄头、镰刀磨起了泡。这些水泡破了后结痂，结痂后再起泡，旧痂叠新痂，双掌满布厚厚的老茧。" 张籍香笑说，当年创建植物园的小伙子、姑娘们都已是白发苍苍了，而那些亲手种下的树木依然生命繁茂。

仅存七棵的糖椰子树

84 岁的丁慎言教授在她的一篇文章里，也回忆了建设海南热带植物园艰苦却又热火朝天的情景。"大家很有干劲，无论是开荒建园，还是到海南的大山里去收集珍贵的植物种子，全都是有说有笑的，没有人喊苦叫累。"

已是 90 高龄的庞廷祥老人告诉记者，南亚热带植物园于 1958 年开始建设。"建设植物园最初的目的还是为了发展橡胶等热带经济作物，那时候考虑到海南远离内地，交通不便，于是老院长何康决定在湛江建设一个植物园，收集种植热带经济作物。"

庞廷祥说，当时只有 11 名技术干部，5 名实习员和 30 多名员工，大家吃住在一排平房里，没有电，有一口手摇井。1959 年，越南主席胡志明来考察后，认为这里的科技人员办公和居住的条件太简陋了，建议盖一栋楼房加以改善。

正是因为胡志明的这一建议，才在上个世纪 60 年代，由中央批了 10 万元经费，加上湖光农场支持的 5 万元，建起了一幢小楼房。

搜罗天下异木
珍稀植物背后的故事

9 月 18 日，记者电话采访已退休定居深圳的丁老，她告诉记者，1961 年，她到海南热带植物园工作时，植物园规模还不大，引种了油梨、柚木、油棕等一些热带经济作物，还有海南的一些珍贵乡土树种。

丁老告诉记者，新中国成立后，美英等国家采取经济封锁政策，要从国外引进植物品种非常不容易。热科院的历任领导，甚至还有国家领导人，在出访当时亚非拉一些与中国友好的国家时，都会帮助引进优势热带植物。所以，植物园里每株大树后面几乎都有一个动人的故事。

比如，海南热带植物园里 7 棵气势雄伟的糖椰子，是 1970 年代柬埔寨英萨利夫人赠送种植在这里的。

何康也非常关心植物园的建设，他出国考察时，最重要的一项工作，就是千方百计把国外的优质种质带回国内，引到植物园种植。一次，何康到缅甸考察时，就带回一段白花鸡蛋花的枝条交给海南热带植物园种植，如今这株鸡蛋花树已是园中一株非常古老的大树，它既是庭园绿化的优良种质，花瓣还是熏茶的香料。

丁慎言还回忆，我国著名的柑橘专家钟俊鳞教授和肖敬平去古巴考察时，就搜集了许多热带经济作物种子，他带回来的西印度樱桃，引种成功，还推广种植。

张籍香老人介绍，兴隆热带植物园的咖啡、胡椒等优良热带香辛料的品种，也是依靠爱国华侨回国探亲时，偷偷带回来的。

除了从国外引种，植物园的科技人员还要进山收集珍稀植物。到原始森林采集植物种子是件冒险的事，今年 9 月 20 日，中国科学院华南植物园 49 岁的科学家曾庆文，在云南攀上 40 米高的华盖木树梢采集种子时，摔到树下 10 多米深的山沟身亡。可见，当年的植物学家们也是冒着生命危险收集植物的。

曾参加海南热带植物园建设的张仲伟副研究员说，1971 年初的一天，他带人到吊罗山采集植物，遇上倾盆大雨，两人整个下午都躲在棕叶下避雨，衣服全被雨水淋透了，傍晚时分，雨还是下个不停。为安全起见，他们不得不带着几十公斤重的坡垒、兰花等植物种苗，冒雨摸黑下山借宿。

"那时候引种植物，多是从经济价值考虑。"曾任海南热带植物园园长的王祝年研究员介绍，海南热带植物园最初的名字是"热带经济植物园"，其分区有热带水果区、药材区、棕榈区等。收集的植物大多来自亚非拉友好国家和云南、海南等热区的有经济价值的植物。

建了毁　毁了再建
植物园历尽坎坷

海南热带植物园、兴隆热带植物园，这两座位于海南的植物园，带给人们不少欢乐，也是孩子们的科普大课堂。

但这些植物园都经历坎坷，建了毁，毁了建，很多早期引进的植物都被损毁，造成了巨大的损失。

"宁要社会主义的草，不要资本主义的苗。"庞廷祥告诉记者，"文革"期间，南亚热带植物园引进的植物不是被拔掉，就是被砍掉，幸存寥寥。就连周恩来总理当年从印度带回来的几株芒果树，也被毁了。

海南热带植物园的 10 多名科研人员也被解散，植物园处于混乱状态，园区遭到严重破坏，不断有人冲入植物园锯倒大树，拔掉引进培育出的植物种苗，搬走花盆。植物园沟边的热带季雨林的板根、茎花、木质藤本景观等面目全非，破败不堪。

张仲伟记得，1971 年，在爱国华侨的帮助下，从非洲引进象鼻棕，却被工宣队的人拔掉了。两天后，出差归来的张仲伟发现象鼻棕苗不见了，他匆忙在一处水沟里找到了蔫蔫的象鼻棕苗，发现其中两株已被拦腰折段，不禁伤心落泪。

不仅这些植物园被破坏，"文革"期间，神州大地，几乎所有的植物园都有不同程度地遭受破坏。所幸的是，改革开放后，我国各地的植物园重新焕发生机。据统计，至今，全国共建成植物园 243 座，收集植物 2 万多种。

热科院建设的这 3 家植物园也恢复了往昔的风采，而且越来越美丽，植物品种越来越丰富，海南热带植物园收集了 1 000 多种珍稀热带植物；兴隆热带植物园已是全国 AAAA 级景区，南亚热带植物园也是全国 AAA 级景区。

黑白经典，植物园的老相片
聚焦海南植物园

历史总会留下烙印，恰如植物的生长，即使枝叶散尽，树木被伐，也有根，深埋在记忆的土壤中。于是，在人们的记忆里，在黑白相片上，总有那么一些经典的历史瞬间定格。3 座植物园存留的许多黑白老相片，记录了共和国领导人的风采，记录了他们对植物园倾注的心血与关注。

今天，跟随那宝贵的黑白照片，重温植物园曾经的历史片段。

热带植物不仅极富特色，经济价值也很高，有很多植物，还是国家战略物资，是新中国为了冲破经济封锁，大力发展的战略性经济作物。比如橡胶、油棕等。

所以，中国热带农业科学院建设的 3 座热带植物园——海南热带植物园、兴隆热带植物园和南亚热带植物园，从建设以来，就受到新中国领导人的高度关注，他们不仅关心植物园的建设，出国考察时帮植物园收集珍稀的热带植物，还亲自到植物园考察，指导植物园的发展。

周恩来、邓小平、刘少奇、朱德等老一辈无产阶级革命家和国家领导人，都曾先后到这 3 座植物园考察，留下不少佳话与传奇。

周恩来题字激励科研人员

"儋州立业，宝岛生根"的题词，可以说是家喻户晓，它在一个相当长的特殊时期内，鼓舞着两院广大科研人员、师生员工艰苦奋斗，为新中国的社会主义建设作贡献。

这题词是 1960 年 2 月 9 日，周恩来总理考察原热作两院和海南热带植物园时题写的。

热科院已退休定居在湛江的喻鸿飞老人，当时曾参与接待周恩来总理的工作。喻鸿飞告诉记者，1960 年，正是三年经济困难时期，两院当时在科研、教学等工作上、生活上也非常困难。

"总理的到来，稳定了大家的情绪，鼓舞了两院科研人员的士气。"喻鸿飞说，周恩来参观了建设中的海南热带植物园，鼓励大家克服困难，艰苦创业，为建设新中国多出科研成果。

喻鸿飞回忆，两院接到周总理即将前来视察的通知后，专门开会研究如何接待周总理，除了精心安排组织好总理在两院视察参观的内容和路线外，还决定请周总理品尝热带粮食植物——木薯制作的食品。制作木薯糕点的任务，交给了时任副院长的吴修一夫妇身上。

吴修一的母亲是潮州人，善于做各种各样的糕点。"母亲制作的木薯糕点，先将木薯磨成粉；然后像和面一样调好，作成木薯饼，再将绿豆等杂粮煮熟后捣烂，填进木薯饼里当馅，再上锅蒸熟。"吴老说，这样制作出来的木薯糕点，黏黏的、甜甜的，很可口。

吴老告诉记者，接到为总理制作木薯糕点的任务后，出于保密需要，吴修一并没有告诉母亲木薯糕点是为总理做的，他只对母亲说要用来招待朋友。当晚，吴老的母亲连夜为周总理制作了 10 多个木薯糕点。

第二天，总理来视察时，吴老将木薯糕点蒸热，由警卫员送到会客室请周总理品尝。周总理对木薯点心非常感兴趣，连着吃了好几个。总理秘书怕总理吃坏了肚子，提醒他少吃点。周总理风趣地说："这是好东西，多吃一块，没有关系嘛。"

晚上，周恩来总理住在当时的儋县县委招待所，两院领导请总理题词，总理想了想说："好，你们明天来取。"翌日凌晨，周总理挥毫写下了"儋州立业，宝岛生根"八个大字。

1959 年 11 月 22 日，刘少奇和王光美一行在公安部部长罗瑞卿大将、中共广东省委书记陶铸，以及中共海南行政区党委第一书记林李明等人陪同下，从三亚前往海口，途中到万宁兴隆参观视察。

刘少奇个子高大，头发灰白，穿着一件白衬衣，态度和蔼，平易近人，在随行人员和兴隆华侨农场领导的陪同下，来到植物园的咖啡种植地。他一边仔细察看高产咖啡生长情况，一边倾听热带作物技术员的介绍。

时值冬季，刘少奇主席头戴着一顶大草帽，细心地察看长势喜人的咖啡。他走近一株结满果实的咖啡前，看着长条枝上缀满一颗颗红玛瑙一样的咖啡果，脸上写满笑容。尔后，又用右手拿起有关热带作物研究资料来聚精会神地查阅，不时地用左边那只夹着烟管的手点划着，提问着。

据香饮所的老专家回忆，当时，随行采访的海南日报记者潘干为刘少奇拍照，留下了珍贵的历史瞬间。相片上，刘少奇左手拿烟，右手抚摸咖啡的叶子，仔细倾听技术员介绍咖啡的生长情况。他对热带作物产业发展的关注之情，跃然黑白相纸上。

1960 年 1 月 31 日上午，邓小平与夫人卓琳和彭真、李先念、杨尚昆等中央领导一行，在中共广东省委书记陶铸等有关领导的陪同下，从三亚驱车到万宁县视察和调研。

邓小平视察完兴隆华侨农场后，决定到热带植物种植园（现在的兴隆热带植物园）视察。当时要经过一个小水塘，随行工作人员要背他过去，邓小平即刻表示："不要背，我自己过去。"说罢，便挽起裤管，跟着大家涉水走过水塘，朝植物园走去。

邓小平走进植物园，认真察看了热带水果基地和药用植物等近 200 种热带植物，他高兴地说："兴隆气候温和、风调雨顺、土地肥沃，是发展热带作物得天独厚的好地方，应该好好地发展起来。"

邓小平此行，对海南独特的热带自然资源印象十分深刻，感到海南岛具有很大的开发潜力。他回京后，即和周恩来等中央领导人讨论决定，由中央增拨大量资金和物资，支持海南发展热带作物。

朱德鼓励收集能源树种

南亚热带植物园 90 岁的退休老专家庞廷祥回忆，邓小平、刘少奇、彭真、朱德、郭沫若、贺龙都先后考察过南亚热带植物园，而庞廷祥曾全程接待了朱德委员长。

"他很亲切，很平易近人，办事雷厉风行。"半个世纪过去了，朱德委员长的勉励和风采，依然深深刻印在庞廷祥心里。

1963 年 3 月 3 日早晨，一辆黑色红旗牌轿车开到了南亚热带植物园，车上走下一位神采奕奕的老人，正在等候接待的庞廷祥一看，心都跳到嗓子眼了。"是朱德委员长！"他立即跑上去迎接，南亚热带植物园的干部职工也闻讯而来，热烈的掌声响个不停。

"当时接到的通知只说有上级领导来视察，我们都不知道是朱德委员长来。"庞廷祥说，朱德下车后，不肯休息，直接到南亚热带植物园参观，由庞廷祥担任解说。

庞廷祥把建立植物园引种的目的和 1958 年以来筹建工作做了汇报；把各种植物名称、原产地、经济用途和适应性逐一介绍。朱委员长思维敏捷，听得十分认真。当庞廷祥介绍伊拉克蜜枣时，朱德问："伊拉克气候炎热，干旱又有低温，引到这里能结果吗？"

在介绍油楠时，朱德委员长听说油楠树干产油，可作燃料使用。他高兴地说："我们是能源不足的大国，你们要注意搜集再生能源树种，将来还要研究高产栽培和科学采油方法，要做的事多得很呢！"

庞廷祥回忆，当他向朱德委员长介绍，南亚热带植物园还引种了不少橡胶树，南亚热带作物研究所准备筛选一些抗寒的橡胶品种，扩大种植面积。朱德立即鼓励："种好橡胶，发展生产，对于巩固国防很重要。你们要把主要科技力量放在橡胶抗寒高产研究工作上，同时也安排一定的力量对其他作物进行研究。希望你们继续努力工作，做出优异成绩，为社会主义建设服务。"

郭沫若赠送蛋黄果

郭沫若对热带植物非常感兴趣，还为南亚热带植物园赠送了蛋黄果。

那时，庞廷祥任南亚所所长，他陪同郭老参观："他穿着白衬衣，戴顶帽子。总是微笑着，非常和蔼。对看到的热带植物，都要详细了解这些植物的名称、用途、习性等。"

郭沫若在植物园停留了半天，边走边写诗，给庞廷祥留下了很深的印象。

到南亚热带植物园之前，郭沫若曾到古巴访问过，还带了一些热带植物的果实回来

郭沫若参观结束后，品尝了植物园种植的玫瑰茄。随后，他从裤袋里掏出一颗鸡蛋大小的种子递给庞廷祥，说是从古巴带回的玛美，又名蛋黄果，让植物园试种。

"蛋黄果是一种热带水果，果实里面就像蛋黄一样，吃起来也有鸡蛋的味道，所以叫蛋黄果。"庞廷祥说，当时广东、海南，都没有引种蛋黄果。他非常激动地接过了这颗种子，并向郭老保证一定会好好栽培出蛋黄果。

"第二天我就把这枚蛋黄果种下了。"庞廷祥告诉记者，那枚由郭沫若从古巴带回来的种子后来真的发芽，成长起来，并结出累累硕果。

庞廷祥笑呵呵地说："46 年前，没有蛋黄果种植，现在连湛江街头随时都可以看到小贩叫卖

蛋黄果。"庞廷祥说,这得益于郭老当年的馈赠。

而郭沫若在南亚热带植物园写的诗也传下来了:

木瓜累累结株头,初见油棕实甚稠。
茅草香风飘万里,橡胶浆乳创千秋。
咖啡粒分大中小,玫瑰茄供麻饵油。
玛美一枚烦种植,他年硕果望丰收。

植物"诺亚方舟"向公众开放
聚焦海南植物园

黄花黎、沉香、坡垒、海南苏铁、子京……这些在野外已经难觅踪影的热带珍稀植物,在由中国热带农业科学院建设的海南热带植物园、兴隆热带植物园、南亚热带植物园里,却有一定数量的收集和种植,成为热带珍稀植物的基因库。

植物园,因收集、保存珍稀植物种质资源,被称为植物的"诺亚方舟"。上述 3 个热带植物园,与西双版纳植物园一道,都是热带植物的"诺亚方舟"。经过多年发展建设,这些过去以科研、以经济发展为主,很少向公众开放的植物园,渐渐地成了科普教育基地、青少年科技园、旅游景区、养生基地等,植物的"诺亚方舟"开始搭乘普通公众。

兴隆热带植物园的早晨醒得很早,天色将明之际,它便在咖啡的浓香和热带香料植物的清香中醒来,在忙碌的车轮声里、在游客的赞叹声里醒来。满载游客的各式车辆一辆辆驶进植物园,四面八方的游客就在这香氛中走动,欣赏着美丽神奇的热带植物。

走进南亚热带植物园,可以看到很多向游客介绍植物的标识牌、科普图画,安放在园区里不同的植物品种前,以及游客廊道里,它们让游客在欣赏奇妙的热带植物同时,接受科普知识教育。

兴隆热带植物园是国家 AAAA 景区之一,每年客流量高达 120 万人次以上;南亚热带植物园是国家 AAA 景区之一,每年接待游客也有几十万人次。这些植物园从过去较为封闭的、单一的功能中走出来,面向公众开放,产生了更多的经济效益、社会效益和生态效益。

收集热带珍贵濒危植物
名副其实的热带植物基因库

上个世纪 50 年代,我国迎来了植物园发展的第一个高峰,以中国科学院为代表建设了一系列以科研、种子收集为主的植物园,它们是植物学基础研究和实用技术研究的重要基地,是植物种质资源收集、保存和珍稀濒危植物迁地保护的最重要阵地。

"这是坡垒,材质坚硬,是一类木材;这是白木香,可产出名贵中药沉香;这是海南粗榧,可以抗癌。"走在兴隆热带植物园里,张籍香老人指着园中的树木,仿若看着自己的孩子。

这位令人尊敬的 80 岁老人,终身未嫁,把一生都奉献给了兴隆热带植物园,她像抚育自己的孩子一样,精心照顾那些从海南各个大山收集来的珍稀植物,还编写了《兴隆热带植物园植物名录》一书,收录了植物园 1 200 多种植物,并一一介绍这些植物的特性。

在海南热带植物园,记者也见识了不少过去但闻其名不见其树的珍稀树木。

沉香,海南野外已很难看到成材的大树了。海南热带植物园就有几株沉香,树高达 10 米以上,树身胸径有 40 厘米左右。这几株沉香笔直挺拔、树形颀长优美,树皮色彩奇特,土黄色与灰白色相互间杂交错。曾担任海南热带植物园园长的王祝年研究员告诉记者,这些沉香生长已经跨过了半个世纪。

据统计,海南乡土树种资源丰富,仅乔木、灌木就达 1 400 余种,有 600 种特有植物,被列入国家保护的有 58 种,花黎、坡垒、子京、荔枝、母生被列为国家特类木材。

虽然这些珍贵植物在野外越来越稀少,但像兴隆热带植物园、海南热带植物园却有大量的保存,海南热带植物园种植保存的树木里,超过半数是海南珍稀乡土树种,是海南乡土树种的一个缩影,也是海南热带珍贵濒危植物的基因库。

大力发展热带经济作物
给毛泽东送了 10 个油梨

"热带植物园初建时,国家急于发展经济,热科院建设的植物园都以收集热带经济作物为主,只是各有特色,侧重点也不同。"热科院已退休的丁慎言教授告诉记者,各个植物园根据收集到的特色热带植物,围绕国民经济发展的需要开展科研,这些科研活动,也得到了国家领导人的关心和支持。

南亚热带植物园原园长,今年已90高龄的庞廷祥回忆,在那个特殊的年代,周恩来、朱德等国家领导人关心植物园热带水果的收集。周恩来送来了印度红芒,结的果实很大,一个有几斤重,味道也不错;叶剑英送来了200株橡胶苗;郭沫若送来了一个蛋黄果。

国家领导人的关心,也激发植物园科研人员的热情,他们不分白天黑夜,加班加点开展植物引种栽培,引种成功以后就大力推广给农民种植,增加农民收入。

南亚热带作物研究所副所长李端奇说,庞廷祥的夫人韦素洁从秘鲁引进了油梨,在试种成功后,于1965年结出了果实。韦素洁给毛泽东邮寄了10个油梨,请他品尝。毛主席品尝后,称赞油梨很好吃,还特意写了一封信给南亚热带植物园,鼓励科研人员加大科研力度,为国家为人民多出科研成果,创造更多的社会财富。

南亚所也从植物园引种的热带水果中,选育出了不少适合中国热区栽培的新品种,比如1977年从吕宋江芒初生后代中选出优良早熟品种——粤西一号,曾在湛江、广州地区大面积推广种植;从澳洲引种成功的澳洲坚果,现在也扩种至我国南方粤、桂、滇、川、黔、闽、琼7个省(区)共200多公顷,产生了巨大的经济效益。

兴隆热带植物园引种的胡椒、咖啡等优良品种,现在也在海南岛大面积推广种植,成为海南群众脱贫致富的主要热带经济作物。至今,利用兴隆热带植物园的热带香辛料植物资源的优势,热科院香饮所开发了一系列热带香辛饮料产品,其中特别值得一提的是香草兰的引种、栽培、推广及产品研发。植物园科研人员克服重重困难,攻克香草兰人工授粉难关后,大规模推广种植香草兰,开创了一个年产值数亿元的新产业。

如今香草兰从种植到产品加工、销售已形成一个完整的产业链条,香草兰茶、香草兰香水、香草兰巧克力……是深受游客喜爱的产品。2011年,香饮所总收入1.2亿元,来自兴隆热带植物园的收入就有9 000多万元。

从科研到科普　从科普到旅游
三大热带植物园面向公众

夜宿兴隆热带植物园,四周茂密的热带植物随着夜色安静下来。这样的夜晚,如一潭静止的清泉,无声无息地、舒适地将你带入梦乡。

天色刚明,游客开始进园了,他们在植物园甜香的晨风中,一边听导游讲解,一边好奇地打量那些从未见过的热带植物,甚至一株香蕉、一棵椰子树,这些海南人最为常见的植物,在他们眼里都充满盎然生趣、百看不厌,人们举着相机,在各种热带植物前拍照留念。

随着发展,热科院过去作为科研的3大热带植物园,功能越来越完善,职能也在悄然地发生变化。它们向公众开放,撩开了从前神秘的面纱。越来越多游客、青少年,得以走进这3大热带植物园,他们对热带植物的认识更加深刻,保护意识也随之提高。

据了解,随着改革开放的深入,经济进一步繁荣发展。目前,我国绝大多数植物园已成为开展环境教育、青少年科普教育的重要基地,每年有数千万人走进植物园游览,广大游客在潜移默化中体悟到了植物与生态文化的价值,充分激发了人们保护植物和生态环境的自觉性。

"热科院的3大热带植物园都是当地青少年科普教育的重要基地,每年寒暑假都向在校学生免费开放。"热科院院长王庆煌介绍,兴隆热带植物园植物观赏区、试验示范区、科技研发区、立体种养区和生态休闲区五大展区,共青团中央命名为"中国青少年教育基地",被中国科协命名为"全国农村科普示范基地";南亚热带植物园收集培育了2 000多种热带植物,植物园集科研、旅游和农业科普教育于一体,每年都会开展"植物园科普一日游"活动,成为省内外一些大学常年生产实践基地,每年到植物园参观和学习的游客和学生近10万人次。

无论过去,还是未来,植物在人类的生活和发展中不可替代,植物园,也是不可替代的。

上文发表于 2012-09-24

海南日报　作者:范南虹　通讯员:林红生

专家助力防控橡胶槟榔病虫草害

为提高橡胶树、槟榔病虫害专业防控技术水平及普及率，支撑海南天然橡胶、槟榔产业的持续健康发展，促进热作增产增收。中国热带农业科学院、全国热带农业科技协作网联合海南省农业厅，共同举办的热区橡胶树、槟榔病虫草害专业化防控技术培训与示范专项行动19日在白沙县正式启动。

来自白沙黎族自治县青年农场橡胶园的何志可一大早就来到了启动仪式现场。何志可告诉记者，他家共种植了2 000多株橡胶和300株槟榔树。由于缺乏相关防治病虫害专业知识，每年橡胶树和槟榔树都遭遇虫害，而他却束手无策。"我都不懂这些防控专业知识，现在我家的橡胶树叶子都红了，槟榔也死很多，很着急，想请专家帮我解决这个难题。"何志红说。

此次专项行动共吸引了来自农业部农垦局南亚办、海南省农业厅、云南省农业厅、广东农垦总局、云南农垦农具、中国热带农业科学院和全国热带农业科技协作网的近百名热带农业专家参与。专家们不仅在现场解答农户在防控橡胶树和槟榔树病虫害方面的难题，中国热带农业科学院还向在场的胶农们赠送橡胶树等病虫害专业化防控技术手册、防止技术标准和新兴药剂推介材料等。此外，专家团队还深入到白沙县青年农场进行现场技术培训和示范。

中国热带农业科学院环境与植物保护研究所所长易克贤表示，对于橡胶和槟榔来说，在生产上遇到的最重要的难题就是病虫草害的防控。此次专项行动，主要是针对热作橡胶、槟榔两大产业开展质保方面的技术推广、培训和示范，为这两大产业发展提供科技支撑。

上文发表于 2012-09-24
新华网海南频道　记者：陈爱娣

"热区橡胶树、槟榔病虫草害专业化防控技术培训与示范"专项行动在海南白沙启动

9月19日，"热区橡胶树、槟榔病虫草害专业化防控技术培训与示范"专项行动在海南白沙县启动。该行动是热科院深入贯彻落实2012年中央一号文件精神、扎实开展农业部科技促进年活动的重要举措，也是热科院针对当前热区农业生产，特别是橡胶树、槟榔等热作病虫害频发、高发而及时采取的行动之一，对保障热区农业健康持续发展具有重要意义。

启动仪式上，热科院向白沙、屯昌等6个市县农民代表赠送了一批橡胶树、槟榔病虫害专业化防控技术手册，并与白沙县政府签订了科技合作协议，将针对橡胶、南药等白沙县的优势特色产业，积极组织科研力量进行技术研发、技术攻关和成果推广，助推当地农业增效、农民增收。活动中，热科院挂起科普展板，搭起科技展台，展示热科院研发的橡胶树、槟榔重要病虫草害防治新型药剂等科技产品，颇受当地农户的青睐。启动仪式后，热科院专家为200多名来自海南橡胶主产区的热作主管部门领导、业务骨干及种植大户讲授了橡胶树、槟榔病虫害专业化防控技术知识，并前往白沙县青年农场橡胶园进行割胶技术、橡胶树根部用药及新型喷药机施药技术现场示范指导。

该行动由热科院、全国热带农业科技协作网联合海南省农业厅、云南省农业厅、云南农垦总局和广东农垦总局共同主办，为期两个多月，将陆续在海南云南、广东等省开展，大力提高当地橡胶树、槟榔病虫草害专业化防控技术水平及普及率，支撑当地天然橡胶、槟榔产业健康发展。

上文发表于 2012-09-24
农业部网　作者：院办公室

橡胶染病　快喷硫磺
热区三省启动橡胶槟榔病虫草害防控培训活动

每年冬去春来，橡胶树就会冒出古铜色嫩叶。昌江黎族自治县七叉镇大仍村胶农吉亚劳发现，部分嫩叶上点缀着白色、红色、黄色等五彩斑点，"阳光一照，非常好看"。但是，这可不是美景，而是一种病，叫"白粉病"。

今天，中国热区海南、广东、云南三省在白沙启动"橡胶树槟榔病虫草害专业化防治技术培训与示范"专项行动。今天一大早吉亚劳就和村里另外7个胶农，一起从昌江赶了过来，向专家请教如何应对白粉病。

"可以喷洒硫磺粉，选择风小、有露水的时候，一般晚上10点到早上8点之间。"热科院副研究员贺春萍现场解答说。

海南省农业厅有关负责人告诉记者，虽然我省热作产业已成规模，但是还存在技术推广力量薄弱，效益低等问题，特别是我省高温高湿的环境适宜病虫害的发生，对热作产品质量和产量损害严重。

吉亚劳告诉记者，他从2003年开始种植橡胶树，2010年第一批橡胶树开割，几乎全部感染上了白粉病。今年有1 000棵橡胶树开割，依然有500棵患病。患病的橡胶树叶会缩小、变黄、脱落。

"不知道怎么办，重新长叶子需要2个月。"吉亚劳说，他每年都因为橡胶树叶患白粉病而损失上万元。

据悉，我省将建立热作病虫害综合检测站并形成省、市县、生产企业三级检测网络，及时收集传递、研究分析检测数据，掌握病虫害发生规律和危害趋势，建立统防统治体系。

上文发表于 2012-09-24
海南日报　记者：况昌勋　通讯员：田婉莹

热科院积极实施"阳光工程"孵育海南新型农民

为着力提高海南农民素质和就业技能，引导农民转变就业观念，打造海南农村创业带头人，9月21日，热科院"2012年海南省劳动力培训阳光工程"首期农民创业培训班在儋州院区隆重开班。80多名来自海南儋州市大成镇的青年农民，齐聚热科院学习现代农业新知识新技能，争当新型农民。

本次培训班为期14天，以提高农村劳动力素质和就业技能为核心，紧紧依托热科院信息所、橡胶所、品资所和环植所等单位的科研平台，采取理论教学、案例和实际训练相结合的方式，对农民进行天然橡胶、瓜菜、胡椒、香蕉等主要热带作物病虫害防治技术，政策法规，创业计划制定，创业贷款申请，创业风险防范管理等方面的培训，并设计了专业确定、集中授课、教学实习、创业设计、实践学习、创业发展、培训对象选拔7个环环相扣的培训活动实施步骤，达到寓教于乐、动静结合、有张有弛的效果。热科院还将陆续前往保亭、万宁等市县，针对当地农民需求，开展创业培训，力争帮助更多有创业意愿的农民走上科技致富路。

农村劳动力转移培训阳光工程是2004年由国家农业部、财政部、劳动和社会保障部、教育部、科技部和建设部共同启动实施的项目。该工程主要针对在农业领域有创业意愿和创业基础的青年农民，教授他们相关的农业基础知识和创业技能，提高他们的经营管理水平，激发他们的创业热情，目前，海南省每年有1500万以上的财政资金用于阳光工程培训，有2万多名农民受益。热科院信息所作为海南省农业厅考核认定的省级阳光培训机构，在今年承担了培训200名农村新型人才的重任。

上文发表于 2012-09-26
农业部网　作者：院办公室

刚果（布）农牧业部长
盛赞援刚农技示范中心为当地农业所做贡献

9月27日，在热科院承建的援刚果（布）农业技术示范中心"木薯生产技术培训班"结业典礼上，刚果（布）农业和畜牧业部长里戈贝尔·马本杜对示范中心为当地农业做出的贡献给予了高度评价。

"这是刚果（布）农业史上的重要时刻，我要对中国发自内心地说一声'谢谢'！"戈贝尔·马布恩杜部长与中国驻刚关键大使一起为学员颁发培训班结业证书时动情地说。他对来自热科院的中国农业专家克服重重困难，不辞辛苦传授先进农业技术表示敬佩，对中国政府履行援助承诺表示感谢，他希望和中国继续深化农业领域的合作，推动刚果（布）农业更快发展。

本次培训班为期20天，是援刚果（布）农业技术示范中心挂牌后举办的首期农业技术培训班，培训了来自刚果（布）布拉柴维尔、普尔、布恩扎等五省区的19名当地农民。培训班就世界木薯发展史、木薯生物特性和品种介绍、制作绿肥、木薯栽培技术、病虫害防治、木薯的收获和贮藏、木薯加工利用和烹饪等方面开展培训。里戈贝尔·马本杜部长说，通过培训，刚果（布）将掌握更多中国先进的木薯种植和加工技术，从而提高当地木薯产量，缓解当地粮食危机。

援刚果（布）农业技术示范中心经过多年建设于今年9月4日在刚果（布）挂牌，刚果（布）萨苏总统和我国回良玉副总理一起为示范中心揭牌。该中心位于刚果（布）首都布拉柴维尔市郊区，占地59公顷，建有实验室、教室、蔬菜生产基地、木薯试验基地、养殖基地等，承担了培育新品种、示范和推广先进农业技术、为当地农民和有关部门提供培训等任务，并取得显著成效，受到政府和当地农民的好评，成为当地农业示范的重要窗口。

上文发表于 2012-10-11
农业部网　作者：中刚办

瞄准海洋科研　促进蓝色经济　热科院海洋研究中心成立

今天上午，中国热带农业科学院热带海洋生物资源利用研究中心正式成立。

据了解，海南海洋面积200多万平方千米，海岸线总长1 618千米，有海岛280个，不仅海洋生态系统丰富多样，还拥有丰富的海洋生物资源。新成立的热带海洋生物资源利用研究中心将依托热科院热带生物技术研究所，重点解决热带海洋生物资源领域的关键问题、共性问题，开展热带海洋生物资源收集保存与评价，为热带海洋生物资源的开发提供种质材料，探索热带海洋生物资源在保健食品、能源、医药和环境保护等领域中的创新利用；同时，将开展重要海洋生物功能基因研究，发现一批具有重要应用价值的海洋生物功能基因。

中心在研究方向上，初步确立了热带海洋动物资源与利用、热带海洋藻类资源与利用、热带海洋微生物资源与利用、海洋天然产物与创新利用四个重点学科方向；下设海洋动物资源利用与健康养殖研究室、海洋微生物资源与利用研究室等五个课题组。

上文发表于 2012-10-23
海南日报　记者：范南虹、林红生

中国热带农业科学院热带油料研究中心挂牌

10月24日上午，中国热带农业科学院热带油料研究中心在海南省文昌市挂牌成立。该中心的成立，将为我国食用油供给安全提供强有力的科技支撑。

我国是食用油消费大国，食用植物油的有效供给关系到国家的战略安全。目前我国食用植物油自给率只有40%左右，远不能达到安全供给的要求。2008年我国发布了《国家粮食安全中长期规划纲要（2008～2020年）》，强调要大力发展木本粮油生产，建设一批名、特、优、新木本粮油生产基地，积极引导和推进木本粮油产业化，促进木本粮油的精深加工，增加木本粮油供给。

中国热带农业科学院院长王庆煌介绍，热科院作为我国唯一从事热带农业科技的"国家队"，长期以来紧紧围绕国家战略、产业转型和"三农"需求，致力于热带农业的科技创新和成果转化。大力发展椰子、油棕和油茶等热区主要的木本油料作物产业，缓解我国食用油供给压力、确保粮油供给安全热科院责无旁贷。

王庆煌希望，热带油料研究中心不断提升科技内涵，强化热带油料自主创新能力和产业支撑服务能力；推动热带油料产业科技成果转化，围绕重要热带油料产业全过程，加强种子种苗、高新产品研发，加大油棕等热带棕榈油料作物研究与示范力度，加快推进规模化生产和产业化经营，增强单位科技转化实力和发展后劲；充分利用资源和区位优势，发挥重要的窗口作用，在院内、院外开展大联合、大协作，凝聚延揽高端智慧和高层次创新人才，集成科技优势力量和创新团队，支撑引领热带大农业科技的协同创新和产业发展。

热带棕榈作物研究实验室在当天也同时启用。

上文发表于2012-11-02
新华网　记者：陈爱娣、郭良川

领导讲话

在香饮所建所 55 周年暨兴隆热带植物园
开园 15 周年庆典上的讲话

王庆煌 院长

（2012 年 9 月 8 日）

尊敬的陈海波主任、各位领导、各位来宾、同志们：

今天我们在这里隆重聚会，庆祝中国热带农业科学院香料饮料研究所建所 55 周年暨兴隆热带植物园开园 15 周年，这是我院发展史上的一件大喜事，在此，我代表中国热带农业科学院向香饮所和兴隆热带植物园表示热烈的祝贺！向各位领导、各位专家、各位来宾的光临表示热烈的欢迎！

1957 年，香饮所在海南万宁兴隆成立，随着时代的步伐不断前行，走过了 55 年的光荣历程，发展壮大为从事热带香料饮料作物产业化配套技术研究、热带作物工程技术研发与示范的国家级科研机构。55 年来，在农业部的正确领导下，在海南省的大力指导和支持下，在国家有关部委和海南省各级领导的关心和大力支持下，香饮所几代科研工作者，立足和扎根海南、服务海南及全国热区，以发展我国胡椒、咖啡、香草兰、可可等特色热带作物产业为己任，针对我国热带香料饮料作物产业发展的重大科技难题，顽强拼搏，开拓创新，刻苦攻关，克服了地理偏僻，交通不便，条件艰苦等重重困难，累计承担国家级、省部级等各类科研项目 326 项，取得了包括国家级、省部级成果奖励在内的科研成果 80 多项。这些成果的推广与应用，有力促进了我国胡椒、咖啡、香草兰等特色热带作物从零星种植发展成为区域性优势产业，促进了我国特色热作产品加工由"手工作坊式"向现代加工业的跨越式发展，推动了热带作物工程技术的研发示范和特色热带作物

产业化发展，为促进海南农业经济发展、增加农民收入做出了重要贡献，赢得了社会的良好评价和各级政府的高度肯定。55 年来，先后有朱德、刘少奇、邓小平、叶剑英、朱镕基、李长春、曾庆红、习近平、贺国强、刘云山、万钢等党和国家领导人，以及罗保铭、蒋定之、张桃林等省部级 100 多位领导亲临视察，并给予高度肯定和评价。

"科学研究、产品开发、科普示范三位一体"的创新模式是科研成果、技术优势转化为效益优势的成功探索，是香饮所和兴隆热带植物园的制胜法宝。15 年来，兴隆热带植物园不断拓展延伸特色热带作物科普示范新功能，累计接待参观、考察者 1 500 多万人次，新增社会经济效益 150 多亿元。2011 年兴隆热带植物园被共青团中央、农业部授予"全国青少年农业科普示范基地"。15 年来，兴隆热带植物园通过科技成果的集成创新、示范推广和转化，加快了特色热带作物种质资源创新利用的速度。发展至今，兴隆热带植物园已经成为海南热带现代农业、生态农业、观光农业的成功示范，成为绿色海南的一张亮丽名片和国际旅游岛对外展示良好形象的重要"窗口"。

55 年成就辉煌，15 年探索创新，在前进的征程上，香饮所人顽强拼搏、白手起家，在峥嵘的岁月里，香饮所人艰苦奋斗、建功立业。他们是我院的光荣，也是我院的骄傲。这些成绩归功于香饮所几代职工的不懈努力，凝聚着农业部、海南省等上级部门，万宁市等地方党委政府的领导、关心和支持，离不开兄弟单位

的协作支持和帮助。在此，我代表中国热带农业科学院向农业部、省委省政府及万宁市委市政府以及兄弟单位，向关心和支持香饮所和兴隆热带植物园建设发展的各位领导、各位嘉宾和各界人士表示衷心感谢！向香饮所和兴隆热带植物园在职和离退休职工长期扎根基层、不畏艰难、无私奉献，作出卓越贡献表示亲切的慰问和崇高的敬意！

特色热带作物，尤其是胡椒、咖啡、香草兰、可可等热带经济作物是我国农业农村经济的重要组成部分和农民增收的重要来源。加快农业科技创新、支撑我国香料饮料等特色热带作物产业发展，香饮所责无旁贷、使命光荣、任重道远。希望香饮所紧紧抓住建设创新型国家战略，海南建设国际旅游岛和实施"绿色崛起"的重大机遇，深入贯彻落实科学发展观，围绕建设"世界一流的热带香料饮料作物科技创新中心、热带农业成果转化基地、热带生态农业科普示范基地"的发展目标，不断凝聚造就一流人才，培育一流团队，争取一流项目，创造一流成果。充分依托国家重要热带作物工程技术研究中心，积极面向经济建设主战场，加快热带作物精深加工产品的研发力度，延伸拓展产业链，加速科技成果转化与推广应用，支撑热带作物产业发展。同时，要持续完善软硬件建设，打造精品旅游景区，加快创建国家5A级旅游景区。

希望全所干部职工继续发扬"以所为家、团结协作、艰苦奋斗、勇攀高峰"的光荣传统，励精图治创佳绩，开拓创新谋发展，为海南热带现代农业发展提供强有力的科技支撑，为繁荣热区农村经济，提高农民收入，做出新的更大的贡献！同时，也真诚希望各级领导，各位来宾和朋友们能一如既往地重视、支持、关心香饮所和植物园的发展，香饮所全体干部职工要倍加珍惜、倍加努力，并以庆典为契机，继往开来、奋发进取，不断开创我们芳香事业更加美好的未来！

最后，衷心预祝香饮所庆典活动取得圆满成功！祝各位领导，各位来宾，同志们身体健康，工作顺利，万事如意！

谢谢大家！

制度建设

中国热带农业科学院公开文件运行管理暂行办法

（院办发〔2012〕1 号）

第一条　为深化政务公开，加强政务服务，降低行政成本，保障热科院公开文件规范、高效运行，根据《中华人民共和国保守国家秘密法》、《中华人民共和国政府信息公开条例》、《农业部办公厅关于印发〈农业部公开文件运行管理暂行办法〉的通知》（农办办〔2011〕68号）、《中国热带农业科学院关于进一步加强热科院政务信息公开工作的通知》（热科院办〔2011〕66 号）和《关于印发〈中国热带农业科学院党务公开实施细则（试行）〉的通知》（院党组发〔2011〕18 号）的规定和要求，特制定本办法。

第二条　本办法所称公开文件，是指各部门在履行职责过程中制作的，应依法向干部职工、院属单位或者其他组织公开的院文件、院办公室文件等。

第三条　院公开文件应通过扫描或 PDF 格式发送至收文单位公共邮箱。除文件归档及不能进行电子发送等特殊情况外，原则上不再印制纸质文件。

第四条　院公开文件应当及时发布和发送。其中，院文件、院办公室文件不得超过 5 个工作日。

第五条　院公开文件遵循"谁制作、谁负责，谁公开、谁负责，谁发送、谁负责，谁接收、谁负责"的原则。

第六条　院办公室负责公开文件运行的组织协调、服务指导和监督检查。

（一）负责研究制定公开文件运行的相关管理制度；

（二）负责组织解决运行过程中遇到的困难和问题；

（三）负责对外公开文件的纸质印制数量进行审核；

（四）负责对收文单位公共邮箱的审核、设置、变更和取消；

（五）负责对公开文件发送情况进行绩效评估。

第七条　各部门负责公开文件的发布、发送具体工作。

（一）负责公开文件的草拟、审核、会签和报签；

（二）负责对公开文件内容进行保密审查；

（三）负责拟定公开文件的纸质印制数量；

（四）负责将公开文件电子文档报院办公室存档；

（五）负责将公开文件通过公共邮箱发送，并确认接收情况。

第八条　机关服务中心负责公开文件的制作和纸质文件的印制。

（一）负责公开文件正式印发前的保密工作；

（二）负责公开文件电子文档的保存；

（三）负责按照院办公室核准的要求印制纸质文件。

第九条　收文单位负责公开文件的接收和收文电子邮箱的日常管理。

（一）负责制定本单位公开文件管理制度；

（二）负责公开文件的接收下载和回执反馈；

（三）负责本单位收文电子邮箱的日常管理。

第十条　院办公室、监察审计室负责公开文件发布、发送的规范性、时效性进行督查督办。对违规、超时发送的，依照有关规定进行处理。

第十一条　本办法自 2012 年 1 月 1 日起施行，由院办公室负责解释。

中国热带农业科学院机关公务车管理使用规定

（院办发〔2012〕2号）

第一条 为加强机关公务车辆管理，提高使用效率，节约使用成本，根据国家有关政策规定，结合热科院实际，制定本管理使用规定。

第二条 本规定所指的机关公务车辆是指院机关服务中心小车班管理的所有车辆和保卫处、湛江院区管委会、驻北京联络处管理的车辆。

第三条 院机关公务车辆实行统一管理、集中调度、部门限量使用的原则。

第四条 各部门的指标以近三年用车金额的平均值作为当年分配用车指标的主要参考依据。新成立的部门和部门职能发生变化的，可根据其职能范围确定其用车金额。各部门领导可在当年的用车金额内使用车辆，机关服务中心每个季度公布各部门用车金额。各部门如使用完当年的用车金额并需追加的须向分管办公室的院领导提出申请，经批准并明确经费渠道后，机关服务中心再给予追加。

第五条 保卫处、湛江院区管委会和驻北京联络处单独使用的车辆，由机关服务中心统一发放（或审核）每一辆车固定加油卡，在核定的当年用车金额内使用。车辆维修须在指定的维修点维修，维修前须报机关服务中心审批后方可维修。

第六条 按照"轻重缓急"的原则安排部门用车。确保院领导公务用车和院重要接待用车。

第七条 各部门用车必须事先填写用车申请单（院领导用车除外）（见附表1），要有部门领导签名（正常情况由一把手签名，一把手出差要委托副手或由副手电话请示同意后签名），由小车班班长安排车辆。小车班结账时需附申请单。

第八条 为减少运行成本，提高车辆使用效益，外出办事人员同一路线时，安排同乘一车。不同部门同用一辆车，费用分摊。

第九条 要严格控制使用外来车辆，各部门长途用车如小车班派不出车辆时，一般情况延后安排，紧急事务需使用外来车辆，由小车班统一调派；未经小车班统一调派擅自使用外来车辆，不予报账。

第十条 机关部门人员从海口院区到市内（保卫处人员从儋州院区到那大镇）办理公事，当公务车辆无法满足时，可用职工私家车，每趟补助20元；特殊情况经部门主要领导批准可乘坐出租车，凭票报销。使用私家车和乘坐出租车的，每月结算一次，填写使用私家车（出租车）登记表（见附表2），经部门第一负责人签名并报院办公室审核后，以使用汽油发票（出租车发票）报销。

各部门使用外来车辆和私家车及出租车等费用一律列入当年用车金额。

第十一条 处级领导及一般人员出差往返机场，可乘坐出租车，费用实报实销。

第十二条 车辆保险费的购买要严格按照国家规定的政府采购定点的保险公司范围内办理。车辆维修点变更要有院办公室和资产处领导一并参与选定。

第十三条 车辆维修须按程序审批后方可送维修点维修，由负责驾驶的司机提出，经班长认可再填写审批单。金额在500元内由小车班领班批准，事后报机关服务中心领导签字备案；金额在500~2 000元的由机关服务中心批准；金额在2 000~5 000元的由院办公室和机关服务中心研究决定；金额在5 000~10 000元的由院办公室和机关服务中心研究后，报分管院领导批准；金额在10 000元以上由院办公室和资产处会同机关服务中心研究决定后，报分管院领导批准。审批单附在发票后一同报账。

第十四条 车辆购买、报废，由机关服务中心领导根据上级有关规定研究提出购买或报废计划，经院办公室审核再报院分管领导批准后，方可上报。

第十五条 院本级及调配给院本级使用的车辆原则上服务于院机关，院属单位因工作需要在本单位车辆无法满足时，可向院机关服务中心提出申请，小车班领班根据情况予以安排。

第十六条　院机关服务中心根据院工作需要，可以调拨使用院属各单位公务车辆，各单位应优先确保。严禁机关各部门未经院机关服务中心同意直接调用院属单位车辆；未经院机关服务中心同意擅自使用，一律由个人承担费用。院机关和院属单位交叉使用的车辆，每年年底前须结清用车费用。

第十七条　机关以外单位使用院本级车辆，按以下标准计算费用：小轿车、商务车、越野车 2.00 元/公里；中巴车 3.50 元/公里；大巴车

4.00 元/公里。

第十八条　本规定自 2012 年 1 月 1 日起实行，原《中国热带农业科学院公务车辆管理办法（暂行）》（热科院发〔2010〕366 号）同时废止。本规定与上级部门规定不相符的以上级部门为准。

第十九条　本规定由院办公室负责解释。

附件：1. 中国热带农业科学院公务用车申请单（略）

2. 中国热带农业科学院机关部门使用私家车、出租车登记表（略）

中国热带农业科学院公务接待管理办法

（院办发〔2012〕3 号）

第一章　总　则

第一条　为进一步规范公务接待工作，严肃接待纪律，节约经费开支，加强党风廉政建设，厉行节约、勤俭办事，特制定本办法。

第二条　本办法适用于院区管委会、院机关、院派驻机构等部门。

第三条　本办法所称公务接待对外是指接待上级领导、上级部门及院外有关单位到热科院视察工作、检查指导、考察调研、出席会议、学习交流等公务活动；对内是指院驻外单位到院汇报工作、办理业务、参加会议等公务活动。

第四条　全院公务接待工作由院办公室统一归口管理、统筹协调安排。院办公室要充分依托各派驻机构和院属各单位构建全院接待体系，要充分利用院布局在北京、广州、湛江、海口、儋州、兴隆、文昌、三亚的优势，建立健全完善的接待网络，为院接待工作提供保障；机关有关部门要根据本部门职能加强对接待工作相应业务的指导和监督，财务处要加强院本级接待经费的预算和决算管理，监察审计室、机关党委要加强对全院接待工作的监督。

第二章　接待原则

第五条　公务接待要切实贯彻"有利公务、

对等对口、简化礼仪、务实节俭、杜绝浪费、尊重少数民族风俗习惯"的原则。

第六条　坚持规范化、标准化、制度化的原则，执行党和国家有关廉政建设的规定，符合礼仪要求，杜绝随意性。要根据来宾的身份和任务执行不同档次的接待标准，反对铺张浪费。

第七条　坚持内外有别的原则。对外接待要做到热情接待、周到服务、扩大宣传，为热科院建设与发展服务；对内接待要厉行节约、满足基本需要。

第八条　坚持院办公室归口管理与对口部门接待相结合的原则，院办公室负责接待工作的业务指导，直接办理院层面的重要接待事务；一般性或业务性较强的接待事务，由有关部门牵头对口接待。

第九条　坚持定点接待的原则。一般性公务接待活动餐饮原则上安排在院职工餐厅，住宿和院外宴请原则上安排在定点单位（附件1）。特殊情况的，经院领导批示后按要求办理。

第三章　接待范围及分工

第十条　中央国家机关司局级以上领导干部，各省、市、自治区厅局级以上领导及全国各界知名人士、专家、学者来院参观考察，由

院办公室负责接待。

第十一条 院机关的日常公务接待：

1. 来院联系工作的其他人员，由院办公室接洽后介绍到对口业务部门接待。

2. 院内外老干部来院公务参观考察，由离退休人员工作处协调安排接待。

3. 专家、学者来院进行学术活动，由院学术委员会协调、学术活动承办单位具体负责接待。

4. 外宾、海外华侨、港澳台同胞来院参观考察、洽谈经济技术合同和学术交流，由国际合作处或考察单位负责接待。

5. 涉及全院层面的以及来院的新闻媒体，由院办公室负责接待。

6. 涉及全院性业务、或职能难以区分不宜对口安排的，由院办公室负责接待。

第十二条 院属各单位、机关各部门举办或承办的全国性会议、行业会议或重大活动以及省内的各种会议，由本单位、本部门负责办理，院办公室负责协调接待计划落实。

第十三条 对无代表实体单位及实质内容的来访，应婉言谢绝。

第四章　接待标准

第十四条 住宿标准。参照中央党政机关出差会议定点有关规定执行。

第十五条 餐饮标准。

招待用餐分为工作餐、客餐、宴请三个档次：

1. 工作餐。按职工工作餐就餐标准，在院职工餐厅统一安排，主要接待一般性业务工作来访人员及院属单位（不含在海口办公的院属单位）领导和专家，标准每人每餐20元。

2. 客餐。中央级客人每人100元/天；部、省级领导和院士、国家著名专家，每人80元/天；厅、局级或相当专家、学者等，每人60~70元/天；处级或相当专家、学者等每人50~60元/天；其他人员每人45元/天以下。

3. 宴请。中央级客人每人100元/餐；部、省级领导和院士、国家著名专家，每人80元/餐；厅、局级或相当专家、学者等每人60~70元/餐；处级或相当专家、学者等每人50元/餐。

用餐安排应严格控制陪餐人数，原则上接待3人以内由1~2人陪餐，接待4~8人由2~3人陪餐，接待8人以上，由3~5人陪餐。

第十六条 用车标准。接待用车根据接待对象身份、人数、工作任务、身体状况等情况综合安排，原则上使用院接待车。接待对象和陪同人员超过10人的使用中巴车，超过20人的使用大巴车。

第十七条 礼品标准。馈赠礼品原则上使用院属单位科技产品，院属单位科技产品的调拨由院办公室归口管理。其他部门不得直接向院属各单位调拨科技产品。调拨科技产品实行年度结算，可由院通过项目的方式补助调拨单位。

第十八条 严禁自行安排香烟、名优特产等超标准礼品，确需安排的要履行严格的报批手续。接待用酒水原则上使用院指定的接待专用酒。

第五章　接待的工作流程

第十九条 接待方案制定。接待单位应根据公务活动的需要制定接待方案，接待司局级及以上领导应提前制作接待方案（包括科学制定参观考察路线），规范接待程序，提高接待质量，同时要注意宣传热科院，树立良好形象。

第二十条 接待工作组织。

按照对等接待的原则，中央国家机关司局级以上领导干部，各省、市、自治区厅局级以上领导及全国各界知名人士、专家、学者来院参观考察，由院办公室拟定接待方案，经院长（党组书记）批准后，派院领导出面接待，对口部门负责人陪同并汇报工作，院办公室负责接待方案落实。

院机关的日常公务接待，由对口业务部门拟定接待方案，报院办公室审核、分管院领导批准后负责接待，院办公室配合接待计划落实。

院属各单位接待上级单位司局级及以上领导或处级重要岗位领导，或相关领域知名的院士、专家，应提前向院办公室报告，由院办公室报请院主要领导批准后协调院领导陪同和主持宴请。

承办各类会议，由承办单位和部门拟定接

待方案，并于会前7个工作日向院办公室提交办会申请及会务接待方案。需院领导出席会议的由院办公室提请院长同意后协调安排。

第二十一条 接待流程。

1. 信息采集及沟通；
2. 任务分类分工；
3. 办理审批手续；
4. 迎送车辆安排；
5. 住宿安排；
6. 用餐安排；
7. 工作汇报、参观考察安排；
8. 宣传报道安排；
9. 馈赠礼品安排；
10. 迎送、陪同领导安排；
11. 接待费用结算报账；
12. 总结及评价。

接待过程中，应指定专人负责协调联络，确保接待工作组织有序。

第二十二条 接待信息采集和报告。接待单位接到来访信息后，需及时、完整采集接待信息，填报接待信息采集表（见附件3）。接待信息是指接待对象的基本情况，包括带队领导、人数、姓名、性别、民族、职务、通信方式、食宿禁忌、抵离方式及时间、工作任务、活动内容及要求等内容。信息采集表每季度汇总后报院办公室备案。院办公室要负责建立健全全院接待档案。

第六章　接待经费管理和使用

第二十三条 院层面和院机关部门的接待由院本级预算安排经费，接待经费由院办公室统筹协调管理。

1. 院党政主要领导接待客人按实际开支安排。院副职领导接待客人或在院外开展接待应酬活动，原则上需在发票上签署本人名字，由院办公室工作人员协助填写"接待计划审批表"并按有关程序办理报销手续。

2. 院派驻机构驻北京联络处、兴隆办事处、文昌办事处的接待领导管理由院办公室统筹负责，接待任务由院办公室下达，院预算安排到派驻单位的接待经费其使用管理由院办公室负责，原则上不能用于接待院属单位有关领导和

专家。

第二十四条 院属各单位接待经费由各单位本级预算安排，各单位应加强对公务接待经费的预算管理和使用管理。

第二十五条 院重大活动、全院大型会议（如年度工作会、职代会、机关党代会等）、大型专项会议（如科技工作会、财务工作会、人事工作会等）的接待，由责任部门（或会议承办部门）编列专项预算，并按审批程序经院领导批准后实施。

第二十六条 以院名义举办、承办或需要院经费支持的全国性会议或行业会议，需院支持经费的由会议承办单位凭主要领导批示编列专项予以支持。

第二十七条 经费预算审批。接待经费每批次（每批次是指该批客人到达-离开时间段的批次，下同。）总额300元以下的，由各部门提出，院办公室核准；接待经费每批次总额300～3 000元（含3 000元）的，由各部门提出，院办公室审核，分管业务院领导核准，分管办公室院领导审批；接待经费每批次总额3 000元以上的，由各部门提出，院办公室审核，分管业务院领导和办公室院领导核准，由院主要领导审批。各部门要严格按审批程序执行，在客人到达之前完成审批手续。

第二十八条 经费报销。各部门要严格按"接待计划审批表"中经费预算执行，并凭"接待计划审批表"和有关票据到分管接待工作的院办公室领导处签字后方可报销（报销有关票据由部门经办人和负责人签字后，分管接待工作院办公室领导方可在报销有关票据上签字），报销手续原则上在接待任务结束后一个月内完成。

第七章　接待要求

第二十九条 宴请要从严掌握，不能逢客必请。一定要宴请的或迎或送只能一次。

院领导按业务对口安排，原则上不多位领导同时出面接待。

第三十条 严格控制陪餐次数、人数。院内部会议代表用工作餐时，一般不安排陪餐；严禁利用接待活动或使用接待经费安排本部门、

本单位聚餐，严禁院内相关单位之间互相宴请。

第三十一条 在公务接待活动中，不得使用公款进行高消费娱乐、健身、旅游和与工作无关的其他活动。违反规定的，财务部门不予报销；情节严重的，由院办公室、财务处、监察审计室研究处理意见，报院处理。

第三十二条 各单位应严格控制接待经费的开支，财务部门要加强对接待经费的预算管理和使用管理，监察审计室要加强对公务接待经费使用情况的监督，加强对违纪违规问题的查处。

第三十三条 接待人员要严格保守秘密，遵守接待纪律。

第八章 附 则

第三十四条 院属各单位应根据本规定参照执行。

第三十五条 本办法自 2012 年 1 月 1 日执行，原《中国热带农业科学院公务接待管理办法（暂行）》（热科院发〔2010〕366 号）同时废止。本规定与上级部门规定不相符的以上级部门为准。

第三十六条 本办法由院办公室负责解释。

中国热带农业科学院机关通讯费补贴管理办法（修订）

（院办发〔2012〕87 号）

第一条 为了规范职务消费，进一步改革和完善通讯工具管理制度，控制通讯费（包括移动通讯费补贴和住宅电话费补贴）支出，参照《海南省省直机关通讯费补贴管理办法》，结合热科院实际，特制定本办法。

第二条 通讯费补贴的范围和对象：院机关和参照机关人员管理的相关单位（以下简称"各单位"）在编在岗的工作人员。

第三条 移动通讯费补贴标准：正局级每人每月 280 元；副局级每人每月 240 元；院务委员每人每月 220 元；正处级（含主持工作的副处级）每人每月 200 元；副处级每人每月 180 元；正科级每人每月 150 元，副科级每人每月 130 元；科级以下每人每月 80 元；副高级及以上专业技术职务人员每人每月 150 元；中级专业技术职务人员每人每月 130 元。

第四条 住宅电话费补贴标准：正局级每人每月 140 元；副局级每人每月 120 元；院务委员每人每月 110 元；正处级（含主持工作的副处级）每人每月 100 元；副处级每人每月 90 元；正科级每人每月 70 元；副科级每人每月 60 元；科级以下每人每月 30 元；副高级及以上专业技术职务人员每人每月 70 元；中级专业技术职务人员每人每月 50 元。

第五条 特殊工作岗位人员，可在规定的补贴标准之外，按不同岗位情况每月另行增加 100 元至 250 元的补贴。

第六条 通讯费按出勤天数考核，按月发放，当月工作 15 天以上的（含 15 天）全额发放通讯费，不足 15 天的不予发放。

第七条 实施通讯费补贴，均以职工现职务、级别为准，今后职务、级别有调整的，从调整后的下一个月起相应调整通讯费补贴标准。

第八条 各单位通讯费补贴所需经费，按现行财政供给渠道在单位的公用经费定额中调剂解决，列"通讯费"科目，随个人工资发放。

第九条 离休人员及副厅级以上退休人员只安排住宅电话费补贴，仍按《关于进一步贯彻落实〈中共中央、国务院关于党政机关厉行节约制止奢侈浪费行为的若干规定〉的补充通知》（琼办发〔1998〕34 号）的规定执行，补贴标准调整为 100 元（含住宅电话基本费），所需经费按原渠道解决。院驻省外单位人员通讯补贴按属地管理原则处理。

第十条 院属各单位参照本办法制定本单位通讯费补贴管理办法。但同级人员的通讯补贴不得高于机关标准，所需经费按原渠道调剂解决。

第十一条 凡享受单位通讯补贴的职工，要向所在单位公布手机、住宅电话号码，并确保手机、住宅电话全天 24 小时处于正常使用状态，无特殊原因不得擅自关机、停机。电话号码变更的要在 5 个工作日内向所在单位报告。对不正常关机，发生 1 次予以提醒，发生 2 次予以通报，发生 3 次的扣发通讯补贴 3 个月，情节严重的要追究当事人责任。

第十二条 所有享受通讯补贴的人员在接到电话后应及时接听，对于不及时接听电话或不及时做出反应的人员，发生 1 次予以提醒，发生 2 次予以通报，发生 3 次的扣发通讯补贴 3 个月，情节严重的要追究当事人责任。

第十三条 机关全体人员、院属单位领导

班子成员要确保手机全天 24 小时开机（乘坐飞机、参加会议等有特殊要求的情形除外）。下级对上级的电话要及时回复和处理，拒不回应的要追究当事人责任。

第十四条 纪检、监察、审计、财务等部门要加强通讯费补贴监督检查，对超标发放通讯补贴、利用公款购置通讯工具、报销个人通讯费用等违规行要予以查处，并追究有关领导责任。

第十五条 本办法自 2012 年 8 月 1 日起执行。

第十六条 本办法由院办公室负责解释。

企业清理专项资产处置工作指导性意见

（热科院办〔2012〕360 号）

依据 2012 年 5 月 22 日院企业清理工作会议精神，现就企业清理专项资产处置指导如下：

一、各研究所作为投资主体应切实履行出资人职责，加强对各企业的监管，各企业应按企业财务及资产管理制度规定，加强资产管理。

二、各单位对所负责企业的固定资产做进一步清理和处置。

1. 对企业待报废及无实物的固定资产，详列清单并提出固定资产处置及报废申请。

2. 院、所、企业相关联的资产，清理单位应明确产权单位、资金来源和具体情况。不同单位间交叉使用的资产，由产权单位收回、或由产权单位、使用单位提出划拨或调剂申请。

3. 报废及划拨、调剂事项均为资产处置事项，须由企业提出申请，经所（站）领导班子

集体研究决策，提交企业清理小组研究，报院审批。院审批同意后，由各所督促企业依据企业财务及资产管理规定，办理资产报废、注销、报增和产权划转手续，及时进行账务处理。

三、企业清理所涉及的未进行财务决算并列增资产的房屋，落实具体决算单位，决算并列增资产，由最终产权单位落实对外投资。

四、土地不得用于企业投资。各企业应以租赁等方式明确院、所、企业之间的土地关系，加强管理，防患土地资源管理风险。已经以土地出资的，应办理手续将土地出资撤出或调换。

五、注册资本金不实的，应根据办理注册时的具体情况，以及目前企业状况，予以充实或减少注册资本金。

十、党建、监察审计与精神文明建设

党的工作概况

2012 年，院党组以学习型党组织建设和基层组织建设为着力点，大力推进思想、组织、作风、制度和廉政建设，服务发展大局，取得了较好成效。

一、强化理论武装，开创了学习型党组织建设新局面。理论中心组学习的制度化、常态化机制初步建立，集中学习 12 次，先后学习了中央农村工作会议精神、2012 年中央一号文件精神、海南省第六次党代会精神和韩长赋部长在热科院调研时的讲话精神、胡锦涛同志 7.23 讲话精神、全国科技创新大会精神等内容；组织召开了热科院第一届党务干部学习研讨会；学习宣传贯彻党的十八大精神，丰富学习形式，会前积极部署，会后认真学习，充分调动全院干部职工学习十八大精神的热情和积极性，推动了学习宣传贯彻活动全面深入开展；全年编辑印发了 8 期《学习与交流》。

二、加强基层组织建设，创先争优活动圆满收官。开展基层组织调研、定级、整改，评出先进基层支部 27 个，一般支部 65 个，后进支部 0 个；批复了 5 个基层党组党组织、纪委组织选举的结果，促进了基层组织的机构健全和持续发展；开展了"我与支部共成长"征文活动，共评出获奖征文 23 篇；院党组对 2010～2012 年创先争优活动中创出佳绩的 12 个基层党组织、20 名共产党员进行了表彰，热科院 3 个基层党支部和 4 名优秀党员受到了省直工委的表彰；对海口院区离退休党组织进行了调整，优化离退休支部的设置；先后组织 50 多名书记参加院党务干部学习研讨会、农业部、省直工委的高级党务干部研修班、培训班等，提升党务干部队伍素质；组织了两批 53 名入党积极分子参加了省直工委的入党培训，为今后发展党员奠定了良好的基础。

三、弘扬优良作风，推进文明单位建设。大力弘扬雷锋精神，提升改进作风的自觉性和主动性；贯彻落实中央政治局改进工作作风、密切联系群众八项规定；着力推进环境文明建设，按照加强院区环境建设的工作要求，将院机关负责管理维护的草坪绿地划分责任区，积极组织参与海口院区单位的环境考核评分，通过近一年的努力，大大美化了院容院貌，共同营造了美丽、洁净的工作生活环境。

四、强化目标管理，提升制度科学化水平。落实党建目标管理制度，强化支部考核，修订了《2012 年度党建目标管理内容和考核标准》，制定《中国热带农业科学院基层党支部党建工作目标管理内容和考核标准》，全院的党建目标管理考核与年终考核一同进行；修订工作制度，完善制度体系，修订了《中国热带农业科学院领导班子理论学习中心组学习办法》和《中国热带农业科学院信访管理规定》，明确了工作责任，简化了办事程序。

五、大力动员部署，创新文化建设稳步推进。印发《中国热带农业科学院党组关于进一步加强创新文化建设的意见》，明确了热科院创新文化建设的意义、目标、原则、要求和任务；围绕创新文化建设，开展"院兴我荣、院衰我耻"、"所兴我荣、所衰我耻"的主题活动，全面提升全院职工的事业心、责任感，推进创新文化建设在全院各单位按计划、按步骤的顺利开展。

监察审计概况

2012年，热科院以科学发展观为指导，遵循"强化服务，规范管理，控制风险"的理念，紧紧围绕热科院中心任务，强化热科院廉政监督、作风监督、制度监督、审计监督的作用，有力地促进了热科院各项工作的顺利开展。

一、开展廉洁文化"进基层、进项目、进课题"为主线的"党风廉政建设年"活动。创新廉政宣传教育载体，订购廉洁文化台历，组织订阅《党风廉政建设》等期刊、《防腐拒变每月一课》等音像教材、举办各类廉政教育培训班、组织观看反腐倡廉电教片、撰写心得体会等形式，加强了党性锻炼，培养了廉洁意识。院与机关13个部门、院所属14个科研机构和3个附属单位主要领导分别签订了《党风廉政建设责任书》，把落实"党风廉政建设年"纳入责任考核内容。通过征求意见、处级以上干部自我剖析和每月统计报表等多种形式，按计划、循步骤地推进热科院集中整治"庸懒散贪"问题专项工作，切实加强热科院作风建设。举办了2012年度的纪检监察干部业务培训班，邀请了农业部监察局、海南省纪检委的领导和内部控制专家授课。重视纪检信访案件查处。

二、开展督查督办活动，加强重点领域关键环节监督。将上级部门交办的重大事项、院年度工作计划和重点工作任务、事关民生和职工关注的重大问题等重大事项纳入院督查督办的主要内容。采取书面督办、电话督办、实地督办、会议督办、网络督办等5种方式，建立电子督察督办系统，制定了督查督办事项问责制，在新的督办方法督促下，各单位基本都按计划完成了工作任务。在重大工程建设领域，把纪检工作与招投标监督工作紧密联系起来，加强对海口经济适用房等重大工程的监督，确保重大工程建设过程合法合规。在政府采购领域，根据在政府采购工作检查中发现的问题，召开了仪器设备招投标研讨会，强化设备采购程序，加强设备参数设定规则，下发了《中国

热带农业科学院招标采购仪器设备配置参数制定程序及标准的指导性意见》。

三、深入开展内部审计工作。加强制度建设，组织拟订了《审计项目操作规程》、《科研经费审计实施办法》、《财务预算与执行情况审计实施办法》、《院属单位主要领导干部经济责任审计实施办法》、《院内部审计工作规定》、《院内部审计结果整改落实规定》等内部管理办法，规范审计行为。前移审计关口，在离任必审的基础上，加强了任中经济责任审计、财务收支审计。将审计工作重心从传统的离任经济责任审计等事后审计向任中经济责任审计、财务收支审计等事中、事前转移。关注民生工程，开展海口院区经济适用房跟踪审计。

四、推进审计整改落实，根据《中国热带农业科学院2009~2011年审计结果整改工作方案》，对南亚所、农机所等15个单位27个经济责任审计报告的审计结果整改情况进行检查，逐条对照审计提出的整改意见，检查整改落实情况，逐条指导整改，帮助各单位处理难于整改的审计事项74项。

五、细化常规审计，促进单位发展。完成了对附属中小学原校长孔祥青离任经济责任审计，并对审计过程中发现的违规行为进行查处，收回违规金额24万多元。完成了发展公司总经理陈方升离任经济责任审计、国家科技园财务收支审计，对国家科技园在财务管理资金使用、项目投资效益管理方面存在的问题做出了客观公正的评价，对发现的违规发放金额30.2万元，责令限期收回。完成了测试中心财务收支审计，就其固定资产、无形资产、收入核算管理指出了存在的问题，并着眼单位发展，提出了管理建议。同时，完成了院本级基建项目相关材料的审核（基建项目预算备案9项、结算备案10项、招标书审核10项、备料款及进度款等审核30项）。共核减结算金额共计76 534.00元。

工会统战概况

一、统战工作。加强统战部署，发挥参政议政职能。年初召开了统战、侨联 2012 年工作会议，通报统战工作的成果和工作计划，研究部署了各民主党派和侨联工作，听取了院各民主党派和侨联代表的意见建议；指导各民主党派在调研的基础上，为地方经济建设和院的科研事业发展提出合理化建议。切实做好政协、统战服务工作。推荐了热科院 5 位同志作为海南省第六届政协委员人选；支持各民主党派和侨联开展活动，重点协助了民进、民革、民盟、九三学社等开展了 4 次调研活动，支持经费 4 万多元；指导并帮助各民主党派完成换届选举工作；经院侨联积极推荐，热科院 2 位专家获得全国侨界贡献奖。维护侨权侨益。完成省侨联第五届代表及归侨先进单位、先进个人候选人推荐工作。办理第六批 7 人离退休归侨生活补贴，继续跟踪办理 1 名离退休归侨生活补贴事宜。经多次向海南省外事侨务协调，明确了 92 名归侨退休职工生活补贴待遇享受时间，为他们争取了更多的权益；组织慰问院老归侨、侨眷及老弱病残人员 110 人。

二、群团工作。文体活动丰富多彩。先后举办三八妇女节趣味活动、院"激昂青春 缘聚湛江"青年联谊活动、机关工作人员联谊活动、儋州院区足球联谊赛、五四青年节趣味篮球赛、全院职工篮球赛、院羽毛球比赛等多项活动；组织广大青年参加海南团省委主办的"海情缘"交友平台及其组织的 2 次联谊活动、海南省直团工委组织的主题团日活动、省妇联组织的"巾帼志愿者"活动；建立院男子、女子篮球队和足球队，极大地丰富了广大职工的文化体育生活。群团组织评奖评优成果丰硕。2012 年度，王秀全同志获得海南省"青年五四奖章"，附中团委获得海南省"五四红旗团委"荣誉称号；女工委组织评选表彰了 10 名院"三八红旗手"。加强困难职工关怀帮扶。本年度慰问生病困难职工 6 人；为身患重病的科技园区王国境同志筹集到爱心捐款 120 656 元。推进青年思想教育，组织机关青年读书活动。开展了针对新进青年科技人员的院情院史教育活动，受到了青年职工的欢迎。强化信访工作职能，2012 年共接待信访人员 12 人次，处理信访事项 7 件；完善信访工作体系，明确了院、所两级信访机构的负责领导和工作人员，实现了机构健全、人员到位，保障了基层群众反馈意见建议的渠道畅通，为院的稳定发展做出了贡献。

三、计生工作。强化计生工作责任制。加强对人口与计划生育工作的指导，实行目标管理责任制，与各单位党政一把手签订计生工作责任书，提升责任意识；提高各单位对计划生育工作的重视程度，坚决执行人口计划生育工作一票否决制。切实加强计生监督检查。严格对照目标任务，对各单位的工作情况进行指导检查，全年查处职工违法生育一人；开展了 2012 年度计生工作考核。

安全稳定概况

一、社会稳定方面。以创建"平安院区"为重点，通过完善应急机制，加强不稳定因素情报信息收集工作及重点人员的管控，坚持教育疏导、妥善处置、防止激化的原则，积极稳妥地解决矛盾纠纷和群体性事件，解决了部分村队的土地纠纷、抢割橡胶、抢种苗木等多起矛盾纠纷问题，及时化解矛盾，有效地防止事态扩大，防止群体性事件的发生，为热科院的发展提供稳定、和谐的环境。

二、治安防控方面。坚持"打防结合、预防为主"的方针，加强各院区重点部位的治安巡逻，积极做好社会面的防控，在儋州院区安装视频监控系统，覆盖各主要路口及办公、住宅区域，保障院区职工群众的生命财产安全，同时做好热科院大型活动的安保工作。2012年，协助公安机关破获2宗特大盗窃案件、1宗敲诈勒索案件、1宗绑架案件和1宗涉校恶性伤害案件，共抓获嫌疑人15人，与往年相比，发案率明显下降，院区治安环境得到较大的改善，职工群众安全感逐年提升。

三、安全生产方面。2012年8～10月，在儋州、海口院区的环植所、信息所、生物所、海口实验站、测试中心等单位开展消防安全教育，共举办3次消防安全知识讲座，讲座内容涉及火灾逃生应急知识以及消防器材现场演练等，参加讲座的职工近千人。2月13～17日，对儋州院区各单位进行消防安全检查。检查中，当场整改火灾隐患15处，并对存在问题较多几家单位下发了限期整改通知书。7～9月、12月下旬，对儋州、海口、湛江3个院区各单进行2次安全生产检查，认真排查隐患，做到防患于未然。

领导讲话

在 2012 年党风廉政建设工作会议上的讲话

王庆煌　院长
（2012 年 2 月 20 日）

同志们：

今天，我们召开 2012 年党风廉政建设工作会议，深入学习贯彻十七届中央纪委七次全会和农业部 2012 年党风廉政建设工作会议精神，总结部署 2011 年热科院党风廉政建设和反腐败工作，部署 2012 年任务，为实现热科院"一个中心、五个基地"战略目标和热科院各项事业又好又快发展提供坚强的组织保证。

刚才，雷书记传达了胡锦涛总书记在十七届中央纪委七次全会上的重要讲话精神和农业部韩长赋部长、朱保成组长在农业部 2012 年党风廉政建设工作会议上的讲话精神。在农业部这次会议上，欧阳副书记代表热科院有史以来第一次在农业部做党风廉政建设工作经验汇报，得到上级领导的充分肯定和各个方面的积极反响。朱保成组长对院党组抓好党风廉政建设和反腐败工作取得的成绩表示肯定，各司局有关领导也对热科院开展党风廉政建设工作经验给予关注和赞扬。可以说，2011 年，在部党组的正确领导下，热科院党风廉政建设工作取得了显著的成绩。在此，我向大家表示感谢和慰问。

今天召开这次会议，就是促使我们进一步认清当前热科院反腐倡廉形势，把广大党员、干部的思想认识统一到中央和农业部的工作部署和要求上来，进一步保持党的纯洁性和先进性，把热科院党风廉政建设和反腐败斗争引向深入。

下面，我讲四点意见。

一是深入学习胡锦涛总书记重要讲话精神，努力确保党的纯洁性。

胡锦涛总书记的重要讲话，从党和国家事业发展全局和战略的高度，全面总结了党风廉政建设和反腐败斗争取得的新成效和新经验，科学分析了当前的反腐倡廉形势，明确提出了今年党风廉政建设和反腐败工作的总体要求、主要任务，深刻阐述了保持党的纯洁性的总体要求和工作重点，强调全党要不断增强党的意识、政治意识、危机意识、责任意识。胡锦涛总书记的重要讲话，是对马克思主义党的建设理论的创新和发展，对于指导当前和今后一个时期党风廉政建设和反腐败斗争，全面推进党的建设新的伟大工程、保持党的先进性和纯洁性，具有重大深远的意义。我们要认真学习、深刻领会，迅速把思想统一到中央对反腐败斗争形势的科学判断上来，把行动统一到贯彻落实中央关于反腐倡廉的决策部署上来。一要充分认识保持党的纯洁性的极端重要性和紧迫性。保持党的纯洁性是确保党的执政地位、巩固党的执政基础的重要保证，是保持党同人民群众血肉联系的重要保证，是实现党和国家兴旺发达、长治久安的重要保证。热科院担负着热带农业科技工作的重大使命，热科院党员干部始终保持党的纯洁性，才能体现始终服务农民的宗旨，才能增强我们在农民群众中的威信，才能赢得广大农民群众的信赖和拥护，才能在新的起点推动热带农业科技事业创新跨越。二要深刻领会保持党的纯洁性的总体要求和工作重点。胡锦涛总书记的重要讲话，提出了新形势下保持党的纯洁性"四个相结合"的总体要求，以及"五个大力"的工作重点。"四个相结合"就是要坚持强化理论武装和严格队伍管理相结合，发扬党的优良作风和加强党性修养和党性锻炼相结合，坚决惩治腐败和有效预防腐败相结合，发挥监督作用和严肃党的纪律相结合，最终达到不断增强自我净化、自我完善、自我革新、自我提高能力的总体要求。"五个大力"

就是要大力保持党员干部思想纯洁、队伍纯洁、作风纯洁、清正廉洁，大力加强监督和严明纪律。三要准确把握做好保持党的纯洁性各项工作的重点环节，要强化理想信念教育，确保思想纯洁，要严格把关，确保队伍纯洁，要大力弘扬党的优良作风，确保作风纯洁；要防治消极腐败，确保清正廉洁；要坚持党内监督，严格执行党的纪律。在这里，我要着重强调的是，全院各级党组织要广泛发动和组织党员干部、科技人员围绕今年一号文件开展以"国家需求就是我的志愿，热区产业升级、农民增收就是我的专业"为主题的大学习、大讨论活动，以此提升和坚持理想信念，从而增强为热区"三农"工作奋斗的自觉性和积极性。

二是充分认识新形势下党风廉政建设和反腐败斗争的长期性、复杂性、艰巨性。

我们必须清醒地看到，党风廉政建设和反腐败斗争仍然面临一些突出问题，反腐败斗争形势依然严峻、任务依然艰巨。综合起来看，当前党风廉政建设和反腐败斗争的总体态势是"三个并存"，即成效明显和问题突出并存、防治力度加大和腐败现象易发多发并存、群众对反腐败期望值不断上升和腐败现象短期内难以根治并存。我们既要看到反腐败斗争取得的明显成效，又要看到反腐败斗争的长期性、复杂性、艰巨性。要以更加坚定的决心和更加有力的举措坚决惩治腐败、有效预防腐败，进一步提高反腐倡廉建设科学化水平。近年来，随着国家对农业科技的投入大幅度增加，热科院的科研经费、政府采购、基本建设、产业开发总量和规模都将越来越大。同时，热科院还掌握着不少土地、房屋、科技成果等公共资源。在经费的使用，土地、房屋利用，成果转化和收益，基建和政府采购招投标等方面存在着较大风险。同时，随着市场经济的发展，方方面面与社会的联系越来越密切。如果管理监督不到位，社会上一些腐败现象很容易渗透进来，产生这样那样的问题。如果我们疏于管理，监督不到位，就可能会出现决策失误和腐败问题。需要强调的是，近些年科研机构发生的腐败案件明显增多，国家也越来越关注科研经费的使用，不断加强科研经费的审计监督。要想人不

知，除非己莫为。我们既要雷厉风行、创新干事，抓发展，又要把握原则，依法创新发展。对此，我们的领导干部一定要保持清醒的头脑，时刻绷紧反腐倡廉这根弦，要把认识统一到中央、农业部反腐倡廉的工作部署和要求上来，增强政治责任感和现实紧迫感，坚持廉政自律，认真落实好本单位、本部门的反腐倡廉工作，为我们的科研事业健康发展提供有力的保证。

三是以"党风廉政建设年"为载体，扎实做好2012年反腐倡廉各项工作。

2012年是实施"十二五"规划承上启下的重要一年，是推进热科院"一个中心、五个基地"建设的重点阶段，也是深入推进惩治和预防腐败体系建设的关键一年，院党组从贯彻落实中央和部党组党风廉政建设决策部署出发，结合热科院建设发展和科技工作实际，把2012年确定为"党风廉政建设年"，其目的就是要真抓实干、抓好落实，在新的起点系统推进热科院反腐倡廉建设科学化水平，为此，我们在抓好反腐倡廉教育、领导干部监督、制度建设、专项治理等常规工作的同时，针对热科院工作的薄弱环节和突出问题，把反腐倡廉工作落到实处。

一要强化责任、抓好落实，严格落实党风廉政责任制。各单位领导班子，特别是党政一把手是党风廉政建设的第一责任人，要负起政治责任，抓大事、抓重点，推动反腐倡廉工作始终围绕中心，服务大局，把各项工作任务分解到职能部门、课题组，使每项工作都有人抓、有人管，做到责任、要求、措施、效果四落实。要落实岗位责任，一级抓一级，层层抓落实，形成各负其责、齐抓共管的工作局面，充分发挥各级纪检干部的组织协调和监督检查作用，协助领导班子抓好本单位的反腐倡廉工作。要把党风廉政建设工作纳入单位整体工作中，统一领导、统一规划、统一部署、统一落实，真正做到认识到位、领导到位、工作到位、责任到位。二要抓好重大决策部署落实和效能监督，要抓好中央一号文件、农业部工作部署和院领导班子重大决策部署的落实，启动行政效能监察试点工程，推行首办负责、限时办结和责任追究制度，着力提高办事效率，坚持内部监督

与外部监督相结合；坚持事先防范、事中监督和事后检查相结合；坚持标本兼治、综合治理，逐步建立廉政与效能并重的长效机制。三要统筹结合、综合监督，把反腐倡廉建设与开展"创先争优"活动结合起来、与加强干部队伍建设结合起来、与加强基层基础工作结合起来。加大反腐倡廉宣传教育活动，重点开展廉洁文化进基层、进项目、进课题。加强对领导干部廉洁自律监督，实行"目标管理、量化考核、绩效奖罚"的管理机制，不断加强纪检监察队伍建设。要强化科研项目管理，加强对重大科研课题的审计监督，管好用好科研经费，严格实施课题组长负责制。要坚持以人为本，着力保障和改善民生，重点抓好民生工程的推进过程监督，确保工程质量，真正做到"民心工程"。四要发现和解决实际问题，各单位对存在的问题不遮掩不隐瞒，针对科研管理、基本建设、政府采购等重点领域、关键环节容易发生的问题，以及在专项治理和审计中发现的问题，还有群众反映强烈的问题，要切实拿出务实管用的措施，加大查纠力度，加大整改力度。五要创新体制机制，深化廉政风险防控机制建设，深入推进廉政风险防控长效机制建设，切实从源头上预防腐败问题的发生。六要发扬求真务实、真抓实干、知难而进、锲而不舍的奋斗精神，在扎实做好2012年各项重点工作的过程中抓好党风廉政建设，形成工作亮点。

四是要以作风能力建设为重点，全面加强干部人才队伍建设。

要把"坚定贯彻党的路线方针政策、善于领导科学发展"作为根本目标，采取有力措施，进一步加强党员领导干部思想政治建设，能力作风建设。大力实施"人才强院、强所"战略，不断加强各级领导班子能力建设和干部人才队伍整体素质。按照"德才兼备、以德为先"的标准，树立"注重品行、科学发展、崇尚实干、重视基层、鼓励创新、群众公认，坚持重实绩、重贡献，不唯学历、不唯资历"的用人导向。按照农业部党组《关于坚持干部深入基层和加强实践锻炼的意见》、《关于进一步推进农业部门深入基层为民服务创先争优活动的意见》的部署，特别注重加强年轻干部和青年科技人员的培养使用力度，从战略和全局的高度，制定青年干部培养计划、包括学习培训、交流轮岗、基层挂职、实践锻炼等。要求领导干部发扬深入实际、深入基层、深入群众，多层次、多方位、多渠道调查研究的工作作风。各级党组织要号召广大党员和科技人员扎根基层、深入生产第一线，把论文写在大地上，把成果送进农民家。同时要解放思想，建立健全有利于青年干部和优秀科技人员脱颖而出的体制机制。

领导干部作风建设是党的建设的一项战略任务，必须长抓不懈。当前，农业科技正面临着前所未有的机遇，抓住机遇，应对挑战，领导班子是关键，领导干部作风是保证。作风是内在素质的外在表现，良好的作风是抵御消极腐败的强大动力。加强作风建设，要带头贯彻执行民主集中制，民主集中制执行不好的，不能担任党政正职，对"一把手"违反民主集中制、造成重大决策失误的，要严肃追求责任；造成领导班子严重不团结的，要及时采取组织措施。各单位领导班子成员要分工负责，在分管工作中全面落实作风建设的要求。同时，要注重把握作风建设的特点和规律，增强工作的针对性和有效性，创造性地开展工作。要重视利用本单位、本部门原有的各种载体，善于借势，善于结合，善于统筹，达到共同推进、共同提高的目的。要继续发扬密切联系群众、艰苦奋斗的优良作风，继续开展厉行节约、制止奢侈浪费工作，严格执行财经制度和经济工作纪律。大力弘扬敢为人先、敢冒风险、敢于担当的精神，加大对"庸、懒、散"问题的治理，反对工作"低标准、慢半拍"，对干部不作为、乱作为，相互推诿的行为要坚决纠正。坚持为基层和科技人员办实事，简化办事程序，着力推动调研工作常态化，着力解决群众最关心、最直接、最迫切的问题。

同志们！做好反腐倡廉工作使命光荣、责任重大、任务艰巨，我们一定要在部党组的正确领导下，开拓进取、扎实工作，不断取得党风廉政建设和反腐败斗争新成效，为圆满完成今年各项工作任务、迎接党的十八大胜利召开做出新的贡献！

在2012年党风廉政建设工作会议上的讲话

雷茂良　书记

（2012年2月20日）

同志们：

中国热带农业科学院2012年党风廉政建设工作会议现在开始。今天会议的主要任务是：学习贯彻十七届中央纪委七次全会上胡锦涛总书记重要讲话和贺国强同志的工作报告、农业部2012年党风廉政工作会议精神，总结热科院2011年党风廉政建设和反腐败工作，部署2012年任务。

下面，由我向大家传达胡锦涛总书记的重要讲话和农业部2012年党风廉政建设工作会议精神。

胡锦涛总书记在十七届中央纪委七次全会的重要讲话，从党和国家事业发展的全局和战略高度，全面总结了党风廉政建设和反腐败斗争取得的新成效和新经验，科学分析了当前反腐倡廉形势，明确提出了今年党风廉政建设和反腐败工作的总体要求、主要任务，深刻阐述了保持党的纯洁性的极端重要性、紧迫性，提出了新形势下要保持党的纯洁总体要求和工作重点，要求广大党员干部切实做好保持党的纯洁性各项工作，保持思想纯洁、队伍纯洁、作风纯洁、清正廉洁，强调全党要不断增强党的意识、政治意识、危机意识、责任意识，不断增强自我净化、自我完善、自我革新、自我提高能力。

韩长赋部长在部2012年党风廉政建设工作会议上强调，要深入贯彻落实胡锦涛总书记的重要讲话精神，把保持党的纯洁性贯穿于各级领导班子和干部队伍建设中，要求部系统各级党组织和广大党员干部一定要深刻领会、对照检查、自觉行动，在保持党的纯洁性和自身纯洁性上以身作则、走在前列。在部署2012年工作任务时提出，党风廉政建设应紧紧围绕"两个千方百计、两个努力确保"的中心任务，严明党的纪律，加强党的作风建设，深入推进惩治和预防腐败体系建设，着力解决反腐倡廉建设中群众反映强烈的突出问题，确保党风廉政建设和反腐败工作更深入、更扎实、更有效。并进一步提出，要强化责任、抓好落实，统筹兼顾、注重落实，进一步提高反腐倡廉的科学化水平。

胡锦涛总书记的重要讲话和韩长赋部长的讲话，对于指导热科院当前和今后一个时期党风廉政建设和反腐败斗争，全面推进党的建设，保持党的先进性和纯洁性，具有重大而深远的意义。我们要认真学习、深刻领会，迅速把思想统一到中央对反腐败斗争形势的科学判断上来，把行动统一到贯彻落实中央关于反腐倡廉的决策部署上来。

同志们，刚才欧阳顺林副书记代表院里做了党风廉洁建设工作报告，相关所做了工作汇报和表态发言，院里与部分单位代表现场签署了党风廉政建设目标责任书，庆煌院长对党风廉政建设工作做了进一步指示和要求。希望同志们一定要认清形势，统一思想，进一步增强党风廉政工作的责任感和紧迫感。自觉坚持"两手都要抓、两手都要硬"的工作方针，把反腐倡廉和作风建设融入贯穿到各项业务工作之中，切实把今天会议精神落实到实际工作、生活中去，保持党的纯洁性。各单位、各部门一是要及时做好传达贯彻，会后，各单位、各部门要认真学习，深刻领会这次会议精神，本月底前，各单位、各部门要将传达贯彻情况书面报监察审计室。二是要贯彻落实"党风廉政建设年"活动，开拓创新，结合实际，积极开展廉洁文化进基层、进课题、进项目。院纪检组、监察审计室要制定好工作方案，做好检查指导工作。三是要采取措施，抓好各项工作落实。各单位、各部门一定要按照这次会议的部署，采取切实可行的措施，改进工作作风，加大工作力度，强化监督检查，确保今天会议安排的各项工作落到实处，促进热科院各项事业又好又快发展。

在科技工作党风廉政建设座谈会上的讲话

雷茂良　书记

（2012 年 5 月 9 日）

同志们：

党中央、国务院高度重视农业科技工作，今年中央一号文件把农业科技放在更为突出的位置，农业部也把今年定为"农业科技促进年"，热科院在年初工作会议上，也确定了今年为"党风廉政建设年"，深入推进廉洁文化进基层、进项目、进课题活动。2012 年是实施"十二五"规划承上启下的重要一年，也是《建立健全惩治和预防腐败体系 2008～2012 年工作规划》的最后一年，刚刚召开的中纪委十七届七次全会和部党风廉政建设工作会议提出了新要求、做出了新部署，党的十八大也将胜利召开。

1 月份热科院召开了科研经费规范使用和监管会议，围绕加强科研经费管理为主题，总结过去热科院科研工作存在的问题提出加强管理的要求，是务实的会议。4 月份，农业部驻部纪检组、监察局和科教司联合召开农业科技系统党风廉政建设工作座谈会，朱保成组长亲自出席并做了重要讲话，提出了三点意见，一是要求认真总结农业科技系统党风廉政建设的经验和成效，二是要求准确把握形势，明确农业科技系统作风建设和廉政风险防控的工作重点，三是要求扎实推进农业科技系统反腐倡廉各项工作，为农业科技取得新成效提供有力保障。热科院在这次会议上也介绍了开展党风廉政建设的情况。在此背景下，我们召开院科技工作党风廉政建设座谈会，目的是统一思想认识，研究进一步加强院科技工作作风建设和反腐倡廉建设，把中央的重大决策部署、农业部党组和院党组的要求贯彻落实好，为院科研工作科技健康发展提供有力保证，十分必要，非常重要，也是个务实的会议。

刚才，各单位、有关部门围绕加强党风廉政建设、推进科技工作、落实院党组关于加强科研经费监管会议情况介绍了本单位的做法和经验，也提出了一些有价值的建议，听了很受启发，我感到院各单位对加强作风建设和反腐倡廉建设工作还是高度重视的，措施具体，工作扎实，成效明显。但也要清醒地看到，与胡锦涛总书记保持党的纯洁性的要求相比，与新时期新形势下党风廉政建设的要求相比，与发展现代农业艰巨任务的要求相比，还存在着不小的差距。

农业部科技系统党风廉政建设座谈会朱保成组长的讲话有以下几点需要我们在科技工作中尤其重视：

第一，有关学风建设问题。随着经济社会的复杂变迁和浮躁学风的侵蚀，科研系统的学风建设面临着严峻考验，有的投机取巧，不把心思用在科研上，而是想方设法编课题、套项目，例如出现一些一项科研内容重复立项，使用双份科研经费的事例；有的闭门造车，拿到项目后，对实际生产问题漠不关心，对产生的科研成果转化问题，思想因循守旧，没有创新思想和意识等。这些问题虽然是极少数，其影响和后果值得高度警惕。

第二，有关科技管理问题。近几年来，热科院科研经费说在不断增长，科研开发活动很多，管理跟不上，就容易出问题。我们在内部审计中发现有的单位科研项目经费管理制度缺失，有的单位科研项目经费支出不合规，有的单位科技产品管理、专项材料采购管理存在问题等。针对这些问题，院先后下发了《关于进一步加强热科院科研经费管理的通知》、《关于加强科研项目经费监管的指导性意见》等文件，希望大家认真学习，认真落实。

第三，有关科技资金使用效率问题。朱组长讲话提到：对资金不贪不占是廉洁，创新管理、提高资金使用效率、避免浪费也是廉洁。反过来讲，庸懒散问题也是一种消极腐败，蒋定之省长在4月份的海南日报上做出批示指出，懒政、庸政、误政也是一种腐败。结合热科院的实际来讲，科技资金使用效率低，预算执行进度慢也是庸懒散问题的一种重要表现，浪费财力物力，没有实际的成果产出。

针对这次会议，我再谈一下几点意见：

第一，以"党风廉政建设年"为契机，切实落实党风廉政建设责任制，加强教育引导。党风廉政建设是各部门、各单位绩效考核的核心指标之一，主要负责人要认真落实第一责任人的职责，对廉政建设工作负总责，要将廉政建设与农业科技业务工作一起部署，一起落实，一起检查，一起考核。各单位要重视对科研人员思想的教育引导，培养热爱"三农"、崇尚科学、诚实勤奋、锐意创新的氛围风气，传播、培育廉洁的组织文化。

第二，加强科技工作过程中的廉政风险防控。着力构建覆盖权力运行全过程的廉政风险防控体系，不断推进风险防控机制建设。要结合工作实际，认真、仔细梳理本单位的廉政风险防控手册中关于科技工作的廉政风险点，针对风险点，修订完善各个项目管理制度，增强制度的针对性和可操作性。要把科技重大项目管理中容易出现漏洞的薄弱点、产生问题的关键点，作为制度建设的重点。

第三，提高执行力。无论是重点工作的落实还是重要制度的执行，都必须重视执行力。没有执行力，科技管理工作运行规范化和高效化就是一句空话。4月底我们正式开始对院属单位、各个部门今年要落实的重点工作进行了挂牌督办，其中科研工作、开发工作是督办的主要事项。要求我们按时按量完成工作任务。这需要各个单位在实际工作中，创新工作机制，提高管理效率，把重点工作的落实和制度的落实放在首位，防止被问责。

2012年党风廉政建设工作会议的工作报告

欧阳顺林　副书记

（2012年2月20日）

同志们：

今天，我们召开2012年党风廉政建设工作会议，主要任务是，深入学习贯彻十七届中央纪委七次全会和农业部2012年党风廉政建设工作会议精神，总结热科院2011年党风廉政建设和反腐败工作，部署2012年任务。我受院领导班子委托，做2012年党风廉政建设工作报告。2011年，热科院举办了热科院有史以来最大规模、最大范围的纪检监察干部培训班，并第一次在农业部党风廉政工作会议上登台亮相，为农业部系统的各司局、各单位介绍工作经验，可以说，2011年是热科院反腐倡廉建设和作风建设卓有成效的一年，为我们反腐倡廉工作提供了很多积极的经验，新的一年，我们要在传承经验的基础上，开拓创新，运用新的思路、制定新的计划、设定新的目标，为热科院在新时期又好又快发展提供坚强组织保证。

一、2011年党风廉政建设的主要工作情况

2011年，热科院深入贯彻中央纪委和农业部党组党风廉政建设和反腐败工作的总体要求，坚持围绕中心、服务大局，以创建世界一流热带农业科技中心为目标，以党员干部作风建设为主线，以指导服务基层为重点，科学谋划和扎实推进党风廉政建设和反腐倡廉工作，取得了新成效，得到了农业部的充分肯定和好评。

（一）坚持管行为与管思想相结合，强化理念渗透、促进自省修身

随着党风廉政建设和反腐败斗争的不断深入，热科院广大干部特别是党员领导干部对做好新形势下党风廉政建设工作重要性和紧迫性的认识也不断提高。院党组、纪检组以强化各级领导班子成员"一岗双责"意识为切入点，强化中心理论组学习，组织各级领导干部先后

系统学习了党的十七大精神，胡锦涛总书记等党和国家领导人重要讲话，农业部有关反腐倡廉工作文件，学习了《廉政准则》、《中共中央纪委关于严格禁止利用职务上的便利谋取不正当利益的若干规定》等，并对照廉洁理念和党纪条规反躬自省，坚定理想信念、确立正确价值观、培养优秀道德品质，筑牢思想防线。结合创先争优活动，积极开展"学先进、用先进"专题活动，先后举行了"泥腿子"精神、北大荒精神、祁阳站精神和南沙精神等学习活动，化崇敬为动力，立足岗位创先进，服务"三农"争优秀。同时，还组织了一系列正面示范教育和反面警示教育观影、撰写学习心得，举办唱红歌活动等。普遍反映：今年的培训，比过去几年的培训教育都要多，让我明白了哪些是该做的，哪些是要坚守的，哪些是绝对不能碰的。使各级领导干部牢固树立"抓发展是硬道理、抓反腐倡廉也是硬道理，抓反腐败就是抓发展"的理念，使每位干部职工充分认识到党风廉政建设是一项地位突出、作用特殊的全局性工作，充分认识到党风廉政建设与个人息息相关，是眼前的事，是每个人自己的事，从而有力地促进了各级领导干部自省修身。

（二）坚持管结果与管过程相结合，创新体制机制，实施岗位责任

近年来，热科院科研项目、政府采购、基本建设项目的数量和资金规模比以前成倍增长，这既是加快发展的重要物质基础，也对做好新形势下反腐倡廉工作提出了更高要求。2011年，热科院从大局出发抓防控，着眼细微抓管理，注重由管"结果"向管"过程"转变，既要结果，更要过程，通过创新体制机制，强化过程监督，以过程保结果。

一是强化组织领导。院高度重视党风廉政建设和反腐败斗争，庆煌院长、茂良书记切实担负党风廉政建设的政治责任，亲自部署反腐倡廉工作，亲自主持召开领导班子会议专题研究党风廉政建设工作，亲自听取党风廉政建设工作的专题汇报，亲自检查廉政建设工作落实情况，亲自批阅群众举报的重要信件，过问解决群众反映强烈的热点问题，对重要案件的查处加强领导和支持；亲自主持开好班子民主生活会，带头开展批评与自我批评。各级领导班子成员严格落实"一岗双责"，党政齐抓共管，既对分管业务、分管工作的目标负责，又对分管部门、分管领域的廉政建设亲自抓、亲自管，从而确保了反腐倡廉各项部署落到实处。

二是强化腐败预防。注重坚持突出预防抓廉政，突出防控抓反腐，2011年，在院党组的正确领导下，通过领导提、组织帮、个人找等多种方式，查找不同岗位的廉政风险点，对易滋生腐败的岗位、权利运行的关键点进行全面系统分析，共查找出各类风险点543个、制定针对性防控措施1 026条，涉及414个具体工作环节，形成18册廉政风险防控手册。通过这项工作，党风廉政建设与日常业务工作紧密结合起来，变事后监督为事前、事中、事后的全过程监督，初步形成了从源头预防腐败的有效机制，初步建立了开放、动态的廉政风险管理框架。

三是强化机制创新。以制约和监督权力运行为核心，以提高制度执行力为抓手，建设科学严密完备管用的反腐倡廉制度体系。完善院党建目标管理考核体系，通过采取"听、谈、查、帮"四种方式，规范党建目标管理考核的标准和程序，健全党建工作量化考评体系；积极推进管理体系建设，通过"决策、管理、执行、监督"的行政管理体系，初步形成了决策科学、管理规范、执行有力、运转高效的管理体制和运行机制，"三重一大"事项坚决按照民主集中制原则，由院（所）务会研究决定，支持院（所）纪检监察部门积极发挥监督作用。体系建设给热科院带来了深刻的变化，阳光人事、阳光工程、阳光采购等一系列公开公平公正办事的机制得以全面建立。

四是强化监督检查。突出重点，把握关键，加强了对重点领域、重点部位、关键环节监督检查。在重大工程建设领域，加大了对海口经济适用房等重大工程跟踪审计监督，确保重大工程建设过程合法合规。在大额政府采购领域，坚持依托海南省政务服务中心这一地方政务平台公开招投标，确保采购程序合法合规。在科研项目方面，全链条加强重大科研项目廉政监督，建立专家论证制度，发挥行内专家作用，

从立项、执行和验收三个环节认真审核、严格把关，确保科研课题目标的实现和项目经费使用合法合规。在选人用人上，严把选人用人的程序关、质量关，有效地防止了带病上岗、带病提拔的发生。同时，纪检监察部门还联合相关业务部门，加强对"小金库"治理、"三公"经费的监督检查工作；审计部门还加强领导经济责任审计、任中审计等，对审计发现的问题，明确责任、限期整改，效果很好。如，2011年针对南亚所在审计中发现的问题进行了整改，通过大会动员、小会部署、个别谈话，使南亚所干部群众，特别是所领导班子充分认识到整改的必要性，有针对地制订了具体的整改方案，责任到人、落实到位，做到了领导满意、职工满意，南亚所的各项工作出现了勃勃生机和活力。法律事务部门加强了法律监督，在一些重大经营活动上进行法律调研和论证，为依法办院办所做了有益的探索。

五是强化队伍建设。完善了纪检监察监督体系，指导17个院属单位设立了纪委或纪检监察干部职位。2011年，热科院邀请驻部监察局董涵英局长、农科院监察局局长张逐陈、省纪检委领导张士怀、高云峰等来热科院指导授课，举办了热科院有史以来规模最大、影响最深的纪检监察业务培训班，一支政治坚定、业务懂行、作风过硬的纪检监察干部队伍正在逐步形成。

（三）坚持管业务与管廉洁相结合，抓好办信办案，实现诫勉问责

我们从实践中深深地认识到，党风廉政建设是一项系统工程，任务重、要求高、责任大，因此，业务管理必须和廉洁管理有机统一，把廉洁从政与廉洁从业同部署、同落实、同检查、同考核，实行党风廉政一票否决，努力争取让领导干部和科研人员做到"不敢懈怠，不敢腐败"。深入贯彻落实《建立健全惩治和预防腐败体系2008～2012年工作规划》实施方案，切实抓好党风廉政责任制的落实，严格责任追究。2011年，针对热科院群众反映强烈的湛江院区邱天来等人收受建设施工单位礼金问题、附属中小学严重违规承包和收费的举报问题，纪检监察部门及时进行了调查，对相关责任人已经或正在作出妥善处理。同时，将责任考核纳入干部选拔任用的依据，推行领导干部任前廉政谈话、诫勉谈话制度，针对苗头性问题早打招呼、严格要求，使我们的干部少犯或不犯错误。

总之，2011年，热科院围绕发展抓廉政，抓好廉政促发展，一方面，迎来了热科院有史以来发展最快最好的时期；另一方面，也是非常重要的一方面，全院上下正在形成风清气正的良好氛围和安定团结的良好局面。然而，尽管我们做了许多应该做的工作，但与中央、农业部和群众的要求还有距离，还存在不少的困难和问题，面临的任务还十分艰巨，我们必须加倍努力地做好2012年的工作。

二、2012年党风廉政建设的主要工作任务

2012年，热科院党风廉政建设和反腐败工作要坚持以邓小平理论和"三个代表"重要思想为指导，深入贯彻落实科学发展观，认真学习贯彻中纪委十七届七次全会和农业部党风廉政建设工作会议精神，坚持"标本兼治、综合治理、惩防并举、注重预防"的方针，以党风廉政建设责任制为抓手，以完善惩防体系建设为重点，深入开展"党风廉政建设年"活动，推进廉洁文化进基层、进项目、进课题，推进反腐倡廉制度创新，强化权力制约和监督，以党风廉政建设新成效保障热科院各项事业的健康快速发展。在继续抓好教育、制度、监督、惩处等工作的基础上，重点抓好以下几方面的工作：

（一）切实加强反腐倡廉教育，筑牢拒腐防变的思想基础

推动党风廉政建设，必须始终坚持预防为主、教育为先的方针。要以保持党的纯洁性为目标，以改变干部作风为动力，以理想信念教育和党性党风党纪教育为重点，在全院广大干部职工中深入开展示范教育，警示教育和岗位廉洁教育，努力在提高教育的经常性、多样性、针对性上下工夫，不断增强干部职工的"免疫力"，筑牢拒腐防变的思想基础。

（二）深化改革和制度创新，进一步抓好治本抓源头工作

要在热科院去年开展廉政风险防控管理的

基础上，抓住容易发生不廉洁行为和腐败现象的重要领域、重点岗位和关键环节，进一步梳理权利运行流程，查找重点领域廉政风险点，制订防范措施，狠抓落实，形成亮点。实践证明：构筑"岗位履职有标准、防控管理有措施、问责追究有依据"的廉政风险防控管理体系，是治本抓源头的有力抓手，全院上下一定要高度统一认识，不断深化风险防控工作，切实做到风险定到岗、措施定到位、责任落到人，切实抓出成效。要开展制度廉洁性评估试点工作，对正在起草制定中的规章制度，进行廉洁性、合法性和科学性评估，从而确保从制度建设的源头抓起。

（三）深入推进专项治理工作，着力解决重点领域突出问题

一是要深入开展农业工程建设领域突出问题专项治理，继续抓好排查整改工作，严肃查处规避招标、虚假招标、违法转包分包的问题。要以南亚所邱天来等人利用职务之便，为张学德在中标承建南亚所工程的过程中提供帮助，先后收取张学德贿赂的案件，举一反三，查找隐患，深刻分析成因，对症下药抓整改，变坏事为好事。二是要加大对科研经费的审计监督力度，确保科研经费用出质量、用出效益。科研经费的合规、高效使用，事关一个单位的科研发展，也事关每一位领导的个人责任，各单位领导一定要高度重视，要按照"一岗双责、分级负责"的要求，真正做到管人与管事相结合，管业务与管廉政建设相结合。三是要深化"小金库"专项治理，巩固治理成果，推动长效机制建设。四是要巩固厉行节约、制止奢侈浪费工作成果，完善因公出国（境）制度，认真执行公务接待的有关规定。五是要强化行政效能监察，开展行政效能监察试点，对机关各项制度执行、机关工作人员岗位责任落实、各项工作任务落实完成等开展效能监察，进一步简化办事程序，提高工作效率。六是要进一步加强审计整改，对2009年以来审计发现的问题要限期整改，并总结经验、抓出成效。

（四）强化监督，营造良好的监督氛围

有效监督是加强党风廉政建设的关键。为此，全院上下要注重拓宽监督渠道，整合监督资源，构筑全方位的监督体系，营造良好的监督氛围。要加大主动接受监督的力度，既要主动接受上级的监督，不能把上级的监督看做是对自己的不信任，怀有抵触情绪；又要主动接受同级班子内部的监督，不能把同级的监督看作是为难自己，怀有戒备心理；还要主动接受下级的监督，不能把下级的监督看成是不尊重自己，怀有反感情绪。总之，领导干部光明磊落就不怕监督，要减少工作失误就得欢迎监督，要想少犯或不犯错误就得要求监督。在具体工作上，要做到事前、事中、事后监督的有机结合。我在这里需要特别强调的是，无论是院还是院属单位的纪检、监察部门，要切实履行政治责任，当好"服务中心、服务大局"的忠诚卫士，使监督机构能以监督主体的地位和责任独立行使监督权力，真正起到"保驾护航"的作用。

（五）以提升能力为重点，大力加强纪检监察队伍素质建设

加强纪检监察干部队伍建设，提高纪检监察干部素质，对于纪检监察工作更好地服务中心、服务大局，对于深入推进党风廉政建设和反腐败斗争，对于纪检监察人员更加有效地履行自己的政治职责，都具有十分重要的意义。要以提高思想政治素质和业务能力为重点，大力加强纪检监察队伍素质建设。要加大纪检监察干部教育培训力度，拓宽学习培训渠道，提高学习培训质量。要选好配强纪检监察干部，加强纪检监察干部锻炼和交流，大力培养选拔优秀年轻干部，不断优化班子结构、增强整体功能。

同志们，2012年是实施"十二五"规划的关键年，我们要深入贯彻落实科学发展观，按照中央、农业部的部署和要求，真抓实干，以党风廉政建设的新成效迎接党的十八大胜利召开！

反腐倡廉　着力"四抓"　全面推进热科院党风廉政建设

——在农业部2012年党风廉政建设工作会议上经验交流讲话

欧阳顺林 副书记

（2012年1月31日）

尊敬的各位领导、同志们：

我受热科院领导班子的委托，就热科院全面推进党风廉政建设和反腐斗争情况向大家作个汇报。在部党组的正确领导下，在驻部纪检组、监察局的具体指导和大力支持下，热科院一手抓发展，以创建世界一流的热带科技农业中心为目标；一手抓党风廉政建设和反腐斗争，使各项事业得到了健康快速发展。在具体工作上，我们主要是突出了"四抓"。

一、提高认识自觉抓

随着党风廉政建设和反腐败斗争的不断深入，热科院广大干部特别是党员领导干部对做好新形势下党风廉政建设工作重要性和紧迫性的认识也不断提高。但是，认识上的问题并没有得到完全解决，一些同志认识上的差距还比较大，主要表现在：有的同志自觉或潜意识地把党风廉政建设与又好又快发展对立起来，认为抓发展是硬道理，抓反腐倡廉是软任务；有的同志则认为，科研单位是清水衙门，没有多少腐败的机会和条件，反腐败斗争是权力部门的事，跟我们没有什么关；还有些同志则认为，反腐败只要抓好案件查处就行了，没有必要搞得那么大张旗鼓、轰轰烈烈。院党组对此高度重视，把提高领导干部特别是党员领导干部思想认识作为反腐倡廉工作的基础工程来抓，采取专题党课、集中学习、会议强调、个别谈话等方式，使各级领导干部充分认识到党风廉政建设是一项地位突出、作用特殊的全局性工作，牢固树立"抓发展是硬道理、抓反腐倡廉也是硬道理，抓反腐败就是抓发展"的观念，使每位干部职工充分认识到党风廉政建设与个人息息相关，是眼前的事，是每个人自己的事，变"要我抓"为"我要抓"，变"被动抓"为"主动抓"，变"突击抓"为"长效抓"。

二、突出重点全面抓

近些年来，热科院科研建设项目的数量和资金规模比以前成倍增长，这既是加快发展的重要物质基础，也对做好新形势下反腐倡廉工作提出了更高要求。热科院从大局出发抓防控，着眼细微抓管理，在学习、预防、体系建设等方面下工夫，务求抓实、抓紧、抓出成效。

（一）抓学习。反腐倡廉教育是前提。而学习则是教育的载体。为此，热科院十分重视理论武装，领导班子带头，在真学、真懂、真用上下工夫。组织各级领导干部先后系统学习了党的十七大精神，胡锦涛同志等党和国家领导人重要讲话，农业部有关反腐倡廉工作文件，坚定理想信念、确立正确价值观，培养优秀道德品质，筑牢思想防线。积极开展"学先进、用先进"专题活动，先后举行了"泥腿子"精神、北大荒精神、祁阳站精神和南沙精神等学习活动，化崇敬为动力，立足岗位创先进，服务"三农"争优秀。先后邀请了驻部纪检组朱保成组长、监察局董涵英局长等领导干部亲自来院做廉政辅导讲座，举办了热科院有史以来规模最大、影响最深的纪检监察业务培训，组织了一系列正面示范教育和反面警示教育观影活动，把100多名处级以上干部《廉政准则》学习心得汇编成册，促使廉洁从政思想深入人心。许多处长深情地说：今年的培训，比过去几年的培训教育都要多，让我明白了哪些是该做的，哪些是要坚守的，哪些是绝对不能碰的。

（二）抓预防。反腐倡廉，必须预防在先。因为查处案件虽然必要，但"死后验尸"往往成本很高，需要投入大量的人力、物力、财力。同时，作为农业科研单位，热科院纪检监察人员办案经验和能力有限，为此，我们始终注重坚持突出预防抓廉政，突出防控抓反腐，2011

年，热科院通过廉政风险排查、监督检查，共查找出各类风险点543个、制定针对性防控措施1026条，涉及414个具体工作环节，形成18册廉政风险防控手册。推行领导干部任前廉政谈话、诫勉谈话制度，针对苗头性问题早打招呼，严格要求，使我们的干部少犯或不犯错误。某一个所领导后来给院纪检组打来电话，感谢组织关键时刻提醒了自己，促使自己在招投标上敢于坚持原则，没有被乡情、人情所诱惑，关键时刻把住了自己。

（三）抓体系建设。在农业部纪检组的指导和支持下，建立完善了纪检监察监督体系，院党组成立了纪检组，指导17个院属单位设立了纪委或纪检监察岗位，通过强化学习培训，初步打造了一支政治坚定、业务懂行、作风过硬的纪检监察干部队伍。以制约和监督权力运行为核心，以提高制度执行力为抓手，建设科学严密完备管用的反腐倡廉制度体系，积极推进党风廉政责任制，完善院党建目标管理考核体系，通过采取"听、谈、查、帮"四种方式，规范党建目标管理考核的标准和程序，健全党建工作量化考评体系；积极推进管理体系建设，制订了"决策、管理、执行、监督"的行政管理体系，初步形成了决策科学、管理规范、执行有力、管理规范、运转高效的管理体制和运行机制，"三重一大"事项坚决按照民主集中制原则，由院（所）务会研究决定，支持院（所）纪检监察部门积极发挥监督作用。体系建设给热科院带来了深刻的变化，阳光人事、阳光工程、阳光采购等一系列公开公平公正办事的机制得以全面建立。

（四）抓重点领域、关键环节。针对农业科研单位特点、农业科研内在规律和阶段性重点建设任务，着重抓好重大工程建设、大额政府采购、重大研究课题廉政检查监督。严把工程招投标、工程发包与分包、工程款支付等关键环节，对海口经济适用房、热带农业科技中心等重大工程，设立专门领导协调小组和执行小组负责执行管理，强化过程审计与监督，确保工程组织过硬、建筑质量过硬、干部作风过硬。大额政府采购坚持依托海南省政务服务中心这一地方政务平台公开招投标，日常办公用品和耗材集中采购。全链条加强重大科研项目廉政监督，建立专家论证制度，发挥行内专家作用，从立项、执行和验收三个环节认真审核、严格把关，确保科研课题目标的实现和项目经费使用依法合规。在选人用人上，严把选人用人的程序关、质量关，有效地防止了带病上岗，带病提拔的发生。

总之，既把监督的重点放在领导干部特别是主要领导干部身上，又把监督的重点放在容易滋生腐败的"人、财、物"等关键领域和关键环节上，真正做到让权力在阳光下运行。

三、各方配合共同抓

我们从实践中深深地认识到，党风廉政建设是一项系统工程，任务重、要求实、责任大，因此，具体工作中，我们始终注意上下结合、条块结合、远近结合，真正做到各方配合共同抓。一是建立党政齐抓共管的工作机制，院长和党组书记牵头抓，分管领导密切配合抓，部门和单位具体抓，把党风廉政建设和反腐败斗争列入重要议事日程，与业务工作同部署、同落实、同检查、同考核，实行党风廉政一票否决。二是发挥监督整体合力。提高党内监督、社会监督、舆论监督、审计监督、群众监督等主体的积极性，纪检部门牵头，组织、审计、财务、工会、信访等部门结合干部考核、专项审计、财务检查、信访调处等业务工作，落实监督责任，高度重视基层群众言论和网络舆情等反映出来的苗头性问题并及时分析、处理。三是切实落实党风廉政责任制，推动廉政文化"进基层、进项目、进课题"，在部署工作的同时，逐级签署党风廉政建设责任书，特别是对于一些重大工程建设、大额政府采购、重大研究课题分别与主要执行人签署廉政建设责任书，明确廉政责任。

四、领导重视亲自抓

院领导班子，特别是两位主要领导，高度重视党风廉政建设和反腐败斗争，做到了"五子登科"。一是摆正位子。把党风廉政建设和反腐斗争放在突出位置，放在实现热科院又好又快发展的大背景下，放在创建一流的大局中去把握、去布置、去落实；二是强化班子。党政班子"一岗双责"、齐抓共管，真正形成了合力；三是确保"票子"。切实做好经费预算，确保必要的经费。四是做出样子。院领导班子特别是两位主要领导能够自觉带头廉洁自律，如我们王庆煌院长担任主要领导将近十年，但从来没有个人插手安排一个项目，也从未私自安排人事；又如在王庆煌院长的带领下，全院干部出差北京原则上不住星级酒店，单单这一项每年就节省几十万元。

总之，热科院围绕发展抓廉政，抓好廉政促发展，一方面，迎来了热科院有史以来发展最快最好的时期；另一方面，也是非常重要的一方面，全院上下形成了风清气正的良好氛围和安定团结的良好局面。然而，尽管我们做了许多应该做的工作，但与部党组和驻部纪检组的要求还有距离，存在的困难和问题还不少，面临的任务还十分艰巨。我们决心以贯彻落实这次会议精神为契机，进一步在创新中加大工作力度，以党风廉政建设和反腐倡廉的新成效迎接党的十八大胜利召开！

我今天就汇报这些，请各位领导和同志们批评指正！

谢谢！

重要文件

关于在全院广泛深入学习贯彻中央一号文件精神的意见

(院党组发〔2012〕7 号)

各基层党组织，各院区管委会、各单位、各部门：

为实现农业持续稳定发展，加强科技创新引领支撑现代农业建设的作用，党中央、国务院印发了《关于加快推进农业科技创新 持续增强农产品供给保障能力的若干意见》（以下简称中央一号文件）。这是指导今后一个时期农业科研院所科技创新的纲领性文件，对于热科院把握国家战略需求、实施科技创新战略和发挥农业科技支撑作用具有重要的指导意义。迅速掀起学习贯彻中央一号文件的新高潮，是当前各级党组织的一项重要政治任务，要通过开展大学习、大讨论，把广大干部职工的思想行动统一到中央一号文件精神、农业部的重大决策部署和院的重点工作上来，为加快推进热科院各项事业改革发展，提供强大的精神动力。现提出如下意见：

一、要在深刻领会文件精神实质上下工夫

学习贯彻中央一号文件精神，必须全面准确的领会和把握精神实质，做到主动自觉、重点突出、全面深刻。主动自觉就是要真正把学习中央一号文件作为提升热科院科技创新的头等大事，积极主动的学习，不打折扣的贯彻。重点突出就是要紧紧围绕主题，领会精髓，抓住关键，在深入人心、开拓创新、力求实效上下工夫，把科技创新贯穿于各项工作当中，贯穿于改革发展的全过程。全面深刻就是要坚持学深学透，既从总体上把握精神实质，又要系统的钻研和理解、领会文件中一系列新观点、新论断、新举措，更要深刻理解和把握与本单位科技创新有关的重大部署，在实践中加深对中央一号文件的理解，从而真正达到统一思想、激发热情、凝聚力量、推动工作的目的，进一步增强科技人员实施科技创新的自觉性和坚定性。

二、要在学以致用、学有所成、推动工作上下工夫

学习贯彻中央一号文件精神，最重要的是学以致用，落实到指导实践、推动工作上，这是开展学习贯彻活动的出发点和落脚点，是衡量学习贯彻成效的重要标准。开展中央一号文件大学习、大讨论，要紧密结合热科院工作大局，联系本单位工作实际和发展需求，思考如何进一步提升科技创新能力，围绕国家战略需求完善学科结构、改进科研立项，破解制约热区农业产业升级、农民增产增收关键性技术问题，以及不断增强科技人才队伍建设、条件建设、党建与创新文化建设、管理团队建设等问题。真正把深入学习与解决现实问题、做好当前工作、谋划未来发展有机结合起来，进一步增强各级领导干部和广大科技人员的事业心、责任心和使命感。

三、要在抓好各项工作的落实上下工夫

贯彻好中央一号文件精神，根本在认识，重点在领导，关键在落实。2012 年院工作会议提出的发展思路、战略目标和工作措施，每一个目标都是一项庄严的承诺，每一项任务都是一份沉甸甸的责任。各单位、各部门要狠抓落实，以实际效果来检验各级领导班子的执行能力和工作水平。

一是在解放思想中抓落实。中央一号文件发布后，面对新一轮发展态势，各级领导干部要不断解放思想，更新观念，善于想新法、出实招。要坚决破除一切束缚发展的思想障碍，破除小进则满的思想，树立不进则退、慢进亦

退的思想；破除因循守旧、安于现状的思想，树立自我加压、奋力赶超、率先突破的思想。在解放思想中统一思想，在转变观念中更新观念，在勇于探索中不断创新，把一切积极因素充分调动起来，进一步激发全院上下的创新精神和内在动力，以思想的大解放促进事业的大发展。

二是在抢抓机遇中抓落实。当前和今后一个时期，是热科院发展难得的重要机遇期，同时又面临着严峻的挑战。差距有可能在丧失机遇中拉开，优势往往在抢抓机遇中形成，全院上下必须增强抢抓机遇的意识，紧紧抓住重要战略机遇期，不断开拓发展空间，创新发展举措，赢得加快发展的主动权。在难得的机遇面前，各级党组织、领导干部，要增强抢抓机遇的责任感，以前所未有的信念、决心、胆识、魄力和举措，应对挑战，加强对全局性、战略性问题的研究，深入研究重点、难点问题，积极做好政策、规划、项目和各项工作的衔接、落实。

四、在精心组织上下工夫

在全院兴起学习贯彻中央一号文件精神的热潮，关键在于加强组织领导。各单位、各部门要精心部署，周密安排，不断拓展学习途径，丰富学习载体，通过理论中心组学习、支部学习会、课题组会议、座谈会等形式，在广大干部职工特别是科研一线职工中广泛开展以"科技创新支撑产业升级、农民增收"为主题的大学习、大讨论，集思广益、凝聚智慧。

各单位党政一把手作为第一责任人，要履行好职责，切实把学习活动抓紧、抓好、抓出成效。

各单位、各部门要在2月下旬到3月上旬集中安排学习，完成学习任务，同时对照中央一号文件精神，结合工作实际，针对大学习、大讨论中形成的启示、思路、措施等，提出书面的报告，并于3月10日前报院机关党委，机关党委汇总后报院党组。

关于进一步加强创新文化建设的意见

（院党组发〔2012〕16号）

各基层党组织，各院区管委会、各单位、各部门：

为进一步增强热科院的农业科技创新能力，营造浓厚的有利于科技创新的氛围，激发全院职工的创新思维和提高整体创新水平，贯彻"解放思想，创新做事，提升能力，科学办院"的工作方针，落实"开放办院、特色办院、高标准办院"的办院思路，促进热科院"一个中心、五个基地"战略目标的实现，为我国热带农业科技的发展做出新的更大贡献，院党组决定，在全院全面推进创新文化建设，并提出如下意见：

一、重要意义

创新文化是先进文化的重要内涵，是和谐文化的重要组成部分，也是全面提升精神文明建设水平的需要。建设良好的科研环境，营造浓厚的创新氛围，对于激励和培育创新思维，造就创新人才，做出创新成果和实现可持续发展，具有积极的促进作用，是全面提升热科院整体创新能力的有效保证。

当前，随着形势的发展，中国热带农业科学院精神文明建设活动也要与时俱进、不断创新。培养院所精神，是弘扬民族精神的具体实践，是精神文明建设的重要内容，是实现科研院所发展的必然需要。在以科技创新为核心的今天，广大科技工作者，肩负着重要的使命，始终保持用于创新的激情和斗志，不断取得突破性成效，需要有科学情怀的驱动，科学态度和科学理念的导航，价值取向和人生理想的引领，同时，也离不开良好文化氛围的熏陶。大力推进创新文化建设，就是要凝聚、弘扬、创新精神，帮助广大科技工作人员，树立远大理想，确立科学态度，培养科学情怀，从而为热科院科技创新可持续发展提供强大的精神动力。全面推进热科院创新文化建设，不仅是必要的，也是适时的，这对全面实现热科院跨越式发展具有重要意义。

二、基本目标

热科院创新文化建设当前以及今后一个时期的基本目标是：进一步完善创新文化建设体系，形成各级组织高度重视，广大科技人员积极参与的工作局面；全面提升热科院管理工作的科学化、规范化水平，建立充分体现创新观念，并有力推进新时期发展战略实施的制度体系；重视科学道德建设，建立热科院各类人员行为规范准则，逐步形成有利于科技创新和人才辈出的学术氛围；推动科学精神与人文精神的融合，使科学精神、正确的价值观、爱国主义精神、创新精神融入到科技人员的自觉行动中。

主要工作目标：

（一）完善创新文化建设体系。在广泛深入的科技实践中，不断总结探索创新文化建设的规律，丰富创新文化建设的内涵，构建具有鲜明特色、健康向上、内容丰富、制度健全、机制灵活，广大职工认同并自觉实践的热科院创新文化体系，营造科学民主、开放宽容、激励创新、协同高效、和谐共处的创新文化氛围。

（二）确立具有热科院特色的文化理念。在全院树立跨越发展理念下的使命感和责任感，树立国家需求与学术追求相统一、服务"三农"为导向的科技价值观，树立敢于突破、勇于创新的自信心，树立协调合作、共同发展的团队精神，树立诚实守信、严谨自律的道德观。

（三）形成科技创新与文化创新良性互动的局面。要着力研究科技创新与文化创新互动的规律和机制，使两者相互促进、共同发展；要继承和发扬院所传统文化，根据发展要求，革除不合时宜的观念和做法，摒弃不适应当前创新要求的陈旧文化，在科技创新与文化创新的互动中，为院所文化注入新的生机和活力。

三、基本原则

坚持以社会主义核心价值体系为前提，指导推进热科院的创新文化建设。开展创新文化建设，要坚持开展创新文化建设与加强党的建设、精神文明建设和创建学习型单位相结合的原则；坚持继承优良传统与开拓创新相结合、体现自身特色与时代精神相结合的原则；坚持开展文化创新与促进科技创新相结合的原则；坚持总体规划与分步实施相结合、全面推进与重点突出相结合的原则；坚持全院的统一性与各单位的多样性相结合、内容与形式相结合、遵循共性与发扬个性相结合的原则；坚持广泛宣传、全院动员与总结经验、推进工作相结合的原则。

四、总体要求

院区环境、整体形象和规章制度是创新文化的外在表现形式。创新精神、科学思想、价值导向、伦理道德、爱国主义精神是创新文化建设的核心内容。

热科院创新文化建设的总体要求：紧紧围绕并服务于精神文明建设和科技创新总体目标，为推动热科院改革与发展，促进出成果、出效益、出人才提供良好的政策环境、学术环境、管理环境、院区环境，营造科学民主、锐意创新、协同高效、廉洁公正的文化氛围。要以热科院艰苦创业的优良传统和求实、创新、和谐的院风为基础，弘扬艰苦奋斗、开拓创新精神，尊重植根于团队合作的个体学术自由，营造百家争鸣、开放和谐的良好氛围，信守科研道德规范、弘扬科学精神，创造人才脱颖而出、敢为天下先的人文环境，提供服务优质、信息便捷、环境优美的工作条件。

五、主要任务

1. 建设理念文化。理念文化是创新文化建设的核心内容。通过继承和发扬热科院的光荣传统，总结、提炼人文精神，阐明文化宗旨，从而确立热科院理念文化的基本内涵。建设理念文化，重点在于紧紧围绕热科院发展的战略目标和战略定位，牢固树立正确的农业科技价值观、正确引导广大职工的价值取向、建立与时俱进的价值理念；提倡严谨的科学精神和科学态度，弘扬团结协作的团队精神，营造和谐向上的人际关系和良好的人文环境；以职业道德建设为重点，确立各类人员的行为规范：对于各级领导干部，要突出强调全局意识、政策观念、务实创新、民主平等、清正廉洁的精神，对科技人员，要突出强调献身科学、开拓创新、唯实求真、团结协作、服务社会的精神，对于机关管理人员要突出强调规范管理、依法办事、高效服务、作风民主、廉洁奉公的精神，对科辅人员要突出强调一丝不苟、讲求效率、优质服务、求精求新、保障有力的精神。通过理念建设，充分调动和激发广大职工的积极性和创新精神，为实现创新目标提供持久不衰的精神动力。

2. 建设标识文化。标识文化是创新文化建设的外在载体。通过确定单位的标志，明确产品特色、包装及广告宣传，完善网站、热科院报等文化传播网络等，全方位加强文化载体建设，充分体现热带农业科研文化的内涵，形成特点突出、形象鲜明、简洁明快、具有强烈时代感和积极向上精神，彰显热科院理念、精神、创新发展的明显标志。

3. 建设院区文化。院区文化是创新文化建设的基础条件。要紧紧围绕热科院"四个院区、两个窗口"的主要职责和功能定位，科学做好各项规划设计，不断拓宽信息渠道、完善服务设施、提高后勤服务水平，从而在不同区域间形成特色鲜明、环境优美、整洁卫生、信息畅通、运转高效、服务便捷的院区文化，为广大职工创造良好的科研、工作和生活氛围。

4. 建设制度文化。制度文化是创新文化建设的基本规范。制度体系包括科研、管理、开发、经营、服务、职业道德等方方面面。要通过制度创新，不断完善优秀人才的遴选、培养、引进、支持、流动的有效机制，营造人才辈出的体制环境；要通过建设和谐的人际关系和良好的人文环境，培育团队精神，调动和发挥科技人员的积极性和创造性，激励和激发创新，组织引导跨学科、跨所际的交叉研究，促进跨单位、跨学科的联合攻关。要积极拓展民主决策、民主管理、民主监督的渠道，积极探索行政监督、群众监督和学术监督等方面的制度建设，形成有章可循、管理有序的工作格局。通

过制定符合创新规律和发展方向的行为规范，不断增强体制机制活力，促进广大职工的各类行为有章可循，不断提升执行力，促进创新目标的实现。

六、保障措施

1. 加强领导，健全工作机制。为切实搞好热科院创新文化建设，由院党组负责创新文化建设的组织领导，日常工作由院机关党委负责。院属各单位党政领导要切实负起责任，建立起由一把手负总责、党委（总支）组织实施、各级组织齐抓共管、全体职工积极参与的创新文化建设格局。建立健全长效工作机制，把创新文化建设与党建、思想政治工作、精神文明建设、党风廉政建设等有机结合起来，寓创新文化建设于科研、开发、管理、服务工作之中，使创新文化建设走向长效化、制度化、系统化。通过健全组织，增加投入，明确职责，分工协作，为创新文化建设工作提供强有力的组织保障。

2. 广泛宣传，夯实思想基础。各单位要将开展创新文化建设作为深入贯彻落实中央一号文件的重要内容，利用广播、电视、报刊、网络等多种宣传媒介进行广泛宣传和发动，并采取培训、专家授课等多种形式，使全院广大科技人员及干部职工充分认识开展创新文化建设的必要性和重要性，了解创新文化建设的基本内容，为开展创新文化建设奠定广泛的思想基础和群众基础。

3. 集思广益，科学制定方案。院属各单位要根据院党组的指导意见，在广泛征集职工群众意见的基础上，研究制定出具体的实施方案，明确本单位开展创新文化建设的指导思想与基本目标、主要任务与实施项目、组织领导与保障措施、总体规划与时间进度等内容。创新文化建设要紧密结合本单位实际，因地制宜，突出重点，在体现全院创新文化建设统一性的基础上，充分反映本单位的鲜明特色和学科优势。

4. 精心组织，强化工作实效。创新文化建设是一项系统工程，具有实践性和渐进性的特点，只有经过长期不懈的努力才能实现。各单位要按照院党组指导意见的总体规划和本单位

实施方案的要求，抓住价值导向与精神氛围、科技创新与队伍建设、制度建设与行为规范、环境建设与形象识别等方面内容，精心组织，确保创新文化建设落到实处。要在统筹规划的基础上，根据创新文化建设总体规划和年度计划的要求，在财务预算计划中统筹安排，为创新文化建设提供必要的财力支持和物质保障。在实施过程中要及时总结创新文化建设的经验，适时组织交流和研讨，推广先进经验和成功做法，不断推动创新文化建设。

2012 年度党员领导干部民主生活会方案

（院党组发〔2012〕35 号）

今年下半年将召开党的第十八次全国代表大会，这是全党全国各族人民政治生活中的一件大事，对于我们党团结带领全国各族人民继续全面建设小康社会、加快推进社会主义现代化、开创中国特色社会主义事业新局面具有重大而深远的意义。2012 年度党员领导干部民主生活会将围绕贯彻落实党的十八大精神召开，根据中央和农业部党组的要求，结合热科院实际，制定本方案。

一、指导思想

以邓小平理论和"三个代表"重要思想为指导，深入学习实践科学发展观，深刻领会和贯彻落实党的十八大精神，增进领导班子团结，加强党内民主，切实保持党的先进性和纯洁性，持续增强党组织的创造力、凝聚力和战斗力。

二、时间安排

（一）会前准备

1. 组织学习（9 月 20 日至 11 月 20 日）。要认真学习党的十八大报告和十七大以来历次全会精神，学习胡锦涛总书记在省部级主要领导干部专题研讨班上的重要讲话、在庆祝建党90 周年大会上的重要讲话和十七届中央纪委第七次全会上的重要讲话精神，学习《党员领导干部廉洁从政若干准则》、《关于领导干部报告个人有关事项的规定》等党纪条规，进一步增强政治意识、大局意识、廉政自律意识和遵纪守法观念。要坚持自学与集中学习相结合，研讨交流与专题辅导相结合，努力提高认识，为开好民主生活会奠定坚实的思想基础。

2. 征求意见（11 月 21～30 日）。要在一定范围内向干部群众通报民主生活会主题和 2011 年度民主生活会整改措施落实情况，在通报范围内进行群众满意度测评（见附件 1）。要采取发放征求意见表、设立征求意见箱、召开座谈会等多种形式，广泛征求党组织、党员干部、职工群众、党代表意见，并将意见建议原汁原味地向领导班子及领导干部本人反馈。

中国热带农业科学院 2011 年度民主生活会整改措施落实情况测评结果（填写附件 1，加盖公章）、职工群众对院领导班子和班子成员的意见建议，请各单位、各部门于 11 月 26 日前报送机关党委。

3. 谈心交流（12 月 1～20 日）。党组织主要负责人同领导班子成员之间、领导班子成员之间、班子成员与分管部门主要负责人之间要认真开展谈心活动，沟通情况，交换意见，做到充分交流思想，相互帮助提醒，加深共识，增进团结，为开展批评与自我批评打好基础。

4. 自我剖析（12 月 21 日至次年 1 月 10 日）。要紧密围绕会议主题，结合学习心得、个人实际和征求到的意见，重点查找思想、作风、纪律、廉政等方面存在的不足，深入开展自我剖析，认真撰写书面发言材料。

（二）召开民主生活会

1. 中共中国热带农业科学院党组民主生活会

主持人：院党组雷茂良书记

时　间：拟定 2013 年 1 月中旬

地　点：海口院区办公楼 1 号会议室

参加人员：院领导班子成员；院办公室、人事处、监察审计室、机关党委主要负责人；

指导会议的农业部有关司局领导。

2. 各基层党组织民主生活会

各基层党组织民主生活会应当在 2012 年 11 月至 2013 年 1 月召开，具体时间安排由院民主生活会督导组同各基层单位协商确定。

三、相关要求

（一）研究确定主题，扎实做好会前准备

各单位、各部门要严格按照中央和部党组关于民主生活会制度的有关规定和要求，紧紧围绕学习贯彻党的十八大精神，坚持讲政治、顾大局、守纪律，紧密结合领导班子和领导干部思想和作风建设实际，精心研究部署，确定党员领导干部民主生活会主题，制定会议工作方案，扎实做好会前各项准备工作。

（二）紧紧围绕主题，认真开展对照检查

民主生活会上，领导班子成员要紧紧围绕会议主题，联系思想和工作实际，认真开展党性分析和对照检查，着力提高民主生活会质量，增强领导班子依靠自身力量解决问题的能力。

1. 突出自查自纠重点。要对照学习党的十八大报告和胡锦涛总书记在十七届中央纪委第七次全会上关于保持党的纯洁性的重要论述，在保持思想纯洁、组织纯洁、作风纯洁和清正廉洁方面找差距、摆不足，明确努力方向。重点是：对照检查坚定理想信念，加强党性锻炼，遵守政治纪律，贯彻落实党的路线方针政策和重大决策部署，保证中央、农业部和院政令畅通的情况；检查自觉践行党的宗旨，密切联系群众，加强领导班子和领导干部作风建设，解决干部群众反映最突出问题的情况；检查坚持党的干部路线，公道正派选人用人，正确对待个人进退留转，遵守组织人事纪律的情况；检查贯彻落实民主集中制，按照集体领导、民主集中、个别酝酿、会议决定的原则决定重大事项，自觉接受党组织和人民群众监督的情况；检查落实党风廉政建设责任制，遵守领导干部廉洁从政有关制度规定及执行个人有关事项报告制度的情况；检查贯彻落实党建工作责任制等党内制度情况。剖析检查要全面深刻，触及思想和灵魂。

2. 深入开展批评与自我批评。要针对领导班子及个人思想、工作中存在的问题和征求到的意见建议，认真开展批评与自我批评，防止和纠正民主生活会上谈工作多谈思想少、讲成绩多讲问题少、谈共性多谈个性少、谈表面多谈思想根源少的现象，切实增强民主生活会的思想性、政治性和原则性。领导班子主要负责同志要切实发挥开好领导班子民主生活会"第一责任人"的作用，带头开展批评与自我批评，带头详细报告个人有关事项；班子成员之间要逐个开展互相批评，不搞一锅煮。自我批评要严于律己，全面深刻，正视问题，剖析根源，提出整改措施；相互批评要敞开思想，坚持原则，实事求是，开诚布公，帮助分析问题原因，明确努力方向。坚决防止简单地以会前谈心代替会上开展批评与自我批评的情况。

3. 对民主生活会进行民主测评。按照农业部要求，由院民主生活会督导组参加各单位民主生活会，组织参会人员进行民主测评投票，并负责汇总上报。

（三）注重实际效果，制定和落实整改措施

1. 认真进行整改。在民主生活会上，各单位主要负责同志要代表领导班子进行对照检查，特别是要对 2011 年度民主生活会整改措施落实情况进行说明和总结。领导班子及成员对群众反映和民主生活会上查找出来的问题，要逐个进行研究，有针对性地提出整改措施。会后要及时制定整改措施落实方案，明确整改重点，落实整改责任，限时进行整改。

2. 加强督导检查。要对整改措施落实情况进行督查，结合领导班子年度考核、年终工作总结、绩效考核、述职述廉等，专门听取领导班子及成员整改措施落实情况的报告，问题解决得不好或没有解决的，要分清责任，限期整改。

3. 及时通报情况。要在一定范围内及时向干部群众通报民主生活会有关情况，会前通报 2011 年度民主生活会整改措施落实情况，会后通报 2012 年度民主生活会召开情况、制定的整改措施和党员群众对 2011 年度民主生活会整改落实情况的满意度。

（四）加强联系指导，确保民主生活会质量

1. 严格落实上级党委（党组）成员指导下级党组织民主生活会制度。各单位可以邀请院领导参加会议；要积极探索党员干部和党代表大会代表列席领导班子民主生活会；坚持把执行民主生活制度和会上对照检查、会后整改落实的情况作为考核评价领导班子和领导干部的重要内容，作为党建工作考核和评选先进的重要依据。

2. 加强分类指导。机关党委、人事处、监察审计室要加强对各单位党员领导干部民主生活会全程的具体指导。对整改措施落实群众满意度较低，民主生活会民主测评中存在基本满意票和不满意票的单位，要向其单位主要负责人通报情况，提出要求，有针对性地督促指导。

3. 及时上报材料。各单位、机关各支部要将民主生活会工作方案于会前15日报机关党委；将干部群众对本单位2011年度的整改措施落实情况测评结果、征求群众的意见建议、召开会议时间安排于会前10日报机关党委；将民主生活会的综合报告、征求群众意见的汇总材料、党员领导干部发言提纲、民主生活会原始记录、制定的整改措施以及向党员群众通报民主生活会的情况于会后15日内报机关党委、人事处、监察审计室。在上报的综合报告中，要认真总结民主生活会的主要做法、成效和存在不足，以及进一步健全完善民主生活会制度的意见建议。

各单位要加强与民主生活会督导组成员部门的沟通协调，主动请示汇报召开民主生活会有关情况。机关党委联系电话：66962984、66962936（传真）；人事处联系电话：66962973（传真）；监察审计室联系电话：66962946、66963799（传真）。

附件：1. 中国热带农业科学院2011年度党员领导干部民主生活会整改落实情况群众满意度测评表（略）
2. 院领导班子及班子成员征求意见表（略）

开展"党风廉政建设年"活动实施方案

（院党组发〔2012〕9号）

为贯彻落实中纪委第七次会议和农业部2012年党风廉政工作会议精神，扎实推进以完善惩治和预防腐败体系为重点的反腐倡廉建设，在热科院营造以廉为荣、以贪为耻的良好风尚，促进领导干部廉洁从政从研，院党组决定把今年作为热科院"党风廉政建设年"。结合热科院实际，提出具体实施意见如下：

一、指导思想

以邓小平理论和"三个代表"重要思想为指导，认真贯彻党的十七届五中全会和十七届中纪委七次全会精神，深入贯彻落实科学发展观，以建立健全惩治和预防腐败体系为重点，全面开展党风廉政建设活动，进一步提高全院干部职工的廉洁文化素养，形成以廉为荣、以贪为耻的良好风尚，为热科院各项事业健康发展提供有力保障。

二、活动内容

以树立社会主义荣辱观为重要内容，通过以廉洁为主题的理想信念、道德观念、法制意识等的教育，积极开展廉洁文化进基层、进项目、进课题为主要内容的"三进"活动，增强院各级党员干部廉洁从政从研的意识和法纪观念，深入推进党风廉政建设和反腐败斗争，切实做好保持热科院各级领导干部的纯洁性，促进热科院各项事业又好又快发展。

（一）廉洁文化进基层

1. 深入开展廉洁文化宣传教育活动。以保持党的纯洁性为目标，以改变干部作风为动力，以理想信念教育和党性党风党纪教育为重点，积极利用网络、院报等形式，加大廉洁文化的宣传力度，组织开展丰富多彩的廉洁文化创建活动，有计划地开展反腐倡廉知识测试、签订廉洁责任书、机关服务承诺等活动；将党风廉政建设作为所级干部、组织人事干部培训的重要内容；在广大干部职工中深入开展"学先进用先进"活动，开展示范教育，警示教育和岗位廉洁教育，不断增强干部职工的"免疫力"，筑牢拒腐防变的思想基础；坚决纠正干部不作为、乱作为、相互推诿的不良工作作风。

2. 完善廉政风险防控体系。在 2011 年开展廉政风险防控管理的基础上，抓住容易发生不廉洁行为和腐败现象的重要领域、重点岗位和关键环节，进一步梳理权利运行流程，查找重点领域廉政风险点，制订防范措施，切实做到风险定到岗、措施定到位、责任落到人，逐步构筑"岗位履职有标准、防控管理有措施、问责追究有依据"的廉政风险防控管理体系。

3. 建立健全制度。一是开展制度廉洁性评估试点工作，对正在起草制定中的规章制度，进行廉洁性、合法性和科学性评估，从而确保从制度建设的源头抓起；二是多措并举，深入贯彻落实《建立健全惩治和预防腐败体系2008～2012 年工作规划》实施方案，切实抓好党风廉政责任制的落实，严格责任追究。

4. 加强监督检查。加强领导、强化责任，一是强化行政效能监察，围绕科技中心工作开展行政效能监察试点，机关各部门应进一步简化办事程序，提高工作效率；二是加强院重点任务执行情况的监督检查。根据 2012 年工作重点，加强对院预算执行、各项重大决策部署、重大民生任务落实情况进行监督检查，确保院各项任务和重点工作的落实；三是加强对干部选拔任用工作全过程的监督，进一步规范干部选拔任用行为，防止选人用人上的不正之风。四是加强审计整改。各单位对 2009 年以来审计发现的问题要限期整改，并总结经验、抓出成效。

5. 巩固厉行节约、制止奢侈浪费工作成果，完善因公出国（境）制度，认真执行公务接待的有关规定。

6. 完善信访办案工作制度。强化组织领导，围绕广大职工关心的重点问题，进一步完善信访工作制度，畅通群众反映问题、表达诉求的渠道，从源头上防范和化解信访问题，提升信访举报工作质量和水平。将信访举报和查办案件工作与加强教育、完善制度、强化监督、深化改革有机结合，充分发挥治本功效。

7. 加强纪检监察队伍建设。院属单位要高度重视纪检监察组织建设和队伍建设，加强对纪检监察干部的培养和选拔，支持纪检监察部门依法履行职责，充分发挥其监督保障作用。各单位的纪检、监察部门要切实履行政治责任，当好"服务中心、服务大局"的忠诚卫士，以监督主体的地位和责任独立行使监督权力，真正起到"保驾护航"的作用。

（二）廉洁文化进项目

8. 深入开展工程建设领域突出问题专项治理。继续抓好排查整改工作，严肃查处规避招标、虚假招标、违法转包分包的问题，对存在的问题不遮掩不隐瞒，查找隐患，深刻分析成因，对症下药抓整改，变坏事为好事；对重大项目进行跟踪审计或定期督查，及时督促整改。

9. 加强政府采购监督。为进一步加强对政府采购的监督，规范政府采购行为，推动热科院政府采购工作健康发展。对重点采购项目，由院监察审计室指导过程监督，各单位的内设监察机构要参与对本单位政府采购活动的监督。

10. 深化"小金库"专项治理。巩固治理结果，推动"小金库"专项治理长效机制的建设。

（三）廉洁文化进课题

11. 加强科技人员科研道德和学风建设。弘扬科学精神，端正科研理念，增强社会责任感，旗帜鲜明地反对学术不端行为。大力宣传"泥腿子"精神、北大荒精神、祁阳站精神和南沙精神，促进严谨求实的科学精神、潜心科研的执著精神、勇攀高峰的创新精神、爱国为民的奉献精神在热科院深入人心。

12. 强化科研经费监管。各单位领导一定要高度重视，要按照"一岗双责、分级负责"的要求，严格按照《关于严肃财经纪律规范国家科技计划课题经费使用和加强监管的通知》（国科发财字〔2005〕462 号）等有关规定，组织建立相关的管理制度，配备相关管理人员，从管理上堵塞各种漏洞，进一步加大对科研经费的审计监督力度，确保科研经费用出质量、用出效益。

13. 规范科技收入管理。各单位应建立健全科技收入管理办法，特别是对阶段性科技成果和科技产品在生产、销售和结存环节上要制订完善的内部管理制度，定期或不定期进行清点、查检，做到账实相符，防止国有资产流失。

三、组织领导和工作要求

（一）组织领导

建立党组统一领导，党政齐抓共管，纪检组负责组织协调及其他相关机关部门各负其责、广大科技人员共同参与的工作机制。院成立"党风廉政建设年"工作领导小组：

组　长：欧阳顺林

副组长：方骥贤、王富有

成　员：机关纪委书记、各单位纪委书记或纪检负责干部

领导小组办公室设在监察审计室，负责日常工作的组织协调。各单位要成立相应的领导机构，于3月15日前报领导小组办公室（联系人：王安宁，联系电话：0898-66962946，邮箱：catasjcsjs@126.com）。

（二）工作要求

1. 提高认识。"党风廉政建设年"活动是贯彻落实科学发展观，推进党风廉政建设，建设和谐院所的重要举措。各单位、各部门要以强烈的责任感和使命感，充分认识开展"党风廉政建设年"活动的重要意义，把党风廉政建设工作纳入年度工作计划，一起部署，一起落实。

2. 精心组织。在活动过程中，要把"党风廉政建设年"活动与"创先争优"相结合，与贯彻落实《廉政准则》的学习教育活动相结合，与创新文化建设相结合，与规范科研行为相结合，与建立廉洁文化建设长效机制相结合。领导小组全面协调、组织全院廉政文化建设；院纪检组发挥组织协调作用；机关各部门要充分发挥业务监督作用，结合实际推动院各项工作任务的落实；各单位要针对本单位实际，担负起组织实施的具体工作。

3. 务求实效。开展"党风廉政建设年"活动，其目的在于弘扬新风正气，抵制歪风邪气，着力解决思想作风上的各种问题。在开展工作的过程中，要坚决克服形式主义、官僚主义作风。要按照领导小组的工作部署，认真抓好落实，创造性地开展工作，使"党风廉政建设年"活动取得实效。

学习宣传贯彻党的十八大精神工作方案

（院（党委）〔2012〕31号）

为贯彻落实党中央、农业部、海南省直工委关于学习宣传贯彻党的十八大精神部署，切实把全院干部职工的思想统一到党的十八大精神上来，把力量凝聚到实现党的十八大确定的各项任务上来，特制定本方案。

热科院学习宣传贯彻党的十八大精神分三个阶段推进，第一阶段为动员部署阶段，第二阶段为集中学习阶段，第三阶段为深入贯彻阶段。具体安排如下：

一、动员部署阶段（2012年11月中下旬）

1. 十八大召开前，部署各单位、各部门收听收看十八大报告，开会期间关注会议动态，学习中央领导人的重要讲话、会议决议、中央媒体评论等（机关党委）。

2. 十八大结束后，召开院各级党组理论中心组学习会，传达农业部党组关于学习十八大精神的部署，交流班子成员学习的体会，安排院内学习贯彻十八大精神工作（机关党委）。

3. 印发《中共中国热带农业科学院党组关于认真学习宣传贯彻党的十八大精神的通知》，对全院学习宣传贯彻党的十八大精神作出全面部署（院办公室、机关党委）。

4. 举办学习十八大精神专题报告会，邀请相关专家做辅导报告（机关党委）。

5. 发放学习十八大精神专题资料，将各种学习十八大精神的辅导材料发放至各基层党组织，帮助深刻理解、准确把握十八大精神（机关党委）。

6. 宣传部门要根据学习贯彻十八大精神活动开展情况，集中宣传十八大精神的重大历史意义和内容，宣传党员职工对十八大的热烈反

响和学习情况（院办公室、机关党委）。

二、集中学习阶段（2012年12月）

1. 组织书记上党课，宣讲十八大活动，各级党组织的书记要结合实际，给干部职工宣讲学习贯彻十八大精神的思考和体会，层层讲解、层层落实，形成深入学习宣传贯彻十八大精神的热潮（机关党委、各单位党组织）。

2. 召开基层党组织学习十八大精神汇报会，各单位书记汇报本单位学习贯彻落实党的十八大精神的开展情况及做法经验，交流本人学习十八大精神的体会感想（机关党委）。

3. 组织观看《十八大代表风采录》、《信仰》等教育影片，广泛深入的宣传和学习十八大代表的先进事迹，开展社会主义核心价值体系教育，形成崇尚先进、学习先进、争当先进的良好氛围（机关党委、各院区管委会）。

4. 各单位、各部门结合总结今年工作、谋划明年工作，学习贯彻党的十八大精神，做到学深学透、学以致用，深入开展调研，按照十八大的战略部署，谋划好明年的工作，切实用十八大精神指导工作实践，将学习十八大精神的成果转化为推动工作的动力、思路和措施（各单位、各部门）。

5. 组织民主党派、侨联学习十八大精神座谈研讨会，院各民主党派、侨联负责人就本组织学习十八大精神的情况，按照十八大关于加强统一战线的要求加强自身建设的情况，提高建言献策、参政议政能力和服务大局能力的情况等，开展交流研讨（机关党委、各民主党派、院侨联）。

6. 组织党的十八大精神宣讲活动，邀请海南省宣传贯彻党的十八大精神宣讲团成员作报告，解读十八大精神（机关党委）。

7. 宣传部门要根据学习贯彻十八大精神活动开展情况，宣传各基层党组织学习贯彻十八大精神活动的进展和成果（院办公室、机关党委）。

三、深入贯彻阶段（2013年开始）

1. 开展"学习贯彻十八大精神，为热带农业科技事业发展建言献策"活动，在深入学习十八大精神的基础上，组织广大职工尤其是科技职工联系实际，为谋划好明年和今后一个时期热带农业科技工作建言献策（机关党委）。

2. 以贯彻落实十八大精神为主题，召开各级党组织的党员领导干部民主生活会（机关党委、各基层党组织）。

3. 组织党务干部学习贯彻党的十八大精神交流研讨会，选择一批典型单位，结合实际工作和岗位职责开展专题研讨，交流学习体会和成果，促进十八大精神转化为推进工作的动力和措施（机关党委）。

4. 组织学习贯彻十八大精神"建功热作事业"征文活动，结合十八大确定的宏伟目标，结合热区农业现代化和创新驱动发展战略的光荣使命，结合热带农业科技事业的巨大成果、美好前景，结合本职工作实际，谈信仰、谈理想、谈信心，谈变化、谈考验、谈发展，谈农业、谈科研、谈创新，谈精神、谈奉献、谈和谐，谈事业、谈创业、谈成长（机关党委、院工会）。

5. 组织开展以学习宣传贯彻十八大精神为主题的离退休职工参观革命教育基地、爱国主义教育基地，参观院属单位、感受发展成果活动，书画摄影等艺术形式颂十八大活动等，调动离退休职工学习、宣传、贯彻落实十八大精神的积极性（离退休人员工作处）。

6. 组织举办十八大知识竞赛活动，使广大职工尤其是青年职工更好的掌握十八大报告、党章的内容（院团委）。

7. 宣传部门要根据学习贯彻十八大精神活动开展情况，重点宣传在学习贯彻党的十八大精神过程中解决实际问题的新成效和新进展（院办公室、机关党委）。

开展集中整治"庸懒散贪"问题专项工作实施方案

（院纪检组〔2012〕5号）

为深入贯彻落实海南省第六次党代会的决策部署，根据《海南省开展集中整治"庸懒散贪"问题专项工作实施方案》（琼办发〔2012〕20号文）、《关于国家垂管和双管单位参加全省集中整治"庸懒散贪"问题专项工作的通知》（琼直整发〔2012〕3号文）的部署和要求，结合热科院工作实际，决定在全院开展集中整治"庸懒散贪"问题专项工作，现制定如下实施方案。

一、指导思想

高举中国特色社会主义伟大旗帜，以邓小平理论和"三个代表"重要思想为指导，深入贯彻落实科学发展观，牢固树立抓作风就是抓发展的理念，以党的执政能力建设和先进性、纯洁性建设为主线，以整治"庸懒散贪"问题为突破口，以转变干部作风为着力点，深入推进热科院"党风廉政建设年"工作，大力营造风清气正、廉洁从业的发展环境，为实现热科院建设成为世界一流热带科技服务中心提供坚强保证。

二、工作目标

通过开展集中整治专项工作，着力解决领导干部、科研人员的思想作风、工作作风和生活作风中的"庸懒散贪"问题，努力实现领导干部、科研人员思想作风明显改善，行政效能明显增强，有力促进热科院重点科研任务、重大民生工程、重大工程建设等工作的顺利开展，确保工作任务圆满完成。

三、组织领导

院成立集中整治"庸懒散贪"问题专项工作领导小组。

组长：欧阳顺林

副组长：黎志明、方艳玲、王富有

小组成员：院办公室、人事处、监察审计室、机关党委、各单位书记。

领导小组办公室设在监察审计室。

四、整治的范围和重点

（一）以治庸提能力，坚决纠正不思进取、碌碌无为等问题

1. 精神萎靡不振。事业心、责任感不强，工作缺乏积极性、主动性，在岗不在状态，出工不出力，不学无术，不思进取，不敢担当，无所作为，得过且过。

2. 学风文风不正。科研风气不严，缺乏学习钻研的兴趣和热情，对科研任务漠不关心，科学研究态度不严谨，抄袭他人科研成果，学术造假，急于求成，急功近利。领导干部认真不认真学习理论政策和业务知识，浅尝辄止，理论脱离实际，讲话和文章长、空、假，以文件落实文件。

3. 原则性不强。好人主义严重，是非不分、奖惩不明，解决问题不敢较真，责任追究不敢碰硬，大事化小，小事化了。

4. 工作能力不强。工作思路不清、业务不熟，工作质量和业务水平低，不能胜任岗位职责。

（二）以治懒增效率，坚绝纠正消极懈怠、办事拖沓等问题

1. 工作不作为。见困难就退、见问题就躲，消极怠工，敷衍塞责。

2. 办事效率低。重部署、轻落实，时效观念差，缺乏紧迫感，办事拖拉、拖诿扯皮，工作落实不到位。

3. 脱离群众。领导干部高高在上，不愿意接触群众，不愿意听取群众意见，不深入基层，不深入实际，不及时解决群众反映的实际困难。

4. 服务意识差。缺乏服务意识，对院属单位工作人员讲话语气生硬，态度傲慢，漫不经心，属于职责范围内的事项扯皮推诿不予办理。

（三）以治散正风气，坚决纠正思想涣散、纪律松弛等问题

1. 纪律观念淡薄。对院决策部署事项阳奉阴违，合意的执行，不合意的就找理由，有令

不行，有禁不止。

2. 团结协作差。缺乏团队精神，各自为政，科研工作独断专行，听不进别人的建议和意见，搞"小圈子"，散布谣言，传闲话，搬弄是非。

3. 纪律松弛。上班迟到早退，工作时间上网聊天、购物、玩游戏、炒股票。

4. 玩风过盛。沉溺于打麻将、玩扑克等娱乐活动，不注意自身形象，没有把心思和精力放在学习和工作上。

（四）以治贪抓规范，坚决纠正违规操作、为政不廉等问题

1. 违规操作。违反招投标、政府采购法律法规、院内相关制度规定，不按照规定程序进行政府采购、招投标。

2. 挪用经费。违反科研经费管理办法的规定，私自占用、截留、挪用科研经费。

五、实施步骤和内容

集中整治专项工作从2012年6月下旬开始，至2013年3月份结束，分为四个阶段进行。

（一）学习教育阶段（2012年6月下旬至7月底）

各单位召开动员部署大会，各党支部要列入支部学习计划，进行广泛的思想发动，结合实际制定工作计划。组织广大领导干部、科研人员学习毛泽东、邓小平、江泽民、胡锦涛通知关于加强党的作风建设的重要论述，《中共中央关于加强和改进党的党的作风建设的决定》、《党员领导干部廉洁从政若干准则》等重要文件，罗保铭同志在省第六次党代会上的报告和省纪委第五届七次全会上的讲话、省委《若干意见》和关于集中整治专项工作的部署要求，切实提高对该项工作重要性的认识，明确指导思想、具体目标和方法措施，增强接受教育、整治作风的紧迫感和自觉性。

（二）对照检查阶段（2012年8月至9月底）

1. 查找问题。围绕科研工作实际，认真查找管理干部和科研人员"庸懒散贪"方面的问题和表现。通过多种形式，广泛征求意见，虚心听取群众意见。

2. 剖析原因。针对查找出来的问题，从世界观、人生观、价值观和党性修养、宗旨意识、思想作风等方面深刻分析原因，透过现象看本质，防止就事论事、避实就虚。

3. 组织评议。处级以上领导干部要撰写自查剖析材料（8月31日前提交到监察审计室），各单位要通过领导班子民主生活会、党组织生活会、干部大会等形式，广泛开展批评和自我批评，明确整改要求。

（三）集中整改阶段（2012年10～12月）

1. 制定整改方案。针对查找出来的问题，研究制定整改措施，整改措施要做到问题明确、目标清晰、措施具体、时限清楚、可操作性强。

2. 抓好整改落实。实行整改责任制，各单位行政主要领导要负总责，一级抓一级，逐级督促抓落实。

（四）总结验收阶段（2013年1～3月）

1. 全面总结。肯定成绩，总结经验，分析不足，明确努力方向，建立健全相关制度，巩固整治成果。

2. 考核验收。院集中整治"庸懒散贪"问题专项工作领导小组对各单位集中整治专项工作进行考核验收。对存在问题突出、整治效果不明显和满意度测评不达标的单位，责令公开检讨、责成"补课"，直至符合要求。

六、工作要求

（一）加强组织领导。院集中整治"庸懒散贪"问题专项工作领导小组负责全院集中整治"庸懒散贪"问题的部署安排、检查考核，各单位要成立专门的领导小组（7月15日之前报监察审计室），把集中整治专项工作纳入重要议事日程，负责本单位专项整治工作。

（二）统筹兼顾，务求实效。集中整治专项工作是贯彻落实省第六次党代会精神的重要举措，各单位要将该项工作的贯彻落实纳入科研工作中，围绕科研管理工作中心，统筹兼顾，以专项整治的实际成效来促进科研工作规范化、高效率推进。

（三）建章立制，标本兼治。坚持治标与治本、立足当前与着眼长远、集中整治与制度建设相结合，认真梳理"庸懒散贪"问题的表现和特点，深刻剖析原因，及时总结提炼好做法、好经验，使其上升为有效管用的制度机制。

制度建设

财务收支审计实施办法

（热科院审〔2012〕137 号）

第一条 为进一步加强财务管理，建立健全有序的财务管理秩序，规范财务收支审计，保证审计工作质量，根据有关规定，制定本暂行办法。

第二条 本办法适用于院本级及所属独立核算单位。

第三条 本办法所称财务收支审计，是指监察审计室依法对院本级及院属独立核算单位各项资金的管理和使用以及财产物资管理、使用的真实、合法和效益进行的审计监督。

财务收支审计的目的，是促进贯彻执行国家财经法规，进一步落实"财务收支两条线"和加强资金和财产物资的管理、提高其使用效益，保障各项事业的顺利发展。

第四条 监察审计室在对院本级及所属独立核算单位财务收支进行审计时，应当按照《中华人民共和国审计法》、《中华人民共和国会计法》和国家、相关部委及院的有关规定组织实施。

第五条 财务管理审计监督的主要内容：

（一）财务管理体制与运行机制是否符合国家的有关规定；

（二）是否按规定设置财务管理机构并配备合格的财会人员；

（三）单位内部不相容岗位是否分设，印鉴管理是否相互控制与制约；

（四）会计核算是否符合会计法规、会计制度和院的有关规定；

（五）财务规章制度和内部控制制度是否健全、有效。

第六条 预算管理审计监督的主要内容：

（一）预算编制的原则、方法及编制和审批的程序是否符合国家、上级主管部门和院的规定，各项收入和支出是否全部纳入预算管理，有无赤字预算；

（二）各项支出是否按预算执行，收支是否真实、合法，预算执行的内部控制制度是否健全、有效；

（三）预算调整有无确实的原因和明确的调整项目、金额和说明，是否按规定的程序办理并经批准后执行；

（四）收入预算和支出预算的实际执行情况。

第七条 财务收入审计监督的主要内容：

（一）各项收入，包括财政补助收入、上级补助收入、拨入专款、事业收入、经营收入、附属单位上缴收入、其他收入和基本建设拨款收入是否按收支两条线进行统一管理、统一核算，是否及时足额到位，有无隐瞒、截留、挪用、拖欠或设置账外账、"小金库"等问题。

（二）收费的项目、标准和范围是否合规、合法并报经有关部门批准，收费票据是否规范统一，会计处理是否合规、合法，有无擅自增加收费项目、扩大收费范围、提高收费标准等乱收费、乱集资、自制票据等违规问题。

（三）是否按国家、相关部委及院规定将应上缴的资金及时足额上缴。

第八条 财务支出审计监督的主要内容：

（一）各项支出，包括事业支出、经营支出、基本建设支出、对附属单位补助支出、捐赠与投资支出等是否按预算计划执行，有无超预算超计划开支、虚列支出和以领代报等问题；

（二）各项支出是否严格执行国家、上级主管部门和院有关财务规章制度规定的开支范围和开支标准，有无虚列虚报、违反规定发放钱物和其他违规违纪问题。

（三）专项资金是否专款专用，核算是否合规，有无挤占挪用等问题。

（四）各项资金的使用效益，有无投资失误

或损失浪费等问题。

第九条 资金结余及分配的审计监督主要内容：

（一）各项收支结余是否单独反映，会计处理是否合规。

（二）各项结余分配是否符合国家和院的有关规定，有无多提或少提各类基金。

第十条 专用基金审计监督的主要内容：

（一）修购基金、职工福利基金、医疗基金、住房基金、科技成果转化基金等的计提，以及各单位自行设置和计提的其他基金是否符合国家和院的有关规定，是否及时足额计提或拨付到位。

（二）各类专用基金的管理是否合规、是否按照规定用途进行支付或专款专用。

（三）各类专用基金是否按照规定设置专门的会计账目进行单独核算，核算是否合规。

第十一条 单位资产审计监督的主要内容：

（一）现金和各种存款的使用是否符合规定，内部管理体制是否健全、严密，执行是否有效；银行开户是否合规合法，有无多头开户、出租、出借或转让账户等问题；各银行账户是否按规定的内容核算，有无公款私存和将事业资金在其他账户核算的情况；有价证券的购买及其资金的来源是否合法，保管、转让和账务处理是否合法、合规；资金的存贷是否合规、安全，有无违规违纪和资金风险问题。

（二）对应收及暂付款项是否及时清理结算，有无长期挂账、虚挂账等问题，对确实无法收回的应收及暂付款项是否查明原因、分清责任、及时报告并按规定程序经批准后核销。

（三）对存货物资是否进行定期或不定期的清查盘点，做到账实相符，盘盈、盘亏是否及时作账务调整。

（四）设备、材料、低值易耗品及固定资产的购置有无计划和审批手续，有无擅自购买国家规定的专控物资或超计划自行购买等问题；采购、验收、保管、领用、调出、报废、变卖等是否按照规定的程序办理并报有关部门审批、备案，有无被无偿占用和流失等问题；会计核算是否合规，是否定期或不定期进行清查盘点，账账、账卡、账实是否相符。

（五）无形资产的管理是否符合规定，转让无形资产是否按规定进行资产评估和报批，收入的处理是否合法、合规。

（六）对外投资是否按规定程序审批或备案，以实物或无形资产对外投资是否按规定进行资产评估和报批，收益处理是否合法、合规；是否存在投资失误或损失浪费等问题。

第十二条 负债审计监督的主要内容：

（一）各项负债包括借入款、应付及暂存款、应缴款项、代管款项等，是否按照不同性质、类别分别管理，管理是否合法、合规。

（二）各项负债是否及时清理，是否按照规定办理结算，并在规定期限内归还或上缴应缴款项。

第十三条 呆账、坏账是否做到按规定期限清理和按规定程序核销。

第十四条 监察审计室在对各单位财务收支实施审计时，可根据被审计单位的不同情况，采取送达审计、就地审计或送达与就地审计相结合的审计方式。

第十五条 监察审计室在对各单位财务收支进行审计时，依法有权要求各单位提供与审计内容相关的全部文件和会计资料。被审计单位应按照审计要求给予积极支持和配合，并对提供的全部资料的真实性、完整性、合法性负责。

第十六条 本办法由监察审计室负责解释。

第十七条 本办法自 2012 年 5 月 1 日起实行。

科研经费审计实施办法

（热科院审〔2012〕138 号）

第一条 为了加强热科院科研经费的管理与监督，保证科研经费使用的合理性和有效性，建立健全科研经费审计制度，根据国家有关科研项目经费管理规定和《中国热带农业科学院内部审计工作规定》，结合热科院实际情况，制定本办法。

第二条　本办法所称科研经费审计是指监察审计室根据国家有关法律法规以及科研经费管理的有关规定等，依法组织对热科院各类科研经费的财务收支等相关经济活动进行监督和评价。

第三条　科研经费审计范围：国家各部委及省级部门下拨的纵向科研项目经费、国内外合作单位委托研究和开发的横向科研项目经费等。

第四条　科研经费审计类型：

（一）国家规定的科研经费决算审签。此类审计主要是指按照相关经费管理规定，必须经院监察审计室审签后方能上报经费决算的科研项目，具体包括国家高技术研究发展计划、国家自然科学基金项目、国家基础研究重点项目等项目。

（二）院自行安排的科研经费审计。此类审计主要是指院监察审计室根据年度工作计划以及上级有关政策和院科研经费使用状况，重点抽查重大科研项目，对其财务收支等情况进行审计。

（三）按规定必须委托社会中介机构实施的科研经费审计。此类审计是指课题项目在结题验收之前，上级主管部门要求项目实施单位委托社会中介机构，对将要进行结题验收项目经费的使用情况进行审计并出具审计报告。

第五条　科研经费审计组织方式：

（一）科研经费决算审签和自主安排的审计项目由监察审计室负责组织实施，一般采用内部审计方式进行，也可视情况委托社会中介机构审计。审计实施过程中科技处和相关部门（单位）应支持配合监察审计室工作。

（二）按规定必须委托社会中介机构实施的科研经费审计项目，由项目实施单位组织聘请社会中介机构进行审计，审计报告应送监察审计室备案，聘请社会中介机构应符合热科院关于委托项目审计社会中介机构备选库的规定要求。

第六条　科研经费审计的主要内容：

（一）科研经费是否纳入财务部门集中核算，统一管理，是否专款专用；

（二）科研经费管理是否符合相应的项目经费管理办法，内部控制制度是否建立健全，使用过程中执行是否严格、有效；

（三）上级拨款经费、配套经费、自筹经费等各项经费的资金到位情况；

（四）各项支出是否符合项目批复预算范围和标准，是否存在违规发放劳务费、专家咨询费的现象；出差调研、车辆使用、接待餐费、奖励补助、临时工工资等支出是否确因项目研究需要，有无存在截留、挪用、虚列支出、套取资金、以领代报以及挤占项目经费等违规违纪问题；

（五）科研经费采购的设备、专用材料等货物，以及支出建设项目等是否执行政府采购和招投标等规定；

（六）科研经费采购的设备，是否按照项目预算、合同及实际需要购买，是否列增固定资产，是否安全完整，其利用效率和使用效果如何；采购的专用材料是否建立辅助账进行核算，是否对专用材料的采购、验收、领用及库存进行管理；

（七）对产生可销售的阶段性成果或科技产品，是否建立材料账或备查账，是否做到有账可查；

（八）项目结题时，经费的结转、项目财务决算报表的编制是否符合相关的规定，数额是否真实、完整和准确；

（九）是否存在结题不结账或不及时结题，导致科研经费沉淀闲置、长期挂账，效益丧失的情况；

（十）科研项目决算报表内容是否完整、数字是否真实、准确，有无隐瞒、遗漏或弄虚作假；财务决算报表是否真实准确地反映科研项目经费预算执行情况；

（十一）科研经费项目实施完成后是否达到项目立项申请书中提出的预期成果及效益；

（十二）其他需要审计的事项。

第七条　科研经费审计所需要资料：

（一）科研经费决算审签所需要的资料：

1. 科研经费管理相关的政策法规及项目批复预算等；

2. 财务会计资料；

3. 科研经费支出明细表和固定资产清单（需由课题负责人、项目实施单位负责人签字盖章）；

4. 科研经费决算报表；

5. 其他相关资料。

（二）自主安排和委托中介机构审计项目所需要的资料：

1. 科研项目立项批复文件；

2. 科研项目实施协议、合同任务书和项目预算等；

3. 项目实施中相关的其他协议（采购合同、加工协议等）；

4. 项目经费使用的会计报表、账簿、凭证；

5. 协作单位使用协作经费的会计报表、账簿、凭证；

6. 自筹经费来源和使用情况说明；

7. 项目结余经费使用说明；

8. 科研项目完成结题文件；

9. 项目参与实施人员清单（包括姓名、年龄、学历、职称等）。

以上 4~9 项资料，需由课题负责人、项目实施单位负责人签字并盖单位公章；涉及外单位的，外单位相关负责人签字、加盖单位公章。被审计单位对所提供审计资料的真实性和完整性负责。

第八条　科研经费审计程序

（一）科研经费决算审签程序

1. 项目负责人将项目决算报表报院财务处和科技处审核签章后，在规定上报决算截止日的十个工作日前，将资料报送监察审计室。

2. 监察审计室收到资料后应及时进行审查，审核决算报表数字是否与财务账簿记录相符，经费收入、支出、结余是否真实、准确和完整，如发现审计资料不齐全、不准确，应及时通知项目实施单位及项目负责人在规定的时间内补充、修正，审核确认无误后签字并盖章。

3. 监察审计室审签时，如发现有不符合相关经费管理规定事项的，应及时向项目实施单位提出书面审计意见，项目实施单位负责审计

意见的落实。如发现有重大问题，要及时通报科技处及财务处并向院领导报告。

4. 监察审计室自收到完整的科研经费决算审签资料后 5 个工作日内出具审签意见。审查符合后签名并加盖公章，全部资料退回送审人，审签工作结束。

（二）院自主安排的科研经费审计程序

1. 自审的科研经费审计项目实行计划管理。监察审计室在每年 12 月底编制下一年度审计工作计划，年度审计工作计划经分管院领导批准后生效，如需调整年度科研经费审计项目计划，须经分管院领导批准。

2. 对已列入经批准的年度审计工作计划中的科研经费审计项目，监察审计室需及时告知科技处、财务处、项目实施单位。必要时监察审计室要组织上述部门和个人召开审前沟通会，告知计划审计项目，明确审计目的、范围和时限，提出审计要求，协商具体审计事宜。

3. 监察审计室根据工作安排，至少在实施审计前 3 天将审计通知书送达被审项目单位，并抄送科技处和财务处。

4. 项目单位按审计通知书的要求按时提供审计资料，并对审计资料的真实性和完整性负责。监察审计室接收、登记审计资料，按照规范的审计程序和审计方法实施审计。

5. 在审计实施过程中，项目单位财务人员、项目负责人以及科技主管部门应积极支持和配合审计工作。监察审计室对发现的违规违纪问题应通报科技处、纪检部门并向院领导报告。

6. 监察审计室出具审计报告初稿，征求项目实施单位、项目负责人意见，必要时征求科技主管部门意见，并根据征求意见稿的反馈意见，结合实际情况，出具正式审计报告。

7. 监察审计室向科技处、财务处、项目单位及相关院领导提交审计报告，并对审计资料进行整理归档。

（三）按规定必须委托社会中介机构实施的科研经费审计程序

1. 项目单位按照本办法第五条第二款的要求选择社会中介机构，规定审计范围、内容和要求，签订委托审计合同，项目单位具体组织实施审计。

2. 社会中介机构提交审计报告征求意见稿，经项目单位、项目负责人确认后，出具正式审计报告一式五份报相关部门存档（项目单位、项目负责人、科技处、财务处、监察审计室各一份）。

第九条 监察审计室可视工作需要，对与科研经费有关的经济活动进行延伸审计。

第十条 本办法由监察审计室负责解释。

第十一条 本规定自 2012 年 5 月 1 日起执行。

财务预算与执行情况审计实施办法

（热科院审〔2012〕139 号）

第一条 为规范院财务预算与执行情况的审计监督，为领导决策提供真实、准确的财务管理信息，根据《中华人民共和国审计法》、《中华人民共和国会计法》、《中华人民共和国预算法》及上级主管部门有关规定，制定本办法。

第二条 本办法所称财务预算是指院本级及下属核算单位根据事业发展计划和任务编制的年度财务收支计划。

第三条 本办法所称财务预算与执行情况审计是指监察审计室依法对财务预算与执行情况的真实性、合法性和效益性进行的审计监督。

第四条 财务预算与执行情况审计监督的目的，是为了充分保证财务预算的合理安排与执行，有利于促进财务规范管理，提高经费使用效益，发挥财务预算在经济活动中的宏观调控与管理作用，保障各项事业的发展。

第五条 预算管理审计监督的主要内容：

（一）预算编制与安排

1. 预算编制的原则和方法以及编制和审批的程序是否符合国家、上级主管部门和院的规定，预算编制是否遵循"严肃性、公开性、合理性"原则，做到量入为出，收支平衡；

2. 各项收入和支出是否按规定全部纳入统一预算管理，收入预算是否贯彻"积极稳妥"的原则，支出预算是否坚持"统筹兼顾、保证重点、厉行节约"，有无赤字预算；

3. 预算编制是否真实、合法、有效；

4. 预算方案是否及时上报上级主管部门批复。

（二）预算调整

1. 预算调整有无明确的调整项目、数额、措施和有关说明；

2. 预算调整是否编制调整方案，经相关程序审批后执行；

3. 预算调整有无随意增减项目或项目之间随意调剂使用。

（三）预算管理中的内控制度

1. 预算管理内控制度是否健全、有效，是否贯彻落实；

2. 预算管理中是否逐级建立经济责任制。

第六条 收入预算执行情况审计监督的主要内容：

（一）应当纳入预算管理的各项收入，包括财政补助收入、上级补助收入、事业收入、经营收入、附属单位上缴收入、其他收入和基本建设拨款收入，是否全部纳入综合预算，实行统一管理、统一核算；

（二）纳入预算管理的各项收入是否及时足额到位，有无隐瞒、截留、挪用、拖欠等问题，是否存在"账外账"、"小金库"等问题；

（三）各项收入是否符合国家和上级主管部门及院的有关政策规定，各项收入是否严格执行规定的收费范围和标准，是否使用合法合规的票据，有无擅自设立收费项目、扩大收费范围、提高收费标准或自制收费票据等问题；

（四）各项收入的会计核算和资金管理是否合规、合法。

第七条 支出预算执行情况审计监督的主要内容：

（一）各项支出，包括事业支出、经营支出、基本建设支出、对附属单位补助支出、捐赠与投资支出等是否按预算计划执行，有无超计划开支、虚列支出和以领代报等问题；

（二）各项支出是否严格执行国家和上级主

管部门及院的有关财务规章制度的开支范围和标准，有无虚报虚列、违反规定乱发钱物和其他违规违纪问题；

（三）各项专项资金的管理使用是否做到了专项管理、专款专用，有无挤占挪用等问题；

（四）各项支出的会计核算是否合规、真实，有无账实不符等问题，往来款项是否严格管理、及时清理，有无长期挂账和被其他单位和个人占用等问题，有无利用暂收及暂付等往来款科目隐瞒收支或直接列支等问题；

（五）各项支出的经济效益和社会效益，有无损失浪费和投资失误等问题。

第八条　预算执行结果审计监督的主要内容：

（一）收入预算和支出预算的实际执行结果；

（二）为保证预算的完成采取的加强管理、增收节支的措施是否合法、有效；

（三）各项收入和支出是否真实、合法、合理，会计核算是否合规，有无重大违规违纪问题；

（四）预算执行的实际效果，收支预算完成率、经费自给率、人员支出与公用支出和重点项目支出分别占事业支出的比率、资产负债率等情况；

（五）当年的经费结余情况、债权债务情况。

第九条　财务预算与执行情况审计的主要方式与时间：

（一）年度预算审计。监察审计室根据年度工作计划，对上年的财务决算、预算执行情况进行审计监督，评价预算的执行情况

（二）特定事项审计。监察审计室根据院工作部署，可对财务预算与执行情况以及与财务预算有关的预算外资金情况中特定事项进行专项审计调查。

第十条　监察审计室对财务预算与执行情况进行审计时，财务部门应当给予积极的配合，并按审计要求及时提供下列资料：

（一）有关预算编制、预算管理的规定、办法、制度和文件；

（二）经批准通过的预算方案，包括预算编制方案、分配方案、追加方案；

（三）预算调整的方案和说明以及批准文件；

（四）各项拨款通知单及预算管理台账；

（五）预算收支的账目、报表以及财务决算报表和财务报告等；

（六）审计人员认为需要的其他资料。

第十一条　本办法由监察审计室负责解释。

第十二条　本办法自 2012 年 5 月 1 日起实行。

院属单位主要领导干部经济责任审计实施办法

（热科院审〔2012〕140 号）

第一章　总　　则

第一条　为建立健全院经济责任审计制度，加强对院二级单位及附属单位的党政主要领导干部（以下简称领导干部）的监督，推进党风廉政建设，根据《中华人民共和国审计法》、《农业部所属单位主要领导干部经济责任审计规定》，结合院的实际，制定本办法。

第二条　本办法所称经济责任，是领导干部在任职期间因其所任职务，依法对本单位的财务收支以及有关经济活动应当履行的职责、义务。

根据规定单位主要领导干部在任职期，或因工作需要调离，或在免职、辞职、撤职、退休后，应当接受经济责任审计。

第三条　本办法所称领导干部经济责任审计，是指监察审计室通过对领导干部所在单位财务收支以及相关经济活动的审计，以划分经济责任为目的，按照法律法规规定，对领导干部任期期间履行经济责任的鉴定和评价。

第四条　监察审计室和审计人员依法独立实施经济责任审计，任何组织和个人不得拒绝、阻碍、干涉，不得打击报复审计人员。审计人

员应当保守国家秘密、单位秘密、商业秘密、科技秘密。

第二章 审计内容

第五条 经济责任审计应当以促进领导干部履行、贯彻落实科学发展观，推动本单位发展为目标，以领导干部守法、守纪、尽责为重点，以领导干部任职期间本单位财务收支以及有关经济活动的真实、合法和效益为基础，严格依法界定审计内容。

第六条 领导干部经济责任审计的主要内容：

（一）本单位预算执行和其他财务收支的真实性、合法性和效益性；

（二）重要投资项目的建设和管理情况；

（三）重要经济事项管理制度的建设和执行情况；

（四）对下属单位财务收支以及有关经济活动的管理和监督情况；

（五）任职期间国有资产保值增值情况和其他经济目标完成情况；

（六）对前任领导遗留问题的整改落实情况；

（七）其他需要审计监督的事项。

第三章 审计实施

第七条 经济责任审计，经院分管领导批准后，由人事部门委托，监察审计室组织实施。

第八条 监察审计室应当在实施经济责任审计三日前，向被审计领导干部及原任职单位送达审计通知书，并进行审计公示接受群众监督，审计组应当对群众反映的情况做好登记、整理和核实工作；遇有特殊情况，经院分管领导批准，可以直接持审计通知书实施经济责任审计。

第九条 审计组进点实施经济责任审计时，应当召开有审计组成员、被审计领导干部及其所在单位有关人员参加的见面会，安排审计工作有关事项。人事处根据工作需要可派人参加。

第十条 被审计领导干部及其所在单位应配合审计工作，提供必要的工作条件，及时、全面、如实地向审计组提供与经济责任审计相关的资料：

（一）被审计领导干部履行经济责任情况的述职报告或工作总结；

（二）财务收支相关资料；

（三）内部管理制度、工作计划、工作总结、会议记录、会议纪要、经济合同、考核检查结果、业务档案等资料；

（四）审计组认为可以说明领导干部任期经济责任的其他有关资料。

第十一条 被审计领导干部及其所在单位应当对所提供资料的真实性、完整性做出书面承诺。对提供虚假材料的有关责任人，由人事部门、纪检监察部门给予必要的组织处理或党纪政纪处分。

第十二条 审计组履行经济责任审计时，可以提请相关部门和单位予以协助，有关部门和单位应当予以配合。

第十三条 审计组通过对取得的资料进行审计，调查取证后，进行综合分析，写出审计报告。

第十四条 领导干部经济责任审计报告主要内容包括：

（一）被审计领导干部所在单位的基本情况；

（二）被审计领导干部任期内所在单位财务状况和收支情况；

（三）被审计领导干部所在单位对外投资情况；

（四）被审计领导干部履行经济责任的审计评价，主要内容包括：所在单位制度建设、预算管理、国有资产管理、执行国家财经法规、是否存在设立"小金库"情况及个人遵守廉政规定等情况；

（五）审计发现的主要问题及处理意见；

（六）审计建议；

（七）其他事项。

第十五条 审计组实施审计后，应当将审计组的审计报告书面征求被审计领导干部及其所在单位的意见。被审计领导干部及其所在单位应当在自接到审计报告之日起 10 日内提出书面意见；在此期间未提出书面意见的，视同无异议。

审计组应当针对被审计领导干部及其所在单位提出的书面意见，进一步核实情况，对审计报告作必要修改。

第十六条 监察审计室依照《中华人民共和国审计法》及相关法律法规规定的程序，对审计组的审计报告进行审议，监察审计室出具经济责任审计报告。

第十七条 监察审计室应当将经济责任审计报告等结论性文件送达被审计领导干部及所在单位，报送院领导及人事处等相关职能部门，并抄报农业部财务司（审计处）。

第十八条 被审计领导干部及单位存在违规违纪的财务收支行为，监察审计室依据现行法规提出经济处罚意见，报分管领导批准后实施；违反党纪政纪的，提交人事、纪检监察部门处理；应当追究刑事责任的，移送司法部门处理。

第十九条 被审计领导干部及所在单位对监察审计室出具的经济责任审计报告有异议的，在收到审计报告之日起 30 日内向监察审计室提出复查申请，监察审计室应当自收到申请之日起 30 日内形成复查意见，并报请院分管领导批准后，作出复查决定。

第四章 审计评价与结果运用

第二十条 监察审计室应当根据审计查证或者认定的事实，依照法律法规、国家有关规定和政策，以及责任制考核目标，对被审计领导干部履行经济责任情况作出客观公正、实事求是的评价。审计评价应当与审计内容相统一，评价结论应当有充分的审计证据支持。

第二十一条 监察审计室对被审计领导干部履行经济责任过程中存在的问题区别不同情况作出责任界定，即直接责任、主要责任或领导责任。

（一）直接责任：

1. 直接违反法律法规、国家有关规定和单位内部管理规定的行为；

2. 授意、指使、强令、纵容、包庇下属人员违反法律法规、国家有关规定和单位内部管理规定的行为；

3. 未经民主决策、相关会议讨论而直接决定、批准、组织实施重大经济事项，并造成重大经济损失浪费、国有资产（资金、资源）流失等严重后果的行为；

4. 主持相关会议讨论或者以其他方式研究，但是在多数人不同意的情况下直接决定、批准、组织实施重大经济事项，由于决策不当或者决策失误造成重大经济损失浪费、国有资产（资金、资源）流失等严重后果的行为；

5. 其他应当承担直接责任的行为。

（二）主要责任：

1. 除直接责任外，领导干部对其直接分管的工作不履行或者不正确履行经济责任的行为；

2. 主持相关会议讨论或者以其他方式研究，并且在多数人同意的情况下决定、批准、组织实施重大经济事项，由于决策不当或者决策失误造成重大经济损失浪费、国有资产（资金、资源）流失等严重后果的行为。

（三）领导责任：

本办法所称领导责任，是指除直接责任和主要责任外，领导干部对其不履行或者不正确履行经济责任的其他行为应当承担的责任。

第二十二条 被审计单位应当将经济责任审计情况在中层以上干部范围内予以通报，及时整改审计提出的问题，认真落实审计提出的建议，并自接到审计报告起 90 日内，将有关审计事项的整改落实情况书面报送监察审计室。

第二十三条 监察审计室应对审计查出问题的整改情况进行督促检查，及时向有关领导报告，并抄送人事、财务、纪检监察等有关部门。

第二十四条 人事部门应当根据干部管理监督的相关要求运用经济责任审计结果，将其作为考核、任免、奖惩被审计领导干部的重要依据。

第二十五条 经济责任审计报告应当归入被审计领导干部本人档案。

第五章 附 则

第二十六条 本办法由院监察审计室负责解释。

第二十七条 本规定自 2012 年 5 月 1 日起施行。

内部审计工作规定

（热科院审〔2012〕141号）

第一章　总　则

第一条　为加强院内部审计工作，建立健全自我约束机制，保障各项改革和事业发展的顺利进行，根据《中华人民共和国审计法》、《审计署关于内部审计工作的规定》、《农业系统内部审计工作规定》等法律法规，结合院实际情况，特制定本规定。

第二条　院监察审计室负责监督和评价院本级及所属单位财务收支、经济活动的真实性、合法性和效益性，促进院各单位遵守国家财经法规、规范内部管理、防范风险、提高资金使用效益，提升单位管理水平，促进发展目标的实现。

第三条　院依照国家法律、法规和相关规定，建立健全内部审计制度，设置内部审计机构，配备审计人员。

第二章　组织和领导

第四条　依据国家法律法规和政策、上级主管部门和院的规章制度，监察审计室独立实施审计，对院长负责并报告工作，同时接受国家审计机关和上级主管部门的业务指导和检查。

第五条　监察审计室应严格执行内部审计制度，保证审计业务的质量，提高工作效率。

第六条　审计人员在办理审计事项时，应严格遵守内部审计准则和内部审计人员职业道德规范，做到客观公正、实事求是、廉洁奉公、保守秘密。审计人员与被审计单位或审计事项有直接利害关系的，应当回避。

第七条　审计人员依法履行职责，受法律保护，任何单位和个人不得设置障碍和打击报复。

第八条　审计人员应当按照国家的有关规定，参加岗位资格培训和后续教育。原则上审计人员每年不少于两周的脱产学习、培训或进修。

第九条　院审计工作的主要职责：

（一）拟订内部审计规章制度；

（二）定期研究、部署和检查审计工作，制定年度审计工作计划，撰写审计报告，检查、督促审计意见整改落实情况。

（三）编报审计工作所需经费列入院财政预算，为审计工作提供经费保证，创造良好的工作环境和条件，促进审计信息化建设。

第三章　审计工作范围及内容

第十条　监察审计室按照院工作部署要求以及财务隶属关系、国有资产监督管理关系，履行下列工作职能：

（一）对院本级及所属单位的财务收支、经济活动进行审计监督；

（二）对院本级及所属单位财务预算执行情况进行审计监督；

（三）对院本级及所属单位科研经费管理和使用情况进行审计监督；

（四）按照干部管理权限，对院所属单位主要负责人或法定代表人的经济责任进行审计监督；

（五）对院本级及所属单位固定资产投资项目及其他投资项目进行审计监督；

（六）对院本级及所属单位有关基本建设、修缮购置、重大经济合作、国有资产处置、设备更新和改造等重要经济活动进行审计监督；

（七）对院本级及所属单位经济管理中的重大事项开展审计调查；

（八）法律、法规规定和院长及分管领导要求办理的其他审计事项。

第十一条　监察审计室可根据工作需要，对重点资金、重大项目、重点单位负责人经济责任履行情况进行审计或审计调查。

第十二条　监察审计室在征得院分管领导同意的情况下，对重大科研或建设项目实施分阶段跟踪审计。

第十三条 监察审计室根据工作需要，经院分管领导批准，可委托社会中介机构或聘请特约审计人员、兼职人员对有关事项进行审计。

第十四条 监察审计室在履行审计职责时，具有下列权限：

（一）要求院相关单位报送财务收支计划、预算执行情况、决算、会计报表和其他有关文件、资料等；

（二）对审计涉及的有关事项，向有关单位和个人进行调查；

（三）审查会计凭证、账簿等，检查资金和财产，检查有关的计算机系统及其电子数据和资料，勘察现场实物；

（四）参与研究制定有关的规章制度；

（五）对可能转移、隐匿、篡改、毁弃会计凭证、会计账簿、会计报表以及与经济活动有关的资料，报院分管领导批准，可采取暂时封存的措施；

（六）对正在进行的严重违法违纪、严重损失浪费的行为做出临时的制止决定，对违法违规和造成损失浪费的行为提出纠正、处理意见，对严重违法违规和造成严重损失浪费的有关单位和个人提出移交纪检、监察或司法部门处理的建议；

（七）检查督促审计意见、建议及决定等审计结论的执行情况。

第十五条 经院分管领导批准，监察审计室可以对审计结果或审计结论执行情况进行公开。

第十六条 监察审计室可以利用国家审计机关、上级审计部门和社会中介机构的审计结果；内部审计的审计结果经院分管领导批准同意后，方可提供给有关部门。

第四章 内部审计工作程序

第十七条 监察审计室根据实际情况，围绕院中心工作和上级有关部门的要求，拟定年度工作计划，报院分管领导批准后组织实施。

第十八条 实施审计前，应组成审计组，拟定审计方案，确定审计范围、内容、方式和时间，并提前3日向被审计单位送达审计通知书，特殊审计业务经院分管领导批准可在审计实施时送达审计通知书。

第十九条 被审计单位应当主动配合审计工作，按审计通知书要求提供有关资料及其他必要的工作条件。

第二十条 对审计事项，应取得证明材料，记入审计工作记录，写出审计工作底稿，由相关人员签章认证。

第二十一条 审计终结，编制审计组审计报告初稿，报监察审计室审核后，向被审计单位征求意见。被审计单位应当自接到审计报告之日起十日内，将反馈意见以书面形式送交审计组，逾期即视为无异议。

第二十二条 审计组对审计工作底稿和被审计单位的反馈意见进行复核后，向监察审计室提交审计报告；经监察审计室主任审核后，出具监察审计室审计报告，并报院分管领导审批。

第二十三条 监察审计室在审计中遇到损害国家利益、集体利益和群众利益的事项或认为重要的事项，应当及时向院分管领导报告。

第二十四条 被审计单位必须执行监察审计室审计建议或审计决定，并在审计报告下达之日起三个月内以书面形式报告整改结果。监察审计室对重要审计事项进行后续审计或复查，检查被审计单位的整改情况。

第二十五条 监察审计室在审计事项结束后，应当按照档案管理的有关规定对审计资料进行整理、保存和归档。

第五章 责任追究

第二十六条 违反本规定，有下列行为之一的单位和个人，监察审计室根据情节轻重，可以向院分管领导提出给予警告、通报批评、经济处理或移送纪检监察机关处理的建议：

（一）拒绝或拖延提供与审计事项有关的文件、会计资料和证明材料的；

（二）转移、隐匿、篡改、毁弃有关文件和会计资料的；

（三）转移、隐匿违法所得财产的；

（四）弄虚作假，隐瞒事实真相的；

（五）阻挠审计人员行使职权，抗拒、破坏监督检查的；

（六）拒不执行审计决定的；

（七）报复陷害审计人员或检举人员的。

以上行为构成犯罪的，应当移交司法机关处理。

第二十七条　违反本规定，有下列行为之一的审计人员，由院及相关部门根据有关规定给予批评教育或行政处分：

（一）利用职权，牟取私利的；

（二）弄虚作假，徇私舞弊的；

（三）玩忽职守，给国家和单位造成重大损失的；

（四）应该回避却未申请回避的；

（五）泄露国家秘密和被审计单位秘密的。

以上行为构成犯罪的，应当移交司法机关处理。

第六章　附　则

第二十八条　本规定由监察审计室负责解释。

第二十九条　本规定自 2012 年 5 月 1 日起实行。

内部审计结果整改落实规定

（热科院审〔2012〕142 号）

为加强内部审计结果整改落实力度，提高内部审计工作实效，根据《中国热带农业科学院内部审计工作规定》的有关规定，制订本规定。

第一条　内部审计结果是指监察审计室在内部审计活动结束后，向被审计单位出具的审计报告。

第二条　内部审计结果整改落实是指被审计单位根据审计意见和审计建议，通过调整会计账目、完善手续或资料、追回资金、上缴收入、进一步查清问题、追究当事人的责任、建立健全内部管理制度及内部控制环节等途径，对审计报告中提出的问题逐一进行纠正和改进的过程。

第三条　被审计单位在接到监察审计室出具的审计报告后，召开由单位主要领导主持、领导班子成员、管理部门及有关人员参加的整改落实会议，针对审计报告中提出的问题，认真分析产生的原因，制订整改措施，落实整改责任人和责任部门，在规定期限内整改到位。

第四条　内部审计结果整改落实工作的责任主体是被审计单位，被审计单位现任主要负责人为审计整改工作第一责任人。

被审计单位自收到审计报告后 1 个月内必须向监察审计室提交审计整改方案，整改方案包括以下内容：

1. 整改责任部门及整改责任人；

2. 拟采取的整改事项及措施；

3. 拟对相关责任人追究责任事项；

4. 整改工作完成时间；

5. 其他需要说明的事项。

第五条　由监察审计室牵头，院相关部门共同参与、相互配合，强化责任意识，建立指导有效、督导有力的审计结果整改落实监督机制。

第六条　监察审计室负责审计结果整改落实的跟踪监督和后续审计。

第七条　被审计单位自收到审计报告后，3 个月内必须向监察审计室提交审计整改结果报告。

审计整改结果报告应包括整改落实工作的组织、采取的措施、结果，以及向业务主管部门请示和业务主管部门的答复情况等方面的内容，并同时附送有关整改落实工作的材料。

第八条　对未按规定报送审计整改结果报告的被审计单位，监察审计室下达整改通知书，责令限期整改。

第九条　对未按整改通知书进行整改落实的，经院分管领导批准后，组织对被审计单位进行督察。

第十条　涉及其他部门职责、被审计单位无法自行整改的事项，被审计单位应书面报告，向监察审计室详细说明理由，监察审计室分析后再针对相关部门提出整改建议。

整改建议的内容包括整改责任主体、整改事项的业务指导部门、整改时间要求、整改结果报告等内容。

第十一条　监察审计室每年对被审计单位整改落实审计意见和建议情况进行检查，主要检查整改到位情况，有无虚假整改、再次发生类似问题等。监察审计室检查工作结束后，提出检查结果报告。

第十二条　凡出现下列情况之一的单位、部门及相关责任人，由监察审计室提出问责建议：

1. 未在规定时间内提交审计整改结果报告的；

2. 未按审计意见和建议整改落实到位的；

3. 虚报整改结果的；

4. 屡查屡犯同样问题的；

5. 整改检查中刁难、打击报复审计人员的。

第十三条　本规定由院监察审计室负责解释。

第十四条　本规定自2012年5月1日起执行。

关于加强科研项目经费监管的指导性意见

（热科院监〔2012〕151号）

为严肃财经纪律，确保合理有效地使用好科研项目经费，根据国家有关科研经费管理办法和相关财经法律法规，现就加强科研项目经费使用、经费监督管理，提出意见如下：

一、健全科研项目经费的内部管理制度。项目承担单位要认真履行项目经费使用和管理责任主体的职责，完善科研项目经费使用内部控制和监督制约机制，要明确科研、财务等部门及项目负责人在科研项目经费使用与管理中的职责与权限，健全科研项目经费报账制度，及时修订与现有规定不符的内部管理规定，提高项目经费管理水平。

二、科研项目经费必须纳入单位财务统一管理，专款专用。在预算编制、经费拨付使用和财务决算等的程序管理，科技部门和财务部门应相互协同。科研项目结余经费应严格按照国家有关财务规章制度和财政部等部委关于结余资金管理的有关规定执行，不得归项目组成员所有、长期挂账，严禁用于发放奖金和福利支出。

三、加强科研项目经费支出的管理。严格执行科研项目经费的开支范围与开支标准，重点加强专用材料费、委托业务费、劳务费、专家咨询费、会议费、差旅费、国际合作与交流费、合作研究费等支出的管理。项目经费应严格按照项目合同或任务书规定的预算用于与项目研究相关的支出，不得将项目经费用于与项目研究无关的活动。项目承担单位应当及时按项目预算支付课题合作单位经费，重点加强对合作单位项目经费的监督管理，项目承担单位和课题合作单位不得层层转拨、变相转拨经费。

四、严禁从项目经费中变相领取劳务费谋取私利。劳务费用于支付给直接参加项目没有工资性收入的相关人员（如在校研究生）和项目组临时聘用人员等的劳务性费用。严禁以虚列人员、虚假签字方式领取劳务费谋取私利。严禁以虚假劳务派遣合同方式外拨合作费用于劳务费支出。纠正以领代支、以提代支的劳务费发放方式，确保劳务费按照项目预算和实际科研工作量据实列支。

五、严禁编制虚假预算、提供虚假财务会计资料套取项目经费。应根据项目研究的合理需要编制项目预算，坚持目标相关性、政策相符性和经济合理性原则。严禁虚编合作协作事宜外拨项目经费。严禁虚编考察调研费、会议费，以考察调研或会议名义旅游度假。严禁虚编设备购置费，或购置与项目实施无关的设备。严禁利用假发票、假合同等虚假财务资料套取项目经费。

六、项目负责人、项目组成员和依托单位

财务负责人要认真学习国家科技计划和经费管理有关制度，增强预算管理和财务监督意识，严格执行项目预算，坚持实事求是、勤俭节约的原则，保证项目经费在批准的预算范围内合理使用，自觉接受纪检监察等部门的监督检查。

七、努力提高科研项目经费使用效益。科学安排各级各类科研项目，避免单个科研团队或课题主持人承担过多同一类别的科研项目，提高资金使用绩效。逐步建立健全科研项目经费使用绩效评价制度。对应用型科研项目，应明确项目的绩效目标，并对其执行过程与执行结果进行绩效评价。绩效评价的结果将成为单位和个人今后申请立项的重要依据。

八、要加强指导和培训。院通过年度党风廉政建设工作会议和科研项目启动、中期检查、工作总结等会议，加强对科研项目经费使用安全和相关管理政策的宣传教育，提高科技人员的认识，增加科技人员强化经费管理的责任意识。积极开展财务、审计等方面的业务培训工作，提高科研和管理人员的政策水平与经费使用管理能力。

九、加强科研项目经费的监督检查。纪检监察部门要加大对项目承担单位经费使用和管理的监督管理力度，会同科技、财务等部门开展对项目经费使用和管理情况的检查，加大对项目经费的监管力度，严肃查处违反项目经费管理制度的行为。业务部门要加强监督，杜绝本部门及归口管理项目承担单位在经费管理和使用中违规违纪行为的发生。项目执行单位和各课题组应积极配合审计部门进行项目经费审计，对发现的问题要及时整改，认真吸取教训，坚决杜绝类似问题再次发生。

十、严格追究违法违纪责任。建立科研诚信制度，对违反国家财政法律制度和财经纪律的单位和个人，实行限期整改、给予警告、暂停用款、通报批评、终止项目执行、追回已报销经费，取消其两年内申请科研项目的资格并记录相关当事人科研不良信用。构成违纪的，由纪检监察部门对相关责任人给予纪律处分。违规违纪行为及处理处罚处分结果通过适当的方式公告。

各单位、各部门在接到本通知后，应结合《关于进一步加强热科院科研经费管理的通知》（热科院监〔2012〕60号）文件要求，认真组织本单位开展课题经费自查工作，对存在的问题应切实采取有效措施，在今年年底之前纠正完毕。监察审计室将与科技处、财务处、资产处组成联合督导组到各单位进行检查与指导。

招标采购仪器设备配置参数制定程序及标准的指导性意见

（热科院监〔2012〕483号）

为进一步规范热科院的仪器设备招标采购工作，特制定以下指导性意见：

一、在确定拟采购仪器设备技术参数时，各单位应严格执行以下程序。

1. 设备使用课题组组长或部门负责人负责对拟采购的设备进行市场调查（80万元以上的设备提供市场调研报告）或送检（200万元以上的设备，在专家评审前需组织本单位专家进行样机调研，能够送样检测的，需要送样检测和出具检测报告），提出拟购置设备的配置、三家以上同类品牌拟采购设备的详细技术规格、参数，并提炼出主要技术指标签字后报本单位采购职能部门；必须确保三家以上产品完全满足提炼出的主要技术指标参数，而且主要技术指标参数必须符合项目实施方案的技术参数要求。

2. 单位采购职能部门负责组织专家评审课题组长或部门负责人提出的主要配置及技术指标是否符合上述条款要求（超过100万元以上的设备课题组长或部门负责人应做出相应的解释），专家评审确定配置及技术指标并签字；单位采购负责人、课题组长应参加专家组的评审会议，听取专家组的意见，并可向专家组提出建议。

3. 单位办公会研究决定。各单位应召开办公会认真研究专家组的意见，可以修改专家组确定的配置及参数，但必须符合项目设备采购的有关要求，并应做出会议纪要，注明修改之处并说明原因。单位法定代表人应对最终确定的技术参数和配置进行最终签字确认。

未经专家组评审和单位办公会决定的参数，不得编入标书。

二、在广东省实施招标的，可以试行把技术参数分为星号条款、三角号条款和其他技术参数条款。其中，星号条款是仪器设备的关键性参数，对星号参数的任何负偏离都将构成无效标书；三角号条款为重要技术参数，可以按精确度或符合度进行加减分；其他技术参数条款可给专家以一定裁量权。

三、在确定技术参数时，须注意技术规格条款不能具有倾向性，技术参数中不得出现某一产品专有的专利、专用技术等，星号条款不能过多。

四、上述程序所涉及的材料必须作为政府采购档案材料存档备查。

十一、院属单位

热带作物品种资源研究所

一、基本概况

中国热带农业科学院热带作物品种资源研究所（以下简称品资所），是农业部直属非营利性国家级科研机构。前身为1958年成立的华南热带作物科学研究院热带作物栽培研究所。2002年10月，根据国家科研体制改革的需要，由热带农牧研究所和热带园艺研究所合并组建成现在的品资所。现有12个研究中心，2个挂靠机构，2个农业部和1个省级重点实验室、2个国家级和3个省级工程技术研究中心、2个部级检测中心、4个部级种质圃、1个农业科技"110"龙头服务站，1个总容量10万份的热带作物种子和离体保存库，以及7个行政办公室。拥有科技人员193人，其中：高、中级职称120人，具有博士、硕士学位105人。研究生导师33人，其中博士生导师7人，硕士生导师26人。

二、科研工作

2012年，申报国家和省部级等项目193项，获资助项目128项，到位科研经费2 928.27万元。在研国家和省部科研项目93项，其中：30个项目按计划圆满结题。发表论文145篇，其中22篇SCI收录，EI收录7篇；出版专著7部，审定标准4项，颁布标准2项；授权专利6项；鉴定成果5项，评价成果2项，登记成果10项；认定品种5个；获国家和省部级奖励6项，其中"特色热带作物种质资源收集评价与创新利用"获国家科技进步奖二等奖，"南药种质资源收集保存、鉴定评价与栽培利用研究"海南省科技进步奖一等奖。还有1项成果获中国产学研创新成果奖。

三、学科建设

现有"种质资源学"、"园林作物与观赏园艺"、"畜牧学"、"蔬菜学"、"草业科学"5个院级重点学科。调整了实验室功能布局，完善实验室、中心、种质圃（库）、试验基地的配套设施，举办了大型仪器共享培训班6期。"农业部儋州热带药用植物种质资源圃"通过了农业部认定，获批成为第二批热带作物种质资源圃，并挂牌；在建"国家热带果树品种改良中心、农业部野生植物基因资源鉴定评价中心"。"农业部热带作物种子种苗质量监督检验测试中心"通过农业部组织的种子质量检验机构考核和农业部质量监督检验测试中心"双认证"复评审。国家农业科技园区通过科技部组织的现场验收，并获得优秀。成立中国热带作物学会热带薯类专业委员会。

四、服务三农

开展"百名专家兴百村"、"海南省第八届科技活动月"、"绿化宝岛"、农业科技冬春培训大行动等活动，为"三农"责任区域的农业发展和农民增收提供科技支撑。组织参加中国农业科技十年发展成就展、第十届中国国际农产品交易会、第三届江门市农博会、第十四届高交会、2012年海南冬交会等各展览会，参展项目累计28项，实物展示50件，其中："五指山猪"获得"第十四届中国国际高新技术成果交易会优秀产品奖"。

向莫桑比克、刚果（布）、海南、广东、广西、云南、福建、江西等地派出专家400人次，举办各类科技培训120余次，培训国内外科技人员、种植户、养殖户等共6 770余人次，提供现场专家组咨询服务和接待农民到所咨询服务210余次。免费赠送物资，包括农业科技书籍5 300余册，牧草良种50千克、蔬菜种子150千克，优质水稻种子250千克；华南9号木薯种茎3吨。以"绿化宝岛"为契机，生产销售绿化苗木取得一定效果，为"绿化宝岛"行动储备优质苗木。

五、成果转化与开发

本年度开发总收入915万元，比2011年开发总收入增长30.7%。建立牛大力和五指山猪种苗繁育基地各1个，新增艾纳香系列护肤品3

个，成立合作公司1家，建设中试加工厂2家，申报省部级开发项目4项，有组织、有步骤地完成了年度开发工作。

六、国际合作

引进美国、英国、奥地利、泰国、尼日利亚、莫桑比克等国家的专家34人次，派出专家25人次赴美国、刚果（布）、越南、莫桑比克、科特迪瓦等国家和地区考察交流。以品资所为责任主体承担的刚果（布）农业技术示范中心项目，获得了刚果（布）国家政府和我国驻刚使领馆的高度赞誉。腰果专家有效地执行科技部对发展中国家科技援助专项"莫桑比克腰果病虫害防治技术示范"，获得当地政府好评。派往巴布亚新几内亚的专家圆满完成对该国的农业援助任务。签署合作协议1项，举办各类国际培训班9期和国际研讨会1期，举行国际在线期刊《热带草地》（SCI收录）复刊仪式，并举行了新闻发布会。该期刊的复刊，显著提升了院所在热带牧草研究领域的国际影响力，也将推动世界热区畜牧产业健康快速发展。

七、人才队伍建设

2012年，共引进人才26人，其中博士12名，硕士8名，硕士以上引进人数比去年增加33%。2人获"农业部科研杰出人才"称号，1人被评为"全国优秀科技工作者"，1人被海南省科协评为"优秀科技工作者"，1人被授予"海南'十一五'科技创新突出贡献奖"。11人通过了职称晋升，其中：正高职称2人，副高职称6人，中级职称3人。提拔任用处级干部1名，科级干部3名，其中：正科级干部1名，副科级干部2名。设立"国际合作人才培养"项目，分别选派2人到美国夏威夷大学、2人到南京农业大学到强化英语培训。派出12位年轻专家到国内、外锻炼。在职攻读博士学位12人、攻读硕士学位3人。与广东药学院、海南大学等高等学府建立研究生联合培养基地，在读研究生69人，其中博士13人，硕士56人。

八、保障条件

截至2012年年底，预算执行10 061.50万元

财政资金，预算执行总进度达到95.34%，比去年同期84.98%提高了10.36个百分点。其中：基本支出完成5 287.87万元，预算执行进度100%；项目支出完成4 773.63万元，预算执行进度90.66%，比去年71.78%增长18.88%，完成量有显著提高，其中：基本建设项目比去年加快了将近50个百分点的进度。

处置报费资产电气设备9台2.935万元、电子产品及通信设备58台4.552万元；完成2011年资产决算报表的决算工作，国有资产保值增值率为101%。采购仪器设备合计128台/套，采购金额达435.99万元；大宗物资采购1 000多万元，协议供货187多台/套，金额86.6万元。组织申报各类项目11项，申报金额2 915万元。组织申报2013年基本建设项目1项，申报金额2 879.2万元。组织申报2013年农业部部属事业单位重大设施系统运行费5项，申报金额达341.7万元。实施基建项目及修缮购置专项项目17项，验收项目4项。加强植物园的日常管理工作，为评A工作及发展打基础。

九、党建工作

所党委新增设1个海口院区离退休党支部，即设有5个科研党支部、1个基地党支部和1个离退休党支部。共有正式党员96名，入党积极分子5名。

全体党员喜迎党的"十八"大召开，强化政治理论学习，加强廉政体系建设，积极推进创新和谐文化建设等，将创先争优与科技服务、科技培训、"城乡互联"等活动相结合，成绩显著。在院庆祝建党91周年暨"创先争优"活动表彰大会上，所党委荣获2010~2012年"创先争优"先进基层党组织荣誉称号，2人荣获2010~2012年"创先争优"优秀共产党员荣誉称号；1人被中共海南省直属机关工作委员会评为2010~2012年"创先争优"活动优秀共产党员；2人获院级"三八红旗手"荣誉称号；1人在省直机关基层组织建设年"我与支部共成长"征文中获得三等奖等。

橡胶研究所

一、基本概况

中国热带农业科学院橡胶研究所是在建国初期，为了打破以美国为首的帝国主义国家对我国封锁禁运天然橡胶这一战略物资，党中央、国务院作出了"一定要建立自己的橡胶基地"的战略决策，决定在华南部分地区建立天然橡胶生产基地的背景下创建的，是我国唯一以橡胶树为主要研究对象的国家级科研机构和国家天然橡胶产业技术体系建设依托单位。其前身是于1954年在广州沙面成立天然橡胶专门研究机构——华南特种林业研究所，1958年迁所至海南儋州时独立设置橡胶系，1978年更名为橡胶栽培研究所，2002年更名为中国热带农业科学院橡胶研究所，简称橡胶所。

经过50多年的不懈努力，橡胶研究所已发展成为综合研究实力较强的国家级公益性科研机构。取得了科研成果140余项，获各类科技成果奖100余项，其中在橡胶树北移栽培、橡胶树优良无性系的引进试种等方面做出了重要贡献，获得国家发明一等奖和国家科技进步一等奖等科技奖励。同时，在橡胶树遗传育种、橡胶树抗逆丰产栽培、胶园土壤管理与橡胶树施肥、橡胶树割胶制度与技术等领域处于世界同类研究先进水平。橡胶所立足海南，面向全国，放眼世界，按照热科院"天然橡胶科技航母"的战略部署，努力创建世界一流天然橡胶科技中心努力奋斗。所取得的科技成果大部分已在我国天然橡胶生产中广泛应用，为我国天然橡胶产业的建立和发展提供了有力的科技支撑。

二、人才队伍建设

截至2012年12月31日，拥有科技人员148人，其中：研究生学历人员115人，占77%；高级专业技术人员49人，占33%；研究生导师33名，其中：博士生导师7名。在读研究生57人，其中：硕士生50人，博士生7人。2012年，引进人才13人，其中：博士5人、硕士2人；2人分别入选农业部农业科研杰出人才和热科院热带农业科研杰出人才；17人转正定级；53人分段入岗；配合院干部调整配备工作，推荐2名处级干部任职；按照干部管理权限，做好所内干部选拔作用工作，提任6名科级干部任职；选派1名干部到儋州市挂职科技副镇长。

三、科研工作

2012年共申报科研项目131项，获批项目69项（其中国家自然科学基金首次突破10项），获批经费1990多万元；共有29项科研项目顺利通过验收；鉴定成果4项（2项成果达到国际领先水平），成果公告登记15项；荣获省部科技奖6项；申请知识产权61项，已授权知识产权45项，其中：发明专利5项，实用新型专利26项，外观设计专利1项，软件著作权13项；出版著作7部；发表论文220篇，其中：SCI（EI）收录论文25篇。

四、学术委员会与学科建设

组织召开了橡胶研究所第九届学术委员会2012年年会，进一步提升我所科技创新的学术审议、评定与咨询水平，高度重视特聘专家的工作，组织完成了863、973等国家级重点储备项目策划与顶层设计、2013年基本业务费专项与重点实验室开放课题评审及热带作物遗传育种与栽培专业委员会工作指导、科技决策与建议等工作。通过优化科技资源配置，逐步形成以作物遗传育种学、作物栽培与耕作学和作物生理学为优势学科，土壤学和生态学为特色学科，产业经济学和木材学为新兴学科的学科体系，并结合国家、院、所等相关规划及我所实际，制定了各学科的建设方案和发展规划，学科建设对科研工作的推进发挥了积极作用。

五、国际合作与交流

进一步强化热带农业"走出去"发展战略，积极开展国际合作与交流，与CIRAD签署了长期合作协议，与缅甸橡胶种植与生产者协会签署了为期 4 年技术合作备忘录；分别为中国路桥工程有限责任公司和江苏双马化工集团公司编写了印度尼西亚油棕种植可研报告和老挝橡胶种植及刚果部油棕种植可研报告；建立了英语交流平台 English club，举办了"英文科技论文写作培训班"；多次邀请和接待国内外知名专家来我所进行专题学术报告与交流访问；选派多人次优秀人才参加国内学术交流。

六、科研条件建设情况

截至 2012 年 12 月 31 日，挂靠科研平台共 8 个。2012 年，橡胶所共实施 16 项条件建设项目，其中 3 项农业基本建设项目，建设经费 1 963 万元；11 项修缮购置项目，经费 1 966 万元；2 项科研机构改革专项启动费项目；完成政府采购 365 台/套/件，其中：仪器设备采购完成 98 台/套；完成 1 项农业基本建设项目的初验收和 5 项修缮购置项目竣工验收工作。

七、财务与国有资产管理

截至 2012 年 12 月，全所财政拨款预算指标 10 673.36 万元（其中：上年结转 1 494.79 万元、年初预算批复 9 159.57 万元），实际支出 9 783.96 万元。预算执行进度 91.67%，其中：基本支出预算指标 5 933.71 万元，实际支出 5 933.71 万元，执行进 100%；项目支出预算指标 4 739.65 万元，实际支出 3 850.25 万元，执行进度 81.23%。实现国有资产保值增值 103%。

八、服务三农

截至 2012 年 12 月 31 日，全所总计派出专

家 426 人次、技术员 541 人次；培训胶农及技术人员 13 926 人次；发放技术资料、宣传单 16 649 份；发放技术光盘 2 500 余张；免费提供药剂、肥料等 30 万多元；通过科技服务热线解答问题 500 余次，接待上门咨询 300 余人次，利用科技服务信息平台发布病虫害防控、栽培管理注意要点等 2 万余条；协议化建设民营橡胶示范基地 13 个；橡胶树速生丰产示范基地各项功能基本完备，基本达到院示范基地建设"标准化、规范化、现代化、园林化"的总体要求。

九、成果转化与开发

截至 2012 年 12 月 31 日，生产销售优质种苗 38 万余株，销售量比去年增加 60%；生产销售橡胶树割面营养增产素系列产品 640 多吨，橡胶树割面保护剂 170 吨，销售量比去年增加 34%；开发收入到账金额 1 271.9 万元，比去年增加 41.32%。

十、党建工作

2012 年新增党员 16 人，新增入党积极分子 2 人。新成立了科技服务中心党支部和海口退休党支部，并完成支部书记和支委的选举配备工作，使党组织由原来的 5 个支部增加至 7 个支部；所党委荣获院创先争优优秀基层党组织称号；1 人入选热科院首批热带农业科研杰出人才，1 人荣获海南省青年五四奖章荣誉称号，1 人荣获热科院"三八红旗手"称号。

香料饮料研究所

一、基本概况

中国热带农业科学院香料饮料研究所创建于 1957 年，是国内专门承担我国胡椒、咖啡、香草兰、可可、苦丁茶、糯米香茶等热带香料饮料作物产业化配套技术研究的综合性科研机构。位于海南省万宁市兴隆华侨旅游经济开发区，占地面积 42 公顷。拥有科技人员 109 人，其中高级职称 17 人，硕士及以上学历人员 32 人，享受国务院政府特殊津贴专家 3 人，农业部有突出贡献中青年专家 1 人。建所以来已取得科研成果 80 多项，发表论文 600 余篇、出版专著 50 部。积极向热区推广应用科技成果，成果转化率 90% 以上，社会经济效益显著，获国

家科技进步奖二等奖 2 次、农业部科技成果转化奖一等奖 4 次、二等奖 1 次，为我国热带香料饮料作物产业持续发展提供了强有力的科技支撑。

经多年研究探索，香饮所建立了"科学研究、产品开发、科普示范"三位一体的发展模式和"以所为家、团结协作、艰苦奋斗、勇攀高峰"的单位文化，正朝着"建设世界一流的热带香料饮料作物科技创新中心、热带农业科技成果转化基地、热带生态农业示范基地"的目标努力。

二、科研工作

2012 年申报国家、省部级科研项目 48 项，获批立项 27 项，获资助经费 2 400 多万元，获省部级科技奖 1 项、热科院科技成果奖 1 项，获授权发明专利 6 项、实用新型专利 2 项、软件著作权 2 项，发表科技论文 59 篇，其中：SCI 收录 3 篇，主编出版著作 4 部、副主编出版 1 部，颁布地方标准 2 项。

三、学科建设

按照学科体系建设"十二五"规划，进一步完善种质资源、遗传育种、作物栽培、病虫害防控、产品加工、农业生态等 6 个学科，另外根据学科发展需要，还培育了热带香料饮料作物产业技术体系研究室。与热科院加工所、海南大学、华中农业大学、南京农业大学等单位开展学科共建和研究生联合培养工作，切实加快学科发展。构建热带香料饮料作物、功能性植物和特色水果 3 大产业技术体系，联合海南省和云南省主要高校、科研院所、农技推广部门共同开展产业技术体系建设。2012 年共承建 8 个科技平台，新增农业部万宁胡椒种质资源圃，海南省热带香辛饮料作物遗传改良与品质调控重点实验室通过筹建验收，海南省农业科技 110 香料饮料服务站升级为省级专业服务站。

四、服务三农

结合"百名专家兴百村，千项成果富万家"和海南省第八届科技活动月活动，开展科技下乡活动 40 场次，举办培训班 12 期，累计培训农民及技术骨干 6 000 多人次，免费发放小册子 2 万多份、VCD 光盘 200 多张；免费赠送种苗 3 万多株；出资帮助琼中县和平镇和万宁市北大镇建设水肥池 5 个；推广椰园/槟榔园间作可可、槟榔间作香草兰等经济林下间作热带香料饮料作物 189 亩。单位荣获"万宁市第八届科技活动月优秀组织奖"。

五、成果转化与开发

继续开展热带香辛饮料作物工程化开发关键技术及新产品开发，研发出香草兰香水、风味冰淇淋等新产品 3 类 11 个品种，并上市销售。加工生产各类产品产量同比减少 38.39%，产值同比减少 27.78%。兴隆热带植物园接待游客 165 万人次，游客接待量同比下降 9.24%，其中，免费接待各类人员 2 万多人。游客旅游总体印象满意率 98.29%，旅游资源满意率 98.87%。海南兴科热带作物工程技术有限公司通过多模式、多途径与海南、北京、天津等地知名企业开展合作研究与开发销售，有效地使科技成果迅速转化为现实生产力，目前公司已建立起完善的管理制度，总体运行形势良好。

六、国际合作

申请国际合作项目 5 项，获批立项国家外国专家局经技类引智项目 1 项。举办商务部援外培训班 1 期，培训国际学员 7 名。派 2 名专家前往美国参加防止利益冲突制度和专业英语培训。赴马来西亚、美国等开展资源考察活动 2 次，通过友人携带等其他途径从科摩罗、越南等国家引进种质资源 4 次，共引进境外资源 50 余份；派员参加国际植物新品种保护联盟（UPOV）第 43 届果树技术工作组会议、法国产品加工技术等学术会议及考察交流活动，并邀请夏威夷大学 Maria Gallo 教授、荷兰育种专家黄财诚教授等境外专家来所进行学术交流，邀请美国佛罗里达大学凌鹏教授开展胡椒分子育种合作研究；接待美国、马来西亚、奥地利、佛得角、萨摩亚等 20 个国家和地区的考察访问团，共 12 批、99 人次。

七、人才队伍建设

2012年招聘博士、硕士毕业生等各类人员15人，特聘研究员5人；退休2人；晋升专业技术职务16人，分段入岗28人。选拔任用科级干部1人，完成试用期满科级干部考察5人。获"海南省优秀科技工作者"光荣称号1人。

组织或参与各类技能培训、业务考察13批共556人，参加各种业务水平、专业技术培训104人。与华中农业大学联合招收硕士研究生2人。

八、保障条件

2012年总收入比2011年同期增长了10%。其中：财政拨款增长了5%，科技产品收入增长1%，经营收入增长14%。总支出比2011年同期增长了8%。综合实验室项目完成主体工程验收、消防施工的合同签订、实验室操作台招投标等工作。"农业科普设施改造"项目完成品茶篷工程改造、科普培训室装修、候车亭改造等工作。香饮所经济适用房完成一期1#、2#、3#、4#楼主体验收工作。琼海大路基地2 000平方米职工住宿、培训用房完成地质勘察、施工图设计等前期工作。可可产品中试加工配套设备的安装、调试和试运行工作已完成；完成咖啡感官评定实验室改造和室内装修工作。新建种质圃钢构架荫棚940平方米，新建生态仿生大门1座。2012年修购项目"热带香辛料作物产品质量安全监测设备购置"已完成工作计划内容。2011年修购项目"作物试验基地基础设施改造（三期）"已按计划完成建设内容。

九、党建工作

按照建设"学习型"党组织的要求，所党委组织中心组学习4次。启动了"基层组织建设年"活动，将原有4个支部调整为5个；3名预备党员按期转正，1人被批准为预备党员。按照院党组、万宁市委的部署，开展"作风建设年"行动，以治理"庸、懒、散、贪"为重点，严厉整治党员干部队伍中的庸俗风气和恶劣风气。6月29日召开了全体党员大会，传达农业部及院党风廉政建设会议精神。

南亚热带作物研究所

一、基本概况

中国热带农业科学院南亚热带作物研究所（简称"南亚所"）位于广东省湛江市，是我国唯一从事南亚热带作物研究的国家级公益性科研机构。1954年1月组建于雷州半岛最南端的广东省湛江市徐闻县后塘乡坑仔村，当时叫徐闻试验站；1957年迁到湛江市近郊西面、湖光岩的北面，更名为粤西试验站；1987年撤站建所更名为南亚热带作物研究所。2002年10月经国家科研机构管理体制改革，成为国家非营利科研机构。

南亚所内设综合办公室、财务办公室、科研办公室、土地管理办公室、基地与条件建设办公室、科技开发与推广办公室，以及热带果树研究中心、热带纤维与糖能作物研究中心、热带农业与环境研究中心、热带园艺产品采后生理与保鲜研究中心、南亚热带作物种质资源研究与利用研究中心、休闲农业研究中心等6个研究机构。

南亚所现有仪器设备价值3 000多万元，科研试验设施近万平方米；土地面积468公顷，其中：科研试验基地面积达200多公顷；共收集保存了南亚热带植物139个科1 437个种的种质资源3 000余份，成为国内收集和保存南亚热带作物种类最丰富的单位之一，已建成全国最大的芒果、菠萝、剑麻等种质资源圃。

经过近60年的不懈努力，已取得科技成果50多项，获奖成果50多项，省部级以上奖励成果30多项，其中：国家级奖励成果5项，国家发明奖一等奖1项，国家科技进步奖一等奖1项，国家科技进步奖二等奖1项，国家科技进步奖三等奖2项，在国内发核心期刊发表论文884篇（其中SCI收录50篇）；出版专著20多本。制定各类农业行业标准20多项。已选育出一批橡胶、剑麻、芒果、澳洲坚果等新品种，在我国热带和南亚热带地区大面积的推广应用，为当地农业增效和农民增收做出重要贡献。

二、人才队伍建设

2012年，拥有科技人员174人，其中：副高级以上职称人员32名，占职工总数的18%，博士（含在读）29人，占15.5%。2012年公开招聘了2名博士、5名硕士，毕业2名在职博士，聘任了5名教授作为我所的特聘教授，外派1名科研骨干到澳大利亚迪肯大学攻读博士学位，1名访问学者从美国学成归国。有研究生导师7名，培养和联合研究生12名，毕业研究生3名。拥有现代农业产业技术体系岗位科学家1人，试验站站长3人，行业科技首席专家1人。本年度职称晋升11人。在职培训148人次。

三、科研工作

2012年，全所共申报科研项目49项，获批项目52项，获批经费1103.5多万元，比上年增加542.5万元，增幅达103%。科技成果不断涌现，"以诱杀为主的瓜实蝇综合防控技术研究与应用"通过农业部组织的科技成果鉴定，"芒果炭疽病生物防治的研究与利用"通过广东省科技厅组织的科技成果鉴定，"以诱杀为主的瓜实蝇综合防控技术研究与应用"、"菜心纤维化相关的基因pal和cad克隆及其采后表达分析"、"辣椒采后病害生防菌筛选及其抑菌机理研究"、"菠萝果实糖积累的分子生理机理研究"4项完成海南省科技成果登记。芒果新品种热农2号芒果（粤审果2011003），"922澳洲坚果"和"南亚12号澳洲坚果"分别通过广东省农作物新品种现场鉴定，其中："922澳洲坚果"还通过了广东省农作物品种审定委员会的审定。获授权专利25项，其中：发明专利9项，实用新型专利16项。新申请专利9项，其中：发明专利3项，实用新型专利6项。授权软件著作权1项。通过审定农业行业标准3项。全年发表科技论文94篇，其中：SCI论文17篇（IF大于2.0的12篇）。科研平台建设方面，新增"海南省热带植物营养学重点实验室"、"海南省菠萝种质创新与利用工程技术研究中心"、"农业部湛江菠萝种质圃"和"教育部、农业部湛江荔

枝龙眼农科教合作人才培养基地"4个重要科技平台。至此，南亚所拥有省部级重点实验室3个，拥有国家级（分中心）和省部级工程技术研究中心各1个，拥有国家级种苗木繁育场，国家级果树种质资源圃和省部级菠萝种质资源圃各1个，拥有全国农业旅游1个，新增"全国青少年农业科普示范基地"1个。

四、学科建设

重点建设果树学和植物营养学两个院重点学科，培育植物保护、采后保鲜两个所重点学科。开展南亚热带作物种质资源创新利用与遗传育种、南亚热带作物生理与栽培、南亚热带农业资源利用与环境生态和南亚热带作物产品采后生理与贮藏保鲜技术等重点领域研究。

五、国内外学术合作交流

坚持"走出去"和"引进来"发展战略，全面落实"开放办所"的理念。全年共邀请了来自英国、美国、墨西哥等国家的14位知名外籍专家到我所开展学术交流。4人次前往美国、日本、南非和澳大利亚访问与学习。参加国内学术会议109人次，向大会投稿16篇，受邀在大会作专题报告7人次。12月19～20日承办了中国园艺学会热带南亚热带果树分会第四届学术研讨会，大会吸引了来自全国果树方面研究专家学者近300人参会。

六、科研条件建设情况

2012年，全所科研条件投入965万元，南亚所热带果树种质圃、糖能兼用甘蔗、基地建设改造等4个部级项目顺利通过农业部组织的验收，胜利水库维修、科技成果展示中心、澳洲坚果果品加工中心等改造项目已完工并投入使用。ICP等植物营养学大型仪器设备已全部到货并投入使用。这些项目的实施显著改善我所的科研、开发条件。成功获批2013年修购专项经费1595万元。

七、财务与国有资产管理

2012年，全所全年经费5556.56万元，工资总额2238.68万元，人均总收入5.68万元。

基本支出2 888.58万元，项目支出2 421.36万元，总体预算执行为95%。资产年初数为5 470.12万元，年末为6 817.8万元，国有资产保值增值率101.292%。土地管理方面，坚决治理乱挖乱种现象，收回开荒地及农村占用地283亩，打赢了4场土地维权官司，追回被拖欠多年的土地租金17万元左右。另外，《南亚热带作物科研创新基地总体规划》已通过湛江市政府批准实施。

八、服务三农

制定并实施了《2012年度南亚所科技成果转化和服务"三农"工作方案》，加强了科技推广与服务队伍建设，建立了有效的科技推广与服务激励机制。稳步推进了"攀枝花新农学校"和"徐闻科技小院"的建设，启动了百色"农家课堂"工作，确立了芒果、番荔枝和澳洲坚果的示范点。全年开展科技培训30多次，培训农户或技术骨干3 000多人次。南亚所的服务"三农"事迹被《光明日报》《农民日报》等主流媒体进行专题报道。

九、成果转化与开发

2012年，南亚所全年各项开发工作总收入607万元，比上年增长40%。太阳能杀虫灯研究中试车间在中山市古镇镇挂牌成立，澳洲坚果系列产品和石斛兰酒，试销受到好评。以果品、果袋，休闲观光，良种苗木为重点的开发体系不断优化。园林中心根据市场需求，淘汰残次苗木，大力发展容器苗。大田试验材料中心生产与销售比去年有较大突破，年生产芒果套袋200万条，香蕉套袋200万条，产品主要销往海南，广西，云南等，产值约130万元，并摸索出相对安全高效的生产方式。科普教育中心在"科普、休闲、会议、餐饮"等方面有了重大的

突破，并获得了农业部和共青团中央认定的首批"全国青少年农业科普示范基地"，吸引了粤西地区的学校师生8万多人前来参观学习。良种苗木繁育中心调整生产结构，积极研发新产品，生产大批量甘蔗脱毒种苗50万株和铁皮石斛兰苗5 000瓶。

十、党建工作

2012年，所党委牢牢把握服务科技中心、建设队伍两大核心任务，为构建和谐研究所提供了坚强的思想政治和组织保障。一是提高服务大局水平。围绕科技中心工作，组织开展职工"引创结合"，探索了科研单位科研工作的一般性规律，使所科研工作彰显特色。二是加强党的思想理论建设。坚持开展向杨善洲同志和"泥腿子"王庆煌院长学习活动、开展"弘扬雷锋精神、建功热作事业"活动等社会主义核心价值体系教育，坚持推进学习型党组织建设。三是落实以人为本，着力加强和改进作风建设。大力弘扬我所求真务实、团结奋进的优良传统和作风，充分发挥工青妇等群团组织的作用。四是狠抓基层组织建设。通过"组织建设年"活动，建立了考评激励机制，推进基层组织规范化建设。五是抓好干部队伍建设。六是完善惩治和预防腐败体系。实行"党委统一领导、党政齐抓共管、纪委监督检查、部门各负其责、依靠职工支持和参与"的领导体制和工作机制。通过2012年党的建设工作，被院党组授予所党委"创先争优先进基层党组织"，2名优秀党员分别受到院和湛江市直工委的表彰，1名优秀党务工作者受到湛江市直工委表彰，并作为唯一部属京外单位在"2012年农业部系统创先争优工作经验交流会"上进行了汇报，得到了农业部和院领导的充分肯定。

农产品加工研究所

一、基本概况

中国热带农业科学院农产品加工研究所

（简称"加工所"）源于1954年在广州创立的"华南热带林业科学研究所"的化工部，1964年，该化工部搬迁至广东省湛江市，并正式成立"华南热带作物产品加工设计研究所"，2003

年更为现名。

加工所是我国唯一专业从事以天然橡胶为主的热带农产品加工技术与应用基础研究的国家级科研机构，内设综合办公室、科研办公室、开发办公室、基地与条件建设管理办公室、财务办公室和人事保卫科6个管理机构以及热带作物产品加工研究室、天然橡胶加工研究室等8个科研机构。拥有科技人员125人，拥有国家农产品加工技术研发中心热带水果加工专业分中心（国家级）、农业部热带作物产品加工重点实验室等9个省部级以上科技平台。科研仪器设备总值7 000余万元；先后获科技成果170多项，获国家和省部级科技奖励近36项，近5年获国家科技进步二等奖2项。

二、科研工作

2012年，共组织申报项目100项，已获批项目30项，其中：省部级以上项目18项。获资助项目53项；有8项科研项目顺利通过验收。共发表论文79篇，其中：SCI/EI收录论文45篇。授权国家发明专利10项，实用新型专利4项。申报国家发明专利34项，实用新型专利2项；颁布国家或行业标准5项。获海南省科技进步奖三等奖1项，热科院科技成果奖二等奖1项。已获海南省科技厅批准，筹建海南省果蔬贮藏与加工重点实验室。

三、学科建设

2012年，根据热科院学科布局和全所科技发展现状与需求，以目标产业为主线，设置8个研究室：热带作物产品加工研究室、农产品加工装备研究室、农产品加工技术标准化研究室、农产品加工副产物综合利用研究室、畜禽与水产品加工研究室、天然橡胶加工研究室、有机高分子材料研究室、农产品质量与安全研究室。

四、服务三农

开展高品质天然橡胶鲜胶乳生物凝固新技术培训班两期，共培训技术骨干和示范户73人，并科技入户进行微生物分散凝固示范试验。完成了广东省"双到"扶贫工作，多渠道为扶贫村争取资金共计73万元。开展部、省级农产品质量安全例行监测、监督抽查、风险评估、质量追溯等公益服务（检测）9 079项次；"三品一标"产品和产地环境及其他社会委托样品的检测5 349项次。

五、成果转化与开发

成立工程天然橡胶项目组，针对天然橡胶高端用户的需求，开发了低生热和高强力的橡胶材料；新增农业科技成果转化项目"无限长纳米增强天然乳胶膜片生产示范"一项，获专项资金60万元。茶树精油在香饮所成功上市。完成开发和生产玩具配套乳胶制品5万条、小型医用器械配套乳胶制品1万条、乳胶浸渍胶管500条。与福建省闽西丰农食品有限公司技术合作研发竹笋系列产品，与湛江信佳橡塑制品有限公司联合研发新型高性能乳胶制品，与三角轮胎企业合作开展环氧化天然橡胶在"绿色"轮胎方面应用的研究。

六、国际合作

2012年，加工所共承担国际合作项目3项，通过国际合作项目（948项目）验收1项。派员参加国际合作研究、国际培训2人次；获国家建设高水平大学公派研究生项目资助出国攻读博士学位1人次；与澳大利亚迪肯大学联合培养博士研究生3人；接待澳大利亚迪肯大学专家学者来所进行交流、讲座10人次。

七、人才队伍建设

2012年新进人员15人，其中：新引进毕业生13人（博士4人、硕士9人），调入任命2人（副局级1人、正处级1人）；退休6人。输送9人攻读博士、硕士学位。派出58人次参加各类研讨会和培训。1人晋升副研究员，3人晋升助理研究员。黄茂芳研究员被评为"享受国务院政府特殊津贴专家"。林丽静副研究员被评为中国热带农业科学院2012年度热带农业"青年拔尖人才"。

八、科研条件

1. 修购专项。①2012年，完成2010年度

5 个修购专项的验收工作，总金额 825 万元，新增各类仪器设备 31 台/套，形成固定资产 635 万元，完成科技人员周转房修缮面积 1 620 平方米，新增固定资产 120 万元，并对科研环境基础设施进行改造。②完成 2012 年度 3 个仪器设备购置任务，总金额 660 万元，新增各类仪器设备 11 台/套。

2. 大型仪器共享分中心。2012 年，加工所分中心举办第五期大型仪器共享培训班，培训学员 120 人次；至 2012 年年底，全所共有 61 台大型仪器设备列入共享平台，价值 3 500 多万元。

3. 加工所文明西路 9 号地块改造工作。2012 年完成：①该地块《"三旧"改造项目单元规划》先后三次经过湛江市"三旧"改造办公室和湛江市城市规划局的"双签双审"，加深规划深度设计；②《加工所综合实验室建设项目可行性研究报告》经热科院审核后上报农业部；③加工所职工保障性住房建设项目立项获热科院批复；④成立加工所公租房建设管理相关组织机构，编印《加工所公租房建设与管理暂行办法》，收集职工参加公租房建设的申请表，并将公租房平面设计方案向全所职工公示。

九、党建工作

2012 年新增党员 10 名，其中发展新党员 3 名，新增入党积极分子 4 人。5 人获热科院和湛江市表彰，其中：1 人获院优秀共产党员称号，1 人获院级"三八红旗手"称号，1 人获湛江市直工委百佳共产党员标兵称号，1 人获湛江市直工委优秀共产党员称号，1 人获湛江市直工委优秀党务工作者称号。在热科院开展的"我与支部共成长"征文活动中，加工所获得二等奖 1 篇，三等奖 1 篇，优秀征文奖 2 篇。

热带生物技术研究所

一、基本概况

中国热带农业科学院热带生物技术研究所（简称"生物所"）是我国唯一专门从事热带农业生物技术研究的国家级公益性非营利研究机构。下设 5 个行政办公室和 30 个课题组。拥有科技人员 163 人，其中：正高级职称 20 人、副高级职称 47 人；博士学位人员 82 人，硕士学位人员 49 人。

拥有农业部热带作物生物学与遗传资源利用重点实验室、农业部转基因植物及植物用微生物环境安全监督检验测试中心（海口）、热带药用植物研究与利用国际联合实验室、海南省热带生物质能源工程技术研究中心、海南省黎药资源天然产物研究与利用重点实验室、海南省热带微生物资源重点实验室等 6 个部省级以上科技平台。

全国政协副主席兼科技部部长万钢、农业部部长韩长赋先后莅临该所视察指导工作，深入了解热带农业科技发展现状。在国家、部、院等各级领导的关心和大力支持下，该所实现了快速发展，在"十一五"全国农业科研机构科研综合能力评估中，综合排名全国第 27 位，专业排名第 1 位，行业排名第 2 位。

二、科研工作

申报各级各类科研项目 162 项，新立 55 项。目前在研的各类各级项目共计 140 余项，均能按照任务书的要求进行，在研经费合计 5 992 万元人民币。1 项国际合作项目、2 项 948 项目、3 项海南省重点项目和 4 项海南省自然科学基金项目顺利通过结题验收。累计发表论文 245 篇，其中 SCI 收录 91 篇；新申请专利 37 项，新获批授权专利 21 项；出版著作 3 部。以第一完成单位获海南省科技进步奖二等奖 4 项、三等奖 1 项，院科技进步奖二等奖 2 项；以第二完成单位获有海南省科技进步奖一等奖 1 项；以第三完成单位获海南省科技进步奖三等奖 1 项。

三、学科平台建设

生物所以农业部热带作物生物学与遗传资源利用学科群为龙头组织学科群建设，完成学科群工作规则、重点实验室章程等制度建设，完成了学科群建设方案，对各专业性重点实验室及观测实验站明确了研究重点和方向，确定了学科群的"十二五"发展目标。

热带作物生物与遗传资源利用国家重点实验室的申报工作正有条不紊进行中，科技部陈小娅副部长亲赴该所视察，并对申报工作提出了具体要求。海南省热带生物质能源工程技术研究中心、热带药用植物研究与利用国际联合实验室按要求完成了中期考核，海南省热带微生物资源重点实验室以优秀的成绩完成验收。1个新的院级平台——热带海洋生物资源研究与利用中心在该所挂牌成立。

四、服务三农

举办各类技术培训30多次，共培训农民达2 000多人次，发放相关的科普技术材料5 000多份。甘蔗健康种苗目前在海南推广种植面积达1万多亩，在广西推广达2万多亩。黎药研究团队引导农户大面积发展林下种植高良姜，目前在海南推广的面积已经超过5 000亩。"琼枝麒麟菜养殖技术"和"方斑东风螺养殖技术"2项成果为农民致富提供了技术保障，被《海南日报》做了专题报道。积极响应"绿化宝岛"大行动，为海口市龙华区溪南村无偿提供种子种苗、冬季瓜菜种植技术和近3万元的农资援助，受到地方政府及农民的赞誉。

五、成果转化与开发

试行了《生物所科技开发奖励办法》，实现了年初制定的科技开发创收目标。申报成果转化项目3项，分别是《橡胶树微型幼态芽条繁殖技术的推广》（已获得60万元人民币经费支持）、《利用木薯为原料生产葡萄糖酸钙工艺的中试与示范》和《沉香油和沉香香水的生产工艺优化》。目前开发产品主要有：甘蔗健康种苗、番木瓜抗病毒种苗、橡胶幼态苗、香蕉优质种苗、葡糖糖酸钙产品、香蕉枯萎病的生防菌、益智酒、灵芝胶囊、海蜜速溶茶、沉香灵芝茶、沉香叶茶、沉香花茶等，其中甘蔗健康种苗荣获第十四届中国高新技术交流会"优秀展品奖"。

六、学术交流与合作

举办国际学术会议2场、国内学术会议1场，参与大型国际学术会议6场、国内会议16场，邀请国内外知名专家累计组织开展专题学术报告27场。有来自10个国家的45位知名学者来访生物所进行学术交流。派出7个团组共17人次前往国外培训、考察和交流。

七、人才队伍建设

引进2名高层次人才到岗工作并录用10名博士、12名硕士及以下人员；有12人次获院级以上个人奖励，其中：李平华成为第四批"青年千人计划"人选，彭明研究员荣获"全国优秀科技工作者"称号。组织完成了2011年新进人员的转正定级入岗工作、分段入岗及晋升专业技术职务人员的岗位聘用工作。

八、科研条件建设

生物所试验基地建设项目进展顺利，热带作物病虫害草害科研试验区的大棚等设施工程全面开工，截至目前已完成整体工程进度的95%。完成转基因基地建设项目田间检测实验室和农机库房、围墙工程以及田间设施（水肥池、排水沟、道路）的验收。完成3项自筹建设项目的工程建设工作。

九、党建工作

在"创先争优"活动中，生物所党委召开了"创先争优"总结表彰会，在所内隆重表彰了10名"创先争优"优秀共产党员。同时，生物所党委被院党组授予了"创先争优先进基层党组织"称号，第四党支部被省直工委和院党组分别授予了"创先争优先进基层党组织"称号，杨本鹏研究员被省直工委和院党组分别授予了"创先争优优秀共产党员"称号。举行了6次理论中心组学习会，开办了党员理论学习培训班，按上级要求开展了各类重大主题教育活动。发展预备党员3名，将3个支部改组为4个，合理调整支部人数，便于支部开展活动，也为党务干部的培养提供了更多的平台。将12项党建工作制度汇编成册，签订了《党风廉政建设责任书》，开展了集中整治"庸懒散贪"、观看作风建设专题教育片等活动。在全年的各项重大建设及采购项目中，均有纪委的同志参与监督。通过 40 多篇网页新闻、20 版次宣传版、50 多条电子屏宣传语录丰富了宣传工作。组织开展了元旦文艺晚会、篮球赛、羽毛球赛等多种文体活动。积极开创送温暖工程，对离退休老同志、困难人员、生病住院职工进行探视，向职工赠送生日蛋糕，传递了人文关怀。

环境与植物保护研究所

一、基本概况

中国热带农业科学院环境与植物保护研究所（以下简称环植所）是国家级非营利性科研机构，前身为 1954 年成立的华南特种林业研究所植物保护研究室，1978 年更名为植物保护研究所，2002 年 10 月更名为现名。拥有科技人员 125 人，其中：博士 51 人，硕士 44 人，硕士以上人员占 75.8%。高级职称人员 52 人，中级职称人员 42 人，中级以上职称人员占 72.8%。现有 6 个研究室、下设 19 个课题组，1 个部级重点实验室、1 个部级实验站、1 个省级重点实验室、1 个省级工程中心、2 个院级平台和 5 个行政办公室。2010 年提出了"一个中心，三个基地，五大学科体系"战略定位，即建设一流的热带农业环境与植物保护科技创新中心，建立海口科技创新与高层次人才培养基地、儋州成果转化与科技服务基地、文昌科技试验与成果展示基地，重点建设植物病理学、农业昆虫学、入侵生物学、农药学、环境生态学等五大学科体系。

二、科研项目

2012 年，环植所共有 188 项科技项目立项，获批总经费达 2 233.74 万元，其中：公益性行业科研专项课题 2 项，国家科技支撑计划课题 1 项，科技部农业科技成果转化资金项目 1 项，国家自然科学基金项目 9 项，948 项目 1 项，海南省国际科技合作重点项目 1 项，海南省重点科技计划项目 1 项，海南省自然科学基金 8 项、农业行业标准项目 5 项，农业部热带作物病虫害监测防治项目 5 项，院本级基本科研业务费专项 13 项，环植所基本科研业务费项目 32 项等。目前在研项目 167 项，其中：国家、部省级项目 94 项。

三、科技产出

全年共鉴定和评价科技成果 8 项，其中：1 项达到了国际领先水平，5 项达到了国际先进水平。9 项成果获海南省科技进步奖，其中：获海南省科技进步奖一等奖 2 项，二等奖 2 项。三项成果获院科技成果奖，其中：一等奖 1 项，二等奖 2 项，中国植物保护学会科技奖 1 项。共发表论文 204 篇，其中：SCI 论文 49 篇；ISTP 论文 1 篇；EI 论文 8 篇。主编及参编著作 12 部，申请国家专利 27 项，获授权专利 12 项，其中：发明专利 8 项，获得软件著作权 1 项，获得光碟制品版权 1 项。制定并颁布了 4 个农业行业标准，2 个海南省地方标准，制定农业行业标准 11 项。

四、平台建设

牵头组建热带植保产业技术创新战略联盟，并于 2012 年 4 月获准批复成立。开展了"农业部热带有害生物综合治理实验室"和"农业部儋州农业环境科学观测实验站"的建设；对重点实验室和实验站的定位和研究方向及主要任务进行了规定。以中国热带作物学会生态环境专业委员会为重要合作与交流平台联合热区资源环境领域的 7 单位策划组织申报项目。成立了院环评中心，主要围绕着环评资质来进行，已报考各类环评资质考试累积达到 16 人次。

五、科技服务

2012 年度，环植所在我国热区共主办了 60 多场次的实用技术培训班，派出授课专家 490 人次，累计培训农户和基层科技人员 20 838 人，发放科技资料 26 000 册；田间现场诊断与技术指导涉及热作 12 000 多亩；建立科技示范基地 30 个，面积 28 000 亩。深入开展"百名专家兴百户"专项行动，2012 年底结成 54 个专家与农户帮扶对子,其中:有 18 户作为重点示范户得到责任团队的重点支撑。

六、科技开发

本年度环植所累计转化技术成果 8 项,推广应用 167.5 万亩,获得社会效益 7.528 亿元。新推出保叶清、根康等 16 种药肥中试产品和"纯天然蜂蜜"、"有机芦笋"等多个绿色有机农产品。全所完成创收 855.18 万元。

七、学术交流与合作

共组织所内学术报告会 20 多次,邀请国内外知名专家学者来所作学术报告 30 余场,积极派遣科研骨干参加各类国际国内的学术会议达 200 多人次,40 多人次受邀到相关科研单位及学术研讨会做专题报告。与美国夏威夷大学签署了建立"热带农业植保联合研究中心"的合作协议,建立了我所第一个国际合作交流平台。此外,与荷兰瓦赫宁根大学就香蕉枯萎病开展了初步的合作接洽。

八、人才队伍建设

2012 年,共引进 6 名博士、8 名硕士、2 名本科,调入 1 人,调出 1 人;2012 年共有 11 人转正定级,24 人通过了职称晋升,其中:3 人经评审晋升为副研究员。新增华中农业大学硕士研究生导师 35 名,海南大学研究生导师 17 名,广西大学硕士研究生导师 1 名,现有硕士研究生导师资格共 35 名,博士研究生导师资格 8 名。

九、科研条件建设情况

基本建设方面,由我所承担的"环境与植物保护研究实验室建设项目"、"海南省林业有害生物天敌繁育场建设项目"均已完成建设,通过竣工验收,并投入使用。修购项目方面,2012 年度共购置仪器设备 34 台套,共执行预算 952.94 万元。2010 年修购项目"农业部热带农林有害生物入侵监测与控制重点开放实验室仪器设备购置项目"顺利通过验收。共享平台建设方面,完善实验室管理制度,加强实验室管理,搭建共享平台。针对实验室仪器设备管理、操作管理制定了各项管理制度共 6 项。条件建设规划方面,编制 2013～2015 年度修缮购置专项规划,并编写 2013 年修购项目申报材料。共申报基础设施改造类项目 2 个,仪器设备购置类项目 3 个。项目申报方面,编写基本建设项目"中国热带农业科学院儋州院区科研试验基地"与"农业部热带作物有害生物综合治理重点实验室"建设项目的可行性研究报告。两项项目共申请建设经费 4 495.99 万元;稳步推进文昌基地的各项建设。

十、党建工作

环植所党委下设 4 个支部,共有正式党员 76 人,预备党员 3 人,流动党员 2 人,入党积极分子 8 人。2012 年主要开展以下活动:喜迎党的"十八"大召开,强化政治理论学习,推进学习型党组织建设。将创先争优工作与"百名专家兴百户活动、热区橡胶、槟榔专业化防控与示范、海南冬种瓜菜病虫草害专项行动"等专项行动相结合,把工作做好、做实。新增加党员 13 名,其中:12 名为新引进人才,发展预备党员 1 名,递交入党申请书人员 6 名。完善修订了党委工作规则、党支部工作制度等党建规章制度 15 项。加强廉政体系建设,2012 年所党委完成了所纪律检查委员会委员的工作分工,为所监督体系的形成提供了组织保障。以人为本,积极推进创新和谐文化建设,全面推进以"卓越(Excellence)、激情(Passion)、坚持(Persistence)、创新(Innovation)"为核心价值的有环植所特色的创新文化建设(EPPI 为环植所英文首字母缩写)。2012 年所党委被省直机关工委、院机关党委提名参加全国"创先争优先进基层党组织"评比,党委第二党支部分别荣获 2010～2012 年院和省直机关创先争优先进基层党组织,黄贵修副书记荣获 2010～2012 年院和省直机关创先争优"优秀共产党员"光荣称号,李勤奋副所长获院"三八红旗手"光荣称号,环植所被评为院"2012 年度先进集体"。

椰子研究所

一、基本概况

2012 年，中国热带农业科学院椰子研究所以热带油料作物为主要研究对象、重点开展种质资源创新利用、丰产高效栽培、重大病虫草害防控以及产品加工综合利用等基础和应用基础研究，承担热带油料产业发展重大关键技术集成、示范和推广工作。现任所领导为：所长赵松林、党委书记雷新涛，副所长覃伟权、陈卫军、梁淑云、韩明定。内设六大职能部门（综合办公室、科技办公室、财务办公室、开发办公室、条件建设办公室、土地与基地管理办公室）和六大科研机构（椰子研究中心、油棕研究中心、特色作物研究中心、生物技术研究室、植物保护研究室、产品加工研究室）。并依托建立了农业部热带油料科学观测实验站、海南省热带油料作物生物学重点实验室、海南省椰子深加工工程技术研究中心等 11 个科技平台。同时建有产品中试加工工厂、重大病虫害天敌繁殖场及 3A 级旅游景区"椰子大观园"等开发机构。2012 年拥有科技人员 141 人，其中高级职称 17 人，中级职称 42 人，博士学位 13 人，硕士学位 51 人，本科 12 人。

二、科研工作

全年共申报科研项目 95 项，在研项目共 51 项，获批经费 878 万元，比上年度增加了 57%。全年共发表论文 55 篇，出版专著 1 本，获批专利 16 项，鉴定成果 4 项，获得海南省科技成果转化奖二等奖 1 项、科技进步奖三等奖 1 项，通过海南省品种认定并获农业部初审品种 3 个，完成农业行业标准 3 项，海南省地方标准 5 项，验收项目 8 项，获批农业部热作标准化生产示范园 2 个。经过近几年的努力，全所科研综合实力大幅提升，在全国农业科研机构科研综合能力评估排名中，由"十五"期间的 357 名提升到"十一五"期间 129 名，增幅达到 228 名，在热科院的排名第 6。

三、学科建设

院级平台中国热带农业科学院热带油料研究中心正式挂牌成立；组织申报国家林业局热带油料工程技术研究中心，相关材料已上报，进入专家论证阶段；现有的农业部热带油料科学观测实验站、海南省热带油料作物生物学重点实验室、海南省椰子深加工工程技术研究中心等科技平台平稳运行。

四、服务三农

利用海南省农业科技 110 椰子服务站信息化平台，向椰子种植户发布市场需求、椰子新品种、丰产栽培和病虫害防治等信息，指导农民生产。全面配合海南省科技活动，积极开展科技下乡、科技服务工作。全年科技下乡 100 多人次，发放技术资料 3 000 多册，举办"槟榔黄化病防控技术"、"椰子丰产栽培技术"等技术培训班 16 期，培训农民 5 900 多人，受益农民大约 8 000 多人，取得了良好的效果。

五、成果转化与开发

充分利用我所科技和土地资源，积极开展开发工作。加大科技产品研发力度，天然椰子油产品已推向市场；开展椰心叶甲防治项目，推广优质的种果种苗，提供科技技术服务；推动与热科院环植所、香蕉所、生物所共同建立的科技基地建设，与文昌倡和文化有限公司就乌鸡池地块的利用与开发，以及椰子大观园沿路商铺项目工作。2012 年科技成果转化及开发性收入共计 534.99 万元，其中：科研收入 177.68 万元，技术收入 143.3 万元，经营收入 73.18 万元，试制品收入 121.35 万元，科普收入 18.48 万元。

六、国际合作

2012 年先后派出国 4 人次参加学术交流会及业务培训。

七、人才队伍建设

全年引进博士 2 名、硕士 4 名和本科 1 名，聘请客座研究员 12 名，在职攻读博士学位人员达到 4 名，在读和毕业的硕士研究生达到 27 名，同时积极选派专业骨干参加业务培训和挂职交流，进一步提升了干部队伍能力。

八、科研条件

2012 年，实施修购项目 3 个，共 735 万元，已全部竣工验收；申报并获批 2013 年修购专项项目 2 个，总投资 555 万元；组织完成 2013 ~ 2017 年修缮购置项目规划工作；完成热带棕榈种质资源圃项目和椰子产品加工技术研究中心建设项目竣工验收工作；完成重大基本建设项目热带作物研究实验室项目的工程竣工验收并投入使用。

九、党建工作

以科学发展观为指导，继续推进学习型党组织建设，深入开展创新争优、党风廉政建设年和基层组织建设年活动，增强了各级党组织在科技创新、服务"三农"等工作中的凝集力，充分发挥了党组织的核心作用和广大党员的先锋模范作用，为各项工作的推动和落实提供了有力的组织保障。

农业机械研究所

一、基本概况

中国热带农业科学院农业机械研究所主要开展热带农业装备与热带农业废弃物综合利用研究。拥有科技人员 61 人，其中：高级职称人员 11 人。设有综合办公室、科研办公室、开发办公室、财务办公室、条件建设办公室 5 个职能部门；"农业机械化工程"和"固体废弃物资源化" 2 个重点学科；甘蔗生产机械研究室、田间作业机械研究室、农产品加工装备研究室、农村能源装备研究室、天然纤维装备与制品研究室、海洋水产与畜牧机械研究室 6 个研究机构，拥有国家重要热带作物工程技术研究中心（分中心）、农业部热带作物机械质量监督检验测试中心、农业部菠萝叶纤维加工处理中试基地、中国热带农业科学院热带沼气研究中心 4 个科技创新平台；"农业机械化工程"、"机械制造及其自动化" 2 个共建硕士点（海南大学、广东海洋大学）， 1 个硕士联合培养基地（农业机械化工程-华中农业大学）。

二、科研工作

2012 年度累计申报项目 46 项，获批 20 项。年度在研项目共 28 项，其中延续项目 9 项，新增项目 19 项。在研项目经费 385.1 万元，其中：新增项目经费 274.2 万元。在研项目中科技部项目 2 项，农业部项目 11 项，海南省自然科学基金项目 1 项，热科院科技开发启动资金项目 2 项，院本级项目 7 项，院所基本科研业务费项目 5 项。

本年度 3 项省部级项目分别通过科技部、农业部和海南省相关业务部门验收， 1 项结题；获湛江市科学技术奖一等奖 1 项，申请专利 26 项，获得专利授权 33 项，发表论文 17 篇，其中 EI 收录 6 篇。发布行业标准 2 项。

三、学科建设

根据科研工作发展需要新设立了 6 个研究机构，并已初步理顺机构职责和完善人员配备。国家重要热带作物工程技术研究中心农机所分中心研发试制出 2 个新产品；农业部热带作物机械质量监督检验测试中心主抓内部管理，强化中心体系运行，于 2012 年 10 月底顺利通过农业部双认证复查评审工作，完成 17 项企业委托检验任务；中国热带农业科学院热带沼气研究中心于 2012 年 6 月 6 日正式挂牌。

四、服务三农

三农工作主要以科技扶贫和技术推广两种模式开展服务。其中科技扶贫工作中，筹集资金 2 万多元用于帮扶贫困村，派出工作人员长期进驻该村开展工作，年度帮扶成效显著，脱贫率由 80% 提高到 100%。技术推广方面，推广木薯收获机、甘蔗叶粉碎还田机、深松机等在内的各类科研产品，累计推广面积 15 000 亩，受益农户 168 户，为农民节本增收创造了新的途径。

五、成果转化与开发

2012 年度，修订《促进科技开发工作实施办法》等多项制度，意在整体提升本所经济实力，稳定和改善职工收入水平，逐步实现科技开发创收作为科研人员绩效考核的重要指标。

全年增设 3 个宣传窗口，发展经销商 1 家，农机产品新增 3 种机型，并与 3 家企业和地方合作社开展技术合作与产品推广，总收入较上年度同比增长 28.6%。

六、国际合作

2012 年度申报国际合作项目 2 项，执行 1 项，验收 1 项。年度接待国外专家来访 1 次，参加国际学术会议 11 人次，国际合作内容从项目申报扩展到技术引进、项目合作，为我所进一步深入开展国际合作工作强化了基础。

七、人才队伍建设

2012 年度组织人才招聘工作 2 批次，累计引进工作人员 14 人，院内调入 2 人；选派中国援建刚果（布）农业技术示范中心项目首批专家 1 人，挂职锻炼 1 人，接受在职研究生教育 2 人，联合培养硕士研究生 2 人；完成 14 名职工岗位调整、7 名科技人员职称评审、2 名毕业生转正定级、12 名新引进人员定岗定级；聘任特聘研究员 3 人，离退休高级专家 1 人。

八、保障条件

2012 年度预算执行进度 99%，各项指标进展顺利，年末固定资产 1 821.22 万元，当年新增 35.17 万元。基建类项目申请 2 项，总投资 4 776.302 万元，其中：《中国热带农业科学院农业机械研究所综合实验室及湛江院区公用设施建设项目》计划总投资 2 976.302 万元，可行性研究报告评审工作中；《中国热带农业科学院农业机械研究所职工公共租赁住房建设项目》计划总投资 1 800 万元，该项目已获立项批复，现规划设计过程中。修购项目实施 1 项，获批 1 项，验收 2 项，项目执行阶段，新增仪器设备 13 台套，办公设备 19 台套。

九、党建工作

所党总支深入开展学习型党总支建设工作，组织贯彻学习 2012 年中央一号文件、党的十八大报告等有代表性的文件精神 12 次；开展治理"庸、懒、散、贪"、反腐倡廉宣传教育等专题活动 9 次；发展入党积极分子 2 人，吸纳正式党员 2 人；开展研究所文化建设工作，组织"七一"游园活动和"国庆"趣味文娱活动，营造了"以所为家，所兴我荣"的祥和氛围，为全所职工创造一个健康向上、和谐愉快的工作环境。

科技信息研究所

一、基本概况

中国热带农业科学院科技信息研究所（简称"信息所"）是我国从事热带农业经济、信息创新研究与公益性服务的国家级科研机构。现设有综合办、科研办、财务办、基地与条件办、开发办五个内设管理机构。下设热带农业经济与发展战略研究室、热带农业信息技术研究室、热带农业信息分析研究室、热带农业信息资源建设研究室、热带农产品质量安全信息研究室，拥有国家热作科学数据分中心、海南省重点实验室、热带农业经济研究中心等重要创新平台，以及院图书馆、档案馆、文献信息咨询中心、科技期刊社等重要公益性服务部门。信息所是农业部第一批定点查新单位，同时编辑出版《热带作物学报》《热带农业科学》《热带农业工程》《世界热带农业信息》4 种刊物。拥有科技人员 96 人，其中：高级技术职称人员 24 人，中级职称人员 30 人，研究生及以上学历人员 42 人。拥有博士生导师 1 人，硕士生导师 4 人。

二、科研工作

2012 年，全所组织申报各级各类科研项目近 60 项。其中：申报科技部、国家自然基金、国家社科基金等项目共 19 项，申报省部级项目 30 余项；获立项有：合作承担国家科技支撑计划、科技部星火计划、农转资金项目各 1 项，主持"948"项目 1 项、农产品质量安全风险评估项目 1 项、南亚热作专项 2 项、省重点 1 项、省基金项目 3 项等。2012 年新增科研项目 25 项，到位科研经费 214.15 万元（不包括院基本科研业务费及自筹资金项目），较 2011 年增加 30%，新增项目主要有科技部星火计划 1 项、农转资金项目 1 项、公益性行业科研专项专题 2 项、农业部财政项目 3 项、省重点 1 项、省基金 1 项等。2012 年，6 个省基金项目通过科技厅验收，"主要热带农业信息基础数据收集、整理与应用"通过海南省科技厅评审，达到国内领先水平，并获海南省科技进步奖三等奖。全所发表科技论文 80 余篇，其中：SCI 收录 1 篇，EI 收录 15 篇。

三、学科建设

牵头建设农业信息学科与农业经济学科两个院级重点学科。信息学科逐步实现两个转变，一是由传统的信息收集、整理、加工等逐步向深层次的信息分析、预警、预测研究转变；二是由侧重基础的平台、数据库构建逐步向现代农业生产中信息关键技术集成应用示范研究转变。农业经济学科以产业基础与组织方向研究为基础，逐步向产业结构与布局、政策与模式以及发展规划研究等领域拓展，研究对象逐步贯穿主要热带作物生产全过程，涉及加工、贮存、运输等诸多方面，在方法上不断更新，内容不断深化。所级学科围绕热带农业产业发展需求，统筹规划，形成热带农业信息技术、农产品安全评估等特色鲜明的学科，在热区影响力不断提升。

四、服务三农

配合院里参加科技下乡活动，参加海南省科技活动月，提供各类技术资料 500 余册、科技期刊 600 余册、各种热作栽培技术 DVD 光盘 200 余份。承办省"阳光工程"农民创业培训班，在儋州大成镇和保亭保城镇开班培训，直接培训农民学员达 115 人。创新服务方式，与儋州市委组织部联合开展"百名党员专家连百组"专项活动，联合热科院品资所、橡胶所、环植所组织 100 名党员专家深入基层，结对联建 100 个村小组，利用现代农业信息技术强化栽培、病虫害防治等技术推广与农技服务，累计为 5 000 余名农户推送服务信息 15 000 余条。活动开展后引起社会各界关注，得到儋州市广大农户认可和欢迎。

五、成果转化与开发

开展二维码追溯技术研究，并与万宁市政府联合开展相关技术在槟榔质量安全追溯上应用，实现万宁槟榔鲜果、初加工、深加工全过程的二维码在线生成，同时实现了网上追溯、短信追溯以及手机扫描二维码追溯等。科技开发稳中有升，2012 年全所期刊发行、广告及版面总收入收入 194.47 万元，科技查新咨询收入 26.96 万元，横向课题收入 45.95 万元，科技开发总收入较 2011 年增长 30.4%。

六、国际合作

派出 1 名科技人员参加热科院第一期青年科技人员赴美夏威夷大学英语和合作能力建设培训班；派出 1 人参加在瑞典和肯尼亚举办的国际种质资源与知识产权培训；派出 2 名科研人员参加 2 次国际学术会议。同时邀请到美国夏威夷大学热带农业与人类资源学院 Kheng T. Cheah 博士及英国诺丁汉大学当代中国学学院院长、著名华人经济学家姚树洁教授分别来所进行学术交流，寻求热带农业经济研究领域合作，为进一步的深入开展合作交流奠定了坚实基础。

七、人才队伍

2012 年引进博士 2 人，硕士 10 人，本科 2 人，调入 1 人。同时，充分依托社会智力资源，聘请司海英、秦富等 10 名在农业经济、农业信息研究等学科领域知名的高级专家作为我所特聘研究员，构建人才智库。6人在职攻读研究生，其中：博士研究生1人，硕士研究生5人；1名博士后进站。选派2名优秀科技人员到基层挂职，选派3名优秀科技人员到机关挂职，选派1名优秀科技人员到科技厅挂职。2人晋升为副研究员，6人晋升为助理研究员，1人晋升高级工。

八、保障条件

结合院"十二五"条件建设规划，认真编制信息所2013～2015年修缮购置工作规划。

"热带农业科技信息化服务网络平台设备购置"项目完成设备安装调试，并于6月投入运行，已显著改善热科院的网络环境；"热带农业科技信息化服务网络平台"二期项目（获批经费165万元）完成项目中所有设备或软件系统的招投标工作，部分设备已接收与验收；组织申报2013年农业部所属事业单位重大设施系统新增运行费项目"中国热带农业科学院热带农业科技信息化服务网络平台运行费"，获批经费72万元。

全年，完成政府采购金额共211.8万元，数据库资源采购115万元，图书采购金额35万元；完成"热带农业科技信息化服务网络平台"1期的室外光纤管道布线与中心机房改造装修、海口院区机关楼综合布线等工程37.16万元；积极配合院做好海口科技创新大楼建设工作。

九、党建工作

深入开展创先争优，增强基层党组织建设，开展了"百名党员专家连百组"活动，组织党员专家服务基层，中央台新闻联播、海南省电视台、儋州市电视台等多家媒体均报道了该项活动。科研党支部撰写《建功热作——我与支部共成长》一文的在"我与支部共成长"征文活动中获得了省直机关一等奖，同时该支部在创先争优活动中荣获"2010～2012年省直机关创先争优先进基层党组织"荣誉称号，成为我所基层党组织建设的一面旗帜。以"理论中心组学习"为载体，建设学习型党组织，汇编《科技信息研究所2012年理论中心组学习材料》（1册）和《2012年民主生活会材料》（4本），指导各支部党员干部开展学习。集中整治"庸、懒、散、贪"，扎实推进党风廉政建设开展作风建设大讨论，开展集中治理；观看反腐倡廉教育片，撰写心得体会共计58篇。学习宣传贯彻十八大精神，提交学习心得29篇，理论中心组成员发言提纲11篇，以贯彻十八大精神为动力，推动我所各项工作向纵深发展。

分析测试中心

一、基本概况

中国热带农业科学院分析测试中心是集农产品质量安全科技创新和检验检测服务为一体的中央级农业事业单位。现有内设机构包括：综合办公室、科研办公室、财务办公室、基地与条件建设办公室、开发办公室、检测一室、检测二室、农业标准研究室、检测技术研究室、农药安全评价研究室、风险评估和政策法规研究室和质量安全控制技术研究室。依托本中心承建有农业部热带农产品质量监督检验测试中心、农业部农药登记残留试验单位、农业部热作产品质量安全风险评估实验室和海南省热带果蔬产品质量安全重点实验室等。同时还设有农业部热带作物及制品标准化技术委员会经济作物分委会秘书处、中国热带农业科学院大型仪器设备共享中心管理委员会办公室。拥有科技人员55人，其中高级职称14人，中级职称24人；博士学位7人，硕士学位22人。

二、科研工作

2012年申报各类项目共30余项，获批的科研项目有25项，获批总经费569.1万元。本年度获得海南省科技成果奖1项，通过海南省科技成果鉴定1项，授权专利16项（其中1项国家发明专利和15项实用新型专利）和1项软件著作权，发表科技论文43篇，科技产出明显增加；申报筹建海南省热带果蔬产品质量安全重点实验室获批（直接挂牌）。

三、学科建设

中心以热带农产品质量安全为研究对象，开展热带农产品质量安全检测技术、热带农业标准制订、热带农产品质量安全控制技术和风险评估等研究。依托中心建设的院重点学科"农产品质量安全"已基本建立起学科体系框架。设置5个学科方向：热带农产品质量安全全程控制、热带农产品质量安全风险评估、热带农产品质量安全检测关键技术、热带农产品质量标准和热带农产品质量安全预警。依托中心建设的部级平台有：农业部热带农产品质量监督检验测试中心、农业部农药登记残留试验单位、农业部热作产品质量安全风险评估实验室、农业部无公害农产品定点检测机构、绿色食品产品质量和产地环境定点检测机构。省级平台有海南省热带果蔬产品质量安全重点实验室。

四、服务三农

2012年农业部热带农产品质量监督检验测试中心顺利通过了国家认监委和农业部"2+2"现场复评审，授权产品和参数范围得到大幅扩展。中心利用先进的仪器设备条件，发挥检测技术优势，在完成繁重的农业部农产品质量安全监测专项任务的同时，积极为热区农业生产提供分析测试服务，全年完成了海南等热区农业企业、科教单位、政府有关部门送检样品3 057个，提供了780份检验检测报告，检测总量达到14 480项次以上，为促进热区农业生产标准化、提高热带农产品质量安全水平提供了有力的科技支撑。

通过技术服务，与相应的企业开展基地共建。与琼中县政府签署绿橙质量安全协议，并挂牌（琼中绿橙质量安全控制研究合作基地）；与儋州市王五镇政府签署了农产品质量安全科技合作协议，并开展黑皮冬瓜标准化示范基地建设；与屯昌县坡心镇政府协商签定科技合作协议，建设无公害树仔菜生产试验示范基地。

通过科研项目实施和参加"科技活动月"等途径多次组织科技人员开展科技下乡活动，

到广东举办了3期香蕉标准宣贯培训班、发放大批技术资料，指导当地农民开展标准化生产、提高质量安全意识。组织、参加了9次科技下乡活动，涉及海南省中部、东部和西部9个市县乡镇，培训260多人次，发放宣传图文资料近1 500册。积极参与东山镇溪南村科技扶贫工作，先后3次派出8名科技人员前往该村开展科技服务，同时无偿提供一批农业投入品。

五、成果转化与开发

中心加大科技成果转化力度，开展胶乳干胶测定仪宣传，邀请云南橡胶检测中心、地方胶农等单位和个人来中心参观测胶仪；通过海南省科技活动月，对产品进行介绍、宣传和推广；应邀到云南景洪进行推广宣传，云南省相关橡胶企业和部分个体户对该产品很感兴趣，产品在部分植胶农场试用情况良好。

六、国际合作

2012年中心派出1名科技人员到美国夏威夷大学执行热作合作研究及外语能力提升任务；邀请美国农业部IR-4项目实验室主任姜文义博士与中心农药残留研究室的科研人员进行学术交流，并建立了合作关系。

七、人才队伍建设

2012年中心共招聘人员5名，2人晋升研究员、1人晋升副研究员，选派1名科技人员到昌江黎族自治县挂任科技副镇长。现有博士生导师1名，硕士生导师9名。人才队伍建设取得较显著成效，队伍规模得到较大扩展、结构得到进一步优化，科技创新能力不断加强，检测能力和科技服务水平进一步提升。

八、科研条件

完成了2012年修购项目《热带农产品质量安全检测技术研究室仪器设备购置项目》，以公开招标方式购置仪器设备4台套。同时，通过购置了一批小型仪器设备，对实验室条件进行补充完善。

九、党建工作

中心现有党员31人，党总支下设两个支

部，2012 年发展党员 2 名，按期转正 1 名，培养入党积极分子 3 名。在院党组和机关党委的正确领导下，按照上级组织下达的党建工作目标，围绕保障农产品质量安全、服务"三农"，结合本单位的实际工作需要，及时掌握职工思想动态，认真细致做好思想政治工作，开展丰富多彩文体活动，增强了中心党总支的凝聚力和战斗力，促进了各项工作的开展。

海口实验站

一、基本概况

2012 年拥有科技人员 71 人，其中：高级职称人数 22 名，具有博士学位人数 12 人，硕士学位人数 19 人，博士生导师 1 人，硕士生导师 3 人。全年公开招聘博士 5 名，硕士 8 名，本科 2 名。内设综合办、科研办、财务办、基条办与开发办五个职能管理部门和海口干休所。现有科技平台：国家香蕉产业技术体系海口综合试验站；海南省香蕉遗传育种改良重点实验室，海南省农业科技 110 热作龙头服务站；院级香蕉生物学实验室，热作两院种苗组培中心，香蕉产业研发中心；站级热带作物繁育技术研究中心。2012 年围绕提升科研内涵、建章立制、民生改善、探索"一站两制"发展模式四大重点任务，以坚定信心抓机遇，艰苦奋斗谋发展为工作基调，以解决香蕉产业发展中的关键科学技术问题为宗旨，以增强我国香蕉产业自主创新能力、集成创新能力和引进消化吸收基础上的再创新能力为目标，引领、支撑、服务香蕉产业发展。

二、科研工作

围绕香蕉优良种苗繁育技术研究、香蕉节水节肥技术研究与示范、香蕉枯萎病防控技术研究、香蕉果品深加工和废弃物加工技术研究 4 项重点任务开展重点攻关。丰富项目储备库内容，新增储备项目 12 项。积极申报各类项目共计 47 项。新获批项目总计 13 项，在研经费达到 270 多万元。

发表各类论文 42 篇，其中：SCI 源期刊论文 6 篇。申请国家各类专利 4 项，获得授权的国家发明专利 1 项。殷晓敏为主要完成人的"香蕉枯萎病病程可视化研究"获批海南省科技进步奖三等奖，该奖项是我站作为第一完成单位的首个省部级科技奖励。金志强博士被评为中国热带农业科学院农业科研杰出人才，袁德保博士被评为中国热带农业科学院青年拔尖人才，获得院配套经费的资助。

三、学科建设

充实完善学科体系建设，成立了香蕉遗传育种研究室、香蕉耕作与栽培研究室、香蕉病虫害研究室、香蕉采收贮运与加工研究室。重新调整配备管理部门人员组成，将工作重心和职能向研究室转移和延伸，同时启动竞聘选拔机制，推选了研究室负责人，一批学历高，能力强的年轻同志崭露头角。

"海南省香蕉遗传改良重点实验室"获海南省科技厅正式批准，它是筹建所以来首次省级科技平台，它的获批为全站开展科研工作及项目申报拓展了空间，提供更大的发展机遇。

四、服务三农

配合上级部门，统筹协调站内相关专家深入云南、广西、海南等热区一线，与当地农业部门、企业等联合共建科技推广服务基地 3 个，组织各类培训班 10 场，培训地方乡镇分管农业领导、基层农技推广人员、农民和成人教育等 1 500 余人，接受咨询 1 200 余人次，发放各类资料 4 350 份，科技服务三农工作得到当地政府和农民的高度认可。

五、科研成果转化与科技开发工作

科研服务产业，科研成果惠及民生。我站加大对有形成果的物化，研制生物有机肥、香蕉种苗、辐射市县香蕉示范基地科研副产品蕉果、花卉基地红掌花等科研产品，取得较好的经济效益，为进一步开展民生工程奠定坚实的基础。

六、保障条件

完成了 2012 年 2 项修购项目的执行，购置了18台套价值200万元的仪器设备，安装了价值30万元的监控系统；争取院戴帽项目开展环境改造与房屋维修项目、修建简易篮球场、大院环境改造绿化、职工周转房修缮等工作；完成了2011年投资530万元的3项修购项目的验收前期准备工作；完成了单位物资采购与资产日常管理工作，同时配合院职能部门加强对后勤、组培中心资产清查，明晰资产权属。2012年预算总收支1 834.12万元，其中：财政资金1 121.39万元，截至12月底，财政资金预算执行进度99%。

七、党建工作

在原来2个支部的基础上，增设了以组培中心党员为主的第三支部，以海口干休所职工党员和部分退休党员为主的第四支部。党员数量从原来的27人增加到51人，党员人数已占全体职工人数的72%。全年确定入党积极分子2名，预备党员转正1名。第一党支部获得院党组优秀基层党组织称号，1名同志获得院优秀共产党员称号，1名同志获得海南省科技厅第二届挂职优秀科技副镇长称号。2012年院巡视工作组对我站进行了为期10天的调研考察，通过听汇报、深入基层调研、个别谈话及查阅资料等方式，对巡视内容进行了详细了解，高度肯定了全站在人才队伍建设、提升科研内涵及解决民生问题等方面取得的较大进展。

湛江实验站

一、基本概况

中国热带农业科学院湛江实验站成立于2002年，拥有科技人员44人，其中：博士4人，硕士11人，副高以上职称7人。现设有中国热带农业科学院热带旱作农业研究中心，国家重要热带作物工程技术研究中心湛江科技产品展销部。热带旱作农业研究中心下设种质资源评价与利用、橡胶抗寒研究、农艺节水技术研究、生物节水、设施农业5个课题组。拥有抗旱生理生化，旱作分子生物学等实验室600多平方米，天然橡胶种苗繁育基地、甘蔗脱毒健康种苗繁育基地及热带盆栽观叶花卉标准化生产试验示范基地200多亩。

湛江实验站紧紧围绕国家旱作节水农业发展的需求，以热区主要旱地作物为重点研究对象，进行热区旱作资源创新与利用，开展热区旱作节水技术的引进、集成与示范推广工作，为热区旱作农业发展提供强有力的科技支撑。先后承担了国家天然橡胶产业技术体系湛江综合试验站、农业部行业科技子课题项目、海南省自然科学基金、北京化工大学产学研联合攻关等项目30多项，累计研究经费达600余万元，发表论文50余篇，授权专利6项。

二、科研工作

2012年组织申报各类项目共计22项，获资助的项目10项。共有在研项目13项，可支配科研经费208万元。申报专利8项，授权6项，实现湛江实验站专利权零的突破；发表科技论文14篇，录用接收7篇，已投稿4篇，共计25篇，其中：英文文章3篇，SCI论文1篇，影响因子2.929。

三、学科建设

根据热科院对湛江实验站的发展定位要求，我站积极推进热带旱作农业研究中心筹建工作，于2012年12月正式挂牌成立中国热带农业科学院热带旱作农业研究中心，下设种质资源评价与利用、橡胶抗寒研究、农艺节水技术研究、生物节水、设施农业5个课题组。

四、服务"三农"

以广东、广西垦区为主要服务区域，积极开展天然橡胶、甘蔗和花卉新品种新技术的示范推广、科技培训与服务，以及科技成果转化、科普知识的宣传，为提高农业增产、农民增收提供科技支撑。2012年度建立科技试验示范点7个，开展科技服务12次，组织开展科技培训3

次，共培训农技人员 120 人次，发放科技光盘
10 套。

五、成果转化与开发

在完成各项科研和技术推广示范工作的同
时，积极推广橡胶抗寒种苗、甘蔗健康种苗、
牧草种子等，种子种苗销售收入 25 万元。成立
国家重要热带作物工程中心湛江科技产品展销
部，展销院的科技产品，拓宽开发渠道。

六、国际交流

湛江实验站对国际半干旱地区热带作物研
究中心（ICRISAT）、国际干旱地区农业研究中
心（ICARDA）等 19 个国内外的旱作农业研究
机构信息进行了收集、摘录和汇编，编写了
《旱作农业科研机构概况》小册子一本。同时积
极与国际上的热区旱作研究机构沟通交流，目
前已与印度国际半干旱地区热带作物研究中心
（ICRISAT）达成交流协议，受到该研究中心人
力资源主管 Hector V Hernandez 的访问邀请。

七、人才队伍建设

2012 年度组织 3 次人才招聘会，引进博士 2
名、硕士 4 名，1 人晋升职称，有效改善了湛江
实验站科技人才队伍结构。

八、保障条件

1. 经费、资产情况：2012 年，我站总收入为
1 002.92 万元，其中：财政补助收入 719.27 万

元；资产总额为 3 998.93 万元，其中：流动资
产为 852.82 万元，固定资产为 3 121.20 万元，
无形资产为 24.91 万元。

2. 建设项目情况：2012 年湛江实验站共有
条件建设项目 7 项，除 1 项基建项目外，其余 6
项修缮购置项目都顺利完成计划，新办公楼和
新实验室的启用，大大改善了湛江实验站的办
公和科研条件。完成《中国热带农业科学院湛
江实验站 2013 ~ 2015 年修缮购置专项资金规
划》，列入规划项目 4 项，规划资金 572.00 万
元，为我站今后 3 年科研条件建设奠定坚实
基础。

九、党建工作

湛江实验站党总支下设 3 个党支部，2012
年年底共有党员 61 名，其中在职党员 19 名，离
退休党员 42 名。2012 年度重点开展了以下几项
专项活动：完成党总支换届选举工作。加强反
腐倡廉建设，扎实推进我站惩治和预防腐败体
系为重点的反腐倡廉建设。继续扎实推进创先
争优活动。一是深入基层、深入群众、深入调
研，认真解决职工反映强烈的突出问题，努力
为职工办实事、做好事、解难事，让职工切身
感受到创先争优带来的新气象、新变化；二是
认真总结两年来"创先争优"活动经验，把活
动中得到群众认可、欢迎，而且操作有序、行
之有效的一些好的经验和做法，上升为制度规
范，形成长效机制。

广州实验站

一、基本概况

中国热带农业科学院广州实验站位于广东
省广州市荔湾区康王中路 241 号，机构性质为
农业科研事业单位，实行中央财政全额拨款，
主体职能是围绕热带生物能源产业发展，开展
热带能源作物及生态环境应用基础研究及关键
技术研究，开展热带能源生态领域研究的国际
合作与交流，开展热带亚热带农业科技成果试
验示范和科技培训咨询工作。

实行站长负责制的科研管理体制，站领导
分别为覃新导同志任站长，冯朝阳同志任副站
长、书记，魏守兴同志任副站长。内设机构有
8 个，分别为综合办公室、科研办公室、财务办
公室、开发办公室、基地与条件建设管理办公
室、能源作物与生态研究室、城市园林研究室、
热带农业技术集成与应用研究室。挂靠广州实
验站建设的院级科研平台有 2 个，分别为中国
热带农业科学院热带能源生态研究中心、中国
热带农业科学院江门热带南亚热带农业综合试

验站。

2012 年拥有科技人员 34 人，特聘研究员 4 名，具有副高级以上职称人员 2 人、中级职称人员 8 人、初级职称人员 6 人，具有博士学位人员 5 人、硕士学位人员 8 人。

二、科研工作

获批实施农业部南亚办财政专项项目、海南省自然科学基金项目、农业部现代农业产业技术体系项目、中央级公益性研究所基本科研业务费项目等省部级科研项目 10 项，建立所级科研项目库 1 个，年度科研项目资助经费达到在 103.40 万元。按时结题科研项目 5 项，其中：国家木薯产业技术体系广州综合试验站 2012 年度考核优秀，广东省化州市新安镇木薯标准化生产示范园 2012 年度验收合格，在核心期刊上发表科研论文 6 篇。

三、学科建设

按照"项目带动，开放整合"特点开展学科建设工作，目前进一步完善热带能源生态研究中心、江门热带南亚热带农业综合试验站两个重要平台框架结构及发展内涵，邀请了原国务院扶贫办副主任吕飞杰研究员、中山大学彭少麟教授、热带生物技术研究所王文泉研究员、华南农业大学骆世明教授和奚如春教授分别做相关学术报告。此外，成立了第一届学术委员会，选举骆世明为学术委员会主任，覃新导为副主任，奚如春、吴国江等为学术委员。

四、服务三农

本年度在广东木薯主产区布置了木薯新品种新技术试验示范县，试验示范面积将近 6 000 亩，均产 2.12 吨/亩，较木薯传统种植区高出 19%，为广东木薯主产区增产增收达到 116.28 万元。在广东北部山区布置有能源牧草新品种新技术试验示范区，试验示范面积将近 1 000 亩，年均产牧草 12.37 吨/亩，较能源牧草传统种植区高出 23%，为畜牧养殖种植大户增产增收达到 46.75 万元。在珠江三角洲地区布置有热带特色蔬菜（彩椒）新品种新技术试验示范区，试验示范面积将近 200 亩，为蔬菜种植大户创收达

到 142.65 万元，率先把彩椒特色蔬菜产业推广到广东经济发达地区，为丰富当地蔬菜产业发展具有一定的示范推动作用。全年组织服务"三农"的团队 126 人次奔赴广东东西两翼及粤北地区开展技术服务，田间地头指导农户达千人次，举办基层农技、种植专业户技术培训班 3 期，培训农技人次 647 人，发放培训手册 647 册，协助地方农业企业及农业部门成立农民专业合作经济组织 5 个，注册成员 760 人，推动广大农户农业产业化。

五、成果转化与开发

本年度在开平市国家现代农业示范园布置了 7 个中央级公益性科研院所基本科研业务费项目，其中，牛大力、菠萝、铁皮石斛、彩椒等作物新品种的示范满足着江门地区的农业产业需求，为当地的农业产业发展具有一定的示范推动作用；油棕新品种（品系）在江门地区的试种更是国内油棕耐寒栽培先行先试的前哨点，积极贯彻落实了国家战略性物资产业布局工作。此外，积极加强与地方有关部门和企业的科技交流与合作，先后与 4 家企业签订科研合作关系，科技创收纯收入 24.3 万元，科技产品展销经营 1.1 万元，其他经营收入 230 万元。

六、国际合作

本年度积极协助院属各所开展国际合作与交流活动。赴菲律宾、柬埔寨和刚果（布）等国进行科技学术交流 3 人次，重点探讨研究木薯和油棕产业发展，推动我国木薯和油棕产业国际合作与交流。

七、人才队伍建设

本年度加大人才引进及培养力度，全年共引进人才 7 人，其中：博士 3 人、硕士 4 人，职称认定 7 人，其中：认定助理研究员 3 人，人才队伍结构明显改善，科技创新能力不断增强。

八、保障条件

本年度除了发挥原有 300 亩科研试验示范基地的科研试验示范功能外，还加大力度完善江门热带南亚热带农业综合试验站条件，为科

研发展提供保障，为科研实验奠定基础。一是获农业部修缮购置类项目资金支持，通过招投标方式完成科研仪器设备采购103.30万元，新购科研仪器设备摆放在示范园基地使用。二是获得院属各所支持，无偿调拨99.86万元的仪器设备，目前也摆放在示范园基地使用。三是得到江门市开平市政府与农业局的大力支持，租用四个设施大棚，总计约440平方米，以保证我站的科研实验顺利开展。

九、党建工作

本年度新增党员7人，全站党员规模上升到21名，其中：在职党员16名，离退休党员5名，入党积极分子3名。党建工作重点做到以下四个方面：加强组织建设，坚持"三会一课"制度、党组织生活制度和密切联系群众制度，做好党员发展、党费收缴等工作；加强作风建设，制定了《中国热带农业科学院广州实验站2012年党风廉政建设和反腐败工作要点》，组织每位党员交流廉政学习文章和自选文章2篇，观看了廉政警示教育片2部；加强制度建设，严格执行了监督机制和分配机制，修订完善了《中国热带农业科学院广州实验站领导班子分工、议事协调机构及其人员组成》《中国热带农业科学院广州实验站内设管理机构》；密切联系群众，组织开展了"职工生日慰问"主题实践活动。荣获"2012年度驻穗机构先进单位"和"2011～2012年度广州市协作系统维稳及综治工作达标单位"称号，已经连续第5个年头获得了先进单位殊荣。

后勤服务中心

一、基本概况

后勤服务中心是院附属机构，实行主任负责制、部门目标责任制、班子成员及职工岗位责任制的管理体制。内设综合办公室（党委办公室）、经营管理办公室、财务办公室、公共事务管理办公室（含建设项目管理、保安、公有房屋管理职能）、幼儿园。截至2012年12月31日，后勤服务中心在职职工196人（含编制外人员47人），退休职工96人，合计292人。

后勤服务中心将2012年作为"服务质量活动年"，狠抓服务保障能力建设，着力提升服务质量、效率。在院领导的正确领导和亲切关怀下，后勤服务中心全体干部职工紧紧围绕"突出特色、发挥优势、强化服务、提高效益"的要求，以科学发展观为指导，认真贯彻落实年初院工作会议精神，谋求后勤事业稳步发展，较圆满地完成了全年的工作任务。

二、规范内控管理，强化服务执行力

1. 以内敛素质、外塑形象为抓手，按照科学化、规范化的要求进一步强化内控管理，修订、完善和新增内控管理制度26项，整理完成了《2008～2012年制度汇编》。

2. 建立督办制度，强化决议决策的执行。每月公布中心会议纪要部署工作任务的完成进度，督办工作针对每一位分管领导、职工和部门，提升了工作执行力度。

三、提升公共服务能力，为科研工作和职工生活提供保障

1. 加大院区环境整治力度，营造舒适的工作环境。全年投入200万元公用经费开展院区环境整治：平整场地2.3万平方米，补植绿地5.2万平方米，改造绿化带600多平方米，更换、补种乔木400余株。每天完成21万多平方米区域的清扫任务，全年清理运送生活垃圾2 700余吨，更换仿木钢桶果皮箱55个，开展大型环境消杀4次，美化、净化了院区的生活环境。2012年清明节、五一、国庆及周末，组织干部、职工加班达到560天（人·次），完成院布置的临时性工作任务。

2. 加大基础设施维护，保证安全供水供电。全年安全供电906万度，其中：七队电站发电超过200万度，相比2011年增加25%。完成海口院区安全供水23.5万吨，同时启动了儋州院区高品质安全供水工程。强调维修工作人性化服务，急用户所急，全年完成维修任务1 300余

次，发放维修便民卡 1 500 余张，公共路灯保持95% 以上的亮化率。

3. 加大儋州院区公有住房清理力度，多次与海大房管部门沟通，全年清理出公有住房30 套。

4. 执行院本级基建项目共 6 项，总投资2 625 万元，全部项目均已完成单项工程竣工验收。

5. 做好学龄前子女保育教育工作，提升对学龄前幼儿实施全面教育的能力，2012 年末在园幼儿 327 人，已达到目前条件的最高容量。

6. 协助做好院区安全保卫和秩序维护工作，配合保卫处做好安保工作 10 余次，"猎手小组"抓获 8 名犯罪嫌疑人和 4 名诈骗嫌疑人，为600 多辆车办理了出入卡。

四、努力开创新的创收平台，提高创收

1. 2012 年全面落实服务效果和质量与岗位收入挂钩的绩效考核制度，改变平均主义分配模式，推行以按劳分配为主、多种分配形式并存的分配制度，建立发展成果职工共享机制，实现职工绩效工资收入比 2011 年增加 15% 的工作目标。2012 年后勤经营部门营业额达到1 083.3 万元，同比增加 18%，超额完成目标任务 40 万元，完成院 30 万元上缴收入指标。

2. 大力建设绿化苗木储备。一方面利用现有小型苗圃，积极扩展院区边角地，新储备乔木 7 000 多株，从海口院区工程中心建设工地腾挪、繁育苗木 3 万盆（株）。全年生产盆花 3 万多盆，袋装苗 5 万多株，满足院区节日美化的需要。另一方面，加大珍稀苗木基地建设，已完成基地的围网及道路平整工作。

3. 承揽小型绿化工程，努力拓展创收平台。2012 年在做好院区园林绿化养护工作的前提下，与具备绿化设计、施工资质的企业合作，先后完成了单身与客座研究员宿舍、木棠镇政府的

绿化工程等五个项目，工程造价超过 60 万元。协助院基建处完成苍峰路铺面拆除及场地平整、围墙建设工作，在取得经济效益的同时获得了良好的社会效益。

五、推动内需循环体系，提高生活品质

2012 年继续加强与品资所、环植所、试验场等单位的合作，利用科研产品，开发绿色环保食品，推广木薯系列食品、蜂蜜龟苓膏等特色产品，提升接待形象。生活超市设置热科院科技产品专柜，提升热科院科技成果转化能力。

2012 年与院机关、橡胶所、生物所、测试中心、海口实验站、品资所、信息所、附属中小学、科技园区签订职工午餐服务协议，为职工提供卫生、美味的午餐。

同时，后勤在两个院区设置便民服务点，为职工提供蔬菜、肉类销售服务。将儋州院区原糕点房改造成休闲茶艺糕点坊，为广大职工提供休闲场所。

六、深化体制改革，构建新型后勤保障体系

积极配合院职能部门推进后勤管理体制改革方案的拟写，按照实体化模式构建后勤保障体系。海口院区已完成法人治理机构物业服务企业的工商和税务注册，同时完成选派职工参加物业经理、管理员岗位资格培训工作。

七、创新方法抓党建，抓好党建促发展。

积极发挥党组织核心战斗力作用，2012 年发展党员 1 名，预备党员 3 名，积极分子 7 名。坚持做好走访慰问离退休人员、病号、困难职工、老党员等工作。2012 年后勤党委 4 个支部（含退休支部）均开展了丰富多彩的组织活动，承办了院 2012 年春节游园活动，开展了幼儿广播操比赛，组织职工参加院篮球赛，举办了后勤 2013 年迎新文艺晚会。

试验场

一、基本概况

试验场是院附属单位。实行理事会领导下的场长负责制。下设行政办公室、党委办公室、生产与基地科、经营管理科、计划财务科、劳动与保障科、工程建设管理科、开发办公室、资产管理科、保卫科、计划生育办公室等 11 个科室。场机关服务中心、制胶厂、职工卫生院、试验场中小学（1 所中学、3 所小学）4 个附属单位；场属管理区、场属企业、基地办公室 3 个内设机构，33 个生产单位。截至 2012 年 12 月 31 日，全场总人口 9 137 人，职工总人数为 3 358 人（正式在编在职职工 1 112 人，离退休职工 1 662 人〈含场内退职和三老五保户〉，编制外人员 584 人）。其中：场管理人员 186 人（处级干部 13 人，科级干部 42 人，科级以下人员 131 人）。

二、财务资产

试验场土地总面积为 50 747 亩，其中：橡胶种植面积 24 423.5 亩，道路居民点用地 4 500 亩，其他生产用地 21 823.5 亩。2012 年末资产总额 11 213.65 万元（其中：固定资产 5 474.30 万元）。2012 年收入总额 15 920.80 万元，资金主要来源于财政拨款、科研试制产品（橡胶原产品）的销售收入、橡胶产品代加工业务收入、开发收入及省拨经费。其中：财政拨款经费占 68.63%，基地事业收入占 8.58%，经营收入占 1.91%，其他收入（主要为省拨养老金）占 20.88%。全年支出总额 15 837.66 万元。

三、服务科研

新增试验项目 19 项，新增试验面积 1 000 余亩。其中：国家重点科研试验项目 5 项，其他科研试验项目 14 项。承担着儋州院区科研人员经济适用房建设、计划生育、公共卫生及防疫、武装等公共事务，为科研单位和科研人员提供服务。

四、人才队伍

组织 2012 年职称评审，28 人取得了相应的专业技术职务资格，其中：高级职称 1 人、中级职称 23 人、初级职称 4 人。组织职工参加了职业技能考级鉴定工作，共有 512 人通过考试并取得相应资格证书，通过率 95.7%，2012 年 8 月已完成岗位聘用。此外，为提高职工的综合素质和工作能力，定期或不定期开展思想教育、职业技能培训、割胶技术培训及部门成员内部学习等活动。

五、条件建设

总投资 715 万元，通过《儋州院区台风损毁基础设施修复项目》《热带作物科研试验基地儋州院区基础设施改造项目》等项目的实施，改造 13 个基层队的支干道路 8 297 米。修复挡土墙护坡 240 米，桥梁滚水坝 22 米及其他配套设施。有力改善整个试验基地的道路状况，极大地方便田间试验的开展，为科研试验工作提供良好的基础设施保障。

六、民生工程

1. 成立儋州院区离退休人员活动中心。在院人事处的指导下，由后勤服务中心提供场地，试验场自筹资金 6 万多元对场地进行装修并配备了丰富多样的健身娱乐设施，极大地丰富了离退休人员的精神文化生活，使离退休人员能老有所学、老有所乐。

2. 农村饮水安全工程。总投资 790 万（其中，省拨专项资金 430 万），安装管道总长约 51.713 公里，工程管网延伸覆盖我场 31 个基层队，项目完工后，可从根本上解决试验场广大职工群众的饮水安全问题。

3. 完成建设经济适用住房 20 套，建筑面积约 2 588 平方米；在建经济适用房 40 套，建筑面积约 4 385.82 平方米。完成生产队公房修建 37 套，总面积约 2 714.08 平方米；在建公房 11 栋，共 43 套，总建筑面积约 2 599 平方米。

4. 积极争取地方政府政策补贴。通过多种途径，向儋州市政府争取到种猪繁育补贴、粮食直补等惠农政策 5 项，为群众争取政策性补贴 244.84 万元，政策惠及近 1 500 户家庭。

七、党建工作

现有党支部 49 个，党员人数 625 人。2012 年，发展党员 48 人。组织开展了热科院"绿化宝岛"大行动启动仪式、3.12 义务植树活动等义务劳动 6 次。组织归侨人员参加儋州市民政局举办的重阳节活动；2012 年，为 76 名归侨人员办理 2010 年 1 月至 2011 年 7 月（18 个月）的生活补贴。与儋州市边防支队、儋州市事务管理局等单位进行对外交流活动 7 次；参加院组织的篮球比赛获得第二名；在热科院《我与支部共成长》征文活动评选获得三等奖 1 名，优秀奖 4 名；获得创先争优活动总结表彰先进单位 1 名，先进党员 2 名的荣誉称号。

附属中小学

一、基本概况

中国热带农业科学院附属中小学（简称附中）隶属中国热带农业科学院，创办于 1960 年，是一所完全中学，副处级单位，设有中学部和小学部。其教学、生活设施齐全，拥有高标准的学生公寓和足球运动场，先进完备的现代化教学辅助系统，校园网（因特网）、电视网、校园广播网、电话网"四网"入校，设备一流。2001 年被确定为"海南省现代化教育技术实验学校"。同年 12 月，经海南省教育厅组织专家对学校办学水平进行全面检查评估，被授予"海南省中学一级学校"称号，内设综合办公室、政教团委办公室、教务办公室、教育科、小学部等部门，在编在岗职工 86 人，其中：省级骨干教师 6 人。2012 年有 3 人被推荐为"省级骨干教师"培养对象，4 人晋升为中学高级专业技术职务，1 人晋升为中学一级专业技术职务，3 人晋升为小学高级专业技术职务，4 人退休。现有 32 个教学班，其中中学高中部 12 个班，初中部 8 个班，小学部 12 个班。学生人数 1 350 人。现有党员 43 人，其中：在岗正式党员 29 人，退休党员 14 人，在岗预备党员 2 人，入党考察对象 4 人，入党积极分子 4 人。

二、工作情况

1. 依法、依规修订和完善了学校近 50 项管理制度，特别是修订和完善了学校绩效工资发放方案和多项财务管理制度，全面构建高效易行的决策、管理、执行、监督体系。

2. 经与试验场充分协商，制定了院基础教育资源整合的初步方案，已报院里审批，为下一步整合院基础教育资源奠定了基础，2012 年秋季开学时小学部扩大了对试验场的招生范围，让更多的院内职工子女享受优质的教育。

3. 为强化管理，保障学生安全，在课室严重不足的情况下，全校努力创造条件，将图书馆等功能室改造成课室，把高中年级全部撤回校内进行管理和教学，狠抓教风学风建设，努力提高教学质量，在 2012 年的各类重要考试中全校取得了较好的成绩，高考本科上档率达 46.3%，中考重点中学上档率 22.7%，小考升学考试及格率 88.6%。

4. 根据生源特点，我校着力开展特色教学，创建富有特色学校，成果显著。在 2012 届高考中有 4 名艺术生考上二本以上院校，在 2012 年青少年科技创新大赛中，其报送的研究课题获得国家级一等奖 1 个，省二等奖 7 个，省三等奖 9 个，励志奖 1 个。教师撰写论文有多人次在国家级、省级评比中获奖。

5. 2012 年，校领导班子高度重视学校教研工作，立足校本实际，以教研促进学校教师专业素质的成长，以教研促进学校教学水平的提高，实行"走出去、请进来"的战略。学校分批次选派骨干教师参加省市县的教师培训和观摩教学活动，这些骨干教师回来后又对全体教师进行培训，从而促进了全校教师教学水平的提高。今年来，教师有多人次在国家级、省级刊物上发表论文或在国家级、省级论文评比中获奖；教师外出赛教成绩喜人，朱联博老师代表海南省参加全国的历史教学比赛荣获二等奖。

6. 校领导班子高度重视学校的发展，想方设法改善学校办学条件，积极向院里申请办学经费，争取修缮资金对课室、宿舍等进行修缮，配备了一批教学计算机和多媒体，用于改善学校办公和教学条件。

7. 加强党建工作

（1）2012 年，我校党总支重新修订了《中共中国热带农业科学院附属中小学总支部委员会党建工作制度》（内含党总支工作条例、党总支议事条例等 22 项制度），使党建工作有章可循，日渐规范。

（2）为进一步加强学校党建工作，更好地发挥党组织的战斗堡垒作用，经总支部委员会会议讨论研究，将附属中小学党总支由原来的 2 个党支部调整为 4 个党支部，大大提高了党员参与活动的热情。

（3）校党总支还积极培养青年教师，鼓励他们向党组织靠拢，为党组织增添了新鲜血液。今年以来，有 2 名预备党员转正，4 位同志通过了党员培训考试，4 位优秀青年教师向党组织递交了入党申请书。

三、教科研成果

1. 参加院 2012 年度单位绩效考评荣获"先进集体"称号；

2. 教师指导学生学科竞赛或论文评比，获得全国二等奖 1 人次；全国三等奖 3 人次；省一等奖 3 人次；省三等奖 3 人次。

3. 教师指导学生参加省创新大赛，获得全国一等奖 1 人次；省一等奖 1 人次；省二等奖 7 人次；省三等奖 9 人次。

4. 教师论文评比获得全国二等奖 1 人次；省二等奖 2 人次；省三等奖 3 人次。

5. 教师参加课堂教学比赛，获得全国二等奖 1 人次；参加教学设计大赛获得全国二等奖 1 人次。

6. 1 人获选 2012～2016 年度省级学科带头人；1 人获选海南省首批教育科研学术带头人。

7. 3 人被确定为省级骨干教师培养对象。

十二、大事记

1月

1月5日 为充分发挥科技在热带农业产业发展中的支撑作用，热科院与四川省农业科学院签署科技合作协议，王庆煌院长与四川省农业科学院李跃建院长分别代表双方签署了科技合作框架协议。

1月6日 南亚所选育的"热农2号"芒果新品种通过了广东省农作物品种审定委员会第三十七次农作物品种审定会议审定。

1月8日 热科院举行首批离退休高级专家聘任大会，聘任原院校领导余让水、胡耀华、梁萌东等、老专家郑学勤、张藉香等35名离退休高级专家。

1月9日 热科院召开2012年工作会议。王庆煌院长代表院领导班子作工作报告，雷茂良书记主持会议。

1月12日 热科院组织品资所、环植所、分析测试中心和香饮所10多名专家，前往万宁市山根镇举行了冬季瓜菜安全种植技术指导现场会，向农民传授低温阴雨天气瓜菜生产及病虫害防治技术。

1月14日 南亚所和广东海洋大学共同完成的科技成果"芒果炭疽病的生物防治研究与应用"顺利通过了广东省科技厅组织的会议鉴定。南亚所承担的广东省科技计划项目"芒果安全高效生产关键技术的组装与示范"也顺利通过了验收。

2月

2月8日 热科院召开2012年工作部署会。王庆煌院长对全力做好2012年各项工作进行部署。

2月8日 上海外经（集团）控股有限公司副总裁郑裕枫一行来热科院洽谈在非洲厄立特里亚开展农业技术示范中心建设项目事宜。

2月10日 农业部副部长、中国农科院院长李家洋在农业部科教司杨雄年副司长、中国农科院科技管理局王小虎局长等的陪同下来到热科院海口院区考察。

2月12～13日 品资所牵头主持的"十二五"农业部公益性行业（农业）科研专项"芒果产业技术研究与示范"项目启动会及学术研讨会在海口召开。

2月13日 海南省第四届人民代表大会第五次会议补选王庆煌院长为海南省第四届人民代表大会常务委员会委员。

2月15～17日 南亚所南亚热带作物试验基地改建、"中国热带农业科学院糖能兼用甘蔗新品种试验示范基地"分别通过竣工验收。

2月20日 热科院隆重召开2012年党风廉政建设工作会议。王庆煌院长在会上要求，各级党组织和广大党员干部要以"党风廉政建设年"为载体，扎实做好2012年反腐倡廉各项工作。

2月22日 热科院南亚所申报的"海南省热带植物营养重点实验室（筹）"通过海南省科技厅组织的专家评审。

2月22日 加工所申请设立的"海南省农产品贮藏与加工重点实验室"通过了海南省科技厅组织的现场评估。南亚所牵头完成的"以诱杀为主的瓜实蝇综合防控技术研究与应用"项目，通过了农业部组织的科技成果鉴定。南亚所和农机所联合申报的"海南省菠萝工程技术研究中心（筹）"通过海南省科技厅组织的有关专家评审。

2月27日 热科院启动了"百名专家兴百村"科技行动和"绿化宝岛"行动。

2月27日 农业部组织专家对热科院椰子所承担的"高产早熟鲜食椰子新品种文椰2号中试与示范"、南亚所承担的"桔小实蝇综合防控技术的区域性试验与示范"、环植所承担的"香蕉优质高产技术区域试验与示范"3个农业科技成果转化资金项目进行了会议验收。

3月

3月6日 热科院《热带作物学报》成功入编北京大学《中文核心期刊要目总览》2011年版（第6版）。

3月8日 热科院在儋州院区举行了"绿化宝岛"暨"百名专家兴百村"大行动启动仪式。

3月9日 热科院在文昌市启动了"绿化宝岛"大行动种苗赠送仪式，向文昌市文城镇坎美村委会赠送了 5 000 多株椰子苗。

3月14日 香饮所与万宁市北大镇人民政府签订了科技合作协议,扎实推进香饮所科技成果转化、技术推广工作。

3月19日 热科院遴选出首批热带农业科研杰出人才和青年拔尖人才。彭政、陈业渊、田维敏、戴好富、金志强5人入选热带农业科研杰出人才,李积华、曾长英、王旭初、曹红星、谷风林5人入选青年拔尖人才。

3月22日 热科院召开2012年党建工作会议。

3月22~23日 由热科院主办、农业部财会服务中心承办的财务业务知识培训班在海口举办。张万桢副院长、吴山民副主任共同主持了开班仪式。

3月23日 分别由分析测试中心和加工所承建的2个风险评估实验室进入首批农业部农产品质量安全风险评估实验室建设行列。

3月27~28日 热科院与国家牧草产业技术体系、四川省攀枝花市人民政府在攀枝花市仁和区共同举办了干热河谷地区草畜生产利用技术培训班。热科院党组书记雷茂良出席开班仪式。

3月28日 加工所主持完成的"天然橡胶单螺杆脱水技术的研发"和"新型恒粘天然橡胶的研制"两个项目通过了农业部委托的专家组鉴定。

3月30日 热科院环植所获得了海南省农业厅授权的海南省香蕉枯萎病(巴拿马病)检疫检测资质,可对全省各市县香蕉种苗进行香蕉枯萎病(巴拿马病)检疫检测,发布检疫检测报告。

4月

4月1日 农业部张桃林副部长在海南省农业厅王宏良副厅长,热科院王庆煌院长、王文壮副院长、刘国道副院长等领导的陪同下,考察了热科院分析测试中心和生物所,并与院领导班子和科研骨干进行座谈。

4月1日 环植所2012年度科技成果转化研讨会暨植保环保技术产品推介会在海口举行。

4月9日 生物所主持完成的"蛋白质组学关键技术的优化改进及其在热带作物研究中的应用"科技成果通过了海南省科技厅组织的专家评审。

4月12日 海南省社保局与湛江市三家定点医院在热科院加工所举行异地就医结算服务协议签约仪式。张万桢副院长专程陪同海南省社保局王卓局长一行前往湛江出席,标志着热科院湛江院区1 000多名职工异地就医结算难的社保民心工程正式启动。

4月12~15日 中国热带作物学会2012年秘书长会议暨热作产业化学术研讨会在广西北海市召开。

4月14日 热科院南亚所与中国农大等共建单位在广东省湛江市徐闻县组织召开"徐闻基地——科技小院"产学研融合交流会。

4月16日 热科院召开资源生物技术规划会议,郭安平副院长出席会议并作讲话。

4月18日 农业部热作产品质量安全风险评估实验室(海口)在热科院分析测试中心揭牌成立。农业部农产品质量安全监管局金发忠副局长、热科院王庆煌院长、雷茂良书记共同为实验室揭牌。

4月20日 海南省科技厅国际合作处组织专家组在生物所召开了项目验收会,生物所王文泉研究员主持的国家国际合作项目"燃料作物的共同研究、种子收集与繁殖"通过验收。

4月23日 热科院与海南省农业厅在海口隆重举行农业产研战略合作协议签字仪式。

4月27日 热科院椰子所等单位完成的"槟榔提取物抗疲劳作用评价及产品研发"和"椰子蛋白质提取分析及功能性产品开发"两项成果顺利通过了由海南省科技厅组织的会议鉴定。院品资所和海南省腰果研究中心共同完成的科技成果"腰果病虫害种类调查及综合防治技术研究"通过了海南省科技厅组织的会议鉴定。香饮所完成的"海南省香草兰疫病综合防治技术研究"成果通过了海南省科技厅组织的会议鉴定。橡胶所承担的"十一五"国家科技支撑计划课题"热带农业资源管理与特色农产品标识关键技术研究与应用"和"农业信息移动服务技术系统研发与应用"顺利通过了海南省科技厅组织的专家验收。橡胶所主持完成的"橡胶树树根离体培养技术研究"成果通过了海南省科技厅组织的会议鉴定。

4月28日 热科院生物所申报的"黎族药中的生物活性成分研究"和环植所申报的"蔬菜土传病害的综合治理技术研发与应用"两项海南省国际科技合作重点项目获批。

5月

5月1日 热科院刘国道、黄华孙、陈业渊、李开绵等41名专家入选全国热带作物品种审定委员会专家库。

5月2日 热科院南亚所杀虫灯研究中试车间在中山市古镇挂牌成立。

5月3日 农业部韩长赋部长、余欣荣副部长、陈萌山总经济师在海南省陈成副省长的陪同下来热科院调研。

5月4日 海南省第八届科技活动月活动在澄迈隆重开幕。热科院品资所、橡胶所、香饮所、生物所等八个院属单位参加本次活动,本届科技活动月热科院将携12个活动项目参加。

5月4日 香饮所等单位完成的"咖啡标准化生产技术研究与示范"通过了农业部委托热科院组织的专家组鉴定。橡胶所完成的"橡胶树割面营养增产素产业化生产关键技术研发"与"橡胶树次生体胚发生技术体系的建立及其在自根幼态无性系繁殖中的应用"通过了农业部委托热科院组织的专家组鉴定。

5月10日 热科院五项经技类引智项目获得国家外专局资助。五个项目分别是生物所申报的"剑麻特异基因挖掘及系统发育研究"、"利用RNAI介导抗性培育广谱抗环病毒番木瓜新品种"和"中国南海产油藻种类和分布"以及品资所申报的"芒果体细胞胚胎发生技术引进"和香饮所申报的"胡椒全长转录组文库研究"。

5月10日 热科院召开科技工作党风廉政建设座谈会。

5月10日 由热科院品资所完成的"南药种质资源收集保存、鉴定评价与栽培利用研究"成果顺利通过农业部组织的会议鉴定。

5月16日 香饮所举行了综合实验室主体结构封顶仪式。

5月22日 热科院召开2012年财务工作会议。

5月22日 信息所方佳研究员等完成的"主要热带农业信息基础数据收集、整理与应用"顺利通过了由海南省科技厅组织的会议评审,成果整体达到国内领先水平。

5月22日 环植所等单位完成的"橡胶树重要叶部病害检测、监测与控制技术研究"通过了海南省科技厅组织的专家鉴定。环植所等单位完成的"香蕉枯萎病生防内生菌资源的收集、评价与利用研究"顺利通过了由海南省科技厅组织的专家组鉴定,该成果整体达到同类研究的国际先进水平,对香蕉枯萎病的生防研究具有重要的理论与实践价值以及良好的应用前景。

5月23日 热科院在儋州市王五镇举办了"百名专家兴百村 千项成果富万家"大型科技下乡活动。

5月29日 环植所等单位完成的"海南外来入侵植物薇甘菊调查监测与应急防控"通过了由海南省科技厅组织的专家组鉴定,该成果整体达到同类研究的国内先进水平。

5月29日 环植所等单位完成的"木薯、瓜菜地下害虫绿色防控关键技术研究与示范"成果通过了海南省科技厅组织的专家组鉴定。环植所等单位完成的"剑麻新菠萝灰粉蚧生物学、生态学及防治技术研究"通过了海南省科技厅组织的专家组鉴定,该成果达到世界先进水平。

5月30日 热科院在万宁市北大镇举办了"百名专家兴百村 千项成果富万家"大型科技下乡活动。刘国道副院长带领品资所、橡胶所、环植所、香饮所、椰子所和基地管理处相关专家和科技人员参加活动。

6月

6月4日 由广东省城乡设计院承担编制的南亚所《南亚热带作物科研创新基地控制性详细规划》通过了评审。

6月5日 环植所完成的"利用蚯蚓处理香蕉茎秆的研究及其在芽苗菜循环栽培中的应用"通过了海南省科技厅组织的专家组鉴定。郭安平副院长出席鉴定会。该成果在同类研究中达到了国内领先水平。

6月5日　热科院环植所等单位完成的"热带农业的农药毒性与安全使用方法研究"通过了海南省科技厅组织的专家鉴定。郭安平副院长出席鉴定会。该项成果总体达到同类研究的国际先进水平。

6月5日　热科院承担的 45 项海南省科技项目通过了海南省科学技术厅组织的会议验收，其中 9 项为海南省重点科技计划项目、36 项为海南省自然科学基金项目。

6月6日　热科院热带沼气研究中心在农机所举行了挂牌仪式。

6月11日　热科院召开了离退休人员工作会议。雷茂良书记在会上部署了下一步热科院离退休人员工作。

6月13日　广东省种子管理总站组织专家对南亚所选育的"南亚 12 号澳洲坚果和 922 澳洲坚果"进行了品种现场鉴定。

6月15日　热科院组织举办的首届"热作杯"离退休人员书画摄影巡回展在加工所开幕。

6月19日　热科院在海口院区召开干部会议。农业部人事劳动司曾一春巡视员通报了部党组会议有关事项。

6月19~21日　2012 年油棕品种区域适应性试种协作会在海口召开。

6月24日　刚果布农牧业部长里戈贝尔·马布恩杜带领农业部官员到热科院援刚农业技术示范中心基地考察。

6月26日　雷茂良书记带队前往广东省科技厅沟通交流工作，并与广东省科技厅刘炜副厅长一行座谈，并达成共识。

6月26日　雷茂良书记带队前往广东省农业厅沟通交流工作，并与广东省农业厅谢悦新厅长一行座谈并达成共识。

6月27日　广州实验站举行国家重要热带作物工程技术研究中心广州科技产品展销部揭牌仪式并正式对外运行。

6月27日　由橡胶所培育的新品种——热垦 628 顺利通过了全国热带作物品种审定委员会组织的现场鉴评。

7月

7月2日　依托香饮所筹建的海南省热带香辛饮料作物遗传改良与品质调控重点实验室通过了海南省科技厅组织的专家验收。

7月2~5日　热科院召开试验示范基地建设与管理研讨会。

7月6日　热科院召开机关全体工作人员会议。王庆煌院长在会上深入总结了机关上半年的工作，并就进一步做好下半年工作提出新要求。雷茂良书记就集中整治"庸懒散贪"问题专项工作进行了动员和部署。

7月9日　热科院隆重召开干部会议。雷茂良书记在会上宣读了农业部党组文件和部任免通知：任命张以山、孙好勤为院党组成员、副院长，免去王文壮同志院党组成员、副院长职务，办理退休。

7月9日　热科院召开 2012 年上半年重点工作汇报会。王庆煌院长在会上回顾了上半年热科院的工作，并明确了各二级单位下半年工作目标和重点任务。雷茂良书记就进一步做好党的建设、人事工作及基建工作提出要求。

7月10日　印度尼西亚梭罗大学 Ravik Karsidi 校长一行来访热科院，并就双方合作事宜召开座谈会，刘国道副院长与 Ravik Karsidi 校长分别代表双方签署了双边合作协议。

7月10日　热科院与海南农垦总局举行了科技战略合作座谈会，双方就合作重点和方向展开深入的讨论和交流。

7月10日　热科院筹建的"海南省热带微生物资源重点实验室"通过了海南省科技厅组织的专家验收。品资所等单位完成的"柱花草种质创新及利用"、"芒果种质资源收集保存、评价与创新利用"通过成果评价。

7月10~12日　受院党组委托，热科院宣布干部任免情况：方骥贤同志任橡胶所党委书记（副局级）；马子龙同志任生物所党委书记（副局级）；彭政任加工所所长（副局级）。

7月11~14日　农业部热带作物及制品标准化技术委员会在海口组织召开了 24 项热带作物标准审定会，22 项标准通过了专家组审定。

7月11日　椰子所完成的"椰子新品种培

育及产业化关键技术研究"通过了中国农学会组织的成果评价。

7月18日　橡胶所基本科研业务费专项及省部重点实验室与野外科学观测试验站开放课题通过了会议验收。

7月18~19日　热科院承担的10个农业部引进国际先进农业科学技术计划（948计划）项目通过农业部科教司组织的专家验收。

7月18日　加工所彭政研究员主持的"948"项目"天然橡胶/硅藻土纳米复合材料的研究"通过了农业部科教司组织的会议验收。

7月19日　加工所与品资所承担的科研院所技术研究专项"天然橡胶高性能化技术研发"、"高支链淀粉木薯新品种的选育及其产业化"顺利通过专家组验收。

7月19日　刘国道副院长率团前往北京，与中农发集团国际农业合作开发有限公司就全面战略合作事宜进行了会谈，达成共识，并签署了战略合作协议。

7月21日　热科院香饮所牵头主持的2012年国家重大科技成果转化项目"重要热带作物产品加工关键技术产业化应用"项目启动会在香饮所召开。

7月24日　热科院近年来最有代表性的十二个项目成果参加中国农业科技十年发展成就展览。

7月27日　橡胶所承担的国际科技合作专项项目"橡胶树易碎愈伤组织长期培养植株再生和超低温保存研究"通过海南省科技厅的会议验收。

8月

8月4日　由热科院主办的"2012百色田东芒果文化节芒果产业论坛"在广西田东县举行。

8月10日　王庆煌研究员主持、香饮所承担的2012年国家科技支撑计划课题"香草兰等南方特产资源生态高值利用技术研究与产品开发"启动会议在海口召开。

8月13日　热科院与国际热带农业中心（CIAT）申请的2012年度国家自然科学基金委员会与国际农业磋商组织合作研究项目"木薯全基因组关联分析及分子设计育种模型"获准立

项，资助经费239万元。

8月13~14日　热科院召开科研体系建设专题会，研究部署未来五年热科院科研体系建设工作。王庆煌院长要求，以"一个中心、五个基地"为目标，以"十百千人才工程"为核心，以"十百千科技工程"为抓手，以"235保障工程"为支撑，全面提升热科院自主创新能力和产业支撑服务能力，实现热科院跨越发展。

8月15日　椰子所的"海南省文昌市文城镇椰子标准化生产示范园"、"海南省定安县雷鸣镇槟榔标准化生产示范园"两个基地入选2012年热作标准化生产示范园创建单位名单。

8月17日　品资所与广西农垦明阳生化集团有限公司共同合作的"重要热带作物产品加工关键技术产业化应用"子课题"食品用木薯变性淀粉生产关键技术"项目签约仪式暨项目启动会在广西南宁明阳生化集团举行。

8月18日　王庆煌院长应邀出席广西亚热带作物研究所60周年大庆并致辞。热科院依托广西亚热带作物研究所成立了广西亚热带作物科技创新中心，并举行了授牌仪式。

8月20~21日　椰子所申请审定的"文椰2号"、"文椰4号"椰子新品种及"热研1号"槟榔新品种通过全国热带作物品种审定委员会组织的现场鉴评及初审。

8月23~24日　全国热带农业科技协作网在广西南宁召开理事会常务理事扩大会议。

9月

9月3日　分析测试中心承建的海南省热带果蔬产品质量安全重点实验室通过了海南省科技厅组织的专家评审。

9月3日　海口实验站承建的"海南省香蕉遗传改良重点实验室"顺利通过了由海南省科技厅组织的专家评审。

9月4日　热科院援刚果（布）农业技术示范中心在刚果共和国首都布拉柴维尔举行揭牌仪式，国务院副总理回良玉和刚果（布）萨苏总统一起为示范中心揭牌。

9月8日　热科院香料饮料研究所在兴隆热带植物园隆重举行建所55周年暨兴隆热带植物

园开园 15 周年庆典。

9 月 9 日 王庆煌院长和海南日报范南虹记者主编创作的报告文学《热土凝香》一书出版。

9 月 10 日 热科院主持完成的《海南省热带作物产业"十二五"发展规划》经海南省人民政府颁布实施。

9 月 19 日 热科院在白沙县启动了"热区橡胶树、槟榔病虫草害专业化防控技术培训与示范"专项行动。

9 月 21 日 热科院与省科技厅在文昌隆重举行科技战略合作框架协议签字仪式，省科技厅党组书记叶振兴、热科院党组书记雷茂良分别代表双方在协议上签字。

9 月 23 ~ 24 日 热科院《领导干部财务素养》专题讲座暨科研项目负责人（课题组长）财务知识培训班在海口举办，农业部财会中心选派业务专家为培训班授课。

9 月 28 日 热科院近百项优质科技产品亮相第十届中国国际农产品交易会。

9 月 28 日 热科院"中国橡胶树主栽区割胶技术体系改进及应用"等七项成果在海南省科技创新大会上获"海南省'十一五'科技创新突出贡献奖"。

10 月

10 月 9 日 热科院召开院机关全体会议，王庆煌院长就强化内部管理，建设勤俭、高效、融洽的机关文化提出要求。

10 月 15 日 机关党委和离退休人员工作处联合开展海口院区举办了第一场离退休高级专家院情史报告会。

10 月 15 ~ 18 日 中国热带作物学会 2012 年理事年会暨学术论坛在宁夏回族自治区银川市隆重召开。

10 月 16 日 农业部科学事业单位修缮购置专项"澳洲坚果果品加工技术研究中心改造工程"在南亚所通过竣工验收。

10 月 18 ~ 20 日 农业部热带作物机械质量监督检验测试中心在农机所通过了复评审验收。

10 月 19 日 为服务国家南海战略，助推海南科学发展，热科院热带海洋生物资源利用研究中心在生物所揭牌成立。

10 月 23 日 由南亚所联合广东省城乡规划设计研究院编制的"南亚热带作物科研创新基地控制性详细规划"经湛江市人民政府批准实施。

10 月 24 日 热科院在椰子所举行热带油料研究中心揭牌暨热带棕榈作物研究实验室启用仪式。

10 月 25 日 热科院在海口院区举办 2012 年保密培训班。

10 月 25 日 刘国道副院长带领热科院专家一行前往云南省德宏傣族景颇族自治州，与芒市人民政府签署了《科技合作协议》。

10 月 26 日 热科院举办 2012 年档案管理业务培训班。

11 月

11 月 1 日 热科院在海口举行第九届学术委员会 2012 年年会。

11 月 2 日 海南省科学技术厅组织、热科院承办的热带作物生物学与遗传资源利用国家重点实验室申报咨询会在海口召开。

11 月 13 日 我院召开 2012 年巡视工作动员大会，农业部第三巡视组组长夏学禹在大会上作动员讲话。雷茂良书记主持会议并代表我院领导班子作表态发言。农业部第三巡视成员、我院领导班子、正处级以上干部和正高级专业技术人员参加了动员大会。

11 月 6 日 椰子所申报的"海南椰子高新农业科技集成示范园"获批。

11 月 6 ~ 7 日 品资所承担的"种草舍饲海南黑山羊综合技术应用与示范"、海口实验站承担的"新型优质香蕉种苗快繁技术的应用与示范"、加工所承担的"高品质天然橡胶的鲜胶乳凝固新技术"、农机所承担的"4UMS 系列木薯收获机械的中试与示范"、环植所承担的"槟榔黄化病快速诊断技术体系推广示范"、椰子所承担的"椰子花序汁液高效采集与加工技术示范和推广" 6 个农业科技成果转化资金项目通过了农业部组织的专家会议验收。

11 月 15 日 科技部农村中心组织专家对海南儋州国家农业科技园区进行了实地考察和现场评估。专家们对科技园区做出的成绩给予了充分的肯定。

11月21日 分析测试中心完成的"水果蔬菜及耕地土壤铅、镉、铬检测质量控制关键技术研究与应用"通过海南省科学技术厅组织的专家鉴定。

11月21日 椰子所完成的"椰衣栽培介质产品研发和综合利用研究"和"油棕杂交制种及其种子育苗技术研究"两项成果通过了海南省科技厅组织的会议鉴定。

11月22日 热科院在海口院区举行环境与植物保护研究所海口科技创新大楼正式启用暨热带植保环保高层论坛启动仪式。启动仪式上揭牌成立了农业部热带作物有害生物综合治理重点实验室、热带植保产业技术创新战略联盟、中国热带农业科学院环境影响评价与风险分析研究中心、中国热带农业科学院热带生态农业研究中心四个科研平台。

11月23~25日 依托品资所建设的农业部热带作物种子种苗质量监督检验测试中心通过了农业部组织专家进行的首次现场评审。

11月27日 "天然橡胶科技航母"及新增研究室"天然橡胶加工研究室"双挂牌仪式在加工所举行。

11月30日 热科院海口实验站承建的"海南省香蕉遗传改良重点实验室"获得海南省科技厅的正式批准。

11月30日 第三届江门市农业博览会在江门五邑华侨广场拉开帷幕。热科院党组书记雷茂良和江门市市委书记刘海一起为热科院热带能源生态研究中心、江门热带南亚热带农业综合试验站两个重要科技平台揭牌。

12月

12月3日 由热科院、国际热带农业中心（CIAT）和澳大利亚国际农业研究中心（ACIAR）三方合办的国际在线期刊《热带草地》（SCI收录）复刊工作正式启动。

12月4日 热科院与云南省农业厅在海口举行了热带农业科技合作框架协议签字仪式。

12月4~5日 热科院品资所所长陈业渊，副所长王祝年、徐立，率快繁中心、开发办、条件办工作人员前往广西国有钦廉林场考察，

签订了牛大力种苗生产及栽培技术合作协议。

12月6~7日 热带农业科技协作网理事会秘书处在福州市组织召开全国热带农业科技协作网理事会秘书长工作会议。

12月7日 热科院在海口院区举行了热带农业科技中心项目施工、监理合同签约仪式。

12月10日 热科院荣获第二期先进派出单位荣誉称号，环植所程汉亭、海口实验站毛海涛、试验场杨开样在海南省第二期中西部市县科技副乡镇长派遣计划项目总结表彰大会暨第三期项目启动仪式上荣获"优秀挂职科技副乡镇长"荣誉称号。

12月12日 2012年海南热带农产品冬季交易会在会展中心隆重举行。热科院与东方市人民政府签署科技合作协议，共建东方热带农业科技园。

12月17日 农机所"菠萝叶纤维精细化纺织加工关键技术研究与开发"项目在湛江市科技创新工作会议上喜获"湛江市科学技术奖"一等奖。

12月19日 热科院召开干部会议。受农业部党组的委托，雷茂良书记在会上宣读了部党组文件和部任免通知：任命汪学军为院党组成员、副院长，陈业渊为品资所所长（副局级）、徐元革为加工所党委书记（副局级）、黎志明为环植所党委书记（副局级），免去欧阳顺林副书记职务，办理退休。

12月19日 热带农业科技中心开工奠基仪式在海口院区隆重举行。农业部发展计划司郭宏宇副司长、科教司杨雄年副司长，热科院王庆煌院长、雷茂良书记等领导和嘉宾一起为该工程奠基培土。

12月24日 生物所所长彭明研究员、品资所所长陈业渊研究员荣获第五届"全国优秀科技工作者"荣誉称号。

12月24日 品资所与江苏万高药业有限公司合作开展的"鸦胆子种苗繁育及高产栽培技术研究"项目签约仪式暨项目启动会在海口市举行。

12月28日 热科院热带旱作农业研究中心挂牌成立，郭安平副院长为该中心揭牌。

十三、附　　录

部省级以上荣誉

2012 年度荣获部省级以上荣誉称号单位名单

序号	获奖单位	获奖名称	评奖单位
1	中国热带农业科学院	全国农业科技促进年活动先进单位	农业部
2	中国热带农业科学院	海南省第七届科技活动月优秀组织一等奖	海南省科技厅
3	中国热带农业科学院	海南省第二期中西部市县挂职科技副乡镇长先进派出单位	海南省委组织部、海南省科技厅
4	中国热带农业科学院	省直机关喜迎十八大第八党建联系协作组专题文艺演出活动一等奖	海南省直机关工委
5	中国热带农业科学院	"永远跟党走"省直机关喜迎十八大文艺汇演优秀表演奖	海南省直机关工委
6	香料饮料研究所	2011 年海南省创先争优活动优秀旅游景区	海南省人民政府
7	科技信息研究所	《热带作物学报》杂志荣获第二届海南省出版物政府奖（2008~2010 年度）二等奖	海南省文化广电出版体育厅
8	科技信息研究所科研党支部	2010~2012 年海南省直机关创先争优活动先进基层党组织	海南省直机关工委
9	环境与植物保护研究所第二党支部	2010~2012 年海南省直机关创先争优活动先进基层党组织	海南省直机关工委
10	热带生物技术研究所第四党支部	2010~2012 年海南省直机关创先争优活动先进基层党组织	海南省直机关工委

2012 年度荣获部省级以上荣誉称号个人名单

单位	获奖者	获奖名称	评奖单位
人事处	欧阳欢	农业部离退休干部工作先进工作者	农业部老干部局
品资所	刘国道	农业部科研杰出人才	农业部
	陈业渊	全国优秀科技工作者	中国科学技术协会
	陈业渊	海南"十一五"科技创新突出贡献奖	海南省人民政府
	陈业渊	海南省委省政府直接联系重点专家	海南省人才工作协调小组
	陈业渊	2010~2012 年创先争优活动优秀共产党员	中共海南省直属机关工作委员会
	李开绵	农业部科研杰出人才	农业部
	李开绵	海南省优秀科技工作者	海南省科学技术协会
	陈松笔	海南省高层次创新创业人才	中共海南省委海南省人民政府
	陈松笔	海南省委省政府直接联系重点专家	海南省人才工作协调小组
	黄　洁	海南省委省政府直接联系重点专家	海南省人才工作协调小组
	尹俊梅	海南省委省政府直接联系重点专家	海南省人才工作协调小组
	叶剑秋	在省直机关基层组织建设年"我与支部共成长"征文评选中荣获三等奖	中共海南省直属机关工作委员会

（续表）

单位	获奖者	获奖名称	评奖单位
橡胶所	王秀全	海南青年五四奖章	共青团海南省委、海南省青年联合会
	王秀全	2010～2012 年创先争优活动优秀共产党员	中共海南省直属机关工作委员会
	林钊沐	海南省委省政府直接联系重点专家	海南省人才工作协调小组
	杨文凤等人	中国热带作物学会 2012 年度优秀论文	中国热带作物学会
香饮所	邬华松	海南省委省政府直接联系重点专家	海南省人才工作协调小组
	赵建平	海南省委省政府直接联系重点专家	海南省人才工作协调小组
	谭乐和	第五届海南省优秀科技工作者	海南省科学技术协会
	祖超等人	中国热带作物学会 2012 年度优秀论文	中国热带作物学会
加工所	彭 政	第四届中国侨界贡献奖（创新人才）	中国侨联
	陈 鹰	海南省"十一五"科技创新突出贡献奖	海南省人民政府
	刘培铭	海南省"十一五"科技创新突出贡献奖	海南省人民政府
	黄茂芳	海南省"十一五"科技创新突出贡献奖	海南省人民政府
	张 劲	2012 年海南省有突出贡献的优秀专家	海南省人力资源和社会保障厅
	卢光等	中国热带作物学会 2012 年度优秀论文	中国热带作物学会
生物所	彭 明	全国优秀科技工作者	全国科学技术协会
	彭 明	2012 年海南省有突出贡献的优秀专家	海南省人力资源和社会保障厅
	李平华	第四批青年千人计划人选	中组部
	戴好富	第四届中国侨界贡献奖（创新人才）	中国侨联
	杨本鹏	海南省直机关 2010～2012 年创先争优优秀共产党员	海南省直机关工委
	陈新等人	中国热带作物学会 2012 年度优秀论文	中国热带作物学会
环植所	易克贤	海南省委省政府直接联系重点专家	海南省人才工作协调小组
	黄贵修	2010～2012 年创先争优活动优秀共产党员	海南省直机关工委
	彭正强	海南省"十一五"科技创新突出贡献奖	海南省政府
	程汉亭	优秀挂职科副乡镇长	海南省委组织部、海南省科技厅
椰子所	赵松林	2012 年海南省有突出贡献的优秀专家	海南省人力资源和社会保障厅
信息所	王玲玲，曹建华，罗红霞等人	全国农垦农业机械化专题论文一等奖	中国农业机械学会农垦农机化分会
	罗红霞，曹建华，王玲玲等人	全国农垦农业机械化专题论文二等奖	中国农业机械学会农垦农机化分会
	王玲玲，曹建华，高秀云	"中国知网杯"强科技促发展主题征文活动三等奖	农业部科技教育司
	刘海清	省直属机关基层组织建设年"我与支部共成长"征文评选一等奖	海南省直机关工委
	刘海清	"中国知网杯"强科技促发展主题征文活动优秀奖	农业部科技教育司
	刘海清，方佳，李海亮	"基于水资源分布的海南省生态安全分析"论文获中国农业资源与区划学会学术年会论文三等奖	中国农业资源与区划学会

（续表）

单位	获奖者	获奖名称	评奖单位
分析测试中心	郑雪虹等	中国热带作物学会 2012 年度优秀论文	中国热带作物学会
海口实验站	金志强	海南省委省政府直接联系重点专家	海南省人才工作协调小组
	毛海涛	优秀挂职科技副乡镇长	海南省委组织部、海南省科技厅
湛江实验站	范武波等人	中国热带作物学会 2012 年度优秀论文	中国热带作物学会
后勤服务中心	杨　忠	海南省机关后勤先进工作者	海南省人力资源和社会保障厅、海南省机关事务管理局
试验场	杨开样	优秀挂职科技副乡镇长	海南省委组织部、海南省科技厅
附属中小学	侯作海	《会考复习中的"夯实基础 培养思维发展能力"浅谈》获 2012 年（暨第七届）"全国基础教育化学新课程实施成果交流大会"二等奖	中国教育学会化学教学专业委员会
	侯作海	指导学生获海南省科技创新大赛二等奖	海南省教育厅、海南省科学技术学会
	侯作海	2012～2016 年度小学省级学科带头人	海南省教育厅
	侯作海	海南省首批教育科研学术带头人	海南省教育科学规划领导小组办公室
	麦贤慧	指导学生少儿科学幻想画获得全国一等奖和多个二等奖	海南省教育厅、海南省科学技术学会
	朱联博	指导学生获海南省青少年科技创新成果奖二等奖	海南省教育厅、海南省科学技术学会
	朱联博	荣获全国教学设计大赛三等奖	海南省基础教育课程教材发展中心
	朱联博	荣获全国历史教学评比二等奖	中国教育学会历史教学专业委员会
	冯月娥	指导学生获海南省青少年科技创新成果奖一等奖	海南省教育厅、海南省科学技术学会
	杭国胜	指导学生获海南省青少年科技创新成果奖三等奖	海南省教育厅、海南省科学技术学会
	杨巧明	指导学生获海南省青少年科技创新成果奖二等奖	海南省教育厅、海南省科学技术学会
	符允萍	指导学生少儿科学幻画获得海南省多个二和三等奖	海南省教育厅、海南省科学技术学会
	宋晓燕	指导学生获 2012 年全国初中学生化学素质和实验能力竞赛省三等奖	海南省教育研究培训院
	宋晓燕	指导学生获省青少年科技创新成果奖二等奖	海南省教育厅、海南省科学技术学会
	洪文朝	指导学生获海南省青少年科技创新成果奖三等奖	海南省教育厅、海南省科学技术学会
	吴　坚	指导学生获 2012 年第 22 届全国初中应用物理竞赛二等奖	海南省教育研究培训院
	梁冠中	指导学生获 2012 年全国初中数学竞赛（海南赛区）三等奖	海南省教育研究培训院
	文　丹	论文获得海南省二等奖	海南省教育研究培训院
	符高正	论文获得海南省三等奖	海南省教育研究培训院
	周志福	论文获得海南省二等奖	海南省教育研究培训院
	范道香	论文获得海南省三等奖	海南省教育研究培训院
	王权红	论文获得海南省三等奖	海南省教育研究培训院

院内表彰

2012 年度先进集体、先进个人名单

一、先进集体（共6个）

环境与植物保护研究所、香料饮料研究所、分析测试中心、附属中小学、办公室、人事处

二、先进个人（共20人）

陈业渊（热带作物品种资源研究所）、王纪坤（橡胶研究所）、郝朝运（香料饮料研究所）、魏永赞（南亚热带作物研究所）、刘昌穗（农产品加工研究所）、彭明（热带生物技术研究所）、楚小强（环境与植物保护研究所）、黄丽云（椰子研究所）、王金丽（农业机械研究所）、刘晓光（科技信息研究所）、范高志（分析测试中心）、盛占武（海口实验站）、李克辛（湛江实验站）、陈秀龙（广州实验站）、邓选国（后勤服务中心）、王发源（试验场）、陈益涛（附属中小学）、黄得林（办公室）、韩汉博（财务处）、张雪（国际合作处）

2012 年度科技开发工作先进集体和先进个人

一、2012 年度科技开发先进集体（3个）

热带作物品种资源研究所、橡胶研究所、香料饮料研究所

二、2012 年度科技开发先进个人（10个）

侯冠彧（热带作物品种资源研究所）、高宏华（橡胶研究所）、初众（香料饮料研究所）、杨本鹏（热带生物技术研究所）、连文伟（农业机械研究所）、孙继华（科技信息研究所）、徐志（分析测试中心）、周兆禧（海口实验站）、宋付平（广州实验站）、李禄寿（试验场）。

2010～2012 年创先争优先进基层党组织、优秀共产党员名单

一、创先争优先进基层党组织（12个）

热带作物品种资源研究所党委、橡胶研究所党委、南亚热带作物研究所党委、热带生物技术研究所党委、试验场党委、香料饮料研究所兴隆热带植物园党支部、热带生物技术研究所第四党支部、环境与植物保护研究所第二党支部、科技信息研究所科研党支部、海口实验站第一党支部、湛江实验站离退休党支部、监察审计室党支部。

二、创先争优优秀共产党员（20名）

陈业渊（热带作物品种资源研究所）、杨衍（热带作物品种资源研究所）、王秀全（橡胶研究所）、初众（香料饮料研究所）、杜丽清（南亚热带作物研究所）、李积华（农产品加工所研究所）杨本鹏（热带生物技术研究所）、黄贵修（环境与植物保护研究所）、韩明定（椰子研究所）、谢喆强（农业机械研究所）、曹建华（科技信息研究所）、刘春华（分析测试中心）、马蔚红（海口实验站）、刘洋（湛江实验站）、王学良（试验场）、郭汉波（试验场）、吴波（后勤服务中心）、陈刚（院办公室）、欧阳欢（人事处）、肖晖（保卫处）。

2012 年"三八红旗手"人员名单

李志英（品资所）、李　琼（科技处）、李勤奋（环植所）、张树珍（生物所）、秦云霞（橡胶所）、柴晓星（加工所）、曹红星（椰子所）、盘承梅（试验场）、曾长英（生物所）、潘彩连（试验场）。

（注：以上人员按姓氏笔画顺序排序）

2012 年度热带农业科研杰出人才名单

张树珍（生物所）、彭正强（环植所）、李平华（生物所）、郭建春（生物所）、尹俊梅（品资所）。

2012 年度青年拔尖人才名单

冯　岗（环植所）、袁德保（海口实验站）、林丽静（加工所）、曾艳波（生物所）、黄春琼（品资所）。

通讯地址

中国热带农业科学院

电话：0898 – 66962965，传真：0898 – 66962904
邮箱：catas@126. com，网址：http：//www. catas. cn
地址：海南省海口市龙华区学院路 4 号，邮编：571101

部门名称	电话	传真	E-mail
院办公室	0898 – 66962965	0898 – 66962904	catasbgs@126. com
科技处	0898 – 66962954	0898 – 66962954	cataskjc@126. com
人事处	0898 – 66962925	0898 – 66962973	catasrsc@126. com
财务处	0898 – 66962945	0898 – 66962967	catascwc@126. com
计划基建处	0898 – 66962921	0898 – 66962919	catasjhjjc@126. com
资产处	0898 – 66962943	0898 – 66962943	cataszcc@126. com
研究生处	0898 – 66962953	0898 – 66962953	catasyjsc@126. com
国际合作处	0898 – 66962983	0898 – 66962941	catasgjhzc@126. com
开发处	0898 – 66962950	0898 – 66962950	cataskfc@126. com
基地管理处	0898 – 66962979	0898 – 66962979	catasjdglc@126. com
监察审计室	0898 – 66962937	0898 – 66962974	catassjjcc@126. com
保卫处	0898 – 23300601/66962920	0898 – 23300362/66962920	catasbwc@126. com
机关党委	0898 – 66962972	0898 – 66962936	catasjgdw@126. com
驻北京联络处	010 – 5919432	010 – 59194322	catas15@126. com、zbjllc@126. com
机关服务中心	0898 – 66962910	0898 – 66962910	catasjgfwzx@126. com

院属单位通讯地址

单位名称	电话	传真	E-mail	地址	邮编
热带作物品种资源研究所	0898 – 23300645	0898 – 23300440	catas01@126. com	海南省儋州市宝岛新村	571737
橡胶研究所	0898 – 23300571	0898 – 23300315/23300571	catas02@126. com	海南省儋州市宝岛新村	571737
香料饮料研究所	0898 – 62553670	0898 – 62561083	catas03@126. com	海南省万宁市兴隆镇	571533
南亚热带作物研究所	0759 – 2859194	0759 – 2859124	catas04@126. com	广东省湛江市麻章区湖秀路 1 号	524091
农产品加工研究所	0759 – 2200994	0759 – 2208758	catas05@126. com	广东省湛江市人民大道南 48 号	524001
热带生物技术研究所	0898 – 66890978	0898 – 66890978	catas06@126. com	海南省海口市龙华区学院路 4 号	571101
环境与植物保护研究所	0898 – 66969211	0898 – 66969211	catas07@126. com	海南省海口市龙华区学院路 4 号	571101
椰子研究所	0898 – 63330094	0898 – 63330673	catas08@126. com	海南省文昌市文清大道 496 号	571339
农业机械研究所	0759 – 2859264	0759 – 2859264	catas09@126. com	广东省湛江市湖秀路 3 号	524091
科技信息研究所	0898 – 23300143	0898 – 23300143	catas10@126. com	海南省儋州市宝岛新村	571737
分析测试中心	0898 – 66895008	0898 – 66895004	catas11@126. com	海南省海口市龙华区学院路 4 号	571101

（续表）

单位名称	电话	传真	E-mail	地址	邮编
海口实验站	0898 - 66705617	0898 - 66526658	catas12@126. com	海南省海口市龙华区义龙西路 2 号	571102
湛江实验站	0759 - 2193157	0759 - 2193157	catas13@126. com	广东省湛江市霞山区解放西路 20 号	524013
广州实验站	020 - 81835151	020 - 81835151	catas14@126. com	广东省广州市荔湾区康王路 241 号	510140
后勤服务中心	0898 - 23300458	0898 - 23300458	catas18@126. com	海南省儋州市宝岛新村	571737
试验场	0898 - 23300378	0898 - 23309285	catassyc@ sina. com、catas20@126. com	海南省儋州市宝岛新村	571737
附属中小学	0898 - 23300613	0898 - 23300613	catas17@126. com	海南省儋州市宝岛新村	571737

全国农业科学院通讯地址

单位名称	电话	传真	地址	邮编
中国农业科学院	010 - 82109398	010 - 82103005	北京市海淀区中关村南大街 12 号	100081
中国水产科学研究院	010-68673949	010-68676685	北京市丰台区永定路南青塔 150 号	100039
农业部规划设计研究院	010-65005469	010-65005388	北京市朝阳区麦子店街 41 号	100026
北京市农林科学院	010 - 51503241	010 - 51503247	北京市海淀区曙光中路 9 号	100097
天津市农业科学院	022 - 23678666	022 - 23678667	天津市南开区白堤路 268 号	300192
河北省农林科学院	0311 - 87652019	0311 - 87066140	河北省石家庄市谈固南大街 45 号	050031
山西省农林科学院	0351 - 7073032	0351 - 7040092	太原市长风街 2 号	030006
内蒙古自治区农牧业科学院	0471 - 5295455	0471 - 5295644	内蒙古自治区呼和浩特市玉泉区昭君路 22 号	010031
辽宁省农业科学院	024 - 31027396	010 - 31027397	辽宁省沈阳市沈河区东陵路 84 号	110161
吉林省农业科学院	0431 - 87063030	0431 - 87063028	吉林省长春市净月旅游开发区彩宇大街 1363 号	130033
黑龙江省农业科学院	0451 - 86662295	0451 - 86662295	黑龙江省哈尔滨市南岗区学府 368 号	150086
上海市农业科学院	021 - 62201221	021 - 62201221	上海市奉贤区金齐路 1000 号	201403
江苏省农业科学院	025 - 84390015	025 - 84392233	江苏省南京市孝陵卫钟灵街 50 号	210014
浙江省农业科学院	0571 - 86404011	0571 - 86400481	浙江省杭州市石桥路 198 号	310021
安徽省农业科学院	0551 - 5160537	0551 - 2160337	安徽省合肥市庐阳区农科南路 40 号	230031
福建省农业科学院	0591 - 87884606	0591 - 87884262	福建省福州市五四路 247 号	350003
江西省农业科学院	0791 - 87090310	0791 - 97090001	江西省南昌市南昌县莲塘北大道 1738 号	330200
山东省农业科学院	0531 - 83179224	0531 - 88604644	山东省济南市工业北路 202 号	250100
河南省农业科学院	0371 - 65729140	0371 - 65711374	河南省郑州市花园路 116 号	450002
湖北省农业科学院	027 - 87389499	027 - 87389545	湖北省武汉市武昌南湖瑶苑特 1 号	430064
湖南省农业科学院	0731 - 84691212	0731 - 84691124	湖南省长沙市芙蓉区远大二路	410125
广东省农业科学院	020 - 87511099	020 - 87503358	广东省广州市天河区金颖路 29 号	510640
广西壮族自治区农业科学院	0771 - 3243866	0771 - 3244521	广西壮族自治区南宁市大学东路 174 号	530007
海南省农业科学院	0898 - 65313090	0898 - 65313090	海南省海口市琼山区流芳路 9 号	571100
四川省农业科学院	028 - 84504011	028 - 84504198	四川省成都市外东静居寺路 20 号	610066
重庆市农业科学院	023 - 65705208	023 - 65703532	重庆市九龙坡区白市驿镇	401329
贵州省农业科学院	0851 - 3761026	0851 - 3761504	贵州省贵阳市小河区金欣社区服务中心	550006

（续表）

单位名称	电话	传真	地址	邮编
云南省农业科学院	0871 – 5136637	0871 – 5136633	云南省昆明市白云路 761 号江岸小区	650231
西藏自治区农牧科学院	0891 – 6862174	0891 – 6862174	西藏自治区拉萨市金珠西路 130 号	850002
陕西省农业科学院（西北农林科技大学）	029 – 87082809	029 – 87082810	陕西省杨陵示范区	712100
甘肃省农业科学院	0931 – 7616187	0931 – 7616187	甘肃省兰州市安宁区农科院新村 1 号	730070
青海省农业科学院	0971 – 5311151	0971 – 5311192	青海省西宁市城北区宁大路 253 号	810016
宁夏回族自治区农林科学院	0951 – 6886707	0951 – 6886712	宁夏回族自治区银川市黄河东路 590 号	750002
新疆维吾尔自治区农业科学院	0991 – 4502057	0991 – 4516057	新疆维吾尔自治区乌鲁木齐市南昌路 403 号	830000
新疆维吾尔自治区畜牧科学院	0991 – 483251	0991 – 4832351	新疆维吾尔自治区乌鲁木齐克拉玛依东街 151 号	830000